Beweisen lernen Schritt für Schritt

Michael Junk · Jan-Hendrik Treude

Beweisen lernen Schritt für Schritt

für einen gelungenen Einstieg
ins Mathestudium

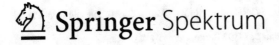 Springer Spektrum

Michael Junk
Fachbereich Mathematik und Statistik
Universität Konstanz
78457 Konstanz, Germany

Jan-Hendrik Treude
Fachbereich Mathematik und Statistik
Universität Konstanz
78457 Konstanz, Germany

ISBN 978-3-662-61615-4   ISBN 978-3-662-61616-1   (eBook)
https://doi.org/10.1007/978-3-662-61616-1

Die Deutsche Nationalbibliothek verzeichnet diese Publikation in der Deutschen Nationalbibliografie; detaillierte bibliografische Daten sind im Internet über http://dnb.d-nb.de abrufbar.

Einbandabbildung: © Gudellaphoto/stock.adobe.com

Planung/Lektorat: Iris Ruhmann
Springer Spektrum ist ein Imprint der eingetragenen Gesellschaft Springer-Verlag GmbH, DE und ist ein Teil von Springer Nature.
Die Anschrift der Gesellschaft ist: Heidelberger Platz 3, 14197 Berlin, Germany

Vorwort

Dieses Buch ist für all diejenigen gedacht, die mathematisches Argumentieren und Beweisen erlernen möchten. Der Zugang orientiert sich dabei an der gängigen Praxis in Anfängervorlesungen und nicht an Erklärungen im Sinne der formalen Logik und Modelltheorie. Ziel ist, das Bewusstsein für die formalen Regeln zu schärfen und ihre Bedeutung bei der Entwicklung von mathematischen Inhalten aufzudecken.

Die Idee zu diesem Buch entstammt der von uns gesammelten praktischen Erfahrung mit verschiedenen Einführungskursen zu Beginn eines Mathematikstudiums. Dabei stellen wir regelmäßig fest, dass weniger die mathematischen Inhalte an und für sich Probleme bereiten, sondern vielmehr die Art und Weise, *wie* Mathematik betrieben wird. Dies mag Kenner wenig überraschen, liegt doch gerade darin der vielleicht größte Unterschied zwischen einem Mathematikstudium und dem Schulfach Mathematik. Wir erleben auch, dass die hier bestehende Hürde von vielen Anfängern nicht einfach so nebenbei genommen wird, ja oft nicht einmal als Hürde erkannt wird. Hier soll unser Buch als unterstützendes Sprungbrett dienen.

Durchweg positive Erfahrung haben wir damit gemacht, die neuen Aspekte des mathematischen Arbeitens sehr deutlich zu benennen und Schritt für Schritt zu erklären. Daraus ist dieses Buch entstanden.

Wer direkt aktiv werden will, erfährt zu Beginn des ersten Kapitels, wie das Buch aufgebaut ist, was die verschiedenfarbigen Boxen bedeuten und insbesondere wie die Aufgaben mit Tipps und Lösungen zu benutzen sind. Danach geht es dann direkt los!

Für Lehrende im Bereich der mathematischen Anfängerausbildung sowie für Lehrerinnen und Lehrer haben wir in Anhang C genauere Informationen zu unserer Herangehensweise zusammengefasst.

Danksagen möchten wir an dieser Stelle allen Studierenden, von denen wir in vielen Diskussionen lernen konnten, welche Hinweise in einer Anleitung zum Mathematikmachen besonders wichtig sind. Hilfreich bei der Entwicklung des Buches war auch der Austausch mit verschiedenen Kollegen, von denen wir hier Duc Khiem Huynh, Heinrich Freistühler und Oliver Schnürer namentlich nennen wollen. Wir danken weiter allen, die Teile unseres Buchs ausprobiert oder

Korrekturgelesen haben, sowie Frau Ruhmann und Frau Schmoll vom Springer Verlag für die gute Unterstützung. Schließlich gilt unser Dank auch dem Land Baden-Württemberg, das durch Finanzierung der *Konstanzer Individualisierten Studieneingangsphase* über die „Fonds Erfolgreich Studieren in Baden-Württemberg" direkt zur Entstehung dieses Buchs beigetragen hat.

Konstanz, im April 2020

Inhaltsverzeichnis

1 Neue Welten

Womit beschäftigt man sich eigentlich genau im Mathematikstudium an der Universität? Ist es wie an der Schule nur mit längeren Rechnungen und komplizierteren Formeln? Oder wird gar nicht mehr gerechnet, sondern nur noch bewiesen, aber was genau ist ein Beweis eigentlich? Welche neuen Themen gibt es und kommen dort vielleicht ganz neue Rechenarten vor?

Tatsächlich ist Mathematik an der Universität im Vergleich zur Schule eine ganz neue Welt mit einer Vielzahl an Teilgebieten und Einsatzmöglichkeiten, die an der Schule gar keine Erwähnung finden. Allen diesen Gebieten ist dabei gemeinsam, *wie* dort gearbeitet wird, und erfahrungsgemäß bereitet die Umstellung auf diese Arbeitsweise die meisten Anfangsschwierigkeiten. In diesem Buch steht deshalb das Kennenlernen der mathematischen Arbeitsweise im Mittelpunkt.

Zunächst findet jegliche Art von Mathematik innerhalb von *Theorien* statt. Dabei kann man sich jede mathematische Theorie als eine gedankliche Welt mit eigenen *Objekten* und *Gesetzen* vorstellen. Der Umgang mit solchen Gedankenwelten ist grundsätzlich nichts Besonderes und jedem von uns schon lange bekannt: Bereits in früher Kindheit haben wir uns beim Märchenvorlesen Gedankenwelten vorgestellt, wo gewohnte Gesetze durch andere Regeln ersetzt werden: Frösche sind verzauberte Könige, Esel produzieren Gold statt Mist und Laserstrahlen können zu phantastischen Schwertern umfunktioniert werden. Die Fähigkeit, solche Gedankenwelten aufzubauen und sich die jeweils geltenden Regeln und vorhandenen Objekte zu merken, brauchen wir generell beim *Lesen* und insbesondere auch beim Lesen mathematischer Texte.

Wenn wir uns innerhalb einer Theorie bewegen, dann müssen wir uns streng an die zugrunde liegenden Regeln der Gedankenwelt halten. Die dafür benötigten Fähigkeiten haben wir ebenfalls schon seit unserer Kindheit gelernt, etwa beim Spielen von Ball- oder Brettspielen. Auch wenn die Objekte dieser Spielwelten reale Dinge sind, so gilt dies nicht für die zugehörigen Regeln, etwa dürfen sich Spielfiguren beim Schach nur auf ganz bestimmte Art und Weise bewegen. Hier müssen wir als Spieler *selbst* darauf achten, dass diese Regeln in jedem Moment eingehalten werden.

Im Unterschied zu Brettspielen mit Spielfiguren können wir in mathematischen Gedankenwelten Handlungen an den dortigen Objek-

M. Junk und J.-H. Treude, *Beweisen lernen Schritt für Schritt*,
https://doi.org/10.1007/978-3-662-61616-1_1

In solchen Randboxen findest du Tipps, Infos zum Weiterlesen oder interessantes Hintergrundwissen.

ten natürlich nicht direkt mit unseren Händen durchführen. Statt dessen müssen wir sie symbolisch in Worten oder zur besseren Nachvollziehbarkeit in Texten be*schreiben*. Dabei ist genau geregelt, welche *Symbol*-Kombinationen für die unterschiedlichen Aussage- und Aktionsmöglichkeiten stehen. In der Praxis heißt das aber nicht, dass mathematische Ideen nur mit abstrakten Symbolen vermittelt werden. Tatsächlich wird mit normaler Sprache *darüber* gesprochen und geschrieben, welche mathematischen Spielzüge in welcher Reihenfolge gemacht werden müssen, um ein bestimmtes Ziel nach den Regeln des Gedankenuniversums zu erreichen. Was am Ende dann zu Papier gebracht wird, ist also eine Mischung aus natürlicher und mathematischer Sprache.

....

(✎ 1)   Schnappe dir, wenn du auf einen solchen Bereich zwischen punktierten Linien stößt, einen Stift und ein Blatt Papier, denn hier geht es darum, selbst tätig zu werden. Die Nummer neben dem ✎-Symbol am Seitenrand verweist dabei auf den Anhang, wo du neben Zusatzinformationen zur Aufgabe (Abschnitt D) auch jeweils einen Lösungsvorschlag zur Selbstkontrolle findest (Abschnitt E).

Hier besteht die Aufgabe darin, den folgenden Satz zu ergänzen: *Man lernt vor allem durch* ... Schaue dir anschließend den Tipp und den Lösungsvorschlag im Anhang an.

....

Die innerhalb der Mathematik verwendete Sprache zur Formulierung von Aussagen und zur Beschreibung von Objekten wirst du im ersten Kapitel kennenlernen und dabei gleichzeitig einen Einblick in die Welt der Mengenlehre bekommen, die weiten Bereichen der Mathematik zugrunde liegt.

Hinweise, die an dieser Stelle sehr wichtig sind und auch für deinen weiteren Weg mit der Mathematik eine Rolle spielen, werden in solchen Boxen notiert.

Im zweiten Kapitel geht es dann um die Sprachregelungen beim *Beweisen*, wobei unter einem Beweis die sorgfältige *Erklärung* eines mathematischen Sachverhalts verstanden wird. Durch die Einigung auf wenige präzise formulierte Erklärregeln wird sichergestellt, dass die Korrektheit der Erklärung von *jedem* Menschen, der die Regeln kennt, und sogar von entsprechend programmierten Maschinen überprüft werden kann. Während das Nachvollziehen von Beweisen also prinzipiell mechanisch funktioniert, ist das Finden von Beweisen eine kreative und spannende Tätigkeit.

☁ Überlegungen und Tricks, die nötig sind, um selbst einen Beweis zu erstellen, werden wir in solchen Kästen präsentieren. Sie stehen wortwörtlich zwischen den Zeilen des Beweises und geben Gedanken wieder, die beim Verfassen im Kopf aufblitzen sollten.

In den weiteren Kapiteln geht es um das Vertiefen der Techniken und das Kennenlernen von wichtigen mathematischen Grundbausteinen. Damit bist du am Ende des Buches in der Lage, viele spannende mathematische Welten zu betreten und dort aktiv mitzumachen.

1.1 Über mathematische Dinge sprechen

Das Sprechen über mathematische Objekte unterscheidet sich im Grunde nicht vom Sprechen über andere Dinge oder vom Geschichtenerzählen: Es gibt Akteure, die etwas tun bzw. die der Autor oder die Autorin gewisse Dinge tun lässt (auch *du* nimmst die Autorenrolle ein, wenn du dieses Buch aktiv durcharbeitest). Einige typische mathematische Akteure, die du schon aus der Schule kennst, sind etwa Zahlen, Funktionen, Punkte in der Ebene, Geraden in der Ebene oder im Raum usw.

Um nun in einer (mathematischen) Geschichte auf nachvollziehbare Art etwas über die Charaktere zu erzählen, muss man diese wie in einem Roman *benennen*. Die Namen, die in der Mathematik verwendet werden, bestehen dabei aus Bequemlichkeit meist nur aus einem Buchstaben oder Symbol: x, y, f, A, B, α, β, ... Hier ist eine bekannte mathematische Geschichte aus der Schule:

> Sei $f : \mathbb{R} \to \mathbb{R}$ eine zweimal differenzierbare Funktion und $x \in \mathbb{R}$. Gilt $f'(x) = 0$ und $f''(x) > 0$, dann hat f in x ein lokales Minimum.

Die Akteure dieser Geschichte sind eine Funktion mit dem Namen f und eine Zahl mit dem Namen x. Die Geschichte handelt von der Situation, dass (wie oben steht) die erste Ableitung der Funktion f in x den Wert 0 hat und die zweite Ableitung dort positiv ist. Der Ausgang der Geschichte ist, dass f in x ein lokales Minimum besitzt. Der Weg bis zum Ausgang einer Geschichte, ihr sogenannter Beweis, wird hier nicht beschrieben, da wir uns mit Beweisen erst ab dem nächsten Kapitel beschäftigen.

> **ℹ**
>
> Im Abschnitt A.2 findest du mehr zu dieser mathematischen Geschichte.

....

Formuliere den Satz des Pythagoras und benenne die Akteure.   (✎ 2)

....

In den folgenden Abschnitten geht es zunächst nur darum, *wie* man überhaupt mathematische Geschichten erzählt. Wichtig ist dabei, dass die Objektnamen in speziellen Ausdrücken miteinander verknüpft werden können, um *Aussagen* über die bezeichneten Objekte zu machen. In unserer Geschichte sind dies zum Beispiel die Elementaussage $x \in \mathbb{R}$, die Gleichheitsaussage $f'(x) = 0$ und die Größer-als-

Aussage $f''(x) > 0$. Durch Verknüpfung dieser Aussagen entsteht dann unsere Geschichte, ein mathematischer *Satz*.

Die mathematischen Objekte, über die mit Aussagen gesprochen wird, sind dabei sehr vielfältig. Sie lassen sich wie Bausteine in einem Baukasten zu immer neuen Objekten verbinden. Die Eigenschaften der so geschaffenen Objekte ergeben sich aus ihren Bestandteilen und der Art und Weise, wie sie verbunden wurden. In unserem Beispiel wird etwa die Funktion f' mit dem Punkt x verbunden, um den Funktionswert $f'(x)$ zu erzeugen, der bildlich für die Steigung von f an der Stelle x steht. Außerdem entstehen f' aus f und f'' aus f' jeweils durch die Verbindung mit der Ableitungsoperation. Alle diese Verbindungsmöglichkeiten beruhen letztlich auf wenigen Grundoperationen, die wir in den folgenden Abschnitten vorstellen.

1.2 Mathematische Aussagen

Die meisten mathematischen Theorien werden innerhalb der Gedankenwelt der *Mengenlehre* formuliert, die man auch Lehre des *Zusammenfassens* nennen könnte. Die Grundobjekte dieser Theorie werden *Elemente* genannt. Sie können nach Belieben in (naiven) *Mengen* zusammengefasst werden.

Beispielsweise fasst $\mathbb{N}$ die bekannten Elemente $1, 2, 3, \ldots$ zusammen. Dass 5 in der Menge $\mathbb{N}$ enthalten ist, wird dabei durch die Symbolkette $5 \in \mathbb{N}$ ausgedrückt. (Aussprache: *5 ist ein Element von* $\mathbb{N}$.) Wir nennen $5 \in \mathbb{N}$ auch eine (mathematische) *Aussage*, die in diesem Fall *wahr* ist. Aussagen können auch *falsch* sein (wie $-3 \in \mathbb{N}$) und sie können auch *falsch gebildet* sein, wie $(3 \in \mathbb{N}) \in \mathbb{N}$, wo links von $\in$ anstelle eines Elements eine Aussage steht.

Die Tabellen zu den häufig verwendeten Ausdrücken müssen wie Vokabeln auswendig gelernt werden.

Zur systematischen Vorstellung mathematischer Schreibweisen werden wir im Folgenden eine Tabelle verwenden, in deren erster Spalte der neue Ausdruck in allgemeiner Form angegeben ist, gefolgt von einer typischen Aussprache und der zugehörigen Bildungsbedingung. Ist der Ausdruck eine Abkürzung für einen längeren Ausdruck, so wird in der letzten Spalte die Langform angegeben. Nur bei wenigen Grundausdrücken ist diese Spalte leer.

Kurzform	Aussprache	Bedingung	Langform
$a \in B$	a ist ein Element von B	a Element, B Menge	–

Ersetzt man die Symbole a, B entsprechend den Bedingungen, also etwa a durch 5 und B durch $\mathbb{N}$, so entsteht ein zulässiger Ausdruck $5 \in \mathbb{N}$.

Weitere Aussagen erhält man durch Verknüpfung vorhandener Aussagen. Will man zum Beispiel ausdrücken, dass ein Element mit Namen a in einer Menge mit Namen B *und* in einer Menge mit Namen C enthalten ist, so benutzt man die Schreibweise $(a \in B) \wedge (a \in C)$ mit dem Symbol $\wedge$ zwischen den beiden Aussagen.

Kurzform	Aussprache	Bedingung	Langform
$E \wedge F$	E und F	E, F Aussagen	–

Dass a in B *oder* in C (möglicherweise auch in beiden) enthalten ist, notieren wir in der Form $(a \in B) \vee (a \in C)$. Schließlich kann man Aussagen *negieren*, indem man das Symbol $\neg$ voranstellt: $\neg(a \in C)$ ist die Aussage, dass das Element a *nicht* in der Menge C enthalten ist. Da diese Schreibweise sehr oft auftritt, führt man hier als Abkürzung auch $a \notin C$ ein.

⚠️

Mit „oder" ist in der Mathematik stets das einschließende oder gemeint

Kurzform	Aussprache	Bedingung	Langform
$E \vee F$	E oder F	E, F Aussagen	–
$\neg E$	nicht E	E Aussage	–
$a \notin C$	a ist kein Element von C	a Element, C Menge	$\neg(a \in C)$

. . . .

Bilde mit den zur Verfügung stehenden Bausteinen die Aussage, dass ein Element a entweder in A oder in B (aber nicht in beiden) enthalten ist.

(✎ 3)

. . . .

Für die Aussage, dass zwei Ausdrücke A und B das *gleiche* mathematische Objekt beschreiben, ist die Notation $A = B$ vorgesehen.

Kurzform	Aussprache	Bedingung	Langform
$A = B$	A ist gleich B	A, B Ausdrücke	–

Stehen A und B zum Beispiel für Mengen, so ist die Gleichheit daran erkennbar, dass A und B genau die gleichen Elemente beinhalten, dass also jedes Element von A in B und jedes Element von B in A enthalten ist. Um die hierbei auftretende Teilmengenbeziehung (*jedes* Element der einen Menge ist in der anderen) zu formulieren, benutzen wir die folgende Notation: $\forall x \in A : x \in B$. Dabei wird das Zeichen $\forall$ als *für alle* gelesen und der Doppelpunkt als *gilt*, also etwa: *Für alle x in A gilt, dass x in B liegt.*

Aussagen dieser Art, in denen ausgedrückt wird, dass für alle Elemente einer Menge etwas gilt, sind sehr häufig in der Mathematik. Ihre allgemeine Struktur ist in der folgenden Tabelle dargelegt.

Kurzform	Aussprache	Bedingung	Langform
$\forall x \in A : E_x$	Für alle x in A gilt E_x	A Menge, E_x Aussage für jedes $x \in M$	–

ℹ️

Im Abschnitt A.2
findest du mehr zum
Thema Platzhalter.

Der Name x, der in dieser Aussage auftritt, wird nur dazu benötigt,
die nachfolgende x-abhängige Aussage E_x zu formulieren. Es handelt sich hier um einen sogenannten *Platzhalter*, der innerhalb der
Für-alle-Aussage wie ein Element verwendet werden kann, von außen
betrachtet aber eine andere Rolle einnimmt: Ist eine Für-alle-Aussage
$\forall x \in A : E_x$ wahr, so gilt auch die darin notierte Aussage E_x für
jedes Element der Menge A *anstelle von* x. Offensichtlich spielt der
gewählte Name des Platzhalters dafür keine Rolle, d. h., die Bedeutung der Gesamtaussage ändert sich nicht, wenn man den Platzhalternamen abändert. In unserem Beispiel stehen also $\forall y \in A : y \in B$
und $\forall w \in A : w \in B$ für die gleiche Aussage, die wir auch mit $A \subset B$
abkürzen.

Kurzform	Aussprache	Bedingung	Langform
$A \subset B$	A ist eine Teil-menge von B	A, B Mengen	$\forall x \in A : x \in B$

Zwei Mengen, die in der Mengenlehre-Geschichte eine besondere Rolle spielen, sind die *leere Menge*, die man mit dem Symbol $\emptyset$ bezeichnet, und ihr Gegenspieler, das *Element-Universum* $\mathcal{U}$, das alle Elemente umfasst. Um auszudrücken, dass jedes Element nicht in der
leeren Menge ist, können wir nun $\forall x \in \mathcal{U} : x \notin \emptyset$ schreiben.

....

(✎ 4) Schreibe folgende Aussage zweimal mit unterschiedlichen Platzhaltern auf:
Nicht alle Elemente sind in $\mathbb{N}$.

(✎ 5) Schreibe die Aussage, dass jedes Element einer Menge A auch Element
einer Menge B und Element einer Menge C ist, als Für-alle-Aussage auf.

(✎ 6) Beschreibe den Unterschied zwischen $\forall x \in A : (x \in B) \vee (x \in C)$ und
$(\forall x \in A : x \in B) \vee (\forall x \in A : x \in C)$.

....

Auch wenn die Namenswahl für Platzhalter im Prinzip nicht eingeschränkt ist, muss man darauf achten, dass es keine Konflikte mit
bereits vorhandenen Namen gibt. Als Beispiel betrachten wir eine
Situation, in der G für die Menge der geraden natürlichen Zahlen
steht. Für jedes Element $x \in \mathbb{N}$ gilt dann, dass es nicht in G liegt,
oder dass $x + 2$ in G enthalten ist, also

Achte beim Wech-
sel des Platzhalter-
namens darauf, dass
der neue Name nicht
bereits in der Aussa-
ge auftritt.

$$\forall x \in \mathbb{N} : (x \notin G) \vee ((x + 2) \in G).$$

Die Bedeutung der Aussage bleibt erhalten, wenn wir x durch andere
Namen wie y, z, A, B oder n ersetzen. Eine Ersetzung durch G würde
allerdings die Bedeutung verändern und ist deshalb nicht zulässig.

Um auszudrücken, dass (mindestens) ein Element mit einer gewissen
Eigenschaft *existiert*, benutzt man die *Existenzaussage*, zum Beispiel
$\exists x \in \mathbb{R} : x^2 = 2$. (Lies: *Es gibt ein x in $\mathbb{R}$, für das $x^2 = 2$ gilt.*)

Kurzform	Aussprache	Bedingung	Langform
$\exists x \in A : E_x$	Es gibt ein x in A, für das E_x gilt.	A Menge, E_x Aussage für jedes $x \in M$	–

Formuliere die Aussagen: *Es gibt kein Element in der leeren Menge* und (✎ 7) *Es gibt ein Element, das nicht in der leeren Menge enthalten ist.*

Möchten wir Gesetzmäßigkeiten ausdrücken, wie z. B.: *Wenn $x \cdot y = 0$ gilt, dann ist $x = 0$ oder $y = 0$*, so benutzen wir die Wenn-dann-Verknüpfung zwischen Aussagen (auch *Implikation* genannt), die mit dem Pfeil $\Rightarrow$ abgekürzt wird. In obigem Beispiel:

$$\forall x \in \mathbb{R} : \forall y \in \mathbb{R} : (x \cdot y = 0) \Rightarrow ((x = 0) \vee (y = 0)).$$

Kurzform	Aussprache	Bedingung	Langform
$E \Rightarrow F$	Wenn E, dann F.	E, F Aussagen	–

Mit den bisher vorgestellten Aussagetypen hast du bereits alle wichtigen Grundformen gesehen und auch schon einige daraus abgeleitete Abkürzungen kennengelernt. Viele weitere Abkürzungen, wie in der nächsten Tabelle, werden im Verlauf des Textes und Studiums folgen.

Kurzform	Aussprache	Bedingung	Langform
$E \Leftrightarrow F$	E genau dann, wenn F	E, F Aussagen	$(E \Rightarrow F) \wedge (F \Rightarrow E)$
$A \neq B$	A ungleich B	A, B Ausdrücke	$\neg(A = B)$

Formuliere entsprechend auch die *Nicht-Teilmenge*-Aussageform. (✎ 8)

Auch wenn der Grundbestand an Aussagen nicht sehr groß ist, wird sich ein tieferes Verständnis erst durch eine intensive Nutzung in den folgenden Kapiteln einstellen. Insbesondere werden wir uns ab Kapitel 2 damit beschäftigen, unter welchen Bedingungen Aussagen *gelten*. Wir werden dabei die übliche Logik verwenden, in der für Aussagen nur die beiden Wahrheitswerte *wahr* oder *falsch* infrage kommen. Weitere Möglichkeiten wie *vielleicht* oder *manchmal* gibt es nicht.

Während die Ausgangsregeln mathematischer Theorien (sog. *Axiome*) vereinbarungsgemäß wahr sind, versucht man beim Erforschen einer Theorie weitere wahre Aussagen aus den Axiomen abzuleiten. Wie dabei die Wahrheit bestehender Aussagen *benutzt* werden kann, um die Wahrheit anderer Aussagen *nachzuweisen*, ist für jeden Grundaussagetyp durch präzise Regeln festgelegt, die wir uns in Ruhe in Kapitel 2 anschauen werden.

Rückblick Schule

Auch wenn in der Schule mathematische Aussagen selten in der gerade vorgestellten Form notiert werden, lassen sich auch dort alle Aussagen in formaler Sprache schreiben. Als Beispiel betrachten wir die Regeln der Bruchrechnung. Dass Brüche erweitert und gekürzt werden können, ohne ihren Wert zu ändern, lässt sich in der Form

$$\forall a \in \mathbb{R} : \forall b \in \mathbb{R}_{\neq 0} : \forall c \in \mathbb{R}_{\neq 0} : \frac{a \cdot c}{b \cdot c} = \frac{a}{b}.$$

ausdrücken. Entsprechend lautet die Regel zum Vorziehen des Zähler

$$\forall a \in \mathbb{R} : \forall b \in \mathbb{R}_{\neq 0} : \frac{a}{b} = a \cdot \frac{1}{b}.$$

Und hinter der Regel zum Teilen durch Brüche steht die Für-alle-Aussage

$$\forall a \in \mathbb{R}_{\neq 0} : \forall b \in \mathbb{R}_{\neq 0} : \frac{1}{\frac{a}{b}} = \frac{b}{a}.$$

. . . .

(✎ 9) Kannst du in dieser Form die Regel für die Addition von zwei Brüchen aufschreiben?

. . . .

Auch alle anderen Rechenregeln lassen sich als Für-alle-Aussagen notieren. Weitere Beispiele sind

$$\forall a \in \mathbb{R}_{>0} : \forall b \in \mathbb{R}_{>0} : \ln \frac{a}{b} = \ln a - \ln b,$$

$$\forall a \in \mathbb{R} : \forall n \in \mathbb{N} : \forall m \in \mathbb{N} : a^{n+m} = a^n \cdot a^m,$$

$$\forall x \in \mathbb{R} : \sqrt{x^2} = |x|.$$

Existenzaussagen stehen zum Beispiel hinter der Aufgabe, eine Nullstelle oder einen Hochpunkt der Funktion $f(x) = -x^2 + 4 \cdot x - 2$ zu finden. Sie lauten

$$\exists x \in \mathbb{R} : f(x) = 0,$$

$$\exists x \in \mathbb{R} : f(x) = \max_{t \in \mathbb{R}} f(t).$$

Die Äquivalenzaussage ist bekannt aus diversen Umformungsregeln wie zum Beispiel

$$\forall x \in \mathbb{R} : \forall a \in \mathbb{R} : \forall b \in \mathbb{R} : (x + a = b) \Leftrightarrow (x = b - a),$$

$$\forall x \in \mathbb{R}_{>0} : \forall y \in \mathbb{R}_{>0} : (x \leq y) \Leftrightarrow \left(\frac{1}{y} \leq \frac{1}{x} \right).$$

Andere Umformungen sind nur in einer Richtung gültig und werden als Implikationen notiert. Ein Beispiel ist

$$\forall x \in \mathbb{R} : \forall a \in \mathbb{R} : \forall b \in \mathbb{R} : (x = b) \Rightarrow (a \cdot x = a \cdot b).$$

....

Wieso ist eine entsprechende Für-alle-Aussage mit der Äquivalenz anstelle (✎ 10)
der Implikation falsch?

....

Schließlich sind auch $\land, \lor, \lnot$ allgegenwärtig, etwa in den Ausdrücken

$$\lnot(\sqrt{2} \in \mathbb{Q}),$$
$$\forall x \in \mathbb{R} : \forall y \in \mathbb{R} : (x \cdot y = 0) \Rightarrow ((x = 0) \lor (y = 0)),$$
$$\forall x \in \mathbb{R} : ((x \geq 0) \Rightarrow (|x| = x)) \land ((x < 0) \Rightarrow (|x| = -x)).$$

1.3 Mengenbildung

Da wir in der Gedankenwelt der Mengenlehre die Elemente nicht von Hand zusammenfassen können, müssen wir die Bildung neuer Mengen symbolisch beschreiben. Die grundlegende Konstruktion ist dabei, aus einer vorliegenden Menge alle Elemente, die eine bestimmte Bedingung erfüllen, zu einer neuen Menge zusammenzufassen. Zum Beispiel kann man all die natürlichen Zahlen zu einer Menge zusammenfassen, die durch 2 teilbar sind. Die folgende Tabelle enthält die übliche Notation für diese Konstruktion.

Kurzform	**Aussprache**	**Bedingung**	**Langform**
$\{x \in A : E_x\}$	Menge aller x in A, für die E_x gilt	A Menge, E_x Aussage für jedes $x \in A$	–

> ℹ️
>
> Mehr zum Thema Bedingungen gibt es im Abschnitt A.3.

Wir nennen $\{x \in A : E_x\}$ auch eine *Aussonderungsmenge*, weil aus allen Elementen in A diejenigen mit der Eigenschaft E_x ausgesondert und zu einer neuen Menge zusammengefasst werden. Die Menge aller durch 2 teilbaren natürlichen Zahlen wäre in dieser Notation durch

$$\{x \in \mathbb{N} : (\exists k \in \mathbb{N} : x = 2 \cdot k)\}$$

gegeben. Auch hinter der Schreibweise $\mathbb{R}_{\neq 0}$ und $\mathbb{R}_{>0}$, die wir im Abschnitt über formale Aussagen in der Schulmathematik benutzt haben, verstecken sich die Aussonderungsmengen

$$\mathbb{R}_{\neq 0} = \{x \in \mathbb{R} : x \neq 0\} \quad \text{und} \quad \mathbb{R}_{>0} = \{x \in \mathbb{R} : x > 0\}.$$

Die Ausdrücke liest man dabei als: *Die Menge aller x in $\mathbb{R}$ mit der Eigenschaft $x \neq 0$* bzw. *die Menge aller x in $\mathbb{R}$ mit der Eigenschaft $x > 0$*.

....

Schreibe als Aussonderungsmenge: (a) Alle durch 5 teilbaren ganzen Zahlen. (b) Alle reellen Zahlen, die größer als 1 und kleiner als 5 sind. (✎ 11)

....

Tatsächlich werden fast alle Mengenkonstruktionen durch Aussonderungen beschrieben. Eine Ausnahme bildet die größte Menge $\mathcal{U}$, für die es keine übergeordnete Menge gibt. Diese Menge enthält *alle* Elemente überhaupt.

Kurzform	Aussprache	Bedingung	Langform
$\mathcal{U}$	Element-Universum	–	–

Basierend auf $\mathcal{U}$ kann die bereits erwähnte *leere Menge* dann als Aussonderungsmenge geschrieben werden.

Kurzform	Aussprache	Bedingung	Langform
$\emptyset$	leere Menge	–	$\{x \in \mathcal{U} : x \neq x\}$

Eine weitere sehr einfache Mengenform ist die sogenannte *einelementige Menge*, die zum Aufbau ein Element benötigt.

Kurzform	Aussprache	Bedingung	Langform
$\{a\}$	Einermenge zu a	$a \in \mathcal{U}$	$\{x \in \mathcal{U} : x = a\}$

Um auch Mengen mit mehr als einem Element herstellen zu können, verwenden wir die *Vereinigung*, bei der eine neue Menge geschaffen wird, indem die Elemente der beiden Ausgangsmengen zusammengefasst werden.

Kurzform	Aussprache	Bedingung	Langform
$A \cup B$	Vereinigung von A und B	A, B Mengen	$\{x \in \mathcal{U} :$ $(x \in A) \vee (x \in B)\}$

Vereinigt man zwei Einermengen $\{a\}, \{b\}$ zu $\{a\} \cup \{b\}$, so bezeichnen wir das Ergebnis auch mit $\{a, b\}$. Allgemeiner steht eine endliche Auflistung von Elementen wie $\{a, b, \dots, h\}$ als sogenannte *Aufzählungsmenge* für die nacheinander durchgeführte Vereinigung der entsprechenden Einermengen $\{a\}, \{b\}, \dots, \{h\}$.

In ähnlicher Weise sollen manchmal die Elemente mehrerer (möglicherweise auch unendlich vieler) Mengen in einer Vereinigungsmenge zusammengefasst werden. Nehmen wir dazu an, dass die zu vereinigenden Mengen als Elemente der Menge $\mathcal{A}$ vorliegen (wir nennen $\mathcal{A}$ auch eine *Mengenfamilie*, weil alle Elemente von $\mathcal{A}$ Mengen sind). Um die zugehörige *allgemeine Vereinigungsmenge* in der Form $\{x \in \mathcal{U} : E_x\}$ zu beschreiben, brauchen wir die Bedingung E_x, an der man ihre Elemente x erkennt: x gehört zur Vereinigung, wenn es eine Menge in $\mathcal{A}$ gibt, in der x enthalten ist, d. h., wenn $\exists U \in \mathcal{A} : x \in U$ gilt. Wir erhalten damit die folgende Aussonderungsmenge

Kurzform	Aussprache	Bedingung	Langform
$\bigcup \mathcal{A}$	Vereinigung aller Mengen in $\mathcal{A}$	$\mathcal{A}$ Mengenfamilie	$\{x \in \mathcal{U} :$ $\exists U \in \mathcal{A} : x \in U\}$

Während die Vereinigung Elemente mehrerer Mengen allesamt in einer Menge zusammenfasst, liefert der *Schnitt* zweier Mengen die Elemente, die in beiden Mengen enthalten sind. Schließlich kann man mit der *Mengendifferenz* die Elemente einer Menge aus einer anderen entfernen. Schnittbildung entspricht also dem *Finden von Gemeinsamkeiten* und Differenzbildung erinnert an *gezieltes Aussortieren* in Zusammenfassungen.

Kurzform	Aussprache	Bedingung	Langform
$A \cap B$	Schnitt von A und B	A, B Mengen	$\{x \in A : x \in B\}$
$A \backslash B$	Differenz von A und B	A, B Mengen	$\{x \in A : x \notin B\}$

(✎ 12)

Wie bei der Mengenvereinigung kann man sich auch den Schnitt von mehr als zwei Mengen vorstellen: Dieser soll all die Elemente enthalten, die in jeder der geschnittenen Mengen vorkommen. Gib eine Darstellung des *allgemeinen Schnitts* in der Form $\{x \in \mathcal{U} : E_x\}$ an, wenn die zu schneidenden Mengen als Elemente einer Mengenfamilie $\mathcal{A}$ gegeben sind.

1.4 Definitionen und Sätze

Bisher haben wir neue Notationen immer in Tabellenform eingeführt, um die wichtigen Aspekte besonders deutlich herauszuarbeiten:

- Wie sieht die neue Schreibweise aus?

- Wie spricht man sie aus?

- Gibt es Bedingungen an die Platzhalter, die für eine korrekte Bildung des Ausdrucks erfüllt sein müssen?

- Wofür steht die Akürzung genau?

Da es in der Tabelle schnell eng werden kann, wenn die Schreibweise mehrerer Platzhalter mit komplizierteren Bedingungen enthält und ein längerer Ausdruck abgekürzt werden soll (wie bei $\int_a^b f(x)\,dx$), hat sich in der Mathematik eine Notationsbeschreibung durch Fließtext etabliert, die sogenannte *Definition*. Als Beispiel betrachten wir

Definition 1.1 *Seien a, b, m ganze Zahlen mit $m > 0$. Wir sagen a ist kongruent b modulo m und schreiben $a \equiv b \mod m$, wenn die Differenz $a - b$ ein ganzzahliges Vielfaches von m ist.*

Zur neu eingeführten Schreibweise $a \equiv b \mod m$ werden auch hier die wichtigen Informationen *Aussprache, Bedingungen an a, b, m* und „*Was wird abgekürzt?*" mitgeteilt, wobei die Reihenfolge im Ver-

In Definitionen werden neue Schreibweisen für mathematische Ausdrücke vereinbart. Den Inhalt musst du auswendig lernen.

gleich zur Tabelle etwas anders gewählt ist. Außerdem fällt auf, dass
im Text mehrere mathematische Aussagen umgangssprachlich formuliert sind. Das liest sich zwar ganz gut, zum Arbeiten ist es allerdings unpraktisch, weil man die Aussageform (und damit später auch
die Form der benötigten Nachweis- und Benutzungstexte) nicht klar
erkennt. Es lohnt sich daher, bei rein textlichen Definitionen auch
die Tabellenversion mit präzisen mathematischen Aussagen parat zu
haben. Für die obige Definition 1.1 ist die Tabellenform wie folgt.

Kurzform	Aussprache	Bedingung	Langform
$a \equiv b \mod m$	a kongruent b modulo m	$a, b, m \in \mathbb{Z}$, $m > 0$	$\exists k \in \mathbb{Z}:$ $(a - b) = k \cdot m$

Die umgekehrte Umwandlung aus der Tabellenform in die Textform
ist einfacher, da hier die präzisen Ausdrücke nur sprachlich (unmiss-
verständlich) ausgedrückt werden müssen.

....

(✎ 13) Versuche, die Definition von $A \cup B$ textlich zu beschreiben.

(✎ 14) Wandle die folgende Definition in Tabellenform um: Seien a und b ganze
Zahlen. Wir sagen a *ist Teiler von* b und schreiben $a|b$, wenn b ein ganz-
zahliges Vielfaches von a ist.

....

Soll für einen festen Ausdruck nur ein abkürzendes Symbol oder
ein Name vereinbart werden, so kann man dies auch ohne großen
Aufwand mit dem Definitionssymbol := erledigen. Beispiele hierfür
sind die Definition der leeren Menge oder der Menge der geraden
Zahlen

$$\emptyset := \{x \in \mathcal{U} : x \neq x\},$$
$$G := \{x \in \mathbb{Z} : x \equiv 0 \mod 2\}.$$

Namen für Ausdrü-
cke werden mit dem
Definitionssymbol
:= vereinbart.

Neben den Definitionen gibt es auch textbasierte Versionen von mathematischen Regeln, die sogenannten *Sätze*. Grundsätzlich handelt
es sich dabei um Wenn-dann Aussagen über gewisse Objekte, die
zu Beginn des Satzes namentlich eingeführt werden. Die Voraussetzung der Regel fordert von diesen Objekten eine Anzahl von Eigenschaften, die für das Zutreffen der Folgerung ausreichen. Lassen die
geforderten Eigenschaften noch *Platz* für unterschiedliche konkrete
Objekte, dann hat die Regel ein entsprechend großes Anwendungs-
spektrum. Es folgt ein Beispiel.

Satz 1.2 *Seien A und B Mengen. Gilt $A \subset B$, so gilt $A \cap B = A$
und $A \cup B = B$.*

Sätze drücken ma-
thematische Regeln
aus, die durch Be-
weise belegt werden.

Beziehen sich die Platzhalter in einem Satz ausschließlich auf Elemente der Mengenlehre (und nicht auf Aussagen oder allgemeine

Mengen), so kann man den Satz auch durch eine Kombination von
Für-alle-Aussagen und Implikationen ausdrücken.

. . . .

Als Beispiel hierzu betrachten wir den folgenden Satz.

Satz 1.3 *Seien a, b, c, m ganze Zahlen und sei $m > 0$. Gilt $a \equiv b \mod m$
und $b \equiv c \mod m$, dann gelten auch auch $a \equiv a \mod m$, $b \equiv a \mod m$
sowie $a \equiv c \mod m$.*

Formuliere den Satz in Quantorenschreibweise. (✎ 15)
. . . .

1.5 Baukastenprinzip

Wenn wir uns in der realen Welt ein Brot schmieren und dadurch
ein neues Objekt erschaffen, benutzen wir dazu Bausteine (Brot-
scheibe, Butter, Marmelade), die aus anderen Bausteinen aufgebaut
sind (Mehl, Wasser, Hefe, Milch, Fett, Salz, Früchte, Zucker), und
auch diese bestehen wieder aus kleineren Bestandteilen. Nach dem
gleichen Prinzip werden in der Mengenlehre neue Mengen aus Elementen konstruiert, die selbst Mengen sind und andere Elemente
zusammenfassen, die ebenfalls Mengen sind.

In diesen Konstruktionsprozessen spielen *die* Mengen eine besondere
Rolle, die selbst wieder Elemente sind und daher in anderen Men-
gen zusammengefasst werden können. Wir nennen sie hier *fassbare
Mengen* und sammeln sie in der Teilmenge $\mathcal{M}$ von $\mathcal{U}$.

Kurzform	Aussprache	Bedingung	Langform
$\mathcal{M}$	fassbare Mengen	–	–

Vielleicht wunderst du dich jetzt, warum nicht einfach *alle* Mengen
wieder als Elemente verwendet werden können. Tatsächlich hätte
vor Beginn des 20. Jahrhunderts niemand daran gezweifelt, bis der
Mathematiker Bertrand Russell zeigte, dass dieser einfache Zugang
einen logischen Widerspruch in der Mathematik erzeugt, der sich
nicht auflösen lässt. Eine Möglichkeit, diesen Widerspruch zu vermeiden, besteht in der hier beschriebenen Einteilung in fassbare Mengen
(die Elemente von $\mathcal{M}$) und solche, die *keine* Elemente von $\mathcal{M}$ sind.
Welche Mengen zu $\mathcal{M}$ gehören, wird dabei durch die *Axiome* der
Mengenlehre geregelt.

Details zu diesem
Widerspruch kannst
du im Abschnitt 6.3
nachlesen.

Wir beginnen mit dem Axiom, das der Menge $\mathcal{U}$ ihre allumfassende
Eigenschaft gibt und $\mathcal{M}$ genauer beschreibt.

Axiom 1.4 *Sei V eine Menge. Dann gilt $V \subset \mathcal{U}$. Außerdem gilt
$M \in \mathcal{M}$ genau dann, wenn M eine Menge ist und $M \in \mathcal{U}$ gilt.*

Axiome sind Aus-
gangswahrheiten ei-
ner Theorie, die oh-
ne Beweise gelten.

Dass es überhaupt ein Element im Universum $\mathcal{U}$ gibt, wird ebenfalls durch ein Axiom sichergestellt. Es besagt, dass die *leere Menge* $\emptyset$ eine fassbare Menge und damit ein Element ist.

Axiom 1.5 *Es gilt $\emptyset \in \mathcal{M}$.*

Weitere Axiome folgen nun dem Strickmuster: Wenn Elemente etwa in Form fassbarer Mengen zur Verfügung stehen, dann lassen sich daraus neue fassbare Mengen aufbauen. Um dabei überhaupt erkennen zu können, ob ein neu formulierter Mengenausdruck auf eine andere Menge verweist als die bis dahin notierten Ausdrücke, muss die *Gleichheit* von Mengen geregelt werden. Das entsprechende Axiom besagt, dass zwei Mengen dann gleich sind, wenn jedes Element der einen in der anderen Menge enthalten ist und umgekehrt, d. h., wenn sie exakt die gleichen Elemente beinhalten. Zur Gleichheit von Elementen wird zunächst nur geregelt, dass jeder Elementausdruck gleich zu sich selbst ist.

Axiom 1.6 *Seien A, B Mengen. Gelten $A \subset B$ und $B \subset A$, dann gilt auch $A = B$. Gilt $x \in \mathcal{U}$, so gilt auch $x = x$.*

Nachdem wir nun Mengen unterscheiden können, schauen wir uns die erste Aufbauregel an.

Axiom 1.7 *Sei $a \in \mathcal{U}$. Dann ist $\{a\} \in \mathcal{M}$.*

Verpacken wir unser Startelement $\emptyset$ zu $\{\emptyset\}$, so erhalten wir eine Menge, die $\emptyset$ als Element enthält und sich deshalb von $\emptyset$ unterscheidet, weil diese ja kein Element hat. Für die Konstruktion immer neuer Elemente gibt es nun kein Halten mehr, denn $\{\emptyset\}$ kann als Element erneut in einer Einermenge verpackt werden, wobei sich $\{\{\emptyset\}\}$ von $\{\emptyset\}$ wegen der verschiedenen Elemente unterscheidet. Mit einem einzigen Startelement und einer Aufbauregel lassen sich durch wiederholte Anwendung also bereits beliebig viele unterschiedliche Elemente konstruieren:

$$\emptyset, \ \{\emptyset\}, \ \{\{\emptyset\}\}, \ \{\{\{\emptyset\}\}\}, \ \{\{\{\{\emptyset\}\}\}\}, \ \dots$$

Auch mit dem Axiom zur Vereinigung können wir sehr systematisch immer größere Mengen herstellen.

Axiom 1.8 *Seien $A, B \in \mathcal{M}$. Dann ist auch $A \cup B \in \mathcal{M}$. Ist $\mathcal{C} \subset \mathcal{M}$ fassbar, dann auch $\bigcup \mathcal{C}$.*

Als Beispiel für das Vereinigungsaxiom betrachten wir die Frage, was hinter den uns so gut bekannten Zahlen $0, 1, 2, 3, \dots$ steckt?

Tatsächlich sind auch die Zahlen wie alle bisher vorgestellten Elemente selbst wieder fassbare Mengen. Aber welche Elemente enthält denn zum Beispiel die Menge mit dem Namen 4?

> **i**
>
> Auch die populären Zahl-Elemente werden durch Mengen dargestellt.

Die gängige Konstruktion geht so: Wir bezeichnen $\emptyset$ als Menge ohne Elemente auch mit dem Symbol 0. Die Menge $\{0\}$ wird mit dem Symbol 1 gekennzeichnet. Wir sagen auch, sie hat *ein* Element. Die Menge $\{0,1\} = \{0\} \cup \{1\}$ wird mit 2 bezeichnet, und man sagt, dass sie *zwei* Elemente hat. Die Menge $2 \cup \{2\} = \{0,1,2\}$ notieren wir mit dem Symbol 3 und sagen, dass sie *drei* Elemente besitzt. Die Menge $3 \cup \{3\} = \{0,1,2,3\}$ trägt die Bezeichnung 4, und wir sprechen von *vier* Elementen. Wenig überraschend trägt die Menge $4 \cup \{4\}$ die Bezeichnung 5, die Menge $5 \cup \{5\}$ wird mit 6 notiert usw. In dieser Weise werden die natürlichen Zahlen im Rahmen der Mengenlehre *konstruiert*, und ein Axiom besagt, dass die Menge aller so gewonnenen Elemente selbst wieder ein Element $\mathbb{N} \in \mathcal{M}$ bildet.

....

Wie wichtig gute Abkürzungen in der Mathematik sind, zeigt sich beim Aufschreiben der Zahlen von 0 bis 4 nur mit den Langformen der abkürzenden Symbole $0,1,2,3$. Gib diese explizit an.

(✎ 16)

....

Ausgehend von den natürlichen Zahlen lassen sich in weiteren Schritten die ganzen Zahlen $\mathbb{Z}$, die rationalen Zahlen $\mathbb{Q}$, die reellen Zahlen $\mathbb{R}$ und auch die komplexen Zahlen $\mathbb{C}$ aufbauen, worauf wir hier aber nicht näher eingehen. Sie bilden wiederum Grundmengen, auf denen andere mathematische Theorien aufbauen. Dabei sorgt das folgende Axiom dafür, dass beliebige Teilmengen solcher fassbaren Grundmengen wieder fassbar sind und somit als Elemente für immer neue Mengenbildungen zur Verfügung stehen.

Axiom 1.9 (Aussonderungsaxiom) *Seien U, V Mengen und gelte $U \subset V$. Ist $V \in \mathcal{M}$, dann gilt auch $U \in \mathcal{M}$.*

Wir schließen diesen Abschnitt mit der *Potenzmenge*, die alle fassbaren Teilmengen einer vorgegebenen Menge zusammenfasst.

Kurzform	Aussprache	Bedingung	Langform
$\mathcal{P}(A)$	Potenzmenge von A	A Menge	$\{V \in \mathcal{M} : V \subset A\}$

Dass auch $\mathcal{P}(A)$ fassbar bleibt, wenn dies für A gilt, wird wieder durch ein Axiom geregelt.

Axiom 1.10 *Sei $A \in \mathcal{M}$. Dann gilt auch $\mathcal{P}(A) \in \mathcal{M}$.*

Interessant ist, dass aus der doch recht überschaubaren Zahl von Aufbauprinzipien die enorme Reichhaltigkeit an interessanten mathematischen Objekten konstruiert werden kann.

2 Logisches Argumentieren

Im vorherigen Kapitel wurde die Mengenlehre als grundlegende mathematische Theorie vorgestellt, in deren Rahmen Aussagen über Eigenschaften von Objekten formuliert werden können, die nach festgelegten Regeln aus bereits vorhandenen Objekten konstruiert wurden. Das Besondere an der Mathematik besteht nun darin, dass die *Gültigkeit* formulierter Aussagen *bewiesen* wird. Darin unterscheidet sie sich grundlegend von allen anderen Wissenschaften.

Der Vorgang des Beweisens läuft ähnlich wie das Lösen einer Gleichung nach *klaren Regeln* ab. Werden diese in einem Beweis genau eingehalten, ist der Beweis korrekt. Indem man sich über diese Beweisregeln einigt, schafft man einen Begriff der *objektiven Wahrheit*: Eine mathematische Aussage ist dann (objektiv) wahr, wenn sie nach den Beweisregeln bewiesen wurde.

Ein Beweis ist dann korrekt, wenn er alle vereinbarten Beweisregeln einhält.

Um erahnen zu können, worauf diese Regeln hinauslaufen, betrachten wir einen typischen Satz über Mengen.

> **Satz:** *Seien A, B, C Mengen. Gelten $A \subset B$ und $B \subset C$, so gilt auch $A \subset C$.*

Was würde es bedeuten, einen *objektiv korrekten* Beweis für diesen Satz zu schreiben? Intuitiv erscheint es klar, dass der Satz wahr ist: Wenn A ein Teil von B und B ein Teil von C ist, dann muss eben auch A ein Teil von C sein. Da es hier nun aber nicht um das intuitive Erkennen von Wahrheit gehen soll, sondern um die Frage nach einem korrekten Beweis, ist das nicht ausreichend. Dazu ist es notwendig, genauer zu analysieren, wie der Satz mittels der Formulierungen aus dem letzten Kapitel gebildet ist. Hierzu ist es nützlich, den Satz weniger umgangssprachlich zu formulieren:

> **Satz:** *Seien A, B, C Mengen. Dann gilt die Aussage*
> $((A \subset B) \wedge (B \subset C)) \Rightarrow (A \subset C)$.

Man erkennt nun gut, dass die Aussage, die gezeigt werden soll, aus den Aussagen $A \subset B$, $B \subset C$ und $A \subset C$ mit den logischen Verknüpfungen $\wedge$ und $\Rightarrow$ aufgebaut ist. Dies hat große Ähnlichkeit damit, wie Rechenterme aufgebaut sind. Insbesondere gibt es auch hier eine *Reihenfolge*, in der die Einzelaussagen verknüpft sind:

- Die *äußerste Verknüpfung* ist die Implikation $\Rightarrow$, mit der die Aussagen $(A \subset B) \wedge (B \subset C)$ und $A \subset C$ verknüpft werden.

© Springer-Verlag GmbH Deutschland, ein Teil von Springer Nature 2020
M. Junk und J.-H. Treude, *Beweisen lernen Schritt für Schritt*,
https://doi.org/10.1007/978-3-662-61616-1_2

- In der nächsten Ebene sind $A \subset B$ und $B \subset C$ durch $\wedge$ ver-knüpft.

Auch in die Aussagen $A \subset B, B \subset C$ und $A \subset C$ kann man weiter hineinschauen, da diese in Langform Für-alle-Aussagen sind:

- $A \subset B$ ist etwa die Abkürzung für $\forall x \in A : x \in B$.

- Diese Für-alle-Aussage wiederum ist zusammgesetzt aus den beiden Teilen $\forall x \in A :$ und $x \in B$.

- Hier endet nun das Zerlegen in Teilaussagen, denn $x \in B$ ist weder eine Abkürzung noch eine Verknüpfung anderer Aussagen.

Die gesamte Aussage des Satzes hat somit eine baumartige Struktur, wobei auf unterster Ebene diejenigen Aussagen stehen, die nicht mehr weiter zerlegbar sind:

> **ℹ**
>
> Lange Ausdrücke werden nicht wie ein Text einfach von links nach rechts gelesen, sondern nach dem Erkennen der Baumstruktur von oben nach unten.

....

(✎ 17) Trainiere selbst einmal die Baumerstellung an dem Ausdruck
$((x \in A) \wedge ((A \subset B) \vee (A \subset C))) \Rightarrow ((x \in B) \vee (x \in C))$.

....

Ein *Beweis* für eine Aussage ist in vielen Fällen nichts anderes als eine *systematische* Vorgehensweise, den Baum zur Aussage *abzuarbeiten*. Dabei gibt es für jedes der Symbole $\Rightarrow, \wedge, \vee, \neg, \forall, \exists$ klare Regeln, mit denen man daraus gebaute Aussagen einerseits *nachweisen* und andererseits *benutzen* kann. Jede einzelne dieser Regeln ist direkt an der aus der Alltagslogik kommenden Vorstellung zum jeweiligen Symbol orientiert und deshalb sehr naheliegend. Außerdem ist jede dieser Regeln an ein *Textfragment* gebunden, dass man an der entsprechenden Stelle im Beweis schreibt, wodurch der Beweistext sich automatisch entwickelt.

Konkret schaut man sich beim Abarbeiten des Baums nicht alle Symbole gleichzeitig an (das wirkt bei langen Aussagen erdrückend), sondern geht systematisch von oben nach unten vor. So erkennt man am obersten Knoten des obigen Baums, dass es sich insgesamt um eine Implikation $G \Rightarrow H$ handelt, wobei G für den linken Teilbaum $(A \subset B) \wedge (B \subset C)$ und H für den rechten Teilbaum $A \subset C$ steht.

Zum Nachweis von $G \Rightarrow H$ wenden wir die (simple) Nachweisregel der Implikation an. Der zugehörige Nachweistext

> *Es gelte G. Zu zeigen ist H.*

verdeutlicht, dass wir ab diesem Punkt davon ausgehen können, dass G wahr ist und unser neues Ziel darin besteht, die (deutlich kürzere) Aussage H, also $A \subset C$, zu begründen.

Ein Blick auf den zugehörigen Teilbaum zeigt uns, dass es hierbei um eine Aussage der Form $\forall x \in A : E_x$ geht, wobei die Details des Teilbaums E_x erst einmal ausgeblendet werden können (E_x steht für $x \in C$). Der Nachweistext ist nun:

> *Sei ein Element x aus A gegeben. Zu zeigen ist E_x.*

Auch hier eröffnet der Text neue Möglichkeiten (indem ein Element x aus der Menge A bereitgestellt wird) und fokussiert uns auf ein neues Ziel (den Nachweis von $x \in C$).

Auch wenn wir den Beweis hier nicht zu Ende führen, ist bereits deutlich geworden, wie sich die Komplexität der Aufgabe durch schrittweises Vorgehen reduzieren lässt. Dabei spielt das *Ausblenden von Details* eine wichtige Rolle, denn es bringt die beteiligten Grundaussagen zum Vorschein, für welche es klare Regeln gibt. Am Ende wird eine Aussage, die durch Verknüpfung vieler einfacher Grundaussagen entstanden ist, durch eine ähnlich lange Verkettung der zugehörigen Nachweis- und Benutzungsregeln nachgewiesen werden. Dies zeigt die große Bedeutung der Grundregeln, die in den folgenden Abschnitten der Reihe nach vorgestellt werden.

2.1 Argumentieren mit Aussagen

In der Aussagenlogik geht es um mathematische Aussagen, die mittels der logischen Verbindungen $\wedge, \vee, \Rightarrow, \Leftrightarrow$ und $\neg$ aus Einzelteilen zusammengesetzt sind. In manchen Fällen ist dabei für die Gültigkeit einer Gesamtaussage gar nicht wichtig, welche Aussagen genau verknüpft werden, sondern nur *wie* dies geschieht (man spricht in diesem Fall auch von *Tautologien*). Natürlich braucht man dann die verknüpften Aussagen gar nicht im Detail auszuschreiben, sondern kann sie durch Buchstaben abkürzen. Die Buchstaben stehen so gewissermaßen für *atomare* Aussagen, in die wir nicht mehr weiter hineinschauen.

Da man durch Kombination der Verknüpfungsmöglichkeiten leicht komplexere Aussagen erzeugen kann, wie zum Beispiel die für jedes Aussagenpaar A, B geltende Kombination $(A \wedge (A \Rightarrow B)) \Rightarrow B$, kann man schon in diesem Umfeld das zuvor angesprochene systematische Vorgehen zur Auflösung komplexerer Situationen sowie das Schreiben von Beweistexten trainieren.

2.1.1 Sätze und Implikationen

Idee: Sätze und Implikationen sind *Regeln*, d. h., sie drücken jeweils eine Wenn-dann-Beziehung zwischen zwei Aussagen aus, der sogenannten *Voraussetzung* (oder *Prämisse*) und der *Folgerung* (oder *Konklusion*): *Wenn* die *Voraussetzung* erfüllt ist, *dann* gilt auch die *Folgerung*.

> **i**
>
> Im Abschnitt A.4 wird der Zusammenhang mit Regeln im Alltag erklärt.

Es folgt ein Beispiel.

Satz 2.1 *Seien x, y positive reelle Zahlen mit $x < y$. Dann gilt $\frac{1}{x} > \frac{1}{y}$.*

Das Vorhandensein von zwei positiven reellen Zahlen x, y mit der Eigenschaft $x < y$ gehört dabei zur Voraussetzung des Satzes und die Folgerung ist die Aussage $\frac{1}{x} > \frac{1}{y}$. Bei der Benutzung wirken x und y als Platzhalter, d. h., es muss angegeben werden, wie x und y durch positive reelle Zahlen belegt werden sollen. Da die Bedingung $x < y$ z. B. durch 2 und 10 anstelle von x und y erfüllt wird, so gilt auch die Folgerung $\frac{1}{2} > \frac{1}{10}$ mit 2 und 10 anstelle der Platzhalter.

Aussageform	Satz
Benutzungsregel	Sind die Voraussetzungen bei Ersetzung der Platzhalter erfüllt, dann gelten auch die Folgerungen mit einer entsprechenden Ersetzung der Platzhalter.
Benutzungstext	Da ..., gilt (mit Satz ...) auch ....

In unserem Beispiel wäre der Benutzungstext etwa: Da $2, 10 \in \mathbb{R}$ positiv sind und $2 < 10$ erfüllen, gilt mit Satz 2.1 auch $\frac{1}{2} > \frac{1}{10}$.

....

(✎ 18) Wende den folgenden Satz auf zwei unterschiedliche Situationen an: Seien a, b und c natürliche Zahlen. Dann gilt $\frac{a \cdot c}{b \cdot c} = \frac{a}{b}$.

(✎ 19) Wie muss der Satz aus Aufgabe (✎ 18) angewendet werden, um auf $\frac{21}{14} = \frac{3}{2}$ schließen zu können?

....

Beim Nachweis eines Satzes wird *angenommen*, dass die Voraussetzungen zutreffen, um dann mit den vereinbarten Beweisschritten auf die Gültigkeit der Folgerung zu schließen. Das vorangestellte Wort *Beweis* zeigt dabei, dass die präzise Argumentation beginnt, während eine Markierung wie □ auf das Ende hinweist. Hier ist unser Beispiel.

> *Beweis.* Seien $x, y \in \mathbb{R}_{>0}$ mit $x < y$. Zu zeigen ist $\frac{1}{x} > \frac{1}{y}$. … □

> ℹ️
>
> Neben □ ist auch *qed* für *quod erat demonstrandum* – was zu beweisen war – eine gängige Endemarke.

Da in den weiteren Schritte des Beweises detailliert erklärt werden würde, wie sich die Folgerung aus den Annahmen ergibt, kann man den Beweis insgesamt als eine Geschichte mit einer bestimmten Botschaft betrachten. Wie in jeder Geschichte wird dabei zunächst die Ausgangslage mit den vorkommenden Akteuren beschrieben, wozu traditionell das Schlüsselwort *Seien* verwendet wird. Die Wirkung von *Seien $x, y \in \mathbb{R}_{>0}$ mit $x < y$* sollte dabei im Kern sehr ähnlich sein zur Wirkung von *Auf einem Küchentisch liegen ein Messer und eine Tomate*. Diese kurze Zeile erzeugt vor unserem inneren Auge eine Art Bild, das aus einem Tisch, einem Messer und einer Tomate besteht. Dabei spielt das genaue Aussehen eher eine untergeordnete Rolle (die imaginäre Tomate hat üblicherweise keine Flecken und das Messer keine abgebrochene Spitze). Wichtig ist vielmehr, welche Möglichkeiten der Situation innewohnen: Das Messer könnte zum Zerschneiden der Tomate benutzt werden, wobei der Tisch als Unterlage dient.

> ℹ️
>
> Im Abschnitt A.1 kannst du nachlesen, was Beweise und andere Geschichten noch gemeinsam haben und was sie unterscheidet.

Übertragen auf die Einleitung unseres Beweises sollte das innere Bild hier aus zwei Zahlen bestehen, mit der Zusatzinformation, dass diese positiv sind. Das genaue Aussehen der Zahlen (also ihre genaue Dezimaldarstellung) spielt dabei eine untergeordnete Rolle. Wichtig ist vielmehr, welche Möglichkeiten der Situation innewohnen: Die beiden Zahlen kann man durch Rechenoperationen verknüpfen und miteinander vergleichen. Die mit x und y bezeichneten Zahlen sollten von nun an genauso *konkret behandelbare* Objekte in unserer Vorstellung sein wie die Tomate und das Messer in der anderen Geschichte.

Da die Einleitung in die Beweisgeschichte bei einem sauber formulierten Satz bereits durch den Satztext erfolgt, ist die erneute Angabe im Beweis nicht zwingend nötig. Es genügt dann, das erste angestrebte Beweisziel vorzustellen. Da es in unserem Satz nur ein Ziel gibt, würde das so aussehen:

> *Beweis.* Zu zeigen ist $\frac{1}{x} > \frac{1}{y}$. … □

Die sehr intuitive Grundregel zum Nachweisen von Sätzen wird in der folgenden Tabelle zusammengefasst.

Aussageform	Satz
Nachweisregel	Um nachzuweisen, dass ein Satz gilt, geht man von den Voraussetzungen aus und zeigt, dass die Folgerungen gelten.
Nachweistext	Beweis. Zu zeigen ist ... □

Da wir im Moment noch keine weiteren Nachweisregeln kennen, kann unser erster vollständig bewiesener Satz nur sehr spartanisch sein.

Satz 2.2 *Sei A eine geltende Aussage. Dann gilt A.*

Beweis. Zu zeigen ist, dass A gilt.

> In diesem super langweiligen Satz ist es super einfach, das Ziel zu erreichen, da es bereits durch die Annahme gesichert ist.

Dies ist nach Voraussetzung der Fall.   □

Was einfach ist, lässt sich auch einfach beweisen.

Auch wenn unser erster bewiesener Satz nicht überraschend ist, so enthält er doch eine wichtige Lehre: Auch langweilige oder offensichtliche Aussagen gelten erst, wenn sie bewiesen wurden. Ob eine Aussage *offensichtlich* ist, erkennt man nicht an ihr selbst, sondern an der Kürze oder Einfachheit ihres Beweises.

Um Beweise mit mehreren Schritten führen zu können, müssen wir unseren Vorrat an möglichen Beweisschritten aufstocken. Dazu sehen wir uns den Umgang mit Implikationen an, die in ihrem Verhalten Sätzen sehr ähneln.

Aussageform	$A \Rightarrow B$
Nachweisregel	Um nachzuweisen, dass $A \Rightarrow B$ gilt, nimmt man an, dass A gilt, und zeigt, dass (dann auch) B gilt.
Nachweistext	Es gelte A. Zu zeigen: B.

Beim Nachweis der Implikation $A \Rightarrow B$ ändert sich also das bestehende Bild über die konkret behandelbaren Objekte durch das Hinzukommen einer neuen Eigenschaft, die durch die Aussage A beschrieben wird. Das Ziel ist dann, in dieser neuen Konstellation auf die Gültigkeit von B zu schließen, wozu normalerweise ein inhaltlicher Zusammenhang zwischen A und B ausgenutzt werden muss. Das denkbar einfachste Beispiel für einen inneren Zusammenhang besteht darin, dass A und B identisch sind.

Satz 2.3 *Sei A eine Aussage. Dann gilt $A \Rightarrow A$.*

Beweis. Zu zeigen ist $A \Rightarrow A$.

> 💭 Wie eine Implikation zu zeigen ist, sagt uns der Nachweistext.

Es gelte A. Zu zeigen: A.

> 💭 Jetzt sind wir in der gleichen Situation wie im Beweis des Satzes 2.2. Wir könnten diesen jetzt benutzen, oder einfach schnell den super einfachen Schluss noch einmal ziehen: Was gilt, gilt.

Da A gilt, gilt A. □

Am Ende des Beweises einer Implikation $A \Rightarrow B$ müssen wir die Zusatzannahme A wieder aus unserer Vorstellung entfernen, da sie nur für die Dauer des Nachweises die Situation ändert. Im Anschluss an den Beweis wird hingegen die bewiesene Implikation $A \Rightarrow B$ dem Gesamtbild als neue Wahrheit hinzugefügt.

> ℹ️
>
> Dass Dir ähnliche Vorgänge aus alltäglichen Geschichten bekannt sind, kannst du im Abschnitt A.1 nachlesen.

Auch wenn sich Satz 2.3 von Satz 2.2 nur in der Formulierung unterscheidet, so ist der Beweis durch die Notwendigkeit von zwei Schritten bereits etwas aufwändiger. Spannender wird es, sobald mehr Beweisschritte zur Verfügung stehen und zum Einsatz gebracht werden müssen. Aber auch mit nur drei verfügbaren Regeln kann man schon trainieren.

. . . .

Beweise: Sind A, B Aussagen, dann gilt $(A \Rightarrow B) \Rightarrow (A \Rightarrow B)$. (✎ 20)

. . . .

Zu interessanteren Sätzen kommen wir durch Einbeziehung der Benutzungsregel für Implikationen.

Aussageform	$A \Rightarrow B$
Benutzungsregel	Wenn man weiß, dass $A \Rightarrow B$ gilt **und** dass A gilt, darf man den Schluss ziehen, dass (auch) B gilt.
Benutzungstext	Da $A \Rightarrow B$ und A gelten, gilt auch B.

Aus dem Gelten von $A \Rightarrow B$ alleine darf weder das Gelten von A noch das von B gefolgert werden.

Im folgenden Beispiel werden Nachweis- und Benutzungsregel der Implikation kombiniert verwendet. Man beachte, wie der gesamte Beweis nur aus aneinandergereihten (angepassten) Nachweis- und Benutzungsregeln besteht.

Satz 2.4 *Seien A, B, C Aussagen. Wir nehmen an, dass $A \Rightarrow B$ und $B \Rightarrow C$ gelten. Dann gilt auch $A \Rightarrow C$.*

Beweis. Zu zeigen ist $A \Rightarrow C$.

> 💭 Weiter geht es mit dem Nachweistext für die Implikationsaussage.

Es gelte A. Zu zeigen: C.

> ☁ Da unsere Annahmen nichts über die Struktur der Aussage C verraten, steht uns nun kein weiterer Nachweistext zur Verfügung. Wir müssen deshalb die Voraussetzungen ins Spiel bringen, um weiter zu kommen. Da aus A nach Voraussetzung B und aus B dann C folgt, erreichen wir unser Ziel mit zwei Benutzungstexten.

> **ℹ**
>
> Insgesamt benutzt dieser Beweis bereits vier Beweisschritte

Da $A \Rightarrow B$ und A gelten, gilt auch B.

Da $B \Rightarrow C$ und B gelten, gilt auch C.

Also gilt C. □

. . . .

(✎ 21) Zeige in ähnlicher Weise, dass $A \Rightarrow ((A \Rightarrow B) \Rightarrow B)$ gilt, wenn A, B gegebene Aussagen sind. Schaffst du auch $(A \Rightarrow (A \Rightarrow B)) \Rightarrow (A \Rightarrow B)$ zu zeigen?

. . . .

2.1.2 Und-Aussagen

Idee: Die Gültigkeit der Und-Verknüpfung zweier Aussagen A und B, geschrieben $A \wedge B$, soll ausdrücken, dass beide Aussagen gelten.

Entsprechend besteht die Wirkung von Nachweis- und Benutzungsregeln nur darin, das Und-Symbol $\wedge$ in den Aussagen durch ein sprachliches *und* im Beweistext zu ersetzen.

Aussageform	$A \wedge B$
Nachweisregel	Um nachzuweisen, dass $A \wedge B$ gilt, muss (normalerweise in zwei Teilen) gezeigt werden, dass sowohl A als auch B gelten.
Nachweistext	Zu zeigen: A und B.
Benutzungsregel	Wenn man weiß, dass $A \wedge B$ gilt, darf man separat verwenden, dass A gilt und dass B gilt.
Benutzungstext	Da $A \wedge B$ gilt, gilt A und es gilt auch B.

Im folgenden Satz kann die Wirkung der Regeln beobachtet werden.

Satz 2.5 *Seien A, B Aussagen. Gilt $A \wedge (A \Rightarrow B)$, so gilt auch $A \wedge B$.*

Beweis. Zu zeigen: $A \wedge B$.

> 💭 Weiter geht es mit dem Nachweistext zur Und-Aussage.

Zu zeigen sind also A und B.

> 💭 Jetzt haben wir zwei Hilfsziele vor uns, für die keine Nachweistexte zur Verfügung stehen. Weiter geht es deshalb mit der Benutzung der Voraussetzung.

Da $A \wedge (A \Rightarrow B)$ gilt, gilt A und es gilt auch $A \Rightarrow B$.

Insbesondere gilt A.

> 💭 Der Nachweis von A ist damit erledigt! Es fehlt also nur noch der Nachweis von B als zweites Ziel. Dies erhalten wir durch Benutzung der Implikation mit dem zugehörigen Text.

Da $A \Rightarrow B$ und A gelten, gilt auch B. $\qquad\qquad \square$

....

Zeige den folgenden Satz: Seien A, B Aussagen. Gilt $A \Rightarrow B$, dann gilt auch $A \Rightarrow (A \wedge B)$. (✎ 22)

Zeige das Kommutativgesetz für zwei Aussagen A, B: Gilt $A \wedge B$, dann gilt auch $B \wedge A$. (✎ 23)

Zeige außerdem das Assoziativitätsgesetz für drei Aussagen A, B, C: Gilt $(A \wedge B) \wedge C$, dann gilt auch $A \wedge (B \wedge C)$, und umgekehrt. (✎ 24)

....

2.1.3 Oder-Aussagen und Fallunterscheidung

Idee: Die Gültigkeit einer Oder-Verknüpfung zweier Aussagen soll ausdrücken, dass (mindestens) eine der beiden gilt (es dürfen auch beide gelten).

Aussageform	$A \vee B$
Nachweisregel	Um zu zeigen, dass $A \vee B$ gilt, zeigt man, dass A gilt, oder man zeigt, dass B gilt.
Nachweistext alternativ	Da A gilt, gilt $A \vee B$. Da B gilt, gilt $A \vee B$.

In der Umgangssprache drückt man mit Oder-Aussagen oft aus, dass *genau* eine der beteiligten Aussagen zutrifft (*exklusives Oder*). Die mathematische Oder-Aussage gilt dagegen auch, wenn beide Teilaussagen gelten.

Während die Nachweisregel sehr naheliegend ist (es muss A gezeigt werden oder es muss B gezeigt werden, damit A oder B gilt), ist die sinnvolle Benutzung einer geltenden Oder-Aussage weniger offensichtlich, da wir nun ja nicht genau wissen, welche der beiden Teilaussagen stimmt. Aus dieser unsicheren Situation heraus kann man nur dann sichere Folgerungen ziehen, wenn es für den gewünschten Schluss egal ist, welche der beiden Aussagen wahr ist.

Es muss genügen, dass mindestens eine zutrifft. Genau diese Idee ist Grundlage der Oder-Benutzungsregel, die auch *Fallunterscheidung* genannten wird.

Aussageform	$A \lor B$
Benutzungsregel	Man betrachtet separat den Fall, dass A gilt, und den Fall, dass B gilt. Möchte man insgesamt auf eine Aussage C schließen, muss dies in jedem der beiden Fälle gelingen.
Benutzungstext	Fall A gilt: …also gilt C. Fall B gilt: …also gilt C. Damit gilt C in jedem Fall.

Gerade bei der Benutzung der Fallunterscheidung kann man das Zusammenspiel verschiedener gedanklicher *Kontexte* beobachten, das in mathematischen Argumentationen eine große Rolle spielt. Zu einem Kontext gehört dabei eine Liste der verfügbaren Objektnamen, eine Liste der gerade geltenden Aussagen und eine Liste von Beweiszielen, die noch abgearbeitet werden sollen.

In mathematischen Argumentationen gibt es häufig Kontextwechsel. Wichtig ist, dass du an jeder Stelle weißt, welche Aussagen gelten, welche Namen verwendbar sind und welche Zielaussagen zu erreichen sind.

Begeben wir uns nun in einen Kontext, wo unter anderem eine oder-Aussage $A \lor B$ gilt und eine Aussage C durch Fallunterscheidung bewiesen werden soll. Dazu wird im bestehenden Kontext ein Unterkontext eröffnet mit der gleichen Liste an verwendbaren Objektnamen und einer um A vergrößerten Liste an geltenden Aussagen. Wir befinden uns im ersten Fall, wo das Gelten von A angenommen wird. In der Liste der Ziele steht nur noch die Aussage C, d. h., alle anderen Ziele des Ausgangskontext sind im Moment unwichtig! Sobald C gezeigt wurde, verlassen wir den gedanklichen Kontext. Dabei verschwinden alle Aussagen und Namen, die vielleicht beim Nachweis von C bewiesen oder definiert wurden. Es bleibt nur im Gedächtnis, dass im Fall A der Nachweis von C geglückt ist.

Im Unterkontext des zweiten Falls beginnen wir mit der Liste der geltenden Aussagen aus dem Ausgangskontext, ergänzt um B, und übernehmen die Namensliste wieder ungeändert. Das Ziel besteht erneut aus dem Nachweis der Aussage C. Sobald dies gelungen ist, verlassen wir den Kontext (mitsamt den darin gezeigten Aussagen und definierten Namen) und gelangen zurück in die Ausgangssituation. Dort wird als Konsequenz der erfolgreichen Abstecher in die beiden Unterkontexte nun C in die Liste der geltenden Aussagen aufgenommen und kann somit aus der Liste der Beweisziele entfernt werden.

Das Schreiben und auch das Lesen von Beweisen verlangt also eine sorgfältige Buchhaltung über die jeweils geltenden Aussagen, die benutzbaren Namen und die angestrebten Ziele. Dabei bleiben die eigentlichen Listen im Text unsichtbar. Die aufgeschriebenen Beweis-schritte sind nur Anweisungen, wie die Listen abzuändern sind.

Um sich an das unsichtbare Führen der Listen zu gewöhnen, ist es sinnvoll, sie hin und wieder bewusst aufzuschreiben. Besonders wenn man in einem Beweis nicht sieht, wie es weitergehen soll, sind solche Bestandsaufnahmen sehr nützlich. Zur Illustration kann man auch die Kontextgrenzen in Beweistexten einzeichnen und hinzukommen-de Wahrheiten, Namen und Ziele unterschiedlich farblich markieren.

Das folgende Beispiel ist Teil eines Distributivgesetzes für die bei-den Verknüpfungen $\wedge$ und $\vee$. Der Beweis benötigt Nachweis- und Benutzungsregel der Oder-Aussage.

Satz 2.6 *Seien A, B, C Aussagen. Gilt $A \wedge (B \vee C)$, dann gilt auch $(A \wedge B) \vee (A \wedge C)$.*

Beweis. Zu zeigen ist $(A \wedge B) \vee (A \wedge C)$.

> Da der Nachweistext für die Oder-Aussage nur funktioniert, wenn eine der beteiligten Aussagen gilt, müssen wir diese Situation erst aus den Voraussetzungen herstellen. Wir benutzen daher die gegebene Und-Aussage.

Da $A \wedge (B \vee C)$ gilt, gelten A und $B \vee C$.

> Benutzung der nun geltenden Aussage $B \vee C$ erlaubt uns, die Fälle getrennt zu betrachten.

Fall B gilt: Da A und B gelten, gilt $A \wedge B$.

> Jetzt kann der Nachweistext für die Oder-Aussage benutzt werden.

Da $A \wedge B$ gilt, gilt auch $(A \wedge B) \vee (A \wedge C)$.

Fall C gilt:

....

Bevor du weiterliest, mache eine Bestandsaufnahme über den gedanklichen Kontext an genau dieser Stelle im Beweis. (✎ 25)

Fertige dazu eine Liste an, welche Aussagen aus dem Beweisverlauf an dieser Stelle im Beweis gelten (die Sätze, die vorher schon gezeigt wurden, gelten zwar auch, müssen aber nicht alle wiederholt werden). Ergänze eine Liste der aktuellen Beweisziele und auch eine Liste der verfügbaren Namen (auch hier gibt es Namen, die schon vor dem Beweis verfügbar waren wie $\emptyset, \mathcal{U}, \mathbb{N}, \mathbb{R}$ für bestimmte Mengen, die nicht alle wiederholt werden müssen).

....

Es ist nicht un-gewöhnlich, dass du beim Beweisen einen Teil der Kontextlis-ten vergisst. Stelle dir dann die Fragen: Was sind meine Ziele? Welche Aus-sagen gelten gerade? Welche Namen sind verwendbar? Wenn du die Antworten im bisherigen Be-weistext suchst, füllst du die Listen gedanklich wieder auf.

Da A und C gelten, gilt $A \wedge C$ und damit gilt auch die Aussage $(A \wedge B) \vee (A \wedge C)$.

Damit gilt $(A \wedge B) \vee (A \wedge C)$ in jedem Fall. □

. . . .

(✎ 26) Zeige die umgekehrte Implikation: Seien A, B, C Aussagen. Gilt die Aussage $(A \wedge B) \vee (A \wedge C)$, dann gilt auch $A \wedge (B \vee C)$.

(✎ 27) Zeige die Idempotenz der Oder-Verknüpfung: Ist A eine Aussage, dann gilt $(A \vee A) \Rightarrow A$, und umgekehrt.

(✎ 28) Zeige das Kommutativgesetz der Oder-Verknüpfung: Seien A, B Aussagen. Gilt $A \vee B$, dann gilt auch $B \vee A$.

(✎ 29) Zeige auch das Assoziativgesetz der Oder-Verknüpfung: Seien A, B, C Aussagen. Gilt $(A \vee B) \vee C$, dann gilt auch $A \vee (B \vee C)$, und umgekehrt.

(✎ 30) Es gilt auch ein Distributivgesetz mit vertauschten Rollen: Seien A, B, C Aussagen. Dann gilt $(A \vee (B \wedge C)) \Rightarrow ((A \vee B) \wedge (A \vee C))$, und umgekehrt.

. . . .

Oft kommt man beim Beweisen in die Situation, dass eine Aussage C gezeigt werden soll und man dies unter einer Annahme A auch schaffen könnte, doch leider gilt A im aktuellen Kontext nicht. Als Beispiel betrachten wir den Beweis des Satzes, dass für eine Zahl $z \in \mathbb{Z}$ das Quadrat z^2 nicht negativ ist. Wüssten wir, dass $z \geq 0$ gilt, dann könnten wir die schon bekannte Tatsache benutzen, dass das Produkt von zwei nichtnegativen Zahlen ebenfalls nicht negativ ist. Aber wir wissen ja nur $z \in \mathbb{Z}$ und können $z \geq 0$ nicht einfach annehmen. Wäre $z \geq 0$ dagegen Teil einer geltenden Oder-Aussage, dann hätten wir zumindest einen Fall der Fallunterscheidung schon geschafft!

> **ℹ**
>
> Kannst du ein Beweisziel unter einer Zusatzannahme A zeigen, dann lohnt es sich zu überlegen, ob es auch unter der Annahme $\neg A$ folgt. Mit einer Fallunterscheidung und dem Axiom Tertium non datur kommst du dann zum Ziel.

Dass $z \geq 0$ tatsächlich Teil einer geltenden Oder-Aussage ist, ergibt sich aus einem wichtigen Axiom der von uns benutzten zweiwertigen Logik mit dem Namen *Tertium non datur* – ein Drittes ist nicht gegeben. In unserem Beispiel besagt es, dass $(x \geq 0) \vee (x < 0)$ gilt. Allgemein lautet es so:

Axiom (Tertium non datur). *Für jede Aussage A gilt $A \vee (\neg A)$.*

Beim Beweis von Sätzen zur Aussagenlogik kann das Axiom sehr systematisch eingesetzt werden. Geht es etwa um den Nachweis einer Aussage, die drei atomare Aussagen A, B, C kombiniert, dann kann man $A \vee (\neg A)$, $B \vee (\neg B)$ und $C \vee (\neg C)$ benutzen, um die Zielaussage für alle Wahrheitswertkonstellationen zu analysieren. Benutzt man zunächst $A \vee (\neg A)$, so kann man in jedem der beiden Fälle (A gilt oder $\neg A$ gilt) wegen $B \vee (\neg B)$ erneut eine Fallunterscheidung machen. In jeder der nun schon vier Konstellationen ist wegen $C \vee (\neg C)$ wiederum eine Fallunterscheidung möglich. Kann in jeder der so entstehenden acht Konstellationen mit detaillierter Wahrheitsinformation über die atomaren Aussagen die Gültigkeit der Zielaussage nachgewiesen werden, trifft sie gemäß der Fallunterscheidungsregel auch insgesamt zu. Diese Vorgehensweise führt auf das Konzept der *Wahrheitstabellen*, das wir hier aber nicht weiter verfolgen, weil es in der mathematischen Praxis insgesamt eine untergeordnete Rolle spielt.

Stattdessen nutzen wir das Axiom *Tertium non datur* dazu, eine nützliche alternative Nachweisregel für Oder-Aussagen zu begründen.

Satz 2.7 *Seien A, B Aussagen. Gilt $(\neg A) \Rightarrow B$, dann gilt auch $A \vee B$. Entsprechend folgt aus $(\neg B) \Rightarrow A$ ebenfalls $A \vee B$.*

> Mit Satz 2.7 kannst du Oder-Aussagen zeigen, indem du annimmst, dass eine der Teilaussagen nicht gilt, und zeigst, dass dann die andere gilt.

Beweis. Zunächst gehen wir von $(\neg A) \Rightarrow B$ aus und zeigen $A \vee B$.

> Da der Nachweistext für die Oder-Aussage das Gelten einer der beiden Aussagen benötigt, schauen wir uns die Voraussetzung $(\neg A) \Rightarrow B$ an. Um sie zu nutzen, müssten wir wissen, dass $\neg A$ stimmt, aber darüber gibt es keine Information. Einfach so können wir $\neg A$ nicht annehmen, wohl aber als *einen* Fall in einer Fallunterscheidung, wenn wir den gegenteiligen Fall auch untersuchen.

Da $A \vee (\neg A)$ gilt, machen wir eine Fallunterscheidung.

Fall A gilt: Da A gilt, gilt auch $A \vee B$.

Fall $\neg A$ gilt:

. . . .

Trainiere deine Buchhaltung: Welche Aussagen gelten an genau diesem Punkt des Beweises, und wie lautet das aktuelle Beweisziel? (✎ 31)

Erst antworten, dann weiterlesen . . .

. . . .

Da $(\neg A) \Rightarrow B$ und $\neg A$ gelten, gilt auch B. Da B gilt, gilt auch $A \vee B$.

Damit gilt $A \vee B$ insgesamt.

. . . .

Dass $A \vee B$ auch aus $(\neg B) \Rightarrow A$ folgt, ist eine Übung. (✎ 32)

. . . .

$\square$

2.1.4 Nicht-Aussagen

Idee: Aus dem Krimi-Alltag sind uns Argumentationen folgender Form bekannt: Angenommen Person X hat die Tat begangen. Da sie nachweislich um 09:20 Uhr noch in Berlin war, musste sie mit einer Durchschnittsgeschwindigkeit von über 1000 km/h reisen, um rechtzeitig an den Tatort zu gelangen. Da kein gängiges Verkehrsmittel dazu in der Lage ist, kommt Person X nicht als Täter infrage.

Solche *indirekten* Schlüsse funktionieren immer nach einem Muster: Man nimmt zunächst an, eine Aussage gilt (oben: Person X ist der Täter). Nun zeigt man durch eine schlüssige Argumentation, dass eine *widersprüchliche* Situation eintritt, also eine Situation, in der eine gewisse Aussage sowohl wahr als auch falsch ist (im Beispiel bewegt sich Person X mit mehr als 1000 km/h, obwohl sich Person X *nicht* mit mehr als 1000 km/h bewegen kann). Anschließend verwirft man die Annahme und geht von der Gültigkeit der gegenteiligen Aussage aus.

In der Mathematik wird dieses Prinzip als Nachweisregel für Nicht-Aussagen verwendet.

	𝔦

Anhang B hilft dir, bei der größer werdenden Anzahl von Nachweis- und Benutzungstexten den Überblick zu behalten.

Aussageform	$\neg A$
Nachweisregel	Um zu zeigen, dass $\neg A$ gilt, nimmt man an, dass A gilt, und zeigt, dass eine widersprüchliche Situation entsteht, d. h., dass eine Aussage B gilt und ihr Gegenteil $\neg B$ auch.
Nachweistext	Annahme A ... ⨍ Also gilt $\neg A$.

Dabei wird ⨍ als Symbol für den Widerspruch hinter die geltende Aussage geschrieben, deren Gegenteil ebenfalls nachgewiesen wurde. Als einfaches Beispiel beweisen wir den folgenden Satz.

Satz 2.8 *Sei B eine Aussage. Dann gilt $B \Rightarrow (\neg(\neg B))$.*

Beweis. Zu zeigen ist $B \Rightarrow (\neg(\neg B))$.

> ☁ Der Nachweistext zur Implikation können wir in Anhang B auf Seite 196 nachschlagen.

Es gelte B. Zu zeigen: $\neg(\neg B)$.

> ☁ Wir füllen die Nachweistextvorlage zur Negation auf Seite 200.

Annahme $\neg B$.

> ☁ Jetzt muss eine Aussage gefunden werden, die gilt und auch nicht gilt. Hier können wir B selbst nehmen.

Nach Voraussetzung gilt auch B. ⨍

Also gilt $\neg(\neg B)$.   □

Es mag an dieser Stelle seltsam erscheinen, dass wir diesen Beweis führen. Ist es nicht offensichtlich, dass das Gegenteil des Gegenteils einer Aussage der ursprünglichen Aussage entspricht? Das Gegenteil von *Die Lampe leuchtet* ist doch *Die Lampe leuchtet nicht* und das Gegenteil davon ist doch wieder *Die Lampe leuchtet*. Wenn B gilt, dann sollte die gleichlautende Aussage $\neg(\neg B)$ doch auch gelten?

Die Antwort auf diese berechtigte Frage sieht so aus: Nur weil wir das Symbol $\neg A$ in unserer mathematischen Sprache als *Gegenteil von* A oder als *nicht* A aussprechen, heißt das noch nicht, dass $\neg A$ sich genauso wie das Gegenteil-Konzept aus unserer Alltagswelt verhält. Das Verhalten von $\neg A$ in der mathematischen Welt entsteht *allein* durch die dort vorliegenden Regeln für diese Zeichenkombination!

Natürlich wollen wir unser Alltagsverständnis von Gegenteil weitmöglichst in der mathematischen Welt kopieren. Die Nachweisregel ist genau in diesem Sinne gewählt worden, und der nachfolgende Satz zeigt bereits, dass die in der Alltagswelt bekannte Tatsache *Doppelte Verneinung hebt sich auf* zum Teil aus der Nachweisregel folgt und somit auch in der mathematischen Welt gilt. Der noch fehlende Teil, dass aus dem Gelten von $\neg(\neg B)$ auch das Gelten von B folgt, ist gerade unsere Benutzungsregel für Nicht-Aussagen. Sie sorgt endgültig dafür, dass das Verhalten des mathematischen Gegenteils dem alltäglichen Gegenteil sehr nahe kommt.

> **ℹ**
>
> Die Bedeutung der mathematischen Zeichen ergibt sich aus den zugehörigen Regeln und nicht aus der umgangssprachlichen Verwendung. Die Regeln sind aber so gewählt, dass sie die gewohnte Bedeutung so gut wie möglich nachbilden.

Aussageform	$\neg A$
Benutzungsregel	Ist A selbst eine verneinte Aussage $\neg B$, so gilt B.
Benutzungstext	Wegen $\neg(\neg B)$ gilt B.

Wir wollen die beiden Negationsregeln nun exemplarisch in einem Beweis verwenden. Hier kommt auch zum ersten Mal die bereits angesprochene alternative Strategie zum Nachweis von Oder-Aussagen aus Satz 2.7 zum Einsatz.

Satz 2.9 *Seien A, B Aussagen. Wenn $\neg(A \wedge B)$ gilt, dann gilt auch $(\neg A) \vee (\neg B)$.*

Beweis. Zu zeigen ist $(\neg A) \vee (\neg B)$.

> ☁ Der grundlegende Nachweistext für die Oder-Aussage funktioniert nur, wenn eine der beteiligten Aussagen gilt. Da unsere Annahme hierzu keine direkte Verbindung herstellt, lohnt es sich den Satz 2.7 zu benutzen, der als Oder-Nachweistext auf Seite 199 im Anhang B vorbereitet ist.

Zum Nachweis von $(\neg A) \vee (\neg B)$ gelte $\neg(\neg A)$. Zu zeigen: $\neg B$.

> 💭 Jetzt startet der Nachweistext für Negationen von Seite 200.

Annahme B.

....

(✎ 33) Zeit für Buchhaltung: Welche Aussagen gelten an genau diesem Punkt des Beweises, und wie lautet das aktuelle Beweisziel?

Erst antworten, dann weiterlesen ...

....

> 💭 Mit der Benutzungsregel für ¬ auf Seite 200 in Anhang B können wir die doppelte Verneinung auflösen, und finden dann $A \wedge B$, was im Widerspruch zu $\neg(A \wedge B)$ steht.

Wegen $\neg(\neg A)$ gilt A und damit auch $A \wedge B$. ⚡

> 💭 Damit muss die Annahme B also falsch gewesen sein.

Also gilt $\neg B$.   □

....

(✎ 34) Mit einer ähnlichen Vorgehensweise kannst du nun auch zeigen, dass man bei zwei Aussagen A, B aus dem Gelten von $\neg(A \vee B)$ auf das Gelten von $(\neg A) \wedge (\neg B)$ schließen kann.

....

2.1.5 Widersprüche

Wenn eine Implikation nachgewiesen werden soll, bei der die Aussage links vom Pfeil (die Prämisse oder Voraussetzung) falsch ist, wie z. B. $1 \in \emptyset$ oder $2 \notin \mathbb{N}$, so wirkt dies sehr verstörend. Die Nachweisregel verlangt nämlich von uns, eine Gedankenwelt aufzubauen, in der die Voraussetzung wahr ist, obwohl das Gegenteil der Fall ist!

Solche *widersprüchlichen* Situationen kennen wir aus der realen Welt nicht, wo eine objektiv prüfbare Eigenschaft (wie zum Beispiel *Die Lampe leuchtet*) unmöglich zeitgleich mit ihrem Gegenteil vorliegen kann. Da uns beim Aufbau von Gedankenwelten aber nichts daran hindert, auch widersprüchliche Annahmen zu treffen, kann man sich durchaus die Frage stellen, welche Konsequenzen ein Widerspruch für eine mathematische Gedankenwelt hat.

Tatsächlich kann man aus unseren bisherigen Regeln folgern, dass in einer Welt mit einem Widerspruch *alle* Aussagen widersprüchlich sind. Anders formuliert: In einer widersprüchlichen Situation gilt *jede* Aussage (insbesondere auch ihr Gegenteil) – kurzum, *wahr* und *falsch* lassen sich hier nicht mehr unterscheiden. Diese Regel ist unter dem lateinischen Namen *Ex falso quodlibet* bekannt, was übersetzt *Aus einem Widerspruch folgt Beliebiges* bedeutet.

Satz 2.10 (Ex falso quodlibet) *Sind A, B Aussagen und gilt sowohl A als auch $\neg A$, dann gilt auch B.*

Beweis. Zu zeigen ist B.

> Da A widersprüchlich ist, haben wir den Schlüssel zum Nachweis einer negierten Aussage in der Hand, denn der Nachweistext erwartet ja am Ende *irgendeine* widersprüchliche Aussage.

> Der Trick ist, B als negierte Aussage zu sehen, was wegen der engen Verbindung mit der doppelten Verneinung $\neg(\neg B)$ möglich ist. Um passend auf B zu landen, weisen wir also zuerst die Negation $\neg(\neg B)$ nach und entfernen anschließend die doppelte Verneinung mit der Benutzungsregel zur Negation. Diese Kombination ist ein Standardtrick (ein sog. *indirekter Beweis*).

Angenommen $\neg B$ gilt. Da nach Voraussetzung A und $\neg A$ gelten, liegt ein Widerspruch vor. ⚡ Also gilt $\neg(\neg B)$.

> Mit dem Text zur doppelten Negation sind wir fertig.

Wegen $\neg(\neg B)$ gilt B. □

Bei einem indirekten Beweis einer Aussage geht man von ihrem Gegenteil aus und zeigt einen Widerspruch.

Wenn wir also erneut die oben angesprochene Situation betrachten, in der eine falsche Aussage als Prämisse einer Implikation auftritt, dann befinden wir uns nach Anwendung der Implikations-Nachweisregel in einer widersprüchlichen Situation, sodass die gewünschte Folgerung automatisch gilt. Eine Implikation mit falscher Prämisse ist also stets eine wahre Aussage. Trotzdem führt dies nicht zu Problemen, denn eine solche Implikation kann niemals benutzt werden, weil ihre Voraussetzung eben nicht gilt.

Im folgenden Beispiel sehen wir einen typischen Einsatz von *Ex falso quodlibet* in einer Fallunterscheidung.

Satz 2.11 *Seien A, B Aussagen. Wenn $(\neg A) \vee (\neg B)$ gilt, dann gilt auch $\neg(A \wedge B)$.*

Beweis. Es gelte $(\neg A) \vee (\neg B)$. Zu zeigen ist $\neg(A \wedge B)$.

> Mit dem Nachweistext für Negationen (Seite 200) geht es weiter, gefolgt von der Auflösung der Und-Aussage mit dem Benutzungstext auf Seite 198 in Anhang B.

Angenommen $A \wedge B$ gilt. Damit gelten A und B.

· ·

(✎ 35) Zeit für Buchhaltung: Welche Aussagen gelten im Moment und wie lautet das aktuelle Ziel?

Erst antworten, dann weiterlesen …

· ·

> ☁ Basierend auf der Voraussetzung $(\neg A) \vee (\neg B)$ können wir mit der Benutzungsregel auf Seite 199 eine Fallunterscheidung durchführen, wobei im Fall $\neg A$ gleichzeitig auch A gilt und im Fall $\neg B$ gleichzeitig B. Da wir eine widersprüchliche Aussage brauchen, klingt das vielversprechend. Allerdings muss in einer korrekten Fallunterscheidung in beiden Fällen *die gleiche* Aussage gezeigt werden. Hier hilft jetzt *Ex falso quodlibet*: Ist ein Fall widersprüchlich, so kann *jede* Aussage gefolgert werden, also insbesondere die gleiche wie im anderen Fall.

Eine Fallunterscheidung ist nur dann korrekt, wenn die zugehörige Oder-Aussage gilt und in beiden Fällen *die gleiche* Aussage gezeigt wird.

Fall $\neg A$ gilt: Da auch A gilt, finden wir $A \wedge (\neg A)$.

Fall $\neg B$ gilt: Da auch B gilt, ist B widersprüchlich. Mit *Ex falso quodlibet* folgt $A \wedge (\neg A)$.

In jedem Fall gilt also $A \wedge (\neg A)$, d. h. A und $\neg A$. ⚡

Damit gilt $\neg(A \wedge B)$. □

Das nächste Satzbeispiel ist eine nützliche Zusatzregel (die sogenannte *Kontrapositionsregel*) zum Nachweis von Implikationen. Die Regel *Ex falso quodlibet* tritt hier wieder in einer Fallunterscheidung auf.

Satz 2.12 (Kontrapositionsregel) *Seien A, B Aussagen. Gilt die Implikation $(\neg B) \Rightarrow (\neg A)$, dann gilt auch $A \Rightarrow B$.*

Beweis. Es gelte $(\neg B) \Rightarrow (\neg A)$. Zu zeigen: $A \Rightarrow B$.

> ☁ Mit dem $\Rightarrow$-Nachweistext auf Seite 196 sehen wir, was zu tun ist.

Es gelte A. Zu zeigen: B.

> ☁ Die Voraussetzung $(\neg B) \Rightarrow (\neg A)$ ist nur nutzbar, wenn $\neg B$ gilt. Diese Situation erzeugen wir wieder innerhalb einer Fallunterscheidung. Die Oder-Aussage wird von *Tertium non datur* geliefert.

Basierend auf $B \vee (\neg B)$ führen wir eine Fallunterscheidung durch.

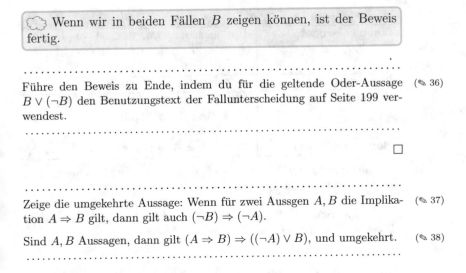

Wenn wir in beiden Fällen B zeigen können, ist der Beweis fertig.

Führe den Beweis zu Ende, indem du für die geltende Oder-Aussage $B \lor (\neg B)$ den Benutzungstext der Fallunterscheidung auf Seite 199 verwendest.   (✎ 36)

□

Zeige die umgekehrte Aussage: Wenn für zwei Aussgen A, B die Implikation $A \Rightarrow B$ gilt, dann gilt auch $(\neg B) \Rightarrow (\neg A)$.   (✎ 37)

Sind A, B Aussagen, dann gilt $(A \Rightarrow B) \Rightarrow ((\neg A) \lor B)$, und umgekehrt.   (✎ 38)

2.2 Ersetzungsregeln

Die Äquivalenz von Aussagen haben wir als Abkürzung für einen etwas längeren Ausdruck definiert. Genauso ist die Gleichheit von Mengen axiomatisch auf das Gelten von zwei Inklusionen zurückgeführt. Dadurch sind ihre Nachweis- und Benutzungsregeln prinzipiell bereits fesgelegt: Sie ergeben sich als Kombination der Regeln zu den Ausdrücken in der jeweiligen Langform. Aus praktischen Gründen ist es aber sinnvoll, gewisse Folgerungen, die sich aus der (oft mehrfachen) Anwendung der elementaren Regeln ergeben, als eigenständige Regeln einzuführen.

2.2.1 Äquivalenzen

Gilt eine mathematische Aussage A, so sagen wir auch, sie sei *wahr*. Gilt ihr Gegenteil $\neg A$, so sagen wir, A sei *falsch*. Durch das Axiom *Tertium non datur* kommen weitere *Wahrheitswerte* neben wahr und falsch nicht vor.

Haben nun zwei Aussagen E und F den gleichen Wahrheitswert, so nennt man sie *äquivalent* (lateinisch aequus (gleich) - valere (wert)). Im Äquivalenzfall gilt also $E \land F$ (beide sind wahr) oder $(\neg E) \land (\neg F)$ (beide sind falsch). Insgesamt ist damit $(E \land F) \lor ((\neg E) \land (\neg F))$ eine Beschreibung der Äquivalenz von E und F.

Schauen wir auf die Definition der Äquivalenzaussage $E \Leftrightarrow F$ auf Seite 7, so finden wir dagegen die Langform $(E \Rightarrow F) \land (F \Rightarrow E)$, woraus sich die folgenden Regeln ableiten:

Aussageform	$A \Leftrightarrow B$
Nachweisregel	Um nachzuweisen, dass $A \Leftrightarrow B$ gilt, muss man (in der Regel in zwei Teilen) zeigen, dass $A \Rightarrow B$ und $B \Rightarrow A$ gelten.
Nachweistext	Zu zeigen: $A \Rightarrow B$ und $B \Rightarrow A$.
Benutzungsregel	Gilt die Äquivalenz $A \Leftrightarrow B$, dann gelten auch die beiden Implikationen $A \Rightarrow B$ und $B \Rightarrow A$.
Benutzungstext	Wegen $A \Leftrightarrow B$ gelten $A \Rightarrow B$ und $B \Rightarrow A$.

Im folgenden Satz wird untersucht, dass die beiden Beschreibungen der Äquivalenz gleichbedeutend sind.

Satz 2.13 *Seien E, F Aussagen. Gilt $(E \wedge F) \vee ((\neg E) \wedge (\neg F))$, dann gilt auch $(E \Rightarrow F) \wedge (F \Rightarrow E)$, und umgekehrt.*

Beweis. Wir gehen von $(E \wedge F) \vee ((\neg E) \wedge (\neg F))$ aus und zeigen $(E \Rightarrow F) \wedge (F \Rightarrow E)$.

> ☁ Der $\wedge$-Nachweistext auf Seite 198 liefert zwei Hilfsziele.

Dazu müssen die Aussagen $E \Rightarrow F$ und $F \Rightarrow E$ gezeigt werden.

> ☁ Weiter geht es mit dem $\Rightarrow$ Nachweistext auf Seite 196.

Wir beginnen mit dem Nachweis von $E \Rightarrow F$. Dazu gehen wir von E aus. Zu zeigen ist F.

> ☁ Hier kann das Ziel nicht weiter vereinfacht werden. Wir wechseln daher in den Benutzungsmodus und machen eine Fallunterscheidung basierend auf der Voraussetzung (Seite 199).

Fall $E \wedge F$ gilt: Hier gelten E und F, also gilt insbesondere F.

Fall $(\neg E) \wedge (\neg F)$ gilt: Hier gilt insbesondere $\neg E$.
Damit ist E widersprüchlich, und wegen *Ex falso quodlibet* gilt F.

In jedem Fall gilt also F.

. . . .

(✎ 39)   Der Nachweis von $F \Rightarrow E$ verläuft nach dem gleichen Muster.

. . . .

Umgekehrt gehen wir nun von $(E \Rightarrow F) \wedge (F \Rightarrow E)$ aus und zeigen $(E \wedge F) \vee ((\neg E) \wedge (\neg F))$.

> ☁ Wir verwenden die Oder-Nachweisregel auf Seite 199, die sich aus Satz 2.7 ergeben hat.

ℹ

Wichtig ist nicht, dass die Beweistexte wortwörtlich wie im Anhang B verwendet werden, sondern dass ihr Sinn erhalten bleibt.

Zum Nachweis von $(E \wedge F) \vee ((\neg E) \wedge (\neg F))$ gelte $\neg(E \wedge F)$. Zu zeigen ist $(\neg E) \wedge (\neg F)$.

> Der $\wedge$-Nachweistext auf Seite 198 greift sinngemäß.

Wir zeigen also $\neg E$ und $\neg F$.

> Weiter mit dem Nachweistext für Negationen auf Seite 200.

Annahme: Es gilt E.

> Jetzt muss ein Widerspruch gefunden werden. Wir greifen auf die Voraussetzung zurück, um den Bestand an geltenden Aussagen zu sichten.

Wegen $(E \Rightarrow F) \wedge (F \Rightarrow E)$ gelten $E \Rightarrow F$ und $F \Rightarrow E$.

> Wir benutzen die erste Implikation gemäß dem auf Seite 196 stehenden Nachweistext.

Wegen $E \Rightarrow F$ und E gilt F. Also gilt $E \wedge F$ und nach Annahme auch $\neg(E \wedge F)$. ⚡

. . . .

Zeige $\neg F$ auf die gleiche Weise.   (✎ 40)

. . . .

$\square$

Viele in den vorherigen Abschnitten bewiesenen Implikationen lassen sich zu Äquivalenzen zusammenfassen. Beispielsweise gilt das *De Morgansche Gesetz*

Satz 2.14 *Seien E, F Aussagen. Dann gilt die Äquivalenzaussage* $(\neg(E \wedge F)) \Leftrightarrow ((\neg E) \vee (\neg F))$.

Beweis. Wir zeigen zunächst $(\neg(E \wedge F)) \Rightarrow ((\neg E) \vee (\neg F))$ und gehen dazu von $\neg(E \wedge F)$ aus. Zu zeigen ist $(\neg E) \vee (\neg F)$. Dies folgt durch Anwendung von Satz 2.11 bei Ersetzung von A durch E und von B durch F.

Wir zeigen nun $((\neg E) \vee (\neg F)) \Rightarrow (\neg(E \wedge F))$ und gehen dazu von $(\neg E) \vee (\neg F)$ aus. Zu zeigen ist $\neg(E \wedge F)$. Dies folgt durch Anwendung von Satz 2.9 bei Ersetzung von A durch E und von B durch F. $\square$

Bei Nutzung von Sätzen kann es die Lesbarkeit erhöhen, wenn du die Belegung der Platzhalter genau beschreibst.

In ähnlicher Weise können wir andere bereits bewiesene Sätze und Übungsaufgaben als Äquivalenzaussagen umformulieren. Das ist Gegenstand der folgenden Aufgaben.

. . . .

(✎ 41) Zeige die folgenden Äquivalenzen, indem du bereits bewiesene Sätze und Übungsaufgaben nutzt und fehlende Implikationen argumentativ auffüllst: Für Aussagen E, F gilt

1. $E \Leftrightarrow \neg(\neg E)$,

2. $(E \Rightarrow F) \Leftrightarrow ((\neg F) \Rightarrow (\neg E))$,

3. $(\neg(E \vee F)) \Leftrightarrow ((\neg E) \wedge (\neg F))$.

Argumentiere in der folgenden Aufgabe mit der Benutzungsregel für die Äquivalenzaussage $A \Leftrightarrow B$ und der Benutzungsregel für die Implikation.

(✎ 42) Seien A, B Aussagen mit $A \Leftrightarrow B$. Gilt A, dann gilt auch B, gilt A nicht, dann gilt auch B nicht.

Dass auch das Gelten bzw. Nichtgelten von B die jeweiligen Konsequenzen auf A hat, folgt durch Kombination mit dem Satz:

(✎ 43) Sind E, F Aussagen und gilt $E \Leftrightarrow F$, dann gilt auch $F \Leftrightarrow E$.

Beweise jetzt durch Benutzung von (✎ 42) und (✎ 43) den folgenden Satz.

(✎ 44) Seien A, B Aussagen mit $A \Leftrightarrow B$. Gilt B, dann gilt auch A. Gilt B nicht, dann gilt auch A nicht.

. . . .

Bei allen logischen Operationen, die wir bis jetzt kennengelernt haben, ergab sich der Wahrheitswert der Verknüpfung aus den Wahrheitswerten der beteiligten Aussagen. Beispielsweise ist eine Und-Verknüpfung zweier Aussagen wahr, wenn beide Aussagen wahr sind, das Gegenteil einer Aussage ist wahr, wenn diese falsch ist usw. Wenn wir also eine Verknüpfung von Aussagen vor uns haben, wie etwa $V := ((A \vee C) \wedge \neg C) \vee B$, und ist B eine Aussage mit dem gleichen Wahrheitswert wie A (also eine zu A äquivalente Aussage), dann ändert sich der Wahrheitswert der Verknüpfung V nicht, wenn wir A durch B bzw. B durch A austauschen. Dabei spielt es keine Rolle, welche der möglichen Ersetzungen wir tatsächlich durchführen. Wir finden also

ℹ

Die Wahrheitswerte von Aussagenverknüpfungen hängen nur von den Wahrheitswerten der Teilaussagen ab.
Ersetzt man eine Teilaussage durch eine gleichwertige, so ändert sich der Gesamtwahrheitswert also nicht.

$$V \Leftrightarrow ((B \vee C) \wedge \neg C) \vee B,$$
$$V \Leftrightarrow ((B \vee C) \wedge \neg C) \vee A,$$
$$V \Leftrightarrow ((A \vee C) \wedge \neg C) \vee A.$$

Zwar ließen sich alle diese Äquivalenzen aus $A \Leftrightarrow B$ mit den bisherigen Regeln nachweisen, aber die Beweise wären recht umständlich und langweilig, da sie immer dem gleichen Ablauf folgen. Aus diesem Grund führen wir eine abkürzende *Ersetzungsregel* als spezielle Benutzungsregel ein.

Aussageform	$A \Leftrightarrow B$
Ersetzungsregel	Ersetzt man in einer Aussage V den Teilausdruck A durch B oder auch B durch A, so ist die dabei entstehende Aussage W äquivalent zu V. Insbesondere gilt W, wenn V gilt.
Ersetzungstext	Wegen $A \Leftrightarrow B$ gilt $V \Leftrightarrow W$.
alternativ	Wegen V und $A \Leftrightarrow B$ gilt W.

Als Beispiel zur Ersetzungsregel betrachten wir den folgenden Satz.

Satz 2.15 *Seien E, F, G Aussagen. Gelten $E \Leftrightarrow F$ und $F \Leftrightarrow G$, dann gilt auch $E \Leftrightarrow G$.*

Beweis. Wegen $E \Leftrightarrow F$ und $F \Leftrightarrow G$ gilt $E \Leftrightarrow G$, wobei wir F auf der rechten Seite von $E \Leftrightarrow F$ durch G ersetzt haben. □

Mit der Ersetzungsregel kann man auch zeigen, dass durch Anwenden der gleichen Operation (z. B. Negieren) auf beiden Seiten einer Äquivalenzaussage die Äquivalenz erhalten bleibt. Grundlage dafür ist die folgende Beobachtung.

> **ℹ**
>
> In der Praxis werden Ersetzungen oft ohne weitere Erklärungen durchgeführt. Zum Verständnis musst du aber nachvollziehen, welche Äquivalenzen ausgenutzt wurden.

Sei A eine Aussage. Dann gilt $A \Leftrightarrow A$. (✎ 45)

Damit beweisen wir den folgenden Satz.

Satz 2.16 *Seien E, F Aussagen mit $E \Leftrightarrow F$. Dann gilt auch die Äquivalenz $(\neg E) \Leftrightarrow (\neg F)$.*

Beweis. Wir wenden (✎ 45) auf $\neg E$ anstelle von A an und erhalten $(\neg E) \Leftrightarrow (\neg E)$. Wegen der Ersetzungsregel können wir E auf der rechten Seite durch F ersetzen und erhalten $(\neg E) \Leftrightarrow (\neg F)$. □

Zeige mit dem gleichen Prinzip, dass für drei Aussagen E, F, G mit $E \Leftrightarrow F$ auch die Aussagen $(E \wedge G) \Leftrightarrow (F \wedge G)$ bzw. $(G \vee E) \Leftrightarrow (G \vee F)$ gelten. (✎ 46)

2.2.2 Gleichheit

Auch im Fall der Gleichheit gibt es eine Ersetzungsregel: Kurz gesagt, ändert sich der Wahrheitswert einer Aussage nicht, wenn man einen Teilausdruck der Aussage durch einen dazu gleichen Teilausdruck ersetzt.

Beim Lösen von Gleichungen der Form $u^4 - 3 \cdot u^2 + 2 = 0$ wird zum Beispiel sehr viel in dieser Weise ersetzt: Zunächst definiert man $x := u^2$, sodass $x = u^2$ gilt. Nun kann man in der Aussage $u^4 = (u^2)^2$ ersetzen zu $u^4 = x^2$ und dann in $u^4 - 3 \cdot u^2 + 2 = 0$ zu $x^2 - 3 \cdot x + 2 = 0$. Beweist man dann die Aussage $(x^2 - 3 \cdot x + 2 = 0) \Rightarrow (x = 1) \vee (x = 2)$, so gilt nach Ersetzen $(u^4 - 3 \cdot u^2 + 2 = 0) \Rightarrow (u^2 = 1) \vee (u^2 = 2)$, woraus am Ende die komplette Lösungsmenge $\{-\sqrt{2}, -1, 1, \sqrt{2}\}$ konstruiert werden kann.

Aussageform	$A = B$
Ersetzungsregel	Ersetzt man in einer Aussage V den Teilausdruck A durch B oder auch B durch A, so ist die dabei entstehende Aussage W äquivalent zu V. Insbesondere gilt W, wenn V gilt.
Ersetzungstext	Wegen $A = B$ gilt $V \Leftrightarrow W$.
alternativ	Wegen V und $A = B$ gilt W.

Als Beispiel für diese Ersetzungsregel beweisen wir den folgenden Satz.

Satz 2.17 *Seien x, y Elemente. Gilt $x = y$, dann gilt auch $y = x$.*

Beweis. Wir ersetzen in der geltenden Aussage $x = y$ auf der linken Seite x durch y und auf der rechten Seite y durch x, was wegen $x = y$ erlaubt ist. Als Ergebnis finden wir die geltende Aussage $y = x$. □

....

(✎ 47)   Zeige in ähnlicher Weise, dass für drei Elemente x, y, z aus $x = y$ und $y = z$ auch $x = z$ folgt.

....

Rückblick Schule

i

Für den weiteren Verlauf ist der Rückblick nicht zwingend erforderlich.

Wenn du in der Schule die Gleichung $5 \cdot x + 3 = 13$ lösen solltest, dann hast du wohl etwa so gerechnet: Ich ziehe auf beiden Seiten 3 ab und erhalte $5 \cdot x = 10$. Anschließend teile ich auf beiden Seiten durch 5 und finde $x = 2$.

Wie ordnet sich dieses *Rechnen* in unsere bisherige Arbeitsweise ein? Ist Rechnen neben Beweisen eine weitere mathematische Grundtätigkeit?

Wie du gleich sehen wirst, lautet die Antwort *Nein*. Rechnen ist eine spezielle Form des Beweisens, die im vorliegenden Fall nur zwei Regeln verwendet: Benutzung von Sätzen und Ersetzung mit Äquivalenz- und Gleichheitsaussagen.

Die Sätze sind dabei in der Schule unter dem Namen *Rechenregeln* bekannt. Es sind jeweils Sätze, die Gleichheitsaussagen als Folgerung besitzen. Hierzu gehören zum Beispiel

Satz 2.18 *Seien $x, y, z \in \mathbb{Z}$. Dann gilt $(x + y) + z = x + (y + z)$.*

Satz 2.19 *Sei $x \in \mathbb{Z}$. Dann gilt $x + (-x) = 0$.*

Satz 2.20 *Sei $x \in \mathbb{Z}$. Dann gilt $x + 0 = x$.*

Dass die Addition der gleichen Zahl auf beiden Seiten einer Gleichung zu einer äquivalenten Gleichung führt, ist zum Beispiel eine Folgerung dieser Sätze und unserer Beweisregeln. Wir beweisen dies nun und beginnen dazu mit einem Hilfssatz.

Satz 2.21 *Seien $a, b \in \mathbb{Z}$. Dann gilt $(a + b) + (-b) = a$.*

> Zum Nachweis der Gleichheit werden wir die grundlegenden Rechenregel-Sätze verwenden, die ja auf Gleichheiten führen. Im vorliegenden Fall sieht das trainierte Auge sofort, dass b und $-b$ in der Summe zu 0 werden und daher den Wert von a insgesamt nicht ändern. Damit b und $-b$ aber direkt in einer Summe zusammenkommen, muss erst mit einer Grundregel umgeklammert werden.

Beweis. Wenden wir Satz 2.18 auf a anstelle von x, b anstelle von y und $-b$ anstelle von z an, so erhalten wir $(a+b)+(-b) = a+(b+(-b))$.

> Jetzt kann das Ausnullen stattfinden ...

Wenden wir Satz 2.19 auf b an, so finden wir $b + (-b) = 0$. Damit können wir auf der rechten Seite der vorherigen Aussage eine Ersetzung durchführen und erhalten $(a + b) + (-b) = a + 0$.

> ... und die Regel zum Weglassen der 0-Addition kann zum Einsatz kommen ...

Wenden wir Satz 2.20 auf a an, so finden wir $a + 0 = a$. Ersetzen wir damit in der vorherigen Aussage, so ergibt sich $(a+b)+(-b) = a$. □

Rechnen entspricht einem wiederholten Benutzen von Gleichheitssätzen mit anschließenden Ersetzungen.

Dass sich eine Gleichheit nicht ändert, wenn man auf beiden Seiten die gleiche Zahl addiert, können wir nun als Satz beweisen.

Satz 2.22 *Seien $x, y, z \in \mathbb{Z}$. Dann gilt $(x = y) \Leftrightarrow (x + z = y + z)$.*

Beweis. Wir zeigen die Äquivalenz durch zwei Implikationen und beginnen mit $(x = y) \Rightarrow (x + z = y + z)$. Dazu gelte $x = y$. Zu zeigen: $x + z = y + z$. Anwendung von Axiom 1.6 (nach dem jeder Elementausdruck zu sich selbst gleich ist) ergibt $x + z = x + z$. Ersetzen wir mit $x = y$ auf der rechten Seite x durch y, so finden wir $x + z = y + z$.

Zum Nachweis von $(x + z = y + z) \Rightarrow (x = y)$ gelte $x + z = y + z$. Zu zeigen ist $x = y$. Die Anwendung von Satz 2.21 auf y, z ergibt $(y + z) + (-z) = y$. Ersetzen wir mit $x + z = y + z$ auf der linken Seite $y + z$ durch $x + z$, so finden wir $(x + z) + (-z) = y$. Wenden wir Satz 2.21 auf x, z an, so ergibt sich $(x + z) + (-z) = x$. Durch Ersetzung in $(x + z) + (-z) = y$ folgt $x = y$. $\qquad\square$

Die *Rechnung* zur Lösung von $y + 3 = 7$ entspricht nun dem *Beweis* des folgenden Satzes

Satz 2.23 *Sei $y \in \mathbb{Z}$. Dann gilt $(y + 3 = 7) \Leftrightarrow (y = 4)$.*

Beweis. Als Erstes wenden wir Satz 2.22 auf $y + 3$ anstelle von x, 7 anstelle von y und -3 anstelle von z an. Als Konsequenz erhalten wir die Äquivalenz $(y + 3 = 7) \Leftrightarrow ((y + 3) + (-3) = 7 + (-3))$. Aus der Grundschule kennen wir die wahre Aussage $7 + (-3) = 4$, und eine Ersetzung liefert $(y + 3 = 7) \Leftrightarrow ((y + 3) + (-3) = 4)$. Wenden wir Satz 2.21 auf y anstelle von a und 3 anstelle von b an, so finden wir $(y + 3) + (-3) = y$. Eine Ersetzung in der vorherigen Aussage ergibt $(y + 3 = 7) \Leftrightarrow (y = 4)$. $\qquad\square$

2.3 Argumentieren mit Elementen

Bisher haben wir uns hauptsächlich mit Nachweis- und Benutzungsregeln beschäftigt, die den Umgang mit reinen Aussageverknüpfungen klären. *Wie* die Aussagen dabei genau strukturiert sind, war für das Verständnis nicht wichtig. In der Praxis sind die zuvor mit A, B oder E, F bezeichneten abstrakten Aussagen aber durch konkretere Aussagen gefüllt, die sich auf Elemente der Mengenlehre beziehen.

Im Folgenden werden wir dazu die Nachweis- und Benutzungsregeln für den Umgang mit der grundlegenden Elementaussage sowie der Existenz- und Für-alle-Aussage lernen.

2.3.1 Element einer Aussonderung

In der Mengenlehre fasst man häufig Elemente zu einer Menge zusammen, die eine bestimmte *Bedingung* erfüllen. Hierfür haben wir in Abschnitt 1.3 die Schreibweise $\{x \in A : E_x\}$ für die Menge aller Elemente x der Menge A, die die Bedingung E_x erfüllen, kennengelernt. Der Platzhaltername x wird dabei benötigt, um die Zugehörigkeitsbedingung zu formulieren. Liegt nun ein konkretes Element a vor, für das festgestellt werden soll, ob es in der Menge $\{x \in A : E_x\}$ liegt, so muss dieses die Bedingung $x \in A$ und E_x *anstelle* von x erfüllen. Wissen wir dagegen, dass a in der Menge ist, dann sind für a die Zugehörigkeitsbedingungen $x \in A$ und E_x anstelle von x erfüllt, d. h., sowohl $a \in A$ als auch E_a gelten. Die folgende Tabelle enthält genau dies als Nachweis- und Benutzungsregel.

Mehr über Bedingungen und ihre Formulierung mit Platzhaltern findest du in Abschnitt A.3.

Aussageform	$a \in \{x \in A : E_x\}$
Nachweisregel	Die Elementaussage gilt, wenn $a \in A$ und E_a gelten (also E_x nach Ersetzung von x durch a).
Nachweistext	Zeige: $a \in A$ und E_a.
Benutzungsregel	Gilt die Elementaussage, so gilt $a \in A$ und E_a.
Benutzungstext	Es gelten $a \in A$ und E_a.

Das folgende Beispiel illustriert die Verwendung der Regeln.

Satz 2.24 *Seien A und B Mengen, und sei a ein Element. Gilt $a \in B \backslash (A \cap B)$, dann gilt $a \notin A$.*

Beweis. Wir gehen von $a \in B \backslash (A \cap B)$ aus. Zu zeigen: $a \notin A$.

> Wir beginnen mit dem Nachweistext für die Negation, wie sie auf Seite 200 zu finden ist.

Angenommen $a \in A$.

> Jetzt muss ein Widerspruch gezeigt werden. Ein Blick auf die Voraussetzung zeigt, dass a zwar in B, aber *nicht* in $A \cap B$ liegt. Nun haben wir aber $a \in A$ angenommen, sodass $a \in A \cap B$ widersprüchlich ist. Wir benutzen die Regeln, um sauber zu argumentieren, und beginnen mit der Benutzung der Definition von $B \backslash (A \cap B)$, indem wir die zugehörige Langform einführen.

Hast du zu einer Abkürzung die zugehörige Langform vergessen, so schlage sie unbedingt nach! Für Differenz- und Schnittmenge siehe Abschnitt 1.3.

Mit der Abkürzung der Mengendifferenz erhalten wir aus der Voraussetzung $a \in \{x \in B : x \notin A \cap B\}$.

> Jetzt verwenden wir die neue Regel zur Benutzung von Elementaussagen mit Aussonderungsmengen. Diese findet sich auch auf Seite 209.

Es gelten also $a \in B$ und $a \notin A \cap B$.

> 💭 Um zu zeigen, dass auch $a \in A \cap B$ gilt, bringen wir die zugehörige Langform ins Spiel.

Zum Nachweis von $a \in A \cap B$ ist zu zeigen: $a \in \{x \in A : x \in B\}$.

> 💭 Jetzt brauchen wir die neue Regel zum Nachweis von Elementaussagen mit Aussonderungsmengen. Diese findet sich auch auf Seite 209.

Dazu ist $a \in A$ und $a \in B$ zu zeigen, was in unserem aktuellen Kontext gilt.

Insgesamt gilt also $a \in A \cap B$ gleichzeitig mit der gegenteiligen Aussage $a \notin A \cap B$. ⚡   □

....

(✎ 48)   Seien A, B Mengen, und sei a ein Element. Gilt $a \in (A \cup B) \backslash B$, dann gilt $a \in A$.

....

2.3.2 Für-alle-Aussagen

> ℹ️
>
> Mehr über den Umgang mit Regeln gibt es im Anhang A.4.

Die Regel, dass eine Aussage E_x für alle Elemente x einer Menge A gilt, lässt sich durch die Für-alle-Aussage $\forall x \in A : E_x$ beschreiben, wobei der Platzhaltername zur Formulierung der Eigenschaft E_x benötigt wird. Liegt mit a ein konkretes Element vor, von dem wir $a \in A$ wissen, dann gilt auch die Aussage E_x mit a anstelle von x. Dies ist der Kern der folgenden Benutzungsregel.

Aussageform	$\forall x \in A : E_x$
Benutzungsregel	Eine Für-alle-Aussage ist auf jedes zur Verfügung stehende Element a aus der Menge A anwendbar. Die Aussage E_a (also E_x nach Ersetzung von x durch a) gilt dann.
Benutzungstext	Wegen $a \in A$ gilt E_a.

Ist im laufenden Beweistext nicht offensichtlich, welche Für-alle-Aussage benutzt wird, sollte eine Referenz angegeben werden (Nummer, Name, Kurzbeschreibung oder vollständige Angabe der Aussage).

Soll umgekehrt eine Aussage für jedes Element einer Menge A nachgewiesen werden, so kann man dies außer im Fall sehr kleiner Mengen natürlich nicht Element für Element durchführen. Stattdessen wird man versuchen, die zu zeigende Aussage systematisch aus der Tatsache abzuleiten, dass das darin vorkommende Element in der Menge A liegt.

Dazu begibt man sich in einem gedanklichen Kontext, in dem die Namensliste durch x ergänzt und die Liste der geltenden Aussagen um $x \in A$ erweitert wird. Das Ziel besteht nun darin, für das *eine* Element x die Aussage E_x zu zeigen. Schafft man dies, so lässt sich die Argumentation mit jedem Element aus A anstelle von x prinzipiell wiederholen. Die Aussage stimmt am Ende also *für alle* Elemente von A, weil wir bei der Argumentation nur $x \in A$ und keine speziellere Information verwendet haben. Das ist die Grundidee hinter der Nachweisregel.

> ⚠ Wird der Platzhaltername im aktuellen Kontext schon als Name verwendet, musst du den Platzhalternamen zuerst abändern, sodass es keine Kollision gibt.

Aussageform	$\forall x \in A : E_x$
Nachweisregel	Um nachzuweisen, dass die Für-alle-Aussage gilt, führt man ein Element mit einem noch nicht vergebenen Namen ein, z. B. x mit der Eigenschaft $x \in A$, und zeigt, dass für dieses E_x gilt.
Nachweistext	Sei $x \in A$ gegeben. Zu zeigen: E_x.

In der Mengenlehre ist $A \subset B$ eine versteckte Für-alle-Aussage, denn die Langform ist $\forall x \in A : x \in B$. Außerdem führt das Axiom 1.6 die Mengengleichheit auf zwei Inklusionen und damit auf zwei Für-alle-Aussagen zurück. Der Nachweis von Mengengleichheiten und Inklusionen ist damit ein gutes Trainingsgebiet für den Umgang mit Für-alle-Aussagen. Wir beginnen mit einem sehr grundlegenden Ergebnis.

Satz 2.25 *Sei A eine Menge. Dann gilt $A = A$.*

Beweis. Axiom 1.6 besagt, dass $A = A$ gilt, wenn wir $A \subset A$ und $A \subset A$ gezeigt haben. Hierzu weisen wir die Langform $\forall x \in A : x \in A$ von $A \subset A$ nach.

> ☁ Hier kommt die neue Nachweisregel zum Einsatz, die man auch auf Seite 201 findet.

Sei dazu $x \in A$ gegeben. Zu zeigen: $x \in A$. Dies gilt nach Voraussetzung. □

Etwas spannender ist folgende Regel zur Teilmengenbeziehung.

Satz 2.26 *Seien A, B, C Mengen. Gelten $A \subset B$ und $B \subset C$, so gilt auch $A \subset C$.*

....

Bevor du weiterliest, übersetze alle in obigem Satz versteckten Für-alle-Aussagen explizit in solche. Welche davon kann man anwenden, welche muss man nachweisen? (✎ 49)

....

Beweis. Es gelten $A \subset B$ und $B \subset C$. Zu zeigen: $A \subset C$.

> 💭 Zum Auflösen der Definition von $A \subset C$ benutzen wir die zugehörige Langform.

Nach Definition ist also zu zeigen: $\forall x \in A : x \in C$.

> 💭 Der Nachweis der Für-alle-Aussage erfolgt mit dem Text auf Seite 201.

Sei $a \in A$ gegeben. Zu zeigen: $a \in C$.

> 💭 Da $a \in C$ nicht weiter vereinfacht werden kann, gehen wir in den Benutzungsmodus und machen eine Bestandsaufnahme der geltenden Aussagen: Neben $a \in A$ gelten $A \subset B$ und $B \subset C$. Inbesondere können wir die neue Benutzungsregel (siehe auch Seite 201) für die darin versteckten Für-alle-Aussagen zum Einsatz bringen.

Wegen $a \in A$ können wir $A \subset B$, d.h., $\forall x \in A : x \in B$, auf a anwenden und erhalten $a \in B$.

Nun können wir weiter auch $B \subset C$, d.h., $\forall x \in B : x \in C$, auf a anwenden und erhalten $a \in C$. □

....

(✎ 50)   Seien A, B Mengen. Gilt $A \subset B$, so gilt $A \cup B \subset B$.

(✎ 51)   Seien A, B Mengen. Dann gelten $A \cap B \subset A$ und $A \cap B \subset B$.

(✎ 52)   Seien A, B, C Mengen. Gelten $A \subset B$ und $A \subset C$, so gilt $A \subset B \cap C$.

(✎ 53)   Sei A eine Menge und $x \in A$. Zeige, dass $x \in \mathcal{U}$ gilt.

....

2.3.3 Existenz-Aussagen

Steht vor einer Bäckerei ein Schild mit der Aufschrift *Frische Zimt-schnecken*, so ist das eine Existenzaussage. Du kannst dann in den Laden gehen und eine Zimtschnecke verlangen, wobei du (gegen Bezahlung) ein Ding mit den entsprechenden Eigenschaften bekommst.

Genau in diesem Sinne (bis auf die Bezahlung) läuft auch die Benutzung einer Existenzaussage in der Mathematik ab: Gilt eine Existenzaussage, so kannst du ein Element mit den entsprechenden Eigenschaften verlangen. Auch wenn man an dieser Stelle oft von *Auswählen* spricht, so ist das nicht im Sinne *Ich hätte gerne dieses da vorne links* gemeint, d.h., du kannst keine Zusatzforderungen an das

Element stellen. Es wird exakt die Eigenschaften haben, die in der Existenzaussage angegeben sind, keine mehr und keine weniger. Was gewählt werden darf, ist der Name, den das Element haben soll. Da wir in der Mathematik das Objekt nicht in die Hand bekommen, wird der Name benötigt, um mit dem Objekt anschließend auch etwas tun zu können.

Aussageform	$\exists x \in A : E_x$
Benutzungsregel	Gilt die Existenzaussage für ein Element mit einer gewissen Eigenschaft, so darf man ein solches nehmen, also den zur Verfügung stehenden Objekten hinzufügen.
Benutzungstext	Wähle $x \in A$ mit E_x.

Die Floskel *Wähle $x \in A$ mit der Eigenschaft* ... ist eine Kurzform für *Wähle den Namen x für ein Element in A mit der Eigenschaft* ...

Wie bei der Für-alle-Aussage ist auch bei Existenzaussagen die Unterscheidung zwischen Platzhaltern und verfügbaren Objekten sehr wichtig: Nur weil $\exists x \in A : E_x$ gilt, steht *noch kein* Element mit dem Namen x und den Eigenschaften $x \in A$ und E_x zur Verfügung (du hast ja auch keine Zimtschnecke in der Hand, nur weil du ein Schild siehst). Erst nach expliziter Anwendung der Benutzungsregel mit Angabe eines freien Namens liegt ein solches auch wirklich benutzbar vor.

Als Beispiel betrachten wir eine Aussage über die leere Menge $\emptyset$, die nach Abschnitt 1.3 für $\{x \in \mathcal{U} : x \neq x\}$ steht.

Satz 2.27 *Seien A, B Mengen. Gilt $\exists x \in A : x \in B$, so gilt auch $A \cap B \neq \emptyset$*

Beweis. Es gelte $\exists x \in A : x \in B$. Zu zeigen: $A \cap B \neq \emptyset$.

> Um welchen Aussagetyp geht es hier? Da $\neq$ eine *negierte* Gleichheitsaussage ist, greift die Regel auf Seite 200.

Annahme: $A \cap B = \emptyset$.

> Unser Ziel besteht jetzt im Nachweis eines Widerspruchs. Dazu überlegen wir uns, wo in der momentanen Situation ein Problem schlummert. Da $A \cap B$ leer ist, gibt es keine Elemente, die gleichzeitig in A und in B sind. Andererseits sagt die Voraussetzung, dass es (mindestens) ein solches Element gibt. Mit der neuen Benutzungsregel, die man auch auf Seite 202 findet, geht es weiter.

Gemäß der Voraussetzung wählen wir $x \in A$ mit $x \in B$.

> Jetzt können wir $x \in A \cap B$ als selbstgestecktes Ziel nachweisen.

Zum Nachweis von $x \in A \cap B$ zeigen wir $x \in \{y \in A : y \in B\}$.

> 💭 Mit der Nachweisregel für Elementaussagen mit Aussonderungsmengen auf Seite 209 geht es weiter.

Dazu ist $x \in A$ und $x \in B$ zu zeigen, was nach Voraussetzung stimmt. Durch Ersetzung folgt $x \in \emptyset$ und daher $x \in \{y \in \mathcal{U} : y \neq y\}$.

> 💭 Jetzt kristallisiert sich das Problem deutlich heraus, wenn wir die Benutzungsregel auf Seite 209 verwenden.

Es gelten $x \in \mathcal{U}$ und $x \neq x$, während die Anwendung von Axiom 1.6 auf x die gegenteilige Aussage $x = x$ liefert. ⚡   □

. . . .

(✎ 54)   Seien $\mathcal{A}, \mathcal{B}$ Mengen mit $M \subset B$ für alle $M \in \mathcal{A}$. Dann gilt $(\bigcup \mathcal{A}) \subset B$.

. . . .

Um eine Existenzaussage nachzuweisen, wird genau der umgekehrte Prozess durchlaufen: So wie der Bäcker sicherstellen muss, dass Zimtschnecken vorhanden sind, bevor er das Schild aufstellt, muss auch zum Nachweis einer Existenzaussage sichergestellt werden, dass mindestens ein Element mit der angegebenen Eigenschaft vorliegt. Manchmal ist dazu kaum etwas zu tun, aber oft muss das Element durch einen geschickt gewählten Ausdruck konstruiert werden. Auch dass es die richtigen Eigenschaften besitzt, muss bewiesen sein, bevor die Existenzaussage den Gilt-Status erhält.

Oft ist das Finden eines gut geeigneten Elements nicht einfach. Um zu sehen, was von dem Element genau erwartet wird, hilft es, die Nachweisschritte für die Eigenschaften des gesuchten Elements schon mal aufzuschreiben. Stelle dir dann die Frage: Wie kann ich das Element wählen, sodass die Hilfsziele erfüllt werden?

Aussageform	$\exists x \in A : E_x$
Nachweisregel	Um nachzuweisen, dass es ein Element in der Menge A mit einer gewissen Eigenschaft gibt, muss man ein konkretes Beispiel angeben und für dieses die Eigenschaft nachweisen. Das Beispiel darf nur aus den zur Verfügung stehenden Objekten konstruiert werden.
Nachweistext (alternativ)	Definiere $x := \ldots$ Zeige: $x \in A$ und E_x.
	Wegen $x \in A$ und E_x gilt die Existenzaussage.

Die angegebene Definition $x := \ldots$ ist natürlich nur dann nötig, wenn das aussichtsreiche Element noch keinen Namen hat, sondern durch einen Ausdruck aus anderen Objekten zusammengesetzt wird. Zum Nachweis der Eigenschaften ist es dann praktisch, den Namen anstelle eines unhandlicheren Ausdrucks zu verwenden. Dabei muss der Name nicht unbedingt mit dem Platzhalternamen der angestrebten Existenzaussage übereinstimmen. Wichtig ist nur, dass der Name noch nicht für ein anderes Objekt verwendet wird.

Zur Illustration betrachten wir die Existenzaussage $\exists x \in \mathbb{Z} : x^2 = 4$, also dass es eine ganze Zahl gibt, deren Quadrat 4 ist. Hier fallen uns zwei Möglichkeiten ein, nämlich 2 und -2. Zum Nachweis wählen wir uns eine konkrete Möglichkeit aus, sagen wir 2, und schreiben: *Wegen $2 \in \mathbb{Z}$ und $2^2 = 4$ gilt die Existenzaussage.*

In vielen Fällen ist die Wahl des Beispiels aber nicht so leicht. Etwas schwieriger ist die folgende Situation.

Satz 2.28 *Seien A, B, C Mengen. Es gelten $\exists x \in A : x \in B$ und $A \subset C$. Dann gilt $\exists x \in B : x \in C$.*

Beweis. Zu zeigen: $\exists x \in B : x \in C$.

> Zum Nachweis der Existenzaussage müssen wir ein Element von B hinschreiben und für dieses dann nachweisen, dass es auch Element von C ist. Zunächst müssen wir aber überhaupt erstmal an ein Element von B kommen. Hier hilft die Voraussetzung, die uns die Existenz eines Elements in A verspricht, das auch in B liegt. Mit der Teilmengenbeziehung können wir dann schließen, dass das Element tatsächlich auch zu C gehört.

Nach Voraussetzung gilt $\exists x \in A : x \in B$.

Wähle ein $x \in A$ mit $x \in B$.

Wegen $x \in A$ ergibt die Anwendung von $A \subset C$, also $\forall a \in A : a \in C$, auf x, dass $x \in C$ gilt.

Damit gelten $x \in B$ und $x \in C$, also $\exists x \in B : x \in C$. □

....

Zeige, dass $6 \in \{x \in \mathbb{N} : (\exists k \in \mathbb{Z} : x = 2 \cdot k)\}$ gilt. (✎ 55)

Zeige oder widerlege: $\forall x \in \mathbb{Z} : \exists y \in \mathbb{Z} : x + y = 5$. (✎ 56)

Zeige oder widerlege: $\exists x \in \mathbb{Z} : \forall y \in \mathbb{Z} : x + y = 5$. (✎ 57)

Sei $\mathcal{A}$ eine Mengenfamilie und B eine Menge mit $\exists M \in \mathcal{A} : B \subset M$. Zeige (✎ 58)
$B \subset \bigcup \mathcal{A}$.

....

2.4 Aussagen widerlegen

Bisher sind wir meist davon ausgegangen, dass sich die zu beweisenden Aussagen und Sätze auch tatsächlich beweisen lassen. Zwar ist

Du widerlegst eine Aussage, indem du die negierte Aussage beweist.

das eine typische Ausgangslage bei Übungsaufgaben, aber im echten Leben sieht es oft ganz anders aus! Zur Simulation dieser Situation haben wir die Aufgaben (✎ 56) und (✎ 57) im *Zeige-oder-Widerlege*-Stil formuliert. Bei solchen Aufgaben muss man zunächst überlegen, ob die Aussage eher wahr oder eher falsch ist. Im ersten Fall versucht man dann, die Aussage zu zeigen, während man im zweiten Fall versucht, ihr Gegenteil (also eine negierte Aussage) zu beweisen.

Natürlich kann die anfängliche Einschätzung des Wahrheitswerts auch inkorrekt sein. Dann wird man trotz vielen Versuchen den angestrebten Nachweis nicht schaffen. Oft deutet sich aber schon in diesem Beweisversuch ein Grund an, wieso die gegenteilige Einschätzung besser gewesen wäre. Dann wechselt man halt die Seiten und zeigt die gegenteilige Aussage.

Im Folgenden wollen wir uns die spezielle Situation des Widerlegens von Quantoraussagen genauer anschauen, wobei wir zunächst den Fall der Für-alle-Aussage betrachten. Um zu zeigen, dass $\forall x \in A : E_x$ *nicht* gilt, genügt anschaulich ein *einziges* Beispielelement a, das die Voraussetzung $a \in A$ erfüllt, die Bedingung E_a aber *nicht*. Ein solches Element wird auch *Gegenbeispiel* zur Für-alle-Aussage genannt.

Gegenbeispiele werden benutzt, um Für-alle-Aussagen zu widerlegen.

Aussageform	$\neg\forall x \in A : E_x$
Nachweisregel	Um nachzuweisen, dass eine Für-alle-Aussage nicht gilt, kann man die Existenz eines Gegenbeispiels nachweisen.
Nachweistext	Zu zeigen: $\exists x \in A : \neg E_x$.
Benutzungsregel	Wenn eine Für-alle-Aussage nicht gilt, kann man von der Existenz eines Gegenbeispiels ausgehen.
Benutzungstext	Es gilt $\exists x \in A : \neg E_x$.

Diese Regeln sind streng genommen nicht notwendig, da sie immer nach dem gleichen Schema aus bereits vorhandenen Regeln folgen.

Zur Begründung der Nachweisregel schließen wir zum Beispiel aus $\exists x \in A : \neg E_x$ auf $\neg\forall x \in A : E_x$ mit einem Widerspruchsargument: Nehmen wir dazu an, dass $\forall x \in A : E_x$ gilt. Wegen der Existenzaussage können wir ein $a \in A$ mit $\neg E_a$ wählen. Wenden wir auf a die Für-alle-Aussage an, so folgt andererseits E_a. ⚡

Die Benutzungsregel ergibt sich so: Angenommen $\neg\forall x \in A : E_x$ gilt. Zu zeigen ist die Existenzaussage $\exists x \in A : \neg E_x$.

> ☁ Wir argumentieren wiederum per Widerspruch (siehe Abschnitt B.5) und gehen dazu vom Gegenteil aus.

Angenommen $\neg\exists x \in A : \neg E_x$ gilt. Unser Ziel ist zu zeigen, dass

$\forall x \in A : E_x$ gilt, was dann einen Widerspruch zur Voraussetzung ergibt und unseren indirekten Beweis ans Ziel führt. Sei dazu $x \in A$ gegeben. Zu zeigen ist E_x.

> ☁ Wir wählen erneut einen indirekten Beweis.

Wir nehmen an, dass $\neg E_x$ gilt, und zeigen einen Widerspruch. Da auch $x \in A$ gilt, folgt damit $\exists x \in A : \neg E_x$. Nun gilt aber nach Voraussetzung auch $\neg \exists x \in A : \neg E_x$. ⨯ Damit gilt E_x und somit ist $\forall x \in A : E_x$ gezeigt, ein Widerspruch zur Ausgangsvoraussetzung. ⨯ Insgesamt folgt so $\exists x \in A : \neg E_x$.

Da man diese doppelt indirekte Argumentation nicht bei jeder negierten Für-alle-Aussage wiederholen möchte, ist es praktischer, sich das Endergebnis als eigene Regel zu merken.

Entsprechendes gilt für die Regeln, die sich jeweils durch Kontraposition aus den obigen Beobachtungen ableiten lassen.

Aussageform	$\neg \exists x \in A : E_x$
Nachweisregel	Um nachzuweisen, dass eine Existenzaussage nicht gilt, kann man die gegenteilige Für-alle-Aussage zeigen.
Nachweistext	Zu zeigen: $\forall x \in A : \neg E_x$.
Benutzungsregel	Wenn eine Existenzaussage nicht gilt, kann man von der gegenteiligen Für-alle-Aussage ausgehen.
Benutzungstext	Es gilt $\forall x \in A : \neg E_x$.

Als Beispiel betrachten wir Aussagen über die leere Menge $\emptyset$.

Satz 2.29 *Die leere Menge hat die Eigenschaften $\forall x \in \mathcal{U} : x \notin \emptyset$ und $\neg \exists x \in \mathcal{U} : x \in \emptyset$.*

Beweis. Wir zeigen $\neg \exists x \in \mathcal{U} : x \in \emptyset$.

> ☁ Jetzt können wir die Nachweisregel für Nichtexistenz verwenden, was auf die andere zu zeigende Aussage als Hilfsziel führt (beachte, dass $x \notin \emptyset$ die negierte Aussage zu $x \in \emptyset$ ist).

Dazu zeigen wir $\forall x \in \mathcal{U} : x \notin \emptyset$.

> ☁ Der Nachweistext auf Seite 201 führt uns zu einem einfacheren Hilfsziel.

Sei $x \in \mathcal{U}$ gegeben. Zu zeigen: $x \notin \emptyset$.

ℹ Die indirekten Beweise sind hier so verschachtelt, dass das strenge Einhalten der Regeln eine enorme Hilfe ist.

> ☁ Eine $\notin$ Aussage ist eine *negierte* Aussage. Mit dem Nachweistext auf Seite 200 geht es weiter.

Annahme: $x \in \emptyset$.

> ☁ Unser Beweisziel ist jetzt die Konstruktion eines Widerspruchs. Dazu nutzen wir die Definition von $\emptyset$.

Es gilt also $x \in \{y \in \mathcal{U} : y \neq y\}$.

> ☁ Mit der Benutzungsregel für Elementaussagen zu Aussonderungsmengen auf Seite 209 kristallisiert sich der Widerspruch deutlich heraus.

Es gelten $x \in \mathcal{U}$ und $x \neq x$. Andererseits liefert die Anwendung von Axiom 1.6 auf x die gegenteilige Aussage $x = x$. ϟ Es gilt also $x \notin \emptyset$.

> ☁ Damit ist die Für-alle-Aussage gezeigt.

$\square$

. . . .

(✎ 59)   Widerlege die Aussage $\exists A \in \mathcal{M} : (\emptyset \cap A) \not\subset A$.

(✎ 60)   Widerlege die Aussage $\forall n \in \mathbb{N} : \neg(\exists p \in \mathbb{N}_{\geq 2} : \exists q \in \mathbb{N}_{\geq 2} : n^2 + n + 41 = p \cdot q)$.

. . . .

3 Training

Nachdem alle grundlegenden Schlussregeln einzeln vorgestellt wurden, sollen sie nun im *Zusammenspiel* benutzt werden, um interessante Fakten in der Welt der Mengenlehre zu begründen.

In jedem Beweis muss dabei die Gültigkeit einer Zielaussage unter Benutzung gewisser als wahr vorausgesetzter Aussagen gezeigt werden. Wichtig ist, dass *allein* durch Anwendung der Beweisregeln neue geltende Aussagen erschlossen werden können, d. h., die entscheidende Frage ist: In welcher Reihenfolge und auf welche Objekte und Aussagen sollen die Regeln angewendet werden, um die Zielaussage zu erreichen?

In den bisherigen Beweisen hat sich dazu bereits eine gewisse Grundstrategie abgezeichnet: Wir beginnen mit der Zielaussage und schreiben den zugehörigen Nachweisschritt auf. Dessen Bedingungen werden dabei zu Hilfsaussagen, die wir mit dem gleichen Prinzip weiterbearbeiten. Sobald wir es schaffen, die übrig bleibenden Hilfsziele mit den Voraussetzungen zu begründen, ist der Beweis lückenlos.

> **i**
> Frage dich beim Beweisen immer, mit welchem Schritt das Ziel erreicht werden kann.

Dass diese Lösungsstrategie sehr natürlich ist, soll an einer ganz anderen Aufgabenstellung illustriert werden: Bei einer Bachüberquerung soll man nur durch Sprünge von Stein zu Stein trocken auf die andere Seite gelangen. Die Steine stehen dabei im übertragenen Sinne für geltende Aussagen und die Sprünge zu Nachbarsteinen für das Anwenden von Beweisschritten. Jeweils ein besonderer Stein an Start- und Zielufer steht für die Voraussetzung bzw. die Behauptung. Die entscheidende Frage lautet entsprechend: Mit welchen Steinen und in welcher Sprungreihenfolge kann man trocken vom Start- zum Zielstein gelangen?

Wie würden wir diese Frage in der Praxis beantworten? Wenn wir planlos vom Startstein loshüpfen, nur weil dort in der Nähe ein paar Steine nebeneinander liegen, ist es sehr unwahrscheinlich, dass wir erfolgreich sind. Besser ist es wohl, zunächst zum Zielstein am anderen Ufer zu blicken und dann Ausschau nach einem Nachbarstein zu halten, der zum *letzten Sprung* benutzt werden kann. Schließlich müssen wir diesen auf jeden Fall irgendwann machen, wenn wir zum Ziel kommen wollen! Haben wir einen solchen Stein gefunden, so stellt sich die Frage, wie man dort hinkommt, d. h., der Stein für den letzten Sprung wird zu einem neuen Zielstein (einem *Hilfsziel*).

> **i**
> Behalte beim Beweisen stets das Ziel im Fokus.

© Springer-Verlag GmbH Deutschland, ein Teil von Springer Nature 2020
M. Junk und J.-H. Treude, *Beweisen lernen Schritt für Schritt*,
https://doi.org/10.1007/978-3-662-61616-1_3

Wenden wir die gleiche Strategie wieder an, so müssen wir für den neuen Zielstein wieder ein Hilfsziel finden, und für diesen wieder, d. h., wir planen den Weg zunächst im *Rückwärtsgang*, wobei die eigentliche Überquerung später dann im *Vorwärtsgang* stattfindet.

> **i**
>
> Beim Problemlösen ist es generell sinnvoll, ein komplexes Ziel schrittweise in einfache Hilfsziele zu zerlegen, die mit den gegebenen Mitteln erreicht werden können.

Auch wenn wir im Rückwärtsgang unterwegs sind, ist natürlich die Gefahr von Sackgassen nicht ausgeschlossen, weil etwa ein Hilfsziel nicht sinnvoll erreichbar ist. In einem solchen Fall schaut man zum letzten Hilfsziel zurück, das auf mehrere Möglichkeiten erreichbar war, und probiert dort eine neue Wegvariante.

Da wir mit den Augen die Information über Steinpositionen sehr schnell aufnehmen können, ist diese Strategie sehr flott, und das Problem ist bei einem konkreten Bach rasch gelöst. Beim analogen Beweisproblem ist die Sache leider nicht so klar, da die geltenden Aussagen zwischen Start und Ziel nicht offen herumliegen, sondern erst durch das Anwenden von Beweisschritten sichtbar werden. Trotzdem ist es sinnvoll, den Grundgedanken dieser Strategie auf das Beweisen von mathematischen Aussagen zu übertragen, d. h., wir begeben uns gedanklich zur Zielaussage und wählen einen Beweisschritt aus, der als *letzter Schritt* des Beweises infrage kommt, wenn seine Voraussetzungen erfüllt sind. Diese Voraussetzungen werden dann zu Hilfsaussagen, die wir mit dem gleichen Prinzip weiterbearbeiten. Sobald wir es schaffen, die Hilfsziele mit den Voraussetzungen zu begründen, ist der Weg frei, und wir können im Vorwärtsgang von den Voraussetzungen zur Zielaussage gelangen.

3.1 Mengengleichheit

Im Kontext von Mengen ist die *Elementbeziehung* $x \in M$ mit einem Element x und einer Menge M die *einzige* grundlegende Aussageform. Aufbauend auf der Elementaussage werden dann mittels logischer Verknüpfungen und Quantoren weitere Aussagen bzw. Aussageformen gebildet, wie etwa $(x \in A) \wedge (x \in B)$ oder $\forall x \in A : x \in B$ usw. Darüber hinaus werden *Abkürzungen* benutzt, wie etwa $A \subset B$ für $\forall x \in A : x \in B$. Insbesondere wird jede zu beweisende Aussage eine Kombination aus abkürzenden Ausdrücken und logischen Verknüpfungen sein.

Um diese Kombinationen zu entwirren, werden wir uns bei der Beweisplanung im Rückwärtsgang zunächst nur auf drei Typen von Schritten konzentrieren und zwar:

- Anwendung der zur Aussage passenden *Nachweisregel*. Hilfsziele entstehen durch die Bedingungen der Regel.

- Ersetzen von Abkürzungen durch die zugehörige *Langform*. Die neue Form der Aussage ist das Hilfsziel.

- Anwendung von *Sätzen*, deren Folgerung genau zur Aussage passt. Die Voraussetzungen des Satzes sind die neuen Hilfsziele.

Endet dieser Prozess bei einer Aussage, die keine Abkürzung darstellt und für die auch keine Nachweisregel oder ein passender Satz zur Verfügung steht, so wechseln wir in den Vorwärtsgang. Dabei arbeiten wir mit den Voraussetzungen der Beweisaufgabe sowie den Annahmen, die im Zusammenhang mit den Nachweisregeln enstanden sind. Im einfachsten Fall ist die zu zeigende Aussage identisch mit einer Voraussetzung. Ansonsten stehen die Benutzungsregeln zur Verfügung, die bei geschickter Anwendung auf bereits geltende Aussagen eine Annäherung an die entstandenen Hilfsziele bringen können.

In jedem Fall müssen wir im Folgenden sehr häufig auf die Nachweis- und Benutzungsregeln zugreifen und die zugehörigen Textfragmente zum Aufbau des Beweises sofort parat haben. Das strikte Einhalten dieser Textvorgaben hat dabei zwei klare Vorteile:

Die Beweisregeln mit den zugehörigen Textfragmenten solltest du im Anhang B nachschlagen, bis du sie gut auswendig gelernt hast.

- Beim *Erstellen* des Beweises baut sich der gedankliche Rahmen sehr geordnet auf, und man wird im Verlauf des Textes automatisch zu den Punkten geführt, die im Detail konkret argumentativ zu klären sind.

- Beim *Lesen* eines Beweistextes erkennt man an den Textfragmenten, was genau die Autorin oder der Autor gerade zeigen oder benutzen will.

Der Beweistext hilft also allen Beteiligten dabei, den aktuellen gedanklichen Kontext klar vor Augen zu haben. Die Kontextinformation beantwortet dabei folgende zentralen Fragen:

- Welche Aussagen müssen gezeigt werden?

- Welche Aussagen gelten bereits?

- Welche Objekte stehen zur Argumentation zur Verfügung?

Wir wenden uns nun einem ersten Beispiel zu, an dem wir das prinzipielle Vorgehen illustrieren. Dieses Beispiel ist absichtlich sehr einfach gewählt, und es ist vermutlich schnell zu erkennen, dass die Behauptung stimmen muss. Konzentrieren wir uns deshalb besonders darauf, *wie* der *geschriebene* Beweis entsteht – und warum dies auf genau die vorgenommene Art passiert. Als Hilfestellung ist wieder jede neue Beweiszeile mit einem Gedanken kommentiert, der sich so (oder so ähnlich) im Kopf der beweisenden Person abspielen muss, um an der entsprechenden Stelle weiterzukommen. In der

Randspalte werden außerdem die Kontextänderungen hinsichtlich der verfügbaren Namen und der geltenden Aussagen notiert. Auf die jeweils aktuellen Ziele weist der Beweistext selbst sehr deutlich hin.

Satz 3.1 *Seien A und B zwei Mengen. Gilt $A \subset B$, so gilt auch $A \cap B = A$.*

> Von Beginn an sind zwei Mengen A und B als benutzbare Objekte gegeben.

☁ Um die passende Nachweisregel finden zu können, schreiben wir die Behauptung zunächst als formale mathematische Aussage. Im vorliegenden Fall handelt es sich um eine *Implikation* der Form $(A \subset B) \Rightarrow (A \cap B = A)$. Den passenden Nachweistext gibt es zur Erinnerung in Abschnitt B.1 auf Seite 196.

> $A \subset B$ kommt als wahre Aussage hinzu.

Beweis. Es gelte $A \subset B$. Zu zeigen: $A \cap B = A$.

☁ Unser erstes Hilfsziel ist nun eine *Mengengleichheit*. Wir bewegen uns mit Axiom 1.6 rückwärts, indem wir die dort festgelegten Voraussetzungen für Mengengleichheit nachprüfen.

Mit Axiom 1.6 genügt es, $A \cap B \subset A$ und $A \subset A \cap B$ zu zeigen.

☁ Es sind zwei Aussagen (separat) zu zeigen.

Nachweis von $A \cap B \subset A$:

☁ Zu zeigen ist eine *Mengeninklusion*. Dieser Aussagetyp ist eine Abkürzung für eine Für-alle Aussage. Wir geben die zugehörige Langform an.

Zu zeigen: $\forall x \in A \cap B : x \in A$.

☁ Zu zeigen ist eine *Für-alle-Aussage*. Wir gehen auf die zugehörige Nachweisregel zurück (Seite 201 in Abschnitt B.6).

> Das Element x der Menge $A \cap B$ ist ab hier verwendbar.

Sei $x \in A \cap B$ gegeben. Zu zeigen: $x \in A$.

☁ Da die Aussage $x \in A$ keine Nachweisregel besitzt und auch keine Abkürzung darstellt, endet unsere Planung im Rückwärtsgang zunächst an dieser Stelle. Wir versuchen nun, die verbleibende Aussage aus den angesammelten Voraussetzungen zu folgern. Diese sind: $x \in A \cap B$ und $A \subset B$. Wenn wir die Abkürzung $A \cap B$ in Langform $\{y \in A : y \in B\}$ schreiben, sehen wir, dass $x \in A \cap B$ ein guter Kandidat für die weitere Argumentation ist.

Mit der Langform von $A \cap B$ finden wir $x \in \{y \in A : y \in B\}$.

> ☁ Die Benutzungsregel für Elementaussagen mit Aussonderungs-
> mengen aus Abschnitt B.14 auf Seite 209 gibt uns Zugriff auf die
> gesuchte Information. Dabei ist der Platzhalter y in der Mengen-
> beschreibung durch unser Objekt x zu ersetzen.

Damit gelten $x \in A$ und $x \in B$, also insbesondere $x \in A$.

Nachweis von $A \subset A \cap B$:

> ☁ Zu zeigen ist eine *Mengeninklusion*. Wir gehen wieder auf die
> zugehörige Langform zurück.

Zu zeigen: $\forall x \in A : x \in A \cap B$.

> ☁ Zu zeigen ist eine *Für-alle-Aussage*. Wir gehen wieder auf die
> zugehörige Nachweisregel aus Abschnitt B.6 auf Seite 201 zurück.

Sei $x \in A$ gegeben. Zu zeigen: $x \in A \cap B$.

> ☁ Zu zeigen ist eine Elementaussage für eine Schnittmenge. Wir
> gehen auf die zugehörige Langform der Schnittmenge zurück.

Zu zeigen: $x \in \{y \in A : y \in B\}$.

> ☁ Mit der Nachweisregel für Aussonderungsmengen von Seite
> 209 in Abschnitt B.14 bewegen wir uns einen weiteren Schritt
> rückwärts.

Zu zeigen: $x \in A$ und $x \in B$.

> ☁ Wir sind wieder an einem Wendepunkt unserer Beweispla-
> nung angekommen, da sich die Aussagen $x \in A$ und $x \in B$
> nicht mehr weiter herunterbrechen lassen. Daher wechseln wir in
> den Vorwärtsmodus, d. h., die verbleibenden Aussagen müssen aus
> den bis hier gesammelten Voraussetzungen gefolgert werden. Diese
> sind: $x \in A$ und $A \subset B$. Wir sehen, dass das erste Ziel $x \in A$ direkt
> in den Voraussetzungen steht.

Nach Voraussetzung gilt $x \in A$.

> ☁ Die verbleibende Aussage $x \in B$ ergibt sich daraus, dass x in
> A liegt und A ein Teil von B ist. Wir brauchen also die Benut-
> zungsregel zur Für-alle-Aussage (Seite 201 in Abschnitt B.6), die
> sich hinter $A \subset B$ versteckt.

Wir wenden die Voraussetzung $A \subset B$, also $\forall y \in A : y \in B$, auf x
an: Da $x \in A$ gilt, folgt $x \in B$. $\qquad\square$

Der Nachweis der
für-alle-Aussage en-
det hier. Damit en-
det auch die Ver-
wendbarkeit des Ele-
ments x.

Da der Name x wie-
der frei ist (s. o.),
können wir ihn für
ein neues Element
verwenden. Ab hier
gilt $x \in A$.

Schreiben wir den Beweis ohne die detaillierten Gedanken-Kommentare noch einmal ab, so ergibt sich ein Text, der alle Ansprüche an einen korrekten Beweis erfüllt. Zur Übung solltest du ihn nochmals durchlesen und bei jeder Zeile überprüfen, ob du den Gedankengang erklären kannst, der zu dieser Zeile führt.

Beweis in Kurzform. Gelte $A \subset B$. Zu zeigen: $A \cap B = A$.

Mit Axiom 1.6 genügt es, $A \cap B \subset A$ und $A \subset A \cap B$ zu zeigen.

Nachweis von $A \cap B \subset A$:

Zu zeigen: $\forall x \in A \cap B : x \in A$.

Sei $x \in A \cap B$ gegeben. Zu zeigen: $x \in A$.

Mit der Langform von $A \cap B$ finden wir $x \in \{y \in A : y \in B\}$.

Damit gelten $x \in A$ und $x \in B$, also insbesondere $x \in A$.

Nachweis von $A \subset A \cap B$:

Zu zeigen: $\forall x \in A : x \in A \cap B$.

Sei $x \in A$ gegeben. Zu zeigen: $x \in A \cap B$, d. h., $x \in \{y \in A : y \in B\}$, also $x \in A$ und $x \in B$.

Nach Voraussetzung gilt $x \in A$.

Wir wenden die Voraussetzung $A \subset B$, also $\forall y \in A : y \in B$, auf x an: Da $x \in A$ gilt, folgt $x \in B$. $\qquad\square$

Der Vorteil des Beweises in dieser Form steckt darin, dass die Rückwärtsgangstrategie noch deutlich zu erkennen ist, sodass man beim Lesen gut verfolgen kann, wie der Autor auf die jeweiligen Schritte gekommen ist. Dafür ist aber der Verlauf der Argumentationslinie nicht einheitlich, weil an den Wendepunkten vom Rückwärts- in den Vorwärtsmodus gewechselt wird. Alternativ kann man den Beweis auch komplett in Vorwärtsrichtung aufschreiben. Dadurch wird der Text oft noch kürzer, er erklärt aber nicht mehr, *wie* man auf die jeweiligen Schritte gekommen ist (siehe Randbemerkungen).

Beweis im Vorwärtsgang. Es gelte $A \subset B$.

| Wozu? |

Sei $x \in A \cap B$ gegeben.

Mit der Langform von $A \cap B$ finden wir $x \in \{y \in A : y \in B\}$.

Damit gelten $x \in A$ und $x \in B$, also insbesondere $x \in A$.

| Ach so! |

Damit haben wir $\forall x \in A \cap B : x \in A$ gezeigt, was sich zu $A \cap B \subset A$ abkürzen lässt.

Sei $x \in A$ gegeben.

Wozu?

Wir wenden die Voraussetzung $A \subset B$, also $\forall y \in A : y \in B$, auf x an: Da $x \in A$ gilt, folgt $x \in B$.

Es gelten somit $x \in A$ und $x \in B$, also auch $x \in \{y \in A : y \in B\}$, was als $x \in A \cap B$ abgekürzt werden kann.

Damit haben wir $\forall x \in A : x \in A \cap B$ gezeigt, was sich zu $A \subset A \cap B$ abkürzen lässt. Nun verwenden wir Axiom 1.6.:

Ach so!

Da $A \cap B \subset A$ und $A \subset A \cap B$ gelten, gilt auch $A \cap B = A$. $\qquad\square$

Ach so!

Insgesamt kann man an unserem ersten Beispiel gut erkennen, dass der Beweis mit allen zugehörigen Überlegungen deutlich länger ist als die reine Benennung der benutzten Schritte in der Endversion. Außerdem sehen wir, dass es unterschiedliche Darstellungsmöglichkeiten für den endgültigen Beweis gibt: Während die reine Vorwärtsdarstellung von den Voraussetzungen zu den Folgerungen im Hinblick auf die Schrittkontrolle am übersichtlichsten ist, stellt sich beim Lesen oft die Warum-Frage. Hier hat die gemischte Rückwärts-Vorwärtsdarstellung die Nase vorn, da sie näher an der Beweisplanung bleibt und das Vorgehen besser erläutert. Im weiteren Verlauf werden wir diese für Anfänger sinnvollere Darstellungsvariante benutzen.

⚠️

Fragst du dich beim Lesen eines Beweises oft *Warum?*, dann liegt das an der Vorwärtsmethode. Sie erklärt, dass alles stimmt, aber nicht, wie man darauf kommt.

. . . .

Es gilt auch die Umkehrung von Satz 3.1. Kannst du sie formulieren und beweisen? (✎ 61)

Finde einen ähnlichen Zusammenhang für die Vereinigung anstelle des Schnitts und beweise ihn. (✎ 62)

. . . .

Als nächstes Beispiel betrachten wir den folgenden Satz.

Satz 3.2 *Sei A eine Menge mit $\neg\exists x \in \mathcal{U} : x \in A$. Dann gilt $A = \emptyset$.*

Beweis. Wegen Axiom 1.6 folgt die Mengengleichheit $A = \emptyset$, wenn wir die beiden Inklusionen $A \subset \emptyset$ und $\emptyset \subset A$ gezeigt haben. Dies sind unsere beiden ersten Hilfsziele.

ℹ️

Die Mengengleichheit ist in Axiom 1.6 geregelt, woraus sich der Nachweistext auf Seite 207 ergibt.

☁ Beginnen wir mit der Inklusion $A \subset \emptyset$, so müssen wir in Langform $\forall x \in A : x \in \emptyset$ nachweisen. Das klingt auf den ersten Blick unmachbar, weil die leere Menge ja kein Element enthält. Generell sollte man sich aber nicht über Details späterer Beweisschritte den Kopf zerbrechen, sondern systematisch vorgehen.

Um $A \subset \emptyset$, d. h. $\forall x \in A : x \in \emptyset$, zu zeigen, sei $x \in A$ gegeben. Zu zeigen ist $x \in \emptyset$.

> 💭 Da wir nun ein Element x mit $x \in A$ zur Verfügung haben, gilt die Existenzaussage $\exists x \in \mathcal{U} : x \in A$. Nach Voraussetzung gilt sie aber auch *nicht* – wir sind also in einer widersprüchlichen Situation, in der alles wahr ist, insbesondere auch $x \in \emptyset$. Um $x \in \mathcal{U}$ zu zeigen, benutzen wir zunächst Aufgabe (✎ 53).

Da A eine Menge ist und $x \in A$ gilt, folgt mit Aufgabe (✎ 53) auch $x \in \mathcal{U}$. Es gilt daher $\exists x \in \mathcal{U} : x \in A$, und nach Voraussetzung gilt auch das Gegenteil $\neg\exists x \in \mathcal{U} : x \in A$. Mit *Ex falso quodlibet* gilt nun jede Aussage und damit auch $x \in \emptyset$.

....

(✎ 63) Die umgekehrte Inklusion ist eine Aussage, die sehr häufig verwendet wird und die keine weitere Voraussetzung verlangt. Zeige: *Die leere Menge ist Teilmenge jeder anderen Menge.*

Um die gleiche Argumentation nicht immer wiederholen zu müssen, lohnt es sich, die Tatsache als Hilfsaussage festzuhalten. In einer sauberen Beweisplanung, stellt man diese dann dem eigentlichen Beweis voran, damit sie als bewiesene Aussage zur Verfügung steht. Die Notwendigkeit für eine solche Hilfsaussage (auch *Lemma* genannt), zeigt sich aber wie hier oft erst beim Beweisen der Hauptaussage.

....

□

⚠️

Wenn eine Hilfsaussage mehrmals benötigt wird, sollte diese als *Lemma* vor dem eigentlichen Beweis getrennt bewiesen werden.

Kombinieren wir das Prinzip der Kontraposition, also die Äquivalenz $(A \Rightarrow B) \Leftrightarrow ((\neg B) \Rightarrow (\neg A))$, mit dem vorherigen Satz, so erhalten wir die nützliche Aussage, dass jede nichtleere Menge ein Element enthält. Solche Ergebnisse, die sich mit sehr wenig Arbeitsaufwand als direkte Folgerung aus einem gerade gezeigten Satz ergeben, nennt man auch *Korollare*.

ℹ️

Ein Korollar ist eine einfache aber nennenswerte Folgerung aus einem Satz.

Korollar 3.3 *Sei A eine Menge mit $A \neq \emptyset$. Dann gilt die Existenzaussage $\exists x \in \mathcal{U} : x \in A$.*

Beweis. Der vorherige Satz ergibt $(\neg\exists x \in \mathcal{U} : x \in A) \Rightarrow (A = \emptyset)$. Anwendung der erwähnten Äquivalenz aus Aufgabe (✎ 41) ergibt dann $(A \neq \emptyset) \Rightarrow (\neg\neg\exists x \in \mathcal{U} : x \in A)$. Mit der Äquivalenz von doppelt verneinten Aussagen zur nicht-verneinten Form folgt die Behauptung.   □

In den Beweisen von Satz 3.1 und 3.2 mussten wir Mengengleichheiten zeigen, was jeweils auf den Nachweis von zwei Inklusionen zurückgeführt wurde. Eine Inklusion ist wiederum Abkürzung einer Für-alle-Aussage, die mit den üblichen Regeln bearbeitet wird. Wir kombinieren beide Schritte in eine einzige Hilfsregel.

Aussageform	$A \subset B$
Nachweisregel	Um nachzuweisen, dass eine Inklusion gilt, geht man von einem Element der linken Menge aus und zeigt, dass es in der rechten Menge liegt.
Nachweistext	Sei $x \in A$ gegeben. Zu zeigen: $x \in B$.
Benutzungsregel	Wenn eine Inklusion gilt und ein Element in der linken Menge zur Verfügung steht, dann ist das Element auch in der rechten Menge.
Benutzungstext	Wegen $x \in A$ und $A \subset B$ gilt $x \in B$.

Da Inklusionen sehr häufig auftreten, merken wir uns eine abgeleitete Regel.

....

Zeige für eine beliebige Menge A, dass $\emptyset \cup A = A$ und $\emptyset \cap A = \emptyset$ gelten. (✎ 64)

Zeige für Mengen A, B mit $A \subset B$ die Gleichheit $(B \backslash A) \cup A = B$. (✎ 65)

Zeige: Sind a, b Elemente, dann sind $a \in \{b\}$ und $a = b$ äquivalent. Insbesondere gilt $a \in \{a\}$. (✎ 66)

Zeige: Sind a, b Elemente, dann gelten $a \in \{a, b\}$ und $b \in \{a, b\}$. Ist weiter $x \in \{a, b\}$, dann gilt $(x = a) \vee (x = b)$. Außerdem gilt $\{a, a\} = \{a\}$. (✎ 67)

Seien A, B, C Mengen mit $A \subset B$ und $A \cap C = \emptyset$. Beweise $A \subset B \backslash C$. (✎ 68)

....

3.2 Vereinigungen, Schnitte & Co.

Die Definition der Schnittmenge $A \cap B = \{x \in A : x \in B\}$ erlaubt mit wenigen Schritten zu zeigen, dass $u \in A \cap B$ äquivalent zur Aussage $(u \in A) \wedge (u \in B)$ ist. In der einen Richtung sind dies

- Übergang zur Langform: $u \in \{x \in A : x \in B\}$,

- Benutzungsregel für Aussonderungsmengen: $u \in A$ und $u \in B$,

- Nachweisregel für und-Aussagen: $(u \in A) \wedge (u \in B)$.

Die Rückrichtung folgt entsprechend durch Vertauschen von Nachweis- durch Benutzungsregeln und Lang- durch Kurzform.

Diese enge Beziehung spiegelt sich einerseits in der Ähnlichkeit der Symbole $\cap$ und $\wedge$ wider und führt in der Praxis dazu, dass die Aussage $u \in A \cap B$ sofort (evtl. mit Hinweis auf die Definition von $\cap$) in die entsprechende Und-Aussage transformiert wird. Genauso wird mit der Äquivalenz von $u \in A \cup B$ und $(u \in A) \vee (u \in B)$ sowie $u \in A \backslash B$ und $(u \in A) \wedge (u \notin B)$ verfahren.

Während die Mengenoperationen $\cap, \cup, \backslash$ auf Ausdrücke der elementaren Aussagenlogik führen, wollen wir uns in diesem Abschnitt den

Merke dir häufig verwendete Beweisschrittfolgen als abgeleitete Regeln. Wichtig ist, dass du sie mit grundlegenden Regeln erklären kannst.

Mengenoperationen zuwenden, bei denen die zugehörigen Elementaussagen Quantorausdrücke beinhalten. Dazu gehören der allgemeine Schnitt, die allgemeine Vereinigung und die Potenzmenge, mit der wir beginnen.

ℹ

Wenn du die genaue Definition einer Mengenoperation vergessen hast, schlage sie in Abschnitt 1.3 nach.

Für eine Menge A ist $\mathcal{P}(A)$ die Menge aller fassbaren Teilmengen von A, also $\mathcal{P}(A) = \{U \in \mathcal{M} : U \subset A\}$. In der Teilmengenbeziehung $U \subset A$ versteckt sich dabei eine Für-alle-Aussage. Wir beginnen mit einigen elementaren Eigenschaften der Potenzmenge.

Satz 3.4 *Es gilt $\mathcal{P}(\mathcal{U}) = \mathcal{M}$.*

Beweis. Wir zeigen die Mengengleichheit mit zwei Inklusionen und beginnen mit $\mathcal{P}(\mathcal{U}) \subset \mathcal{M}$. Sei dazu $A \in \mathcal{P}(\mathcal{U})$. Zu zeigen ist $A \in \mathcal{M}$.

> ☁ Den typischen Doppelschritt (1) Ersetzen durch die Langform und (2) Benutzen der Elementaussage bei Aussonderungsmengen kürzen wir wie oben besprochen zu einem einzigen Schritt ab.

Nach Definition von $\mathcal{P}(\mathcal{U})$ gelten $A \in \mathcal{M}$ und $A \subset \mathcal{U}$, also insbesondere $A \in \mathcal{M}$.

Zum Nachweis der umgekehrten Inklusion sei $A \in \mathcal{M}$. Zu zeigen ist $A \in \mathcal{P}(\mathcal{U})$. Nach Definition von $\mathcal{P}(\mathcal{U})$ sind $A \in \mathcal{M}$ und $A \subset \mathcal{U}$ zu zeigen. Das erste Ziel gilt nach Voraussetzung und das zweite folgt durch Anwendung von Axiom 1.4.   □

. . . .

(✎ 69) Sei A eine Menge und a ein Element. Zeige $\emptyset \in \mathcal{P}(A)$. Ist $A \in \mathcal{M}$, so gilt auch $A \in \mathcal{P}(A)$. Bestimme $\mathcal{P}(\emptyset)$, $\mathcal{P}(\{a\})$ sowie (ohne Beweis) $P(\{1,2,3\})$.

(✎ 70) Seien A, B Mengen. Dann gilt $\mathcal{P}(A \cap B) = \mathcal{P}(A) \cap \mathcal{P}(B)$.

(✎ 71) Gilt eine vergleichbare Aussage zu Aufgabe (✎ 70) auch für die Vereinigung $A \cup B$ anstelle des Schnitts? Stelle eine möglichst umfassende Vermutung auf und beweise sie.

. . . .

ℹ

Als Namen für Mengenfamilien wählt man oft geschwungene Buchstaben. Ihre Elemente bezeichnet man mit Großbuchstaben, da sie selbst Mengen sind.

Sowohl beim Schnitt als auch bei der Vereinigung mehrerer Mengen wird das Konzept der *Mengenfamilie* verwendet, also einer Menge, deren Elemente ebenfalls Mengen sind.

Definition 3.5 *Unter einer Mengenfamilie verstehen wir eine Teilmenge von $\mathcal{M}$.*

Als Beispiel für eine Mengenfamilie betrachten wir die Zusammenfassung aller Mengen der Form $\mathbb{N}_{\leq n} = \{m \in \mathbb{N} : m \leq n\}$. Diese Familie, die wir mit $\mathcal{N}_{\leq}$ bezeichnen wollen, umfasst unendlich viele Familienmitglieder: $\mathbb{N}_{\leq 1} = \{1\}$, $\mathbb{N}_{\leq 2} = \{1,2\}$, $\mathbb{N}_{\leq 3} = \{1,2,3\}$ …

Da alle diese Mengen Teilmengen von $\mathbb{N}$ sind und $\mathbb{N} \in \mathcal{M}$ gilt, ist mit Axiom 1.9 auch die Menge $\mathbb{N}_{\leq n}$ für beliebiges $n \in \mathbb{N}$ ein Element von $\mathcal{M}$. Die Familie umfasst also alle Mengen $M \in \mathcal{M}$ von der Form $M = \mathbb{N}_{\leq n}$ für irgend ein $n \in \mathbb{N}$. Die präzise Definition der Familie ist damit

$$\mathcal{N}_{\leq} := \{M \in \mathcal{M} : (\exists n \in \mathbb{N} : M = \mathbb{N}_{\leq n})\}.$$

Eine sehr viel kleinere Mengenfamilie ist dagegen die Paarmenge $\mathcal{A} := \{A, B\}$, wenn A und B selbst Mengen aus $\mathcal{M}$ sind. Für diese Familie enthält $\bigcup \mathcal{A} = \{x \in \mathcal{U} : (\exists V \in \mathcal{A} : x \in V)\}$ per Definition alle Elemente, die in den Familienmitgliedern enthalten sind, also alle Elemente aus A und alle Elemente aus B. Das sind aber auch genau die Elemente der Menge $A \cup B$, sodass wir zu folgendem Ergebnis gelangen.

Satz 3.6 *Seien $A, B \in \mathcal{M}$. Dann gilt $A \cup B = \bigcup\{A, B\}$.*

Beweis. Wir zeigen die Mengengleichheit durch zwei Inklusionen und beginnen mit $\bigcup\{A, B\} \subset A \cup B$. Sei dazu $x \in \bigcup\{A, B\}$. Zu zeigen ist $x \in A \cup B$, wozu wiederum $x \in \mathcal{U}$ und $(x \in A) \vee (x \in B)$ nachzuweisen sind.

> ☁ Zur Ausnutzung der Voraussetzung kürzen wir den typischen Doppelschritt – zuerst die Definition von $\bigcup\{A, B\}$ durch ihre Langform zu ersetzen und dann die Benutzungsregel der Elementaussage bei Aussonderungsmengen zu verwenden – wieder mit einem einzigen Schritt ab.

Nach Definition von $\bigcup\{A, B\}$ gilt $x \in \mathcal{U}$ und $\exists V \in \{A, B\} : x \in V$. Wir wählen solch ein V und verwenden dann Aufgabe (✎ 67), woraus $(V = A) \vee (V = B)$ folgt.

> ☁ In einer Fallunterscheidung betrachten wir $V = A$ und $V = B$ separat. Da durch die Existenzaussage $x \in V$ für unser gewähltes Element gilt, ist das Ziel leicht nachzuweisen.

Fall $V = A$: Wegen $x \in V$ folgt $x \in A$ und damit $(x \in A) \vee (x \in B)$.

Fall $V = B$: Wegen $x \in V$ folgt $x \in B$ und damit $(x \in A) \vee (x \in B)$.

In jedem Fall gilt also $(x \in A) \vee (x \in B)$.

Zum Nachweis der umgekehrten Inklusion sei $x \in A \cup B$. Zu zeigen ist $a \in \bigcup\{A, B\}$. Nach Definition von $\bigcup\{A, B\}$ sind $x \in \mathcal{U}$ und $\exists V \in \{A, B\} : x \in V$ zu zeigen.

> ☁ Die Voraussetzung bedeutet $x \in \mathcal{U}$ und $(x \in A) \vee (x \in B)$. In jedem Fall haben wir also einen offensichtlichen Kandidaten für die gesuchte Menge in $\{A, B\}$, die x enthalten soll.

Nach Definition von $A \cup B$ gelten $x \in \mathcal{U}$ und $(x \in A) \vee (x \in B)$.

Fall $x \in A$: Mit Aufgabe (✎ 67) gilt $A \in \{A, B\}$ und damit auch $\exists V \in \{A, B\} : x \in V$.

Fall $x \in B$: Mit Aufgabe (✎ 67) gilt $B \in \{A, B\}$ und damit auch $\exists V \in \{A, B\} : x \in V$.

Insgesamt gilt also $\exists V \in \{A, B\} : x \in V$.   □

. . . .

(✎ 72) Sei $\mathcal{A}$ eine Mengenfamilie und B eine Menge mit der Eigenschaft $\forall A \in \mathcal{A} : A \subset B$. Zeige, dass dann $\bigcup \mathcal{A} \subset B$ gilt. Bestimme nun $\bigcup \emptyset$ sowie $\bigcup \mathcal{N}_\leq$ und beweise deine Vermutungen.

(✎ 73) Zeige $\bigcup \mathcal{M} = \mathcal{U}$.

(✎ 74) Seien $\mathcal{A}, \mathcal{B}$ Mengenfamilien. Beweise $\bigcup(\mathcal{A} \cup \mathcal{B}) = (\bigcup \mathcal{A}) \cup (\bigcup \mathcal{B})$.

(✎ 75) Seien $\mathcal{A}, \mathcal{B}$ Mengenfamilien. Beweise $(\bigcup \mathcal{A}) \setminus (\bigcup \mathcal{B}) \subset \bigcup(\mathcal{A} \setminus \mathcal{B})$.

. . . .

Da fassbare Mengen Elemente sind, kann man sie in Einermengen verpacken. Überraschenderweise funktioniert das Auspacken mit der Vereinigungsoperation.

Satz 3.7 *Sei $A \in \mathcal{M}$. Dann gilt $\bigcup \{A\} = A$.*

Beweis. Zum Nachweis von $\bigcup \{A\} = A$ zeigen wir zwei Inklusionen. Wir beginnen mit $\bigcup \{A\} \subset A$. Sei dazu $x \in \bigcup \{A\}$. Zu zeigen ist $x \in A$.

> ☁ Da das Hilfsziel $x \in A$ im Rückwärtsgang nicht weiter umgeformt werden kann, benutzen wir die Langform von $\bigcup \{A\}$ im Vorwärtsgang.

Aus $x \in \bigcup \{A\}$ folgt $x \in \{v \in \mathcal{U} : \exists V \in \{A\} : v \in V\}$ durch Auflösen der Abkürzung, sodass insbesondere $\exists V \in \{A\} : x \in V$ gilt. Wählen wir ein solches V, so gilt $V \in \{A\}$ und $x \in V$.

Mit Aufgabe (✎ 66), angewendet auf V und A, folgt aus $V \in \{A\}$ sofort $V = A$ und dann durch Ersetzung in $x \in V$ auch $x \in A$.

> ☁ Bei der umgekehrten Implikation konkretisieren wir das Ziel wieder durch die Nachweisregel zur Langform der Vereinigungsmenge.

Zum Nachweis von $A \subset \bigcup\{A\}$ sei $x \in A$. Zu zeigen ist $x \in \bigcup\{A\}$.

Mit der Langform bedeutet das $x \in \{v \in \mathcal{U} : \exists V \in \{A\} : v \in V\}$, d. h., wir müssen $x \in \mathcal{U}$ und $\exists V \in \{A\} : x \in V$ zeigen.

> ☁ Wir beginnen mit dem Nachweis von $x \in \mathcal{U}$. Das Muster kennen wir schon aus Aufgabe (✎ 53).

Wegen $x \in A$ folgt mit Aufgabe (✎ 53) auch $x \in \mathcal{U}$.

> ☁ Da als Kandidat V für $V \in \{A\}$ nur die Menge A infrage kommt, ist die Kandidatenwahl zum Nachweis der Existenzaussage leicht.

Die Regel aus Aufgabe (✎ 53) wird meist ohne Erwähnung benutzt: Ist x Element irgendeiner Menge, dann gilt $x \in \mathcal{U}$.

Wir setzen $V := A$. Dann gilt $V = A \in \{A\}$ mit Aufgabe (✎ 66). Aus $x \in A$ folgt mit Ersetzung $x \in V$. Insgesamt folgt damit die Existenzaussage $\exists V \in \{A\} : x \in V$. □

Auch die allgemeine Schnittoperation wirkt auf Mengenfamilien. Die genaue Definition des Schnitts von $\mathcal{A} \subset \mathcal{M}$ ist

$$\bigcap \mathcal{A} = \{x \in \mathcal{U} : (\forall V \in \mathcal{A} : x \in V)\}.$$

Als Beispiel für einen Satz über den allgemeinen Schnitt zeigen wir die folgende Aussage

$$\bigcap \emptyset = \mathcal{U}.$$

Beweis. Zum Nachweis der Mengengleichheit zeigen wir zwei Inklusionen und beginnen mit $\bigcap \emptyset \subset \mathcal{U}$. Sei dazu $x \in \bigcap \emptyset$. Zu zeigen ist $x \in \mathcal{U}$.

> ☁ Den typischen Doppelschritt – Ersetzen durch die Langform und Benutzen der Elementaussage bei Aussonderungsmengen – kürzen wir wie besprochen zu einem einzigen Schritt ab.

Nach Definition der Schnittmenge gilt $x \in \mathcal{U}$ und eine Für-alle-Aussage, die uns hier gar nicht interessiert.

Sei nun $x \in \mathcal{U}$. Zu zeigen ist $x \in \bigcap \emptyset$.

> ☁ Auch hier ersetzen wir duch die Langform und wenden den entsprechenden Nachweistext an.

Unsere Ziele sind somit $x \in \mathcal{U}$ und $\forall V \in \emptyset : x \in V$.

Die erste Aussage gilt nach Voraussetzung. Für die zweite sei $V \in \emptyset$ gegeben. Zu zeigen ist $x \in V$. Wegen $V \in \emptyset$ und $\emptyset \subset \mathcal{U}$ gilt also

$\exists V \in \mathcal{U} : V \in \emptyset$, während Satz 2.29 das Gegenteil zeigt. Mit *Ex falso quodlibet* gilt also jede Aussage und damit auch $x \in V$. $\square$

. . . .

(✎ 76)   Sei $\mathcal{A}$ eine Mengenfamilie und $A \in \mathcal{A}$. Zeige $\bigcap \mathcal{A} \subset A$.

(✎ 77)   Seien $A, B \in \mathcal{M}$. Zeige $A \cap B = \bigcap \{A, B\}$.

(✎ 78)   Sei $\mathcal{N}_{\geq} = \{M \in \mathcal{M} : (\exists n \in \mathbb{N} : M = \mathbb{N}_{\geq n})\}$ die Familie aller Mengen der Form $\mathbb{N}_{\geq n} = \{m \in \mathbb{N} : m \geq n\}$. Welche Form hat $\bigcap \mathcal{N}_{\geq}$? Beweise deine Vermutung.

(✎ 79)   Sei $\mathcal{A}$ eine Mengenfamilie und B eine Menge. Weiter gelte die Aussage $\forall C \in \mathcal{A} : B \subset C$. Zeige $B \subset \bigcap \mathcal{A}$.

(✎ 80)   Seien $\mathcal{A}, \mathcal{B}$ nichtleere Mengenfamilien. Stelle eine Aussage dazu auf, wie die Mengen $\bigcap(\mathcal{A} \cup \mathcal{B})$, $\bigcap \mathcal{A}$ und $\bigcap \mathcal{B}$ zusammenhängen, und beweise die Aussage.

. . . .

3.3 Relationen

Aus unserem Alltag sind wir gewohnt, dass viele Dinge miteinander *in Beziehung* stehen. So stehen die Schubladen eines Schranks mit den gelagerten Dingen in einer *Enthält*-Beziehung, die Mitglieder einer Familie stehen untereinander in einer *ist Nachfahre von* Beziehung und die Benutzungs- und Nachweisregeln stehen mit den Leserinnen und Lesern dieses Buches in einer *kann schon auswendig* Beziehung.

Wenn wir nun vor dem Küchenschrank stehen und unser Lieblingsmesser brauchen, dann ist es wichtig, dass wir die Paarung „zweite Schublade von oben *enthält* Lieblingsmesser" im Kopf haben. Und um die *Enthält*-Beziehung zu unserem Schrank ganz genau zu beherrschen, müssen wir sogar *alle* entsprechenden Paarungen kennen.

Als Pendant zu den Alltagsbeziehungen zwischen Dingen werden in der Mengenlehre Beziehungen (man nennt sie *Relationen*) zwischen Elementen betrachtet, und so wie im Küchenschrank-Beispiel wird das Bestehen einer Relation R zwischen zwei Elementen a, b durch eine Aussage der Form $a \, R \, b$ notiert. Gut bekannt sind etwa $1 < 5$, oder $2 \geq -4$ mit den Symbolen $<$ und $\geq$ für die Kleiner- und Größergleich-Relation.

Genauso wie wir die $<$ Relation in der Schule nur für Zahlen verwendet haben, gibt es zu jeder Relation R zwei Mengen links(R) und rechts(R), die angeben, aus welchem Vorrat die linken und rechten Elemente bei der Bildung von $a \, R \, b$ gewählt werden dürfen.

Ausdruck	Aussprache	Bedingung	Langform
$\mathrm{links}(R)$	linke Komponenten von R	R Relation	–
$\mathrm{rechts}(R)$	rechte Komponenten von R	R Relation	–
$a\,R\,b$	a steht in Relation R zu b.	R Relation, $a \in \mathrm{links}(R)$, $b \in \mathrm{rechts}(R)$	–

Um eine Relation R konkret anzugeben, vereinbaren wir die Schreibweise

$$(a \in A)\,R\,(b \in B) :\Leftrightarrow E_{a,b},$$

wobei $E_{a,b}$ für jede Wahl von $a \in A$ und $b \in B$ eine Aussage ist. Die Mengen $\mathrm{links}(R)$ und $\mathrm{rechts}(R)$ sind für eine so beschriebene Relation R gerade die angegebenen Mengen A und B. Außerdem ist die Aussage $x\,R\,y$ äquivalent zu $E_{x,y}$ (d. h., zu $E_{a,b}$ nach Ersetzung der Platzhalter a und b durch x bzw. y), sofern $x \in A$ und $y \in B$ gelten.

. . . .

Das Ersetzen von Platzhaltern wird in der Mathematik sehr oft benötigt.   (✎ 81) Trainiere das Ersetzen anhand des Beispiels

$$(a \in \mathbb{R}) \diamond (b \in \mathbb{R}) :\Leftrightarrow a \cdot b \le a - b.$$

Seien x, a, b Elemente in $\mathbb{R}$. Wie lauten die äquivalenten Formen zu den Relationsausdrücken $1 \diamond 0$, $x \diamond x$, $b \diamond a$ und $(b \cdot a^2) \diamond (x + 1)$?

. . . .

Als wichtiges Beispiel wollen wir die Definition der Kleiner-gleich-Relation auf den ganzen Zahlen genauer betrachten. Dass $3 \le 7$ stimmt, erkennen wir daran, dass wir von 3 aus *weiterzählen* müssen, um zu 7 zu gelangen. Anders ausgedrückt, müssen wir zu 3 eine natürliche Zahl addieren, um 7 zu erreichen, was wir auch durch $7 - 3 \in \mathbb{N}$ beschreiben können. Da $\le$ auch den Fall der Gleichheit umfassen soll, lässt sich für $a, b \in \mathbb{Z}$ die Gültigkeit von $a \le b$ also dadurch überprüfen, dass die Differenz $b - a$ zur Menge $\mathbb{N}_0 = \mathbb{N} \cup \{0\}$ gehört. Unser Schulwissen können wir also in die präzise Relationsdefinition

$$(a \in \mathbb{Z}) \le (b \in \mathbb{Z}) :\Leftrightarrow (b - a) \in \mathbb{N}_0 \qquad\qquad (*)$$

gießen. Die so definierte Relation hat mehrere Eigenschaften, die auch bei anderen in der Praxis verwendeten Relationen in unterschiedlichen Kombinationen auftreten und deshalb besondere Namen tragen.

Definition 3.8 *Seien X eine Menge und R eine Relation. Wir nennen R Relation auf X, wenn $\mathrm{links}(R) = X$ und $\mathrm{rechts}(R) = X$ gelten. Weiter heißt eine Relation R auf X*

Werden in einer Definition viele neue Begriffe erklärt, so ist es wichtig, diese an konkreten Beispielen auszuprobieren. Dadurch lernt man gleichzeitig die zugehörigen Langformen kennen.

- reflexiv, *wenn* $\forall x \in X : x\,R\,x$,

- total, *wenn* $\forall x \in X : \forall y \in X : (x\,R\,y) \vee (y\,R\,x)$,

- symmetrisch, *wenn* $\forall x \in X : \forall y \in X : (x\,R\,y) \Rightarrow (y\,R\,x)$,

- asymmetrisch, *wenn* $\forall x \in X : \forall y \in X : (x\,R\,y) \Rightarrow \neg(y\,R\,x)$,

- antisymmetrisch, *wenn*
  $\forall x \in X : \forall y \in X : ((x\,R\,y) \wedge (y\,R\,x)) \Rightarrow (x = y)$,

- transitiv, *wenn*
  $\forall x \in X : \forall y \in X : \forall z \in X : ((x\,R\,y) \wedge (y\,R\,z)) \Rightarrow (x\,R\,z)$.

Ist R reflexiv, symmetrisch und transitiv, so nennt man R auch eine Äquivalenzrelation. *Ist R reflexiv, antisymmetrisch und transitiv, so nennt man R eine* Halbordnung *und bei zusätzlicher Totalität* lineare Ordnung.

....

(✎ 82)   Sei R eine Relation auf X. Zeige, dass R genau dann symmetrisch ist, wenn $\forall x \in X : \forall y \in X : (x\,R\,y) \Leftrightarrow (y\,R\,x)$ gilt.

....

Bevor wir uns konkrete Beispiele anschauen, wollen wir erst noch eine Schreiberleichterung vereinbaren. In den Bedingungen der Definition sind viele Mehrfachquantifizierungen mit zwei oder drei Für-alle-Aussagen zu erkennnen. Möchte man nun zum Beispiel die Transitivität einer Relation R beweisen, so ergibt sich eine recht langatmige Passage durch das wiederholte Anwenden der $\forall$-Nachweisregel:

> Sei $x \in X$ gegeben.
> Zu zeigen: $\forall y \in X : \forall z \in X : ((x\,R\,y) \wedge (y\,R\,z)) \Rightarrow (x\,R\,z)$.
> Sei dazu $y \in X$ gegeben.
> Zu zeigen: $\forall z \in X : ((x\,R\,y) \wedge (y\,R\,z)) \Rightarrow (x\,R\,z)$.
> Sei dazu $z \in X$ gegeben.
> Zu zeigen: $((x\,R\,y) \wedge (y\,R\,z)) \Rightarrow (x\,R\,z)$.

Zur Abkürzung vereinbaren wir deshalb, dass hintereinander auftretende Quantoren derselben Art durch einen einzigen Quantor mit einer Liste von Platzhaltern ersetzt werden können. Anstelle unserer Transitivitätsaussage mit drei Quantoren schreiben wir dann

$$\forall x, y, z \in X : ((x\,R\,y) \wedge (y\,R\,z)) \Rightarrow (x\,R\,z).$$

Mehrfache Existenz- oder Für-alle-Aussagen werden auch mit *einem* Quantor und einer Platzhalterliste abgekürzt.

Sowohl im Nachweis als auch in der Benutzung werden dann alle Quantifizierungen auf einmal behandelt. Der Nachweistext verkürzt sich damit erheblich auf

> Seien $x, y, z \in X$ gegeben. Zu zeigen: $((x\,R\,y) \wedge (y\,R\,z)) \Rightarrow (x\,R\,z)$.

Üblicherweise wird man hier sofort auch die Nachweisregel für die Implikation mit einbinden und so noch mehr Beweistext einsparen.

Seien $x, y, z \in X$ gegeben mit $(x\,R\,y) \wedge (y\,R\,z)$. Zu zeigen: $x\,R\,z$.

Bei Für-alle-Aussagen mit einer Implikation werden die zugehörigen Regeln direkt miteinander kombiniert.

Diese Verkürzung wird generell bei Aussagen vom Typ $\forall u \in U : V_u \Rightarrow F_u$ angewendet, die vergleichsweise häufig vorkommen (viermal allein in Definition 3.8).

Nach diesen vorbereitenden Schritten, die uns einige Schreibarbeit abnehmen werden, schauen wir uns nun die Kleiner-gleich Relation auf den ganzen Zahlen genauer an. Aufgrund der Definition ergeben sich die Eigenschaften von $\leq$ direkt aus denen von $\mathbb{N}_0$, wobei wir die folgenden schulbekannten Tatsachen benutzen werden.

Satz 3.9 *Für die Mengen $\mathbb{N}$ und $\mathbb{N}_0$ gilt*

$$\forall n \in \mathbb{N} : (-n) \notin \mathbb{N}, \tag{3.1}$$

$$\forall n \in \mathbb{Z} : ((-n) \in \mathbb{N}) \vee (n \in \mathbb{N}_0), \tag{3.2}$$

$$\forall n, m \in \mathbb{N}_0 : (n + m) \in \mathbb{N}_0. \tag{3.3}$$

Exemplarisch untersuchen wir zunächst die Antisymmetrie von $\leq$.

Satz 3.10 *Die $\leq$-Relation ist antisymmetrisch.*

Ersetzen wir in Definition 3.8 den Platzhalter R durch $\leq$ und X durch $\mathbb{Z}$, dann lautet die zu überprüfende Bedingung für Antisymmetrie $\forall x, y \in \mathbb{Z} : ((x \leq y) \wedge (y \leq x)) \Rightarrow (x = y)$.

Beweis. Seien $x, y \in \mathbb{Z}$ gegeben, und es gelte $(x \leq y) \wedge (y \leq x)$. Zu zeigen ist $x = y$.

An dieser Stelle wird die beschriebene Kombination der beiden Nachweisregeln verwendet.

Da wir über die Elemente x, y keine weitere Information haben, können wir keinen Gleichheitsbeweis führen. Wir wechseln daher sofort in den Vorwärtsmodus und entpacken die Voraussetzung mit der Nachweisregel für $\wedge$ auf Seite 198.

Es gelten also $x \leq y$ und $y \leq x$.

An dieser Stelle ist es wichtig, dass wir unser Vorwissen zum Symbol $\leq$ aus der Schule *nicht* benutzen, denn dieses Vorwissen soll ja gerade durch Beweise abgesichert werden. Stattdessen halten wir uns genau an die Definition von $\leq$, die auf Seite 67 mit $(*)$ markiert ist. Diese führt den Ausdruck $a \leq b$ auf $(b - a) \in \mathbb{N}_0$ zurück, und mit dieser Langform müssen wir nun weiterarbeiten.

Werden bekannte Symbole im Studium neu eingeführt, dann achte in Beweisen darauf, ob du dein Vorwissen benutzen darfst.

Wegen der Äquivalenz von $x \leq y$ und $(y - x) \in \mathbb{N}_0$ gilt also auch diese Aussage. Genauso gilt wegen $y \leq x$ auch $(x - y) \in \mathbb{N}_0$.

☁ Für die Differenz $d := x - y$ wissen wir also $d \in \mathbb{N}_0$ und $-d = y - x \in \mathbb{N}_0$. Wegen $\mathbb{N}_0 = \mathbb{N} \cup \{0\} = \{0, 1, 2, 3, \ldots\}$ sollte daraus $d = 0$ und damit $x = y$ folgen. Zum genauen Beweis nutzen wir konsequent unser Wissen aus Satz 3.9.

Wir setzen $d := x - y$. Dann gilt $d \in \mathbb{N}_0 = \mathbb{N} \cup \{0\}$. Nach Definition von $\cup$ gilt also $(d \in \mathbb{N}) \vee (d = 0)$.

. . . .

(✎ 83) Welche Schritte werden hier durch die Floskel *nach Definition von* zusammengefasst?

. . . .

Wegen $-d \in \mathbb{N}_0$ ergibt sich erneut nach Definition von $\mathbb{N}_0$ die Aussage $((-d) \in \mathbb{N}) \vee ((-d) = 0)$.

☁ Wir haben nun zwei geltende Aussagen $(d \in \mathbb{N}) \vee (d = 0)$ und $((-d) \in \mathbb{N}) \vee ((-d) = 0)$. Durch mehrfache Anwendung der Fallunterscheidung können wir uns durch alle denkbaren Fälle dieser Oder-Konstellation durcharbeiten. Unser Beweisziel ist dabei die Aussage $d = 0$.

Wir benutzen hier zur Vereinfachung Schulwissen zum Rechnen mit $+, -$ in $\mathbb{Z}$. In ganz strenger Form müsste jeweils auf Sätze verwiesen werden.

Wir führen eine Fallunterscheidung durch, basierend auf der Aussage $(d \in \mathbb{N}) \vee (d = 0)$. Im Fall $d = 0$ ist das Ziel offensichtlich erreicht. Im Fall $d \in \mathbb{N}$ führen wir eine zweite Fallunterscheidung durch, basierend auf $((-d) \in \mathbb{N}) \vee ((-d) = 0)$ und beginnen mit dem Fall $(-d) \in \mathbb{N}$. Anwendung von (3.1) auf d zeigt $(-d) \notin \mathbb{N}$, also das Gegenteil von $(-d) \in \mathbb{N}$. Mit *Ex falso quodlibet* folgt $d = 0$. Im Fall $(-d) = 0$ gilt ebenfalls $d = 0$, was man durch Addition von d auf beiden Seiten erkennt. Also gilt $d = 0$ in der zweiten Fallunterscheidung insgesamt und damit auch in der ersten.

Wegen $x - y = d = 0$ folgt nun $x = y$.   □

. . . .

(✎ 84) Begründe, dass die $\leq$-Relation nicht symmetrisch ist. Kann eine Relation gleichzeitig symmetrisch und antisymmetrisch sein?

(✎ 85) Zeige, dass die $\leq$-Relation reflexiv ist.

(✎ 86) Nutze (✎ 85) zum Nachweis, dass die $\leq$-Relation nicht asymmetrisch ist. Gilt das für jede reflexive Relation?

(✎ 87) Begründe, dass jede asymmetrische Relation auch antisymmetrisch ist.

. . . .

Mit der vertrauten $\leq$-Relation haben wir also ein Beispiel vor uns, das reflexiv, antisymmetrisch, nicht symmetrisch und nicht asymmetrisch ist. Gehen wir die Liste weiter durch und betrachten die Totalität.

Satz 3.11 *Die $\leq$-Relation ist total.*

> Ersetzen wir in Definition 3.8 den Platzhalter R durch $\leq$ und X durch $\mathbb{Z}$, dann lautet die zu überprüfende Bedingung für Totalität $\forall x, y \in \mathbb{Z} : (x \leq y) \vee (y \leq x)$.

Beweis. Seien $x, y \in \mathbb{Z}$ gegeben. Zeige $(x \leq y) \vee (y \leq x)$.

> Da wir die $\leq$-Aussagen auf ihre definierenden Aussagen zurückführen müssen, um etwas darüber aussagen zu können, benutzen wir die Äquivalenz von $a \leq b$ und $b - a \in \mathbb{N}_0$, um das Ziel äquivalent umzuformen.

Es gilt $(x \leq y) \Leftrightarrow (y - x \in \mathbb{N}_0)$ bzw. $(y \leq x) \Leftrightarrow (x - y \in \mathbb{N}_0)$. Mit der Abkürzung $d := x - y$ ist unser äquivalentes Hilfsziel dann $((-d) \in \mathbb{N}_0) \vee (d \in \mathbb{N}_0)$.

> Mit der Nachweisregel aus Abschnitt B.4 auf Seite 199 geht es weiter. Wir wählen die erste Version.

Zum Nachweis von $((-d) \in \mathbb{N}_0) \vee (d \in \mathbb{N}_0)$ gelte $(-d) \notin \mathbb{N}_0$. Zu zeigen ist $d \in \mathbb{N}_0$.

> Jetzt nutzen wir unser Wissen über die ganzen Zahlen. Dazu gehören die besonders hervorgehobenen Resultate aus Satz 3.9 zu den Teilmengen $\mathbb{N}$ und $\mathbb{N}_0$, aber auch die stillschweigend vorausgesetzten Rechenregeln mit $+, -$. Insbesondere wissen wir, dass die Differenz von zwei ganzen Zahlen x, y wieder in $\mathbb{Z}$ liegt, sodass $d \in \mathbb{Z}$ gilt.

Wir wenden (3.2) auf d an und finden $((-d) \in \mathbb{N}) \vee (d \in \mathbb{N}_0)$.

> Mit der Benutzungsregel aus Abschnitt B.4 von Seite 199 (Fallunterscheidung) streben wir das Ziel $d \in \mathbb{N}_0$ an.

Im Fall $d \in \mathbb{N}_0$ ist das Ziel erreicht. Es bleibt also der Fall $(-d) \in \mathbb{N}$.

> Wenn $(-d) \in \mathbb{N}$ gilt, dann ist $-d$ auch in N_0. Das steht aber im Widerspruch zur bestehenden Annahme $(-d) \notin \mathbb{N}_0$, sodass der Fall eigentlich gar nicht eintreten kann. Im Beweis äußert sich das dadurch, dass wir mit *Ex falso quodlibet* sofort fertig sind.

Nach Definition von $\mathbb{N}_0$ gilt dann auch $(-d) \in \mathbb{N}_0$. Mit *Ex falso quodlibet* folgt auch in diesem Fall und damit insgesamt $d \in \mathbb{N}_0$. □

....

(✎ 88) Zeige, dass die $\leq$-Relation eine lineare Ordnung auf $\mathbb{Z}$ ist.

(✎ 89) Zeige, dass $(a \in \mathbb{Z}) < (b \in \mathbb{Z}) :\Leftrightarrow (a \leq b) \wedge (a \neq b)$ transitiv und asymmetrisch und damit eine sogenannte *Striktordnung* ist.

(✎ 90) Mit Definition 1.1 wird für jedes $m \in \mathbb{N}$ durch

$$(a \in \mathbb{Z}) \sim_m (b \in \mathbb{Z}) :\Leftrightarrow a \equiv b \mod m$$

eine Relation auf den ganzen Zahlen erzeugt. Beweise Satz 1.3 und zeige, dass $\sim_m$ damit für jedes $m \in \mathbb{N}$ eine Äquivalenzrelation ist.

....

3.4 Rund um Existenz

Die Nachweisregel für Existenzaussagen sieht vor, dass ein konkretes Beispielelement mit den geforderten Eigenschaften angegeben wird. Es muss also zuerst ein geeigneter Elementausdruck gefunden werden, bevor mit dem Nachweisen seiner Eigenschaften fortgefahren werden kann. Durch diese Unterbrechung der systematischen Rückwärts-Vorwärts-Methode sind Existenznachweise etwas unhandlicher als andere Schritte. Sie sollen deshalb hier genauer betrachtet und trainiert werden.

Wir beginnen mit einer einfachen Existenzaussage, an der man aber bereits gut erkennt, wie das Finden von Elementen funktioniert. Sie lautet

$$\exists x \in \mathbb{Z} : x + 2 = 3 \cdot x - 4. \tag{3.4}$$

Die Suche nach einem passenden x führt hier auf eine Gleichungslösung. Auf einem Schmierblatt formen wir wie folgt um:

$$x + 2 = 3 \cdot x - 4 \quad \Leftrightarrow \quad 6 = 2 \cdot x \quad \Leftrightarrow \quad x = 3.$$

Versuche nach dem Platzhalter in der Existenzbedingung aufzulösen. Nutze dazu einen Schmierzettel.

Allgemein ist der Trick also, die Bedingung in der Existenzaussage nach dem Platzhalter aufzulösen, um so einen möglichen Kandidaten zu finden. Die Rechnung selbst schreibt man dabei nicht im Beweis auf, denn dort gehört nur der Nachweistext für die Existenzaussage hin (manchmal kommen Teile der Herleitung aber in diesem Nachweis vor). Im vorliegenden Beispiel können wir den Beweis von (3.4) so notieren.

Beweis. Wir definieren $x := 3$. Zum Nachweis von $x + 2 = 3 \cdot x - 4$ rechnen wir das Ergebnis links und rechts aus: $x + 2 = 3 + 2 = 5$ und

$3 \cdot x - 4 = 3 \cdot 3 - 4 = 9 - 4 = 5$. Es gilt also $x + 2 = 3 \cdot x - 4$ und damit (3.4). $\qquad\Box$

. . . .

Beweise $\exists x, y \in \mathbb{Z} : (2 \cdot x - 3 \cdot y = 8) \wedge (x + y = -1)$. Rechenregeln aus der Schule können dabei stillschweigend verwendet werden. (✎ 91)

. . . .

Während Gleichheitsbedingungen bei der Auflösung automatisch auf sehr konkrete Ansätze führen, ist das bei anderen Aussagetypen wie Ungleichungen nicht der Fall. Bevor wir uns konkrete Beispiele anschauen, soll noch einmal kurz an die aus der Schule bekannten Ungleichungsregeln erinnert werden. Neben den Relationseigenschaften gehört dazu auch die Regel, dass die Addition einer Zahl auf beiden Seiten einer Ungleichung eine Äquivalenzumformung ist. Es gilt also

$$\forall x, y, z \in \mathbb{R} : (x < y) \Leftrightarrow ((x + z) < (y + z)). \tag{3.5}$$

Analoge Regeln gelten auch für die anderen Ungleichungstypen $\leq, >$ und $\geq$. Bei den entsprechenden Regeln für die Multiplikation muss auf das Vorzeichen des Faktors geachtet werden. Bei negativem Vorzeichen dreht sich die Richtung des Ungleichheitszeichens um (wieder gelten analoge Regeln für die anderen Ungleichungstypen). Es gilt

$$\forall x, y \in \mathbb{R}, z \in \mathbb{R}_{>0} : (x < y) \Leftrightarrow ((x \cdot z) < (y \cdot z)), \tag{3.6}$$

$$\forall x, y \in \mathbb{R}, z \in \mathbb{R}_{<0} : (x < y) \Leftrightarrow ((x \cdot z) > (y \cdot z)). \tag{3.7}$$

Als erstes Beispiel beweisen wir die Aussage

$$\forall x, y \in \mathbb{R} : ((x < y) \Rightarrow \exists a \in \mathbb{R} : (x < a) \wedge (a < y)).$$

Beweis. Seien x, y in $\mathbb{R}$ gegeben mit $x < y$. Zu zeigen ist die Existenzaussage $\exists a \in \mathbb{R} : (x < a) \wedge (a < y)$.

> ☁ Es muss eine reelle Zahl gefunden werden, die zwischen x und y liegt. Da $x < y$ gilt, ist tatsächlich Platz zwischen den beiden, und anschaulich ist klar, dass das funktioniert. Trotzdem muss ein konkretes Element angegeben werden! Fertigt man sich auf dem Schmierblatt eine Zeichnung des Zahlenstrahls an,
>
> $$\overset{\displaystyle x \quad\ y}{\rule{6cm}{0.4pt}}$$
>
> dann muss also eine Stelle zwischen den Punkten ausgewählt werden, für die man eine Formel hat (also einen Ausdruck, der aus den vorliegenden Zahlen x, y gebildet wird). Eine mögliche Entscheidung ist dabei der arithmetische Mittelwert, weil hierfür die Formel $a := (x + y)/2$ recht einfach ist.
>
> $$\overset{\displaystyle x \quad a \quad y}{\rule{6cm}{0.4pt}}$$

Randnotizen:

ℹ️ Wir benutzen hier die Aussagen (3.5), (3.6), (3.7) und andere aus der Schule bekannte Regeln ohne Beweis (also wie Axiome).

ℹ️ Wie schon früher besprochen, werden hier die Nachweisregeln zur Für-alle-Aussage und zur Implikation verbunden.

Gibt es verschiedene Möglichkeiten für ein Beispielelement, wähle eine bequeme Form.

Wir setzen $a := (x + y)/2$. Durch Ausmultiplizieren auf der rechten Seite finden wir $(x + y)/2 = x/2 + y/2$ und mit Ersetzung dann $x < a \Leftrightarrow x < x/2 + y/2$. Anwendung von (3.5) auf $x, x/2 + y/2, -x/2$ liefert weiter $x < x/2 + y/2 \Leftrightarrow x + (-x/2) < (x/2 + y/2) + (-x/2)$. Durch Ausrechnen der linken und rechten Seite erhalten wir die Ungleichung $x/2 < y/2$. Anwendung von (3.6) auf $x/2, y/2, 2$ ergibt schließlich $x/2 < y/2 \Leftrightarrow (x/2) \cdot 2 < (y/2) \cdot 2$ und damit insgesamt $x/2 < y/2 \Leftrightarrow x < y$. Die Und-Verknüpfung der drei gewonnenen Äquivalenzen

$$\left(x < a \Leftrightarrow x < \frac{x}{2} + \frac{y}{2}\right) \wedge \left(x < \frac{x}{2} + \frac{y}{2} \Leftrightarrow \frac{x}{2} < \frac{y}{2}\right) \wedge \left(\frac{x}{2} < \frac{y}{2} \Leftrightarrow x < y\right)$$

kann man auch platzsparend in einer *Aussagenkette* zusammenfassen, wobei man jeweils den rechten Teilausdruck einer Äquivalenz als linken Teilausdruck der nächsten Äquivalenz verwendet:

Aussagenketten wie $u \in A \subset B = I$ kürzen eine Und-Verknüpfung der Einzelaussagen ab.

$$x < a \Leftrightarrow x < \frac{x}{2} + \frac{y}{2} \Leftrightarrow \frac{x}{2} < \frac{y}{2} \Leftrightarrow x < y.$$

Nun gilt die letzte Aussage $x < y$ ganz rechts nach Voraussetzung und damit auch die vorletzte wegen Äquivalenz, die davor dann wegen Äquivalenz und somit auch $x < a$ wegen Äquivalenz.

....

(✎ 92) Beweise $a < y$ in der gleichen Weise.

....

$\square$

....

(✎ 93) Zeige $\exists x \in \mathbb{R} : x \cdot (x - 1) < 0$ und $\exists x \in \mathbb{R} : x \cdot (x - 1) > 0$.

....

Eine wichtige Quelle, aus der man Beispielelemente zum Nachweis von Existenzaussagen schöpfen kann, ist die Benutzung anderer Existenzaussagen. Als Beispiel betrachten wir die sogenannte *archimedische Eigenschaft* der reellen Zahlen.

Satz 3.12 *Seien $x, y \in \mathbb{R}_{>0}$, und gelte $x < y$. Dann gilt die Existenzaussage $\exists n \in \mathbb{N} : y < n \cdot x$.*

Stellt man sich x und y als Punkte rechts vom Ursprung auf dem Zahlenstrahl vor, und ist die Strecke von 0 nach x kürzer als die von 0 nach y, so kann man durch n-faches Hintereinanderlegen der kleineren Strecke die größere doch übertreffen, wenn man n nur hinreichend groß wählt. Diese anschauliche Vorstellung lässt sich bei der Konstruktion der Zahlbereiche streng beweisen, hier wollen wir sie als gegeben voraussetzen.

Mit dieser Eigenschaft lassen sich sehr viele andere Existenzaussagen nachweisen. Wir beginnen mit dem Beweis von

$$\forall \varepsilon \in \mathbb{R}_{>0} : \exists n \in \mathbb{N} : \frac{1}{n} < \varepsilon. \tag{3.8}$$

Beweis. Sei $\varepsilon \in \mathbb{R}_{>0}$ gegeben. Zu zeigen ist $\exists n \in \mathbb{N} : 1/n < \varepsilon$.

Auf einem Schmierblatt versuchen wir die Ungleichung $\frac{1}{n} < \varepsilon$ nach n aufzulösen. Dazu multiplizieren wir mit n auf beiden Seiten, wobei wir wegen $n \geq 1 > 0$ die Regel (3.6) benutzen können. Als äquivalente Aussage finden wir $1 < n \cdot \varepsilon$. Wäre $\varepsilon < 1$, dann würde die archimedische Eigenschaft die Existenz einer passenden Zahl garantieren!
Da aber nur $\varepsilon > 0$ vorausgesetzt ist, müssen wir uns auch noch den umgekehrten Fall $\varepsilon \geq 1$ anschauen, um dann in einer Fallunterscheidung argumentieren zu können. Multiplizieren wir $\varepsilon \geq 1$ auf beiden Seiten mit $n \in \mathbb{N}$, so folgt $n \cdot \varepsilon \geq n \cdot 1 = n$. Wir sehen also, dass wenn $n > 1$ gilt, auch $n \cdot \varepsilon \geq n > 1$ vorliegt. Um konkret zu werden, wählen wir $n = 2$ als (naheliegende) natürliche Zahl, die größer 1 ist. Viele der Schmierzettelargumente tauchen im folgenden geordneten Nachweis wieder auf.

Mit *Tertium non datur* gilt $(\varepsilon < 1) \vee \neg(\varepsilon < 1)$. Im Fall $\neg(\varepsilon < 1)$ setzen wir $n := 2$. Dann gelten $1/n = 1/2 < 1$ und $1 \leq \varepsilon$ wegen $\neg(\varepsilon < 1)$ (hier benutzen wir die Totalität von $\leq$, aus der $(\varepsilon \leq 1) \vee (\varepsilon \geq 1)$ folgt, zusammen mit einer Fallunterscheidung). Insgesamt gilt also $1/n < \varepsilon$ und folglich $\exists n \in \mathbb{N} : 1/n < \varepsilon$.

Im Fall $\varepsilon < 1$ können wir die archimedische Eigenschaft auf $\varepsilon, 1$ anwenden. Es folgt $\exists n \in \mathbb{N} : 1 < n \cdot \varepsilon$. Wählen wir ein solches $n \in \mathbb{N}$, so gilt $1 < n \cdot \varepsilon$. Multiplikation mit $1/n$ auf beiden Seiten ergibt mit (3.6) die äquivalente Aussage $1/n < \varepsilon$, die folglich auch gilt. Damit erhalten wir $\exists n \in \mathbb{N} : 1/n < \varepsilon$ auch im zweiten Fall. $\qquad\square$

. . . .

Zeige, dass die archimedische Eigenschaft (Satz 3.12) aus (3.8) folgt, sodass (✎ 94) also beide Aussagen äquivalent sind.

. . . .

Aufbauend auf (3.8) können viele weitere, ähnlich gelagerte Existenzaussagen gezeigt werden, wie z. B.

$$\forall \varepsilon \in \mathbb{R}_{>0} : \exists n \in \mathbb{N} : \frac{3 \cdot n}{n^5 + 2 \cdot n^2 + 1} < \varepsilon.$$

Beweis. Sei $\varepsilon \in \mathbb{R}_{>0}$ gegeben. Zu zeigen ist $\exists n \in \mathbb{N} : \frac{3 \cdot n}{n^5 + 2 \cdot n^2 + 1} < \varepsilon$.

Nutze die möglichen Freiheiten beim Erfüllen von Ungleichungen zu deinen Gunsten. .

Wenn wir auf dem Schmierzettel versuchen, die Ungleichung $(3 \cdot n)/(n^5 + 2 \cdot n^2 + 1) < \varepsilon$ nach n aufzulösen, kommen wir nicht sehr weit, da es keine allgemeinen Lösungsformeln für Gleichungen fünften Grades gibt. Es ist aber viel einfacher, dafür zu sorgen, dass ein größerer Ausdruck als $(3 \cdot n)/(n^5 + 2 \cdot n^2 + 1)$ bereits kleiner als ε ist, bei dem das Auflösen problemlos funktioniert. Da in unserem Beispiel der Nenner die Schwierigkeiten macht, nutzen wir aus, dass ein Verkleinern des Nenners die Zahl größer macht. Es genügt dabei, im Nenner einen Term zu behalten, der nach dem Kürzen mit n im Zähler noch proportional n ist, d. h., wir zielen auf

$$\frac{3 \cdot n}{n^5 + 2 \cdot n^2 + 1} \leq \frac{3 \cdot n}{n^2} = \frac{3}{n}.$$

Ein n zu finden, für das $3/n < \varepsilon$ bzw. $1/n < \varepsilon/3$ gilt, ist nun mit (3.8) möglich. Dieses n erfüllt auch für den ursprünglichen Ausdruck seinen Zweck.

Ohne Schmierzettelrechnung würde man nicht auf die Idee kommen, mit $\varepsilon/3$ zu starten!

Wende (3.8) an auf $\varepsilon/3$. Es gilt dann $\exists n \in \mathbb{N} : (1/n) < (\varepsilon/3)$, und wir wählen ein entsprechendes $n \in \mathbb{N}$. Es gilt dann $1/n^2 < \varepsilon/(3 \cdot n)$.

Wegen $0 \leq n^5, n^2 \leq 2 \cdot n^2$ und $0 \leq 1$ gilt weiter mit (3.5)

$$0 < n^2 = 0 + n^2 + 0 \leq n^5 + 2 \cdot n^2 + 1.$$

Durch Multiplikation mit den jeweiligen Kehrwerten ergibt sich (mit (3.6), da beide Seiten positiv sind)

$$\frac{1}{n^5 + 2 \cdot n^2 + 1} \leq \frac{1}{n^2} < \frac{\varepsilon}{3 \cdot n}.$$

Erneut durch Anwendung von (3.6) weist eine Multiplikation mit $3 \cdot n$ die Existenzaussage nach.   □

....

(✎ 95) Zeige in ähnlicher Weise, dass zu jedem $\varepsilon > 0$ ein $n \in \mathbb{N}$ existiert, sodass $(4 \cdot n^2 + 1)/(n^3 + 1) < \varepsilon$ gilt.

....

Während man bei Existenzaussagen zu Ungleichungen noch rechnen kann, muss in manchen Situationen ganz anders gebastelt werden, um Existenzaussagen nachzuweisen. Als Beispiel betrachten wir den folgenden Satz.

Satz 3.13 *Es existiert eine Relation auf $\mathbb{Z}$, die nicht transitiv ist.*

Damit wir mit dem Beweis beginnen können, sind erst wieder einige Vorüberlegungen auf einem Hilfszettel notwendig ...

Um genauer zu sehen, wie eine Relation gestrickt sein muss, damit sie nicht transitiv ist, nehmen wir an, wir hätten bereits einen Kandidaten R definiert und müssten nun zeigen, dass die gewünschte Eigenschaft zutrifft. Unser Ziel ist also der Nachweis von

$$\neg \forall x, y, z \in \mathbb{Z} : ((x\,R\,y) \wedge (y\,R\,z)) \Rightarrow (x\,R\,z).$$

Als Nachweisregel für negierte für-alle-Aussagen bestimmen wir dabei ein *Gegenbeispiel*, was wieder dem Nachweis einer Existenzaussage entspricht

$$\exists x, y, z \in \mathbb{Z} : \neg(((x\,R\,y) \wedge (y\,R\,z)) \Rightarrow (x\,R\,z)).$$

Dabei gilt eine Implikation *nicht*, wenn die Voraussetzung wahr, die Folgerung aber falsch ist. Um dies zu verstehen, erinnern wir uns zunächst daran, dass für zwei Aussagen A, B nach Aufgabe (✎ 38) die Implikation $A \Rightarrow B$ zu $(\neg A) \vee B$ äquivalent ist. Weiter ist nach der de-morganschen Regel aus Aufgabe (✎ 41) die verneinte Implikation $\neg(A \Rightarrow B)$, also $\neg((\neg A) \vee B)$, äquivalent zu $(\neg\neg A) \wedge (\vee B)$. Hier lässt sich noch die doppelte Negationsregel anwenden und wir erhalten insgesamt die Äquivalenzkette

$$\neg(A \Rightarrow B) \;\Leftrightarrow\; \neg((\neg A) \vee B) \;\Leftrightarrow\; (\neg\neg A) \wedge (\neg B) \;\Leftrightarrow\; A \wedge (\neg B).$$

Zeigen wir also A (Voraussetzung gilt) und $\neg B$ (Folgerung gilt nicht), dann haben wir auch die äquivalente Aussage $\neg(A \Rightarrow B)$ gezeigt. Insgesamt besteht unsere Aufgabe also darin,

$$\exists x, y, z \in \mathbb{Z} : ((x\,R\,y) \wedge (y\,R\,z)) \wedge \neg(x\,R\,z)$$

zu zeigen.

Eine mögliche Strategie ist hier das Abklappern aller Beispiele von Relationen auf $\mathbb{Z}$, die man schon kennt. Vielleicht ist ja etwas Passendes dabei? Am besten bekannt sind Gleichheits-, Kongruenz- und Ordnungsrelationen, aber diese *sind* alle transitiv. Vielleicht ist es aber möglich, durch kleine Modifikationen die Transitivität zu zerstören? Was passiert, wenn wir zu einer der beiden Zahlen etwas dazu addieren, also

$$(a \in \mathbb{Z})\,R\,(b \in \mathbb{Z}) :\Leftrightarrow a = b + 1. \tag{3.9}$$

Dann gilt $1\,R\,0$ wegen $1 = 0+1$ und $0\,R\,-1$ wegen $0 = -1+1$, aber es gilt *nicht* $1\,R\,-1$, denn $1 \neq (-1+1) = 0$.

Beweis von Satz 3.13. Definiere R durch (3.9). Zum Nachweis der Nicht-Transitivität, also

$$\neg \forall x, y, z \in \mathbb{Z} : ((x\,R\,y) \wedge (y\,R\,z)) \Rightarrow (x\,R\,z),$$

Die Angabe eines Gegenbeispiels zu einer Für-alle-Aussage entspricht dem Nachweis einer Existenzaussage.

Eine Implikation gilt genau dann *nicht*, wenn die Annahme erfüllt ist, ohne dass die Folgerung gilt.

Nutze die Freiheit, möglichst einfache Beispiele wählen zu dürfen.

zeigen wir

$$\exists x, y, z \in \mathbb{Z} : \neg(((x \, R \, y) \wedge (y \, R \, z)) \Rightarrow (x \, R \, z))$$

bzw. die äquivalente Aussage

$$\exists x, y, z \in \mathbb{Z} : ((x \, R \, y) \wedge (y \, R \, z)) \wedge \neg(x \, R \, z).$$

Wir setzen $x := 1, y := 0$ und $z := -1$. Wegen $1 = 0 + 1$ gilt $1 \, R \, 0$, wegen $0 = -1 + 1$ gilt $0 \, R - 1$ und wegen $\neg(1 = -1 + 1)$ gilt ebenfalls $\neg(1 \, R - 1)$. Damit ist die Existenzaussage erfüllt. $\square$

. . . .

(✎ 96) Zeige, dass es eine Relation R auf $\mathbb{Z}$ gibt, die reflexiv und nicht transitiv ist.

. . . .

Wie wir bereits am ersten Beispiel gesehen haben, ist das Lösen von Gleichungen eng mit dem Nachweis von Existenzaussagen verbunden. Möchte man zum Beispiel wissen, ob es eine Lösung $x \in \mathbb{R}$ der Gleichung $x^3 + x = 1$ gibt, so geht es dabei um die Existenzaussage $\exists x \in \mathbb{R} : x^3 + x = 1$. Ist sie falsch, so gibt es keine Lösung, ist sie wahr, so gibt es mindestens eine. Im letzteren Fall ist man oft zusätzlich daran interessiert, ob es *genau eine* Lösung gibt. Man spricht dann von eindeutiger Existenz und schreibt $\exists! x \in \mathbb{R} : x^3 + x = 1$, gesprochen: *Es existiert genau ein $x \in \mathbb{R}$ mit der Eigenschaft $x^3 + x = 1$.*

Allgemein steht $\exists! x \in A : E_x$ dafür, dass die Existenz $\exists x \in A : E_x$ erfüllt ist und es zudem keine zwei verschiedenen Elemente mit dieser Eigenschaft gibt, also $\neg \exists u, v \in A : (u \neq v) \wedge (E_u \wedge E_v)$.

. . . .

(✎ 97) Zeige, dass die Nicht-Existenz zweier unterschiedlicher Beispiele äquivalent dazu ist, dass zwei beliebige Elemente mit der besagten Eigenschaft übereinstimmen, also mit $\forall u, v \in A : (E_u \wedge E_v) \Rightarrow (u = v)$.

. . . .

Mit dieser Konkretisierung können wir die Schreibweise $\exists! x \in A : E_x$ wie gewohnt einführen.

Ausdruck	**Aussprache**	**Bedingung**	**Langform**
$\exists! x \in A : E_x$	Es gibt genau ein x in A mit E_x	A Menge, E_x Aussage für alle $x \in A$	$(\exists x \in A : E_x) \wedge$ $(\forall u, v \in A :$ $E_u \wedge E_v \Rightarrow u = v)$

In der Analysisvorlesung wird zum Beispiel der folgende Satz gezeigt

Satz 3.14 . *Für jedes $a \in \mathbb{R}_{\geq 0}$ gilt $\exists! x \in \mathbb{R}_{\geq 0} : x^2 = a$.*

Schon aus der Schule wissen wir dabei, dass die Notation $\sqrt{a}$ für *das* Element x mit der Eigenschaft $x^2 = a$ verwendet wird. Wir halten auch dies ordentlich in einer Tabelle fest.

Ausdruck	Aussprache	Bedingung	Langform
$\sqrt{a}$	Wurzel von a	$a \in \mathbb{R}_{\geq 0}$	$\underline{das}\ x \in \mathbb{R}_{\geq 0} : x^2 = a$

Der mit dem unterstrichenen Artikel $\underline{das}$ eingeleitete Ausdruck in
der Langform, ist nur dann sinnvoll, wenn schon bekannt ist, dass es
genau ein Element mit der angegebenen Eigenschaft gibt. In diesem
Fall steht der gesamte Ausdruck dann für dieses Element. Durch die
Schreibregel $a \in \mathbb{R}_{\geq 0}$ für den Wurzelausdruck $\sqrt{a}$ wird die Bedingung
wegen Satz 3.14 eingehalten.

Dahinter steckt eine grundlegende Notationsvereinbarung zusammen
mit einem Regelpaar, aus dem sich das erwartete Verhalten in Beweisen ergibt.

Ausdruck	Aussprache	Bedingung	Langform
$\underline{das}\ x \in A : E_x$	das x in A mit E_x	$\exists! x \in A : E_x$	–

Aussageform	$u = \underline{das}\ x \in A : E_x$
Nachweisregel	u ist das eindeutige Element, wenn es die Bedingungen $u \in A$ und E_u erfüllt.
Nachweistext	Zeige $u \in A$ und E_u.
Benutzungsregel	Ist u das eindeutige Element, dann erfüllt u die Bedingungen $u \in A$ und E_u.
Benutzungstext	Es gilt $u \in A$ und E_u.

Um die Regeln in Anwendung zu sehen, beweisen wir die folgende
Aussage.
$$\forall a, b \in \mathbb{R}_{\geq 0} : \sqrt{a \cdot b} = \sqrt{a} \cdot \sqrt{b}.$$

Beweis. Seien $a, b \in \mathbb{R}_{\geq 0}$ gegeben. Zu zeigen ist $\sqrt{a \cdot b} = \sqrt{a} \cdot \sqrt{b}$.

> ☁ Da die Gesamtaussage nur dann gelten kann, wenn die be-
> teiligten Ausdrücke sinnvoll sind, muss also zuerst belegt werden,
> dass *alle* Schreibregeln erfüllt sind. Wegen $a, b \in \mathbb{R}_{\geq 0}$ ist dies für
> $\sqrt{a}$ und $\sqrt{b}$ der Fall.

Zum Nachweis der Schreibregel für $\sqrt{a \cdot b}$ zeigen wir $a \cdot b \geq 0$. Dazu
wenden wir die $\leq$-Version von (3.6) an und erhalten wegen $b \geq 0$ die
Äquivalenz $0 \leq a \Leftrightarrow 0 \leq a \cdot b$. Da die linke Seite nach Voraussetzung
gilt, folgt $a \cdot b \geq 0$.

> ☁ Üblicherweise würden wir nun alle drei Wurzelausdrücke durch
> ihre Langform ersetzen, um genauer zu sehen, was zu tun ist.
> Da wir aber nur für Aussagen vom Typ $u = \underline{das} \ldots$ Regeln zur
> Verfügung haben, schreiben wir nur $\sqrt{a \cdot b}$ in Langform.

Enthält das Beweis-
ziel einen Ausdruck,
bei dem Schreibre-
geln zu berücksichti-
gen sind, so müssen
diese zunächst nach-
gewiesen werden.

Mit $u := \sqrt{a} \cdot \sqrt{b}$ zeigen wir dazu $u = \underline{\text{das}}\ x \in \mathbb{R}_{\geq 0} : x^2 = a \cdot b$.

> 💭 Jetzt greift die neue Nachweisregel für $u = \underline{\text{das}} \ldots$

Dazu zeigen wir $u \in \mathbb{R}_{\geq 0}$ und $u^2 = a \cdot b$.

> 💭 Jetzt geht es im Vorwärtsgang mit der Benutzungsregel für die beiden Wurzelausdrücke $\sqrt{a}$ und $\sqrt{b}$ weiter. Nach Definition gilt nämlich $\sqrt{a} = \underline{\text{das}}\ x \in \mathbb{R}_{\geq 0} : x^2 = a$, sodass $\sqrt{a}$ die Rolle von u in der Benutzungsregel spielt.

Wegen $\sqrt{a} = \underline{\text{das}}\ x \in \mathbb{R}_{\geq 0} : x^2 = a$ gelten $\sqrt{a} \in \mathbb{R}_{\geq 0}$ und $\sqrt{a}^2 = a$. Entsprechend finden wir $\sqrt{b} \in \mathbb{R}_{\geq 0}$ und $\sqrt{b}^2 = b$. Mit einer Argumentation wie beim Nachweis der Schreibregel ergibt sich dann auch $u = \sqrt{a} \cdot \sqrt{b} \geq 0$, und es gilt $u^2 = (\sqrt{a} \cdot \sqrt{b})^2 = \sqrt{a}^2 \cdot \sqrt{b}^2 = a \cdot b$. $\square$

. . . .

(✎ 98)   Zeige $\forall a \in \mathcal{U} : a = \underline{\text{das}}\ x \in \mathcal{U} : x \in \{a\}$

(✎ 99)   Ist M eine Menge mit $\exists! x \in \mathcal{U} : x \in M$, so ist $M = \{\underline{\text{das}}\ x \in \mathcal{U} : x \in M\}$.

(✎ 100) Stimmt $\forall a \in \mathbb{R} : \sqrt{a^2} = a$? Beweise deine Antwort.

. . . .

3.5 Funktionen

... und aus dem Kaninchen wurde ein Huhn.

Etwas weniger magische Verwandlungsprozesse kennen wir zuhauf aus unserem Alltag: Eier, Mehl und Milch werden in Pfannkuchen verwandelt, Früchte und Zucker in Marmelade, ein Automat wandelt Geldstücke in Getränkedosen und Holz wird in einem Kamin in Wärme und Abgase umgesetzt.

> 🛈
>
> Funktionen beschreiben Prozesse, die Eingaben in festgelegte Ausgaben verwandeln.

In der Mathematik abstrahiert man solche Prozesse durch *Funktionen*, die Ausgangsobjekten (sog. Argumenten) eindeutig bestimmte Ergebnisobjekte zuweisen. Wie der Prozess genau vonstatten geht, ist in einer Zuordnungsvorschrift festgehalten. Im Unterschied zu realen Prozessen ist die Vorschrift dabei so präzise, dass bei gleichem Argument stets exakt das gleiche Ergebnis resultiert.

Genauso wie man aus Birnen aber keinen Apfelkuchen backen kann, sind für eine Zuordnung normalerweise nicht alle denkbaren Argumente zulässig. Zu jeder Zuordnung gibt es deshalb eine Bedingung an die Argumente, und nur wenn diese erfüllt ist, darf die Vorschrift ausgeführt werden.

Steht f für eine Funktion, dann werden wir die Menge der zulässigen Argumente mit $\text{Def}(f)$ bezeichnen, und für jedes $x \in \text{Def}(f)$ steht $f(x)$ für das eindeutig zugeordnete Ergebnis, den sogenannten Funktionswert von f an der Stelle x.

Ausdruck	Aussprache	Bedingung	Langform
$\text{Def}(f)$	Definitionsmenge von f	f Funktion	–
$f(x)$	f von x	f Funktion, $x \in \text{Def}(f)$	–

Um diese neuen Symbole in Beweisen argumentativ nutzen zu können, sind einige Axiome erforderlich. Das erste besagt, dass die Funktionsergebnisse immer Elemente sind.

Axiom 3.15 *Sei f eine Funktion. Dann gilt $f(x) \in \mathcal{U}$ für jedes Argument $x \in \text{Def}(f)$.*

Um eine konkrete Funktion anzugeben, müssen wir die Informationen zur Definitionsmenge und zu den Funktionswerten bereitstellen. So schreiben wir $x \in \mathbb{R} \mapsto 2 \cdot x + 1$ für eine Funktion, die reelle Zahlen als Argumente erlaubt und einer gegebenen reellen Zahl x den Wert $2 \cdot x + 1$ zuweist. Der Funktionswert dieser Funktion an der Stelle 5 ist dann also $2 \cdot 5 + 1 = 11$, und an der Stelle -3 finden wir $2 \cdot (-3) + 1 = -5$. Die allgemeine Schreibweise für Funktionsausdrücke ist in folgender Tabelle festgelegt.

Ausdruck	Aussprache	Bedingung	Langform
$x \in A \mapsto y_x$	x aus A wird abgebildet auf y_x.	A Menge, $y_x \in \mathcal{U}$ für alle $x \in A$	–

In diesem Fall ist A die Definitionsmenge der Funktion, und der Funktionswert zu einem Element $a \in A$ ist gleich y_a (d. h., y_x nach Ersetzung von x durch die Elementbeschreibung a).

Möchte man der Funktion einen Namen geben und genauer spezifizieren, in welcher Zielmenge B die Funktionswerte y_x zu Argumenten $x \in A$ liegen, so kann dies in einer etwas komfortableren Schreibweise angegeben werden (natürlich muss dazu $y_x \in B$ für alle $x \in A$ gelten). Die Notation ist hier $f : A \to B$, $x \mapsto y_x$ oder etwas raumgreifender

$$f := \begin{cases} A & \to & B \\ x & \mapsto & y_x \end{cases}$$

Am Beispiel unserer Funktion $x \in \mathbb{R} \mapsto 2 \cdot x + 1$ hat diese Definitionsform die Gestalt

$$f : \mathbb{R} \to \mathbb{R}, x \mapsto 2 \cdot x + 1 \qquad \text{bzw.} \qquad f := \begin{cases} \mathbb{R} & \to & \mathbb{R} \\ x & \mapsto & 2 \cdot x + 1 \end{cases}$$

Bei der Funktionsdefinition muss geprüft werden, ob alle Funktionswerte in der angegebenen Zielmenge liegen.

Im Unterschied zur hier vorgestellten Form werden in der Schule reelle Funktionen oft durch Gleichungen, wie etwa $y = 2 \cdot x + 1$ angegeben. Fügt man hier die Information hinzu, dass x und y Platzhalter für reelle Zahlen sind, dann betont dieser Zugang die mögliche Interpretation einer Funktion als Relation mit der präzisen Definition

$$(x \in \mathbb{R})\, R_f \,(y \in \mathbb{R}) :\Leftrightarrow y = 2 \cdot x + 1.$$

ℹ

Funktionen und Relationen stehen in einem engen Zusammenhang.

Nach diesem Muster kann jede Funktion g, die Argumenten aus A Werte in B zuordnet, durch eine Relation R_g beschrieben werden gemäß

$$(x \in A)\, R_g \,(y \in B) :\Leftrightarrow y = g(x).$$

(✎ 101) Gib eine vollständige Funktionsdefinition an zur Vorschrift *Für eine gegebene reelle Zahl x, berechne den Kehrwert von $1 - x^2$.*

Eine Funktion f produziert zu erlaubten Eingabewerten x zugehörige Ausgabewerte $f(x)$. Durchläuft x also eine Menge $A \subset \mathrm{Def}(f)$ von Eingaben, so produziert f eine Menge zugehöriger Ausgaben, die wir mit $f[A]$ bezeichnen. Etwas allgemeiner können wir sogar beliebige Mengen A zulassen, wobei dann natürlich nur die Elemente abgebildet werden, die in $\mathrm{Def}(f)$ liegen.

Ausdruck	Aussprache	Bedingung	Langform
$f[A]$	Bild von A unter f	f Funktion, A Menge	$\{y \in \mathcal{U} : \exists x \in A \cap \mathrm{Def}(f) : y = f(x)\}$

(✎ 102) Sei $g : \mathbb{R} \to \mathbb{R}, x \mapsto 2 \cdot (x - 1)$. Zeige $\exists a \in \mathbb{R} : g[\mathbb{R}_{\geq 0}] = \mathbb{R}_{\geq a}$.

(✎ 103) Seien A, B Mengen und f eine Funktion. Zeige $f[A \cup B] = f[A] \cup f[B]$.

(✎ 104) Sei $f : X \to Y$ eine Funktion. Zeige $f[\emptyset] = \emptyset$. Zeige weiter $f[\{x\}] = \{f(x)\}$ für jedes $x \in X$.

(✎ 105) Sei X eine Menge. Dann nennen wir die Funktion $x \in X \mapsto x$ *die Identitätsfunktion auf X* und bezeichnen sie mit id_X. Zeige, dass für jede Menge A die Gleichheit $\mathrm{id}_X[A] = X \cap A$ gilt.

Das Bild der gesamten Definitionsmenge von f unter f nennt man auch einfach $\mathrm{Bild}(f)$.

Ausdruck	Aussprache	Bedingung	Langform
$\mathrm{Bild}(f)$	Bildmenge von f	f Funktion	$f[\mathrm{Def}(f)]$

(✎ 106) Sei $f : X \to Y$ eine Funktion und $y \in \mathcal{U}$. Genau dann ist $y \in \mathrm{Bild}(f)$, wenn $\exists x \in \mathrm{Def}(f) : y = f(x)$ gilt. Außerdem gilt für jedes $x \in X$ die Aussage $f(x) \in \mathrm{Bild}(f)$ und daher auch $f(x) \in Y$.

Als Beispiel betrachten wir die Funktion $f : \mathbb{Z} \to \mathbb{Z}$, $z \mapsto 2 \cdot z$. Durchläuft das Argument alle ganzen Zahlen, so erzeugt f die Menge aller geraden Zahlen $G := \text{Bild}(f)$. In ähnlicher Weise kann man natürlich auch die Menge U der ungeraden Zahlen aus den ganzen Zahlen produzieren. Wir nehmen dazu $g : \mathbb{Z} \to \mathbb{Z}$, $z \mapsto 2 \cdot z + 1$ und definieren $U := \text{Bild}(g)$. Die Definition der Bildmenge führt zur Langform $U = \{y \in \mathbb{Z} : \exists x \in \mathbb{Z} : y = g(z)\}$, und wenn man auch noch die Langform von $g(z)$ einsetzt, ergibt sich

$$U = \{y \in \mathbb{Z} : \exists x \in \mathbb{Z} : y = 2 \cdot z + 1\}. \tag{3.10}$$

Mengenkonstruktionen dieser Art sind in der Mathematik so häufig, dass sich hierfür eine spezielle Schreibweise entwickelt hat. Anstelle des zweischrittigen Prozesses – (1) Definition von g und (2) Namensgebung für $\text{Bild}(g)$ – oder der zwar einschrittigen, aber schwer lesbaren Bildmengenbeschreibung (3.10) wird dabei die Schreibweise

$$U := \{2 \cdot z + 1 \mid z \in \mathbb{Z}\}$$

verwendet. Ausgesprochen wird diese *U ist definiert als die Menge aller $2 \cdot z + 1$ für $z \in \mathbb{Z}$*. Offensichtlich steht der Zuordnungsausdruck $2 \cdot z + 1$ der Funktion g links vom Strich | und der Argumentplatzhalter z sowie die Definitionsmenge $\mathbb{Z}$ sind rechts zu erkennen. Die allgemeine Form ist in der folgenden Tabelle festgehalten.

Ausdruck	Aussprache	Bedingung	Langform
$\{y_x \mid x \in M : E_x\}$	Menge aller y_x für $x \in M$ mit E_x	M Menge, E_x Aussage, y_x Element für alle $x \in M$	$\{u \in \mathcal{U} :$ $\exists x \in M :$ $E_x \wedge (u = y_x)\}$

. . . .

Beschreibe die Menge aller Quadratzahlen und die Menge aller durch 3 teilbaren Zahlen in der Form aus der obigen Tabelle. (✎ 107)

Gilt $5 \in \{(4 \cdot n + 3)/7 \mid n \in \mathbb{N}\}$? Beweise deine Antwort. (✎ 108)

. . . .

Die Frage, welche Werte eine Funktion f auf einer Menge A annimmt, wird durch $f[A]$ beantwortet. Man kann auch eine umgekehrte Frage stellen: Welche Argumente werden von f in eine Menge B hinein abgebildet? Die Antwort auf diese Frage führt auf den Begriff des *Urbilds* einer Menge B unter einer Funktion f, die wir mit $f^{-1}[B]$ bezeichnen. Ist B eine einelementige Menge $\{b\}$, dann ist $x \in f^{-1}[\{b\}]$ ein Argument, dessen Funktionswert b ist, d. h., x löst die Gleichung $f(x) = b$. Ob und wenn ja, wie viele Lösungen es zu dieser Gleichung gibt, kann also am Urbild abgelesen werden.

Ausdruck	Aussprache	Bedingung	Langform
$f^{-1}[B]$	Urbild von B unter f	f Funktion, B Menge	$\{x \in \text{Def}(f) : f(x) \in B\}$

. . . .

(✎ 109)   Zeige, dass $f^{-1}[\emptyset] = \emptyset$ für jede Funktion gilt.

(✎ 110)   Seien A, B Mengen, und sei f eine Funktion. Zeige, dass die Gleichheit $f^{-1}[A \cap B] = f^{-1}[A] \cap f^{-1}[B]$ gilt.

. . . .

Bisher haben wir Funktionen als Prozesse betrachtet, die Eingabe-elemente in festgelegte Ausgabeelemente verwandeln. Oft sind aber Funktionen selbst Verwandlungsprozessen unterworfen. In der Schule hast du solche Transformationen kennengelernt, wie etwa beim Verschieben oder Spiegeln von Funktionsgraphen oder dem Ableiten oder Integrieren von Funktionen. Damit diese Transformationsprozesse wieder als Funktionen betrachtet werden können, müssen die Funktionen, auf denen sie operieren, Elemente sein. Details regelt dabei das folgende Axiom.

> **ℹ**
>
> Funktionen transformieren nicht nur Elemente, sondern können selbst als Elemente transformiert werden.

Axiom 3.16 *Eine Funktion f ist ein Element genau dann, wenn* $\mathrm{Def}(f)$ *eine fassbare Menge ist. In diesem Fall ist auch* $\mathrm{Bild}(f)$ *eine fassbare Menge.*

Ein wichtiges Kriterium, nach dem Funktionselemente in Mengen zusammengefasst werden, bezieht sich auf ihre Definitions- und Zielmengen. Um darüber sprechen zu können, führen wir in der folgenden Tabelle die Schreibweise $f : X \to Y$ als Abkürzung dafür ein, dass f eine Funktion zwischen $\mathrm{Def}(f) = X$ und $\mathrm{Bild}(f) \subset Y$ ist. Im Anschluss können wir die Menge aller Funktionen auf fassbaren Mengen X mit Werten in Y definieren.

Ausdruck	Aussprache	Bedingung	Langform
$f : X \to Y$	f ist eine Funktion von X nach Y.	X, Y Mengen	$(\mathrm{Def}(f) = X) \wedge$ $(\mathrm{Bild}(f) \subset Y)$
$\mathrm{Abb}(X, Y)$	Abbildungen von X nach Y	$X \in \mathcal{M}$, Y Menge	$\{f \in \mathcal{U} :$ $f : X \to Y\}$

Axiom 3.17 *Sind X, Y fassbare Mengen, dann ist auch* $\mathrm{Abb}(X, Y)$ *eine fassbare Menge.*

Tatsächlich spielen solche Mengen von Abbildungen in der Mathematik eine sehr wichtige Rolle, etwa die Menge $\mathrm{Abb}(\mathbb{N}, \mathbb{R})$, deren Elemente *reelle Folgen* genannt werden. Ebenso bedeutsam sind die Mengen der *linearen*, *stetigen*, *differenzierbaren* oder *integrierbaren* Funktionen mit spezifizierten Definitions- und Wertemengen.

Zum Vergleich von Funktionen ist das folgende Axiom zur Gleichheit entscheidend. Es besagt, dass zwei Funktionen übereinstimmen, wenn sie die gleiche Definitionsmenge haben und dort jeweils an der gleichen Stelle die gleichen Ergebnisse liefern.

Axiom 3.18 *Seien f und g Funktionen. Gelten* $\mathrm{Def}(f) = \mathrm{Def}(g)$ *und* $\forall x \in \mathrm{Def}(f) : f(x) = g(x)$, *dann gilt auch* $f = g$.

Abgeleitet aus diesem Axiom ist die Nachweisregel für Gleichheit.

Aussageform	$f = g$ $\quad (f, g$ Funktionen$)$
Nachweisregel	Um zu zeigen, dass $f = g$ gilt, zeigt man, dass f und g die gleichen Argumente zulassen und jeweils die gleichen Funktionswerte liefern.
Nachweistext	Zu zeigen: $\mathrm{Def}(f) = \mathrm{Def}(g)$ und $\forall x \in \mathrm{Def}(f) : f(x) = g(x)$.

Gleichheitsnachweise hängen von der Art der zu vergleichenden Elemente ab.

....

Seien $f : \mathbb{R} \to \mathbb{R}$, $x \mapsto x^3 - (x+1)^3 + 1$ und $g : \mathbb{R} \to \mathbb{R}$, $x \mapsto -3 \cdot x \cdot (x+1)$. (✎ 111)
Zeige, dass $f = g$ gilt.

Sei f eine Funktion auf der leeren Menge. Zeige, dass dann $f = \mathrm{id}_\emptyset$ gilt (✎ 112)
mit der Identitätsfunktion aus Aufgabe (✎ 105). Damit ist $\mathrm{id}_\emptyset$ die einzige
Funktion auf der leeren Menge. Wir nennen sie die *leere Funktion*.

....

3.6 Lösbarkeit von Gleichungen

Beim Lösen von Gleichungsaufgaben wie: *Finde $x \in \mathbb{R}$ mit der Eigenschaft $x^3 + x = 1$*, kann es nützlich sein, die in der Gleichung steckende x-Abhängigkeit als Funktion zu interpretieren. Mit $f : \mathbb{R} \to \mathbb{R}$, $x \mapsto x^3 + x$ und dem Element $y := 1 \in \mathbb{R}$ lautet die Aufgabe dann:

Finde $x \in \mathrm{Def}(f)$ mit der Eigenschaft $f(x) = y$.

In dieser Form lassen sich sehr viele Gleichungen darstellen, wenn man f und y durch andere Funktionen und Elemente austauscht. Insbesondere übersetzt sich die Lösbarkeitsuntersuchung der Gleichung in die Untersuchung der Funktion f.

Nutzt man etwa in unserem Beispiel die *Stetigkeit* von f, ein Konzept, das in der Analysis präzise definiert und untersucht wird, so ergibt sich mit dem sogenannten Zwischenwertsatz, dass f auf dem Intervall zwischen -1 und 1 *alle* Werte zwischen $f(-1) = -2$ und $f(1) = 2$ annimmt. Da der Wert $y = 1$ zwischen -2 und 2 liegt, gibt es also eine Lösung der Gleichung $f(x) = 1$.

Um die Lösbarkeit einer Gleichung durch eine Eigenschaft der beteiligten Funktion auszudrücken, führen wir das Konzept der *Surjektivität* von Funktionen ein. Genauer nennen wir eine Funktion f surjektiv auf W, wenn die Gleichung $f(x) = y$ für jedes y aus der Menge W mindestens eine Lösung hat.

Definition 3.19 *Sei* $f : X \to Y$ *gegeben und sei* W *eine Teilmenge von* Y. *Wir sagen* f *ist* surjektiv auf W, *wenn* $\forall y \in W : \exists x \in X : f(x) = y$ *erfüllt ist.*

(✎ 113)   Zeige, dass $f : \mathbb{R} \to \mathbb{R}, x \mapsto 2 \cdot x + 1$ surjektiv auf $\mathbb{R}$ ist.

(✎ 114)   Sei $f : X \to Y$ gegeben und sei $W \subset Y$. Dann ist f surjektiv auf W, genau dann, wenn $W \subset \text{Bild}(f)$ gilt. Insbesondere ist f surjektiv auf $\text{Bild}(f)$, und es gilt $\text{Bild}(f) = Y$, wenn f surjektiv auf Y ist.

(✎ 115)   Ist X eine fassbare Menge und $f : X \to Y$ surjektiv auf Y, dann ist auch Y eine fassbare Menge.

Keine Angst vor seltsam klingenden Namen wie surjektiv oder injektiv!
Arbeite einfach mit der präzisen Langform.

Während Surjektivität von f also damit zu tun hat, *ob* Gleichungen der Form $f(x) = y$ überhaupt Lösungen haben, gibt es auch einen Begriff, der mit der *eindeutigen* Lösbarkeit solcher Gleichungen zusammenhängt, die *Injektivität*. In unserem Anfangsbeispiel können wir etwa die Positivität der Ableitung $f'(x) = 3 \cdot x^2 + 1$ benutzen, um festzustellen, dass f streng monoton wachsend ist. Damit wird jeder Funktionswert *höchstens* einmal angenommen, was mehrfache Lösungen ausschließt.

Genau diese Eigenschaft, dass die Funktion f keinen Wert zweimal annimmt, also dass $\neg \exists u, v \in X : (u \neq v) \wedge (f(u) = f(v))$ gilt, ist die Grundlage für die allgemeine Injektivitätsdefinition.

(✎ 116)   Zeige, dass die $\neg \exists u, v \in X : (u \neq v) \wedge (f(u) = f(v))$ äquivalent ist zu der in der Praxis handlicheren Form $\forall u, v \in X : f(u) = f(v) \Rightarrow u = v$.

Definition 3.20 *Wir sagen* $f : X \to Y$ *ist* injektiv, *wenn die Bedingung* $\forall u, v \in X : f(u) = f(v) \Rightarrow u = v$ *erfüllt ist.*

(✎ 117)   Zeige anhand der Definition, dass $f : \mathbb{R} \to \mathbb{R}, x \mapsto 2 \cdot x + 1$ injektiv ist.

(✎ 118)   Sei $f : X \to Y$ injektiv und seien A, B Mengen. Zeige $f[A \backslash B] = f[A] \backslash f[B]$.

(✎ 119)   Sei $f : X \to Y$ sowohl injektiv als auch surjektiv auf $W \subset Y$. Zeige, dass dann $\forall y \in W : \exists! x \in X : f(x) = y$ gilt.

In der Situation von Aufgabe (✎ 119) haben wir für jedes $y \in W$ mit dem Ausdruck $\underline{\text{das}}\ x \in X : f(x) = y$ einen eindeutig bestimmten Lösungswert. Dadurch entsteht wiederum eine *Funktion*, die jedem $y \in W$ die Lösung der Gleichung $f(x) = y$ zuordnet, die sogenannte *inverse Funktion*

$$f^{-1} : W \to X, \quad y \mapsto \underline{\text{das}}\ x \in X : f(x) = y.$$

Gilt sogar $W = Y$, so nennt man f (uneingeschränkt) *invertierbar*.

Definition 3.21 *Ist $f : X \to Y$ sowohl surjektiv auf $W \subset Y$ als auch injektiv, so nennen wir f auch* bijektiv *auf W. Die Abbildung $f^{-1} : W \to X$, $y \mapsto \underline{das}\ x \in X : f(x) = y$ nennt man dann die* Inverse von f auf W. *Sind X, Y fassbare Mengen, dann steht* $\mathrm{Bij}(X, Y)$ *für die Menge aller Funktionen von X nach Y, die bijektiv auf Y sind.*

Um sich mit neuen Begriffen vertraut zu machen, ist es wichtig, die Definition in einfachen Beweisen zu benutzen. Insbesondere lohnt es sich, neue Begriffe im Fall von bereits bekannten Objekten zum Einsatz zu bringen. Wir betrachten deshalb einige Funktionen, die bereits aus der Schule bekannt sind.

. . . .

Seien $f : \mathbb{R} \to \mathbb{R}$, $x \mapsto x^2$ und $g : \mathbb{R} \to \mathbb{R}$, $x \mapsto 3 \cdot x + 1$. Zeige, dass f nicht injektiv und nicht surjektiv auf $\mathbb{R}$ ist. Zeige auch, dass g bijektiv auf $\mathbb{R}$ ist. Wie lautet die inverse Funktion zu g auf $\mathbb{R}$? *(✎ 120)*

Seien X eine Menge und id_X die Identitätsfunktion aus Aufgabe (✎ 105). Zeige, dass id_X bijektiv auf X ist. *(✎ 121)*

Sei $f : X \to Y$ injektiv. Zeige, dass f bijektiv auf $\mathrm{Bild}(f)$ ist. Die Inverse von f auf $\mathrm{Bild}(f)$ bezeichnen wir hier mit g. Zeige, dass dann g bijektiv auf X ist und $f(g(y)) = y$ für alle $y \in \mathrm{Bild}(f)$ und $g(f(x)) = x$ für alle $x \in X$ gilt. *(✎ 122)*

Sei $f \in \mathrm{Bij}(X, Y)$. Dann ist f invertierbar und es gilt $f^{-1} \in \mathrm{Bij}(Y, X)$. *(✎ 123)*

. . . .

3.7 Verknüpfen von Funktionen

In der Schule lernt man zuerst lineare Funktionen von $\mathbb{R}$ nach $\mathbb{R}$ kennen. Dann kommen quadratische Funktionen und allgemeinere Polynome hinzu sowie die rationalen Funktionen als Quotienten von Polynomen. Die Funktionsvorschriften all dieser Funktionen werden dabei durch mehrfache Anwendung der arithmetischen Grundoperationen auf den reellen Zahlen erzeugt. So beschreibt beispielsweise $x \in \mathbb{R} \mapsto 3 \cdot x + 5$ eine lineare Funktion auf $\mathbb{R}$, die durch Addition und Multiplikation von Zahlen mit dem Platzhalter x der Funktionsvorschrift entsteht. Als weitere Funktionen lernt man noch die Exponentialfunktion $\exp$, die trigonometrischen Funktionen $\sin, \cos$ und ihre Umkehrfunktionen kennen.

Eine Möglichkeit, den Vorrat an Funktionen flexibel zu erweitern, besteht darin, vorgegebene Funktionen miteinander zu verknüpfen. Dazu zählt das *Verketten* und das *Verbinden*.

Beim Verketten von Funktionen werden die beiden Funktionen *nacheinander* ausgeführt. Dazu ist es erforderlich, dass die Werte der zuerst ausgeführten Funktion (sagen wir g) in der Definitionsmenge der zweiten Funktion f liegen. Die Funktion, die Elemente $x \in \text{Def}(g)$ zunächst auf $g(x)$ und dann weiter auf $f(g(x))$ abbildet, ist die Verkettung von f und g.

Definition 3.22 *Seien f, g Funktionen mit* $\text{Bild}(g) \subset \text{Def}(f)$. *Dann nennt man die Funktion* $x \in \text{Def}(g) \mapsto f(g(x))$ *die Verkettung von f und g und schreibt dafür $f \circ g$, was als f nach g ausgesprochen wird.*

Auch diese Konstruktion ist aus der Schule bekannt, wenn beispielsweise $x \in \mathbb{R} \mapsto \exp(3 \cdot x + 1)$ betrachtet wird, was als Verkettung der beiden reellen Funktionen $f(x) = \exp(x)$ und $g(x) = 3 \cdot x + 1$ gesehen werden kann.

· ·

(✎ 124) Seien $f : Y \to Z$ und $g : X \to Y$ injektiv. Zeige, dass auch $f \circ g$ injektiv ist. Stimmt die Aussage auch, wenn injektiv durch surjektiv bzw. bijektiv (auf die Zielmengen) ersetzt wird?

(✎ 125) Gilt für die beiden Funktionen $f : X \to Y$ und $g : Y \to X$ die Aussage $g \circ f = \text{id}_X$, so ist f injektiv. Gilt $f \circ g = \text{id}_Y$, so ist f surjektiv auf Y.

(✎ 126) Gilt für eine Funktion $f : X \to X$ die Aussage $f \circ f = \text{id}_X$, so gilt auch $f \in \text{Bij}(X, X)$.

(✎ 127) Sind $f \in \text{Bij}(X, Y)$ und $g \in \text{Bij}(Y, Z)$, so gelten $g \circ f \in \text{Bij}(X, Z)$ und $(g \circ f)^{-1} = f^{-1} \circ g^{-1}$.

· ·

Während das Verketten von Funktionen für das Nacheinanderausführen steht, geht es beim *Verbinden* um das Nebeneinanderausführen. Verbindet man etwa die Funktion $x \in \mathbb{R}_{\geq 0} \mapsto 1/(x + 1)$ auf der positiven x-Achse und die konstante Funktion $x \in \mathbb{R}_{<0} \mapsto 1$ auf der negativen x-Achse, so erhält man eine Funktion, deren Graph im folgenden Schaubild skizziert ist.

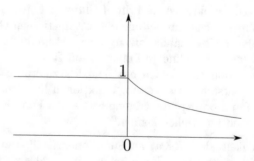

Zur symbolischen Formulierung einer solchen Verbindung verwenden wir einen sogenannten *bedingten Ausdruck*

$$h : \mathbb{R} \to \mathbb{R}_{\leq 1}, \quad x \mapsto \begin{cases} 1/(x+1) & x \geq 0 \\ 1 & \text{sonst} \end{cases}. \qquad (3.11)$$

Der Wert des durch die geschwungene Klammer eingeleiteten Ausdrucks hängt davon ab, ob die Aussage $x \geq 0$ rechts in der oberen Zeile wahr ist oder nicht. Wenn sie gilt, dann liegt der obere Wert vor, andernfalls der untere. So gelten etwa

$$h(1) = \begin{cases} 1/(1+1) & 1 \geq 0 \\ 1 & \text{sonst} \end{cases} = \frac{1}{2}$$

und

$$h(-5) = \begin{cases} 1/(-5+1) & -5 \geq 0 \\ 1 & \text{sonst} \end{cases} = 1.$$

Eine interessante Situation tritt ein, wenn man den Funktionsplatzhalter x in unserem Fall durch die Zahl -1 ersetzt. Dann ergibt sich

$$h(-1) = \begin{cases} 1/(-1+1) & -1 \geq 0 \\ 1 & \text{sonst} \end{cases}.$$

Hierbei ist der Teilausdruck $1/(-1+1)$ undefiniert, weil die Schreibregel, dass der Nenner in einem Quotient von 0 verschieden sein muss, wegen $(-1+1) = 0$ *nicht* eingehalten wird. Aufgrund der Fallregelung ist das aber nicht schlimm, denn $-1 \geq 0$ ist falsch, sodass der Wert durch den anderen Ausdruck gegeben ist, der in diesem Fall für $1 \in \mathbb{R}$ steht. Es gilt also $h(-1) = 1$. Ein bedingter Ausdruck ist also insgesamt korrekt, wenn der Teilausdruck zum geltenden Fall korrekt ist.

Ausdruck	Aussprache	Bedingung	Langform
$\begin{cases} u & A \\ v & \text{sonst} \end{cases}$	u falls A und v sonst	A Aussage, wenn A gilt, ist $u \in \mathcal{U}$ und sonst $v \in \mathcal{U}$	u (wenn A gilt), v sonst

Da wegen *Tertium non datur* A oder $\neg A$ gilt, steht ein zulässiger bedingter Ausdruck also immer für ein Element. Beim Beweisen kann dabei die Gleichheit des bedingten Ausdrucks mit u benutzt werden, wenn A gilt, und die Gleichheit mit v, wenn $\neg A$ gilt. Gesamtaussagen über bedingte Ausdrücke werden daher typischerweise in Fallunterscheidungen gewonnen.

Wird ein bedingter Ausdruck wie in (3.11) als Funktionswert verwendet, so müssen bereits drei Schreibregeln gleichzeitig beachtet

i

Beweise zu Aussagen über bedingte Ausdrücke benutzen oft Fallunterscheidungen mit den beiden angegebenen Fällen.

werden: (1) für jedes Argument muss der Funktionsausdruck ein Element der Zielmenge sein, dazu müssen (2) im bedingten Ausdruck beide Teilausdrücke im jeweiligen Fall für ein Element (in (3.11) von $\mathbb{R}_{\leq 1}$) stehen und dazu muss wiederum (3) das Argument der Divisionsfunktion insbesondere in ihrer Definitionsmenge $\mathbb{R}_{\neq 0}$ liegen. Sind in einem Ausdruck alle Schreibregeln berücksichtigt, so nennt man ihn auch *wohldefiniert*.

Wohldefinition eines Ausdrucks bedeutet: Alle Schreibregeln werden eingehalten.

Mit etwas Übung und Hintergrundwissen sind Wohldefinitionen oft mit einem Blick zu erkennen, wie im Ausdruck

$$a := \sqrt{\ln(\exp(4) + 1)}.$$

Da die Exponentialfunktion auf ganz $\mathbb{R}$ definiert ist, ist die Schreibregel für $\exp(4)$ erfüllt. Wenn man nun weiß, das $\mathrm{Bild}(\exp) = \mathbb{R}_{>0}$ gilt, dann ist zunächst die Addition mit 1 wieder eine reelle Zahl (Schreibbedingung und Zielmenge der Addition), und man kann sogar leicht zeigen, dass $\exp(4) + 1 \in \mathbb{R}_{>1}$ gilt. Dort wiederum ist der natürliche Logarithmus definiert und liefert Ergebnisse in $\mathbb{R}_{>0}$, was wiederum Teil der Definitionsmenge der Wurzelfunktion ist.

Über Wohldefinition solltest du *immer* nachdenken. Beweise musst du aber nur dann angegeben, wenn sie neue Ergebnisse benötigen.

Ob man solche Wohldefinitionsbeweise angibt, hängt vom angepeilten Leserkreis des Beweises ab. Geht man davon aus, dass sie den Beweis leicht selbst führen können, dann kann auf die Angabe verzichtet werden. Bei Übungsaufgaben ist die Situation etwas anders, da hier die Überprüfung im Vordergrund steht. In diesem Fall muss man abschätzen, ob der Wohldefinitionsnachweis neue Ideen verlangt oder nur bekannte Argumente wiederholt. Als Beispiel betrachten wir das folgende Resultat.

Satz 3.23 *Die in* (3.11) *notierte Funkion* h *ist wohldefiniert.*

Beweis. Um die Wohldefiniertheit von (3.11) nachzuweisen, müssen wir

$$\forall x \in \mathbb{R} : \begin{cases} 1/(x+1) & x \geq 0 \\ 1 & \text{sonst} \end{cases} \in \mathbb{R}_{\leq 1}$$

zeigen. Sei dazu $x \in \mathbb{R}$ gegeben. Zu zeigen ist $B \in \mathbb{R}_{\geq 1}$ mit

$$B := \begin{cases} 1/(x+1) & x \geq 0 \\ 1 & \text{sonst} \end{cases}.$$

Diese Aussage kann nur wahr sein, wenn die Rechtschreibregel des bedingten Ausdrucks erfüllt ist. Da diese zwei Wenn-dann Aussagen beinhaltet, betrachten wir zwei Implikationen.

Wir zeigen zunächst $(x \geq 0) \Rightarrow 1/(x+1) \in \mathbb{R}_{\leq 1}$. Dazu gehen wir von $x \geq 0$ aus und zeigen $1/(x+1) \in \mathbb{R}_{\leq 1}$. Wegen $x \geq 0$ ist $x+1 \geq 1$.

Division durch $x + 1$ auf beiden Seiten ergibt $1 \geq 1/(x + 1)$ wegen $x + 1 > 0$. Umgestellt ergibt sich $1/(x + 1) \in \mathbb{R}_{\leq 1}$.

Außerdem gilt $1 \in \mathbb{R}_{\leq 1}$, sodass auch $\neg(x \geq 0) \Rightarrow 1 \in \mathbb{R}_{\leq 1}$ gilt.

> Da wir nicht nur gezeigt haben, dass die Teilausdrücke $1/(x+1)$ und 1 irgendwelche Elemente sind, sondern sogar in $\mathbb{R}_{\leq 1}$ liegen, ist der Gesamtbeweis mit einer Fallunterscheidung schnell erledigt.

Wegen $(x \geq 0) \lor \neg(x \geq 0)$ können wir eine Fallunterscheidung durchführen. Im Fall $x \geq 0$ gilt $B = 1/(x + 1)$ und $1/(x + 1) \in \mathbb{R}_{\leq 1}$ (mit der obigen Implikation), also $B \in \mathbb{R}_{\leq 1}$.

Im Fall $\neg(x \geq 0)$ gilt $B = 1$ und damit wieder $B \in \mathbb{R}_{\leq 1}$. Die Aussage gilt somit insgesamt. $\qquad\qquad\qquad\qquad\qquad\qquad\qquad\qquad\square$

....

Zeige $\forall x \in \mathbb{R} : h(x) > 0$ für die Funktion h aus (3.11).   (✎ 128)

Seien $a, b \in \mathbb{Z}$, und $\varphi_{a,b}$ sei definiert durch   (✎ 129)

$$k \in \{a, b\} \mapsto \begin{cases} b & k = a \\ a & \text{sonst} \end{cases} .$$

Zeige, dass $\varphi_{a,b} \in \text{Bij}(\{a, b\}, \{a, b\})$ gilt.

Sei $n \in \mathbb{N}$ und $a, b \in \mathbb{N}_{\leq n}$. Weiter sei $\tau_{a,b,n}$ definiert durch   (✎ 130)

$$k \in \mathbb{N}_{\leq n} \mapsto \begin{cases} \varphi_{a,b}(k) & k \in \{a, b\} \\ k & \text{sonst} \end{cases}$$

mit $\varphi_{a,b}$ aus Aufgabe (✎ 129). Zeige, dass $\tau_{a,b,n} \in \text{Bij}(\mathbb{N}_{\leq n}, \mathbb{N}_{\leq n})$ gilt.

....

i
Die Zeichen φ und τ sind griechische Buchstaben mit Namen *Phi* und *Tau*.

Während beim Verbinden aus zwei Funktionen eine neue Funktion mit größerer Definitionsmenge entsteht, gibt es auch den umgekehrten Prozess, das sogenannte *Einschränken* von Funktionen. Hier wird die ursprüngliche Definitionsmenge verkleinert, ohne dass die Zuordnungsvorschrift geändert wird.

Definition 3.24 *Sei $f : X \to Y$ eine Funktion und $A \subset X$. Dann bezeichnen wir mit $f|_A$ die Funktion $x \in A \mapsto f(x)$ und nennen sie die Einschränkung von f auf A.*

....

Sei $f : X \to Y$ gegeben und $A \subset X$. Dann gilt $\text{Bild}(f|_A) = f[A]$.   (✎ 131)

Sei $f \in \text{Bij}(X, Y)$ und $A \subset X$. Dann gilt $f|_A \in \text{Bij}(A, f[A])$.   (✎ 132)

....

3.8 Produktmengen

Aus der Schule ist dir bekannt, dass man zur Beschreibung von Punktkoordinaten oder Vektorkomponenten mehrere Zahlen zu einer Liste zusammenfassen kann. Man spricht in diesem Fall auch von *Zahlentupeln*, wobei Zweiertupel wie $(3, -2)$ auch Paare und Dreiertupel wie $(1, \pi, 0)$ auch Tripel genannt werden.

Steht $x := (3, 6, 9)$ für ein Tripel, dann kann man auf die drei Komponenten von x durch Angabe der Eintragsstelle (gezählt in Leserichtung von links nach rechts) zugreifen. Die Nummer wird dabei meist als unterer Index verzeichnet, also $x_1 = 3$, $x_2 = 6$ und $x_3 = 9$.

Damit ist x aber nichts anderes als eine *Funktion*, die jedem Argument i aus der Definitionsmenge $\{1, 2, 3\}$ eine reelle Zahl $x_i \in \mathbb{R}$ zuordnet, d. h., $x : \{1, 2, 3\} \to \mathbb{R}$.

Nach dem gleichen Prinzip steht allgemeiner eine geklammerte Liste von n Elementen $(a, b, \dots, w)$ für die Funktion $x : \{1, \dots, n\} \to \mathcal{U}$, die Bedingung

$$x(1) = a, \quad x(2) = b, \dots, x(n) = w$$

Tupel sind Funktionen, die jedem Index aus $\{1, \dots, n\}$ ein Element zuordnen.

erfüllt. Der Wert $x(i)$ (auch als x_i geschrieben) ist also gerade der i-te Listeneintrag.

Definition 3.25 *Für ein $n \in \mathbb{N}$ steht $\{1, \dots, n\}$ oder auch $\mathbb{N}_{\leq n}$ für die Menge $\{m \in \mathbb{N} : m \leq n\}$. Für eine weitere Menge Y bezeichnet man eine Funktion $x : \mathbb{N}_{\leq n} \to Y$ als n-Tupel mit Werten in Y. Die Menge aller dieser n-Tupel wird auch mit Y^n abgekürzt. Für $x \in Y^n$ und $i \in \mathbb{N}_{\leq n}$ nennt man $x_i := x(i)$ die i-te Komponente von x.*

. . . .

(✎ 133)   Gib ein Element von $((\mathbb{N}^2)^3)^2$ an. Wie lautet die erste Komponente und deren dritte Komponente?

(✎ 134)   Gilt $(\mathbb{R}^2)^2 = \mathbb{R}^4$? Beweise deine Antwort.

. . . .

Zwei Tupel sind gleich, wenn sie die gleichen Einträge in der gleichen Reihenfolge besitzen.

Eine wichtige Regel zu Tupeln ist das Gleichheitskriterium: Zwei Tupel sind genau dann gleich, wenn sie die gleichen Einträge in der gleichen Reihenfolge besitzen. Da Tupel Funktionen sind, ergibt sich diese Regel als Spezialfall der Funktionsgleichheit: Sind f, g zwei Tupel, so gibt es $n, m \in \mathbb{N}$ mit $\mathrm{Def}(f) = \{1, \dots, n\}$ und $\mathrm{Def}(g) = \{1, \dots, m\}$. Die beiden Mengen sind genau dann gleich, wenn $n = m$ gilt, d. h., wenn die Tupel gleiche Länge haben. Die zweite Bedingung, dass $f(i) = g(i)$ für alle $i \in \{1, \dots, n\}$ gilt, bedeutet schließlich, dass entsprechende Tupeleinträge übereinstimmen. Insgesamt sind zwei Tupel also genau dann gleich, wenn sie dieselbe Länge und in entsprechenden Komponenten gleiche Einträge haben.

Tupel sind typische Funktionen, bei denen ihr eigener Elementcharakter im Vordergrund steht. Beispielsweise benutzt man die Elemente von $\mathbb{R}^2$ zur Beschreibung von Punkten und Verbindungspfeilen von Punkten in der Ebene. Die beiden Funktionswerte x_1, x_2 eines Paares $x \in \mathbb{R}^2$ werden dabei als Koordinaten bezüglich eines kartesischen Koordinatensystems interpretiert. Mit den Funktionen selbst werden dann Transformationen ausgeführt, wie etwa *Addition* oder *Vielfachbildung*. Diese Operationen auf Funktionen kann man generell für Funktionen mit Werten in den reellen Zahlen definieren.

Definition 3.26 *Seien $D \in \mathcal{M}$, $a \in \mathbb{R}$ und $f, g : D \to \mathbb{R}$. Wir bezeichnen mit $a \cdot f$ die Funktion von D nach $\mathbb{R}$ mit der Vorschrift $x \mapsto a \cdot f(x)$. Entsprechend steht $f + g$ für die Funktion von D nach $\mathbb{R}$ mit $x \mapsto f(x) + g(x)$. Schließlich schreiben wir $f \leq g$ als Abkürzung für $\forall x \in D : f(x) \leq g(x)$.*

Will man die Addition von reellen Funktionen auf $D \in \mathcal{M}$ selbst als Funktion mit Namen P definieren, so sind die Argumente dieser Funktion Funktionspaare, also Elemente aus $\mathrm{Abb}(D, \mathbb{R})^2$. Der Funktionswert ist die Summenfunktion. Ganz ausführlich schreibt man

$$P : \mathrm{Abb}(D, \mathbb{R})^2 \to \mathrm{Abb}(D, \mathbb{R}), \quad h \mapsto (x \in D \mapsto h_1(x) + h_2(x)).$$

Gewisse Rechengesetze auf den reellen Zahlen übertragen sich nun auf das Rechnen mit Funktionen. Als Beispiel betrachten wir das Kommutativgesetz.

> **ℹ**
>
> Bei Vielfachbildung und Addition sind Funktionen Argumente von anderen Funktionen.

Satz 3.27 *Seien $D \in \mathcal{M}$ und $f, g : D \to \mathbb{R}$. Dann gilt $f + g = g + f$.*

Beweis. Ziel ist der Nachweis einer Funktionsgleichheit $f + g = g + f$.

> 💭 Mit der Nachweisregel in Abschnitt B.13 auf Seite 208 geht es weiter.

Per Definition gilt $\mathrm{Def}(f + g) = D = \mathrm{Def}(g + f)$. Noch zu zeigen ist $\forall x \in D : (f + g)(x) = (g + f)(x)$. Sei dazu $x \in D$ gegeben. Dann gilt nach Definition

$$(f + g)(x) = f(x) + g(x) = g(x) + f(x) = (g + f)(x).$$

Dabei wurde die Kommutativität der Addition in $\mathbb{R}$ ausgenutzt. $\square$

. . . .

Seien $D \in \mathcal{M}$, $a, b \in \mathbb{R}$ und $f, g : D \to \mathbb{R}$. Zeige, dass $a \cdot (f + g) = a \cdot f + a \cdot g$ und $(a + b) \cdot f = a \cdot f + b \cdot f$ gelten. (✎ 135)

Zeige, dass für $x, y \in \mathbb{R}^2$ und $a \in \mathbb{R}$ gilt: $x + y = (x_1 + y_1, x_2 + y_2)$ und $a \cdot x = (a \cdot x_1, a \cdot x_2)$. Berechne $2 \cdot ((1, 4) + 3 \cdot (2, 5))$. (✎ 136)

. . . .

Möchte man die Menge aller Tupel (a, b, c) mit Einträgen aus *unterschiedlichen* Mengen bilden, also etwa $a \in A$, $b \in B$ und $c \in C$, so greift man auf die Aussonderung

$$\{t \in \mathcal{U}^3 : ((t_1 \in A) \land (t_2 \in B)) \land (t_3 \in C)\}$$

zurück. Da so konstruierte Tupelmengen recht häufig sind, hat sich eine spezielle Schreibweise und Namensgebung herausgebildet. Man spricht von *Produktmengen* und notiert sie im vorliegenden Fall in der Form $A \times B \times C$.

Als weiteres Beispiel definieren wir die Vielfachbildung von reellen Funktionen auf einer Menge $D \in \mathcal{M}$ als Funktion V. Ihre Argumente bestehen dabei aus einer reellen Zahl a und einer Funktion f, also einem Element der Paarmenge $\mathbb{R} \times \mathrm{Abb}(D, \mathbb{R})$. Sind die Argumente von Funktionen Tupel, so ist es üblich, den Platzhalter in der Funktionsdefinition durch ein Platzhaltertupel zu ersetzen. Der so geschriebene Funktionsausdruck

$$V : \mathbb{R} \times \mathrm{Abb}(D, \mathbb{R}) \to \mathrm{Abb}(D, \mathbb{R}), \quad (a, f) \mapsto (x \in D \mapsto a \cdot f(x))$$

ist dadurch leichter zu lesen. Um das Produkt von einer beliebigen, aber endlichen Anzahl von Mengen zu definieren, gehen wir von n fassbaren Mengen $A_1, \ldots, A_n$ aus, oder genauer von einem n-Tupel $A \in \mathcal{M}^n$.

Bei der Definition von Funktionen auf Produktmengen benutzt man auch Platzhaltertupel anstelle eines einzelnen Platzhalters.

Definition 3.28 *Sei $n \in \mathbb{N}$ und $A \in \mathcal{M}^n$ ein n-Tupel von Mengen. Dann ist das Produkt der Mengen in A gegeben durch*

$$\{t \in \mathcal{U}^n : (\forall i \in \mathbb{N}_{\leq n} : t_i \in A_i)\}$$

und wird mit $\prod A$ oder $\displaystyle\prod_{i=1}^{n} A_i$ bezeichnet.

Geht es um Produkte von wenigen konkreten Mengen, wie zum Beispiel $\prod(\mathbb{R}, \mathbb{N}, \mathbb{R})$, so schreiben wir auch einfach $\mathbb{R} \times \mathbb{N} \times \mathbb{R}$.

. . . .

(✎ 137)   Sei $n \in \mathbb{N}$, $A \in \mathcal{M}^n$ und gelte $\exists j \in \mathbb{N}_{\leq n} : A_j = \emptyset$. Zeige $\prod A = \emptyset$.

(✎ 138)   Für $a, b \in \mathbb{R}$ setzen wir $[a, b] := \{x \in \mathbb{R} : (a \leq x) \land (x \leq b)\}$. Mengen dieser Form werden *Intervalle* genannt. Skizziere die Mengen $[1, 5] \times [2, 4]$ und $[0, 1] \times [0, 2] \times [0, 3]$, indem du die Tupel als Koordinaten eines kartesischen Koordinatensystems in der Ebene bzw. im Raum interpretierst.

. . . .

3.9 Rekursion und Induktion

Die natürlichen Zahlen sind uns sehr vertraut, da es die ersten mathematischen Objekte sind, die wir in der Schule kennengelernt haben.

Dass sie als Ganzes betrachtet wieder ein Element $\mathbb{N}$ der Mengenlehre
darstellen, ist axiomatisch geregelt und erlaubt viele weitere Folge-
konstruktionen, wie etwa die erweiterten Zahlbereiche $\mathbb{Z}, \mathbb{Q}$ und $\mathbb{R}$.
Interessant an den natürlichen Zahlen ist auch die Tatsache, dass
sie die *Unendlichkeit* in die Mathematik bringen: Dadurch, dass wir
immer eine Zahl weiterzählen können, ist ihr Vorrat gedanklich nicht
eingeschränkt.

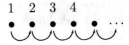

Andere Prozesse des *unendlichen Fortführens*, wie beispielsweise das
fortgesetzte Multiplizieren einer reellen Zahl x mit sich selbst, lassen
sich dann als Funktionen auf $\mathbb{N}$ beschreiben, wobei der Funktionswert
zu $n \in \mathbb{N}$ für das n-te Prozessergebnis steht.

Wir wollen uns nun genauer anschauen, wie eine mathematisch präzise Beschreibung dieser Funktion angegeben werden kann. Dazu interpretieren wir $p(n)$ zunächst als das Ergebnis des Produkts mit n
Faktoren, d. h.

$$p(1) = x, \quad p(2) = x \cdot x, \quad p(3) = x \cdot x \cdot x, \quad p(4) = x \cdot x \cdot x \cdot x, \quad \text{usw.}$$

Aus Gewohnheit würden wir jetzt sagen *Klar, $p(n)$ ist einfach gleich*
x^n. Aber wofür steht denn die Schreibweise x^n? Nach einigem Kramen im Gedächtnis kommen wir wieder nur auf die textliche Beschreibung x^n *ist das Ergebnis eines Produkts mit n Faktoren, die
alle gleich x sind*. Potenzieren von x ist also gerade der Prozess, den
wir hier untersuchen, und die Frage, wie eine mathematisch präzise
Beschreibung aussehen kann, ist nach wie vor offen.

Was weiterhilft ist die Überlegung, dass wir beim tatsächlichen Berechnen von $p(n + 1)$ das vorher ermittelte Ergebnis $p(n)$ natürlich
wiederverwenden würden (man spiele dies etwa für die Berechnung
von $p(10)$ im Fall $x = 2$ mal durch). D. h. der Prozess lebt also von
der Regel $p(n+1) = p(n) \cdot x$. Insgesamt erhalten wir so eine *rekursive
Definition* des Prozesses

$$\begin{aligned} p(1) &= x, \\ p(n + 1) &= p(n) \cdot x, \quad \text{für } n \in \mathbb{N}. \end{aligned}$$

Sie besteht aus der Angabe eines Startwertes und einer *Rekursionsvorschrift* zur Berechnung des nächsten Wertes aus dem vorherigen.
Der sogenannte *Rekursionssatz von Dedekind*, den wir hier nicht beweisen, besagt nun, dass es genau eine Funktion $p : \mathbb{N} \to \mathbb{R}$ gibt,
deren Funktionswerte $p(n)$ die beiden Bedingungen erfüllen. Für die

i

Die mathematisch
präzise Form von
und so weiter Be-
schreibungen ist oft
eine rekursive Defi-
nition.

so konstruierte Funktion wird dann *nachträglich* die Schreibweise x^n anstelle von $p(n)$ eingeführt, wobei Rekursionsstart und Rekursionsvorschrift sich dann für alle $x \in \mathbb{R}$ lesen als

$$x^1 = x, \tag{3.12}$$

$$x^{n+1} = x^n \cdot x, \quad \text{für } n \in \mathbb{N}. \tag{3.13}$$

....

(✎ 139) Gib eine rekursive Definition der Fakultätsfunktion f an, wobei $f(n)$ für das Produkt der natürlichen Zahlen von 1 bis n stehen soll. (Als Schreibweise wird anschließend $n!$ für $f(n)$ gewählt.)

....

Im Weiteren wollen wir uns anschauen, wie man Aussagen über rekursiv definierte Funktionen zeigt, und betrachten als Beispiel ein Potenzgesetz.

Satz 3.29 *Seien $a, b \in \mathbb{R}$. Dann gilt $\forall n \in \mathbb{N} : a^n \cdot b^n = (a \cdot b)^n$.*

Zwar können wir für gegebene $a, b \in \mathbb{R}$ anfangen, die Aussagen mithilfe der Rekursionsbedingungen einzeln zu überprüfen,

$$a^1 \cdot b^1 = a \cdot b = (a \cdot b)^1,$$

$$a^2 \cdot b^2 = (a \cdot a) \cdot (b \cdot b) = (a \cdot b) \cdot (a \cdot b) = (a \cdot b)^2,$$

$$a^3 \cdot b^3 = \ldots,$$

aber wir werden so niemals alle Aussagen schaffen. Genau an dieser Stelle gibt es ein wichtiges Hilfsmittel, mit dem wir solche unendlichen Aussagenketten in nur zwei Schritten beweisen können, die sogenannte *vollständige Induktion*. Diese ergibt sich aus der Konstruktion der natürlichen Zahlen und mit ihr kann man Aussagen vom Typ $\forall n \in \mathbb{N} : A_n$ beweisen: Zuerst zeigt man die Aussage A_1 im sogenannten *Induktionsanfang*. Anschließend zeigt man im *Induktionsschritt*, dass die Aussage für eine beliebige natürliche Zahl gilt, *wenn sie für die vorherige stimmt*, d. h., man zeigt $\forall n \in \mathbb{N} : A_n \Rightarrow A_{n+1}$. Zusammen ergibt sich anschaulich ein Dominoeffekt: Da die erste Aussage gilt, zeigt der Induktionsschritt, dass auch die zweite gilt. Da die zweite gilt, zeigt der Induktionsschritt, dass die dritte gilt. Da die dritte gilt, zeigt der Induktionsschritt, dass die vierte gilt usw. Insgesamt gilt die ganze Aussagenkette, so wie alle Dominosteine umfallen, wenn der erste fällt (Induktionsanfang) und alle weiteren so aufgestellt sind, dass der nächste fällt, *wenn der vorherige umfällt* (Induktionsschritt).

> **ℹ**
>
> Mit der vollständigen Induktion lassen sich Aussagen über alle natürlichen Zahlen mit einem Dominoprinzip beweisen.

Wir formulieren das Induktionsprinzip als (hier unbewiesenen) Satz, bei dem wir direkt eine kleine Modifikation mit einbauen: Wenn wir

die erste Aussage für eine andere Zahl als 1 zeigen, so gelten die
weiteren Aussagen ab dieser Stelle, wenn der Induktionsschritt bewiesen wurde. Das gilt auch für eine beliebige Stelle in der Menge der
ganzen Zahlen (entsprechend verallgemeinert sich auch die rekursive
Definition auf andere Startzahlen)

Satz 3.30 (Prinzip der vollständigen Induktion) *Sei $m \in \mathbb{Z}$ und*
A_n für jedes $n \in \mathbb{Z}_{\geq m}$ eine Aussage. Gelte

- *der Induktionsanfang A_m,*

- *der Induktionsschritt $\forall n \in \mathbb{Z}_{\geq m} : A_n \Rightarrow A_{n+1}$,*

dann gilt auch $\forall n \in \mathbb{Z}_{\geq m} : A_n$.

Der Satz ist bei Aussagen A_n über die Werte von rekursiv definierten Funktionen p deshalb besonders nützlich, weil hier $p(n + 1)$ von
$p(n)$ abhängt, sodass die Chance eines beweisbaren Zusammenhangs
$A_n \Rightarrow A_{n+1}$ besonders hoch ist. Den Induktionsschritt zeigt man dabei typischerweise mit einem direkten Beweis. Als Beispiel beweisen
wir den Induktionsschritt für das Potenzgesetz aus Satz 3.29

$$\forall n \in \mathbb{N} : (a^n \cdot b^n = (a \cdot b)^n) \Rightarrow (a^{n+1} \cdot b^{n+1} = (a \cdot b)^{n+1}).$$

Beweis. Sei $n \in \mathbb{N}$ gegeben und gelte $a^n \cdot b^n = (a \cdot b)^n$. Zu zeigen ist
$a^{n+1} \cdot b^{n+1} = (a \cdot b)^{n+1}$.

> ☁ Wichtig ist nun, das Beweisziel so umzustellen, dass die Vor-
> aussetzung ins Spiel gebracht werden kann. Wir benutzen dazu
> die Rekursionsvorschrift (3.13) der Potenz $a^{n+1} = a^n \cdot a$ sowie
> $b^{n+1} = b^n \cdot b$. Dann formen wir das Produkt durch mehrfache
> Anwendung des Assoziativ- und Kommutativgesetzes der Multi-
> plikation um.

Aufgrund der Rekursionsvorschrift (3.13) der Potenzen gilt

$$a^{n+1} \cdot b^{n+1} = (a^n \cdot a) \cdot (b^n \cdot b) = (a^n \cdot b^n) \cdot (a \cdot b).$$

> ☁ Nun können wir die Voraussetzung des Induktionsschritts (die
> sogenannte *Induktionsvoraussetzung*) $a^n \cdot b^n = (a \cdot b)^n$ verwenden
> und mit der Rekursionsvorschrift für die reelle Zahl $a \cdot b$ den Beweis
> vervollständigen.

Wegen $a^n \cdot b^n = (a \cdot b)^n$ und der Rekursionsvorschrift (3.13) im Fall
$x = a \cdot b$ folgt somit weiter

$$a^{n+1} \cdot b^{n+1} = (a^n \cdot b^n) \cdot (a \cdot b) = (a \cdot b)^n \cdot (a \cdot b) = (a \cdot b)^{n+1}.$$

□

Zusammen mit dem Induktionsanfang $a^1 \cdot b^1 = a \cdot b = (a \cdot b)^1$ ist damit der Beweis von Satz 3.29 abgeschlossen.

. . . .

(✎ 140) Sei $x \in \mathbb{R}_{\geq -1}$ gegeben. Zeige die Bernoullische Ungleichung $\forall n \in \mathbb{N}$: $(1+x)^n \geq 1 + n \cdot x$ durch vollständige Induktion.

. . . .

Mit der vollständigen Induktion steht uns neben dem direkten Beweis ein weiteres mächtiges Prinzip zum Nachweis von Für-alle-Aussagen zur Verfügung, sofern die Menge die Form $\mathbb{Z}_{\geq m}$ hat. Wie immer, wenn mehrere Möglichkeiten vorhanden sind, führt dies aber auch zu einem Entscheidungsproblem. Dies können wir an folgendem Potenzgesetz untersuchen.

Satz 3.31 *Sei $a \in \mathbb{R}$. Dann gilt $\forall n, m \in \mathbb{N} : a^n \cdot a^m = a^{n+m}$.*

Beweis. Zu zeigen ist $\forall n, m \in \mathbb{N} : a^n \cdot a^m = a^{n+m}$.

☁ In ausführlicher Schreibweise sehen wir, dass es hier um die zwei Für-alle-Aussagen $\forall n \in \mathbb{N} : \forall m \in \mathbb{N} : a^n \cdot a^m = a^{n+m}$ geht. Für jede steht wahlweise die übliche Nachweisregel einer Für-alle-Aussage oder alternativ ein Beweis per Induktion zur Verfügung, sodass wir insgesamt vier Varianten für die Beweisführung haben. Eine gangbare Möglichkeit stellen wir hier vor.

⚠

Kommen wegen der Aussagenstruktur ein oder mehrere Induktionsbeweise infrage, so gib präzise an, für welche Für-alle-Aussagen Induktionsbeweise geführt werden.

Sei $n \in \mathbb{N}$ gegeben. Wir zeigen $\forall m \in \mathbb{N} : a^n \cdot a^m = a^{n+m}$ durch vollständige Induktion.

☁ Sehr oft (aber nicht immer) ist der Induktionsanfang leichter zu zeigen, weil es hier nur um den konkreten Startwert geht. Meist genügt es, stur einzusetzen.

Mit dem Rekursionsstart (3.12) und der Rekursionsvorschrift (3.13) im Fall $x = a$ gilt $a^n \cdot a^1 = a^n \cdot a = a^{n+1}$. Damit ist der Induktionsanfang gezeigt.

Für den Induktionsschritt gehen wir von $m \in \mathbb{N}$ und der Gültigkeit von $a^n \cdot a^m = a^{n+m}$ aus und zeigen $a^n \cdot a^{m+1} = a^{n+(m+1)}$. Wieder folgt mit der Rekursionsvorschrift

$$a^n \cdot a^{m+1} = a^n \cdot (a^m \cdot a) = (a^n \cdot a^m) \cdot a.$$

Mit der Induktionsvoraussetzung und der rekursiven Potenzdefinition geht es weiter

$$(a^n \cdot a^m) \cdot a = a^{n+m} \cdot a = a^{(n+m)+1} = a^{n+(m+1)}.$$

□

· ·

Begründe für jedes Gleichheitszeichen in den Gleichungsketten des voran-   (✎ 141)
gegangenen Beweises genau, welche Regel verwendet wurde.

Um Erfahrung zu sammeln, beweise Satz 3.31 erneut, indem du alle auf-   (✎ 142)
tretenden Für-alle-Aussagen durch vollständige Induktion zeigst.

Zeige die Aussage $\forall a \in \mathbb{R}, n, m \in \mathbb{N} : (a^m)^n = a^{m \cdot n}$.   (✎ 143)

· ·

Um Aussagen über die natürlichen Zahlen nicht nur (wie bisher) mit unserem Schulwissen zu begründen, sondern sauber zu beweisen, benötigen wir eigentlich die genaue Definition von $\mathbb{N}$. Um an dieser Stelle aber nicht zu weit abzuschweifen, folgen wir der Strategie aus Abschnitt 3.3, wo wir in (3.1) bis (3.3) drei Grundeigenschaften von $\mathbb{N}$ axiomatisch vorgestellt haben, die dann anschließend in präzisen Beweisen benutzt werden konnten. An dieser Stelle fügen wir fünf weitere Aussagen hinzu, und zwar

$$\mathbb{N} \in \mathcal{M}, \tag{3.14}$$
$$1 \in \mathbb{N}, \tag{3.15}$$
$$\mathbb{N}_{<1} = \emptyset, \tag{3.16}$$
$$\forall n \in \mathbb{N} : n + 1 \in \mathbb{N}, \tag{3.17}$$
$$\forall n \in \mathbb{N}_{>1} : n - 1 \in \mathbb{N}. \tag{3.18}$$

· ·

Sei $n \in \mathbb{N}_0$. Zeige, dass $\mathbb{N}_{\leq n}$ fassbar ist und dass $\mathbb{N}_{\leq 0} = \emptyset$ und $\mathbb{N}_{\leq 1} = \{1\}$ (✎ 144)
sowie $\mathbb{N} = \mathbb{N}_{\geq 1}$ gelten.

Zeige $\forall n, m \in \mathbb{N} : n + m \in \mathbb{N}$.   (✎ 145)

Zeige $\forall n \in \mathbb{N} : \mathbb{N}_{<n} = \mathbb{N}_{\leq n-1}$ und $\forall n \in \mathbb{N}_0 : \mathbb{N}_{>n} = \mathbb{N}_{\geq n+1}$.   (✎ 146)

Zeige $\forall n, m \in \mathbb{N} : (n - m > 0) \Rightarrow n - m \in \mathbb{N}$.   (✎ 147)

Zeige $\forall n \in \mathbb{N}_0, k \in \mathbb{N} : \mathrm{Bij}(\mathbb{N}_{\leq n}, \mathbb{N}_{\leq n+k}) = \emptyset$. Folgere daraus die Aussage   (✎ 148)
$\forall n, m \in \mathbb{N}_0 : \mathrm{Bij}(\mathbb{N}_{\leq n}, \mathbb{N}_{\leq m}) \neq \emptyset \Rightarrow n = m$.

· ·

3.10 Endliche Mengen

Beim Vorbereiten einer Feier wird man auch überprüfen, ob für jeden Gast mindestens ein Glas und ein Teller mit Besteck vorhanden ist. Dazu zählt man den vorhandenen Bestand ab und vergleicht die so erhaltene Zahl mit der erwarteten Anzahl der Gäste. Abstrakt gesprochen, geht es hierbei um die Ermittlung der *Größe* von Mengen (Menge der Gäste, Menge der Gläser, Menge der Teller, etc.), wobei das *Abzählen* eine wichtige Rolle spielt.

Mathematisch lässt sich der Prozess des Abzählens der Elemente einer Menge M durch die Angabe einer Funktion beschreiben, die jeder Zahl der Menge $\{1, \ldots, n\}$ ein Element von M zuordnet und dabei auch wirklich *jedes* Element aus M *genau einmal* erreicht. Diese Abzählfunktion $m : \{1, \ldots, n\} \to M$ muss also injektiv und surjektiv auf M sein und damit *bijektiv* im Sinne von Definition 3.21. Ist es möglich, eine solche Funktion anzugeben, so nennt man M eine *endliche Menge*.

Definition 3.32 *Sei M eine Menge. Gibt es ein $n \in \mathbb{N}_0$ und eine Funktion $m : \mathbb{N}_{\leq n} \to M$, die bijektiv auf M ist, so nennt man M* endlich. *In formaler Schreibweise lautet die Endlichkeitsbedingung* $\exists n \in \mathbb{N}_0 : \text{Bij}(\mathbb{N}_{\leq n}, M) \neq \emptyset$.

Da die Funktion m in der Definition insbesondere surjektiv auf M ist, wissen wir mit Aufgabe (✎ 114), dass $\text{Bild}(m) = M$ gilt. Außerdem ist $\text{Def}(m) = \mathbb{N}_{\leq n} \in \mathcal{M}$ nach Aufgabe (✎ 144) und mit Axiom 3.16 somit auch $M \in \mathcal{M}$. Wenn aber alle endlichen Mengen selbst wieder Elemente sind, können sie erneut in einer Menge zusammengefasst werden. Die entstehende Mengenfamilie aller endlichen Mengen bezeichnen wir mit dem Symbol $\mathcal{E}$

$$\mathcal{E} := \{E \in \mathcal{M} : E \text{ endlich}\}.$$

In Definition 3.32 wäre es naheliegend, die dort auftretende Zahl n als die *Größe von M* zu definieren. In der textlichen Form klingt das zwar sehr überzeugend, wenn wir aber die korrekte Form für Funktionsausdrücke beibehalten, so kommen wir auf eine Definition der Form

$$M \in \mathcal{E} \mapsto \underline{\text{das}}\, n \in \mathbb{N}_0 : \text{Bij}(\mathbb{N}_{\leq n}, M) \neq \emptyset.$$

Halte beim Definieren von Funktionen die vereinbarte Form ein, um Fragen der Wohldefinition nicht zu übersehen.

Insbesondere werden wir nun automatisch auf die Frage der *Wohldefinition* geführt, denn unser $\underline{\text{das}}$-Ausdruck verlangt als Rechtschreibregel das Gelten von $\exists! n \in \mathbb{N}_0 : \text{Bij}(\mathbb{N}_{\leq n}, M) \neq \emptyset$. Nach dem Inhalt von Definition 3.32 ist die Existenz durch die Endlichkeit von M gesichert. Es fehlt aber noch die Eindeutigkeit! In der textbasierten Form kann diese Feinheit schnell übersehen werden. Ist es so klar, dass M nur zu genau einer Menge $\mathbb{N}_{\leq n}$ bijektiv in Verbindung steht? Das Gegenteil würde anschaulich bedeuten, dass wir beim Abzählen von M auf verschiedene Endzahlen kommen können, je nachdem, wie wir durchzählen. Das entspricht nicht unserer Erfahrung, und wenn alles mit rechten Dingen zugeht, sollte dies auch beweisbar nicht auftreten.

Satz 3.33 *Sei $M \in \mathcal{E}$. Dann gilt $\exists! n \in \mathbb{N}_0 : \text{Bij}(\mathbb{N}_{\leq n}, M) \neq \emptyset$.*

Beweis. Mit Definition 3.32 folgt die Existenz. Zum Nachweis der Eindeutigkeit seien $n, m \in \mathbb{N}_0$ gegeben und es gelte $\text{Bij}(\mathbb{N}_{\leq n}, M) \neq \emptyset$ und $\text{Bij}(\mathbb{N}_{\leq m}, M) \neq \emptyset$. Zu zeigen ist $n = m$.

> ☁ Da wir schon einige Ergebnisse zu Bijektionen auf Mengen der Form $\mathbb{N}_{\leq n}$ kennen, gehen wir direkt von den Voraussetzungen aus. Zunächst nutzen wir, dass man aus nichtleeren Mengen Elemente entnehmen kann.

Aus Korollar 3.3 folgen die zwei Aussagen $\exists f \in \mathcal{U} : f \in \mathrm{Bij}(\mathbb{N}_{\leq n}, M)$ und $\exists g \in \mathcal{U} : g \in \mathrm{Bij}(N_{\leq m}, M)$, also können wir entsprechende Funktionen f, g wählen.

Außerdem wissen wir mit Aufgabe (✎ 123), dass $g^{-1} \in \mathrm{Bij}(M, \mathbb{N}_{\leq m})$ gilt. Aufgabe (✎ 127) zeigt dann, dass $g^{-1} \circ f \in \mathrm{Bij}(\mathbb{N}_{\leq n}, \mathbb{N}_{\leq m})$ gilt. Mit Aufgabe (✎ 148) folgt schließlich $n = m$, da $\mathrm{Bij}(\mathbb{N}_{\leq n}, \mathbb{N}_{\leq m}) \neq \emptyset$ gilt. □

Beachte, wie die Anwendung bereits gezeigter Aussagen viel Arbeit spart.

Da die Größenfunktion nun wohldefiniert ist, können wir für die Größe einer Menge eine Notation einführen.

Ausdruck	Aussprache	Bedingung	Langform
$\lvert M \rvert$	Mächtigkeit von M	$M \in \mathcal{E}$	$\underline{\text{das}}\, n \in \mathbb{N}_0 :$ $\mathrm{Bij}(\mathbb{N}_{\leq n}, M) \neq \emptyset$

Um zu zeigen, dass bestimmte Mengen endlich sind, müssen wir jeweils den Auftrag der Definition erfüllen und eine konkrete Abzählfunktion angeben und beweisen, dass sie bijektiv ist.

Bei Mengen mit einem Element ist die Abzählfunktion sehr naheliegend: Die Nummer 1 geht an das eine Element. Im Beweis überzeugen wir uns davon, dass in diesem Fall auch die Bijektivität klappt.

Auch wenn unsere Alltagserfahrung einen Satz als *offensichtlich wahr* einstuft, muss ein korrekter Beweis angegeben werden.

Satz 3.34 *Sei e ein Element. Dann ist $\{e\}$ endlich und es gilt $\lvert \{e\} \rvert = 1$.*

Beweis. Wir definieren die Funktion $a : \mathbb{N}_{\leq 1} \to \{e\}$, $n \mapsto e$ und zeigen, dass sie bijektiv ist. Dazu definieren wir die offensichtliche Umkehrfunktion $g : \{e\} \to \mathbb{N}_{\leq 1}$, $x \mapsto 1$ und nutzen Aufgabe (✎ 125).

Zunächst zeigen wir $g \circ a = \mathrm{id}_{\mathbb{N}_{\leq 1}}$. Da die Definitionsmengen beider Funktionen $\mathbb{N}_{\leq 1}$ sind, bleibt $\forall x \in \mathbb{N}_{\leq 1} : (g \circ a)(x) = \mathrm{id}_{\mathbb{N}_{\leq 1}}(x)$ zu zeigen. Sei dazu $x \in \mathbb{N}_{\leq 1} = \{1\}$. Zu zeigen ist $(g \circ a)(x) = \mathrm{id}_{\mathbb{N}_{\leq 1}}(x)$, also $(g \circ a)(x) = x$. Wegen Aufgabe (✎ 114) gilt $x = 1$. Andererseits gilt auch $(g \circ a)(x) = g(a(x)) = g(e) = 1$.

Zum Nachweis von $a \circ g = \mathrm{id}_{\{e\}}$ muss $\forall x \in \{e\} : (a \circ g)(x) = \mathrm{id}_{\{e\}}(x)$ gezeigt werden. Sei dazu $x \in \{e\}$. Zu zeigen ist $(a \circ g)(x) = \mathrm{id}_{\{e\}}(x)$. Nach Aufgabe (✎ 114) gilt $x = e$. Mit den Definitionen von a und g folgt andererseits $(a \circ g)(x) = a(1) = e$. □

Als nächstes Trainingsobjekt schauen wir uns die leere Menge $\emptyset$ an. Auch diese sollte aus dem Bauch heraus endlich sein, und zwar mit Mächtigkeit 0. Zum präzisen Nachweis müssen wir auch hier eine konkrete Abzählfunktion angeben. Da es jetzt aber *kein* abzuzählendes Element gibt, dürfen wir natürlich auch *keine* Nummer vergeben. Die Definitionsmenge muss also ebenfalls leer sein. Wegen $\mathbb{N}_{\leq 0} = \emptyset$ passt das schon mal zur Mächtigkeit 0.

Auf $\emptyset$ gibt es nur ein einzige Funktion, die wir nach Aufgabe (✎ 112) als $\mathrm{id}_\emptyset$ schreiben können. Somit ist die Wahl der Abzählfunktion klar und es fehlt nur noch der Nachweis der Bijektivität.

....

(✎ 149)   Zeige den folgenden Satz: Die leere Menge ist endlich und es gilt $|\emptyset| = 0$. Verwende dazu die oben definierte Abzählfunktion.

(✎ 150)   Ergänze das Ergebnis von Aufgabe (✎ 149) zum Nachweis, dass für ein endliche Menge M gilt: $|M| = 0 \Leftrightarrow M = \emptyset$. Zeige weiter: Ist M eine endliche Menge mit $|M| \in \mathbb{N}$, dann gilt $\exists m \in \mathcal{U} : m \in M$.

....

Wir wenden uns nun einer etwas abstrakteren Situation zu, in der zwei endliche Mengen A, B gegeben sind, die keine Elemente gemeinsam haben. Unser Bauchgefühl aus dem täglichen Umgang mit endlichen Ansammlungen von Dingen sagt uns, dass dann auch die Vereinigung $A \cup B$ der beiden Mengen endlich ist und ihre Mächtigkeit durch die Summe der Mengengrößen von A und B gegeben ist. Dass der mathematische Begriff *endlich* mit unserem Empfinden aus der Alltagserfahrung gut zusammenpasst, müssen wir wieder durch Angabe einer Abzählfunktion nachweisen.

Viele alltägliche Zusammenhänge lassen sich mathematisch modellieren. Das garantiert aber nicht, dass die zugehörigen Alltagserfahrungen im Modell ebenso gelten. Dafür sind Beweise nötig.

Die entscheidende Frage lautet also: Wie würden wir die Vereinigungsmenge praktisch durchzählen? Naheliegend ist, mit den Elementen einer Menge (sagen wir A) anzufangen und mit den Elementen der anderen Menge im Anschluss nahtlos weiterzuzählen. Da A und B endlich sind, gibt es bereits Abzählfunktionen a und b, mit denen wir alle Elemente der beiden Mengen ansprechen können. Unser Plan ist damit, die Elemente in folgender Reihenfolge anzuordnen: $a(1), a(2), \ldots, a(|A|), b(1), b(2), \ldots, b(|B|)$.

Können wir hierfür eine passende Funktionsvorschrift auf $\mathbb{N}_{\leq |A|+|B|}$ nach $A \cup B$ angeben? Offensichtlich müssen wir aufpassen, wenn das Argument n der Funktion größer als $|A|$ wird. Bis zu diesem Wert können wir $a(n)$ benutzen. Da wir für $n = |A| + 1$ auf $b(1)$ und für $|A| + 2$ auf $b(2)$ wechseln wollen, zeichnet sich hier die allgemeine Vorschrift $b(n - |A|)$ ab. Insgesamt ist unser Kandidat v für die

Abzählfunktion der Vereinigungsmenge damit

$$v : \mathbb{N}_{\leq |A|+|B|} \to A \cup B, \quad n \mapsto \begin{cases} a(n) & n \leq |A| \\ b(n-|A|) & \text{sonst} \end{cases}.$$

. . . .

Zeige, dass für endliche Mengen A, B mit $A \cap B = \emptyset$ auch $A \cup B$ end- (✎ 151)
lich ist und $|A \cup B| = |A| + |B|$ gilt. Benutze dazu die oben definierte
Abzählfunktion v und weise zuerst nach, dass sie wohldefiniert ist.

. . . .

Die anschauliche Tatsache, dass beim Wegnehmen eines Elements m
aus einer endlichen Menge M die Anzahl der Elemente um 1 geringer
wird, muss ebenfalls durch eine geeignete Abzählfunktion für die
neue Menge $B := M \setminus \{m\}$ nachgewiesen werden. Wie würden wir
diese Abzählung praktisch durchführen?

Da wegen der Endlichkeit von M eine Abzählfunktion a zur Verfügung steht, gibt es auch eine Nummer i zum Element m. Da dieses
Element ausgelassen werden muss, kommen wir zur naheliegenden
Zählreihenfolge $a(1), a(2), \ldots, a(i-1), a(i+1), \ldots, a(|M|)$. Die Num-
mer i wird also einfach an das Element $a(i+1)$ vergeben. Entsprechend erhält $a(i+2)$ die Nummer $i+1$ usw. Kurz gesagt: Bis $i-1$
behalten wir die Nummern bei, ab i wählen wir das Element, dessen
Nummer ursprünglich 1 höher war. Die Idee führt auf die Vorschrift

$$b : \mathbb{N}_{\leq |M|-1} \to B, \quad n \mapsto \begin{cases} a(n) & n < i \\ a(n+1) & \text{sonst} \end{cases}. \tag{3.19}$$

Eine andere Möglichkeit besteht darin, die Nummer zum Element
m zunächst auf $|M|$ abzuändern. Dann müssen wir keine Nummer
zwischendrin weglassen, sondern die letzte Nummer. Der technische
Vorteil besteht darin, dass hier schon viel Information aus vorangegangenen Übungsaufgaben zur Verfügung steht.

Satz 3.35 *Sei M eine endliche Menge und sei $m \in M$. Dann ist
auch $M \setminus \{m\}$ endlich und $|M \setminus \{m\}| = |M| - 1$.*

Beweis. Zur Abkürzung setzen wir $B := M \setminus \{m\}$. Unser Ziel ist der
Nachweis von $B \in \mathcal{E}$ und $|B| = |M| - 1$.

> 💭 Um die bereits ausgeführte Strategie verwenden zu können,
> benötigen wir erst die Nummer i zum Element m. Diese Nummer
> muss erst aus den vorhandenen Objekten und Eigenschaften kon-
> struiert werden. Da wir wissen, dass die Abzählfunktion a von M
> surjektiv ist, erreicht sie jedes Element von M und damit auch m.
> So ist die Existenz einer Nummer für m gesichert.

ℹ️

Um ein Gefühl für
eine Situation zu be-
kommen, spielst du
am besten ein einfa-
ches Beispiel durch
(etwa mit der Menge
$M := \{7, 19, 23, 55\}$
und $m := 19$).

Da M endlich ist, gibt es eine Bijektion $a : \mathbb{N}_{\leq |M|} \to M$. Insbesondere ist a surjektiv auf M, d.h., zu $m \in M$ gilt $\exists i \in \mathbb{N}_{\leq |M|} : a(i) = m$. Wir wählen i mit den entsprechenden Eigenschaften und benutzen $\tau_{|M|,i,|M|} \in \mathrm{Bij}(\mathbb{N}_{\leq |M|}, \mathbb{N}_{\leq |M|})$ aus Aufgabe (✎ 130) zur Definition von $b := a \circ \tau_{|M|,i,|M|}$. Die Bijektion b gibt dann dem Element m die letzte Nummer $|M|$.

Mit Aufgabe (✎ 127) gilt $b \in \mathrm{Bij}(\mathbb{N}_{\leq |M|}, M)$. Außerdem liegt $b|_{\mathbb{N}_{\leq |M|-1}}$ nach Aufgabe (✎ 132) in $\mathrm{Bij}(\mathbb{N}_{\leq |M|-1}, b[\mathbb{N}_{\leq |M|-1}])$.

Wegen Aufgabe (✎ 146) gilt $\mathbb{N}_{\leq |M|-1} = \mathbb{N}_{< |M|} = \mathbb{N}_{\leq |M|} \setminus \{|M|\}$. Außerdem gilt $b[\mathbb{N}_{\leq |M|-1}] = b[\mathbb{N}_{\leq |M|}] \setminus b[\{|M|\}] = M \setminus \{b(|M|)\}$ nach Aufgabe (✎ 118) und Aufgabe (✎ 104).

Aus $\tau_{|M|,i,|M|}(|M|) = i$ und $a(i) = m$ folgt $b(|M|) = m$ und somit $b[\mathbb{N}_{\leq |M|-1}] = M \setminus \{m\} = B$.

Insgesamt sehen wir so $b|_{\mathbb{N}_{\leq |M|-1}} \in \mathrm{Bij}(\mathbb{N}_{\leq |M|-1}, B)$, sodass B eine endliche Menge ist und $|B| = |M| - 1$ gilt. □

....

(✎ 152) Zeige die ähnliche Aussage: Für eine endliche Menge M und ein Element m mit $m \notin M$ ist $M \cup \{m\}$ endlich und es gilt $|M \cup \{m\}| = |M| + 1$.

(✎ 153) Nutze die bisherigen Ergebnisse, um folgende Aussage über einelementige Mengen zu zeigen: Für jede endliche Menge E gilt $|E| = 1 \Leftrightarrow \exists m \in \mathcal{U} : E = \{m\}$.

....

Die Bedeutung von Satz 3.35 ergibt sich daraus, dass er eine Beziehung zwischen $(n+1)$-elementigen Mengen und n-elementigen Mengen herstellt. Damit eröffnet er die Möglichkeit, Aussagen über endliche Mengen per Induktion zu beweisen. Die folgende Abkürzung wird dabei nützlich sein.

Eine Aussage über alle endlichen Mengen kann man auch mit Induktion über die Mächtigkeit der Mengen zeigen.

Ausdruck	Aussprache	Bedingung	Langform
$\mathcal{E}_n$	n-elementige Mengen	$n \in \mathbb{N}_0$	$\{X \in \mathcal{E} : |X| = n\}$

Der Trick besteht dann darin, Aussagen der Form $\forall M \in \mathcal{E} : E_M$ in Für-alle-Aussage über $\mathbb{N}_0$ zu verwandeln, d.h. in Aussagen der Form $\forall n \in \mathbb{N}_0 : \forall X \in \mathcal{E}_n : E_X$. Hier greift nun die Technik der vollständigen Induktion, wobei im Induktionsschritt zu $M \in \mathcal{E}_{n+1}$ und einem passenden $m \in M$ die Menge $M \setminus \{m\} \in \mathcal{E}_n$ bereit steht.

Hat man die umgewandelte Aussage per Induktion bewiesen, ergibt sich die ursprüngliche Für-alle-Aussage durch einen direkten Beweis. Dazu gehen wir von einer endlichen Menge M aus, und wenden die induktiv bewiesene Aussage auf $|M|$ an. Es folgt $\forall X \in \mathcal{E}_{|M|} : E_X$, und wenden wir dies wiederum auf M an, so folgt wegen $M \in \mathcal{E}_{|M|}$ auch E_M.

Als Beispiel für diese Technik betrachten wir das folgende Ergebnis.

Satz 3.36 *Ist B eine endliche Menge und $A \subset B$, dann ist A ebenfalls endlich und es gilt $|A| \leq |B|$.*

> Um dem oben beschriebenen Muster zu folgen, verwandeln wir die Aussage zunächst in den passenden Quantorenausdruck
>
> $$\forall B \in \mathcal{E} : \forall A \in \mathcal{P}(B) : |A| \leq |B|.$$
>
> Damit ein Induktionsargument greifen kann, blähen wir diese Aussage durch eine zusätzliche Quantifizierung über die Mächtigkeit auf.

Beweis. Wir zeigen zunächst $\forall n \in \mathbb{N}_0 : \mathcal{A}_n$ mit der n-abhängigen Aussage

$$\mathcal{A}_n := \forall X \in \mathcal{E}_n : \forall A \in \mathcal{P}(X) : |A| \leq |X|.$$

Die Gesamtaussage folgt hieraus durch Anwendung mit $n := |B|$ und $X := B$.

Zum Nachweis mit vollständiger Induktion beginnen wir mit dem Induktionsanfang, also dem Beweis von $\mathcal{A}_0$. Dazu seien $X \in \mathcal{E}_0$ und $A \subset X$ gegeben. Zu zeigen ist $|A| \leq |X|$. Hierbei müssen wir insbesondere zeigen, dass die Rechtschreibregel für $|A|$ erfüllt ist, d. h., dass $A \in \mathcal{E}$ gilt.

Eine Aussage kann nur wahr sein, wenn sie wohldefiniert ist. Der Nachweis der Wohldefinition ist also eines der Beweisziele.

Wegen $X \in \mathcal{E}_0$ wissen wir $|X| = 0$ und mit Aufgabe (✎ 150) gilt $X = \emptyset$. Damit ist $A \subset \emptyset$. Da $\emptyset \subset A$ auch gilt, folgt $A = \emptyset$, und daher ist A endlich und es gilt $|A| = 0$.

Im Induktionsschritt gehen wir von einem $n \in \mathbb{N}_0$ aus und nehmen an, dass $\mathcal{A}_n$ gilt. Zu zeigen ist $\mathcal{A}_{n+1}$. Sei dazu $X \in \mathcal{E}_{n+1}$ gegeben sowie A mit $A \subset X$. Zu zeigen ist $|A| \leq |X|$. Auch hier muss zunächst $A \in \mathcal{E}$ als Schreibregel für $|A|$ nachgewiesen werden.

> Da A eine Teilmenge von X ist, können zwei Fälle auftreten: A kann gleich X sein. Dann sind auch die Mächtigkeiten gleich und die Abschätzung gilt. Im anderen Fall hat X ein Element x, das nicht in A ist. Dann ist A aber auch Teilmenge von $X \setminus \{x\}$, wobei diese Menge Mächtigkeit n hat, sodass die Induktionsvoraussetzung greift.

Mit *Tertium non datur* folgt $(A = X) \vee (A \neq X)$ und wir können eine Fallunterscheidung durchführen. Im Fall $A = X$ folgt sofort die Endlichkeit von A und $|A| = |X| \leq |X|$.

Im Fall $A \neq X$ können wir ein Element x in X wählen, das $x \notin A$ erfüllt.

....

(✎ 154) Beweise die Aussage $\exists x \in X : x \notin A$.

....

Mit Satz 3.35 angewendet auf X und x finden wir für $D := X \setminus \{x\}$ die Mächtigkeit $|D| = |X| - 1 = n$.

....

(✎ 155) Beweise $A \subset D$.

....

Gilt eine Aussage, dann ist sie insbesondere wohldefiniert.

Wenden wir nun die Induktionsvoraussetzung $\mathcal{A}_n$ auf D und A an, so folgt $|A| \leq |D|$. Da eine geltende Aussage insbesondere wohldefiniert ist, folgt hieraus, dass A endlich ist. Weiter gilt $|D| = |X| - 1 \leq |X|$ und damit $|A| \leq |X|$. $\square$

Wenn wir anstelle des Induktionsbeweises direkt versucht hätten, eine Abzählfunktion für die Teilmenge A von B anzugeben, dann wäre das ungleich schwieriger gewesen: Zwar steht eine Abzählfunktion b für B zur Verfügung, aber wir wissen nicht genau, welche Elemente $b(i)$ übersprungen werden müssen, weil sie nicht in A liegen. Deshalb können wir auch nicht wie in den vorherigen Beispielen eine einfache Funktionsvorschrift für die Abzählung formulieren. Der Induktionsbeweis funktioniert dagegen reibungslos.

....

(✎ 156) Seien $A, B \in \mathcal{E}$. Zeige $|A \setminus B| = |A| - |A \cap B|$ und $|A \cup B| = |A| + |B| - |A \cap B|$.

(✎ 157) Zeige $\forall A \in \mathcal{E} : |\mathcal{P}(A)| = 2^{|A|}$.

....

3.11 Summen, Produkte & Co.

Der Ausdruck für die Summe der Quadrate der geraden natürlichen Zahlen kleiner als 10 lässt sich leicht hinschreiben:

$$2^2 + 4^2 + 6^2 + 8^2 = 120.$$

Aber wie sieht es aus, wenn wir 10 durch 65 oder 383 ersetzen? Niemand hätte Lust, diese Summen hinzuschreiben, doch wie soll dann etwa der Beweis geführt werden, dass die beiden Ausdrücke gleich 45 760 bzw. 9 363 584 sind?

In diesem Abschnitt wollen wir deshalb mit der Frage starten, wie man sehr lange Summenausdrücke so formulieren kann, dass anschließende Argumentationen problemlos möglich sind.

Aus dem Bauch heraus könnte man versuchen, $2^2 + 4^2 + \cdots + 64^2$ als Schreibweise für die Summe der Quadrate der geraden natürlichen

Zahlen kleiner als 65 zu wählen und damit zu arbeiten. Aber ist an dieser Notation präzise ablesbar, was gemeint ist? Wenn man nur den Ausdruck betrachtet, könnte man auch vermuten, es geht um die Quadrate der Zweierpotenzen von 2 bis 64. Na gut, dann geben wir halt einen Summanden mehr an, also $2^2 + 4^2 + 6^2 + \cdots + 64^2$, aber wer sagt, dass damit alle Mehrdeutigkeiten beseitigt sind? Dass uns im Moment kein anderes passendes Muster einfällt, ist sicherlich ein sehr subjektives Argument.

Und was passiert, wenn wir die Reihenfolge einiger Summanden tauschen? Dann sollte doch zum Beispiel

$$2^2 + 4^2 + 6^2 + \cdots + 64^2 = 4^2 + 2^2 + 6^2 + \cdots + 64^2$$

gelten, aber wie können wir das begründen? Der Ausspruch *Die Reihenfolge der Summanden spielt bei einer Summe keine Rolle* ist sicherlich *keine* Erklärung, da er die Aussage nur in Worten beschreibt und nicht auf vorher bekannte Tatsachen zurückführt. Solche Tatsachen wären zum Beispiel, dass bei einer Summe mit *zwei* Summanden die Reihenfolge unwichtig ist (Kommutativgesetz), oder bei *drei* Summanden der gleiche Wert entsteht, egal ob man die dritte Zahl zur Summe der ersten beiden oder die erste Zahl zur Summe der anderen zwei addiert (Assoziativgesetz).

Wir halten also fest, dass die Pünktchenschreibweise nur innerhalb von erklärenden Texten vernünftig eingesetzt werden kann, aber als alleinstehende mathematische Notation ungeeignet ist. Außerdem fehlt ein klarer Bezug zu den Grundeigenschaften der Addition, sodass keine Folgerungen abgeleitet werden können.

Da man natürlich nicht nur Quadratzahlen aufsummieren möchte, verallgemeinern wir die Zielsetzung: Wir möchten beliebige endliche Mengen von Zahlen aufaddieren. Dass die Zahlen von besonderer Form sein können, z. B. Quadratzahlen, erfassen wir dadurch, dass wir sie als Werte von Funktionen voraussetzen. Unsere präzisen Voraussetzungen sind also:

Sei A eine endliche Menge, und sei f eine Funktion mit $A \subset \mathrm{Def}(f)$ und $\mathrm{Bild}(f) \subset \mathbb{R}$.

Wir möchten nun alle Zahlen $f(x)$ aufsummieren, wenn x die Menge A durchläuft.

Um die Situation konkret vor Augen zu haben, nehmen wir an, dass $a, b, c, d \in \mathrm{Def}(f)$ voneinander verschiedene Elemente sind, und betrachten mehrere Spezialfälle: Ist $A = \{a, b\}$, so werden beim Durchlaufen von A die beiden Funktionswerte $f(a)$ und $f(b)$ gebildet und addiert. Der Wert der Summe ist dann $f(a) + f(b)$. Hat $A = \{a\}$ nur ein Element, dann ist $f(a)$ ein naheliegender Wert für die Summe.

Unpräzise Schreibweisen sind zwar für den Autor verständlich, aber nicht unbedingt für die Leserinnen und Leser. Auch lassen sich saubere Beweise damit nicht führen.

Wenn für längere Betrachtungen immer dieselben Voraussetzungen gelten, so spricht man auch von *Generalvoraussetzungen*.

Im Extremfall $A = \emptyset$ werden beim Durchlaufen von A keine Funktionswerte gebildet und folglich wird auch nichts summiert. Hier liegt es nahe, der Summe den Wert 0 zu geben. In sortierter Reihenfolge ergeben sich die Werte der Summen entsprechend der folgenden Tabelle.

A	Wert der Summe
$\emptyset$	0
$\{a\}$	$f(a)$
$\{a,b\}$	$f(a) + f(b)$
$\{a,b,c\}$	$(f(a) + f(b)) + f(c)$
$\{a,b,c,d\}$	$((f(a) + f(b)) + f(c)) + f(d)$

Man sieht deutlich, dass sich eine rekursive Formulierung anbietet, denn die Summe über $\{a,b,c,d\}$ lässt sich schreiben als die Summe über die reduzierte Menge $\{a,b,c\}$ plus den Wert $f(d)$.

Unsere praktische Erfahrung mit längeren Summen sagt uns dabei, dass es egal ist, welches Element wir aus A herausnehmen, um die Berechnung durchzuführen (statt d hätten wir zum Beispiel auch b verwenden können). Diese Erfahrung können wir aber bei der Konstruktion der Summe noch nicht benutzen, da sie ja als *Konsequenz* der Summendefinition aus dem Kommutativ- und Assoziativgesetz der Addition gefolgert werden soll. Wenn wir aber nicht voraussetzen, dass der Summenwert von der Reihenfolge der Addition unabhängig ist, dann muss unsere Konstruktion zunächst prinzipiell mit mehreren möglichen Werten zurecht kommen, selbst wenn *nachträglich* gezeigt wird, dass tatsächlich nur ein Wert auftritt.

Zur Abkürzung schreiben wir $S_{n+1}(X)$ für die Menge aller Summenwerte, die durch eine $n + 1$-elementige Menge $X \subset \mathrm{Def}(f)$ erzeugt werden. Sie enthält alle Zahlen w, die als Summe von $f(x)$ und einem der möglichen Werte s der kürzeren Summe $S_n(X \backslash \{x\})$ entstehen, also

$$S_{n+1}(X) = \{s + f(x) | x \in X, s \in S_n(X \backslash \{x\})\}.$$

Da die Summenfunktion S_{n+1} mithilfe der Vorgängerin S_n konstruiert wird, liegt eine rekursive Definition vor. Als Argumente von S_n kommen dabei alle n-elementigen Teilmengen von $\mathrm{Def}(f)$ infrage. Wir fassen sie in $\mathcal{D}_n := \{X \in \mathcal{E}_n : X \subset \mathrm{Def}(f)\}$ zusammen. Die Werte von S_n sind Teilmengen von $\mathbb{R}$ und damit Elemente der Potenzmenge $\mathcal{P}(\mathbb{R})$. Die rekursive Definition lautet also insgesamt

$$S_0 : \mathcal{D}_0 \to \mathcal{P}(\mathbb{R}), \qquad X \mapsto \{0\},$$

$$S_{n+1} : \mathcal{D}_{n+1} \to \mathcal{P}(\mathbb{R}), \quad X \mapsto \{s + f(x) \,|\, (x,s) \in X \times S_n(X \backslash \{x\})\}.$$

Wie geplant, wollen wir im Anschluss an diese Definition zeigen, dass die Mengen $S_n(X)$ jeweils einelementig sind, also

$$\forall n \in \mathbb{N}_0 : \forall X \in \mathcal{D}_n : |S_n(X)| = 1. \tag{3.20}$$

Benutzen wir vollständige Induktion zum Nachweis, so merken wir im Induktionsschritt, dass die Induktionsvoraussetzung nicht nur für den vorherigen Index n benötigt wird, sondern auch für den vor-vorherigen Index $n-1$.

Aus diesem Grund ändern wir die Zielaussage so ab, dass im Induktionsschritt alle vorherigen Aussagen als Induktionsvoraussetzung zur Verfügung stehen, also

$$\forall n \in \mathbb{N}_0 : \forall k \in (\mathbb{N}_0)_{\leq n} : \forall X \in \mathcal{D}_k : |S_k(X)| = 1. \qquad (3.21)$$

Du kannst die Zielaussage so umformulieren, dass die Induktionsvoraussetzung für alle vorherigen Schritte zur Verfügung steht.

Haben wir (3.21) gezeigt, so folgt (3.20) durch den Fall $k = n$, der darin insbesondere enthalten ist.

> Der Induktionsanfang zum Beweis von 3.21 verlangt den Nachweis von
>
> $$\forall k \in (\mathbb{N}_0)_{\leq 0} : \forall X \in \mathcal{D}_k : |S_k(X)| = 1.$$
>
> Dazu zeigt man, dass $(\mathbb{N}_0)_{\leq 0}$ nur das Element 0 und $\mathcal{D}_0$ nur die leere Menge enthält. Der Rekursionsstart erlaubt dann, den Beweis zu vervollständigen.

Ergänze die Skizze zu einem vollständigen Beweis des Induktionsanfangs. (✎ 158)

> Für den Induktionsschritt geht man von einem Element $n \in \mathbb{N}_0$ aus, für das die Induktionsvoraussetzung gilt:
>
> $$\forall k \in (\mathbb{N}_0)_{\leq n} : \forall X \in \mathcal{D}_k : |S_k(X)| = 1.$$
>
> Zu zeigen ist die entsprechende Aussage für $n+1$ anstelle von n. Dazu geht man von einem Index $k \in (\mathbb{N}_0)_{\leq n+1}$ und von einer Menge $X \in \mathcal{D}_k$ aus und zeigt $\forall X \in \mathcal{D}_k : |S_k(X)| = 1$.

Führe den Beweis zunächst im Fall $k \leq n$. (✎ 159)

> Im interessanteren Fall $k = n+1$ zielen wir für ein $X \in \mathcal{D}_{n+1}$ auf den Nachweis von $\exists! x \in \mathcal{U} : x \in S_{n+1}(X)$ ab, da die Aufgaben (✎ 99) und (✎ 153) dann das gewünschte Ergebnis liefern. Beim Existenznachweis helfen Satz 3.35 und die Induktionsvoraussetzung.

Führe den Beweis von $\exists x \in \mathcal{U} : x \in S_{n+1}(X)$ sorgfältig durch. (✎ 160)

> 💭 Für die Eindeutigkeit $\forall u, v \in S_{n+1}(X) : u = v$ geht man von zwei solchen Elementen u, v aus. Die Rekursionsvorschrift liefert dann konkretere Darstellungen $u = s + f(a)$ und $v = t + f(b)$ mit $a, b \in X$ sowie $s \in S_n(X \backslash \{a\})$ und $t \in S_n(X \backslash \{b\})$.

(✎ 161)   Zeige $u = v$ zunächst im Fall $a = b$.

> 💭 Ist $a \neq b$, dann kann s als einziges Element von $S_n(X \backslash \{a\})$ in der Form $s = z + f(b)$ geschrieben werden, wobei z das einzige Element von $S_{n-1}((X \backslash \{a\}) \backslash \{b\})$ ist (hier wird der Zugriff auf Summen der Länge $n-1$ benötigt). Da $(X \backslash \{a\}) \backslash \{b\} = (X \backslash \{b\}) \backslash \{a\}$ gilt, erhält man entsprechend $t = z + f(a)$. Hier kommt nun das Kommutativ- und das Assoziativgesetz zum Nachweis von $u = v$ zum Einsatz.

(✎ 162)   Führe den Nachweis von $u = v$ im Fall $a \neq b$ sorgfältig aus.

Ergebnisse, die unter Generalvoraussetzungen gewonnen wurden, hängen von den dazugehörenden Objekten ab.

Insgesamt haben wir damit einen wichtigen Satz bewiesen, zu dessen Formulierung wir nun die Generalvoraussetzung verlassen. Da aber sowohl $\mathcal{D}_n$ als auch S_n von der Funktion f aus den Generalvoraussetzungen abhängen, müssen wir diese Abhängigkeit nun durch die präzisere Notation $\mathcal{D}_{f,n}$ bzw. $S_{f,n}$ verdeutlichen.

Satz 3.37   *Sei f eine Funktion mit $\mathrm{Bild}(f) \subset \mathbb{R}$. Dann gilt für jedes $n \in \mathbb{N}_0$: Ist $X \in \mathcal{D}_{f,n}$, dann ist $S_{f,n}(X)$ endlich und $|S_{f,n}(X)| = 1$.*

Mit diesem Satz ist die Schreibregel für *das* $s \in \mathbb{R} : s \in S_{f,n}(X)$ erfüllt, wenn $X \in \mathcal{D}_{f,n}$ gilt. Wir nennen diesen Wert *die Summe* von f über X.

Satz 3.38   *Sei $f : D \to \mathbb{R}$ gegeben. Zu $n \in \mathbb{N}_0$ definieren wir die Funktion $s_{f,n} : \mathcal{D}_{f,n} \to \mathbb{R}$, $X \mapsto$ das $s \in \mathbb{R} : s \in S_{f,n}(X)$. Dann gilt für $X \in \mathcal{D}_{f,0}$ die Aussage $s_{f,0}(X) = 0$ und für jedes $X \in \mathcal{D}_{f,n+1}$ und $x \in X$ auch $s_{f,n+1}(X) = s_{f,n}(X \backslash \{x\}) + f(x)$.*

(✎ 163)   Gib einen Beweis des Satzes an.

Definition 3.39   *Sei $f : D \to \mathbb{R}$ und sei $A \subset D$ endlich. Dann bezeichnen wir die reelle Zahl $s_{f,|A|}(A)$ aus Satz 3.38 auch mit $\sum_A f$ und sprechen von der Summe von f über A.*

Mit der neu eingeführten Schreibweise kann man aus den Rekursionsbedingungen sofort folgende Schlüsse ziehen.

· ·

Seien $f : D \to \mathbb{R}$, $A \subset D$ endlich und $a \in A$. Zeige, dass $\sum_\emptyset f = 0$ und $\sum_A f = (\sum_{A \setminus \{a\}} f) + f(a)$ gelten.   (✎ 164)

Seien $f : D \to \mathbb{R}$ und $d \in D$. Zeige $\sum_{\{d\}} f = f(d)$.   (✎ 165)

· ·

Viele Erfahrungstatsachen über kleinere Summen kann man nun mit vollständiger Induktion für beliebige endliche Summen präzise beweisen.

· ·

Wir benutzen hier die Summen- und Vielfachbildung sowie den Vergleich von Funktionen aus Definition 3.26. In allen Aufgaben sei $A \subset D$ endlich und $f, g : D \to \mathbb{R}$.

Zeige, dass für $a \in \mathbb{R}$ die Aussage $\sum_A a \cdot f = a \cdot \sum_A f$ gilt.   (✎ 166)

Zeige die Aussage $\sum_A (f + g) = (\sum_A f) + (\sum_A g)$.   (✎ 167)

Zeige, dass aus $f \leq g$ auch $\sum_A f \leq \sum_A g$ folgt.   (✎ 168)

Sei $\varphi : D \to X$ bijektiv. Zeige $\sum_A f = \sum_{\varphi[A]} f \circ \varphi^{-1}$.   (✎ 169)

Seien $A, B \subset X$ endlich, $A \cap B = \emptyset$ und $f : X \to \mathbb{R}$. Finde einen Zusammenhang zwischen $\sum_{A \cup B} f$, $\sum_A f$, $\sum_B f$ und beweise diesen.   (✎ 170)

· ·

Wollten wir die Summe über Werte einer Funktion aufschreiben, für die kein Name vereinbart wurde, dann müssten wir im Moment etwa

$$\sum_{\mathbb{N}_{\leq 32}} \left\{ \begin{array}{ccc} \mathbb{N} & \to & \mathbb{R} \\ n & \mapsto & n^2 \end{array} \right.$$

schreiben. Hier hat sich aber die intuitivere und wesentlich knappere Schreibweise

$$\sum_{n \in \mathbb{N}_{\leq 32}} n^2$$

etabliert. Der angegebene Platzhalter dient dazu, eine Funktionsvorschrift zu rekonstruieren. In unserem Beispiel wäre eine passende Funktion zum Beispiel $f : \mathbb{N}_{\leq 32} \to \mathbb{R}$, $n \mapsto n^2$. Genauso gut hätten wir natürlich eine größere Definitionsmenge wählen können, also etwa $g : \mathbb{R} \to \mathbb{R}$, $x \mapsto x^2$. Auf den Wert der Summe hat dies aber keine Auswirkung, denn es gilt $\sum_{\mathbb{N}_{\leq 32}} f = \sum_{\mathbb{N}_{\leq 32}} g$, da die Funktionen auf der Menge $\mathbb{N}_{\leq 32}$ übereinstimmen.

· ·

Sei $f : X \to \mathbb{R}$, $U \subset X$ und $A \subset U$ endlich. Zeige $\sum_A f = \sum_A f|_U$.   (✎ 171)

Zeige mit Aufgabe (✎ 171): Seien $f : X \to \mathbb{R}$ und $g : Y \to \mathbb{R}$ und sei $A \subset X \cap Y$ endlich. Gilt $f|_A = g|_A$, dann gilt auch $\sum_A f = \sum_A g$.   (✎ 172)

· ·

Da wir nun hinreichend viele Hilfsmittel aufgebaut haben, können wir zur Eingangsfrage dieses Abschnitts zurückkehren. Dort ging es um Anfangsabschnitte $G_{<m}$ der geraden Zahlen $G := \{2 \cdot n \mid n \in \mathbb{N}\}$ und ihre Quadratsumme, also $\sum_{n \in G_{<m}} n^2$.

....

($\leqslant$ 173)   Zeige, dass $\varphi : \mathbb{R} \to \mathbb{R}$, $x \mapsto 2 \cdot x$ bijektiv auf $\mathbb{R}$ ist und $\varphi[\mathbb{N}_{<m/2}] = G_{<m}$ gilt. Weise dann nach, dass $\sum_{n \in G_{<m}} n^2 = \sum_{k \in \mathbb{N}_{<m/2}} 4 \cdot k^2$ gilt.

....

Mit Aufgabe ($\leqslant$ 173) und ($\leqslant$ 166) können wir die Summe umformen zu

$$\sum_{n \in G_{<m}} n^2 = \sum_{k \in \mathbb{N}_{<m/2}} 4 \cdot k^2 = 4 \cdot \sum_{k \in \mathbb{N}_{<m/2}} k^2.$$

Für den sehr häufig auftretenden Fall der Summation über einen Abschnitt zwischen zwei ganzen Zahlen a und b, also über die endliche Menge $\{n \in \mathbb{Z} : (a \leq n) \wedge (n \leq b)\}$, benutzt man auch die spezielle Notation

$$\sum_{i=a}^{b} f(i)$$

und spricht von der *Summe über $f(i)$ für i von a bis b*.

In unserem Fall möchten wir also genauere Informationen über die Summe $\sum_{i=1}^{k} i^2$ haben. In der Tat gibt es einen einfachen Ausdruck für den Wert dieser Summe (in Abhängigkeit von k).

....

($\leqslant$ 174)   Zeige mit vollständiger Induktion $\forall k \in \mathbb{N} : \sum_{i=1}^{k} i^2 = \frac{k \cdot (k+1) \cdot (2 \cdot k + 1)}{6}$.

....

⚠

Oft ist das Finden eines Zusammenhangs schwieriger als dessen Nachweis.

Während der Induktionsbeweis mechanisch durchführbar ist, bleibt zunächst unklar, wie man auf den Ausdruck $\frac{k \cdot (k+1) \cdot (2 \cdot k + 1)}{6}$ für die Summe kommt. Tatsächlich kann man den Ausdruck durch einen Umformungstrick auf die mehrfache Anwendung der Formel für die Summe der ersten k natürlichen Zahlen, also $\sum_{i=1}^{k} i = \frac{k \cdot (k+1)}{2}$, zurückführen. Für diese Formel gibt es wiederum nach einer bekannten Anekdote über Carl Friedrich Gauß eine sehr einleuchtende Erklärung: Man schreibt die Zahlen von 1 bis k in einer Zeile und darunter in einer zweiten Zeile die Zahlen von k bis 1 in absteigender Reihenfolge. Zählt man alle Zahlen zusammen, erhält man zweimal die gewünschte Summe. Zählt man dagegen zuerst die jeweils übereinander stehenden Zweierpärchen zusammen, so ergibt sich jeweils $k + 1$, also insgesamt k mal $k + 1$. Division durch zwei liefert die Formel, die dann induktiv bewiesen wird.

....

($\leqslant$ 175)   Zeige mit vollständiger Induktion $\forall k \in \mathbb{N} : \sum_{i=1}^{k} i = \frac{k \cdot (k+1)}{2}$.

....

Nun aber zur endgültigen Untermauerung der Anfangsbehauptung:

$$\sum_{n \in G_{<65}} n^2 = 4 \cdot \sum_{m=1}^{32} m^2 = 4 \cdot \frac{32 \cdot 33 \cdot 65}{6} = 45\,760.$$

. . . .

Seien $k, m, n \in \mathbb{Z}$ und sei $a : \mathbb{Z} \to \mathbb{R}$.

Zeige im Fall $k \le m < n$, dass $\sum_{i=k}^{n} a(i) = \sum_{i=k}^{m} a(i) + \sum_{i=m+1}^{n} a(i)$ gilt. (✎ 176)

Zeige im Fall $k \le m$, dass $\sum_{i=k}^{m} a(i) = \sum_{i=k+n}^{m+n} a(i - n)$ gilt. (✎ 177)

. . . .

Alles, was wir bisher über endliche Summen vorgestellt haben, kann man auch auf Produkte übertragen. Dazu muss man die Konstruktion nur noch einmal durchgehen und an den entscheidenden Stellen die Addition durch die Multiplikation ersetzen (das leere Produkt erhält den Wert 1). Als Symbol tritt am Ende Π (das große Pi) anstelle des Summenzeichens Σ, d. h., wir schreiben

$$\prod_A f = \prod_{a \in A} f(a).$$

Noch allgemeiner betrachtet, funktioniert der Beweis für jede kommutative und assoziative Operation $p : X \times X \to X$, wenn die Mengen $S_{f,a}$ zum Rekursionsanfang einelementig sind.

. . . .

Sei $p : Y \times Y \to Y$ kommutativ und assoziativ, d. h., für alle $x, y, z \in Y$ gelte $p(x, y) = p(y, x)$ und $p(x, p(y, z)) = p(p(x, y), z)$. Es sei weiter ein $m \in \mathbb{N}_0$ vorgegeben, und für jede Funktion $f : X \to Y$ sei eine Funktion $P_{f,m} : \mathcal{D}_{f,m} \to \mathcal{P}(Y)$ gegeben, deren Bilder einelementige Mengen sind. Wir definieren dann für $n \ge m$ rekursiv

$$P_{f,n+1} : \mathcal{D}_{f,n+1} \to \mathcal{P}(Y), \quad X \mapsto \{p(f(x), s) | (x, s) \in X \times P_{f,n}(X \setminus \{x\})\}.$$

Zeige, dass alle Mengen $P_{f,n}(A)$ für $A \in \mathcal{D}_{f,n}$ einelementig sind, und (✎ 178) nutze diese, um eine Funktion zu definieren, die jeder Menge $A \subset \mathrm{Def}(f)$ die endliche p-Verknüpfung der f-Werte zuordnet. Wiederhole dazu die Argumentation im Fall der Addition reeller Zahlen sinngemäß.

. . . .

Das Beispiel $p(x, y) = x + y$ mit $x, y \in \mathbb{R}$ hatten wir als Paradefall zur Motivation betrachtet, und $p(x, y) = x \cdot y$ mit $x, y \in \mathbb{R}$ wurde bereits erwähnt. Weitere wichtige Beispiele ergeben sich für die Addition von Zahlentupeln, wie etwa $p(x, y) = (x_1 + y_1, x_2 + y_2)$ für Zahlenpaare $x, y \in \mathbb{R}^2$. Es muss nur noch die Assoziativität und Kommutativität nachgerechnet sowie der Rekursionsanfang $P_{f,0}(X) = \{(0, 0)\}$ spezifiziert werden, und schon steht mit Aufgabe (✎ 178) eine endliche Summe für Zahlenpaare bereit.

Da auch die Operationen $p(A, B) = A \cap B$ bzw. $p(A, B) = A \cup B$ für alle Teilmengen A, B einer Obermenge X assoziativ und kommutativ sind, lässt sich mit Aufgabe (✎ 178) ein endlicher Schnitt bzw. eine endliche Vereinigung von Mengen konstruieren (die Startfunktionen sind dabei $P_{f,0} = \{X\}$ für den Schnitt und $P_{f,0} = \{\emptyset\}$ für die Vereinigung).

Ein etwas anders geartetes Beispiel entsteht, wenn man die Bildung des Maximums von zwei reellen Zahlen zugrunde legt. Hier ist

$$p : \mathbb{R}^2 \to \mathbb{R}, (x, y) \mapsto \begin{cases} x & x \geq y \\ y & \text{sonst} \end{cases}.$$

Nachdem Kommutativ- und Assoziativgesetz überprüft sind, fehlt nur noch der Rekursionsstart, der hier für $m = 1$ und damit für einelementige Mengen $X = \{x\} \subset \text{Def}(f)$ angegeben wird, wobei das Maximum der einelementigen Menge $\{f(x)\}$ als $p(f(x), f(x)) = f(x)$ gewählt wird: $P_{f,1}(\{x\}) = \{f(x)\}$. Anwendung von Aufgabe (✎ 178) liefert dann eine Maximum-Operation über endliche Mengen

$$\max_A f = \max_{a \in A} f(a),$$

die den größten Funktionswert der Funktion f auf der Menge A liefert. Entsprechend lässt sich auch das Minimum mit (✎ 178) konstruieren.

4 Ideen: Äquivalenzklassen

Im Trainingskapitel hast du das Aufschreiben von Beweisen weiter vertieft und bist nun in der Lage, viele mathematische Aussagen routiniert zu beweisen. Durchbrochen wird die Routine allerdings oft beim Nachweis von Existenzaussagen oder wenn Für-alle-Aussagen geschickt benutzt werden müssen. Dann ist eine *gute Idee* gefragt, da ein geeignetes Element definiert werden muss, um den Beweis fortzuführen. In den beiden folgenden Kapiteln wollen wir uns daher verstärkt auf die Ideenfindung konzentrieren.

Grundsätzlich wird die Ideenfindung erleichtert, wenn man eine *konkrete Vorstellung* von den untersuchten Gegenständen besitzt, weil dann unser Alltagswissen beim Aufstellen von Hypothesen und beim Finden von Zusammenhängen helfen kann. Konkret kann dabei *bildhaft* bedeuten, muss es aber nicht. Wichtig ist vor allem, dass man sich der Möglichkeiten bewusst ist, die mit den verwendeten Objekten verbunden sind. So haben wir zwar Bilder von Schuhlöffeln oder Smartphones vor Augen, aber entscheidender für den Gesamteindruck ist, dass wir über ihre Funktionalität Bescheid wissen. Wenn wir genau wissen, was wir wie mit den Dingen tun können, dann fühlen wir uns damit sicher und können wie selbstverständlich damit arbeiten. Um diesen Zustand zu erreichen, müssen wir uns natürlich zunächst mit den Objekten eingehend beschäftigen, um sie kennenzulernen.

> **ℹ**
>
> Ein Objekt ist uns vertraut, wenn wir genau wissen, welche Möglichkeiten es bietet und wie wir diese verwenden können.

In diesem Sinne wollen wir uns in diesem Kapitel mit dem Konzept der *Äquivalenzklassen* vertraut machen. Wir müssen also klären, was man mit Äquivalenzklassen machen kann, wann sie eingesetzt werden, wie sie funktionieren und wozu sie gut sind.

Als bekanntes Beispiel für den Einsatz von Äquivalenzklassen betrachten wir die mathematische Beschreibung von *Bruchteilen*. Wir notieren Bruchteile durch die Angabe von zwei Zahlen, die durch einen horizontalen Strich getrennt sind, wie etwa $\frac{3}{4}$, $\frac{7}{2}$ oder $\frac{5}{9}$. Anschaulich haben wir zu dem Symbol $\frac{3}{4}$ dabei vielleicht folgende Geschichte gespeichert: Nimm eine Pizza, schneide sie in 4 gleich große Stücke und nimm 3 davon. Dann hast du den Bruchteil $\frac{3}{4}$ der Pizza.

Natürlich ist die Pizza in dieser Geschichte nicht wirklich zwingend und kann sofort durch eine Torte, ein Stück Butter oder irgend etwas anderes ersetzt werden, das sich gut teilen lässt. Sogar bei weit entfernten Galaxien bilden wir Bruchteile, wenn wir zum Beispiel

© Springer-Verlag GmbH Deutschland, ein Teil von Springer Nature 2020
M. Junk und J.-H. Treude, *Beweisen lernen Schritt für Schritt*,
https://doi.org/10.1007/978-3-662-61616-1_4

sagen, dass $\frac{7}{25}$ der darin enthaltenen Sterne vom Typ G und damit sonnenähnlich sind.

Um dennoch etwas Konkretes vor Augen zu haben, bleiben wir vorläufig bei der Pizzageschichte und verlagern das Backen von stets gleich großen Pizzen sowie ihre krümelfreien Teilungen in gleich große Stücke zu unserem Pizzalieferanten. Bei ihm können wir per Telefon durch die Angabe von zwei natürlichen Zahlen (p, q) eine bestimmte Pizzamenge bestellen, und zwar p Stücke der Größe, die beim Zerlegen einer Pizza in q gleichgroße Teile entstehen. Gibt man nun zwei Bestellungen $(2, 3)$ und $(4, 6)$ ab, so erkennt man spätestens bei der Lieferung, dass es sich jeweils um den gleichen Gesamtinhalt handelt: Zerteilt man nämlich die beiden Stücke aus der $(2, 3)$-Packung nochmal jeweils in gleichgroße Stücke, so sieht der Inhalt genauso aus, wie in der $(4, 6)$-Packung. Obwohl die Bestellungen unterschiedlich sind, so sind sie bezüglich des Gesamtinhalts doch *gleichwertig* (lateinisch: *äquivalent*).

Wie lässt sich dieser gemeinsame Gesamtinhalt nun mathematisch beschreiben? Es sollte ein Objekt g sein, das sich sowohl aus $(2, 3)$ als auch aus $(4, 6)$ eindeutig ermitteln lässt. Mathematisch übersetzt, sollte es also eine Funktion geben, die bei Eingabe von $(2, 3)$ und $(4, 6)$ das gleiche Ergebnis g liefert. Wie sieht diese Funktion genau aus, d. h., mit welcher Vorschrift G lässt sich der Gesamtpizzainhalt einer (p, q)-Bestellung ermitteln?

> **i**
>
> Soll eine gemeinsame Eigenschaft von Dingen durch ein eigenständiges Objekt beschrieben werden, so greift man auf Äquivalenzklassen zurück.

Geschickt wäre es, wenn wir gröbere Versionen der Bestellungen hätten, bei denen es nur auf den Gesamtinhalt ankommt, während die genaue Stückeinteilung selektiv vergessen wird. Genau hier kommen Äquivalenzklassen ins Spiel, denn sie zerlegen die Menge $\mathbb{N}^2$ aller möglichen Bestellungen in gröbere Einheiten und sorgen dadurch für ein Vergessen von Details: Jede Äquivalenzklasse ist eine Menge von Bestellungen, die untereinander im Hinblick auf ihren Gesamtinhalt äquivalent sind. Für die konkrete Bestellung $(2, 3)$ gibt es folglich eine Äquivalenzklasse g, zu der sie dazugehört und zu der auch $(4, 6)$ und alle andern Bestellungen mit dem gleichen Gesamtinhalt gehören. Insbesondere kann die Äquivalenzklasse als Stellvertreter für den Inhalt einer Bestellung verwendet werden, wobei die gesuchte Funktion G dann so aussieht: Einer Bestellung (p, q) wird die Äquivalenzklasse zugeordnet, in der (p, q) enthalten ist. Traditionell bezeichnet man den Funktionswert $G(p, q)$ mit dem Symbol $\frac{p}{q}$, Bruchzahlen sind also Abkürzungen für Äquivalenzklassen von Pizzabestellungen gleichen Gesamtinhalts!

Genauer betrachtet, stecken in der Beschreibung dieser Grundidee bereits verschiedene Definitionen und Folgerungen, die alle in Ruhe untersucht werden sollen. Trotzdem ist es für die Vorstellung von

Äquivalenzklassen wichtig, ihren Nutzen in einem größeren Zusammenhang bereits erahnen zu können. Den genauen Details widmen sich die folgenden Abschnitte.

4.1 Grundlegende Definitionen

In unserem Pizzabeispiel haben wir von äquivalenten Bestellungen gesprochen, ohne eine dahinter liegende Relation genau anzugeben. Um dies nachzuholen, stellen wir uns nun die Frage, wann zwei Bestellungen $a = (a_1, a_2)$ und $b = (b_1, b_2)$ den gleichen Gesamtinhalt besitzen. Da die gelieferten Stücke im Allgemeinen unterschiedlich groß sind (wenn a_2 und b_2 verschieden sind), können wir nicht einfach a_1 und b_1 vergleichen. Tatsächlich müssen wir gedanklich das Messer zücken und die vorhandenen Stücke so nachschneiden, dass am Ende jedes einzelne Stück in den Pizzaschachteln die gleiche Größe hat. Wenn dann beide Schachteln gleich viele Stücke enthalten, haben sie den gleichen Inhalt.

Wir wissen, dass ein Stück aus der Bestellung a durch Teilen einer Pizza in a_2 Teile entstanden ist. Wenn wir es nun erneut in b_2 gleich große Teile zerlegen, dann ergibt sich eine Stückgröße, die auch beim Zerlegen der Ausgangspizza in $a_2 \cdot b_2$ Teile auftritt. Mit dem gleichen Argument erhält man diese Stückgröße auch in der b-Schachtel, wenn man dort jedes Stück in a_2 Teile weiterzerlegt. Hier ergeben sich dadurch $b_1 \cdot a_2$ Stücke, während $a_1 \cdot b_2$ in der a-Schachtel anfallen. Ein äquivalenter Gesamtinhalt liegt also vor, wenn $a_1 \cdot b_2 = a_2 \cdot b_1$ gilt. Wir nehmen dies als Ausgangspunkt zur Definition der folgenden Relation auf der Menge $\mathbb{N}^2$ aller Bestellungen.

$$(a \in \mathbb{N}^2) \simeq (b \in \mathbb{N}^2) :\Leftrightarrow a_1 \cdot b_2 = a_2 \cdot b_1.$$

> **i**
>
> Erkennst du hier die aus der Schule bekannte Regel zum Finden eines gemeinsamen Nenners von zwei Brüchen?

. . . .

Zeige, dass $\simeq$ reflexiv und symmetrisch ist.   (✎ 179)

. . . .

Um zu sehen, dass $\simeq$ eine Äquivalenzrelation auf $\mathbb{N}^2$ ist, fehlt noch die Transitivitätseigenschaft

$$\forall a, b, c \in \mathbb{N}^2 : (a \simeq b \wedge b \simeq c) \Rightarrow a \simeq c.$$

> **i**
>
> Relationen und ihre möglichen Eigenschaften wurden in Abschnitt 3.3 eingeführt.

Beweis. Wir gehen von $a, b, c \in \mathbb{N}^2$ aus mit der Eigenschaft $a \simeq b$ und $b \simeq c$. Zu zeigen ist $a \simeq c$. Nach Definition von $\simeq$ muss dazu die Gleichheit $a_1 \cdot c_2 = a_2 \cdot c_1$ gezeigt werden.

Zur Verfügung stehen uns die Gleichungen $a_1 \cdot b_2 = a_2 \cdot b_1$ und $b_1 \cdot c_2 = b_2 \cdot c_1$, in denen allerdings weder $a_1 \cdot c_2$ noch $a_2 \cdot c_1$ auftritt.

Eine Gleichungskette, beginnend mit $a_1 \cdot c_2$, bleibt also mangels weiterführenden Informationen sofort stecken. Wenn wir dagegen mit $(a_1 \cdot c_2) \cdot b_2$ starten, sieht es ganz anders aus:

Es kann hilfreich sein, anstelle des Beweisziels zunächst eine verwandte Aussage zu zeigen, wenn dadurch die Voraussetzungen ins Spiel gebracht werden können.

$$(a_1 \cdot c_2) \cdot b_2 = (a_1 \cdot b_2) \cdot c_2 \overset{a \cong b}{=} (a_2 \cdot b_1) \cdot c_2$$

$$= a_2 \cdot (b_1 \cdot c_2) \overset{b \cong c}{=} a_2 \cdot (b_2 \cdot c_1) = (a_2 \cdot c_1) \cdot b_2.$$

Subtrahieren wir nun beide Seiten voneinander, so folgt nach Ausklammern von b_2

$$(a_1 \cdot c_2 - a_2 \cdot c_1) \cdot b_2 = 0,$$

und da b_2 als Element von $\mathbb{N}$ nicht 0 ist, muss der erste Faktor verschwinden, was auf $a_1 \cdot c_2 = a_2 \cdot c_1$ führt. $\square$

Die Äquivalenzklasse zu einer konkreten Bestellung $a \in \mathbb{N}^2$ ist nun die Menge $[a]_\sim$ aller Bestellungen, die zu a äquivalent sind. Die Zusammenfassung aller Äquivalenzklassen wird wiederum mit dem Symbol $\mathbb{N}^2/_\sim$ bezeichnet. Für eine allgemeine Äquivalenzrelation geht man entsprechend vor und erhält die folgende Definition.

Definition 4.1 *Sei $\sim$ eine Äquivalenzrelation auf einer Menge X. Die Äquivalenzklasse zu $x \in X$ ist dann $[x]_\sim := \{y \in X : y \sim x\}$. Die Menge aller Äquivalenzklassen wird mit $X/_\sim := \{[x]_\sim | x \in X\}$ bezeichnet und Quotientenmenge von $\sim$ auf X genannt.*

. . . .

(φ 180) Sei $\sim$ eine Äquivalenzrelation auf X und seien $x, y \in X$. Zeige, dass dann (a) $x \in [x]_\sim$ und (b) $(x \sim y) \Leftrightarrow ([x]_\sim = [y]_\sim)$ gelten.

. . . .

Anschaulich gesprochen, zeigt Teil (b) von Aufgabe (φ 180), dass die durch die Äquivalenz ausgedrückte Gemeinsamkeit zwischen Elementen auf eine *Gleichheit* der zugehörigen Äquivalenzklassen führt. Die Äquivalenzklasse $[x]_\sim$ ist daher eine Verkörperung *des Gemeinsamen* zwischen den zu x äquivalenten Elementen. In unserem konkreten Beispiel verkörpert $[(2,3)]_\sim$ somit das Gemeinsame an allen Bestellungen gleichen Inhalts wie $(2,3)$ und damit den Inhalt selbst, der anschaulich wiederum ein gewisser Bruchteil einer Pizza ist. Die Äquivalenzklassen $[(p,q)]_\sim$ stehen damit sinngemäß für Bruchteile eines Ausgangsobjekts, und tatsächlich ergibt ihre genauere mathematische Untersuchung alle uns bekannten Regeln der Bruchrechnung, sodass $\mathbb{N}^2/_\sim$ als Version der positiven rationalen Zahlen $\mathbb{Q}_{>0}$ betrachtet werden kann.

Neben der Interpretation von Äquivalenzklassen als das den äquivalenten Elementen Gemeinsame kann man sie als Teilmengen der Grundmenge natürlich auch etwas geometrischer betrachten.

. . . .

Elemente von $\mathbb{N}^2$ kann man als Punktkoordinaten in einem zweidimen-   (✎ 181)
sionalen kartesischen Koordinatensystem veranschaulichen. Skizziere die
$\simeq$-Äquivalenzklassen zu den Punkten (p, q) mit $p, q \in \mathbb{N}_{\leq 3}$.

. . . .

Zunächst sieht man wegen $x \in [x]_\sim$, dass jedes Element in einer
der Teilmengen enthalten ist. Außerdem werden wir sehen, dass zwei
unterschiedliche Äquivalenzklassen keine gemeinsamen Elemente haben. Insgesamt wird die Grundmenge X also durch die Teilmengen
sauber *zerlegt*.

Definition 4.2 *Seien U, V Mengen. Gilt $U \cap V = \emptyset$, so sagen wir,
U und V sind disjunkt. Eine Familie von nicht leeren Mengen $\mathcal{Z}$
nennen wir* disjunkte Zerlegung *einer Menge $X \neq \emptyset$, wenn $\bigcup \mathcal{Z} = X$
gilt und alle $U, V \in \mathcal{Z}$ mit $U \neq V$ disjunkt sind. Gilt $X = \emptyset$, so wird
$\emptyset$ als disjunkte Zerlegung von X bezeichnet.*

Mit diesen Worten lässt sich die besprochene geometrische Eigenschaft der Äquivalenzklassen gut zusammenfassen.

Satz 4.3 *Sei $\sim$ eine Äquivalenzrelation auf X. Dann ist $X/\sim$ eine
disjunkte Zerlegung von X.*

Beweis. Die erste Bedingung für eine disjunkte Zerlegung ist eine
gute Übung.

. . . .

Zeige $\bigcup(X/\sim) = X$.   (✎ 182)

. . . .

Seien nun $U, V \in X/\sim$ mit $U \neq V$. Wir müssen zeigen, dass U und
V disjunkt sind, also $U \cap V = \emptyset$.

> ☁ Die Mengengleichheit verlangt zwei Inklusionen, wobei $\emptyset \subset U \cap V$ auf jeden Fall gilt, weil die leere Menge Teilmenge jeder anderen Menge ist (Aufgabe (✎ 63)). Es fehlt also nur $U \cap V \subset \emptyset$. Gehen wir dazu von $x \in U \cap V$ aus, so müssen wir $x \in \emptyset$ zeigen, was nach Satz 2.29 einem Widerspruch gleichkommt. Letztlich müssen wir also die Annahme $x \in U \cap V$ zu einem Widerspruch führen, was inhaltlich einem indirekten Beweis von $U \cap V = \emptyset$ entspricht. Indirekt zu beginnen verkürzt die Argumentation insgesamt.

> **i**
>
> Der übliche Nach-
> weis der Mengen-
> gleichheit durch
> zwei Inklusionen
> entspricht im Fall
> $A = \emptyset$ einem indi-
> rekten Beweis, bei
> dem man $A \neq \emptyset$ zu
> einem Widerspruch
> führt.

In einem indirekten Beweis gehen wir von $U \cap V \neq \emptyset$ aus. Dann
existiert ein Element in $U \cap V$ (Korollar 3.3). Wir wählen für ein
solches den Namen a. Insbesondere gilt $a \in U$ und $a \in V$.

Wegen $U, V \in X/\sim$ gibt es außerdem $x, y \in X$ mit $U = [x]_\sim$ und
$V = [y]_\sim$, sodass $a \in [x]_\sim$ und $a \in [y]_\sim$ gelten. Mit der Langform

$[x]_\sim = \{u \in X : u \sim x\}$ folgern wir $a \sim x$, und entsprechend ergibt sich $a \sim y$. Mit der Symmetrie gilt weiter $x \sim a$, und die Transitivität liefert $x \sim y$. Mit Teil (b) von Aufgabe (✎ 179) folgt hieraus $U = [x]_\sim = [y]_\sim = V$. ⚡   □

Als abstrakte Skizze zu Äquivalenzklassen können wir also etwa folgendes Bild vor Augen haben.

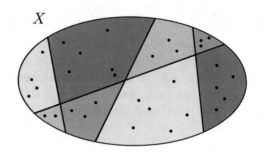

Bei jeder Skizze solltest du darüber nachdenken, welche der dargestellten Eigenschaften zwingend sind und welche auch anders ausfallen können.

Dabei steht jede Graufärbung für eine Äquivalenzklasse, während die schwarzen Punkte einige herausgehobene Elemente von X symbolisieren. Die Darstellung wurde mit Absicht so gewählt, dass die Klassen nicht nur räumlich benachbarte Punkte umfassen, sondern in mehrere Komponenten zerfallen können. Dadurch soll angedeutet werden, dass die Zugehörigkeit zu einer Äquivalenzklasse sich weit über die Menge verstreuen kann. Unangetastet bleibt aber, dass die Äquivalenzklassen disjunkt sind und jedes Element einfangen.

Jede Äquivalenzrelation auf einer Menge X erzeugt also eine disjunkte Zerlegung von X, wobei diese je nach Struktur der Äquivalenzrelation mehr oder weniger grob ausfallen kann. Extremfälle sind dabei die Unterteilung in nur eine einzige Klasse (gröbste Zerlegung) und die Zerlegung in Klassen, die jeweils nur einen einzigen Punkt enthalten (feinste Zerlegung).

....

(✎ 183) Welche Äquivalenzrelationen erzeugen die feinste und die gröbste Zerlegung auf einer Menge X?

....

Allgemein gilt der enge Zusammenhang zwischen Äquivalenzrelationen und Zerlegungen auch in umgekehrter Richtung.

Satz 4.4 *Sei $\mathcal{Z}$ eine disjunkte Zerlegung einer Menge X. Dann gibt es eine Äquivalenzrelation $\sim$ auf X, sodass $X/\sim = \mathcal{Z}$ gilt.*

Beweisansatz. Da es sich hier um eine Existenzaussage handelt, müssen wir eine konkrete Relation mit der gewünschten Eigenschaft definieren. Hier hilft wie immer ein kurzes hypothetisches Weiterdenken:

Angenommen wir hätten $\sim$ passend definiert, sodass $X/_\sim = \mathcal{Z}$ gilt. Dann wären äquivalente Elemente genau daran zu erkennen, dass sie in der gleichen Äquivalenzklasse liegen. Sind also x und y äquivalent, so gibt es ein $U \in \mathcal{Z}$, sodass $x, y \in U$ gilt. Wenn es überhaupt funktioniert, ist es also *zwingend*, den Ansatz

$$(x \in X) \sim (y \in X) :\Leftrightarrow \exists U \in \mathcal{Z} : (x \in U) \wedge (y \in U)$$

zu machen. Der weitere Verlauf des Beweises besteht darin, die geforderten Eigenschaften nachzuweisen.

⚠️

Tue beim Existenznachweis so, als sei ein passendes Element bereits gefunden. Wenn du seine Eigenschaften untersuchst, zwingen dich diese oft zu einer bestimmten Wahl.

....

Zeige, dass $\sim$ eine Äquivalenzrelation auf X ist und $X/_\sim = \mathcal{Z}$ gilt.

....

(✎ 184)

□

4.2 Funktionen auf Quotientenmengen

In unserem Pizzabeispiel haben wir durch die gedankliche Zusammenfassung von Bestellungen gleichen Inhalts zu Äquivalenzklassen neue Objekte erschaffen, die für bestimmte Pizzabruchteile stehen. In diesem Abschnitt wollen wir anfangen, diesen Bruchteilen eigene Aktionsmöglichkeiten zu geben. Jede Aktionsmöglichkeit entspricht dabei einer *Funktion* auf den Bruchteilen, die uns als Elemente von $B := \mathbb{N}^2/_\simeq$ vorliegen. Motiviert sind diese Funktionen jeweils durch sinnvolle Aktionen in unserem Pizzabeispiel.

Zuerst kümmern wir uns um die Frage, wie man einen Bruchteil $b \in B$ um den Faktor $m \in \mathbb{N}$ vergrößern kann. Anders ausgedrückt, möchten wir eine Funktion $V : \mathbb{N} \times B \to B$ so definieren, dass $V(m, b)$ sinngemäß einer Ver-m-fachung des Bruchteils b entspricht. Nun ist es aber gar nicht so leicht, hierfür eine Funktionsvorschrift anzugeben, da wir von Bruchteilen $b \in B$ zunächst nur wissen, dass sie als Äquivalenzklassen die Form $b = [(p, q)]_\simeq$ besitzen. Dabei ist das Paar $(p, q) \in \mathbb{N}^2$ aber nicht eindeutig festgelegt, denn jedes äquivalente Paar (r, s) hat ja ebenfalls b als Äquivalenzklasse. Wenn wir zu b aber keine verbindliche Darstellung durch ein Paar haben, ist es etwas schwierig, eine Funktionsvorschrift mit b zu formulieren.

Diese Schwierigkeit bei der Definition von Funktionen gilt generell auf Quotientenmengen $X_\sim$ und führt prinzipiell auf ein zweischrittiges Vorgehen: Um einer Äquivalenzklasse $a \in X/_\sim$ einen Wert $y \in Y$ zuzuordnen, geht man zunächst von einem Repräsentanten x von a aus, also einem Element $x \in X$, für das $a = [x]_\sim$ gilt. Ein solches gibt es, weil Äquivalenzklassen nach Definition nicht leer sind. Dann formuliert man mit dem Repräsentanten x den gewünschten

Funktionswert $y = h(x)$ zu a. Bei diesem Vorgehen ist sehr wichtig, dass bei Wahl eines anderen Repräsentanten u von a der zugehörige Wert $h(u)$ ebenfalls y ergibt. Denn andernfalls würden wir versuchen, der gleichen Äquivalenzklasse $[x]_\sim = a = [u]_\sim$ zwei unterschiedliche Werte $h(x)$ und $h(u)$ zuzuweisen, was der Grundidee einer Funktion widerspricht. Insgesamt ergibt sich folgende Hypothese, die wir als Satz formulieren und beweisen.

Man spricht hierbei auch von der Frage, ob die Funktion, die man so konstruieren möchte, *wohldefiniert* ist. Gilt die Bedingung aus Satz 4.5, so ist sie es.

Satz 4.5 *Sei $\sim$ eine Äquivalenzrelation auf X und sei $h : X \to Y$ gegeben. Genau dann gibt es eine Funktion $H : X/_\sim \to Y$ mit der Eigenschaft $\forall x \in X : H([x]_\sim) = h(x)$, wenn h auf äquivalenten Argumenten gleiche Werte hat, also wenn $\forall x, y \in X : x \sim y \Rightarrow h(x) = h(y)$ gilt. Die Funktion H ist durch h eindeutig festgelegt.*

Beweis. Wir beginnen mit der Eindeutigkeitsaussage. Dazu nehmen wir an, dass zwei Funktionen $H : X/_\sim \to Y$ und $L : X/_\sim \to Y$ gegeben sind, welche die Bedingungen $\forall x \in X : H([x]_\sim) = h(x)$ und $\forall x \in X : L([x]_\sim) = h(x)$ erfüllen.

. . . .

(✎ 185) Führe den Eindeutigkeitsbeweis zu Ende, indem du die Funktionsgleichheit $H = L$ nachweist.

. . . .

Spannend ist wieder der Existenznachweis, denn hier müssen wir explizit eine Funktion H definieren, die $H([x]_\sim) = h(x)$ für jedes $x \in X$ erfüllt. Damit wissen wir bereits, wie die Funktionswerte von H aussehen, wenn das Argument in der Form $[x]_\sim$ vorliegt. Bei der Definition einer Funktion müssen wir uns aber an die Schreibregeln für Funktionen halten, und die sehen vor, dass der Funktionswert in Abhängigkeit von einem Platzhalter a für ein Element aus $X/_\sim$ angegeben wird, also in der Form $H : X/_\sim \to Y$, $a \mapsto y_a$ mit einem a-abhängigen Ausdruck y_a. Wir betonen diesen Punkt hier besonders intensiv, weil es genau an dieser Stelle den beliebten Fehler gibt, die Funktion durch die „Vorschrift" $[x]_\sim \mapsto h(x)$ zu beschreiben. Das ist verlockend, weil die erwünschte Bedingung $\forall x \in X : H([x]_\sim) = h(x)$ dann scheinbar per Definition gilt. Der Haken ist nur, dass es sich hier nicht um eine ordnungsgemäße Definition handelt, weil die Schreibregel nicht eingehalten wurde: Links von $\mapsto$ muss in einer Funktionsdefinition ein Platzhalter stehen, und $[x]_\sim$ ist keiner!

Definierst du eine Funktion, so musst du den Funktionswert abhängig von einem Platzhalter angeben.
Ein beliebter *Fehler* ist es, die Abhängigkeit dagegen von einem anderen Ausdruck anzugeben.

Wieder gehen wir hypothetisch einen Schritt weiter und nehmen an, eine passende Formel y_a läge bereits vor. Was wissen wir dann über den Funktionsausdruck $H(a) = y_a$, wenn a für ein Element aus $X/_\sim$ steht? Für *jeden* Repräsentanten x von a gilt dann $a = [x]_\sim$ und damit $H(a) = h(x)$, also $\forall x \in a : y_a = h(x)$. Der Ausdruck y_a ist also <u>das</u> Element y von Y, welches $y = h(x)$ für jedes $x \in a$ erfüllt.

Damit können wir H nun ordnungsgemäß in der Form

$$H := \begin{cases} X/_\sim & \to & Y \\ a & \mapsto & \underline{\text{das }} y \in Y : \forall x \in a : y = h(x) \end{cases}$$

definieren. Da $\underline{\text{das}}$-Ausdrücke nur dann wohldefiniert sind, wenn für das beschriebene Element Existenz und Eindeutigkeit vorliegen, stellt sich hier die Frage, ob dies für jedes $a \in X/_\sim$ der Fall ist.

....

Zeige $\forall a \in X/_\sim : \exists! y \in Y : \forall x \in a : y = h(x)$.   (✎ 186)

....

Nun müssen wir nur noch nachweisen, dass die gewünschte Bedingung von unserer wohldefinierten Funktion H erfüllt wird.

....

Beende den Beweis, indem du $\forall x \in X : H([x]_\sim) = h(x)$ zeigst.   (✎ 187)

....

$$\square$$

Ausgestattet mit diesem allgemeinen Satz zu Funktionen auf Quotientenmengen, kommen wir auf unsere Ausgangsfrage zurück. Für ein gegebenes $m \in \mathbb{N}$ müssen wir nun überlegen, wie man einer bestimmten Bestellung (p, q) die m-fache Bestellmenge zuordnen kann. Anschaulich erreicht man dies zum Beispiel durch das Bestellen von m-mal so vielen Pizzastücken, also durch die Bestellung $(m \cdot p, q)$. Der Inhalt dieser Bestellung ist dann $[(m \cdot p, q)]_\simeq$. Wir haben so eine geeignete Funktion $h_m : \mathbb{N}^2 \to B$ mit der Vorschrift $x \mapsto [(m \cdot x_1, x_2)]_\simeq$ gefunden. Ob eine dazu passende Funktion $H_m : B \to B$ existiert, verlangt nach Satz 4.5 nur noch den Nachweis der Aussage $\forall x, y \in \mathbb{N}^2 : x \simeq y \Rightarrow h_m(x) = h_m(y)$.

....

Weise die Für-alle-Aussage nach.   (✎ 188)

....

Eine sinnvolle Vielfachbildung $V : \mathbb{N} \times B \to B$ ist also durch die Vorschrift $(m, b) \mapsto H_m(b)$ gegeben, denn sie erfüllt die Eigenschaft $\forall m, p, q \in \mathbb{N} : V(m, [(p, q)]_\simeq) = [(m \cdot p, q)]_\simeq$, die wir mit einer mehrfachen Bestellung assoziieren. Würden wir $\simeq$-Klassen in der Form $\frac{p}{q}$ schreiben anstelle von $[(p, q)]_\simeq$ und für $V(m, b)$ eine Produktschreibweise $m \cdot b$ wählen, dann hätte die charakterisierende Eigenschaft der Vielfachbildung die bekanntere Form

$$\forall m, p, q \in \mathbb{N} : m \cdot \frac{p}{q} = \frac{m \cdot p}{q}.$$

In gleicher Weise können wir eine Bestellung auch um den Faktor $m \in \mathbb{N}$ verkleinern. Auf der Zähler- und Nennerebene der einzelnen

> **ℹ**
>
> Bei Funktionen auf Tupeln lässt man bei Auswertungen häufig die Tupelklammern weg. So schreibt man zum Beispiel $V(m, b)$ statt $V((m, b))$.

Bestellung würde dies durch das Anfordern von gleich vielen aber m-mal kleineren Stücken erfolgen, also durch $(p, q) \mapsto [(p, m \cdot q)]_\simeq$.

....

(✎ 189)   Konstruiere eine Funktion $Q : B \times \mathbb{N} \to B$, die $Q([(p, q)]_\simeq, m) = [(p, m \cdot q)]_\simeq$ für alle $m, p, q \in \mathbb{N}$ erfüllt. Benutze dazu Satz 4.5.

....

ℹ

Das bekannte Verhalten von Bruchteilen ergibt sich durch die Definition von speziell abgestimmten Funktionen.

Durch Kombination der beiden Funktionen lässt sich mit der Vorschrift $(m, n) \mapsto Q(V(m, b), n)$ eine m-fache Vergrößerung bei gleichzeitiger n-facher Verkleinerung eines gegebenen Bruchteils b beschreiben. Hierdurch lässt sich eine Funktion von $B \times B$ nach B definieren, die auch als Multiplikation von Bruchteilen bekannt ist.

....

(✎ 190)   Zeige, dass für jedes $c \in B$ eine eindeutige Funktion $H_c : B \to B$ existiert mit $\forall x \in \mathbb{N}^2 : H_c([x]_\simeq) = Q(V(x_1, c), x_2)$. Durch sie wird eine zweistellige Funktion $M : B \times B \to B$ erzeugt mit $(b, c) \mapsto H_c(b)$. Anstelle von $M(b, c)$ schreiben wir auch $b \cdot c$.

....

Die bekannten Rechengesetze der Multiplikation sind nun alle beweisbar. Als Beispiel zeigen wir die Kommutativität.

Satz 4.6 *Die in Aufgabe (✎ 190) definierte Funktion erfüllt das Kommutativgesetz, also $\forall b, c \in B : b \cdot c = c \cdot b$.*

Beweis. Zum Nachweis seien $b, c \in B$ gegeben. Zu zeigen ist $b \cdot c = c \cdot b$, was in Langform $M(b, c) = c \cdot b$ bedeutet, was wiederum $H_c(b) = c \cdot b$ entspricht.

⚠

Kommen in einem Ausdruck mehrere Abkürzungen vor, so löse sie in aller Ruhe Schritt für Schritt auf.

Zur Überprüfung der Gleichheit wählen wir zunächst einen Repräsentanten x von b. Mit der definierenden Eigenschaft von H_c aus Aufgabe (✎ 190) ergibt sich $H_c(b) = Q(V(x_1, c), x_2)$. Ist y ein Repräsentant von c, so gilt entsprechend $V(x_1, c) = [(x_1 \cdot y_1, y_2)]_\simeq$ nach Definition von V. Anwendung der definierenden Eigenschaft von Q liefert wiederum $Q([(x_1 \cdot y_1, y_2)]_\simeq, x_2) = [(x_1 \cdot y_1, x_2 \cdot y_2)]_\simeq$.

....

(✎ 191)   Forme den Ausdruck $c \cdot b$ entsprechend um und beweise dann die Gleichheit.

....

□

Im Beweis von Satz 4.6 haben wir für b und c im Produkt $b \cdot c$ die Repräsentanten x bzw. y gewählt und dann $b \cdot c$ umgeformt zu $[(x_1, x_2)]_\simeq \cdot [(y_1, y_2)]_\simeq = [(x_1 \cdot y_1, x_2 \cdot y_2)]_\simeq$. In Bruchschreibweise ist dies gerade die bekannte Formel für Produkte von Brüchen:

$$\forall x, y \in \mathbb{N}^2 : \frac{x_1}{x_2} \cdot \frac{y_1}{y_2} = \frac{x_1 \cdot y_1}{x_2 \cdot y_2}.$$

. . . .

Wie lautet das neutrale Element $e \in B$ der Multiplikation, für das die   (✎ 192)
Aussage $\forall b \in B : e \cdot b = b$ gilt?

Zeige, dass zu jedem $b \in B$ ein Bruch $c \in B$ existiert, sodass $c \cdot b$ das   (✎ 193)
neutrale Element ist.

. . . .

Entsprechend lässt sich auch eine Addition von Brüchen definieren,
die durch Bestellungen von Pizzen motiviert ist. Wir verschieben
diesen Punkt in Aufgabe (✎ 195) und zeigen hier, dass die (leider zu
oft verwendete) Formel

$$\forall p, q, r, s \in \mathbb{N} : \frac{r}{s} + \frac{p}{q} = \frac{r+p}{s+q}$$

nicht sinnvoll sein kann. Genauer beweisen wir folgende Aussage zur
Nichtexistenz.

Satz 4.7 *Es gibt keine Funktion* $A : B \times B \to B$, *für die gilt*
$\forall x, y \in \mathbb{N}^2 : A([x]_{\simeq}, [y]_{\simeq}) = [(x_1 + y_1, x_2 + y_2)]_{\simeq}$.

Beweis. In einem Widerspruchsbeweis gehen wir davon aus, dass ei-
ne Funktion $A : B \times B \to B$ gegeben ist, für die $\forall x, y \in \mathbb{N}^2 :$
$A([x]_{\simeq}, [y]_{\simeq}) = [(x_1 + y_1, x_2 + y_2)]_{\simeq}$ gilt. Um jetzt einen Widerspruch zu finden, müssen wir diese einzige Informationsquelle über
A richtig nutzen. Wie bei Existenzbeweisen müssen wir dazu passende Elemente x, y finden, sodass bei Anwendung der Für-alle-Aussage
ein Widerspruch entsteht. Da bei Funktionen auf Äquivalenzklassen
nach Satz 4.5 die Existenz davon abhängt, ob die verwendete Formel
bei äquivalenten Repräsentanten die gleichen Werte liefert, versuchen wir, bei unterschiedlichen Repräsentanten der gleichen Klasse
verschiedene Ergebnisse zu finden.

Wir beginnen unsere Untersuchung mit einfachen Brüchen und set-
zen dazu $x = [(1, 2)]_{\simeq}$ und $y = [(1, 3)]_{\simeq}$. Anwendung der Für-alle-
Aussage auf $(1, 2)$ und $(1, 3)$ liefert dann

$$A(x, y) = A([(1, 2)]_{\simeq}, [(1, 3)]_{\simeq}) = [(1 + 1, 2 + 3)]_{\simeq} = [(2, 5)]_{\simeq}.$$

Wählen wir nun für x den äquivalenten Repräsentanten $(2, 4)$ (Nach-
weis von $(1, 2) \simeq (2, 4)$: $1 \cdot 4 = 2 \cdot 2$), so ergibt sich durch erneute
Anwendung der Für-alle-Aussage diesmal mit $(2, 4)$ und $(1, 3)$ der
Zusammenhang

$$A(x, y) = A([(2, 4)]_{\simeq}, [(1, 3)]_{\simeq}) = [(2 + 1, 4 + 3)]_{\simeq} = [(3, 7)]_{\simeq}.$$

Insgesamt finden wir $[(2, 5)]_{\simeq} = [(3, 7)]_{\simeq}$ und mit Aufgabe (✎ 179)
dann $(2, 5) \simeq (3, 7)$, was letztlich auf den Widerspruch $14 = 2 \cdot 7 =$
$3 \cdot 5 = 15$ führt. ⚡   □

Beim Suchen eines
Widerspruchs musst
du dir überlegen,
in welchem Sachver-
halt ein potentielles
Problem steckt, um
dieses dann gezielt
herauszuarbeiten.

. . . .

(✎ 194)   Sei $\sim$ eine Äquivalenzrelation auf X und sei $h : X \times X \to Y$ gegeben. Zeige, dass es genau dann eine Funktion $H : X/_\sim \times X/_\sim \to Y$ mit der Eigenschaft $\forall u, v \in X : H([u]_\sim, [v]_\sim) = h(u, v)$ gibt, wenn die Funktion h auf äquivalenten Argumenten gleiche Werte hat, also wenn die Bedingung $\forall x, y, u, v \in X : (x \sim u) \wedge (y \sim v) \Rightarrow h(x, y) = h(u, v)$ gilt. Zeige weiter, dass die Funktion H durch h eindeutig festgelegt ist.

(✎ 195)   Zeige mit Aufgabe (✎ 194), dass es genau eine Funktion von $B \times B$ nach B gibt, die der üblichen Addition von Brüchen entspricht.

. . . .

4.3 Modulo Restklassen

Setzen wir zwei Zahlen $a, b \in \mathbb{Z}$ in Relation, die bei der Division durch ein $m \in \mathbb{N}$ den gleichen Divisionsrest lassen, so erhalten wir die Äquivalenzrelation der *Kongruenz modulo m*, die bereits in Aufgabe (✎ 90) untersucht wurde:

$$(a \in \mathbb{Z}) \sim_m (b \in \mathbb{Z}) :\Leftrightarrow \exists k \in \mathbb{Z} : a - b = k \cdot m.$$

Die zugehörigen Äquivalenzklassen, die wir hier mit $[a]_m$ bezeichnen, nennt man auch *Restklassen modulo m*.

Von besonderem Interesse ist dabei oft die Klasse $[0]_m$, denn sie enthält alle Zahlen aus $\mathbb{Z}$, die *ohne Rest* durch m teilbar sind.

. . . .

(✎ 196)   Zeige $[0]_m = \{k \cdot m \mid k \in \mathbb{Z}\}$.

. . . .

Die konkrete Aussage, dass 846 durch 3 teilbar ist, kann man also auch in der Form $846 \in [0]_3$ notieren, was nach Aufgabe (✎ 180) zu $[846]_3 = [0]_3$ äquivalent ist. Der Nachweis, dass diese Aussage stimmt, lässt sich nun sehr angenehm mit zwei Operationen $\oplus$ und $\odot$ auf den Restklassen modulo m führen. Bevor wir diese präzise einführen, hier schon mal ein Vorgucker, wie damit gerechnet werden kann:

$$\begin{aligned}
[846]_3 &= [800 + 40 + 6]_3 \\
&= [800]_3 \oplus [40]_3 \oplus [6]_3 \\
&= [8 \cdot 100]_3 \oplus [4 \cdot 10]_3 \oplus [6 \cdot 1]_3 \\
&= [8]_3 \odot [100]_3 \oplus [4]_3 \odot [10]_3 \oplus [6]_3 \odot [1]_3 \\
&= [8]_3 \odot [1]_3 \oplus [4]_3 \odot [1]_3 \oplus [6]_3 \odot [1]_3 \\
&= [8]_3 \oplus [4]_3 \oplus [6]_3 \\
&= [8 + 4 + 6]_3 \, .
\end{aligned}$$

Die Rechnung liefert eine exemplarische Begründung der 3er-Teilbarkeitsregel: 846 ist genau dann durch 3 teilbar, wenn dies für die *Quersumme*, also die Summe $8+4+6 = 18$ aller Ziffern, gilt. Das ist aber viel einfacher zu klären als die ursprüngliche Frage, wenn wir das kleine Einmaleins auswendig können (wenn nicht, reicht auch das ganz kleine Einmaleins, da die Regel nochmal angewendet werden kann: $[18]_3 = [1 + 8]_3 = [9]_3$). Dass die 3er-Regel auch für andere Zahlen gilt, liegt offensichtlich daran, dass *jede* 10er-Potenz in der Restklasse $[1]_3$ liegt (wegen $100 = 99 + 1$, $1000 = 999 + 1$, ...). Bei der Rechnung können 10er-Potenz Faktoren daher durch $[1]_3$ ersetzt und im Produkt schließlich weggelassen werden.

Wichtig für die obige Rechnung ist insbesondere, dass die beiden neuen Operationen $\oplus$ und $\odot$ mit der üblichen Addition und Multiplikation ganzer Zahlen gemäß

$$[a + b]_m = [a]_m \oplus [b]_m \quad \text{und} \quad [a \cdot b]_m = [a]_m \odot [b]_m$$

zusammenhängen. Wir nutzen dies nun als Ausgangspunkt einer genauen Definition von $\oplus$ und $\odot$. Dabei werden wir auch sehen, dass $\oplus$ und $\odot$ (fast) den „normalen" Rechenregeln der Addition und Multiplikation genügen.

Wir beginnen mit der Addition $\oplus$. Diese soll je zwei Elementen der Quotientenmenge $\mathbb{Z}/{\sim_m}$, die oft auch mit $\mathbb{Z}/m\mathbb{Z}$ bezeichnet wird, ein neues Element zuordnen. In anderen Worten müssen wir somit eine Funktion $A_m : \mathbb{Z}/m\mathbb{Z} \times \mathbb{Z}/m\mathbb{Z} \to \mathbb{Z}/m\mathbb{Z}$ konstruieren, wobei wir anstelle der sogenannten Präfixform $A_m([a]_m, [b]_m)$ zur Notation der Auswertung eine Infixform $[a]_m \oplus [b]_m$ verwenden (eigentlich müsste dabei die m-Abhängigkeit im Infix-Symbol erkennbar sein, was wir hier aus Gründen der Übersichtlichkeit aber unterdrücken). In dieser Notation soll dann, wie zuvor erwähnt, $[a]_m \oplus [b]_m = [a + b]_m$ für beliebige $a, b \in \mathbb{Z}$ gelten.

> **i**
>
> Bei der Funktionsauswertung in der Infix-Notation steht ein Funktionssymbol zwischen den beiden Argumenten.

Zur Konstruktion einer Funktion mit dieser Eigenschaft können wir das Ergebnis aus Aufgabe (✎ 194) heranziehen. Dazu führen wir passend zur Aufgabe zunächst die Hilfsfunktion $h : \mathbb{Z} \times \mathbb{Z} \to \mathbb{Z}/m\mathbb{Z}$, $(a, b) \mapsto [a + b]_m$ ein und müssen nun nur noch die Voraussetzung von Aufgabe (✎ 194) nachprüfen. Zu zeigen ist dazu die Aussage

$$\forall a, b, x, y \in \mathbb{Z} : (a \sim_m x) \wedge (b \sim_m y) \Rightarrow h(a, b) = h(x, y).$$

Beweis. Seien $a, b, x, y \in \mathbb{Z}$ gegeben und gelte $a \sim_m x$ und $b \sim_m y$. Zu zeigen ist $[a + b]_m = h(a, b) = h(x, y) = [x + y]_m$. Nach Aufgabe (✎ 180) gilt dies, wenn $(a + b) \sim_m (x + y)$ gezeigt ist. Nach Definition müssen wir dazu die Existenzaussage $\exists k \in \mathbb{Z} : (a+b) - (x+y) = k \cdot m$ beweisen.

Nach Voraussetzung können wir $p, q \in \mathbb{Z}$ wählen, sodass $a - x = p \cdot m$ und $b - y = q \cdot m$ gilt.

> Addition der beiden Gleichungen ergibt $(a + b) - (x + y) = (p + q) \cdot m$, sodass die Wahl $k := p + q$ nahe liegt.

Wir setzen $k := p + q$. Dann gilt $k \in \mathbb{Z}$ und

$$(a+b) - (x+y) = (a-x) + (b-y) = p \cdot m + q \cdot m = (p+q) \cdot m = k \cdot m.$$

Damit ist die Existenzaussage nachgewiesen. $\qquad\qquad\qquad\qquad$ $\square$

Die Rechenregeln für die $\oplus$ Operation lassen sich jetzt mit der definierenden Beziehung $[a]_m \oplus [b]_m = [a + b]_m$ aus denen der Addition auf $\mathbb{Z}$ gewinnen. Beispielsweise gilt für jedes $r, s \in \mathbb{Z}/_{m\mathbb{Z}}$ das Kommutativitätsgesetz $r \oplus s = s \oplus r$. Zum Nachweis wählt man sich Repräsentanten $a, b \in \mathbb{Z}$ von r, s und nutzt die Gleichungskette

$$r \oplus s = [a]_m \oplus [b]_m = [a + b]_m = [b + a]_m = [b]_m \oplus [a]_m = s \oplus r,$$

bei der an zentraler Stelle die Kommutativität der Addition in $\mathbb{Z}$ zum Einsatz kommt.

. . . .

($\leadsto$ 197) Zeige die Assoziativität $\forall r, s, t \in \mathbb{Z}/_{m\mathbb{Z}} : s \oplus (r \oplus t) = (s \oplus r) \oplus t$.

($\leadsto$ 198) Zeige die Neutralität von $[0]_m$ bezüglich $\oplus$, also $\forall s \in \mathbb{Z}/_{m\mathbb{Z}} : s \oplus [0]_m = s$.

($\leadsto$ 199) Zeige die eindeutige Existenz eines $\oplus$-inversen Elements zu jeder Restklasse modulo m, also $\forall r \in \mathbb{Z}/_{m\mathbb{Z}} : \exists! s \in \mathbb{Z}/_{m\mathbb{Z}} : r \oplus s = [0]_m$.

. . . .

ℹ

Die Bedeutung von mathematischen Objekten entsteht aus ihren Nutzungsmöglichkeiten.

Bezeichnen wir das eindeutige inverse Element zu r aus Aufgabe ($\leadsto$ 199) mit $\ominus r$ und schreiben $u \ominus v$ als Abkürzung für $u \oplus (\ominus r)$, dann können wir mit den Restklassen modulo m fast genauso rechnen, wie wir es mit der Addition in $\mathbb{Z}$ gewohnt sind. Die Restklassen fühlen sich durch diese Nutzbarkeit auf einmal selbst wie Zahlen an, obwohl es eigentlich Teilmengen von $\mathbb{Z}$ sind. Der Eindruck wird noch verstärkt, wenn wir die Multiplikation auf den Restklassen hinzufügen.

. . . .

($\leadsto$ 200) Zeige, dass es genau eine Funktion $P_m : \mathbb{Z}/_{m\mathbb{Z}} \times \mathbb{Z}/_{m\mathbb{Z}} \to \mathbb{Z}/_{m\mathbb{Z}}$ gibt, die $P_m([a]_m, [b]_m) = [a \cdot b]_m$ für alle $a, b \in \mathbb{Z}$ erfüllt.

. . . .

Auch hier verwenden wir statt $P_m(r, s)$ die griffigere Form $r \odot s$. Die üblichen Rechenregeln lassen sich dann mit der definierenden Eigenschaft $[a]_m \odot [b]_m = [a \cdot b]_m$ für alle $a, b \in \mathbb{Z}$ aus den entsprechenden Eigenschaften der Mukltiplikation auf $\mathbb{Z}$ gewinnen.

. . . .

Zeige die Assoziativität $\forall r, s, t \in \mathbb{Z}/_{m\mathbb{Z}} : s \odot (r \odot t) = (s \odot r) \odot t$.   (✎ 201)

Zeige die Kommutativität $\forall r, s \in \mathbb{Z}/_{m\mathbb{Z}} : s \odot r = r \odot s$.   (✎ 202)

Zeige die Neutralität von $[1]_m$ bezüglich $\odot$, also $\forall s \in \mathbb{Z}/_{m\mathbb{Z}} : s \odot [1]_m = s$.   (✎ 203)

. . . .

Obwohl sich Restklassen in ihrer Benutzung fast wie ganze Zahlen verhalten, bleibt doch ein gewichtiger Unterschied: Sie lassen sich nicht in gewohnter Weise der Größe nach ordnen! Genauer gesagt, gibt es keine Striktordnung $<$ auf den Restklassen, also keine asymmetrische und transitive Relation, sodass $s < s \oplus [1]_m$ für jede Restklasse $s \in \mathbb{Z}/_{m\mathbb{Z}}$ gilt. Zum Nachweis schauen wir uns wieder den Fall $m = 3$ an. Dann gilt $[0]_3 \oplus [1]_3 = [1]_3$, $[1]_3 \oplus [1]_3 = [2]_3$, aber $[2]_3 \oplus [1]_3 = [3]_3 = [0]_3$ wegen $3 \sim_3 0$. Hätten wir also eine solche Striktordnung $<$, so würde aus der Transitivität $[0]_3 < [0]_3$ folgen, was jedoch im Widerspruch zur Asymmetrie stünde.

Ein weiterer Unterschied zum Verhalten der ganzen Zahlen gibt es für gewisse Teiler m. Am Beispiel $m = 6$ finden wir zum Beispiel $[3]_6 \odot [2]_6 = [3 \cdot 2]_6 = [6]_6 = [0]_6$. Es gibt also von $[0]_6$ verschiedene Klassen, deren Produkt dennoch $[0]_6$ ergibt. Man sagt dazu auch, das Produkt $\odot$ ist im Allgemeinen *nicht nullteilerfrei*.

Zum Abschluss betrachten wir die 9er-Regel: Eine Zahl ist durch 9 teilbar, wenn ihre Quersumme durch 9 teilbar ist. Exemplarisch kannst du dies ähnlich zur 3er-Regel nachrechnen.

. . . .

Zeige, dass $[84627]_9 = [8 + 4 + 6 + 2 + 7]_9 = [0]_9$ gilt.   (✎ 204)

. . . .

4.4 Lösungsmengen

In diesem Abschnitt wollen wir die Rolle von Äquivalenzklassen bei der Untersuchung von Gleichungssystemen betrachten. Als Eingangsbeispiel schauen wir uns ein System aus zwei Gleichungen mit drei Unbekannten an. Zu gegebenen Zahlen $\alpha, \beta \in \mathbb{R}$ suchen wir dabei Zahlen $u, v, w \in \mathbb{R}$, sodass die Gleichungen

$$
\begin{aligned}
3u &+ 2v &- 4w &= \alpha, \\
u &- 3v &+ 6w &= \beta
\end{aligned}
$$

gelten. Um die Frage nach der *Lösbarkeit* präzise zu formulieren, folgen wir der generellen Herangehensweise aus Abschnitt 3.6. Dort hatten wir den Anteil der Gleichung, der die Unbekannten enthält, durch eine Funktion f beschrieben und das Problem dann wie folgt umformuliert: Finde $x \in \mathrm{Def}(f)$, sodass $f(x) = y$ gilt, wobei y die übrigen Anteile der Gleichung zusammenfasst.

Die gleiche Idee funktioniert auch bei Systemen von Gleichungen mit vielen Unbekannten, wenn wir für Argumente und Werte der Funktion Tupel verwenden. In unserem Beispiel können wir die drei Unbekannten zu einem Tripel $(u, v, w) \in \mathbb{R}^3$ zusammenfassen und die zwei linken Seiten der Gleichungen als ein Funktionswertepaar betrachten. Es ergibt sich dann die Funktion

> **i**
>
> Systeme von Gleichungen lassen sich mit Tupeln als *eine* Gleichung schreiben.

$$g := \left\{ \begin{array}{ccc} \mathbb{R}^3 & \to & \mathbb{R}^2 \\ (u, v, w) & \mapsto & (3u + 2v - 4w, u - 3v + 6w) \end{array} \right. . \qquad (4.1)$$

Definieren wir nun noch $y := (\alpha, \beta)$, dann ist $g(x) = y$ als Gleichheit von Paaren $(3x_1 + 2x_2 - 4x_3, x_1 - 3x_2 + 6x_3) = (\alpha, \beta)$ genau dann erfüllt, wenn die beiden Komponenten gleich sind, was wieder auf das ursprüngliche System führt, wobei die Unbekannten nun die Namen x_1, x_2 und x_3 tragen.

Bevor wir zur konkreten Situation unserer Ausgangsgleichung zurückkommen, betrachten wir den Fall einer allgemeinen Gleichung, die durch eine Funktion $f : X \to Y$ beschrieben ist. Da sowohl X als auch Y für Tupelmengen stehen können, ist der Fall von Gleichungssystemen hierin enthalten.

Zu jedem $y \in Y$ können wir nun $L_y := \{x \in X : f(x) = y\}$ als Lösungsmenge definieren. Diese kann leer sein, wenn die Gleichung $f(x) = y$ keine Lösung hat, sie kann genau ein Element enthalten, wenn die Gleichung eindeutig lösbar ist, oder sie kann auch mehrere Elemente enthalten. Im letzteren Fall gilt für zwei Lösungen a, b dann $f(a) = y = f(b)$. Wenn wir also alle Elemente in Relation setzen, die den gleichen Funktionswert haben

$$(a \in X) \sim (b \in X) :\Leftrightarrow f(a) = f(b),$$

dann steht $a \sim b$ dafür, dass a und b dieselbe durch f codierte Gleichung lösen.

. . . .

(✎ 205)   Zeige, dass $\sim$ eine Äquivalenzrelation auf X ist.

(✎ 206)   Sei $a \in X$. Zeige $[a]_\sim = L_{f(a)}$.

. . . .

Jedes Element der Quotientenmenge $X/_\sim$ ist also in diesem Fall eine Lösungsmenge zu einer rechten Seite y aus $\mathrm{Bild}(f)$. Im Vergleich zu den Bruchzahlen oder den Restklassen modulo m ist das etwas langweilig, weil die Lösungsmengen einer Gleichung keine *neuen* Objekte darstellen, für die man sich erst ein Verständnis aufbauen muss. Trotzdem bringt die Äquivalenzklassen-Sichtweise alle Sätze ins Spiel, die wir für Äquivalenzklassen gezeigt haben, also etwa den Satz über die Konstruktion von Funktionen. Schauen wir uns also mal an, welche Konsequenzen sich daraus ergeben.

Zunächst fällt auf, dass die Definition der Äquivalenzrelation direkt auf die Bedingung für die Konstruktion einer Funktion auf $X/_\sim$ führt, denn aus $a \sim b$ folgt die Gleichheit $f(a) = f(b)$. Es gibt also eine Funktion $R : X/_\sim \to Y$, die eindeutig durch die Eigenschaft $R([a]_\sim) = f(a)$ für alle $a \in X$ festgelegt ist. Es ist einfach die Funktion, die jeder Lösungsmenge $M \in X/_\sim$ die rechte Seite $y := R(M)$ der zugehörigen Gleichung zuordnet, wie die folgende Aufgabe zeigt.

> Erkennst du in einer konkreten Situation ein allgemeines Muster, so stehen dir auch alle Folgerungen aus dem Muster zur Verfügung.

Zeige $\forall M \in X/_\sim : M = L_{R(M)}$. (✎ 207)

Da wir von der Funktion f keine Injektivität gefordert haben, kann es unterschiedliche Argumente $u \neq v$ in X geben, die auf den gleichen Funktionswert $f(u) = f(v)$ abgebildet werden. Wechseln wir aber die Perspektive von der einzelnen Lösung $u \in X$ hin zu Lösungsmengen $[u]_\sim \in X/_\sim$, so ändert sich diese Situation, da es keine unterschiedlichen Lösungsmengen zur gleichen rechten Seite der Gleichung geben kann. Im Unterschied zu f ist R also stets injektiv.

Zeige, dass R injektiv ist und $\text{Bild}(R) = \text{Bild}(f)$ gilt. (✎ 208)

Nach dieser Betrachtung allgemeiner Geichungen nähern wir uns wieder unserem Ausgangsproblem, in dem die konkrete Funktion $g : \mathbb{R}^3 \to \mathbb{R}^2$ die wichtige Eigenschaft der *Linearität* besitzt. Die zugehörige Gleichung nennt man dann eine *lineare Gleichung*.

Definition 4.8 *Seien* $p, q \in \mathbb{N}$ *und* $f : \mathbb{R}^p \to \mathbb{R}^q$. *Wir nennen* f linear, *wenn für alle* $x, y \in \mathbb{R}^p$ *und alle* $a \in \mathbb{R}$ *gilt:* $f(a \cdot x) = a \cdot f(x)$ *und* $f(x + y) = f(x) + f(y)$.

Zeige, dass die in (4.1) definierte Funktion g linear ist. (✎ 209)

Im allgemeinen Fall linearer Funktionen $f : \mathbb{R}^p \to \mathbb{R}^q$ stellen wir fest, dass bei ihnen aus der Äquivalenz zweier Argumente u, v auch die Äquivalenz ihrer Vielfachen $\alpha \cdot u$ und $\alpha \cdot v$ folgt. Übersetzt heißt das: Wenn u und v dieselbe (durch f codierte) Gleichung lösen, dann gilt dies auch für $a \cdot u$ und $a \cdot v$. Genauer beweisen wir unter der Annahme der Linearität der Funktion f die Aussage

$$\forall u, v \in \mathbb{R}^p, a \in \mathbb{R} : u \sim v \Rightarrow a \cdot u \sim a \cdot v. \qquad (4.2)$$

Beweis. Seien $u, v \in \mathbb{R}^p$ und $a \in \mathbb{R}$. Weiter gelte $u \sim v$ und damit $f(u) = f(v)$. Multipliziert man beide Seiten mit a und nutzt die Linearität, so folgt $f(a \cdot u) = a \cdot f(u) = a \cdot f(v) = f(a \cdot v)$. Folglich gilt $a \cdot u \sim a \cdot v$. $\square$

Auch für die Addition gibt es im Falle einer linearen Funktion f einen interessanten Zusammenhang.

....

Zeige unter der Annahme, dass $f : \mathbb{R}^p \to \mathbb{R}^q$ linear ist:

(✎ 210) Es gilt $\forall u, v, r, s \in \mathbb{R}^p : (u \sim r) \wedge (v \sim s) \Rightarrow (u + v) \sim (r + s)$. Folgere daraus, dass $h : \mathbb{R}^p \times \mathbb{R}^p \to \mathbb{R}^p/_\sim$, $(u, v) \mapsto [u + v]_\sim$ die Voraussetzung von Aufgabe (✎ 194) erfüllt.

(✎ 211) Für $a \in \mathbb{R}$ erfüllt die Funktion $h_a : \mathbb{R}^p \to \mathbb{R}^p/_\sim$, $u \mapsto [a \cdot u]_\sim$ die Voraussetzung von Satz 4.5.

....

Als Konsequenz aus den beiden Aufgaben gibt es (im Fall, dass f linear ist) eindeutig festgelegte Funktionen, deren Auswertung wir hier mit den Infix-Symbolen $\boxplus$ und $\boxdot$ kennzeichnen, die

$$[u]_\sim \boxplus [v]_\sim = [u + v]_\sim \quad \text{und} \quad a \boxdot [u]_\sim = [a \cdot u]_\sim$$

für beliebige $u, v \in \mathbb{R}^p$ und $a \in \mathbb{R}$ erfüllen. Die rechte Seite der durch f gegebenen Gleichung, zu der $[u]_\sim \boxplus [v]_\sim$ die Lösungsmenge darstellt, ist somit die Summe der rechten Seiten der Gleichungen zu $[u]_\sim$ und $[v]_\sim$, denn es gilt

$$R([u]_\sim \boxplus [v]_\sim) = R([u + v]_\sim) = f(u + v)$$
$$= f(u) + f(v) = R([u]_\sim) + R([v]_\sim).$$

Entsprechend ist $a \boxdot [u]_\sim$ die Lösungsmenge der Gleichung mit dem a-Vielfachen der rechten Seite zu $[u]_\sim$, denn

$$R([a \cdot u]_\sim) = R([a \cdot u]_\sim) = f(a \cdot u) = a \cdot f(u) = a \cdot R([u]_\sim).$$

Im Spezialfall $a = 0$ folgt hieraus: Bei einer linearen Gleichung ist das *Nulltupel* $o_p \in \mathbb{R}^p$, also das Tupel, dessen Komponenten alle 0 sind, immer eine Lösung der Gleichung mit rechter Seite $o_q \in \mathbb{R}^q$ (dem sogenannten *homogenen* Problem):

$$R([o_p]_\sim) = R([0 \cdot o_p]_\sim) = 0 \cdot R([o_p]_\sim) = o_q.$$

Die Lösungsmenge $[o_p]_\sim$ des homogenen Problems nennt man auch den *Kern* der linearen Abbildung f.

Definition 4.9 *Seien $p, q \in \mathbb{N}$ und sei $f : \mathbb{R}^p \to \mathbb{R}^q$ linear. Dann nennen wir die Menge* $\mathrm{Kern}(f) := \{x \in \mathbb{R}^p : f(x) = o_q\}$ *den Kern von f.*

Es stellt sich heraus, dass die Struktur *aller* Lösungsmengen einer linearen Gleichung sehr eng mit der des Kerns verbunden ist. Darum geht es in der folgenden Aufgabe.

....

Sei $f : \mathbb{R}^p \to \mathbb{R}^q$ linear und $u \in \mathbb{R}^p$. Zeige $[u]_\sim = \{u + x \mid x \in \text{Kern}(f)\}$.   (✎ 212)

....

Kennen wir also *ein* Element einer Lösungsmenge $M \in \mathbb{R}^p/_\sim$ (wir sagen auch eine *spezielle* Lösung), dann erhalten wir alle anderen Lösungen in M durch Addition der Kernelemente, die Lösungen des *homogenen* Problems sind. Solche allgemeinen Überlegungen helfen in der Praxis, konkrete Probleme zu lösen, indem sie die Rechnung strukturieren und so Fehlerquellen reduzieren.

Strukturelle Überlegungen helfen dir, den Lösungsprozess in konkreten Fällen besser zu verstehen. Das zusätzliche Wissen hilft, Fehler zu vermeiden.

Die Lösung unseres Ausgangsproblems können wir zum Beispiel in zwei Schritte zerlegen: Zunächst bestimmen wir die Lösungsmenge $[(0,0,0)]_\sim = \text{Kern}(g)$ des homogenen Problems

$$\begin{aligned} 3u &+ 2v &- 4w &= 0, \\ u &- 3v &+ 6w &= 0. \end{aligned}$$

Im nächsten Schritt brauchen wir zur rechten Seite $y := (\alpha, \beta)$ *eine* spezielle Lösung. Hier können wir zum Beispiel versuchen, eine Lösung der speziellen Form $(u, v, 0)$ zu finden, deren dritte Komponente den Wert 0 hat. Das führt auf das einfachere System

$$\begin{aligned} 3u &+ 2v &= \alpha, \\ u &- 3v &= \beta. \end{aligned}$$

Die allgemeine Lösungsmenge $L_y = \{x \in \mathbb{R}^3 : g(x) = y\}$ ist dann mit Aufgabe (✎ 212) als Summe aus der speziellen Lösung und allen Lösungen des homogenen Problems gegeben. Die einzelnen Schritte werden in den folgenden Aufgaben durchgeführt.

....

Berechne die Lösungen des homogenen Problems zur linearen Funktion g (✎ 213)
aus (4.1), d.h., finde alle $x \in \mathbb{R}^3$ mit $g(x) = (0,0)$.

Berechne als nächstes eine spezielle Lösung zur allgemeinen rechten Seite   (✎ 214)
$y = (y_1, y_2) \in \mathbb{R}^2$, indem du $u, v \in \mathbb{R}$ suchst, sodass $g(u, v, 0) = y$ gilt. Gib nun die allgemeine Lösungsmenge $L_y = \{x \in \mathbb{R}^3 : g(x) = y\}$ an.

Berechne $L_y = \{x \in \mathbb{R}^3 : g(x) = y\}$ für $y \in \mathbb{R}^2$ direkt und vergleiche die   (✎ 215)
Rechnung mit dem gestaffelten Vorgehen in (✎ 213) und (✎ 214).

....

5 Ideen: Metrische Räume

In diesem Abschnitt wollen wir das Messen von *Abständen* mathematisch beschreiben und daraus resultierende Ideen vorstellen. Zur Motivation denken wir zunächst an das uns bekannte Messen von Abständen zwischen zwei Punkten im Raum oder in der Ebene. Wir benutzen dazu ein Lineal oder einen Zollstock, dessen Startmarkierung wir an einem Punkt anlegen, um dann die Zahl auf unserem Messgerät an der Stelle des anderen Punkts abzulesen. Die Anzahl der Nachkommastellen, die wir dabei erhalten, hängt von der Feinheit der Unterteilung an unserem Messinstrument ab.

Um diese Situation mathematisch zu beschreiben, bietet es sich an, den Messprozess durch eine *Funktion* zu beschreiben. Als Eingabe stehen dabei zwei *Punkte* zur Verfügung und als Ausgabe erhalten wir ihren Abstand als Zahl, die mehr oder weniger Nachkommastellen haben kann. Um im Idealfall auch beliebig genaue Messungen beschreiben zu können, wählen wir $\mathbb{R}$ als die Menge der möglichen Messergebnisse. Nennen wir die Funktion zum Beispiel d (für *Distanz*) und die Menge aller möglichen Eingabepunkte X, so wird die Definitionsmenge von d gerade die Menge aller 2-Tupel mit Komponenten aus X sein, also $X \times X$. Insgesamt fordern wir von unserer Abstandsmessfunktion damit $d : X \times X \to \mathbb{R}$.

Einige uns sehr vetraute Effekte bei der Lineal-Abstandsmessung lassen sich nun in Eigenschaften übersetzen, welche die Funktion d haben sollte. Messen wir zum Beispiel den Abstand $d(P, Q)$ von P nach Q, so finden wir denselben Wert, wenn wir von Q nach P messen, d. h., es sollte $d(P, Q) = d(Q, P)$ für beliebige Punkte $P, Q \in X$ gelten.

Da beim Lineal an der Startmarke die Zahl 0 steht, ergibt sich auch, dass der Abstand zwischen einem Punkt und sich selbst immer 0 ist, was auf die Bedingung $d(P, P) = 0$ für alle $P \in X$ führt. Umgekehrt sollte Q an der Startmarke anliegen und daher mit P übereinstimmen, wenn wir den Abstand 0 messen, was insgesamt die Forderung $d(P, Q) = 0 \Leftrightarrow P = Q$ ergibt.

Schießlich lehrt uns unsere Erfahrung, dass ein Umweg über einen dritten Punkt R nie kürzer ist als der direkte Weg zwischen zwei Punkten P und Q, d. h., dass die Summe der Abstände $d(P, R)$ und $d(R, Q)$ immer größer oder gleich $d(P, Q)$ ist, egal wie P, Q, R auch gewählt werden.

© Springer-Verlag GmbH Deutschland, ein Teil von Springer Nature 2020
M. Junk und J.-H. Treude, *Beweisen lernen Schritt für Schritt*,
https://doi.org/10.1007/978-3-662-61616-1_5

Auch wenn unser Lineal noch weitere übersetzbare Eigenschaften besitzt (etwa, dass keine negativen Zahlen auf ihm zu finden sind), so hat sich herausgestellt, dass die drei obigen Eigenschaften das uns gewohnte Lineal-Abstandsmessen einerseits sehr gut zusammenfassen und andererseits genug Freiheit lassen, um auch andere Arten von Abständen damit zu beschreiben. So unterscheidet sich zum Beispiel der Abstand zwischen Start- und Zielpunkt entlang eines Autobahnnetzes vom Linealabstand (der *Luftlinie*), wenn etwa Kurven oder Knicke an Autobahndreiecken oder -kreuzen eine Abweichung von der geraden Verbindung erzwingen. Trotzdem gelten auch für den kürzesten Abstand d zwischen zwei Punkten des Autobahnnetzes die drei angegebenen Eigenschaften. Schließlich liegen die drei Eigenschaften oft auch für Abstandskonzepte vor, die nicht einmal geometrisch interpretierbar sind, wie etwa die Distanz zwischen zwei Bitkodierungen von Zeichen eines Alphabets.

> **ℹ**
>
> Mathematische Begriffe lassen sich oft in ganz unterschiedlichen Situationen verwenden.
> Das Gemeinsame an diesen Situationen lässt sich besonders übersichtlich allgemein untersuchen.

Zur präzisen Weiterbenutzung des so gefundenen Abstandsbegriffs, fassen wir die zentralen Eigenschaften in der Definition des Begriffs *Metrik* zusammen.

Definition 5.1 *Unter einer* Metrik *auf einer Menge* X *verstehen wir eine Funktion* $d : X \times X \to \mathbb{R}$*, die folgende drei Bedingungen erfüllt:*

- $\forall x, y \in X : d(x, y) = 0 \Leftrightarrow x = y$ *(Definitheit)*,
- $\forall x, y \in X : d(x, y) = d(y, x)$ *(Symmetrie)*,
- $\forall x, y, z \in X : d(x, y) \leq d(x, z) + d(z, y)$ *(Dreiecksungleichung)*.

Das Paar (X, d) *wird auch* metrischer Raum *genannt.*

Das folgende Ergebnis zeigt, dass die zusätzliche Eigenschaft des Lineals, keine negativen Abstände liefern zu können, für jede Metrik ganz automatisch gilt.

Satz 5.2 *Sei* d *eine Metrik auf* X*. Dann gilt* $\forall x, y \in X : d(x, y) \geq 0$*.*

> **⚠**
>
> Beweise zu neuen Begriffen müssen direkt die definierenden Eigenschaften ausnutzen, denn es stehen noch keine anderen Ergebnisse zur Verfügung.

Die Situation, in der wir uns jetzt befinden, lässt sich vielleicht am besten durch *erste Gehversuche* beschreiben: Direkt nach der Definition eines neuen Begriffs wird eine erste Folgerung gemacht. Da wir noch kein anderes Resultat zum neuen Begriff kennen, kann das Ergebnis nur unmittelbar aus den definierten Eigenschaften folgen. Diese müssen also geschickt kombiniert werden.

In unserem Fall ist das Ziel der Für-alle-Aussage eine Ungleichung. Da nur eine Eigenschaft der Metrik die Form einer Ungleichung hat, deutet dies darauf hin, dass wir die Dreiecksungleichung verwenden müssen. Um Verwirrung durch Namenskonflikte zu vermeiden (die

Platzhalter in der Dreiecksungleichung heißen x, y, z und die in unserer Zielaussage x, y, obwohl sie zunächst nichts miteinander zu tun haben), schreiben wir die Dreiecksungleichung für drei Zahlen a, b, c auf, also $d(a,b) \leq d(a,c) + d(c,b)$. Auf der spitzen Seite des Ungleichheitszeichens steht hier allerdings keine 0 sondern $d(a,b)$. Damit die Ungleichung uns zu unserem Ziel bringt, müssen wir die Punkte a, b also so wählen, dass ihr Abstand gleich 0 ist, d. h. aber mit der Definitheitseigenschaft, dass a, b identisch sein müssen. Ersetzen wir also b durch a, so hat die Dreiecksungleichung die speziellere Form $0 = d(a,a) \leq d(a,c) + d(c,a)$. Nun sehen wir, dass die Argumente der beiden Abstandsberechnungen gerade vertauscht sind, sodass die Symmetrie ausgenutzt werden kann und somit $0 \leq 2 \cdot d(a,c)$ folgt. Teilen wir jetzt noch durch 2, so ergibt sich $0 \leq d(a,c)$. Das ist aber genau unser gewünschtes Ergebnis, wenn wir $a = x$ und $c = y$ wählen!

Passt nur eine Voraussetzung zur Struktur des Beweisziels, so wird sie eine zentrale Rolle spielen.

Insgesamt verwendet der Beweis also alle drei Metrikeigenschaften, d. h., im sorgfältigen Beweis werden wir drei Satzanwendungen durchführen müssen, wobei die Belegung der Platzhalter aus unserer Vorüberlegung ablesbar ist.

Beweis. Seien $x, y \in X$ gegeben. Zu zeigen ist $d(x,y) \geq 0$. Zunächst wenden wir die Dreiecksungleichung auf die drei Zahlen x, x, y an und erhalten $d(x,x) \leq d(x,y) + d(y,x)$. Anwendung der Definitheit auf x, x ergibt $d(x,x) = 0 \Leftrightarrow x = x$, und da die rechte Aussage gilt, gilt auch die linke. Mit Ersetzung finden wir dann $0 \leq d(x,y) + d(y,x)$. Anwendung der Symmetrie auf x, y liefert nun $d(x,y) = d(y,x)$, sodass durch Ersetzung $0 \leq d(x,y) + d(x,y)$ folgt. Mit den Rechensätzen der reellen Zahlen, die wir hier im Detail nicht aufführen, schließen wir zunächst auf $0 \leq 2 \cdot d(x,y)$ und nach Division durch 2 auf $0 \leq d(x,y)$. Umgestellt ergibt dies $d(x,y) \geq 0$. $\qquad\square$

Auch wenn die Idee gefunden ist, solltest du zur vollständigen Kontrolle den Beweis ordentlich aufschreiben.

5.1 Beispiele von Metriken

Um den Begriff der Metrik mit Leben zu erfüllen, ist es wichtig, einige handfeste Beispiele anzuschauen. Wir betrachten dazu die Abstandsmessung auf dem Zahlenstrahl und in der Zeichenebene, die uns schon seit der Schulzeit bekannt ist. Wir werden aber auch sehen, dass die Metrikdefinition ganz andere Abstandsbegriffe zulässt.

5.1.1 Betragsmetrik

Zunächst ist dabei $\mathbb{R}$ die Menge aller Punkte auf dem Zahlenstrahl. Den Abstand zwischen zwei reellen Zahlen, wie etwa 3 und 10, berechnen wir dann durch Differenzbildung, also $d_\mathbb{R}(3, 10) = 10 - 3 = 7$. Zur Formulierung des allgemeinen Rezepts nehmen wir an, dass $x, y \in \mathbb{R}$ die beiden Zahlen sind, zwischen denen der Abstand $d_\mathbb{R}(x, y)$ angegeben werden soll. Wir unterscheiden nun die beiden Fälle $x \geq y$ und $y > x$. Im ersten Fall ist $x - y$ der Abstandswert, während im zweiten Fall $y - x$ zu wählen ist. Dies führt zur Funktion

$$d_\mathbb{R} : \mathbb{R} \times \mathbb{R} \to \mathbb{R}, \quad (x, y) \mapsto \begin{cases} x - y & x \geq y \\ y - x & \text{sonst} \end{cases}.$$

ℹ

Nutze Abkürzungen (hier d), wenn die präzise Bezeichnung (hier $d_\mathbb{R}$) für eine längere Betrachtung umständlich ist.

Um nachzuweisen, dass $d := d_\mathbb{R}$ eine Metrik auf $\mathbb{R}$ ist, müssen die in der Definition aufgeführten Bedingungen für unsere konkrete Funktion d nachgewiesen werden. Dazu gehört auch, dass $d : \mathbb{R} \times \mathbb{R} \to \mathbb{R}$ gilt, was der Wohldefinition von d entspricht. Es muss also gezeigt werden, dass für jedes Paar $(x, y) \in \mathbb{R} \times \mathbb{R}$ stets $d(x, y) \in \mathbb{R}$ gilt. Da beide Ausdrücke $x - y$ und $y - x$ Elemente von $\mathbb{R}$ sind, ist dies eine Routineaufgabe.

....

(✎ 216)   Zeige die Definitheit und die Symmetrie von $d_\mathbb{R}$.

....

Der Nachweis der Dreiecksungleichung unterscheidet sich von den anderen Aussagen darin, dass drei Punkte in der Argumentation auftreten, sodass auch mehrere Fälle bezüglich der gegenseitigen Lage zu untersuchen sind. Da uns das Bild des Zahlenstrahls zur Verfügung steht, können wir diese Fälle zunächst einmal zeichnerisch erfassen und sortieren. Dazu tragen wir zunächst zwei Punkte x, y auf einer Linie ein.

ℹ

Skizzen können helfen, eine Situation besser zu verstehen und Beweisideen zu entwickeln.

Hättest Du die Skizze selbst gemacht, wäre vielleicht etwas mehr oder weniger Abstand zwischen den Punkten und vielleicht wären auch die Namen vertauscht. Auf die Idee, die beiden Punkte an die *gleiche* Stelle zu zeichnen, wärst Du aber wohl nicht gekommen, obwohl dies bei zwei beliebigen Punkten auch möglich wäre! Offensichtlich enthält jede Skizze Entscheidungen für bestimmte Situationen, und man muss sich dessen bewusst sein, da später im Beweis *alle* Situationen berücksichtigt werden müssen.

Im Moment behalten wir im Hinterkopf, dass der Fall mit y links von x sowie der Spezialfall identischer Punkte auch behandelt werden müssen, und fahren mit unserer Skizze fort, indem wir den dritten Punkt eintragen. Hier gibt es offensichtlich drei typische Fälle, die in der folgenden Skizze dargestellt sind.

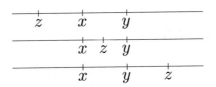

Im ersten Fall ist die Summe der Abstände $d(x,z) = x - z$ und $d(z,y) = y - z$ rein optisch größer als $d(x,y) = y - x$, weil wir auf dem Weg von x nach z zunächst in die falsche Richtung laufen und dann den längeren Weg nach y zurücklegen müssen. Für einen Beweis können wir die Suggestivkraft der Skizze allerdings nicht direkt benutzen. Hier müssen wir die Ungleichung $y - x \le (x-z) + (y-z) = x + y - 2 \cdot z$ zeigen, die leider zunächst gar nicht so deutlich ist wie die Skizze!

Trotzdem können wir unsere Skizze gut gebrauchen, denn sie zeigt uns, wie die Summe der Abstände dargestellt werden kann, sodass der Umweg besonders deutlich ist: Der Weg von x nach y über z besteht ja aus dem Stück von x nach y *und zusätzlich* aus dem Weg von x nach z in beiden Richtungen. Die Abstandssumme sollte man also auch in der Form $y - x + 2 \cdot (x - z)$ schreiben können, wobei nun wegen $x - z \ge 0$ deutlich wird, dass dieser Ausdruck mindestens $y - x$ beträgt. Rechnerisch finden wir tatsächlich

Die Skizze selbst ist kein Beweis, aber sie kann helfen, die entscheidenden Beweisschritte zu finden.

$$y - x + 2 \cdot (x - z) = y + x - 2 \cdot z = (x - z) + (y - z) = d(x,z) + d(z,y).$$

Ein Blick auf den dritten Fall zeigt uns, dass dort eine entsprechende Aufspaltung der Abstandssumme möglich ist. Schließlich ist im zweiten Fall der Zwischenstopp in z ohne Auswirkung auf den Abstand, was rechnerisch auf Gleichheit der Abstände hinausläuft und damit auch die größer-gleich Abschätzung liefert

$$d(x,z) + d(z,y) = (z - x) + (y - z) = y - x = d(x,y) \ge d(x,y).$$

Strategisch haben wir bisher im Fall $y > x$ die Fälle $x \ge z$ und $z > x$ betrachtet, wobei wir den letzteren Fall noch einmal in $y \ge z$ und $z > y$ unterteilen. In jedem der Fälle schaffen wir es dabei, die Dreiecksungleichung zu zeigen. Gehen wir die Rechnungen durch, so merken wir, dass sie auch im Fall $y \ge x$ funktionieren, sodass der Spezialfall identischer Punkte x, y nicht gesondert betrachtet werden muss.

Im verbleibenden Fall $x > y$ merken wir schnell, dass sich die Skizze und die darauf basierende Fallunterscheidung eigentlich kaum ändert. Es wechseln nur die Rollen von x und y, während alle anderen Argumente hinsichtlich der Lage von z gleich bleiben. Es ist daher sinnvoll, die Argumentation nicht zweimal zu führen, sondern ein Lemma zu formulieren und zu beweisen und dieses zweimal anzuwenden. In unserem Fall wäre dies zum Beispiel das folgende Lemma.

Wenn du eine Argumentation bis auf Namensänderungen genau wiederholen musst, lohnt sich die Formulierung eines Lemmas und seine zweimalige Anwendung.

Lemma 5.3 *Seien $x, y, z \in \mathbb{R}$ und gelte $y \geq x$. Dann gilt auch $d(x, y) \leq d(x, z) + d(z, y)$.*

Wenden wir dieses Lemma im noch offenen Fall $x > y$ auf y, x, z an, so folgt nach sorgfältiger Ersetzung der Platzhalter die Ungleichung $d(y, x) \leq d(y, z) + d(z, x)$. Mit der Symmetrie lässt sich dies aber umschreiben zu $d(x, y) \leq d(z, y) + d(x, z)$, und die Kommutativität der Addition ergibt die Dreiecksungleichung auch in diesem Fall.

Beweis von Lemma 5.3. Wegen $y \geq x$ gilt $d(x, y) = y - x$. Wir führen eine Fallunterscheidung basierend auf $(x \geq z) \vee \neg(x \geq z)$ durch. Im Fall $x \geq z$ gilt wegen $y \geq x$ auch $y \geq z$ und daher $d(x, z) = x - z$ und $d(z, y) = y - z$ sowie

$$d(x,z)+d(z,y) = (x-z)+(y-z) = y-x+2\cdot(x-z) \geq y-x = d(x,y).$$

Im Fall $\neg(x \geq z)$ gilt $z > x$ und wir unterscheiden zwei Fälle basierend auf $(y \geq z) \vee \neg(y \geq z)$. Im Fall $y \geq z$ gilt

$$d(x, z) + d(z, y) = (z - x) + (y - z) = y - x = d(x, y) \geq d(x, y).$$

Im Fall $\neg(y \geq z)$ gilt $z > y$ und wir finden ebenfalls

$$d(x,z)+d(z,y) = (z-x)+(z-y) = y-x+2\cdot(z-y) \geq y-x = d(x,y).$$

$\square$

Wie angekündigt, können wir nun die vollständige Dreiecksungleichung nachweisen.

Beweis der Dreiecksungleichung. Seien $x, y, z \in \mathbb{R}$ gegeben. Zu zeigen ist dann $d(x, y) \leq d(x, z) + d(z, y)$. Wir beginnen mit dem Fall $y \geq x$. Anwendung von Lemma 5.3 auf x, y, z ergibt die Behauptung. Im Fall $\neg(y \geq x)$ ist $x > y$ und Anwendung von Lemma 5.3 auf y, x, z ergibt $d(y, x) \leq d(y, z) + d(z, x)$. Mit der Symmetrie lässt sich dies umschreiben zu $d(x, y) \leq d(z, y) + d(x, z)$ und liefert so die Dreiecksungleichung auch in diesem Fall. $\square$

Da nun alle in Definition 5.1 geforderten Eigenschaften nachgewiesen sind, können wir d als Metrik auf $\mathbb{R}$ bezeichnen, wobei $d(x, y)$ im Bild des Zahlenstrahls den Abstand zwischen den Punkten x und y misst. Insbesondere beschreibt für jedes $x \in \mathbb{R}$ der Wert $d(x, 0)$ den Abstand des Punkts zum Ursprung. Diesen speziellen Wert nennt man auch den *Betrag* der Zahl x und benutzt die folgende Notation.

Ausdruck	Aussprache	Bedingung	Langform
$\lvert x \rvert$	Betrag von x	$x \in \mathbb{R}$	$d_{\mathbb{R}}(x, 0)$

Die enge Beziehung zwischen $d_{\mathbb{R}}$ und dem Betrag ergibt sich aus folgendem Ergebnis (man nennt $d_{\mathbb{R}}$ deshalb auch *Betragsmetrik*).

....

Zeige, dass $d(x + a, y + a) = d(x, y)$ für jedes $a \in \mathbb{R}$ und alle $x, y \in \mathbb{R}$ gilt (✎ 217)
(man sagt auch, die Metrik ist *translationsinvariant*, weil der Abstand
zwischen den Punkten x, y bei Verschiebung um a entlang des Zahlen-
strahls unverändert bleibt). Zeige damit die Darstellung $d(x, y) = |x - y|$
für alle $x, y \in \mathbb{R}$.

....

Zum Abschluss formulieren wir das Ergebnis dieses Abschnitts.

Satz 5.4 *Durch* $d_{\mathbb{R}} : \mathbb{R} \times \mathbb{R} \to \mathbb{R}$, $(x, y) \mapsto |x - y|$ *ist eine Metrik
auf* $\mathbb{R}$ *gegeben. Sie wird auch die Betragsmetrik genannt.*

5.1.2 Diskrete Metrik

Die Betragsmetrik ist nicht der einzige Abstandsbegriff, den man
auf $\mathbb{R}$ definieren kann. Ist nämlich d eine Metrik auf einer Menge X,
dann gilt dies auch für $(x, y) \mapsto \alpha \cdot d(x, y)$, wenn $\alpha > 0$ gilt. Auch
wenn wir die Abstandsmessung so abändern, dass Distanzen größer
als ein Maximalwert $\beta > 0$ immer mit β bewertet werden, ergibt sich
wieder eine Metrik $d_{\leq \beta}(x, y) := \min\{d(x, y), \beta\}$ auf X.

....

Zeige, dass $d_{\leq \beta}$ eine Metrik auf X ist. (✎ 218)

....

Etwas ungewöhnlich ist auch die sogenannte diskrete Metrik auf X,
bei der es nur die beiden Abstandswerte 0 und 1 gibt. Der Wert 0
wird dabei für identische und der Wert 1 für unterschiedliche Punkte
angenommen.

Definition 5.5 *Sei X eine Menge. Dann nennt man*

$$\delta_X : X \times X \to \mathbb{R}, \quad (x, y) \mapsto \begin{cases} 0 & x = y \\ 1 & \text{sonst} \end{cases}$$

> **i**
>
> Das Zeichen δ ist ein griechischer Buchstabe mit Namen *Delta*.

die diskrete Metrik auf X.

Natürlich wird δ_X nicht durch unsere Namenswahl zu einer Metrik,
sondern allein dadurch, dass die allgemeinen Metrikeigenschaften von
δ_X erfüllt werden. Da auch die diskrete Metrik durch einen bedingten Ausdruck definiert ist, verlaufen die Beweise wie im Fall der
Betragsmetrik durch Fallunterscheidungen.

....

Sei X eine Menge. Zeige die Metrikeigenschaften von δ_X. (✎ 219)

....

5.1.3 Euklidische Metrik

Wir verlassen nun den eindimensionalen Zahlenstrahl und betrachten die Abstandsmessung in der Ebene, wobei wir die Punkte durch Koordinaten bezüglich eines kartesischen Koordinatensystems beschreiben. Die Grundmenge wird damit $\mathbb{R}^2$. Der übliche Linealabstand auf $\mathbb{R}^2$ ergibt sich mit dem Satz des Pythagoras aus der folgenden Skizze.

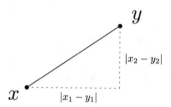

Danach ergibt sich das Quadrat der Länge der Hypothenuse als Summe der Kathetenquadrate. Zieht man die Wurzel, so ergibt sich die Zuordnung

$$d_2 : \mathbb{R}^2 \times \mathbb{R}^2 \to \mathbb{R}, \quad (x,y) \mapsto \sqrt{|x_1 - y_1|^2 + |x_2 - y_2|^2}.$$

ℹ

Man nennt d_2 die *euklidische Metrik*, da sie den bekannten Abstandsbegriff der euklidischen Geometrie wiedergibt.

Um zu sehen, dass es sich auch bei $d := d_2$ um eine Metrik im Sinne der Definition 5.1 handelt, müssen wir wieder die Eigenschaften überprüfen. Dabei ist die Symmetrie sehr einfach zu erkennen, sie ergibt sich daraus, dass die beteiligten Ausdrücke $|x_i - y_i| = d_{\mathbb{R}}(x_i, y_i)$ unter der Wurzel symmetrisch sind. Die Definitheit folgt letztlich aus einem Satz über reelle Zahlen, der besagt, dass eine Summe aus nichtnegativen Zahlen nur dann 0 ist, wenn alle Summanden 0 sind. Die größte Herausforderung ist damit wieder der Beweis der Dreiecksungleichung.

Obwohl die Dreiecksungleichung für drei beliebige Punkte in der Ebene zu zeigen ist, genügt es, eine speziellere Situation zu betrachten, bei der einer der Punkte der Ursprung $o := (0,0)$ ist. Der Grund dafür ist die Translationsinvarianz der euklidischen Metrik.

....

(✎ 220)   Seien $u, v, w \in \mathbb{R}^2$. Zeige $d_2(u + w, v + w) = d_2(u, v)$.

(✎ 221)   Zeige mit Aufgabe (✎ 220), dass die Dreiecksungleichung für d_2 folgt, wenn $\forall v, w \in \mathbb{R}^2 : d_2(v, o) \le d_2(v, w) + d_2(w, o)$ gilt.

....

Wie bei der Betragsmetrik auf $\mathbb{R}$ führen wir für den Abstand eines Punkts vom Ursprung o eine spezielle Schreibweise ein.

Definition 5.6 *Für* $x \in \mathbb{R}^2$ *nennt man* $d_2(x, o) = \sqrt{x_1^2 + x_2^2}$ *die* euklidische Norm *(oder die* geometrische Länge*) von* x *und notiert sie mit* $\|x\|_2$.

Mit dem Ergebnis aus Aufgabe (✎ 221) und der neu eingeführten Schreibweise genügt es also, folgendes Ergebnis zu zeigen.

Lemma 5.7 *Seien $v, w \in \mathbb{R}^2$. Dann gilt $\|v\|_2 \leq \|w\|_2 + d_2(w, v)$.*

Um den Beweis zu planen, versuchen wir mit einer Skizze Zusammenhänge zwischen den Abständen $\|v\|_2$, $\|w\|_2$ und $d_2(w, v)$ zu erkennen.

Lässt sich der Beweis einer Aussage auf einen einfachen Spezialfall zurückführen, dann sollte man diesen ausnutzen. Der Beweis wird dadurch klarer.

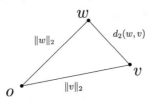

Wieder erkennt das Auge sofort, dass der Weg über w im Vergleich zur direkten Verbindung zwischen o und v einen deutlichen Umweg darstellt. Auch wenn wir w gedanklich an irgendeinen anderen Punkt der Ebene verschieben, wird die Situation nicht anders. Selbst im speziellen Fall, dass w auf der Linie zwischen o und v liegt, ist die Summe der Abstände gleich, aber niemals kleiner als der Abstand der beiden Punkte.

Eine Skizze stellt immer nur *eine* Konfiguration aller Möglichkeiten dar. Um nicht an einem einzigen Bild zu kleben, stelle dir zulässige Variationen und auch extreme Situationen vor.

Zwar sind wir durch diesen gedanklichen Ausflug subjektiv bereits von der Richtigkeit der Aussage überzeugt, aber einen mathematischen Beweis haben wir damit noch nicht gefunden. Um die erlaubten Schlussregeln in eine korrekte Reihenfolge zu bringen und von den Voraussetzungen auf die Folgerungen zu schließen, müssen wir die Skizze anders ansehen und nach Argumenten suchen, die in einem Beweis benutzt werden können.

Schön wäre zum Beispiel eine Formel, die angibt, um wie viel länger die Summe der beiden Strecken von w aus im Vergleich zur Strecke von o nach v sind. Beim Aufstellen einer solchen Formel kann uns der Satz des Pythagoras helfen. Wir zeichnen dazu eine Hilfslinie von w senkrecht zur Verbindung von o und v. Wenn wir den Fußpunkt b nennen, sieht das wie in folgender Skizze aus.

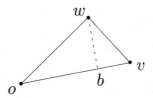

Wenn du in einer Skizze Folgegrößen verwendest, müssen diese später im Beweis definiert werden, wobei nur systematische Konstruktionen durch mathematische Ausdrücke beschreibbar sind.

Unsere Schulkenntnisse liefern
$$d(o, w) + d(w, v) = \sqrt{d(o, b)^2 + d(b, w)^2} + \sqrt{d(b, v)^2 + d(b, w)^2},$$

wobei wir nun rechnerisch ausnutzen können, dass unter den Wurzeln jeweils der Abstand $d(b, w)$ auftritt. Lassen wir diesen nichtnegativen Summanden weg, so wird die Wurzel sicherlich nicht größer. Es gilt also

$$d(o, w) + d(w, v) \geq \sqrt{d(o, b)^2} + \sqrt{d(b, v)^2} = d(o, b) + d(b, v).$$

Wenn nun der Punkt b wie in unserer Skizze zwischen o und v liegt, so ist die Summe genau gleich $d(o, v)$. Liegt b dagegen außerhalb, wie in der Skizze

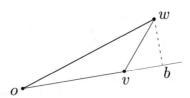

dann besagt die Dreiecksungleichung auf der Linie (die wir so ähnlich ja schon behandelt haben), dass $d(o, b) + d(b, v) \geq d(o, v)$ gilt. Insgesamt erhalten wir so tatsächlich die gewünschte Abschätzung, wobei wir uns für die Beweisplanung merken, dass der Spezialfall der Dreiecksungleichung auf Linien eine Rolle spielen wird.

Versuchen wir nun das Argument sauber aufzuschreiben, so stellen wir fest, dass uns mit den Voraussetzungen zunächst nur die drei Punkte o, v, w zur Verfügung stehen. Den wichtigen Hilfspunkt b müssen wir also aus diesen Objekten konstruieren, d. h., durch eine konkrete Formel ausdrücken. Die zu erfüllenden Bedingungen sind dabei:

1. b soll auf der Geraden durch o und v liegen.

2. $d(o, w)^2 = d(o, b)^2 + d(b, w)^2$ soll gelten.

3. $d(w, v)^2 = d(b, v)^2 + d(b, w)^2$ soll gelten.

Stelle zum Finden einer Hilfsgröße erst die gewünschten Bedingungen auf und versuche dann, nach dem fehlenden Parameter aufzulösen.

Zur Berücksichtigung der ersten Bedingung stellen wir die Geradenform mit o als Aufpunkt und v als Richtungsvektor auf. Der Punkt b ist dann in der Form $b = o + t \cdot v = t \cdot v$ mit einem noch unbekannten Parameter $t \in \mathbb{R}$ gegeben.

Wir versuchen nun t aus der zweiten Bedingung zu ermitteln, um so $b = t \cdot v$ zu finden. Dazu schreiben wir zunächst die Terme $d(o, w)$ und $d(o, b)$ als $\|w\|_2$ und $\|b\|_2$. Auch $d(b, w) = d(b - b, w - b) = d(o, w - b)$ kann mit der euklidischen Norm in der Form $\|w - b\|_2$ geschrieben werden. Die zweite Bedingung lässt sich also in die knappe Form $\|w\|^2 = \|b\|^2 + \|w - b\|^2$ umschreiben (wie bei der Metrik unterdrücken wir auch bei der Norm den Index 2 in den folgenden Rechnungen).

Mit der zweiten binomischen Formel finden wir nun

$$\|w-b\|^2 = (w_1-b_1)^2+(w_2-b_2)^2 = w_1^2+w_2^2-2\cdot(w_1\cdot b_1+w_2\cdot b_2)+b_1^2+b_2^2.$$

Der spezielle Ausdruck in der Klammer wird *Skalarprodukt* der beiden Vektoren w, b genannt.

Definition 5.8 *Für* $x, y \in \mathbb{R}^2$ *nennt man* $\langle x, y \rangle_2 = x_1 \cdot y_1 + x_2 \cdot y_2$ *das* euklidische Skalarprodukt *von* x *und* y.

Mit dieser Notation ist $\|w-b\|^2 = \|w\|^2 - 2\cdot\langle w, b\rangle + \|b\|^2$ das Ergebnis der obigen Rechnung und die zweite Bedingung lautet

$$0 = 2\cdot\|b\|^2 - 2\cdot\langle w, b\rangle = 2\cdot t^2\cdot\|v\|^2 - 2\cdot t\cdot\langle w, v\rangle = 2\cdot t\cdot(t\cdot\|v\|^2 - \langle w, v\rangle).$$

Von den beiden Lösungsmöglichkeiten $t = 0$ und $t = \langle w, v\rangle/\|v\|^2$ ist der erste Fall nicht hilfreich. In der Skizze fällt hier $b = 0 \cdot v = o$ mit dem Ursprung zusammen, sodass die Verbindung zwischen w und b normalerweise *nicht* senkrecht auf der Richtung v stehen wird. Der andere Fall funktioniert dagegen nur, wenn $\|v\|^2 = d(v, 0)^2 \neq 0$ gilt, was $v \neq o$ voraussetzt – in der gegenteiligen Situation ist aber die Aussage von Lemma 5.7 sowieso erfüllt, wie die folgenden Aufgaben zeigen.

....

Zeige für $v \in \mathbb{R}^2$: Genau dann gilt $\|v\|_2 = 0$, wenn $v = o$ gilt.   (✎ 222)

Zeige Lemma 5.7 im Fall $v = o$.   (✎ 223)

....

Sei also für die weitere Betrachtung $v \neq o$ und $t = \langle w, v\rangle/\|v\|^2$. Mit dieser Wahl haben wir zwei unserer drei Konstruktionsbedingungen erfüllt. Nun überprüfen wir noch die dritte Bedingung, also $d(v, w)^2 = d(v, b)^2 + d(b, w)^2$, die wir ebenfalls in Normschreibweise darstellen: $\|w - v\|^2 = \|b - v\|^2 + \|w - b\|^2$.

Wenden wir auf die rechte Seite ähnlich wie zuvor zweimal die zweite binomische Formel an, so ergibt sich nach einigen Umformungen

$$\|b - v\|^2 + \|w - b\|^2 = 2\cdot\|b\|^2 - 2\cdot\langle b, v\rangle - 2\cdot\langle w, b\rangle + \|w\|^2 + \|v\|^2.$$

Da für unseren Hilfspunkt nach Konstruktion $0 = 2\cdot\|b\|^2 - 2\cdot\langle w, b\rangle$ gilt, bleibt

$$\|b - v\|^2 + \|w - b\|^2 = -2\cdot t\cdot\langle v, v\rangle + \|w\|^2 + \|v\|^2,$$

und wegen $t = \langle w, v\rangle/\|v\|^2$ sowie $\langle v, v\rangle = \|v\|^2$ liefert die zweite binomische Formel in Rückwärtsanwendung

$$\|b - v\|^2 + \|w - b\|^2 = -2\cdot\langle w, v\rangle + \|w\|^2 + \|v\|^2 = \|w - v\|^2.$$

Für unser Dreieck sind damit alle Bedingungen an den Hilfspunkt b erfüllt. Zum Abschluss des Beweises fehlt somit nur noch die Dreiecksungleichung auf der Gerade in Richtung v und die Zusammensetzung aller Argumentationsteile zu einem Ganzen.

. . . .

(✎ 224) Seien $u \in \mathbb{R}^2$ und $r, s \in \mathbb{R}$. Zeige $d_2(r \cdot u, s \cdot u) = d_{\mathbb{R}}(r, s) \cdot \|u\|_2$. Beweise damit dann folgende Aussage: Sind $u \in \mathbb{R}^2$ und $p, q, r \in \mathbb{R}$, dann gilt

$$d_2(p \cdot u, r \cdot u) \leq d_2(p \cdot u, q \cdot u) + d_2(q \cdot u, r \cdot u).$$

(✎ 225) Führe den skizzierten Beweis von Lemma 5.7 vollständig durch. Benutze dabei die Ergebnisse der Vorüberlegung in der Reihenfolge, die durch die übliche Beweisstrategie entsteht.

. . . .

5.1.4 Manhattan Metrik

Dass uns der geometrische Abstand in der Ebene zunächst am natürlichsten erscheint, liegt auch daran, dass wir nicht an irgendwelche Hindernisse denken. Sollen wir dagegen auf der Straßenebene in Downtown Manhattan vom Punkt x zum Punkt y gelangen, so können wir nicht einfach die Luftlinienverbindung wählen, sondern müssen uns an die rechtwinklige Straßenstruktur halten.

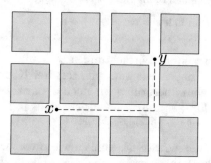

Wenn wir hier einen möglichst kurzen Weg wählen, dann müssen wir auf jeden Fall die Distanz $d_{\mathbb{R}}(x_1, y_1)$ in horizontaler und $d_{\mathbb{R}}(x_2, y_2)$ in vertikaler Richtung zurücklegen, wobei es uns frei steht, die Strecken wie in der Skizze jeweils in einem Stück zurückzulegen oder sie durch früheres Abbiegen zu unterteilen. Die Gesamtdistanz ist in jedem Fall gegeben durch

$$d_1 : \mathbb{R}^2 \times \mathbb{R}^2 \to \mathbb{R}, \quad (x, y) \mapsto d_{\mathbb{R}}(x_1, y_1) + d_{\mathbb{R}}(x_2, y_2).$$

In dieser Definition von d_1 sind dabei die Häuserblocks aus unserer einleitenden Überlegung nicht enthalten, da d_1-Abstände zwischen beliebigen Punkten der Zeichenebene berechnet werden können. Geblieben ist aber die geometrische Einschränkung, dass sich der Abstand aus der Summe von horizontal und vertikal zurückzulegender Distanz ergibt. Den Nachweis, dass es sich bei d_1 um eine Metrik handelt, führen wir etwas allgemeiner, denn durch Addition aller Komponentenabstände kann man generell einen Abstand auf Tupeln konstruieren.

. . . .

Sei d eine Metrik auf X und sei $n \in \mathbb{N}$. Zeige, dass dann $D : X^n \times X^n$,   (✎ 226)
$(x, y) \mapsto \sum_{i=1}^{n} d(x_i, y_i)$ eine Metrik auf X^n ist.

. . . .

Der Index 1 rührt übrigens daher, dass d_1 nach dem gleichen Muster aufgebaut ist wie d_2. Allgemein kann man für jedes $p \in \mathbb{R}_{\geq 1}$ die sogenannte p-Metrik definieren und die Ideen lassen sich auch auf längere Tupel übertragen. Dazu definiert man

$$d_p : \mathbb{R}^n \times \mathbb{R}^n \to \mathbb{R}, \quad (x, y) \mapsto \left(\sum_{i=1}^{n} d_{\mathbb{R}}(x_i, y_i)^p \right)^{\frac{1}{p}}.$$

5.1.5 Hamming-Abstand

In diesem Beispiel geht es nicht um geometrisch motivierte Abstände zwischen Punkten in der Ebene oder im Raum, sondern um den Abstand von Wörtern in einer Sprache. Unter einem Wort der Länge n versteht man dabei ein n-Tupel aus $\mathcal{A}^n$, wobei die endliche Menge $\mathcal{A}$ das sogenannte Alphabet der Sprache ist. Dabei kann man an die Menge der Buchstaben unseres Alphabets denken, aber auch an die Menge $\{0, 1\}$ als Alphabet der Binärdarstellungen in der Informatik oder an $\{A, G, U, C\}$ als Alphabet, in dem RNA-Wörter geschrieben werden durch chemische Verkettung von Adenin, Guanin, Uracil und Cytosin. Gilt also $\mathcal{A} = \{0, 1\}$, dann ist $(1, 1, 0, 1) \in \mathcal{A}^4$ ein Wort der Länge 4, das bei Interpretation als Binärzahl für den Wert 13 steht. Bei Wörtern lässt man dabei üblicherweise die Tupelklammern und -kommas weg, sodass unser Wort die Form 1101 bekommt. Entsprechend findet man in einer RNA-Sequenz Wörter der Form AUG CGC AAU GCG ... $\in \mathcal{A}^3$, die jeweils aus drei Buchstaben des Alphabets $\mathcal{A} = \{A, G, U, C\}$ gebildet sind (sogenannte Codons).

Hat man nun zwei Worte $x, y \in \mathcal{A}^n$, so versteht man unter dem *Hamming-Abstand* $h_{\mathcal{A},n}(x, y)$ die Anzahl der unterschiedlichen Buchstaben in den beiden Wörtern, also

$$h_{\mathcal{A},n}(x, y) = \left| \{ j \in \mathbb{N}_{\leq n} : x_j \neq y_j \} \right|.$$

ℹ️

Auch wenn du beim Hören des Begriffs *Auto* zunächst nur an ein typisches Beispiel denkst, so ist dir die große Vielfalt an Marken, Farben und Formen doch sofort bewusst. Genauso solltest du beim Begriff *Metrik* eine sofortige Assoziation haben zusammen mit dem Wissen, dass es viele weitere Metrikbeispiele gibt.

Für den Nachweis, dass es sich bei dieser Funktion tatsächlich um eine Metrik handelt, nutzen wir eine Beziehung zur diskreten Metrik.

....

($\leqslant$ 227) Zeige, dass für alle $x, y \in \mathcal{A}^n$ gilt: $h_{\mathcal{A},n}(x, y) = \sum_{i=1}^{n} \delta_{\mathcal{A}}(x_i, y_i)$. Folgere daraus, dass $h_{\mathcal{A},n}$ eine Metrik auf $\mathcal{A}^n$ ist.

....

5.2 Beschränkte Mengen

In einem metrischen Raum steht neben der Menge X zunächst nur die Abstandsfunktion d zur Verfügung. Welche Möglichkeiten zur Definition weiterer Konzepte und Objekte darin schlummern, wollen wir in den folgenden Abschnitten ansatzweise darstellen. Wir beginnen zunächst mit dem Konzept der *Kugel*. Im Anschauungsraum verstehen wir darunter die Menge aller Punkte, die von einem gegebenen Punkt x maximal einen Abstand r besitzen. Dabei wird x *Mittelpunkt* und r *Radius* der Kugel genannt.

Da für die Beschreibung der Kugel offensichtlich nur ein Abstandskonzept benötigt wird, können wir mit dem gleichen Wortlaut Kugeln in beliebigen metrischen Räumen formulieren.

Definition 5.9 *Sei d eine Metrik auf X und sei $x \in X$ sowie $r \in \mathbb{R}$. Dann nennen wir die Menge $B_r^d(x) := \{y \in X : d(x, y) < r\}$ die* Kugel *(oder den Ball) um x mit dem Radius r.*

Dass Kugeln in diesem allgemeinen Sinn nicht unserer üblichen Vorstellung entsprechen müssen, zeigt sich beim Durchgehen der Metrik-Beispiele. So sind etwa die Kugeln zum Manhattan-Abstand r rautenförmiges Gebilde und damit alles andere als rund.

Obwohl der Name *Kugel* eine feststehende Bedeutung in der Umgangssprache hat, kann er als mathematischer Begriff unerwartete Beispiele haben. Diese solltest du bei Argumentationen im Hinterkopf haben.

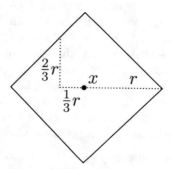

Kugeln mit positivem Radius müssen auch nicht voluminös sein, wie das Beispiel der Betragsmetrik auf $\mathbb{R}$ oder der diskreten Metrik in $\mathbb{R}^3$ demonstriert.

....

Wie sehen die Kugeln der diskreten Metrik auf $\mathbb{R}^3$ aus? Stelle eine Vermutung auf und beweise diese. (✎ 228)

....

Während sich Kugeln in ihrem konkreten Aussehen also deutlich von unserer Standardkugel unterscheiden können, gibt es auch viele Gemeinsamkeiten. Als erstes Beispiel hierfür dient folgende Aufgabe.

....

Auf der Menge X sei eine Metrik d gegeben. Weiter sei $x \in X$ und $r > 0$. Dann gilt für zwei Punkte $y, z \in B_r^d(x)$ stets $d(y, z) < 2 \cdot r$. (✎ 229)

....

In einer Kugel mit em Radius r können zwei Punkte also nie weiter voneinander entfernt sein als der *Durchmesser* $2 \cdot r$. Man kann Kugeln daher als *beschränkte* Mengen bezeichnen, da es einen Maximalabstand gibt, der zwischen zwei beliebigen Mengenpunkten nie überschritten wird.

Definition 5.10 *Sei d eine Metrik auf X und $A \subset X$. Wir nennen A d-beschränkt, wenn es eine Zahl $D \in \mathbb{R}$ gibt, sodass $d(x, y) \leq D$ für alle $x, y \in A$ gilt, also falls $\exists D \in \mathbb{R} : \forall x, y \in A : d(x, y) \leq D$.*

	i

Der Zusatz d in den Namen aller Metrikbegriffe kann weggelassen werden, wenn bei der Metrik keine Verwechslungsgefahr besteht.

Obwohl Kugeln sehr spezielle beschränkte Mengen sind, besteht doch ein enger Zusammenhang zwischen allgemeinen beschränkten Mengen und Kugeln: Eine Menge A ist nämlich genau dann beschränkt, wenn es zu jedem Punkt $x \in X$ eine Kugel $B_r^d(x)$ gibt, die A umfasst.

Satz 5.11 *Sei d eine Metrik auf X und sei $A \subset X$. Dann ist A genau dann d-beschränkt, wenn gilt $\forall x \in X : \exists r \in \mathbb{R} : A \subset B_r^d(x)$.*

Die einfachere Implikationsrichtung beginnt mit der Für-alle-Aussage und zeigt die Beschränktheit. Allerdings benötigen wir ein Element $x \in X$, um die Für-alle-Aussage benutzen zu können, wovon wir nicht ohne Weiteres ausgehen können. Gilt allerdings $X \neq \emptyset$, dann liegt nach Korollar 3.3 eine Existenzaussage vor, die uns erlaubt, ein $x \in X$ zu wählen. Wenden wir dann die Für-alle-Aussage an, so ist A in einer Kugel um x enthalten. Dass Teilmengen von Kugeln beschränkt sind, lässt sich aus Aufgabe (✎ 229) ableiten. Im Beweis verstecken sich allerdings zwei allgemeinere Argumente, die auch für sich genommen recht nützlich sind und in der folgenden Aufgabe betrachtet werden. Auch der noch nicht behandelte Fall $X = \emptyset$ wird dort untersucht.

Ein Element lässt sich nur in einer nichtleeren Menge wählen.

....

Zeige, dass in einem metrischen Raum jede Kugel beschränkt ist und Teilmengen beschränkter Mengen beschränkt sind. (✎ 230)

(✎ 231) Zeige, dass die leere Menge in einem metrischen Raum beschränkt ist.

· ·

Die umgekehrte Implikationsrichtung in Satz 5.11 ist weniger offensichtlich: Wir müssen zeigen, dass für eine gegebene beschränkte Menge A und einen Punkt $x \in X$ ein Radius $r \in \mathbb{R}$ existiert, sodass A in der Kugel $B_r^d(x)$ enthalten ist. Wie soll dieser Radius gewählt werden? Zur Ideenfindung fertigen wir eine Skizze an. Um unsere geistige Flexibilität zu trainieren, benutzen wir eine Menge A, die aus zwei Komponenten besteht (zur Erinnerung daran, dass Mengen auch in tausende wirr herumliegende Teile zersplittert sein können).

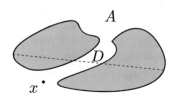

Per Augenmaß haben wir den größten Abstand (in der euklidischen Metrik) zwischen Punkten von A durch eine gestrichelte Linie markiert und mit D bezeichnet. Jetzt geht es darum, einen Radius r zu finden, sodass A ganz in der Kugel $B_r^d(x)$ liegt. Wieder per Augenmaß würden wir jetzt vielleicht sagen: *Dann nehmen wir doch D als Radius und sind fertig!* Stimmt – im skizzierten Fall wären wir fertig, aber mit dem Beweistext auch? Lässt sich der Beweis mit der Regel $r := D$ führen? Um die Tragfähigkeit der Idee zu testen, spielen wir im Kopf einige Fälle durch, die in der Beweissituation auch enthalten sind. Da dort über die gegenseitige Lage von A und x nichts gesagt wird, könnte x insbesondere auch wesentlich weiter von A entfernt sein, sodass der Radius D offensichtlich nicht ausreichend ist

Hast du anhand *einer* Skizze eine Lösungsidee entwickelt, so versuche sie durch Änderungen in der Skizze zu zerstören – schaffst du es nicht, dann ist die Idee gut!

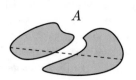

Unsere erste Idee ist also nicht tragfähig für den Beweis, aber die Suche nach einem Beispiel, das unsere erste Idee zerstört, hat uns die Augen für einen zweiten Aspekt eröffnet: Der Abstand von x zu A muss in der Formel für r sicherlich vorkommen! Zusammen mit unseren Überlegungen aus dem ersten Beispiel, dass r auch mit der Größe von A zusammenhängen muss, zeichnet sich insgesamt folgende Strategie ab: Wir wählen einen Hilfspunkt $a \in A$. Da A beschränkt ist, gibt es ein $D > 0$, sodass jeder andere Punkt u von

A höchstens den Abstand D zu a und damit höchstens den Abstand $D + d(a,x)$ zu x hat. Wir werden also $r := d(a,x) + D$ setzen.

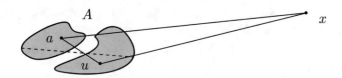

Bevor wir zum schriftlichen Beweis überwechseln, ist noch zu klären, wo wir die eingezeichneten und benutzten Hilfsobjekte herbekommen. Während die Zahl D mit der Existenzaussage aus der Definition des Begriffs *beschränkt* gewählt werden kann, lässt sich a nur dann in A wählen, wenn ein Punkt in A existiert, wenn also A nicht leer ist. Der Fall der leeren Menge A entgeht uns also mit unserer Strategie, aber das ist nicht so schlimm, da die leere Menge in jeder Kugel um x enthalten ist, zum Beispiel in der mit dem Radius 1.

....

Arbeite die diskutierten Ideen zu einem Beweis der noch fehlenden Implikation von Satz 5.11 aus. (✎ 232)

Sei d eine Metrik auf X und sei $x \in X$ sowie $A \subset X$. Zeige, dass A genau dann d-beschränkt ist, wenn es ein $r \in \mathbb{R}$ gibt, sodass $A \subset B_r^d(x)$ gilt. (✎ 233)

....

Mit Satz 5.11 und Aufgabe (✎ 233) stehen zwei äquivalente Beschreibungen der Beschränktheit zur Verfügung (sogenannte *Charakterisierungen* des Begriffs). Da in ihren Beweisen die Langform bereits ausgiebig benutzt wurde, ermöglichen Charakterisierungen elegante Beweisvarianten, bei denen der Rückgriff auf die ursprüngliche Definition umgangen werden kann.

Da sich die Beschränktheit einer Menge A allein aus den Abstandswerten $d(x,y)$ zwischen ihren Elementen x,y ergibt, ist die Untersuchung der Beschränktheit in allgemeinen metrischen Räumen eng verbunden mit einer entsprechenden Untersuchung im speziellen Raum $(\mathbb{R}, d_{\mathbb{R}})$.

Prüfe beim Argumentieren mit einem Begriff, ob dessen Definition oder vorhandene Charakterisierungen vorteilhafter sind.

Satz 5.12 *Sei d eine Metrik auf X. Zu $A \subset X$ definieren wir die Menge $\Delta_d(A) := \{d(x,y) | x,y \in A\}$ aller Abstände in A. Dann gilt: A ist d-beschränkt genau dann, wenn $\Delta_d(A)$ $d_{\mathbb{R}}$-beschränkt ist.*

Das Symbol Δ ist der griechische Großbuchstabe mit Namen *Delta*.

Beweis. Wir zeigen die Äquivalenz mit zwei Implikationen. Zunächst nehmen wir an, dass A d-beschränkt ist. Zu zeigen ist die $d_{\mathbb{R}}$-Beschränktheit. Im vorliegenden Fall genügt es, mit der Charakterisierung aus Aufgabe (✎ 233) die Aussage $\exists r \in \mathbb{R} : \Delta(A) \subset B_r^{d_{\mathbb{R}}}(0)$ zu zeigen.

> ☁ Wir tun wieder so, als hätten wir ein entsprechendes r schon
> gefunden. Dann wäre jedes Element $d(x, y)$ von $\Delta(A)$ in der Kugel
> mit Radius r um den Nullpunkt, also $|d(x, y) - 0| < r$. Da $d(x, y)$
> nicht negativ ist, wäre also $d(x, y) < r$. Kennen wir ein r, sodass
> diese notwendige Bedingung erfüllt ist? Ein Blick auf die Definition
> der Beschränktheit von A liefert die Antwort auf die Frage. Die
> eigentliche Konstruktion läuft in umgekehrter Richtung.

> 🛈
>
> In einer Implikation
> $A \Rightarrow B$ nennt man
> B auch notwendig
> für A, weil A nicht
> wahr sein kann, oh-
> ne dass B auch wahr
> ist.

Da A beschränkt ist, können wir $D \in \mathbb{R}$ mit $\forall x, y \in A : d(x, y) \leq D$
wählen. Wir setzen $r := D + 1$ und zeigen $\Delta(A) \subset B_r^{d_\mathbb{R}}(0)$. Sei
dazu $u \in \Delta(A)$ gegeben. Dann können wir $x, y \in A$ mit $u = d(x, y)$
wählen. Anwendung der Für-alle-Aussage liefert $d(x, y) \leq D < r$
und somit $|u - 0| = |d(x, y)| = d(x, y) < r$, was auf $u \in B_r^{d_\mathbb{R}}(0)$ führt.

In der umgekehrten Implikationsrichtung nehmen wir an, dass $\Delta(A)$
$d_\mathbb{R}$-beschränkt ist. Zu zeigen ist die d-Beschränktheit von A, also
$\exists D \in \mathbb{R} : \forall x, y \in A : d(x, y) \leq D$. Auch hier erleichtert die Charakterisierung aus Aufgabe (✎ 233) die Argumentation. Zum Punkt
$0 \in \mathbb{R}$ können wir nämlich ein D wählen, sodass $\Delta(A) \subset B_D^{d_\mathbb{R}}(0)$ gilt.
Für dieses D zeigen wir nun $\forall x, y \in A : d(x, y) \leq D$. Seien dazu
$x, y \in A$. Dann ist $d(x, y)$ in $\Delta(A)$ und damit auch in $B_D^{d_\mathbb{R}}(0)$, also
$|d(x, y) - 0| < D$, was auf $d(x, y) \leq D$ führt.   □

Über die genaue Form von $\Delta(A)$ als Teilmenge von $\mathbb{R}$ können wir
einige Dinge sagen. Zum Beispiel liegt $\Delta(A)$ immer auf der rechten
Halbachse, weil $d(x, y) \geq 0$ für je zwei Punkte in A gilt. Wir finden
also $\Delta(A) \subset \mathbb{R}_{\geq 0}$.

Außerdem enthält $\Delta(A)$ die Zahl 0, sofern A mindestens einen Punkt
x umfasst, denn dann taucht $d(x, x) = 0$ als Abstand zwischen x und
sich selbst auf. Hieraus erkennen wir wiederum, dass $\Delta(A)$ genau
dann leer ist, wenn dies für A gilt.

Für eine konkrete Menge, wie die Kreisscheibe $K := B_1^{d_2}(o)$ mit
Radius 1 in der euklidischen Ebene, wissen wir aus Aufgabe (✎ 229)
schon, dass der Abstand von Punkten hier kleiner als der zweifache
Radius ist, d. h. $\Delta(K) \subset \mathbb{R}_{<2}$. Da $\Delta(K)$ auch auf der rechten Halbachse liegt, finden wir insgesamt $\Delta(K) \subset \{x \in \mathbb{R} : 0 \leq x \wedge x < 2\}$.
Solche Teilmengen von $\mathbb{R}$ nennt man auch *Intervalle*, wobei wir im
vorliegenden Fall auch die Abkürzung $[0, 2)$ benutzen. Die eckige
Klammer deutet dabei an, dass der Endpunkt 0 zum Intervall dazugehört, während die runde Klammer aussagt, dass der Endpunkt 2
im Intervall nicht enthalten ist.

Mit dieser Abkürzung wissen wir nun $\Delta(K) \subset [0, 2)$. Dass auch die
umgekehrte Inklusion und damit Mengengleichheit gilt, lässt sich
leicht durch die Wahl von bestimmten Punkten etwa auf der hori-

zontalen Koordinatenachse zeigen. Zu jedem Wert $x \in [0, 2)$ betrachten wir die Punkte $a := (x/2, 0)$ und $-a = (x/2, 0)$, deren Abstand durch $d(a, -a) = \sqrt{x^2 + 0^2} = x$ gegeben ist. Da a und $-a$ auch in K liegen (ihr Abstand von 0 ist $x/2 < 1$), ist somit $x \in \Delta(K)$. Insgesamt haben wir also die Darstellung $\Delta(K) = [0, 2)$ gefunden. Diese einfache Form von $\Delta(K)$ hängt natürlich mit der einfachen Form von K zusammen.

....

Sei $A := (0, 1] \cup \{3\}$. Überlege, welche Form die Menge $\Delta_{d_\mathbb{R}}(A)$ aller ihrer Punktabstände hat und beweise deine Antwort. Wie sieht $\Delta_{\delta_\mathbb{R}}(A)$ aus? (✎ 234)

....

5.3 Supremum

Wie könnte man den *Durchmesser* einer beschränkten Menge A definieren? Intuitiv könnte man dafür den größtmöglichen Abstand zwischen zwei Punkten aus A nehmen, also das größte Element aus $\Delta(A)$. Denken wir aber an das Beispiel $A := B_1^{d_2}(o) \subset \mathbb{R}^2$ zurück, in dem $\Delta(A) = [0, 2)$ gilt, so sehen wir allerdings, dass es hier kein größtes Element gibt, da 2 ja *gerade nicht mehr* als Abstand auftritt. Dennoch würde man 2 als den Durchmesser der Kreisscheibe bezeichnen.

Im allgemeinen Fall muss $\Delta(A)$ aber kein Intervall sein, sondern kann eine viel kompliziertere Form haben, sodass wir uns zur Definition des Durchmessers mehr einfallen lassen müssen. Um weiter zu kommen, legen wir alles auf den Tisch, was wir vom Durchmesser D_* einer beschränkten Menge A erwarten:

- Kein Element von $\Delta(A)$ ist größer als D_*.

- Jeder kleinere Wert als D_* wird von mindestens einem Wert in $\Delta(A)$ überboten.

Das klingt nicht nach viel, aber es engt die Möglichkeiten für D_* doch stark ein. Um zu sehen, ob durch diese Bedingungen an D_* nur noch genau ein möglicher Wert übrig bleibt, beschreiben wir die Eigenschaften zunächst in mathematischer Sprache.

Die erste Eigenschaft besagt, dass D_* rechts von $\Delta(A)$ auf dem Zahlenstrahl liegen muss. Wir sagen auch, D_* ist eine *obere Schranke* von $\Delta(A)$.

Möchtest du ein Objekt mit bestimmten Eigenschaften definieren, beschreibe diese mithilfe von mathematischen Bedingungen und zeige, dass genau ein passendes Element existiert. Dein Objekt erhältst du dann mit einem <u>das</u>-Ausdruck.

Definition 5.13 *Zu $M \subset \mathbb{R}$ ist $O_M := \{s \in \mathbb{R} : \forall m \in M : m \leq s\}$ die Menge der oberen Schranken von M. Ist $O_M \neq \emptyset$, dann heißt M nach oben beschränkt.*

Die Eigenschaft, obere Schranke von $\Delta(A)$ zu sein, legt für sich genommen den Wert nicht eindeutig fest, denn zu jeder oberen Schranke D_* sind auch $D_* + 1$ oder $D_* + 1000$ obere Schranken. Nach oben ist also beliebig viel Luft bei der Angabe von oberen Schranken.

....

(✎ 235) Seien $a, b \in \mathbb{R}$ mit $a < b$. Gib eine konkrete Form der Mengen $O_{\mathbb{R}_{\leq b}}$ und $O_{[a,b)}$ an (mit Beweis).

(✎ 236) Ist $s \in \mathbb{R}$ eine obere Schranke von $M \subset \mathbb{R}$, dann gilt $\mathbb{R}_{\geq s} \subset O_M$.

(✎ 237) Zeige, dass die leere Menge nach oben beschränkt ist, und gib $O_\emptyset$ an.

(✎ 238) Seien $A \subset B \subset \mathbb{R}$. Zeige $O_B \subset O_A$.

....

Anders sieht es dagegen am unteren Ende aus, denn D_* kann wegen unserer zweiten Forderung nicht kleiner sein als irgendein Element von $\Delta(A)$. Wir interessieren uns also für die *kleinste* obere Schranke von $\Delta(A)$, die wir auch das *Minimum* von $O_{\Delta(A)}$ nennen. Weil das Minimum einer Menge am unteren Ende aller ihrer Werte liegt, ist es eine ganz spezielle *untere Schranke* der Menge.

Definition 5.14 *Zu* $W \subset \mathbb{R}$ *ist* $U_W := \{s \in \mathbb{R} : \forall w \in W : s \leq w\}$ *die* Menge der unteren Schranken *von* W*. Ist* $U_W \neq \emptyset$*, dann heißt* W *nach unten beschränkt.* Minimum *von* W *wird jedes Element der Menge* $\mathrm{Min}(W) := W \cap U_W$ *genannt.*

....

(✎ 239) Sei $s \in \mathbb{R}$. Zeige $U_{\mathbb{R}_{\geq s}} = \mathbb{R}_{\leq s}$ und berechne $\mathrm{Min}(\mathbb{R}_{\geq s})$.

(✎ 240) Seien $A \subset B \subset \mathbb{R}$. Zeige $U_B \subset U_A$ und $\forall a \in \mathrm{Min}(A), b \in \mathrm{Min}(b) : b \leq a$.

(✎ 241) Sei $W \subset \mathbb{R}$. Zeige, dass $\mathrm{Min}(W)$ höchstens ein Element hat. Nenne ein Beispiel einer nicht leeren Menge W mit der Eigenschaft $\mathrm{Min}(W) = \emptyset$. Gib auch ein Beispiel $W \subset \mathbb{R}$ mit $\mathrm{Min}(W) = \{1\}$ an.

....

Als Ergebnis von Aufgabe (✎ 241) können wir von *dem* Minimum einer Menge W sprechen, falls $\mathrm{Min}(W) \neq \emptyset$ gilt, denn dann gibt es *genau ein* Element in $\mathrm{Min}(W)$.

Definition 5.15 *Sei* $W \subset \mathbb{R}$ *und* $\mathrm{Min}(W) \neq \emptyset$*. Dann schreiben wir für* $\underline{das}$ $m \in \mathcal{U} : m \in \mathrm{Min}(W)$ *auch* $\min W$ *und sprechen von dem* Minimum *von* M*.*

....

(✎ 242) Definiere in ähnlicher Weise *das Maximum von* M. Weise durch einen Hilfssatz nach, dass die Rechtschreibregeln in der Definition eingehalten werden.

....

Mit den so eingeführten Hilfsmitteln könnten wir unsere gesuchte Zahl D_* als minimale obere Schranke von $\Delta(A)$ durch den Ausdruck $\min O_\Delta(A)$ definieren. Da Aufgabe (✎ 241) aber zeigt, dass minimale Elemente nicht unbedingt existieren müssen, liegt hier ein Wohldefinitionsproblem vor! Schauen wir uns also an, was wir über die Existenz eines minimalen Elements in $O_{\Delta(A)}$ noch wissen.

....

Sei $M \subset \mathbb{R}$ gegeben mit $\mathrm{Min}(O_M) \neq \emptyset$. Zeige, dass M nach oben beschränkt und nicht leer ist. Außerdem gilt $O_M = \mathbb{R}_{\geq \min O_M}$. (✎ 243)

....

Dass diese notwendigen Bedingungen für das Vorliegen eines Minimums von O_M nicht unbedingt hinreichend sein müssen, zeigt ein berühmtes Beispiel in den rationalen Zahlen $\mathbb{Q}$: Hier erfüllt die Menge $M := \{q \in \mathbb{Q}_{\geq 0} : q^2 \leq 2\}$ zwar die notwendigen Eigenschaften nicht leer und nach oben beschränkt zu sein, trotzdem gibt es *keine* rationale Zahl in $\mathrm{Min}(O_M)$.

> **ℹ**
>
> Gilt $A \Rightarrow B$, so nennt man A hinreichend für B, denn aus dem Gelten von A folgt das von B.

Arbeitet man dagegen in den reellen Zahlen, so liegt mit $\sqrt{2}$ eine minimale obere Schranke von M vor. Tatsächlich besteht der Unterschied zwischen $\mathbb{R}$ und $\mathbb{Q}$ genau darin, dass in $\mathbb{R}$ *jede* Menge der Form O_M ein Minimum besitzt, wenn sie die notwendigen Bedingungen aus Aufgabe (✎ 243) erfüllt.

Axiom 5.16 *Sei $M \subset \mathbb{R}$ nicht leer und nach oben beschränkt. Dann besitzt O_M ein Minimum.*

> **ℹ**
>
> Axiom 5.16 heißt *Vollständigkeitsaxiom.*

....

Sei $M \subset \mathbb{R}$. Zeige, dass O_M nur die folgenden Formen haben kann: $\emptyset, \mathbb{R}$ oder $\mathbb{R}_{\geq s}$ für ein $s \in \mathbb{R}$. (✎ 244)

....

Ist also sichergestellt, dass eine nichtleere Menge $M \subset \mathbb{R}$ nach oben beschränkt ist, dann können wir das „potentiell größte" Element von M nun definieren. Der Zusatz *potentiell* soll dabei betonen, dass dieses Element nicht unbedingt in M enthalten sein muss, was wir in Beispielen konkret gesehen haben. Aus diesem Grund sprechen wir auch nicht vom Maximum von M, sondern geben einen eigenen Namen

Definition 5.17 *Sei $M \subset \mathbb{R}$ nicht leer und nach oben beschränkt. Dann schreiben wir für $\min O_M$ auch $\sup M$ und sprechen vom Supremum von M.*

....

Es gelte $\sup M \in M$. Zeige, dass dann $\sup M = \max M$ gilt. (✎ 245)

Sei $M \subset \mathbb{R}$ und $\mathrm{Max}(M) := M \cap O_M \neq \emptyset$. Zeige, dass dann gilt: $\sup M = \max M := \underline{\mathrm{das}}\ m \in M : m \in O_M$. (✎ 246)

(✎ 247) Sei $M \subset \mathbb{R}$ nicht leer und nach oben beschränkt. Zeige die Darstellung $\sup M = \underline{\text{das}}\ s \in O_M : \forall t \in O_M : s \leq t$.

(✎ 248) Sei $M \subset \mathbb{R}$ nicht leer und nach oben beschränkt. Zeige, dass $m \leq \sup M$ für alle $m \in M$ und $\sup M \leq s$ für alle $s \in O_M$ gilt. Außerdem gibt es zu $s < \sup M$ ein $m \in M$ mit $s < m$.

....

Damit sind wir nun in der Lage, den Durchmesser einer beschränkten Menge $A \neq \emptyset$ in einem beliebigen metrischen Raum zu definieren, nämlich als Supremum der Menge aller Punktabstände in A.

Definition 5.18 *Sei d eine Metrik auf X und sei $A \subset X$. Ist A nicht leer und d-beschränkt, dann nennen wir $\sup\{d(x,y)|x,y \in A\}$ den d-Durchmesser von A und schreiben $\operatorname{diam}_d(A)$.*

....

(✎ 249) Berechne den $d_\mathbb{R}$-Durchmesser der Menge $(0,1] \cup \{3\}$. Wie lautet ihr $\delta_\mathbb{R}$-Durchmesser?

....

> **ℹ**
>
> Prüfe bei Begriffen, die umgangssprachlich bekannt sind, ob auch intuitiv zugehörige Eigenschaften gelten.

Unsere anschaulich motivierte Vorstellung des Durchmessers von Mengen in der euklidischen Ebene suggeriert, dass aus $A \subset B$ auch $\operatorname{diam}_d(A) \leq \operatorname{diam}_d(B)$ folgen sollte. Mit der Notation $\Delta_d(A)$ für die Menge aller Punktabstände in A müssen wir $\sup \Delta_d(A) \leq \sup \Delta_d(B)$ zeigen. Ein kurzes Nachdenken führt dabei auf das Ergebnis, dass jeder Abstand, der in A gemessen wird, auch als Punktabstand in B auftritt.

....

(✎ 250) Zeige, dass aus $A \subset B$ auch $\Delta_d(A) \subset \Delta_d(B)$ folgt.

....

Da wir bei $\sup M$ an den potentiell größten Wert der Menge M denken (der jedoch nicht zwingend in M liegen muss), sollte $\sup N$ für eine umfassende Menge N nicht kleiner sein.

Lemma 5.19 *Sei $\emptyset \neq M \subset N \subset \mathbb{R}$ mit einer nach oben beschränkten Menge N. Dann gilt $\sup M \leq \sup N$.*

> **⚠**
>
> Bevor du das Supremum einer Menge verwendest, musst du überprüfen, dass die Menge nicht leer und nach oben beschränkt ist.

Beweis. Zunächst überprüfen wir, ob $\sup M$ und $\sup N$ überhaupt definiert sind. Dazu ist $M, N \neq \emptyset$ und $O_M, O_N \neq \emptyset$ zu überprüfen. Wegen $M \neq \emptyset$ können wir ein $m \in M$ wählen, was wegen $M \subset N$ auch in N liegt. Also ist $N \neq \emptyset$.

Da N nach oben beschränkt ist, wissen wir $O_N \neq \emptyset$ und wir können ein $s \in O_N$ wählen. Mit Aufgabe (✎ 238) wissen wir $O_N \subset O_M$, sodass auch $s \in O_M$ und damit $O_M \neq \emptyset$ gilt.

Mit Aufgabe (✎ 240) folgt nun $\sup M = \min O_M \leq \min O_N = \sup N$.

$\square$

Kombinieren wir das Lemma mit Aufgabe (✎ 250), so erhalten wir das erwartete Resultat.

Satz 5.20 *Sei d eine Metrik auf X und $\emptyset \neq A \subset B$ mit einer beschränkten Menge $B \subset X$. Dann gilt $\mathrm{diam}_d(A) \leq \mathrm{diam}_d(B)$.*

....

Sei d eine Metrik auf X und seien A, B beschränkte Mengen mit $A \cap B \neq \emptyset$. (✎ 251)
Zeige $\mathrm{diam}_d(A \cup B) \leq \mathrm{diam}_d(A) + \mathrm{diam}_d(B)$.

....

5.4 Infimum

Mit dem Konzept der Metrik können wir zunächst Abstände zwischen zwei Punkten messen. Darauf aufbauend wollen wir nun den kleinsten Abstand zwischen einem Punkt und einer Menge bestimmen. Sei dazu d eine Metrik auf X. Für einen Punkt $x \in X$ und eine Menge $A \subset X$ berechnen wir alle Abstände $d(x, y)$ mit $y \in A$ und fassen diese in der Menge $D_{x,A} := \{d(x,y) | y \in A\}$ zusammen.

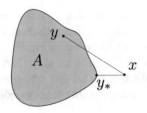

Ist der Punkt y_* in unserer Skizze ein Element von A, dann ist die Zahl $a_* := d(x, y_*)$ auch der kleinste Wert und damit das Minimum von $D_{x,A}$. Gehört y_* dagegen nicht zu A (weil A zum Beispiel nur aus den grau schraffierten Punkten besteht), so wird $D_{x,A}$ *keinen* kleinsten Wert besitzen, wohl aber einen potentiell kleinsten Wert a_*, den wir analog zur Vorgehensweise im vorherigen Abschnitt als maximale untere Schranke von $D_{x,A}$ definieren wollen. Da das Maximum von $U_{D_{x,A}}$ zwangsläufig dem Supremum entspricht, müssen wir zunächst klären, ob dieses existiert. Dazu sind ein Element und eine obere Schranke von $U_{D_{x,A}}$ anzugeben.

....

Sei $M \subset \mathbb{R}$. Zeige $M \subset O_{U_M}$. Zeige weiter: Genau dann ist U_M nicht leer (✎ 252)
und nach oben beschränkt, wenn M nicht leer und nach unten beschränkt
ist.

Sei $M \subset \mathbb{R}$ nicht leer und nach unten beschränkt. Dann besitzt U_M ein (✎ 253)
Maximum.

....

Mit diesem Ergebnis können wir den potentiell kleinsten Wert einer Menge M durch die maximale untere Schranke definieren.

Definition 5.21 *Sei $M \subset \mathbb{R}$ nicht leer und nach unten beschränkt. Dann schreiben wir für $\max U_M$ auch $\inf M$ und sprechen vom Infimum von M.*

....

(✎ 254)   Sei $M \subset \mathbb{R}$ nicht leer und nach unten beschränkt. Zeige, dass $\inf M \leq m$ für alle $m \in M$ und $s \leq \inf M$ für alle $s \in U_M$ gilt.

....

Um das Infimum unserer Menge $D_{x,A}$ benutzen zu können, müssen wir also nur nachweisen, dass $D_{x,A}$ und $U_{D_{x,A}}$ nicht leer sind. Dabei gilt $D_{x,A} \neq \emptyset$, sofern Abstände zu Punkten vorliegen, was wiederum nur $A \neq \emptyset$ erfordert. Da Abstände zudem nie negativ sind, haben wir auch $0 \in U_{D_{x,A}}$. Damit ist folgende Definition gerechtfertigt.

Definition 5.22 *Sei d eine Metrik auf X und sei $A \subset X$ nicht leer sowie $x \in X$. Dann nennen wir $\inf\{d(x,y)|y \in A\}$ den d-Abstand von x zu A und schreiben $\mathrm{dist}_d(x,A)$.*

Wieder überprüfen wir, ob intuitiv mit dem Begriff verknüpfte Eigenschaften auch für den mathematischen Begriff in strenger Weise gelten. Im Fall des Abstandmessens würden wir zum Beispiel sagen, dass der Abstand eines Punkts zu einer Menge, in der er sich befindet, 0 sein sollte. Außerdem ist der uns gewohnte Abstand zu einer Teilmenge nie kleiner als der zur umfassenden Menge.

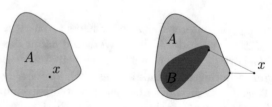

Wir beginnen mit dem Wert von $\mathrm{dist}(x,A)$ im Fall $x \in A$. Da wir noch keine weiterführenden Ergebnisse zu dist haben, können wir Informationen nur aus der Langform $\mathrm{dist}(x,A) = \inf D_{x,A}$ beziehen. Wegen $x \in A$ wissen wir zunächst, dass $0 = d(x,x) \in D_{x,A}$ gilt. Außerdem ist uns 0 auch als untere Schranke von $D_{x,A}$ bekannt. Also ist $0 \in D_{x,A} \cap U_{D_{x,A}} = \mathrm{Min}(D_{x,A})$, sodass folglich $0 = \min D_{x,A} = \inf D_{x,A} = \mathrm{dist}_d(x,A)$ gilt. Zur präzisen Absicherung dieser Gleichungskette dient die folgende Aufgabe.

....

(✎ 255)   Sei $M \subset \mathbb{R}$ und $m \in \mathbb{R}$. Gilt $m \in \mathrm{Min}(M)$, so folgt $m = \min M = \inf M$.

....

Entsprechend kann die Aussage $\text{dist}_d(x, B) \geq \text{dist}_d(x, A)$ für $B \subset A$ auf eine allgemeine Aussage über Infima zurückgeführt werden.

Lemma 5.23 *Sei $\emptyset \neq A \subset B \subset \mathbb{R}$ und sei B nach unten beschränkt. Dann gilt $\inf A \geq \inf B$.*

. . . .

Beweise Lemma 5.23 und zeige damit die Aussage $\text{dist}_d(x, B) \geq \text{dist}_d(x, A)$ (✎ 256)
für $\emptyset \neq B \subset A \subset X$ und eine Metrik d auf X sowie $x \in X$.

. . . .

Zum praktischen Arbeiten mit dem Distanzbegriff ist es oft nützlich, bei der Ideenfindung an $\text{dist}_d(x, A) \approx d(x, a)$ mit einem geeigneten $a \in A$ zu denken. Das schwammige Ungefährzeichen muss im späteren Beweis natürlich durch eine saubere Argumentation ersetzt werden. Dahinter steht die Beobachtung, dass es zum Infimum einer Menge M beliebig nahe Elemente gibt, also näher als 10^{-5}, näher als 10^{-10}, auch näher als 10^{-100} usw. Die allgemeine Version beschreibt das folgende Lemma.

Lemma 5.24 *Sei $\emptyset \neq M \subset \mathbb{R}$ und $s \in U_M$. Genau dann gilt $s = \inf M$, wenn es zu jedem $\varepsilon > 0$ ein Element $x \in M$ gibt mit $x < s + \varepsilon$.*

> ℹ️
>
> Mit der Benutzung von $\varepsilon > 0$ wird oft indirekt darauf hingewiesen, dass es auf die *kleinen positiven Werte* besonders ankommt.

Beweis. Wir gehen zunächst von $s = \inf M$ und einem $\varepsilon > 0$ aus. In einem indirekten Beweis nehmen wir $\forall x \in M : x \geq \inf M + \varepsilon$ an. Dann gilt $\inf M + \varepsilon \in U_M$, und mit Aufgabe (✎ 254) ergibt sich $\inf M + \varepsilon \leq \inf M$. ⚡

Im umgekehrten Fall zeigen wir $s \in O_{U_M}$. Wegen $s \in U_M$ gilt dann $s = \max U_M = \inf M$ nach Aufgabe (✎ 247). Sei $u \in U_M$ dazu gegeben. Zu zeigen ist $u \leq s$. Wir argumentieren indirekt: Wäre $u > s$, dann gäbe es zu $\varepsilon := u - s > 0$ ein $x \in M$ mit $x < s + \varepsilon = u$. Wegen $u \in U_M$ gilt aber auch $u \leq x$. ⚡   □

Als Beispiel zeigen wir eine verallgemeinerte Dreiecksungleichung.

Satz 5.25 *Sei d eine Metrik auf M und $\emptyset \neq A \subset X$. Sind $x, y \in X$, dann gilt $\text{dist}_d(x, A) \leq d(x, y) + \text{dist}_d(y, A)$.*

Zur Ideenfindung nutzen wir den oben beschriebenen Ansatz aus und denken uns ein $a \in A$, sodass $\text{dist}(x, A) \approx d(x, a)$ gilt. Dann folgt mit der Dreiecksungleichung für d

$$\text{dist}(x, A) \approx d(x, a) \leq d(x, y) + d(y, a).$$

Da a so gewählt ist, dass $\text{dist}(x, A) \approx d(x, a)$ gilt, muss für y leider überhaupt nicht $\text{dist}(y, A) \approx d(y, a)$ gelten. Man denke nur an die in folgender Skizze dargestellte Situation.

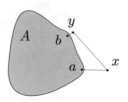

Das Einzige, was wir wissen, ist $d(y,a) \geq \text{dist}(y,A)$, aber das passt leider nicht zu unserer gewünschten Abschätzungsrichtung.

In einer solchen Situation hilft es, noch einmal in Ruhe über die bisherige Argumentation nachzudenken und das eigene Vorgehen zu hinterfragen: Wieso haben wir mit $\text{dist}(x,A) \approx d(x,a)$ angefangen? Weil $\text{dist}(x,A)$ beim Lesen von links nach rechts zuerst auftritt? Was passiert, wenn wir stattdessen mit $\text{dist}(y,A) \approx d(y,b)$ anfangen? Dann passt vielleicht auch die Richtung der Abschätzung am Ende besser. In der Tat gilt

Behalte willkürliche Entscheidungen im Beweisverlauf im Hinterkopf. Wenn der Beweis nicht direkt funktioniert, liegt es vielleicht an einer dieser Entscheidungen, die du auch anders treffen kannst.

$$d(x,y) + \text{dist}(y,A) \approx d(x,y) + d(y,b) \geq d(x,b) \geq \text{dist}(x,A).$$

Das sieht ja schon ganz gut aus. Im nächsten Schritt ersetzen wir das schwammige $\approx$ Zeichen durch eine genaue Argumentation. Hier kommt Lemma 5.24 ins Spiel: Wir gehen dazu von $\varepsilon > 0$ aus und finden mit dem Lemma ein $\delta \in D_{y,A}$ mit $\delta < \text{dist}(y,A) + \varepsilon$. Da $D_{y,A}$ aus den Abständen $d(y,u)$ mit $u \in A$ besteht, gibt es damit ein $b \in A$, sodass $d(y,b) = \delta$ gilt. So wird der Punkt b konstruiert (er hängt von ε und y ab). Da wir Abschätzungen in beiden Richtungen haben, ist die saubere Version der Abschätzung

$$d(x,y) + \text{dist}(y,A) > d(x,y) + (d(y,b) - \varepsilon) \geq d(x,b) - \varepsilon \geq \text{dist}(x,A) - \varepsilon.$$

Insgesamt haben wir also gezeigt, dass $\text{dist}(x,A)$ nur um ε über $d(x,y) + \text{dist}(y,A)$ liegen kann. Da aber von ε nur $\varepsilon > 0$ gefordert wurde, ist das beliebig wenig. Gemäß der Nachweisregel zur Für-alle Aussage haben wir zunächst

$$\forall \varepsilon \in \mathbb{R}_{>0} : \text{dist}(x,A) \leq d(x,y) + \text{dist}(y,A) + \varepsilon$$

gezeigt, was noch nicht direkt der Aussage von Satz 5.25 entspricht, diese aber durch ein kurzes Widerspruchsargument liefert, wie die folgende Aufgabe zeigt.

· ·

(✎ 257)   Seien $u,v \in \mathbb{R}$ und gelte $\forall \varepsilon \in \mathbb{R}_{>0} : u \leq v + \varepsilon$. Zeige, dass dann $u \leq v$ gilt.

(✎ 258)   Schreibe den Beweis von Satz 5.25 noch einmal ordentlich auf.

· ·

5.5 Ränder

Möchte man eine Menge $A \subset \mathbb{R}^2$ in der Zeichenebene skizzieren, so zeichnet man dazu üblicherweise erst eine Linie, um die Menge von ihrem Komplement $A^c = X \backslash A$ abzugrenzen, und schraffiert dann die inneren Punkte.

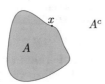

Umgangssprachlich wird man die Linie dabei als den *Rand* der Menge bezeichnen, und genau dieses Konzept wollen wir im Folgenden mathematisch präzisieren. Dazu schauen wir uns einen Punkt x auf dem Rand genauer an und fragen uns, wie man die Besonderheit von x im Vergleich zu Punkten außerhalb des Randes beschreiben kann. Natürlich springt ins Auge, dass x sowohl A als auch A^c *berührt*, also irgendwie direkt anstößt.

Mit dem Abstand $\mathrm{dist}(x, A)$ zwischen x und A können wir die Situation, dass der Punkt x die Menge A berührt, auch an der Bedingung $\mathrm{dist}_d(x, A) = 0$ erkennen.

Definition 5.26 *Sei d eine Metrik auf X und $A \subset X$. Wir nennen* $\mathrm{Ber}_d(A) := \{x \in X : \mathrm{dist}_d(x, A) = 0\}$ *für $A \neq \emptyset$ und $\mathrm{Ber}_d(\emptyset) = \emptyset$* *die* Menge aller d-Berührpunkte *von A. Gilt $x \in \mathrm{Ber}_d(A)$, so sagen wir, dass x die Menge A berührt (im d-Sinn).*

> **ℹ**
>
> Ein d-Berührpunkt von A kann zwar zu A gehören, muss aber nicht.

. . . .

Sei d eine Metrik auf X und $A, B \subset X$.

Zeige $A \subset B \Rightarrow \mathrm{Ber}_d(A) \subset \mathrm{Ber}_d(B)$.   (✎ 259)

Zeige, dass $\mathrm{Ber}_d(A \cap B) \subset \mathrm{Ber}_d(A) \cap \mathrm{Ber}_d(B)$ gilt. Trifft auch die umgekehrte Inklusion zu?   (✎ 260)

. . . .

Um die Berührbedingung auch aus einem anderen Blickwinkel kennenzulernen, betrachten wir die Bedingung

$$0 = \mathrm{dist}(x, A) = \inf\{d(x, y) | y \in A\}$$

genauer. Da es beliebig nahe am Infimum einer Menge auch Elemente dieser Menge gibt, finden wir nach Lemma 5.24 zu jedem $\varepsilon > 0$ mindestens ein $y \in A$ mit $0 \leq d(x, y) < 0 + \varepsilon$. Das kann man aber auch wie im folgenden Satz interpretieren.

Satz 5.27 *Sei d eine Metrik auf X und $A \subset X$. Genau dann wird A von x berührt, wenn für jedes $\varepsilon > 0$ die Kugel $B_\varepsilon^d(x)$ einen Punkt von A enthält. Also gilt $\mathrm{Ber}_d(A) = \{x \in X : \forall \varepsilon \in \mathbb{R}_{>0} : B_\varepsilon^d(x) \cap A \neq \emptyset\}$.*

....

(✎ 261) Beweise Satz 5.27.

(✎ 262) Sei d eine Metrik auf X und seien $A, B \subset X$ Teilmengen. Zeige, dass $\mathrm{Ber}_d(A \cup B) = \mathrm{Ber}_d(A) \cup \mathrm{Ber}_d(B)$ gilt.

....

Die Randpunkte einer Menge berühren die Menge und ihr Komplement. Zur Überprüfung der Berührbedingungen steht die Charakterisierung aus Satz 5.27 zur Verfügung.

Definition 5.28 *Sei d eine Metrik auf X und $A \subset X$. Ein Punkt $x \in X$ heißt d-Randpunkt von A, wenn x sowohl A als auch A^c im d-Sinn berührt. Die Menge der d-Randpunkte von A wird auch als d-Rand von A bezeichnet und mit $\partial_d A := \mathrm{Ber}_d(A) \cap \mathrm{Ber}_d(A^c)$ abgekürzt.*

....

Sei d eine Metrik auf X und seien A, B Teilmengen von X.

(✎ 263) Berechne $\partial_d \emptyset$ und $\partial_d X$.

(✎ 264) Zeige, dass $\partial_d A = \partial_d(A^c)$ gilt.

(✎ 265) Zeige, dass $\partial_d(A \cup B) \subset (\partial_d A) \cup (\partial_d B)$ gilt. Stimmt auch die umgekehrte Inklusion?

....

> **[i]**
>
> Beachte, wie viele geometrisch relevante Konzepte sich nur aus der Existenz eines Abstandsbegriffs entwickeln lassen. Und dabei hat die Reise durch die metrischen Räume erst begonnen!

Im anschaulichen Fall des euklidischen Abstands in der Zeichenebene ist eine Menge, die alle ihre Randpunkte enthält, nach außen scharf begrenzt, während einer Menge ohne Randpunkte dieser Abschluss nach außen fehlt. Man spricht in diesem Fall auch von einer offenen Menge.

Definition 5.29 *Sei d eine Metrik auf X und sei $A \subset X$. Wir nennen A offen bezüglich d, wenn $A \cap \partial_d A = \emptyset$ gilt. Ist dagegen $\partial_d A \subset A$, so nennt man A abgeschlossen bezüglich d.*

....

Sei d eine Metrik auf X und $A, B \subset X$.

(✎ 266) Zeige, dass A genau dann offen ist, wenn A^c abgeschlossen ist.

(✎ 267) Zeige, dass $B_r^d(x)$ für jedes $r \in \mathbb{R}$ bezüglich d offen ist.

(✎ 268) Zeige, dass A genau dann offen ist, wenn zu jedem $x \in A$ ein $r > 0$ existiert mit $B_r^d(x) \subset A$.

Zeige, dass bezüglich der diskreten Metrik jede Menge offen ist.   (✎ 269)

. . . .

5.6 Konvergenz

In diesem Abschnitt schauen wir uns an, wie das Konzept des Abstands benutzt werden kann, um die Idee der *Annäherung* einer gesuchten Größe durch immer genauere *Approximationen* zu beschreiben.

Beispiele hierfür sind dir bereits aus der Schule bekannt: Etwa die Approximation von $\sqrt{2}$ oder π durch endlich lange, aber immer länger werdende Dezimalzahlen. Oder die Annäherung der Fläche unter einem Graphen durch das Aufsummieren immer schmalerer Rechteckflächen. Oder auch die Approximation der Tangentensteigung einer Funktion in einem Punkt durch immer genauere Sekantensteigungen an diesem Punkt.

> **i**
>
> Eine *Sekante* an den Graphen einer Funktion ist eine Gerade, die durch zwei Punkte des Funktionsgraphen gelegt wird.

In allen drei Fällen geht es darum, zu einer gesuchten Zahl A (z. B. $\sqrt{2}$, dem Flächeninhalt oder der Steigung) eine Folge anderer Zahlen $a_1, a_2, a_3, \ldots$ zu konstruieren, deren Werte a_n dem Wert A beliebig nahe kommen, wenn der Index n immer weiter wächst. Eine solche Folge unendlicher vieler (durchnummerierter) Zahlen lässt sich als Funktion auf den natürlichen Zahlen betrachten.

Definition 5.30 *Sei X eine Menge. Unter einer* Folge in X *verstehen wir eine Abbildung $a : \mathbb{N} \to X$. Für eine Folge a schreiben wir a_n anstelle von $a(n)$ und nennen die Werte der Folge auch die* Folgenglieder.

Ist (X, d) ein metrischer Raum, $a : \mathbb{N} \to X$ eine Folge und $A \in X$, so kann man über die Abstände $d(a_1, A)$, $d(a_2, A)$, ... untersuchen, ob sich die Folgenglieder von a dem Punkt A annähern. Die einfachste Situation, in der man dies sagen würde, tritt auf, wenn die Abstände schrittweise kleiner werden, also $d(a_1, A) \geq d(a_2, A) \geq d(a_3, A) \geq \ldots$, und dem Wert 0 *beliebig nahe* kommen.

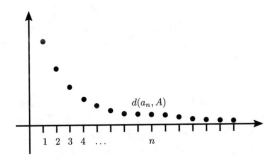

Beliebig nahe *kann* dabei bedeuten, dass irgendwann der Abstand gleich 0 ist. Allgemeiner würde man aber auch im Fall, dass 0 die Menge aller Abstände lediglich *berührt*, von beliebig nahe kommen sprechen.

i

Ist $a : \mathbb{N} \to X$ eine Folge in einem metrischen Raum X und ist $A \in X$, so ist $n \mapsto d(a_n, A)$ eine Folge in $\mathbb{R}$.

Die folgende Definition fasst die gerade beschriebene Idee in präzise mathematische Begriffe.

Definition 5.31 *Eine Folge $b : \mathbb{N} \to \mathbb{R}$ heißt* monoton fallend, *wenn sie die Bedingung $\forall n \in \mathbb{N} : b_{n+1} \leq b_n$ erfüllt. Ist eine Folge b in $\mathbb{R}_{\geq 0}$ monoton fallend und gilt $\inf \mathrm{Bild}(b) = 0$, dann nennt man b eine* monoton fallende Nullfolge *und schreibt dafür $b \searrow 0$ oder auch $b_n \searrow 0$ für $n \to \infty$.*

....

(✎ 270) Sei b eine monoton fallende Nullfolge. Zeige $0 \in \mathrm{Ber}_{d_{\mathbb{R}}}(\mathrm{Bild}(b))$.

(✎ 271) Sei b eine monoton fallende Folge in $\mathbb{R}_{\geq 0}$. Zeige, dass $b \searrow 0$ äquivalent ist zu $\forall \varepsilon \in \mathbb{R}_{>0} : \exists n \in \mathbb{N} : b_n < \varepsilon$. Nutze dann die archimedische Eigenschaft in der Form (3.8) auf Seite 75 zum Nachweis von $\frac{1}{n} \searrow 0$ für $n \to \infty$.

(✎ 272) Seien a, b monoton fallende Nullfolgen in $\mathbb{R}_{\geq 0}$. Zeige, dass für $c : \mathbb{N} \to \mathbb{R}_{\geq 0}$, $n \mapsto a_n + b_n$ ebenfalls $c \searrow 0$ gilt.

....

Für unsere Folge $a : \mathbb{N} \to X$ von zuvor würden wir also etwa dann von einer beliebig guten Annäherung an ein $A \in X$ sprechen, falls $d(a_n, A) \searrow 0$ für $n \to \infty$ gilt. Als Definition von beliebig guter Annäherung wäre diese Bedingung aber zu einschränkend, denn man kann sich allgemeiner auch Approximationen eines Objekts A vorstellen, bei denen die Annäherung nicht in jedem Schritt besser wird, sondern bei denen die Abstände der Annäherungen zu A zwischendurch auch wieder etwas größer werden.

Für ein solches Beispiel betrachten wir die Approximation der Tangentensteigung einer Funktion in einem Punkt x durch eine Folge von Sekantensteigungen, die durch Punkte $u_1, u_2, \ldots$ entstehen, die sich x von rechts nähern:

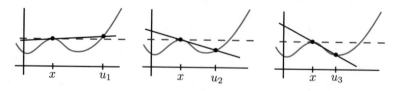

Wie aus der Skizze ersichtlich wird, stellt die erste Sekantensteigung (zufälligerweise) eine ganz gute Näherung für die Tangentensteigung dar, die weiteren Sekantensteigungen sind dann aber erstmal schlechtere Näherungen, bevor sie sich schließlich doch wieder der Tangentensteigung annähern, wenn die Punkte u_n dem Punkt x beliebig nahe rücken.

Als weiteres Beispiel kann man sich einen Ball vorstellen, der fallen gelassen wird, auf den Boden auftritt, von dort wieder nach oben springt, jedoch nicht mehr ganz die Ausgangshöhe erreicht, dann wieder Richtung Boden umkehrt und immer so weiter.

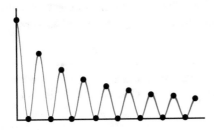

Stellen wir uns vor, dass dies unendlich oft so weiter geht und halten wir in jedem Durchgang die Höhe des Balls am höchsten und tiefsten Punkt fest, so erhalten wir eine Folge von Zahlen $a_1, a_2, a_3, \ldots$, die sich zwar immer weniger von 0 unterscheiden, sich aber doch in jedem zweiten Schritt nochmal etwas von der Null entfernen.

Eine gute allgemeine Definition davon, dass die Folgenglieder einer Folge $a : \mathbb{N} \to X$ für $n \to \infty$ einem Punkt $A \in X$ beliebig nahe kommen, sollte natürlich auch auf solche Situationen passen. Wie das Beispiel der Sekanten zeigt, kommt es für die Frage nach der Annäherung letztendlich nur auf die *hinteren* Folgenglieder

$$a_{\geq n} := a[\mathbb{N}_{\geq n}] = \{a_n, a_{n+1}, \ldots\}$$

der Folge an. Die hier betrachtete Menge sollte sich beliebig nahe auf A zusammenschnüren, wenn man n nur hinreichend groß macht. Diese Idee können wir mathematisch dadurch ausdrücken, dass der *Durchmesser* der Menge $a_{\geq n} \cup \{A\}$ beliebig nahe an 0 heranrückt, wenn n größer und größer wird. Damit wir hier den Durchmesser $\mathrm{diam}_d(a_{\geq n} \cup \{A\}) = \sup\{d(u,v) \mid u,v \in a_{\geq n} \cup \{A\}\}$ verwenden können, muss diese Menge natürlich beschränkt sein.

Definition 5.32 *Sei (X, d) ein metrischer Raum. Wir nennen eine Funktion $f : D \to X$ d-beschränkt, falls $\mathrm{Bild}(f) \subset X$ d-beschränkt ist.*

. . . .

Sei (X, d) ein metrischer Raum, $a : \mathbb{N} \to X$ beschränkt und $A \in X$. Dann ist für jedes $n \in \mathbb{N}$ auch $a_{\geq n} \cup \{A\}$ d-beschränkt. Weiter ist die Folge $n \mapsto \mathrm{diam}_d(a_{\geq n} \cup \{A\})$ monoton fallend.   (✎ 273)

. . . .

Die letzte Aufgabe führt uns auf die folgende Definition.

Definition 5.33 *Sei d eine Metrik auf X, $a : \mathbb{N} \to X$ beschränkt und $A \in X$. Gilt $\operatorname{diam}(a_{\geq n} \cup \{A\}) \searrow 0$ für $n \to \infty$, so nennen wir A einen d-Grenzwert von a und bezeichnen a als d-konvergente Folge.*

Per Definition ist eine konvergente Folge beschränkt. Vielmehr liegen so gut wie alle Folgenglieder schon in einem (beliebig) kleinen Ball um einen Grenzwert. Dies ist gewissermaßen gerade das Wesen von Konvergenz.

....

(✎ 274) Sei (X, d) ein metrische Raum, $a : \mathbb{N} \to X$ eine konvergente Folge und $A \in X$ ein Grenzwert von a. Zeige, dass es für jedes $r > 0$ ein $n \in \mathbb{N}$ gibt mit $a_{\geq n} \subset B_r(A)$.

....

Intuitiv würde man in der Situation von Definition 5.33 den Punkt A vermutlich viel eher *den* anstatt lediglich *einen* Grenzwert der Folge a nennen. Bevor dies gerechtfertigt ist, müssen wir jedoch erst zeigen, dass eine Folge in einem metrischen Raum höchstens einen Grenzwert haben kann.

Um uns ein Bild von der Situation zu machen, tragen wir zwei potentielle Grenzwerte u, v als Punkte in der Ebene ein und schmücken die Skizze noch mit einigen Folgengliedern. Außerdem zeichnen wir noch zwei kleine Kreise um u und um v, denn aus Aufgabe (✎ 274) wissen wir, dass $a_{\geq n}$ in einer kleinen Kugel um einen Grenzwert liegt, wenn n groß genug ist.

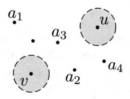

Spürt man bei einer Aussage sehr deutlich *Das geht doch gar nicht!*, dann hilft oft ein Widerspruchsbeweis beim Nachweis des Gegenteils.

Wichtig ist, dass wir jetzt stutzen! Das kann doch gar nicht sein – wie sollen die späten Folgenglieder in beiden Kugeln liegen, wenn diese so klein sind, dass sie sich gar nicht scheiden? In einer solchen Situation bieten sich Widerspruchsbeweise an. Wir gehen also von $u \neq v$ aus, was der Situation unserer Skizze entspricht. Jetzt müssen wir nur zwei Kugelradien finden, sodass die Kugeln sich nicht schneiden. Der maximal mögliche Radius ist dabei die Hälfte der Strecke von u nach v, also $d(u, v)/2$. Dann würden sich die Kreise gerade berühren. So klar wie in unserem Bild wird es aber, wenn wir die Radien noch kleiner wählen, also zum Beispiel $d(u, v)/4$. Da u ein Grenzwert von

a ist, können wir Aufgabe (✎ 274) auf den Radius r anwenden, sofern wir wissen, dass $r > 0$ gilt. Dazu müssen wir $d(u,v) > 0$ nachweisen.

. . . .

Sei d eine Metrik auf X und $u, v \in X$ mit $u \neq v$. Dann gilt $d(u,v) > 0$.   (✎ 275)

. . . .

Mit Aufgabe (✎ 274) können wir nun ein $n \in \mathbb{N}$ wählen, sodass die Inklusion $a_{\geq n} \subset B_r(u)$ gilt. Die gleiche Prozedur angewendet auf v erlaubt uns ein $m \in \mathbb{N}$ so zu wählen, dass $a_{\geq m} \subset B_r(v)$ gilt.

> 💭 Ein beliebter Fehler ist hier, in beiden Fällen den Namen n zu wählen – was nicht erlaubt ist, da bei der zweiten Wahl der Name n nicht mehr frei ist. Inhaltlich würde die Wahl des gleichen Namens bedeuten, dass der hintere Folgenteil ab dem gleichen Index den Abstand r zu u und zu v einhält, was überhaupt nicht zwingend ist. Der folgende Trick zeigt aber, dass unterschiedliche Indizes nicht schlimm sind.

Nun wählen wir ein Folgenglied, das in beiden Kugeln liegt, um unsere Falle zuschnappen zu lassen. Sein Index muss größer oder gleich n und größer oder gleich m sein, also zum Beispiel $k := \max\{n, m\}$. Es gilt dann $a_k \in a_{\geq n} \cap a_{\geq m}$ und damit $a_k \in B_r(u) \cap B_r(v)$. Wenn aber a_k von u und von v weniger als r entfernt ist, dann können u und v nicht mehr als $2 \cdot r$ auseinander liegen. Das lässt sich mit der Dreiecksungleichung nachweisen, wenn man a_k als Umwegpunkt wählt. Es gilt nämlich

$$d(u,v) \leq d(u, a_k) + d(a_k, v) < r + r = 2r \,.$$

Mit der Definition von $r = d(u,v)/4$ folgt $d(u,v) < d(u,v)/2$ bzw. $1 < 1/2$ nach Division durch $d(u,v) > 0$. Dies ist ein Widerspruch, also gilt das Gegenteil der Annahme $u \neq v$, d. h., wir haben das gewünschte Ziel $u = v$ erreicht und folgenden Satz gezeigt.

Satz 5.34 *Sei d eine Metrik auf X und sei $a : \mathbb{N} \to X$ eine d-konvergente Folge. Dann gibt es genau einen d-Grenzwert von a.*

Mit diesem Satz können wir also von *dem* Grenzwert einer konvergenten Folge sprechen.

Definition 5.35 *Sei d eine Metrik auf X und $a : \mathbb{N} \to X$ eine d-konvergente Folge. Dann nennen wir den d-Grenzwert von a auch den d-Limes von a und schreiben $d\text{-lim}\, a$ oder auch $d\text{-lim}_{n \to \infty} a_n$.*

Für das praktische Arbeiten mit dem Konvergenzbegriff ist die hier gewählte Definition manchmal unhandlich, da das Konzept der monoton fallenden Nullfolge mit dem des Durchmessers kombiniert ist und damit alles etwas verschachtelt ist. Eine etwas direkter zu verwendende Fassung des Konvergenzbegriffs ergibt sich durch Auflösung der beteiligten Konzepte in der folgenden Charakterisierung.

Satz 5.36 *Sei d eine Metrik auf X. Genau dann konvergiert eine Folge a in X gegen ein $A \in X$, wenn für jeden (noch so kleinen) Abstand $\varepsilon > 0$ ein Index $N \in \mathbb{N}$ existiert, ab dem die Folgenglieder den Abstand ε zu A nicht mehr überschreiten, d. h. für alle $n \in \mathbb{N}_{\geq N}$ stets $d(a_n, A) < \varepsilon$ gilt. In formaler Notation lautet die äquivalente Bedingung*

$$\forall \varepsilon \in \mathbb{R}_{>0} : \exists N \in \mathbb{N} : \forall n \in \mathbb{N}_{\geq N} : d(a_n, A) < \varepsilon.$$

> **i**
>
> Der Vorteil dieser Bedingung ist, dass sie lediglich die Metrik d beinhaltet.

....

(✎ 276) Beweise Satz 5.36.

....

Diese Charakterisierung der Konvergenz bildet den Ausgangspunkt für viele Konstruktionen der Analysis und ist in seinen Folgewirkungen unglaublich reichhaltig. An anderer Stelle wirst du davon mehr erfahren!

6 Auf zu neuen Welten

Du hast in diesem Buch Schreibweisen und Regeln kennengelernt, die ein geordnetes Mathematikmachen ermöglichen. Dabei sind die Regeln der Garant dafür, dass mathematische Aussagen einen unumstößlichen Wahrheitsgehalt haben: Wenn beim Beweis alle Regeln eingehalten wurden, ist der Beweis korrekt, und die bewiesene Aussage gilt für alle Zeiten im verwendeten Axiomensystem.

Du hast auch schon gesehen, dass durch die Definition neuer Konzepte eine immer größere Fülle von Querverbindungen zu bereits bestehenden Konzepten entsteht. Die Motivation für die Erschaffung neuer Begriffe kann dabei wie im Fall des metrischen Raums die Beschreibung von Aspekten der realen Welt sein. Sie kann aber auch auf Beobachtungen von Zusammenhängen zwischen bereits vorhandenen mathematischen Objekten beruhen, wie etwa das Konzept der Summe endlich vieler Zahlen

> **i**
>
> Die Antwort auf die Frage: *Ist mein Beweis richtig?* kannst du selbst beantworten: Überprüfe, ob alle Beweisregeln eingehalten wurden.

Dahinter stehen letztlich unterschiedlichste Gründe, *warum* Menschen Mathematik machen. Soll ein technisches Problem gelöst werden? Will man einen beobachteten geregelten Zusammenhang in der Welt besser verstehen? Oder soll ein mathematisches Problem gelöst werden und ein mathematischer Zusammenhang besser verstanden werden?

In jedem Fall beginnt die Reise mit einer Fragestellung, die durchdrungen und gelöst werden soll. Beim Suchen einer Antwort wird man zunächst probieren, vorhandene mathematischen Konzepte und Resultate zu verwenden, um zu einer Lösung zu gelangen. Die Mathematik funktioniert an dieser Stelle wie eine große Kiste mit Problemlöseschablonen: Passt eine Schablone auf ein konkretes Problem, dann kann die bereits verstandene Lösungstechnik einfach abgespult werden, um das konkrete Problem zu knacken. Findet man keine passende Schablone, dann muss ein neuer Lösungsweg gefunden werden, wobei die genaue Beschreibung der Fragestellung am Anfang steht und typischerweise mit der Definition einer oder mehrerer *neuer* Begriffe einhergeht. Beim Untersuchen des Zusammenhangs zu bestehenden Konzepten wird dann das Problem genauer verstanden, woraus am Ende neue Lösungsschablonen entstehen können.

Solange also genug Fragen offen sind, wird das mathematische Universum dynamisch weiterwachsen. Die Regeln, nach denen dieses Wachstum abläuft, sind dabei aber immer gleich: Alle neuen Ide-

© Springer-Verlag GmbH Deutschland, ein Teil von Springer Nature 2020
M. Junk und J.-H. Treude, *Beweisen lernen Schritt für Schritt*,
https://doi.org/10.1007/978-3-662-61616-1_6

en, Tricks und Konstruktionen sind darauf abgestimmt, *dass Aussagen am Ende bewiesen werden müssen*. Aus diesem Grund haben wir in diesem Buch versucht, die Basis des Mathematikmachens sehr sorfältig und genau zu beleuchten. Präziser gesagt haben wir *eine* Basis des Mathematikmachens vorgestellt, und in diesem letzten Kapitel geht es darum, dass es in der realen Welt kein einheitliches Axiomensystem gibt, dem *alle* Mathematikerinnen und Mathematiker folgen, dass es keine wirklich einheitliche Schreibweise gibt und auch keine verbindliche Auswahl von Beweisregeln, an die sich alle halten.

In der Mathematik gibt es unterschiedliche Traditionen bezüglich Schreibweisen, Grundaxiomen und Beweiskalkülen.

Für die mathematische Praxis ist das am Ende aber gar nicht so störend, wie es an dieser Stelle vielleicht klingt. Genauso wie sich in unterschiedlichen Kulturen verschiedene Sprachen entwickelt haben, gibt es auch verschiedene Sprachtraditionen in der Mathematik. Solange sich diese im Prinzip ineinander übersetzen lassen, ist eine fruchtbare Kommunikation möglich. Da viele Unterschiede sich nur auf kleine Details beziehen, ist die Übersetzung oft sehr einfach und nicht mit einer Übersetzung Deutsch-Chinesisch zu vergleichen. Solange man sich in *einer* Basis des Mathematikmachens gut auskennt, kann man sehr leicht in andere Basen wechseln.

In diesem präziseren Sinne wurde in diesem Buch *eine mögliche* Basis des Mathematikmachens vorgestellt, die sehr nahe an der täglichen Praxis im Mathematikstudium an deutschen Universitäten ist, aber nur in seltenen Fällen ganz genau passen wird. Auf mögliche Abweichungen und den Umgang mit ihnen wird in den folgenden Abschnitten eingegangen.

6.1 Schreibweisen

Je nach mathematischer Tradition können die gleichen Symbole für etwas unterschiedliche Inhalte stehen. So wird $\mathbb{N}$ zwar durchgehend als Symbol für die natürlichen Zahlen verwendet, aber es ist nicht ohne Weiteres klar, ob $0 \in \mathbb{N}$ gelten sollte oder nicht. Laut DIN-Norm 5473 ist 0 eine natürliche Zahl, in unserem Zugang aber nicht. Giuseppe Peano, der die Axiome der natürlichen Zahlen 1889 formulierte, hatte ursprünglich die 1, später dann aber die 0 als kleinste natürliche Zahl verwendet.

Egal wie die Entscheidung aussieht, wichtig ist nur, dass die Bedeutung des Symbols $\mathbb{N}$ klar vereinbart und immer entsprechend dieser Vereinbarung verwendet wird. Kommt man aus einem System, wo $0 \notin \mathbb{N}$ gilt, und betritt ein System, wo $0 \in \mathbb{N}$ wahr ist, so muss man gedanklich nur anstelle des dortigen $\mathbb{N}$ das eigene Symbol $\mathbb{N}_0$ setzen, um dem Verlauf der Argumente wie gewohnt folgen zu können. Umgekehrt muss eine Person, die $0 \in \mathbb{N}$ gewohnt ist, beim Lesen dieses Buches das Symbol $\mathbb{N}$ durch ihr gewohntes $\mathbb{N}_{\geq 1}$ ersetzen.

Entsprechendes gilt für das Inklusionszeichen in $A \subset B$, das wir zur Abkürzung von $\forall x \in A : x \in B$ verwendet haben. Die Form von $\subset$ erinnert dabei an das Symbol $<$, wobei die Bedeutung nicht ganz genau getroffen wird: Wenn $A \subset B$ gilt, dann ist A in einem gewissen Sinne kleiner *oder gleich* B, d. h., $\mathbb{N} \subset \mathbb{N}$ ist wahr, während $5 < 5$ falsch ist. Aus diesem Grund wird in anderen Traditionen $A \subseteq B$ mit der Bedeutung $\forall x \in A : x \in B$ belegt, während $A \subset B$ für $(A \subseteq B) \wedge (A \neq B)$ verwendet wird und damit von Form *und* Sinn besser zur strikten Ordnung $<$ passt. Wenn es aber gute Gründe gibt, die Schreibweise $\subseteq$ und $\subset$ wie $\leq$ und $<$ zu verwenden, wieso gilt das dann nicht in allen Schreibsystemen?

Die Antwort ist *Bequemlichkeit*. Schreibt man $\subseteq$ auf Papier oder an der Tafel, so muss im Unterschied zu $\subset$ immer ein Strich mehr gemacht werden. Bei jedem Nachweis einer Mengengleichheit kommt das Symbol mindestens zweimal vor und Mengengleichheiten werden sehr oft bewiesen. Im Gegensatz dazu gibt es in diesem Buch keine einzige Aussage mit der strengen Inklusion! Während die strikte Ungleichung bei Zahlen recht häufig ist, spielt der strikte Inklusionsvergleich bei Mengen eine deutlich untergeordnete Rolle. Wenn man dann doch (wie zum Beispiel jetzt) über strenge Inklusionen sprechen will, dann benutzt man das Symbol $\subsetneq$. Auch hier gilt wieder: Egal wie die Entscheidung für die Symbole ausgeht, wichtig ist nur, dass die Bedeutung klar vereinbart und immer entsprechend dieser Vereinbarung verwendet wird.

Weitere Abweichungen dieser Art kann man an vielen anderen Stellen finden: Statt $\forall x \in M : E_x$ wird auch $\bigwedge_{x \in M} E_x$ geschrieben oder der Quantor wird nach hinten gestellt und man schreibt $E_x \forall x \in M$. Anstelle von $\exists! x \in M : E_x$ liest man auch $\exists_1 x \in M : E_x$ und $\bigvee_{x \in M} E_x$ wird in anderen Traditionen für $\exists x \in M : E_x$ verwendet. Vielfach wird auch ganz auf Symbole verzichtet, indem die Aussagen umgangssprachlich ausgeschrieben werden.

Was ist die Lehre aus diesem Schreibwirrwarr? Die Bedeutung von Symbol- oder Wortkombinationen wird nicht durch ihre Form oder ihren Klang geklärt, sondern durch die zugehörigen Verwendungsregeln, die präzise vereinbart werden müssen. Im günstigsten Fall erinnern die Symbole oder die gewählten Worte dabei an den Inhalt der zugehörigen Regel, aber sie können diese niemals ersetzen.

Weder Klang noch Form eines Symbols entscheiden über seine Bedeutung, sondern die damit vereinbarten Regeln.

Ein gutes Beispiel hierfür ist die Symbolkombination $\sum_{n=1}^{\infty} (-n)^n$. Wenn wir versuchen, die Bedeutung aus sich heraus zu erschließen, dann werden wir vielleicht so vorgehen: Aus der Definition des Summensymbols $\sum_{n=1}^{k}(-n)^n$ wissen wir, dass die Gleichheiten

$$\sum_{n=1}^{1}(-n)^n = -1\,,$$

$$\sum_{n=1}^{2}(-n)^n = -1+4\,,$$

$$\sum_{n=1}^{3}(-n)^n = -1+4-27$$

gelten. Wenn wir die obere Summationsgrenze also durch das Unendlichkeitssymbol ∞ ersetzen, dann steht das wohl für

$$\sum_{n=1}^{\infty}(-n)^n = -1+4-27+256-3125+\cdots\,,$$

also für eine Zahl oder etwas allgemeiner auch für ∞ oder $-\infty$.

Die tatsächliche Bedeutung ist in diesem Fall aber etwas anders: Das Symbol $\sum_{k=1}^{\infty}(-n)^n$ beschreibt keinen einzelnen Zahlenwert, sondern *alle* Werte die auftreten, wenn man die oben beschriebenen Summen immer länger werden lässt. Es ist also ein Symbol für eine Zahlen*folge* und nicht für eine einzelne Zahl. Zahlenfolgen waren wiederum definiert als Funktionen von $\mathbb{N}$ nach $\mathbb{R}$, d.h., in diesem Fall ist die Langform

$$\sum_{n=1}^{\infty}(-n)^n = \left(k \in \mathbb{N} \mapsto \sum_{n=1}^{k}(-n)^n\right).$$

Insgesamt erinnert die Symbolkombination also durchaus an die dahinter stehende Langform (es geht um die sogenannten Partialsummen $\sum_{n=1}^{k}(-n)^n$), aber dass die daraus gebildete Folge gemeint ist, kann man am Symbol direkt nicht erkennen – das muss eben auswendig gelernt werden.

In der mathematischen Praxis werden oft gleiche Symbole für unterschiedliche Bedeutungen eingesetzt.

Nun ist es aber bei dem gerade besprochenen Symbol so, dass eine eigentlich verbotene Mehrfachbedeutung praktiziert wird: Beispielsweise steht $\sum_{n=0}^{\infty} 1/2^n$ für die Folge der zugehörigen Partialsummen. In diesem Fall ist die Folge *konvergent*, d.h., die Folgenwerte nähern sich bei länger werdender Partialsumme dem Wert 2 beliebig nahe an. Es ist nun üblich, das gleiche Symbol *auch* für den Grenzwert zu verwenden, also für genau die Langform, die wir ursprünglich erwartet haben

$$\sum_{n=1}^{\infty}\frac{1}{2^n} = \lim_{k\to\infty}\sum_{n=1}^{k}\frac{1}{2^n}\,.$$

Natürlich führt eine solche Doppeldeutigkeit zusammen mit strengen Beweisregeln zu unerwünschten Widersprüchen: Hat man zwei

Reihen mit dem gleichen Grenzwert, die sich aber in mindestens einer Partialsumme unterscheiden, so gilt sowohl Gleichheit zwischen den zugehörigen Symbolen (in der Grenzwertbedeutung) als auch Ungleichheit (in der Folgenbedeutung). Auf dem Papier ist dies ein Widerspruch und damit gilt ab diesem Punkt formal jede Aussage, sodass weiteres Beweisen eigentlich sinnlos wird.

Tatsächlich wird diesen angedeuteten Beweis aber niemand gelten lassen, weil die scheinbar widersprüchlichen Aussagen mit unterschiedlichen Langformen erzeugt wurden. Die durchgängige Regel ist also auch bei Doppeldeutigkeiten: Nicht die vordergründigen Symbole, sondern die dahinterliegende Langformen sind entscheidend für die Bedeutung.

Weitere Beispiele für Doppeldeutigkeiten in der Symbolik finden sich in der Theorie der Vektorräume, wo das Summensymbol $+$, das Produktsymbol $\cdot$ und das Symbol 0 für das neutrale Element der Addition regelmäßig für unterschiedliche Langformen verwendet werden.

So bezeichnet man den Nullvektor $(0,0) \in \mathbb{R}^2$ ebenfalls mit dem Symbol 0, weil er bei der Addition mit anderen Zahlenpaaren neutral (nicht-ändernd) wirkt: $(3,5) + (0,0) = (3,5)$. Das hierbei benutzte Summensymbol für die (komponentenweise) Addition von Zahlenpaaren sieht dabei genauso aus wie das Symbol für die Addition in $\mathbb{R}$. Trotzdem stört das beim Lesen nicht, weil man an den Summanden erkennt, welche Form der Addition jeweils gemeint ist.

Werden mehrdeutige Symbole verwendet, so wählt man die Bedeutung, die alle Schreibregeln erfüllt.

Noch mehrdeutiger ist der Einsatz des Malpunkts, da es im Zusammenhang mit Zahlenpaaren *drei* offensichtliche Produkte gibt, die in der folgenden Aussage alle vorkommen: $(3 \cdot (1,2)) \cdot (2 \cdot 5, 2) = 42$. Hier steht $3 \cdot (1,2)$ für die sogenannte skalare Multiplikation, bei der jede Komponente des Paares mit 3 multipliziert wird. Hier ist die Wirkung also $3 \cdot (1,2) = (3,6)$ führt. Das Malsymbol innerhalb von $(2 \cdot 5, 2)$ bezieht sich dagegen auf das Produkt in den reellen Zahlen, also $(2 \cdot 5, 2) = (10,2)$, und das Malsymbol zwischen den Zahlenpaaren verweist auf das Skalarprodukt der beiden Vektoren, bei dem komponentenweise multipliziert und anschließend addiert wird, also $(3,6) \cdot (10,2) = 3 \cdot 10 + 6 \cdot 2 = 42$.

Auch hier sieht man an den beteiligten Faktoren, welche Operation jeweils gemeint ist, obwohl das in Kombination mit weiteren Doppeldeutigkeiten nicht immer klar sein muss, wie das folgende Beispiel zeigt: In der Aussage $0 \cdot 0 = 0$ kann $\cdot$ sowohl für die Multiplikation in $\mathbb{R}$ als auch für das Skalarprodukt in $\mathbb{R}^2$ als auch für die skalare Multiplikation stehen, wenn die Bedeutung der 0 jeweils passend gewählt wird. Zum Glück sind alle drei Interpretationen auch wahre Aussagen.

Da Aussagen in einer mathematischen Argumentation aber nicht einfach so vom Himmel fallen, sondern sich in geregelter Weise aus andern Aussagen ergeben und generell in einem Kontext stehen, kommt man in der Praxis recht gut mit Doppeldeutigkeiten zurecht, weil an der Verwendung und Vorgeschichte eines Symbols erkennbar ist, welche Bedeutung jeweils gemeint ist. Die Bequemlichkeit, mit dem gleichen Symbol auf verwandte Bedeutungen verweisen zu können, wird allerdings mit einem höheren Aufwand beim Lesen des Textes erkauft, der besonders für Neulinge in einem Gebiet erheblich sein kann und bei einer maschinellen Verarbeitung von Texten (etwa zu Suchzwecken in mathematischen Textdatenbanken) extreme Schwierigkeiten erzeugt.

Eine andere große Quelle von Doppeldeutigkeiten entsteht durch die *Identifikation* von Objekten. Als Beispiel betrachten wir die beiden Mengen $\mathbb{R}^4$ und $(\mathbb{R}^2)^2$, deren Elemente jeweils vier reelle Zahlen zusammenfassen. Dabei ist $(1, 2, 4, 8) \in \mathbb{R}^4$ rein optisch eng verwandt mit $((1, 2), (4, 8)) \in (\mathbb{R}^2)^2$, weil die gleichen Zahlen in der gleichen Reihenfolge auftreten. Trotzdem handelt es sich um unterschiedliche Objekte, wie wir in Aufgabe (✎ 134) bewiesen haben.

> **ℹ**
>
> Bei der Identifikation werden unterschiedliche Objekte so benutzt, als wären sie gleich, da die naheliegende Identifikationsabbildung nicht erwähnt wird.

Die inhaltliche Nähe lässt sich nun dadurch ausdrücken, dass sich die beiden Elemente durch folgende bijektive Abbildung ineinander überführen lassen

$$\varphi : \mathbb{R}^4 \to (\mathbb{R}^2)^2, \quad x \mapsto ((x_1, x_2), (x_3, x_4)).$$

Für alle Operationen und Aussagen, die nur von der Komponentenreihenfolge, nicht aber von ihrer Strukturierung abhängen, spielt es nun keine Rolle, ob man x oder $\varphi(x)$ verwendet. Die Bequemlichkeit beim Schreiben führt dann dazu, dass man die sorgfältige Unterscheidung zwischen x und $\varphi(x)$ aufgibt und die beiden Objekte symbolisch identifiziert. Diese gleichbedeutende Verwendung (man sagt auch Identifikation) von $(1, 2, 4, 8)$ und $((1, 2), (4, 8))$ ist aber nur dann erlaubt, wenn die eigentlich erforderliche Langform mit der zugehörigen Identifikationsabbildung (oder ihrer Inversen) an entsprechender Stelle zum gleichen Ergebnis führt.

Wie passt nun dieses bewusste Einbauen von Missverständlichkeit zum Anspruch der Mathematik als präzise und unmissverständliche Form der Kommunikation? Tatsache ist, dass mathematische Kommunikation auf vielen verschiedenen Ebenen stattfindet. Auf der präzisen Ebene gibt es keine Mehrdeutigkeiten, hier müssen verschiedene Objekte auch unterschiedlich bezeichnet werden. In unserem Multiplikationsbeispiel könnte das dann etwa so aussehen: $(3 \boxdot (1, 2)) \odot (2 \cdot 5, 2) = 42$ wobei $\boxdot$ für skalare Multiplikation und $\odot$ für das Skalarprodukt steht, während $\cdot$ für die Multiplikation in $\mathbb{R}$ reserviert bleibt.

Da in allen Symbolen noch ein Punkt vorkommt, kann man sich verhältnismäßig gut daran erinnern, dass jeweils eine Multiplikation gemeint ist, und die Art des Produkts lässt sich weiterhin an den Faktoren erkennen. Beim Lesen stören die Zusatzsymbole also wenig, sie betonen nur, dass unterschiedliche Multiplikationen vorkommen. Nachteilig wird es dagegen beim Schreiben, da man sich nun genau merken muss, welches der punktartigen Symbole $\odot, \cdot, \boxdot$ für welches Produkt steht. Es muss also *mehr* auswendig gelernt werden ($\odot$ für das Skalarprodukt, $\boxdot$ für skalare Multiplikation). Da die Symbole ansonsten wenig Hinweise auf die Art des Produkts geben, kann das im Kopf schnell mal durcheinandergeraten.

Hinzu kommt, dass an dieser Stelle auch wieder mit unterschiedlichen Sprachtraditionen zu rechnen ist, sodass noch mehr Symbole mit unterschiedlichen Interpretationen auftreten können. Vor diesem Hintergrund geht die Tendenz also eher in Richtung einer möglichst sparsamen Symbolik, in der Doppeldeutigkeiten und Identifikationen vorkommen.

In der Mathematik gibt es viele verschiedene Kommunikationsebenen und Sprachtraditionen.

In Texten, die auf einer symbolarmen, aber mehrdeutigen Ebene formuliert sind, kann das eigentliche mathematische Arbeiten erst beginnen, wenn die Abkürzungen durch ihre jeweiligen eindeutigen Langformen ersetzt wurden. Entsprechend ist das genaue Lesen auf dieser Ebene etwas anstrengender, da sehr aufmerksam mitverfolgt werden muss, welches Symbol gerade mit welcher Bedeutung (also mit welcher Langform) belegt ist. Das grobe Erfassen von Ideen funktioniert dagegen schneller, da weniger spezielle Symbole erinnert werden müssen.

Wenn du also zu Studienbeginn verschiedene Dozenten oder Dozentinnen in deinen Vorlesungen kennenlernst, wirst du wahrscheinlich auch mit unterschiedlichen Schreibweisen für ähnliche Konzepte konfrontiert werden. Benutzt du jeweils noch ein Buch zu den Vorlesungen, dann steigt die Anzahl möglicher Schreibweisen vielleicht noch weiter an. Ziehe daraus nicht den Schluss, dass es egal ist, wie mathematische Ausdrücke genau formuliert werden, sondern verschaffe dir Klarheit darüber, welches Konzept durch die jeweilige Symbolik ausgedrückt wird. Für diese Aufgabe ist es nützlich, eine konsistente Darstellung vorher kennengelernt zu haben, da man diese dann zum Vergleich heranziehen kann. Dazu kann dir das in diesem Buch erarbeitete Wissen sehr nützlich sein!

6.2 Beweisschritte

Wir haben in diesem Buch die Beweisschritte sehr systematisch eingeführt, indem feste Textschablonen mit den jeweiligen Nachweis-

und Benutzungsregeln verbunden wurden. Dabei sind die Textstücke für die Nachweisregeln so fomuliert, dass Beweise von verschachtelten Aussagen automatisch auf Nachweise von weniger verschachtelten Aussagen führen und so die eigentliche Aufgabe schrittweise erklären.

In der Praxis ist es durchaus üblich, beim Präsentieren von Beweisen mit den Voraussetzungen zu beginnen, um dann zielgerichtet durch Einsatz der Beweisschritte zur Zielaussage zu gelangen. Das sieht zwar sehr elegant aus und ist auch leicht auf Korrektheit zu überprüfen, zeigt aber nicht, *wie* der Beweis entstanden ist.

> ⚠️
>
> Elegante Beweise verraten oft nicht, wie sie entstanden sind.

Lass dich also in solchen Fällen nicht von der Beweispräsentation täuschen oder entmutigen, sondern stelle dir die Frage: *Hätte ich das auch geschafft?* Versuche dann, den Beweis bei zugeklappter Vorlage einmal selbst zu führen. In diesem Fall ist die hier trainierte Rückwärts-Vorwärtsmethode angenehmer, weil sie erst einmal klärt, *was* überhaupt zu tun ist.

Du würdest ja auch bei der Aufgabenstellung *Bastle ein Schnirlewirl!* nicht gleich Schere, Papier und Kleber zusammensuchen, ohne vorher zu fragen, *was* ein Schnirlewirl denn eigentlich ist! Vielleicht benötigt man dazu ja Holz und Säge? Ohne das Ziel zu kennen, fängt man in der realen Welt nicht zu arbeiten an, und so sollte man auch in der mathematischen Welt genau wissen, was zu tun ist, bevor man vorliegende Voraussetzungen miteinander verknüpft.

> ℹ️
>
> Frage dich bei Beweisvorlagen aus Büchern und Vorlesungen: *Wie hätte mein Beweisversuch ausgesehen?*
> Der Vergleich deines Zugangs mit der Vorlage kann sehr lehrreich sein.

Wenn du dann durch Anwendung der Nachweisregeln zu den spannenden Stellen des Beweises kommst, kannst du erst einmal selbst knobeln. Findest du nicht heraus, wie die Voraussetzungen weiterhelfen, hast du einen Knackpunkt des Beweises gefunden und kannst die entsprechende Stelle nun in der Vorlage suchen, denn auch dort muss die Schwierigkeit ja bewältigt werden. Die entsprechende Stelle wird dir jetzt viel wichtiger erscheinen, als beim reinen Durchlesen, weil du dich selbst mit der dort gelösten Frage beschäftigt hast. Durch die intensivere Beschäftigung wirst du auch das verwendete Argument besser im Gedächtnis behalten und so viel mehr lernen.

Beweise aus Vorlesungen oder Büchern nachzuvollziehen, sollte also weniger darin bestehen, dass man sie durchliest und überprüft, ob sie logisch und nachvollziehbar klingen. Das wird immer der Fall sein, denn das ist Ziel jedes Beweises. Die viel wichtigere Frage ist eben: *Kann ich das auch?* Wenn du selbst probierst, den Beweis zu führen, dann werden dir die Stellen, an denen etwas Trickreiches passiert, auf dem Präsentierteller serviert. Schaffst du es dagegen ganz alleine, dann hebt das dein Selbstvertrauen, und du kannst den Beweis abhaken unter der Rubrik *Kann ich!*

In diesem Buch haben wir versucht, relativ eng an den eingeführten Beweistextstücken zu bleiben, um die jeweils verwendete Regel deutlich werden zu lassen. Je vertrauter dir die Regeln sind, desto weniger benötigst du diese Hilfestellung und umso freier kannst du die Begleittexte wählen. Wichtig ist nur, dass der mit den ursprünglichen Textstücken transportierte Sinn erhalten bleibt:

- Wird ein Satz oder eine Für-alle-Aussage nachgewiesen, so wird ein Gedankengebäude mit neuen Objekten und zugehörigen Eigenschaften aufgebaut. Das muss im Text erkennbar sein, damit auch beim Lesen klar ist, dass neue Objekte hinzukommen, deren Entwicklung zu verfolgen ist.

- Da auch die Benutzung einer geltenden Existenzaussage neue Objekte mit bestimmten Eigenschaften ins Spiel bringt, muss klar und deutlich vermerkt werden, wo dieser Schritt passiert.

- Entsprechend sollte bei einem indirekten Beweis angekündigt werden, dass eine zusätzliche Annahme getroffen wird, die zu einem Widerspruch geführt werden soll, während bei Fallunterscheidungen klar sein muss, auf welcher geltenden Oder-Aussage die Hypothesen der einzelnen Fälle beruhen.

Die Beweistexte für die einzelnen Schritte können variiert werden, solange ihr Sinn nicht verfälscht wird.

Streng genommen, geht es beim Schreiben und Lesen von Beweisen immer nur um die beiden Fragen:

- Welche Objekte stehen gerade zur Verfügung?

- Welche Aussagen gelten an dieser Stelle?

Daneben wollen wir Menschen immer noch wissen: Wohin geht die Argumentation gerade, d. h., wie lautet das aktuelle Beweisziel?

Damit man die Liste der vorhandenen Objekte und der geltenden Aussagen im Kopf führen kann, muss im Prinzip jeder Schritt, der diese Listen ändert, auch angegeben werden. In welcher Textform das geschieht, spielt eigentlich keine Rolle. Standardisierung wirkt an dieser Stelle wie ein nützlicher Geheimcode: Wird das Wort *Sei* verwendet, so kommen neue Objekte hinzu, und es geht wohl um den Beweis einer Für-alle-Aussage oder eines Satzes. Würde man *Sei* auch beim Benutzen einer Existenzaussage verwenden, so wäre damit die mitschwingende Zusatzbedeutung verwischt. Es ist daher vorteilhaft, hier ein anderes Wort (etwa *Wähle*) zu verwenden.

Für den Argumentationsverlauf nicht zwingend sind dagegen Informationen über angesteuerte Ziele, da diese ja am Ende sowieso erreicht werden und dann deutlich dastehen. Trotzdem liest ein Mensch lange Textpassagen lieber, wenn er weiß, *warum* gewisse Schritte gemacht werden. Es hilft einfach dabei, gewisse Schrittfolgen schon vorhersehen zu können, weil man sie genauso machen würde. Ein

Text, der Zwischenzielinformation enthält, entspricht einer Situation, in der eine Person einer anderen den Weg zu einem Ziel zeigt und dabei hin und wieder sagt: „Da vorne an der Kreuzung müssen wir links" oder: „Hinter der großen Platane gehen wir durch die Gasse". Das fühlt sich einfach besser an, als mit verbundenen Augen den gleichen Weg kommentarlos geführt zu werden.

Egal welchen Textcode eine Dozentin oder ein Buchautor auch wählt, er wird dich darin unterstützen, den Überblick über die vorhandenen Objekte, die geltenden Aussagen und die aktuellen Ziele zu behalten. Dementsprechend musst du nur herausfinden, welche *Schlüsselwörter* für welchen Zweck verwendet werden.

Wörter wie *trivial*, *klar* oder *offensichtlich* weisen auf leicht füllbare Lücken in der Argumentation hin. Versuche, diese selbst zu füllen.

Es ist nicht ungewöhnlich, unter den Beweis-Schlüsselwörtern auch *trivial, offensichtlich* oder *klar* zu finden. Hierbei handelt es sich nicht um eigene Beweisschritte, sondern um Verweise auf *übersprungene* Argumentationen. Sie werden eingesetzt, wenn die genaue Ausführung der Schritte eine Routineaufgabe ist und die Hauptidee des Beweises nur stören würde. Problematisch ist dabei, dass Routine ein sehr subjektiver Begriff ist. Sagt eine Spezialistin *klar*, dann kann ein Doktorand daran Wochen verbringen. Sagt ein Dozent *trivial*, dann grübeln die Studierenden vielleicht Stunden darüber nach.

Triffst du also auf eines dieser Schlüsselwörter, so denke darüber nach, ob du den vollständigen Beweis sofort hinschreiben kannst. Falls ja, dann ist es für dich auch klar. Falls nein, dann nimm dir Stift und Papier und probiere es. Schaffst du den Beweis, dann wirst du beim nächsten Mal vielleicht schon mit einem Blick erkennen, dass du es kannst, und musst dann nicht mehr zum Stift greifen. Schaffst du es nicht, dann lass dir an der Stelle weiterhelfen, wo du stecken geblieben bist.

Die oft benutzte Wortkombination *es folgt* ist ebenfalls gefährlich, wenn dabei nicht genauer ausgeführt wird, wie die Folgerung zustande kommt: Werden hier einige elementare Beweisschritte übersprungen? Wird ein Satz angewendet? Aber welcher ist es, wie werden seine Platzhalter belegt und sind alle Voraussetzungen erfüllt? In jedem Fall deutet es auf eine gewisse Lücke hin, d. h., beim Durcharbeiten des Beweises sollten an dieser Stelle die gleichen Mechanismen greifen wie beim Wort *trivial*. Selbst wenn gesagt wird: *Es folgt mit Satz 3.1* können noch Lücken übrig bleiben, sofern die Platzhalterbelegung oder die Überprüfung der Voraussetzungen nicht ausgeführt wird. Diese Lücken aufzuspüren und zu überlegen, ob man sie selbst schließen kann, ist ein wesentlicher Arbeitsschritt.

Ein etwas konkreteres Schlüsselwort wird oft mit *o.B.d.A.* abgekürzt, was für *ohne Beschränkung der Allgemeinheit* steht und meist damit verknüpft wird, dass Zusatzannahmen getroffen werden, die in der

eigentlich zu beweisenden Aussage gar nicht vorkommen. Der nachfolgende Beweis ist dann eigentlich der Nachweis einer Hilfsaussage
(eines Lemmas), sodass eine einfache Anwendung dieser Hilfsaussage einen Beweis der ursprünglichen Aussage ergibt. Ist die Art der
Anwendung angegeben, dann ist der Beweis praktisch vollständig.
Wird aber nichts dazu gesagt, dann solltest du beim Nacharbeiten
darüber nachdenken, wie die eigentliche Aussage aus der tatsächlich
bewiesenen Hilfsaussage gewonnen werden kann.

Hinweise wie *ent-
sprechend folgt* oder
o.B.d.A. verweisen
auf ein fehlendes
Lemma, mit dem
präzise argumentiert
werden könnte.

Alle diese Hinweise deuten darauf hin, dass mathematische Beweise
in der Praxis selten 100% sorgfältig und lückenlos sind. Der Grund
ist, dass Lückenlosigkeit die Beweise deutlich verlängert. Für sich
genommen, ist die Beweislänge eigentlich kein Problem, denn die
zu überblickende Informationsmenge wird ja nicht dadurch geringer,
dass sie unerwähnt bleibt. Der Nachteil eines sehr sorgfältigen Beweises liegt vielmehr darin, dass die wesentlichen Schritte in einer
Vielzahl von routinemäßigen Schritten nicht gut zu erkennen sind.

Sehr wichtig für
die mathematische
Kommunikation ist,
dass erwähnenswer-
te und unwesentliche
Argumente von den
Beteiligten ähnlich
eingeschätzt werden.

Da in dieser Erklärung wieder das subjektive Wort *Routine* steckt,
ist es sehr wichtig, dass Autorin und Leser im Wesentlichen die gleichen Schritte als Routine einstufen. Besonders wenn die Leserinnen
und Leser Neulinge sind, ist das naturgemäß oft *nicht* der Fall. Das
Verstehen von Beweisen besteht dann eben aus zwei Schritten: Einerseits dem Nachvollziehen des angegebenen Argumentationsverlaufs
und andererseits dem Erkennen von Lücken und der Überprüfung,
ob das Füllen dieser Lücken tatsächlich eine Routinetätigkeit ist.

Natürlich kannst du Lücken nur dann füllen, wenn du diese siehst,
was per Definition schwer ist, denn Lücken sind ja etwas, was *nicht*
dasteht. Wenn du aber an jeder Stelle das Idealbild eines lückenlosen
Beweises vor Augen hast, kannst du Unterschiede zum tatsächlichen
Text erkennen – dann werden die Lücken sichtbar. Aus diesem Grund
haben wir in diesem Buch trainiert, lückenlose Beweise zu führen.
Es geht *nicht* darum, Beweise immer lückenlos aufzuschreiben, sondern um den korrekten Umgang mit den in der Praxis üblichen
lückenbehafteten Beweisen, in denen wichtige von routinemäßigen
Schritten getrennt werden.

6.3 Axiomensysteme

Im ersten Kapitel haben wir grundlegende Axiome der Mengenlehre
vorgestellt. Begrifflich sind wir dabei von *Elementen* ausgegangen,
die in (naiven) Mengen zusammengefasst werden können. Manche
dieser Zusammenfassungen sind dabei wieder Elemente und können
somit erneut in anderen Mengen zusammengefasst werden. Die Men-

gen mit Elementeigenschaft haben wir *fassbar* genannt und alle Axiome bezogen sich letztlich darauf, dass gewisse Mengen fassbar sind.

Dieser Zugang präzisiert die sonst in Vorlesungen oder Büchern zum Studienbeginn oft benutzte *naive* Mengenlehre, bei der Mengen etwas schwammig als *Zusammenfassungen von wohlunterschiedenen Objekten unserer Anschauung oder unseres Denkens* eingeführt werden. Der Zusatz *naiv* deutet darauf hin, dass dieser Ansatz etwas arglos ist, und tatsächlich wurde Anfang des zwanzigsten Jahrhunderts von Bertrand Russell gezeigt, dass er als Basis für die Mathematik nicht tragfähig ist.

⚠️

Sorgfältig gewählte Axiome als Grundlage der Mathematik sind wichtig, um Widersprüche zu vermeiden.

Russells cleveres Argument ist dabei gar nicht lang. Es beruht darauf, all die Mengen gedanklich zusammenzufassen, die sich nicht selbst als Element enthalten. Beispiele solcher Mengen kennen wir: Die leere Menge $\emptyset$ hat kein Element, also gilt $\emptyset \notin \emptyset$. Die Menge $\{\emptyset\}$ hat nur die leere Menge als Element und damit nicht sich selbst, da $\{\emptyset\}$ ja ein Element besitzt. Also gilt auch $\{\emptyset\} \notin \{\emptyset\}$. In dieser Weise kann man fortfahren und findet so sehr viele Mengen, die sich nicht selbst als Element beinhalten. Die Zusammenfassung *aller* dieser Mengen nennen wir nun $R := \{A \in \mathcal{M} : A \notin A\}$.

Gemäß der naiven Mengenlehre ist R als Zusammenfassung wohlunterschiedener Objekte unseres Denkens wieder eine Menge, und wenn wir Menge mit *fassbare Menge* gleichsetzen, gilt folglich $R \in \mathcal{M}$. Das führt aber zu einem fundamentalen Problem, denn mit dem Axiom *Tertium non datur* folgt jetzt $(R \in R) \vee (R \notin R)$, und in einer Fallunterscheidung können wir leicht einen Widerspruch finden:

- Fall $R \in R$: Mit der Benutzungsregel zur Elementaussage bei Aussonderungsmengen (Abschnitt B.14 auf Seite 209) folgt $R \notin R$ und damit gilt $(R \in R) \wedge (R \notin R)$.

- Fall $R \notin R$: Da auch $R \in \mathcal{M}$ gilt, zeigt die Nachweisregel zur Elementaussage bei Aussonderungsmengen (Abschnitt B.14 auf Seite 209), dass $R \in R$ gilt. Es folgt $(R \in R) \wedge (R \notin R)$.

In jedem Fall gilt also $(R \in R) \wedge (R \notin R)$, wodurch mit *Ex falso quodlibet* alle Aussagen wahr sind und jeder weitere Beweis damit sinnlos wird.

In diese Sinnkrise stürzte die Mathematik durch Russells Argument, und die späteren Rettungsaktionen führten zu einer ganzen Reihe von axiomatischen Systemen, die anstelle der naiven Mengendefinition das Russellsche Problem verhindern (in unserem Zugang gilt zum Beispiel $R \in \mathcal{M}$ nicht axiomatisch, sodass der Widerspruch nur $R \notin \mathcal{M}$ zeigt und nicht die Mathematik zerstört).

Als Konsequenz dieses Prozesses gibt es heute nicht nur ein einziges Axiomensystem als Ausgangspunkt zum Mathematikmachen, sondern unterschiedliche Ansätze, wobei unausgesprochen meist die ZFC-Axiome benutzt werden (ZFC steht für **Z**ermelo, **F**raenkel und **C**hoice, also für die Nachnamen von Ernst Zermelo und Abraham Adolf Fraenkel, während Choice für das sogenannte Auswahlaxiom steht).

Von unserem Standpunkt aus betrachtet, sind in diesem Axiomensystem die Grundobjekte genau die fassbaren Mengen, d. h., unfassbare Zusammenfassungen wie $\mathcal{U}$ oder R lassen sich dort überhaupt nicht formulieren. Außerdem werden Funktionen nicht wie bei uns axiomatisch als Elemente eingeführt, sondern sie werden mit den ZFC-Axiomen auf Mengenkonzepte zurückgeführt. Dazu muss zunächst ein Paarkonzept aus Mengen gebastelt werden, mit dem dann Relationen formuliert werden können, die schließlich den Funktionsbegriff ermöglichen. Da dieser Prozess recht aufwändig ist und die dabei auftretenden Hilfsobjekte in der alltäglichen Praxis keine große Rolle spielen, haben wir hier einen Zugang mit zusätzlichen Axiomen gewählt, die diese Konstruktionen umgehen. Als Einführung in das mathematische Arbeiten ist das sicherlich zweckmäßig, es sollte aber betont werden, dass grundsätzlich ein großes Interesse daran besteht, möglichst wenig Axiome an den Anfang einer Theorie zu stellen.

Werden die Axiome sehr sparsam gewählt, so müssen vertraute mathematische Objekte daraus erst konstruiert werden.

Dadurch, dass wir der naiven Mengenlehre in soweit folgen, dass beliebige Zusammenfassungen von Elementen zu (im Allgemeinen unfassbaren) Mengen möglich sind, lassen sich die Mengenaxiome sehr leicht formulieren. Der Zugang ist dabei angelehnt an das Axiomensystem der NBG-Mengenlehre (benannt nach den drei Mathematikern John von **N**eumann, Paul **B**ernays und Kurt **G**ödel), in dem die unfassbaren Mengen *Klassen* genannt werden, während Mengen synonym für fassbare Mengen stehen, die wie im ZFC-System die einzigen möglichen Elemente darstellen.

Neben dem ZFC- und NBG-System und weiteren Axiomatisierungen der Mengenlehre gibt es auch andere Ansätze wie die Typentheorie, die als Grundlage für das mathematische Arbeiten genutzt werden kann. Egal welche dieser Grundlagen in Form von Schlussregeln und Axiomen auch verwendet wird, verbindend ist, dass alle Aussagen der Theorie allein durch Rückgriff auf diese vereinbarten Regeln gewonnen werden. Wenn man dieses Grundprinzip in einem System kennengelernt hat, lässt es sich sehr leicht auf andere Systeme übertragen.

6.4 Wie geht's weiter?

Sicherlich bist du gespannt, welche mathematischen Welten sich mit dem nun erlernten Rüstzeug erkunden lassen. Vielleicht überlegst du auch, ob du Mathematik studieren möchtest, oder stehst schon am Anfang eines Studiums. Zum Abschluss unseres Buchs haben wir an dieser Stelle einige kurze Anregungen gesammelt.

Zum Weiterlesen. Im Folgenden findest du eine kleine kommentierte Zusammenstellung von weiteren Einführungsbüchern, die unser Buch durch andere Schwerpunkte gut ergänzen, sowie auch von Büchern mit Blick auf das erste Semester. Natürlich gibt es sehr viel mehr schöne Bücher, die hier nicht erwähnt werden.

- Lara Alcock: *Wie man erfolgreich Mathematik studiert*, Springer Spektrum, Berlin, 2017.

  Im ersten Teil geht es um mathematische Grundlagen (mit gewissem Überlapp zu unserem Buch). Im zweiten Teil beschreibt die Autorin, *wie* das Studium funktioniert.

- Merlin Carl: *Wie kommt man darauf?*, Springer Spektrum, Berlin, 2017.

  Grundlegende Problemlösestrategien im Kontext des Mathematikstudiums. Einige Begriffe werden dir damit vor oder zu Beginn des Studiums vermutlich noch unbekannt sein.

- Daniel Grieser: *Mathematisches Problemlösen und Beweisen*, 2. Auflage, Springer Spektrum, Berlin, 2017.

  Problemlösen und heuristisches Erarbeiten von Strategien wird an ausgewählten Problemen vorgeführt und ist durch Zwischenfragen und Übungen zum Mitmachen gestaltet.

- Roger B. Nelsen: *Beweisen ohne Worte*, Springer Spektrum, Berlin, 2016.

  Wie viel lässt sich mit einem Bild sagen? Wie gut kann man als Betrachter die Idee wiedererkennen?

- Nicola Oswald und Jörn Steuding: *Elementare Zahlentheorie*, Springer Spektrum, Berlin, 2015.

  Wie der Titel sagt, geht es um Zahlen und damit verwandte Themen: Primzahlen, Kryptographie und weitere Themen werden angeschnitten und Ausblicke auf weiterführende Mathematik gegeben.

- Hermann Schichl und Roland Steinbauer: *Einführung in das mathematische Arbeiten*, 3. Auflage, Springer Spektrum, Berlin, 2018.

Enthält unter anderem eine ausführliche Einführung in grundlegende *algebraische Strukturen* sowie in die formale Konstruktion der verschiedenen Zahlbereiche.

- Wolfgang Schwarz: *Problemlösen in der Mathematik*, Springer Spektrum, Berlin, 2018.

  Heuristische Strategien des Problemlösens werden anhand vieler Beispiele aus unterschiedlichen Bereichen der Mathematik systematisch illustriert.

- Irgendein Buch zur *Analysis I* oder *Linearen Algebra I*.

  Fängst du an einer deutschen Universität ein Mathematikstudium an, so sind dies in der Regel deine ersten Vorlesungen. Entsprechend hat jeder Verlag viele Bücher im Angebot, die du im Internet finden kannst. Ebenfalls im Internet zu finden sind sogenannte *Vorlesungsskripte*, die oft kostenlos heruntergeladen werden können, aber im Vergleich zu Büchern meist weniger Erklärtexte enthalten und somit deutlich mehr eigene Mitarbeit und Lückenfüllen von dir erwarten.

Sprich mit Studienberatern, Studierenden und Professoren! An jeder Universität gibt es Personen, die dir gerne mehr über ein mögliches (Mathematik-) Studium erzählen und Fragen beantworten. Such zum Beispiel einfach mal auf den Seiten einer Universität, die dich interessiert, nach *(Fach-) Studienberatung*. Ist eine Universität in deiner Nähe, kannst du (nach vorheriger Anfrage) meist auch persönlich vorbeikommen. Dabei besteht vielleicht auch die Möglichkeit, dich mit Studierenden zu treffen und ihre Eindrücke von ihrem (Mathematik-) Studium zu erfahren. Sei mutig!

Beiß dich durch! Falls du am Anfang eines Mathematikstudiums stehst, wirst du schnell merken, dass dabei ganz schön viel Einsatz von dir verlangt wird und manches zunächst schwer zu durchdringen erscheint. Bleib hier hartnäckig, gib nicht auf und versuche, die in diesem Buch erlernten Grundlagen auch beim täglichen Nacharbeiten deiner Vorlesungen und dem Bearbeiten deiner Übungsaufgaben zum Einsatz zu bringen. Schaffst du es, sie zu einem Teil deiner Routine zu machen, so sind wir davon überzeugt, dass du damit eine gute Basis für ein erfolgreiches Studium gelegt hast.

Welche weiteren mathematischen Entdeckungsreisen als nächstes auch auf dich warten – nach dem Lesen dieses Buchs bist du auf jeden Fall gut gerüstet.

Beim weiteren Erkunden wünschen wir dir viel Spaß!

A Alltagskonzepte in der Mathematik

A.1 Geschichten, Charaktere und Namen

Zwischen dem Verfassen mathematischer Texte (z. B. Beweisen) und dem Schreiben sonstiger Texte (z. B. Märchen) gibt es viele Ähnlichkeiten, denn auch mathematische Texte sind *Geschichten*. Da du mit Geschichten sicherlich gut vertraut bist, kannst du dir diese Analogien beim Erlernen des Umgangs mit mathematischen Texten zu Nutze machen.

Wie in jeder Geschichte geht es auch in einer mathematischen Geschichte, wie einem Satz oder einem Beweis, stets um gewisse *Charaktere*, z. B. Zahlen, Funktionen, Mengen etc. Beim Lesen und Schreiben mathematischer Texte ist es sehr wichtig, die dabei auftretenden Charaktere, etwas nüchterner spricht man auch von *mathematischen Objekten*, sowie ihre wechselseitigen Beziehungen genau im Blick zu behalten. Da das nicht grundsätzlich anders ist als beim Lesen eines Märchens, können wir ganz beruhigt sein, dass dieser Prozess auch in der Mathematik nicht wesentlich anstrengender sein wird.

Etwas ungewohnt ist allerdings, dass mathematische Objekte als gedankliche Muster zwar durch reale Dinge motiviert sind, sich selbst aber nicht anschauen oder berühren lassen. Wird man etwa zu Beginn eines Beweises mit den Worten *Sei $x \in \mathbb{R}$ gegeben* dazu aufgefordert, sich eine Gedankenwelt mit einer reellen Zahl aufzubauen, so ist diese Anforderung deutlich abstrakter, als entsprechend auf den Satz *Es war einmal eine Königstochter* zu reagieren. Das liegt natürlich daran, dass es junge Frauen, kostbare Kleider und goldenen Kopfschmuck in unserer Welt real gibt, sodass eine bildhafte Vorstellung nicht weiter schwierig ist.

Auf den zweiten Blick merkt man aber, dass das genaue Aussehen für die Vorstellung eigentlich gar nicht so wichtig ist. Tatsächlich ist das gedankliche Bild zur Königstochter nicht bis ins letzte Detail ausgefeilt. Es lebt mehr davon, dass wir uns den *Möglichkeiten* und *Bedeutungen* der Person der Königstocher bewusst sind, etwa ihrer Macht, ihrem Reichtum und ihrer Sorglosigkeit (diese Dinge sind auch abstrakt und trotzdem vorstellbar). Rückübertragen auf die Zahl x ist es eine gute Nachricht, dass Vorstellbarkeit aus der Kenntnis der Möglichkeiten und Bedeutungen entsteht, die mit dem Objekt verbunden sind. Denn darüber sind wir doch bei Zah-

> **i**
>
> Für das Verständnis einer Geschichte ist es wichtig, die Eigenschaften und Möglichkeiten aller beteiligten Charaktere zu kennen.

© Springer-Verlag GmbH Deutschland, ein Teil von Springer Nature 2020
M. Junk und J.-H. Treude, *Beweisen lernen Schritt für Schritt*,
https://doi.org/10.1007/978-3-662-61616-1_7

len genauestens informiert! Seit dem ersten Schuljahr haben wir uns mit Zahlen und den zu ihnen gehörenden Operationsmöglichkeiten beschäftigt. Lesen wir also *Sei $x \in \mathbb{R}$ gegeben*, dann sollen dadurch diese Assoziationen geweckt werden und nicht Sorgen darüber, dass wir die Dezimaldarstellung von x nicht kennen. Wir sind ja auch bei einer Prinzessinnengeschichten nicht besorgt, nur weil z. B. nicht gesagt wird, ob wir von einer Stupsnase und blauen Augen ausgehen können.

Während man beim Verfassen eines Märchens nach Belieben Charaktere in die Geschichte einführen kann, ist man beim Einführen mathematischer Objekte während einer Beweisführung durch die Beweisregeln eingeschränkt. So gibt es nur zwei Schritte, durch die neue mathematische Objekte in die Beweisgeschichte hinzukommen:

ℹ️

Neue Objekte kommen nur beim Nachweisen von Für-alle Aussagen und beim Benutzen von Existenzaussagen hinzu.

- Beginnt man mit dem Nachweis einer Für-alle-Aussage, so wird mit dem Schlüsseltext *Sei ... gegeben* ein neues mathematisches Objekt eingeführt.

- Liegt eine gültige Existenzaussage vor, so kann man diese benutzen und sich ein entsprechendes Objekt geben lassen, wobei ein Name zum Ansprechen des Objekts zu *wählen* ist.

Willst du einen *Satz* beweisen, so sind oft durch die Formulierung des Satzes schon gewisse Objekte vorgegeben. Mit dem Beweis schreibst du gewissermaßen die Geschichte weiter, weshalb du diese Objekte nicht nochmals einführen musst.

In den allermeisten Geschichten bekommen die Charaktere *Namen*. Hat die Prinzessin zum Beispiel noch eine Schwester, die damit also ebenfalls eine Prinzessin ist, so wäre es für die Unterscheidung der beiden im weiteren Verlauf der Geschichte sicherlich vorteilhaft, wenn die beiden etwa Beatrix und Helena genannt werden.

Die Namen in mathematischen Geschichten sind meist viel kürzer, ein beliebter Name ist zum Beispiel x. Diesen vergibt man zum Beispiel beim Schreiben von *Sei $x \in \mathbb{R}$ gegeben*. Die Kürze dieses Namens ist bequem, da man dadurch nicht viel schreiben muss. Überhaupt spart die Verwendung von Namen in mathematischen Geschichten unheimlich viel Schreibarbeit, da man in der Geschichte über die reelle Zahl x etwa ganz einfach x^2, $15x$ oder $\cos(x)$ schreiben kann, um die Geschichte weiter zu erzählen. Hätte man sich den Namen x gespart und nur *Sei eine reelle Zahl gegeben* geschrieben, so müsste man stattdessen mühsam *das Quadrat der Zahl, das 15-fache der Zahl* oder *der Cosinus der Zahl* schreiben.

Oft gibt es in einer mathematischen Geschichte verschiedene Handlungsstränge oder Nebenhandlungen, zum Beispiel wenn eine Für-alle-Aussage als Teil einer größeren Behauptung bewiesen wird oder sich durch eine Fallunterscheidung in einem Beweis zwei Nebenhandlungen eröffnen. Dabei kann es vorkommen, dass gewisse Objekte nur innerhalb dieser Teile eine Rolle spielen, im weiteren Verlauf des Beweises dann aber nicht mehr vorkommen. Sie betreten gewissermaßen für eine Weile die Bühne und treten wieder ab, wenn ihre Szene vorüber ist, etwa wenn das Nachweis-Ende einer Für-alle Aussage erreicht ist. Im Hauptstrang der Geschichte bleibt als Erinnerung lediglich die nun bewiesene Gültigkeit der Für-alle-Aussage zurück.

Während uns ein solches Auf- und Abtreten von Charakteren in der Regel keine Schwierigkeit bereitet, sorgt eine Besonderheit beim Schreiben mathematischer Geschichten manchmal für Verwirrung: Verlässt nämlich ein Objekt am Ende seiner Szene die Geschichte, so gibt es seinen Namen für den weiteren Verlauf der Geschichte wieder frei. Das bedeutet, dass der Name anschließend zur Bezeichnung *anderer* Objekte verwendet werden kann. Diese variable Verwendung von Namen sollte man aber nicht so interpretieren, dass etwa der Name x gleichzeitig für alles Mögliche steht. In jeder Szene ist x immer ganz fest mit genau einem Objekt verbunden.

In mathematischen Geschichten treten Objekte oft nur kurz in Erscheinung. Tritt ein Objekt ab, wird sein Name wieder freigegeben.

Ein weiterer Grund, wieso man in der Mathematik überhaupt Namen wiederverwendet, liegt darin, dass in mathematischen Texten Objekte oft nur ganz kurz in Erscheinung treten und es deshalb extrem unpraktisch wäre, jedem dieser Objekte einen unverwechselbaren Namen zuzuweisen. In diesem Buch handelt zum Beispiel jede der über 250 Übungsaufgaben von mindestens zwei bis drei Objekten, woraus sich bereits ein Bedarf von an die tausend Namen ergäbe. Durch die Wiederverwendung der gleichen Namen in unterschiedlichen Szenen reduziert sich die Namensvielfalt dagegen drastisch.

Der gleiche Effekt ergibt sich im Übrigen auch in alltäglichen Situationen, wenn jemand mit sehr vielen Personen nur kurz zusammentrifft, etwa als Kellner im Restaurant oder als Kundenberaterin in einem Geschäft: In jeder einzelnen Szene ist der Name *Kundin* oder *Gast an Tisch 10* für genau eine konkrete Person reserviert. Nach dem Abgang ist die Bezeichnung aber wieder frei für eine andere Person. Niemand würde aus dieser Perspektive auf unterschiedliche Namen bestehen, obwohl alle beteiligten Personen ihren eigenen Namen tragen. Dass es dabei in der Eile schon mal zu Verwirrung in der Kommunikation kommen kann (*Kannst du der Kundin die Rechnung bringen? – Welcher?*), ist keine Überraschung, und genauso muss man auch beim Schreiben und Lesen mathematischer Texte Ruhe und Sorgfalt im Umgang mit Namen walten lassen.

A.2 Getränkeautomaten und Platzhalter

Stelle dir einen Cola-Automaten vor: Bei Einwurf einer 1€ Münze kannst du dir eine Cola ziehen. Nun betrachte den folgenden mathematischen Satz, den du vielleicht aus der Schule kennst:

> Sei $f : \mathbb{R} \to \mathbb{R}$ eine zweimal differenzierbare Funktion und $x \in \mathbb{R}$. Gilt $f'(x) = 0$ und $f''(x) > 0$, dann hat f in x ein lokales Minimum.

Innerhalb der beiden Beschreibungen treten die Münze bzw. die Funktion f sowie der Punkt x als Objekte auf. Wie üblich erfahren wir dabei nur einige Details über die Objekte, zum Beispiel ist die Münze eine 1€ Münze und die Funktion f zweimal differenzierbar, während andere Einzelheiten völlig offen bleiben: Ob etwa die Münze von französischer, italienischer oder anderer Prägung ist, wird nicht verraten. Genauso wenig kennen wir den Funktionswert $f(0)$ oder wissen, wo der Punkt x auf dem Zahlenstrahl liegt. Für solche Details wird in den Beschreibungen gewissermaßen *Platz* gelassen.

Diesen Platz können wir uns zu Nutze machen, wenn wir den Cola-Automaten oder den obigen Satz benutzen möchten. So ist es dem Automaten ganz egal, welche 1€ Münze wir einwerfen (eine 2€ Münze würde er hingegen nicht akzeptieren). Genauso gut könnten wir die Funktion f und den Punkt x in obigem Satz durch die konkrete Funktion $g : \mathbb{R} \to \mathbb{R}$ mit $g(t) = t^4 - 32t + 1$ und den Punkt 2 ersetzen: Da g zweimal differenzierbar ist und $g'(2) = 4 \cdot 2^3 - 32 = 0$ sowie $g''(2) = 12 \cdot 2^2 > 0$ gelten, erfüllen g und 2 alle Eigenschaften, die von f und x in der Beschreibung des Satzes verlangt werden. Wir haben durch die nähere Spezifikation der Funktion und des Punkts nur offengelassene Eigenschaften aufgefüllt, auf die in der Geschichte kein Bezug genommen wird. Wenn man die Geschichte nun mit g und 2 umschreibt, dann schreibt sich natürlich auch das Ergebnis um, und man erhält die möglicherweise nützliche Information: *g hat in 2 ein lokales Minimum.*

Da die Akteure f und x in der Geschichte *Platz lassen* für passende Objekte mit mehr Detailinformation, nennt man sie auch *Platzhalter*. Durch sie wird die Geschichte zu einer Art Kopiervorlage für ganz viele (sehr ähnliche) Geschichten, die aus ihr enstehen, indem man konkretere Objekte in die Stellen der Platzhalter *einsetzt*.

Natürlich kann man nur solche Objekte in Platzhalter einsetzen, die man auch wirklich konkret zur Verfügung hat. Bevor wir uns also auf den Weg zu einem Cola-Automaten machen, sollten wir erstmal in unserem Geldbeutel nach einer 1€ Münze schauen. Da man beim Mathematikmachen keinen physischen Behälter hat, in dem man bei

ℹ️

Gibt eine Geschichte nur wenige Merkmale der Akteure vor, lässt sie sich genauso erzählen, wenn man die Akteure gedanklich durch solche mit zusätzlichen Eigenschaften ersetzt.

ℹ️

In Platzhalter kann man verfügbare Objekte einsetzen.

Bedarf nach den zur Verfügung stehenden mathematischen Objekten kramen kann, ist hier eine gute Buchführung im geschriebenen Text äußerst wichtig. Dabei spielen die Schlüsselphrasen *Sei ... gegeben* und *Wähle ...* eine wichtige Rolle, da nur durch sie neue Objekte hinzukommen.

Behalte stets die verfügbaren Objekte im Überblick.

Wie Platzhalter benannt sind, spielt für die Bedeutung einer Geschichte keine Rolle. So könnte man in obigem Satz anstelle von f, x auch die Namen h, u oder β, z oder sonst irgendwelche Symbole wie $\square, \triangle$ wählen, ohne dass sich an der Bedeutung des Satzes etwas verändert. Da wir traditionell aber für Funktionen oft die Buchstaben f, g, h benutzen, lässt sich die Geschichte schneller lesen, wenn wir diesen Gewöhnungseffekt ausnutzen. Mathematisch relevant ist er nicht. Man könnte den Satz sogar formulieren, ohne den Platzhaltern Namen zu geben:

> *Hat für eine zweimal differenzierbare reelle Funktion die erste Ableitung an einer Stelle den Wert 0 und ist die zweite Ableitung dort positiv, dann hat die Funktion dort ein lokales Minimum.*

Es ist aber leicht vorstellbar, dass bei längeren Geschichten etwa mit drei Funktionen und zwei Punkten, das Bezugnehmen ohne Namen immer schwieriger wird.

Um diesen Punkt sowie die Funktion von Platzhaltern noch etwas zu beleuchten, gehen wir in einem weiteren Beispiel umgekehrt vor und starten mit einer (sehr kurzen) Geschichte ohne Platzhalternamen:

> Das Quadrat einer reellen Zahl ist nicht negativ.

Offensichtlich handelt dieser Satz von einer reellen Zahl, über die sonst nichts weiter bekannt ist, wobei als Ausgang festgestellt wird, dass das Quadrat der Zahl nicht negativ ist. Die Überführung in eine Beschreibung *mit* Objektnamen ist einfach: Wir denken uns einen Namen aus (etwa z wie Zahl) und schreiben zum Beispiel so:

Innerhalb einer Geschichte steht jeder Name für ein Objekt mit bestimmten Eigenschaften. Von *außen* betrachtet, ließe sich die Geschichte mit anderen Objekten *anstelle* der Namen genauso erzählen, sofern die Objekteigenschaften passen.

> Für $z \in \mathbb{R}$ gilt $z^2 \geq 0$.

Innerhalb dieser Geschichte steht z nun für ein festes Objekt, von dem wir nur wissen, dass es sich um eine reelle Zahl handelt. Diese Information erlaubt uns dann z^2 zu schreiben und den Vergleich von z^2 mit 0 in Form einer Ungleichung zu formulieren (den interessanten Teil der Geschichte, also den Beweis, dass $z^2 \geq 0$ tatsächlich stimmt, haben wir hier ausgelassen).

Außerhalb dieser Geschichte begegnet uns z dagegen als Platzhalter, da sich die Geschichte für konkretere Objekte wie 2 oder $-\pi$ anstelle von z wiederholen lässt, wobei der Ausgang dann $2^2 \geq 0$ bzw. $(-\pi)^2 \geq 0$ lautet. Diese *für alle* reellen Zahlen mögliche Ersetzung wird manchmal auch im Satz selbst angedeutet:

Für alle $z \in \mathbb{R}$ gilt $z^2 \geq 0$.

Alternativ kann man den Sachverhalt auch in formaler Notation durch die Aussage $\forall x \in \mathbb{R} : x^2 \geq 0$ beschreiben, wobei das Symbol $\forall$ im Hinblick auf die *Benutzung* der Geschichte als *für alle* ausgesprochen wird. In einer rein umgangssprachlichen Version drückt sich die Bezugnahme auf die Verwendung der Geschichte so aus:

Das Quadrat jeder reellen Zahl ist nicht negativ.

Hier wird mit dem Wort *jeder* nahegelegt, dass der Platzhaltereffekt dieser Geschichte ausgenutzt werden kann, um für beliebige reelle Zahlen das angegebene Ergebnis zu erhalten.

A.3 Bedingungen

Bedingungen treten typischerweise als Forderung in Wenn-dann Sätzen auf (*Wenn du dein Zimmer aufräumst, bekommst du ein Eis.*). Manchmal bleibt die Folgerung, also der Dann-Teil aber auch unausgesprochen, wie in der folgenden Bedingungen aus dem Krimi-Alltag:

Der Geiselnehmer verlangt einen vollgetankten Sportwagen und 1 Million Euro in nicht fortlaufend nummerierten Scheinen.

Wir wollen hier darauf blicken, wie diese Bedingung formuliert ist. Wann also wird der Geiselnehmer zufrieden sein? Da er nicht nach einer bestimmten Fahrzeugmarke oder -farbe verlangt hat, kommen viele möglichen Fluchtfahrzeuge infrage. Außerdem legt er keinen Wert auf bestimmte Geldscheinnummern, sodass auch hier noch viel Flexibilität bleibt. Anders ausgedrückt, spielen das Auto und die Scheine in der Bedingung nur eine *Platzhalterrolle* für die konkrete Auswahl, die von der Polizei bereitgestellt werden soll. Sie werden benötigt, um die Forderung zu beschreiben, ohne dabei die Auswahl genau festlegen zu müssen.

Mit dem gleichen Prinzip beschreibt man in der Mathmematik bei der Bildung von Mengen die Bedingung, welche Elemente zur Menge dazugehören sollen. Das sieht man zum Beispiel bei der Beschreibung der Menge aller nichtnegativer reeller Zahlen in der Form

$$\mathbb{R}_{\geq 0} := \{ x \in \mathbb{R} : x \geq 0 \} .$$

Wir benutzen hier den Platzhalter x, um die Bedingung $x \geq 0$ zu formulieren, die darüber entscheidet, welche Elemente zur Menge $\mathbb{R}_{\geq 0}$ gehören und welche nicht. Um zu überprüfen, ob gegebene Zahlen

ℹ

In der Mathematik drückt man Bedingungen oft mittels Platzhaltern durch Formeln aus.

zur Menge $\mathbb{R}_{\geq 0}$ gehören oder nicht, setzen wir diese an die Stelle des Platzhalters x in der Bedingung und schauen nach, ob sich dadurch wahre Aussagen ergeben: Für die Zahl $3 \in \mathbb{R}$ ergibt sich die wahre Aussage $3 \geq 0$, womit folglich $3 \in \mathbb{R}_{\geq 0}$ gilt. Für die Zahl -2 ergibt sich hingegen die falsche Aussage $-2 \geq 0$ und somit gehört -2 nicht zur Menge $\mathbb{R}_{\geq 0}$.

A.4 Regeln

Aus dem Alltag ist uns der Umgang mit *Regeln* in unterschiedlichen Gebieten vertraut: Wir kennen und befolgen Sprachregeln, Verkehrsregeln, Vertragsregeln, Höflichkeitsregeln und sind den Regeln der Natur unterworfen. Um ein konkretes Beispiel herauszugreifen, betrachten wir eine Regel aus dem Bußgeldkatalog für Geschwindigkeitsüberschreitungen:

Mathematik stellt ein Regelwerk zum Arbeiten mit Regeln dar. So legen die Beweisregeln fest, unter welchen Bedingungen Sätze, Implikationen und Für-alle-Aussagen (also Regeln für mathematische Objekte) gelten oder nicht.

> Wenn ein Fahrzeugführer die vorgegebene Geschwindigkeitsbegrenzung innerhalb einer geschlossenen Ortschaft um einen Wert von 31 bis 40 km/h unerlaubt überschreitet, dann wird er mit einem Bußgeld von 160 Euro und 2 Punkten in Flensburg bestraft.

Auch hier wollen wir darauf schauen, *wie* diese Regel formuliert ist und wie man sie benutzt. Würde man die Regel in einem konkreten Beispiel überwachen, so müssten dabei diverse offene Stellen in der Regel erfüllt werden. Zum Beispiel so:

- ein Fahrzeugführer ← Herr Franz Raser,
- die vorgegebene Geschwindigkeitsbegrenzung ← 30 km/h,
- eine geschlossene Ortschaft ← Schnellingen,
- der Wert der Geschwindigkeitsüberschreitung ← 37 km/h.

Und sind nun (wie hier der Fall) die in der Regel beschriebenen Voraussetzungen alle erfüllt, dann tritt auch die Folgerung mit den entsprechenden Ersetzungen ein, d. h., Herr Franz Raser wird mit einem Bußgeld von 160 Euro belegt und erhält 2 Punkte in Flensburg.

Um die Ersetzungsstellen in einer Regel besser zu kennzeichnen, kann man auch hier *Platzhalter* benutzen. In unserem Beispiel etwa

> Wenn ein Fahrzeugführer X die vorgegebene Geschwindigkeitsbegrenzung B innerhalb einer geschlossenen Ortschaft S um einen Wert W von 31 bis 40 km/h unerlaubt überschreitet, dann wird X mit einem Bußgeld von 160 Euro und 2 Punkten in Flensburg bestraft.

Die Anwendung der Regel besteht dann darin, die Platzhalter sowohl in der Beschreibung der Voraussetzung als auch der Folgerung konsequent durch Konkretisierungen zu ersetzen. Sind die entstandenen konkreteren Voraussetzungen erfüllt, dann sind auch die durch die Ersetzung enstandenen Folgerungen gültig.

Wenn Du hier die Benutzungsregel für mathematische Sätze wiedererkennst, dann hat das einen guten Grund: Sätze sind nichts anderes als Regeln, die von mathematischen Objekten eingehalten werden.

Eine andere Darstellungsform für mathematische Regeln sind Für-alle-Aussagen, wie etwa das Kommutativgesetz

$$\forall a \in \mathbb{R} : \forall b \in \mathbb{R} : a + b = b + a \, .$$

Auch hier wurden zur einfachen Formulierung der Regel wieder zwei Platzhalter a und b benutzt.

B Zusammenfassung der Beweisregeln

In diesem Anhang findest du nochmal die wichtigsten Beweisregeln sowie die typischen Nachweis- und Benutzungstexte aus Kapitel 2 im Überblick. Du kannst diese beim Anfertigen von Beweisen zum schnellen Nachschlagen nutzen.

Implikation	Eindeutigkeit
Äquivalenz	Sätze
Und-Aussage	Definitionen
Oder-Aussage	Teilmenge
Negation und Widerspruch	Mengengleichheit
Für-alle-Aussage	Funktionsgleichheit
Existenzaussage	Element einer Aussonderung

> **ℹ**
>
> In der elektronischen Buchausgabe kannst du mit einem Klick auf die Namen direkt zu den Regeln springen. Dort führt dich ein Klick auf das ◀◀ Symbol hierher zurück .

Beim Benutzen der Übersichten musst du über weite Strecken einfach nur Lücken füllen und die Textbausteine übernehmen. Was in die Lücken kommt, hängt natürlich von deiner vorliegenden Aufgabe ab und wird jedesmal anders sein. In den Texten ist der Lückeninhalt durch farbige Ovale mit drei Punkten angedeutet.

Während das Abschreiben und Lückenfüllen lediglich Konzentration und *Sturheit* verlangt, ist Kreativität immer dann von Nöten, wenn Du auf ein Baustellenzeichen triffst oder beim Nachweis einer Existenzaussage bzw. beim Anwenden einer Für-alle-Aussage ein konkreter Ausdruck mit bestimmten Eigenschaften anzugeben ist.

Ob ein Beweistext am Ende *richtig* ist, entscheidet sich *nicht* daran, dass er logisch *klingt* oder überzeugend *wirkt*. Stattdessen gilt:

> Ein Beweis ist richtig, wenn er die vereinbarten Beweistexte der grundlegenden Aussagetypen entsprechend der Regeln verknüpft, sodass am Ende die geforderten Ziele durch Kombination der geltenden Aussagen erfüllt werden.

> **⚠**
>
> Halte Dich beim Aufschreiben **stur** an die Vorgaben. Lass keine Textblöcke aus und fasse auch nicht mehrere zusammen.
> Der so entstehende Text hilft, strukturiert zu denken und Fehler zu vermeiden.

Um die Beweistexte richtig benutzen zu können, solltest du die darin vorkommenden Symbole richtig deuten können. Diese werden im Folgenden erklärt und an einem Beispiel illustriert.

© Springer-Verlag GmbH Deutschland, ein Teil von Springer Nature 2020
M. Junk und J.-H. Treude, *Beweisen lernen Schritt für Schritt*,
https://doi.org/10.1007/978-3-662-61616-1_8

Symbolerklärung

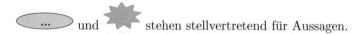 und stehen stellvertretend für Aussagen.

 weist darauf hin, dass hier noch etwas extra nachzuweisen ist.

 Hier muss ein Name für ein Element gewählt werden. Dieser muss von den schon im laufenden Beweis vergebenen Namen verschieden sein.

 Hier muss eventuell ein Platzhaltername durch einen zuvor gewählten Objektnamen ersetzt werden.

 steht für einen Widerspruch, d. h. für eine (situationsabhängige) Aussage, die gilt und zugleich nicht gilt.

 steht stellvertretend für einen oder mehrere Platzhalter (in Sätzen und Definitionen).

 steht stellvertretend für ein oder mehrere Objekte, auf die man z. B. Sätze oder Definitionen anwendet.

Anwendungsbeispiel

Als Beispiel betrachten wir einen Beweiskontext, in dem die Namen A, B, C und y bereits für drei Mengen und ein Element genutzt werden. Das aktuelle Ziel besteht darin, den Nachweis der Für-alle-Aussage $\forall y \in B : (y \notin A) \Rightarrow (y \in C)$ zu führen.

Du schlägst Seite 201 auf und findest

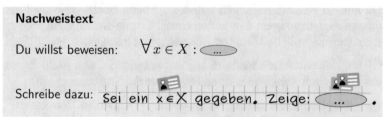

Nachweistext

Du willst beweisen: $\forall x \in X : $ ...

Schreibe dazu: Sei ein $x \in X$ gegeben. Zeige: ... .

Der nächste Schritt besteht darin, die entscheidenden Komponenten im angegebenen Aussagenmuster den entsprechenden Stellen in der konkreten Aufgabe zuzuordnen. So steht anstelle des Platzhalternamens x im Aussagenmuster bei uns der Name y und die Menge X im Muster trägt bei uns den Namen B. Schließlich ist *alles* ab dem Doppelpunkt durch das farbige Oval abgekürzt, hier also die Aussage

$(y \notin A) \Rightarrow (y \in C)$. Die darin codierten Details müssen wir in diesem Schritt also noch gar nicht anschauen, lesen oder verstehen. Sie werden später in weiteren Schritten genauer betrachtet und sollten uns im Moment nicht stören oder ablenken.

Nachdem alle Bestandteile identifiziert sind, können wir den vorgegebenen Beweistext abschreiben. Das Symbol ▣ über $x \in X$ weist uns dabei auf eine mögliche Fehlerquelle hin: Wenn wir hier einfach x durch y und X durch B ersetzen würden, dann hätte das im Nachweis hinzukommende Objekt *denselben* Namen wie das Element y, das sich bereits in unserem Beweiskontext befindet. Da solche Namensdopplungen das genaue Nachvollziehen des Textes unmöglich machen, müssen wir für das neue Objekt einen anderen Namen wählen. Wir nennen es hier zum Beispiel x und schreiben: *Sei $x \in B$ gegeben.* Bevor wir den zweiten Satz abschreiben, müssen wir den Platzhalternamen y in der Aussage ebenfalls an die konkrete Namenssituation in unserem Beweis anpassen. Daran erinnert uns das Symbol ▣ über dem farbigen Oval. Wir schreiben also: *Zeige: $(x \notin A) \Rightarrow (x \in C)$.*

> Denke dir zu den Aussagen in den ovalen Symbolen: *Die Details sind im Moment nicht wichtig – sie werden in späteren Schritten genauer untersucht.*

Die bisher blockartig benutzte Implikationsaussage wird im nächsten Schritt mit dem Nachweistext auf Seite 196 weiterbehandelt. Dabei werden die Teilaussagen $x \notin A$ und $x \in C$ zu den neuen Blöcken im folgenden Nachweistext.

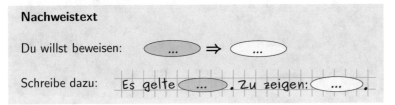

Nachweistext

Du willst beweisen: (...) ⇒ (...)

Schreibe dazu: Es gelte (...). Zu zeigen: (...).

◀ B.1 Implikation

Eine Implikation beschreibt eine Regel: *Wenn* die Voraussetzung erfüllt ist, *dann* gilt die Folgerung. Zum Nachweis müssen wir deshalb die Folgerung unter Annahme der Voraussetzung zeigen, während bei der Nutzung die Folgerung nur dann verwendet werden darf, wenn die Voraussetzung erfolgreich überprüft wurde. Weitere Details findest du auf Seite 22.

Nachweistext

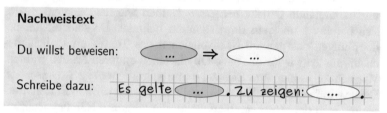

Benutzungstext

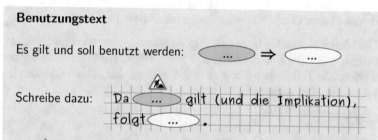

Das 🚸 Schild weist darauf hin, dass das Gelten der Voraussetzung zunächst nachgewiesen werden muss, bevor die Implikation überhaupt benutzt werden darf.

B.2 Äquivalenz ◀◀

Zwei Aussagen sind äquivalent (gleichwertig), wenn sie den gleichen Wahrheitswert besitzen. Sie können dann ohne Bedeutungsunterschied gegeneinander ausgetauscht werden. Zum Nachweis einer Äquivalenz zeigt man zwei Implikationen ⇐ und ⇒ zwischen den Aussagen, woran auch das Symbol ⇔ erinnert. Eine Begründung dafür findest du im Abschnitt 2.2.1.

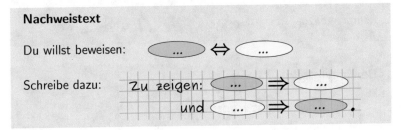

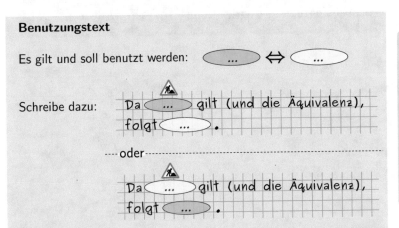

> **i**
>
> Die Äquivalenz kann außerdem dazu verwendet werden, die eine Aussage durch die andere in Ausdrücken zu ersetzen, ohne dass sich die Bedeutung dabei ändert.

Das ⚠ Schild weist darauf hin, dass das Gelten einer der beiden Aussagen natürlich zunächst nachgewiesen werden muss, bevor mit der Äquivalenz auf die andere geschlossen werden darf.

◄◄ B.3 Und-Aussage

Eine Und-Aussage gilt genau dann, wenn beide beteiligte Aussagen gelten. Details hierzu gibt es im Abschnitt 2.1.2.

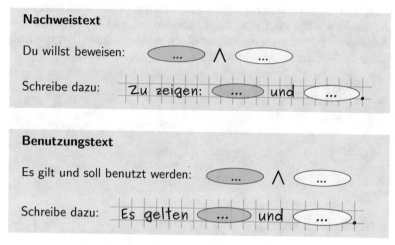

B.4 Oder-Aussage

Eine Oder-Aussage gilt, wenn mindestens eine der beteiligten Aussagen wahr ist. Weitere Infos gibt es im Abschnitt 2.1.3.

Nachweistext

Du willst beweisen:

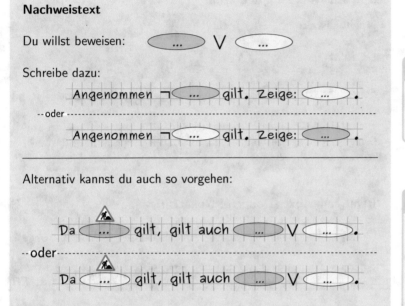

Schreibe dazu:

> Angenommen ¬ ⟨ ... ⟩ gilt. Zeige: ⟨ ... ⟩.
> --oder --
> Angenommen ¬ ⟨ ... ⟩ gilt. Zeige: ⟨ ... ⟩.

Alternativ kannst du auch so vorgehen:

> Da ⟨ ... ⟩ gilt, gilt auch ⟨ ... ⟩ ∨ ⟨ ... ⟩.
> --oder--
> Da ⟨ ... ⟩ gilt, gilt auch ⟨ ... ⟩ ∨ ⟨ ... ⟩.

Das ⚠ Schild weist darauf hin, dass die Gültigkeit einer der beiden Aussagen natürlich gezeigt werden muss.

> **ℹ**
>
> Diese Regel ist eine Konsequenz aus Satz 2.7.

> **ℹ**
>
> In dieser Form wird der Nachweis vor allem dann geführt, wenn eine der beiden Aussagen bereits gilt.

Benutzungstext (Fallunterscheidung)

Du willst die geltende Aussage ⟨ ... ⟩ ∨ ⟨ ... ⟩ benutzen, um eine weitere Aussage ✸ zu zeigen.

Schreibe dazu:

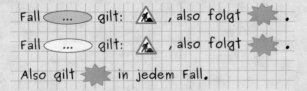

> Fall ⟨ ... ⟩ gilt: ⚠ , also folgt ✸.
> Fall ⟨ ... ⟩ gilt: ⚠ , also folgt ✸.
> Also gilt ✸ in jedem Fall.

An die Stellen der ⚠ Schilder muss natürlich jeweils ein Beweis, in dem jeweils aus der getroffenen Annahme die Gültigkeit der Aussage ✸ gefolgert wird.

◀ B.5 Negation und Widerspruch

Widerspruchsbeweise basieren darauf, dass sich aus wahren Annahmen keine falschen Aussagen folgern lassen. Details dazu gibt es in den Abschnitten 2.1.4 und 2.1.5.

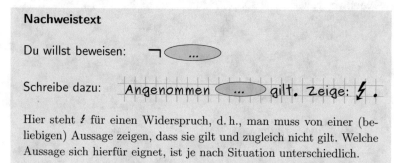

Hier steht ⚡ für einen Widerspruch, d. h., man muss von einer (beliebigen) Aussage zeigen, dass sie gilt und zugleich nicht gilt. Welche Aussage sich hierfür eignet, ist je nach Situation unterschiedlich.

Benutzungstext (Doppelte Negation)

Es gilt und soll benutzt werden: ¬(¬⟨ ... ⟩)

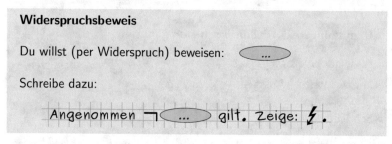

Durch Kombination von Nachweis- und Benutzungsregel der Negation erhält man die Beweismethode des Widerspruchsbeweises.

Widerspruchsbeweis

Du willst (per Widerspruch) beweisen: ⟨ ... ⟩

Schreibe dazu:

Angenommen ¬⟨ ... ⟩ gilt. Zeige: ⚡.

B.6 Für-alle-Aussage

Um zu zeigen, dass eine Aussage für alle Elemente einer Menge gilt, erzeugt man eine *Argumentationsschablone*: Für ein Element (etwa mit Namen x), von dem außer der Mengenzugehörigkeit nichts bekannt ist, zeigt man die x-abhängige Aussage. Sie gilt dann auch *für jedes* konkrete Element der Menge anstelle von x, da sich die Argumentation in jedem Einzelfall wiederholen ließe. Weitere Details stehen in Abschnitt 2.3.2

Nachweistext

Du willst beweisen: $\forall\, x \in X : \langle\ \dots\ \rangle$

Schreibe dazu: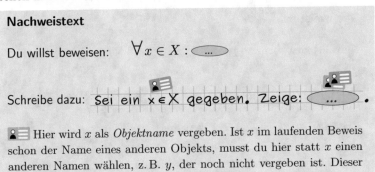

Hier wird x als *Objektname* vergeben. Ist x im laufenden Beweis schon der Name eines anderen Objekts, musst du hier statt x einen anderen Namen wählen, z. B. y, der noch nicht vergeben ist. Dieser muss natürlich auch in $\langle\ \dots\ \rangle$ an die Stelle des Platzhalters x.

Heißt die Menge X im konkreten Fall anders, musst du das X entsprechend ersetzen.

Benutzungstext

Du willst die geltende Aussage $\forall\, x \in X : \langle\ \dots\ \rangle$ anwenden.

Dazu muss ein Element a vorliegen, *auf das* die Für-alle-Aussage angewendet werden kann.

Schreibe dazu:

Oder in Kurzform:

Wegen $a \in X$ folgt $\langle\ \dots\ \rangle$ (aus der $\forall$-Aussage).

$\boxed{\mathbf{i}}$

Steht nach dem $\forall$-Quantor eine ganze Liste von Platzhaltern, so ersetzt dies mehrfach geschachtelte $\forall$-Aussagen. Wende die Regeln sinngemäß an.

◀◀ B.7 Existenzaussage

Der offensichltlichste Nachweis dafür, dass in einer Menge ein Element mit einer bestimmten Eigenschaft existiert, besteht darin, ein solches Element konkret anzugeben. Gilt eine Existenzaussage, kann man umgekehrt davon ausgehen, dass ein Element aus der Menge mit der angegebenen Eigenschaft benutzt werden kann. Den Namen für ein solches Element darfst du bei der Benutzung wählen. Weitere Details dazu findest du im Abschnitt 2.3.3.

Heißt die Menge X im konkreten Fall anders, musst du das X entsprechend ersetzen.

Steht nach dem ∃-Quantor eine ganze Liste von Platzhaltern, so ersetzt dies mehrfach geschachtelte ∃-Aussagen. Wende die Regeln sinngemäß an.

Nachweistext

Du willst beweisen: $\exists\, x \in X :$ ⟨...⟩

Schreibe dazu:

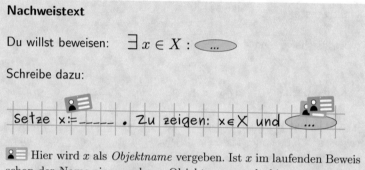

Setze x:=_____ . Zu zeigen: x∈X und ⟨...⟩

Hier wird x als *Objektname* vergeben. Ist x im laufenden Beweis schon der Name eines anderen Objekts, musst du hier statt x einen anderen Namen wählen, z. B. y, der noch nicht vergeben ist. Dieser muss natürlich auch in ⟨...⟩ an die Stelle des Platzhalters x.

Benutzungstext

Es gilt und soll benutzt werden: $\exists\, x \in X :$ ⟨...⟩

Schreibe dazu:

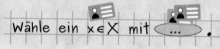

Wähle ein x∈X mit ⟨...⟩ .

B.8 Eindeutigkeit

Dass es höchstens ein Element in der Menge x gibt, für das die Aussage E_x gilt, wird durch $\forall x, y \in X : (E_x \wedge E_y) \Rightarrow x = y$ ausgedrückt. Die zugehörigen Regeln ergeben sich aus denen der beteiligten $\forall$ und $\Rightarrow$ Aussagen. Details finden sich auf Seite 78.

Nachweistext

Du willst beweisen, dass es *höchstens ein* Element $x \in X$ mit einer gewissen Eigenschaft $\langle\ ...\ \rangle$ gibt.

Schreibe dazu:

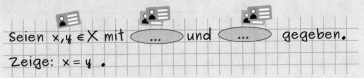

> Hier werden x und y als *Objektnamen* vergeben. Sind diese im laufenden Beweis schon als Namen in Verwendung, musst du hier andere Namen wählen, z.B. u und v, die noch nicht vergeben sind. Diese müssen dann auch in $\langle\ ...\ \rangle$ entsprechend eingesetzt werden.

Benutzungstext

Es gilt und soll benutzt werden, dass es höchstens ein Element $x \in X$ mit einer gewissen Eigenschaft $\langle\ ...\ \rangle$ gibt.

Damit kann man zeigen, dass zwei vorliegende Elemente $x, y \in X$ gleich sind, wenn sie beide diese Eigenschaft erfüllen.

Schreibe dazu:

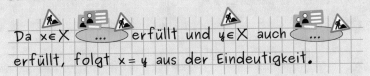

Eindeutigkeitsaussagen treten oft in Kombination mit Existenzaussagen auf, wobei dann das Symbol $\exists!$ für eindeutige Existenz benutzt wird. In diesem Fall muss die Existenzaussage zusätzlich gezeigt bzw. kann zusätzlich benutzt werden.

◀◀ B.9 Sätze

In einem Satz geht es immer um gewisse mathematische *Objekte*, von denen gewisse *Voraussetzungen* als wahr angenommen werden. Die Aussage des Satzes ist, dass dann auch gewisse *Folgerungen* über die Objekte wahr sind. Mehr Informationen gibt es im Abschnitt 2.1.1.

[i]

Sind Voraussetzungen und Folgerungen in der Formulierung eines Satzes stark vermischt, kann eine Neuordnung als Anfangstext im Beweis sinnvoll sein. Ansonsten musst du die Voraussetzungen zu Beginn deines Beweises nicht nochmals wiederholen.

Nachweistext

Du willst beweisen:

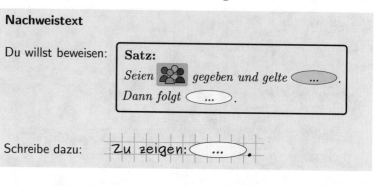

Schreibe dazu:

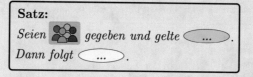

Benutzungstext

Es gilt und soll benutzt werden:

> **Satz:**
> *Seien* 👥 *gegeben und gelte* ⟨ ... ⟩.
> *Dann folgt* ⟨ ... ⟩.

Du kannst den Satz auf gegebene Objekte 👥 anwenden, die genau denen aus dem Satz entsprechen.

Schreibe dazu:

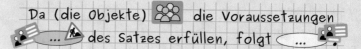

📇 Vergiss nicht, die Platzhalternamen aus dem Satz an allen Stellen durch die Namen der Objekte zu ersetzen, auf die du den Satz anwenden möchtest.

B.10 Definitionen

In einer Definition werden längere Aussagen über ein oder mehrere Objekte abgekürzt.

Nachweistext

Du willst beweisen, dass ein gegebenes Objekt die Definition

> **Definition:**
>
> wird ***Blubb*** *genannt, falls* ⟨ ... ⟩ *gilt.*

erfüllt.

Schreibe dazu: Zu zeigen: ⟨ ... ⟩.

Vergiss nicht, die Platzhalternamen aus der Definition an allen Stellen durch die Namen der Objekte zu ersetzen, für die du die Definition nachprüfen möchtest.

| i |

Definitionen ersetzen einen längeren Ausdruck oder eine verschachtelte Aussage durch abkürzende Symbole oder Begriffe.

Benutzungstext

Du willst benutzen, dass ein gegebenes Objekt die Definition

> **Definition:**
>
> wird ***Blubb*** *genannt, falls* ⟨ ... ⟩ *gilt.*

erfüllt.

Schreibe dazu:

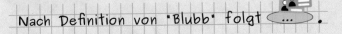

Nach Definition von "Blubb" folgt ⟨ ... ⟩.

Vergiss nicht, die Platzhalternamen aus der Definition an allen Stellen durch die Namen der Objekte zu ersetzen, auf die du die Definition anwenden möchtest.

◀◀ B.11 Teilmenge

Die Teilmengen-Aussage $A \subset B$ ist gleichbedeutend mit: Für alle Elemente aus A gilt, dass sie auch Elemente von B sind. Dies ist eine Für-alle-Aussage und somit ergeben sich die Nachweis- und Benutzungsregel für die Teilmengen-Aussage direkt aus denen der Für-alle-Aussage.

Nachweistext

Du willst beweisen: $A \subset B$

Schreibe dazu: Sei ein $x \in A$ gegeben. Zeige: $x \in B$.

Bei dir heißen die beiden Mengen vielleicht nicht A und B, sodass du diese durch die entsprechenden Namen oder Ausdrücke ersetzen musst.

Benutzungstext

Es gilt und soll benutzt werden: $A \subset B$

Dies lässt sich auf ein gegebenes Element x anwenden.

Schreibe dazu: Wegen $x \in A$ (und $A \subset B$) folgt $x \in B$.

B.12 Mengengleichheit

◀◀

Zwei Mengen sind gleich, wenn sie genau die gleichen Elemente besitzen, also wenn jedes Element der einen Menge in der anderen liegt, und umgekehrt. Dies sind gerade zwei Teilmengenaussagen.

Nachweistext

Du willst beweisen: $A = B$ (für zwei Mengen A und B)

Schreibe dazu: $\text{Zu zeigen: } A \subseteq B \text{ und } B \subseteq A.$

Bei dir heißen die beiden Mengen vielleicht nicht A und B, sodass du diese durch die entsprechenden Namen oder Ausdrücke ersetzen musst.

Benutzungsregel

Es gilt und soll benutzt werden: $A = B$

Du darfst in jedem Ausdruck die eine Menge durch die andere ersetzen, ohne dass sich dadurch die Bedeutung des Ausdrucks verändert.

Insbesondere kann für ein Element x geschlossen werden:

$\text{Wegen } x \in A \text{ (und } A = B\text{) folgt } x \in B.$

Ebenso kann geschlossen werden:

$\text{Wegen } x \in B \text{ (und } A = B\text{) folgt } x \in A.$

◀◀ B.13 Funktionsgleichheit

Zwei Funktionen sind genau dann gleich, wenn man in beide dieselben Elemente einsetzen kann und sie dabei jeweils (also je Element) denselben Funktionswert ausgeben. Details gibt es auf Seite 85.

Nachweistext

Du willst beweisen: $f = g$ (für zwei Funktionen f und g)

Schreibe dazu:

> Zu zeigen: $\mathrm{Def}(f) = \mathrm{Def}(g)$
>
> und $\forall x \in \mathrm{Def}(f): f(x) = g(x)$.

⚠

Bei dir heißen die beiden Funktionen vielleicht nicht f und g, sodass du diese Namen durch die entsprechenden Namen ersetzen musst.

Benutzungsregel

Es gilt und soll benutzt werden: $f = g$

Du darfst in jedem Ausdruck die eine Funktion durch die andere ersetzen, ohne dass sich dadurch die Bedeutung des Ausdrucks verändert.

B.14 Element einer Aussonderung

Bei der Bildung einer Aussonderungsmenge übernimmt man genau die Elemente u einer Grundmenge A, die eine Eigenschaft E_u besitzen. Alle beschriebenen Zutaten erkennt man in der Notation $\{u \in A : E_u\}$. Nach dieser Konstruktionsangabe ist also x genau dann in $\{u \in A : E_u\}$, wenn $x \in A$ und E_x gilt. Details findest du im Abschnitt 2.3.1.

Nachweistext

Du willst beweisen: $x \in \left\{ u \in A : \overline{(\,\dots\,)} \right\}$

Schreibe dazu: Zu zeigen: x∈A und $\overline{(\,\dots\,)}$.

Heißt die Menge A im konkreten Fall anders, musst du das A entsprechend ersetzen.

Benutzungsregel

Es gilt und soll benutzt werden: $x \in \left\{ u \in A : \overline{(\,\dots\,)} \right\}$

Schreibe dazu: Es gelten x∈A und $\overline{(\,\dots\,)}$.

C Hinweise für Lehrende

Mit diesem Anhang richten wir uns an Lehrende, die das Buch oder
Auszüge daraus in eigenen Kursen benutzen möchten. Neben einer
kurzen Zusammenfassung einiger unserer Leitprinzipien und einem
Überblick über das Buch haben wir versucht, ein paar Gedanken zu
möglichen Verwendungsmöglichkeiten festzuhalten.

Wir würden uns freuen, wenn unser Buch auch anderswo Verwendung findet. Rückmeldungen positiver wie auch kritischer Natur nehmen wir selbstverständlich dankbar entgegen.

Entstehungsgeschichte und Philosophie des Buchs

Dieses Buch ist aus zwei Durchläufen des Kurses *Einführung in das
mathematische Arbeiten* an der Universität Konstanz hervorgegan-
gen, die wir von 2018 bis 2020 gehalten haben. Seit dem Winter-
semester 2016/17 wird dieser Kurs im Rahmen einer *Individualisierten Studieneingangsphase* angeboten, um Unterstützung beim
Überwinden der bekannten „Hürden" zu Beginn eines Mathematikstudiums zu geben, die vor allem aus dem Erlernen der formalen mathematischen Sprache sowie dem mathematischen Argumentieren und Beweisen entstehen. Der Kurs folgte in diesen beiden
Durchläufen einem systematischen Aufbau, der sich in etwa im In-
haltsverzeichnis dieses Buchs wiederfindet. Dabei bestand das Besondere und Wesentliche des Kurses darin, dass die Studierenden
in allen Kurseinheiten viel selbst geübt haben, wobei wir einerseits
unterstützend zur Seite standen und andererseits auch präzise Eindrücke davon gewinnen konnten, wo Schwierigkeiten im Detail wirklich liegen.

Unsere Erfahrung sowohl aus diesem Kurs als auch aus diversen
Durchläufen von Vorkursen und Anfängervorlesungen ist, dass sich
viele Studienanfänger der formal-sprachlichen Hürde nicht explizit
bewusst sind oder diese zumindest nicht als (eine) Ursache für ihre Schwierigkeiten erkennen. Aus diesem Grund haben wir uns in
dem Kurs sowie in diesem Buch dazu entschlossen, den (formalen)
Aufbau der mathematischen Sprache besonders zu betonen und gewissermaßen über die Inhalte zu stellen. Gemäß dem Motto: „Bevor
ich Shakespeare lesen kann, muss ich zunächst die englische Sprache
ausreichend beherrschen." Wir wollten dabei *kein* Buch über Logik,

© Springer-Verlag GmbH Deutschland, ein Teil von Springer Nature 2020
M. Junk und J.-H. Treude, *Beweisen lernen Schritt für Schritt*,
https://doi.org/10.1007/978-3-662-61616-1_9

Mengenlehre oder „Grundlagen der Mathematik" schreiben, sondern ein Übungsbuch für Studienanfänger, in dem sie genau das erlernen können, was überall sonst im Mathematikstudium an diesen Grundlagen benötigt wird.

Uns ist bewusst, dass unsere Präsentation viele subjektive Entscheidungen beinhaltet und die starke Betonung formaler Details für erfahrene Mathematikerinnen und Mathematiker (Lehrerinnen und Lehrer eingeschlossen) zunächst ungewohnt oder sogar befremdlich erscheinen könnte. Unsere Erfahrung ist jedoch, dass ein solch systematischer Zugang und die genaue Erklärung der formal-sprachlichen Details vielen Studienanfängern beim Erlernen des mathematischen Arbeitens eine Hilfe ist. Im Folgenden möchten wir einige Gedanken zu unserem Ansatz kommentieren.

Mathematiker schreiben Texte. Aus diesem Grund führen wir (in Kapitel 2) die Semantik der grundlegenden logischen Aussagetypen rein sprachlich ein, in Form von regelbasierten Textbausteinen zum Nachweis des Aussagentyps bzw. zu seiner Benutzung, wenn eine entsprechende Aussage gilt. Dadurch alleine wird der Umgang mit „Wahrheit" geregelt, auf Wahrheitstabellen haben wir hingegen gänzlich verzichtet. Auch Beweise rein aussagenlogischer Tautologien werden innerhalb des sprachlich ausgestalteten Kalküls geführt, um so Vorgänge zu trainieren, die langfristig wichtig sind.

Genaue Regelungen formal-sprachlicher Details als Hilfestellung. Da für jeden Aussagetyp je eine konkrete Nachweis- und Benutzungsregel zur Verfügung steht, können Studierende jederzeit einfach *nachschlagen*, wie sie (zumindest prinzipiell) weiter vorgehen können bzw. müssen. Auf die häufige Frage *Was ist hier eigentlich zu tun?* lässt sich so direkt im Sinne einer „minimalen Hilfestellung" mit folgenden Gegenfragen reagieren:

- *Um welchen Aussagetyp handelt es sich?*

- *Wie lautet die entsprechende Nachweisregel?*

- *Was schreibt man dazu hin?*

Gerade die dritte Frage soll quasi zum Schreiben zwingen, damit sich die Lösung sichtbar weiterentwickelt. *Genaue Schreibregelungen* für die unterschiedlichen Aussagetypen unterstützen dabei, diese zu erkennen. Eine weitere Hilfestellung besteht in der Gegenfrage:

- *Wie lautet die genaue Langform zu dieser Abkürzung?*

Sie zielt darauf ab, dass der Sinn einer Abkürzung in der Definition hinterlegt ist, die nachzuschlagen und nicht zu erraten ist.

Wir haben es in den beiden Durchgängen des Kurses *Einführung in das mathematische Arbeiten* als äußerst bemerkenswert erlebt, wie präzise und effizient wir mit den Teilnehmerinnen und Teilnehmern nach einiger Zeit über Aufgabenstellungen, ihre Probleme bei der Bearbeitung sowie Punkte, an denen sie stecken bleiben, sprechen konnten. Der Fortschritt in ihrer mathematischen Ausdrucksweise wurde zum Beispiel immer dann besonders deutlich, wenn im späteren Semesterverlauf Studierende neu zum Kurs hinzustießen, mit denen die Kommunikation dann zunächst deutlich mühsamer verlief.

Sicherheit und Selbstvertrauen durch (viele, kleine) Aufgaben.
Über das Buch hinweg sind fast 300 Aufgaben direkt im Text eingestreut und wir halten es für sinnvoll, dass man diese beim Lesen direkt und möglichst alle bearbeitet. Da viele Aufgaben kleine Fingerübungen sind und die meisten Aufgaben direkt an den Text anknüpfen, sollte dies ohne eine große Unterbrechung des Leseflusses möglich sein. Die Rückmeldung unserer Studierenden war auch stets, dass das erfolgreiche Lösen (einfacher) Übungsaufgaben ihnen Sicherheit und Selbstvertrauen gegeben hat.

In späteren Kapiteln haben wir in längeren Beweisen viele kleine Schritte in Aufgaben ausgelagert. Dadurch soll auch die Sensibilität für die kleinen Schritte geschult werden, die in den meisten Vorlesungen ebenfalls (oft ungesagt) den Studierenden überlassen werden.

Formales Arbeiten soll als Erleichterung erlebt werden. Die Methodik sollte dann benutzt werden, wenn man sich unsicher fühlt und Dinge undurchsichtig erscheinen. Eher kontraproduktive Erfahrungen haben wir in dieser Hinsicht mit Versuchen gemacht, bereits aus der Schule bekannte Themen, wie zum Beispiel Zahlenmengen oder Rechenoperationen auf diesen, systematisch aus einer wie auch immer gearteten Axiomatik herzuleiten. Unser Eindruck ist, dass beim Begründen von bereits sehr lange vertrauten Regeln der Formalismus eher lästig als nützlich erscheint.

Umgekehrt stellen Studierende die Frage nach der genaueren Begründung von bereits vertrauten Regeln automatisch, sobald sie sich mit der grundlegenden Methodik vertraut gemacht haben. Punktuell haben wir das in diesem Buch berücksichtigt, wenn die Verbindung der Beweisregeln zur Schulmathematik thematisiert wird.

Löst man sich vom Anspruch des lückenlosen inhaltlichen Aufbaus der vorgestellten Konzepte und konzentriert sich auf die Vermittlung der mathematischen Arbeitsweise, dann ist es unproblematisch, Vorwissen an einigen Stellen unbegründet zuzulassen, an anderen Stellen aber durch das Bereitstellen entsprechender Axiome von Schulwissen in die präzise Argumentation zu übernehmen. Spätestens bei der Betrachtung von abstrakten algebraischen Strukturen wie Ringen oder Körpern wird das Schulwissen sowieso genau und sorgfältig neu aufgerollt, weil mit diesen Konzepten das vertraute schulische Umfeld verlassen wird und formales Vorgehen dann eine echte Hilfestellung bildet.

Ein „intuitives" Verständnis der Regeln ist unabdingbar. So sehr wir in diesem Buch formale Genauigkeit betonen, halten wir eine Verankerung der formalen Regeln in ähnlichen alltäglichen Vorstellungen für absolut notwendig. Ansonsten erscheint eine zielgerichtete Verwendung der Regeln in auch nur geringfügigst komplexen Situationen kaum möglich. Da die Regeln der mathematischen Logik aus der Alltagslogik entspringen, sollte eine solche Verknüpfung prinzipiell möglich sein, und wir versuchen, diese z. B. durch die Verwendung alltäglicher Analogien zu betonen. Dennoch haben wir immer wieder beobachtet, wie die alltägliche und die mathematische Logik bei Studierenden als zwei eher separate Welten wahrgenommen werden.

Andere Einführungsbücher. Da es keine Lehrbücher oder Monographien über „gängiges Vorgehen von Mathematikern" gibt (abgesehen eventuell von Büchern über Logik), findet man in unserem Buch keine direkten Referenzen. Natürlich gibt es aber viele andere Einführungsbücher für Studienanfänger eines Mathematikstudiums, in denen ebenfalls gängige Vorgehensweisen beschrieben werden und die somit in Teilen mit unserem Buch überlappen. Einige solche Bücher, die wir auch selbst beim Vorbereiten unserer Kurse mit herangezogen haben, sind:

- Matthias Beck and Ross Geoghegan: *The Art of Proof*, Springer, New York, 2010.

- Albrecht Beutelspacher: *Survival-Kit Mathematik*, Vieweg+Teubner Verlag, Wiesbaden, 2011.

- Kevin Houston: *How to Think Like a Mathematician*, Cambridge University Press, Cambridge, 2009.

- Hermann Schichl und Roland Steinbauer: *Einführung in das mathematische Arbeiten*, 3. Auflage, Springer Spektrum, Berlin, 2018.

- Ron Taylor and Patrick X. Rault: *A TeXas-Style Introduction to Proof*, MAA Press, Washington, 2017.

- Daniel J. Velleman: *How To Prove It*, 2. Auflage, Cambridge University Press, Cambridge, 2006.

Da diese Bücher im Vergleich zu unserem sowie auch im gegenseitigen Vergleich alle etwas andere inhaltliche Schwerpunkte legen oder teils andere Ziele verfolgen, kann man mit einer Kombination sicherlich fruchtbare Synergien herbeiführen.

Kurzer Überblick über das Buch

Die mathematische Sprache kennenlernen. Erstes Ziel des Buchs ist, den Leser mit der üblichen mathematischen Sprache vertraut zu machen. Dies geschieht in Kapitel 1 und die dortige Kernaussage zur mathematischen Notation ist:

- Der Grundbestand an mathematischen Ausdrucksmöglichkeiten ist sehr gering.

- Abkürzungen für Kombinationen von Grundausdrücken (z. B. in Definitionen) oder axiomatisch festgelegte Ausdrücke in speziellen Theorien erweitern die Ausdrucksmöglichkeiten.

Die verwendete Notation, etwa für Ausdrücke der Aussagen- und Prädikatenlogik ($\land$, $\lor$, $\Rightarrow$, $\Leftrightarrow$, $\neg$, $\forall$, $\exists$) sowie der Mengenlehre ($\cup$, $\cap$, $\setminus$, $\emptyset$) folgt üblichen Standards. Abkürzende Schreibweisen werden entweder in Listen der Form

Ausdruck	**Aussprache**	**Bedingung**	**Abkürzung für**
$A \subset B$	A ist Teilmenge von B	A, B Mengen	$\forall x \in A : x \in B$

oder als Definition in Textform eingeführt , wobei die Übersetzung der beiden Formate ineinander geübt wird.

In der Darstellung der Mengenlehre benutzen wir einen Klassenformalismus, bei dem beliebige Zusammenfassungen von Elementen durch Angabe eines Aussonderungskriteriums in der üblichen Form $\{x \in M : E_x\}$ gebildet werden können. Anstelle von Klassen sprechen wir aber von (naiven) Mengen, ohne das Wörtchen „naiv" im Weiteren besonders zu betonen. Dadurch ähnelt die Darstellung der sonst oft in einführenden Texten gewählten *naiven Mengenlehre*, wobei die dort benutzte schwammige Mengendefinition (die eigentlich eine Klassendefinition ist) durch klare Regelungen ersetzt wird. Mengen, die selbst wieder Elemente sind und damit in anderen Mengen zusammengefasst werden können, bezeichnen wir zur Abgrenzung von naiven Mengen auch als *fassbare* Mengen. Die Mengenaxiome regeln, wann eine Menge eine fassbare Menge ist.

Die beiden in der Mathematik allgegenwärtigen Konzepte der Relation und der Funktion werden nicht über das Konzept von Elementpaaren definiert, um den technischen Aufwand zu minimieren.

Stattdessen werden die Begriffe in Kapitel 3 axiomatisch eingeführt. Unser Ziel dabei ist, die übliche Intention hinter den Konzepten möglichst nicht durch eine Konstruktion (z. B. über Paarmengen) zu verschleiern, die in der Praxis selten explizit verwendet wird. Die für Relationen und Funktionen verwendete Notation ist wieder üblicher Standard. Der Paarbegriff wird dann erst *nach* dem Funktionsbegriff als Funktionen mit Definitionsbereich $\{1, 2\}$ eingeführt, was sofort eine Verallgemeinerung auf allgemeine Tupel erlaubt. Eine technische Diskussion über einen vorläufigen Paarbegriff wird damit unnötig.

Nachweis- und Benutzungsregeln erzeugen die Semantik. Das Hauptziel des Buchs ist es, dem Leser eine systematische Herangehensweise für das mathematische Beweisen in die Hand zu geben. Dazu wird in Kapitel 2 zunächst der eigentliche Umgang mit logischen Aussagen in Form von sprachlich formulierten Nachweis- und Benutzungsregeln zu allen Grundaussagetypen vorgegeben. Diese Regeln bilden ein System für das logische Schließen, wobei gilt:

- Nachweisregeln besagen, wie die Gültigkeit von Aussagen bewiesen wird.

- Benutzungsregeln besagen, wie gültige Aussagen argumentativ verwendet werden.

Für jede Regel wird zudem ein exemplarisches Textfragment zur Verfügung gestellt, das beim Schreiben von Beweisen benutzt werden kann. Beispielsweise wird die Nachweisregel der Für-alle-Aussage zunächst durch die folgende Tabelle eingeführt.

Aussageform	$\forall x \in A : E_x$
Nachweisregel	Um nachzuweisen, dass die Für-alle-Aussage gilt, führt man ein Element mit einem noch nicht vergebenen Namen ein, z. B. x mit der Eigenschaft $x \in A$, und zeigt, dass E_x gilt.
Nachweistext	Sei $x \in A$ gegeben. Zu zeigen: E_x.

Um die Regeln und Texte beim Üben schnell nachschlagen zu können, findet man in Anhang B zudem nochmals alle Regeln in suggestiver Form. Zur Nachweisregel der Für-alle-Aussage steht dort etwa:

Nachweistext

Du willst beweisen: $\forall x \in X : (\dots)$

Schreibe dazu: Sei ein $x \in X$ gegeben. Zeige: $(\dots)$.

Für einige häufig auftretende Aussageformen (wie Äquivalenz, Mengengleichheit, negierte Für-alle Aussagen, etc.) werden zudem abgeleitete Nachweis- und Benutzungsregeln bereitgestellt, um später die Beweistexte übersichtlich zu halten.

Beweisen mit der Rückwärts-Vorwärts-Methode. Als Strategie zum strukturierten Führen von Beweisen schlagen wir die *Rückwärts-Vorwärts-Methode* vor. Diese möchten wir hier kurz vorstellen und danach anhand eines einfachen Beispiels illustrieren:

Zunächst wird im *Rückwärtsmodus* die zu beweisende Behauptung durch rekursives Auflösen von Abkürzungen sowie Anwenden der Nachweisregeln für Grundaussagen in mehrere einfachere Hilfsziele transformiert, während den Voraussetzungen noch keine große Aufmerksamkeit geschenkt wird. Dadurch soll erreicht werden, dass zunächst expliziter zum Vorschein kommt, was im Detail eigentlich wirklich bewiesen werden muss, bevor man (sonst oft willkürliche) Schlussfolgerungen aus den Voraussetzungen zieht.

Sobald man zu konkreten Zielen kommt, die ersichtlicherweise mit den Voraussetzungen nachgewiesen werden können (oder müssen, weil keine weiteren Abkürzungen auflösbar und keine Nachweisregeln mehr anwendbar sind), wechselt man in den *Vorwärtsmodus*. In diesem kommen die Benutzungsregeln der Grundaussagen zusammen mit Auflösungen von Abkürzungen zum Einsatz, um den Beweis zu vervollständigen.

Da jeder Schritt im Rückwärts- und Vorwärtsmodus mit einem Textbaustein verbunden ist, ist auch stets klar (oder kann nachgeschlagen werden), wie der Beweistext vorangeht. So entsteht dieser über weite Teile von ganz alleine und es ist später genau nachvollziehbar, welche Schritte gemacht wurden.

Dass die Verkettung der Textbausteine zu einem kompletten Beweistext führt, soll nun an einem Beispiel demonstriert werden, in dem die Aussage bewiesen wird, dass für zwei Mengen A, B mit $A \subset B$ die Gleichheit $A \cap B = A$ gilt. In der Randspalte kommentieren wir dabei die Rückwärts-Vorwärts-Methode.

Beweis. Gelte $A \subset B$. Zu zeigen: $A \cap B = A$.	Rückwärtsmodus...
Dazu zeigen wir: $A \cap B \subset A$ und $A \subset A \cap B$.	Nachweis $\Rightarrow$
	Nachweis einer Mengengleichheit
Nachweis von $A \cap B \subset A$:	
Zu zeigen: $\forall x \in A \cap B : x \in A$.	Auflösung $\subset$
Sei $x \in A \cap B$ gegeben. Zu zeigen: $x \in A$.	Nachweis $\forall$

Vorwärtsmodus...	
Auflösung ∩	Mit der Definition von ∩ finden wir $x \in \{y \in A : y \in B\}$.
Benutzung ∈	Damit gilt $x \in A$ und $x \in B$, also insbesondere $x \in A$.
Rückwärtsmodus...	<u>Nachweis von $A \subset A \cap B$</u>:
Auflösung ⊂	Zu zeigen is $\forall x \in A : x \in A \cap B$.
Nachweis ∀	Sei $x \in A$ gegeben. Zu zeigen: $x \in A \cap B$,
Auflösung ∩	d. h., zu zeigen ist $x \in \{y \in A : y \in B\}$,
Nachweis ∈	d. h., zu zeigen ist sind $x \in A$ und $x \in B$.
Vorwärtsmodus...	Nach Voraussetzung gilt $x \in A$.
Auflösung ⊂	Wir wenden die Voraussetzung $A \subset B$, also $(\forall y \in A : y \in B)$, auf x an:
Benutzung ∀	Da $x \in A$ gilt, folgt $x \in B$. □

Übung macht den Meister. Nachdem in Kapitel 2 alle Regeln eingeführt und kurz illustriert werden, dient Kapitel 3 der ausführlichen Übung. Hier werden insbesondere Relationen und Funktionen eingeführt sowie Rekursion und Induktion besprochen. Im Anschluss sollte das formalsprachliche Gerüst, in dem mathematisches Arbeiten stattfindet, soweit präsent sein, dass eigenständigeres Vorgehen in diesem Rahmen möglich wird. Zur Unterstützung wird in Kapiteln 4 und 5 an konkreten, weiterführenden Beispielen aus dem Vorlesungsalltag geübt, wie mathematische Ideen im Hinblick auf die spätere formale Nutzbarkeit umgesetzt werden. Im Text werden dabei nur noch die Kernideen diskutiert, während die präzisen Beweise Übungsaufgaben bilden.

Schwierigkeiten und Unterstützungsmöglichkeiten

Strukturiertes, kleinschrittiges Vorgehen ist ungewohnt. Um die Rückwärts-Vorwärts-Methode mit den Studierenden zu üben, beginnen wir mit Beweisen, die sich durch diesen Ansatz (fast) von alleine schreiben, wenn man sich genau an die Regeln hält. Die Studierenden erleben dabei, dass die Regeleinhaltung automatisch die Knackpunkte der Argumentation offenlegt und sie in vielen Fällen die Verbindung zu den Voraussetzungen selbst herstellen können. So sammeln sie Selbstvertrauen und Erfolgserlebnisse.

Allerdings klappt dieser Lernprozess nicht reibungslos. So benötigt es immer wieder Aufforderungen, sich an die Regeln zu halten, d. h. den Typ der Aussage zu ermitteln und den entsprechenden Text zu benutzen. Selbst wenn diese Schritte nach einer gewissen Zeit beherrscht werden, stellt man fest, dass viele Studierende in ihren Beweisen die Regeln einige Schritte lang befolgen, dann aber plötzlich ausbrechen und ihre Argumentationsweise abrupt ändern. Genau an diesen Stellen finden sich dann typischerweise Argumentationsfehler.

Fragt man nach den Gründen für dieses Verhalten, so erhält man oft die Antwort, dass die Folgerungen doch *offensichtlich* sind und es umständlich sie, immer alle Schritte aufzuschreiben. Möglicherweise wird daran sichtbar, dass die Motivation beim Bearbeiten von Aufgaben primär das möglichst schnelle Verstehen des Sachverhalts ist und nicht dessen genaue Erklärung nach den vorgestellten Regeln.

Die Bedeutung des kleinschrittigen Vorgehens bei der Überprüfung eines erkannten bzw. oft nur erahnten Sachverhalts verlangt daher eine längere Gewöhnungsphase mit sehr vielen Aufforderungen, sich an die Regeln zu halten.

Probleme entstehen bei „Variablen". Die Regeln zum Umgang mit rein aussagenlogischen Konstrukten ($\wedge$, $\vee$, $\Rightarrow$, $\Leftrightarrow$, $\neg$) stellen zwar auch kleinere Fallstricke bereit, etwa das einschließende Oder, ernsthafte und lang anhaltende Schwierigkeiten haben wir hier jedoch selten erlebt. Schwierigkeiten tauchen hingegen sehr häufig und in großer Vielfalt auf, sobald „Variablen" beteiligt sind. Schon die Unklarheit des Begriffs „Variable" selbst scheint uns hier Teil des Problems zu sein (deshalb auch die Anführungszeichen).

Zwecks eines präziseren Sprachgebrauchs benutzen wir in diesem Buch stattdessen unterschiedliche Begriffe für verschiedene Aspekte, die oft alle mit dem Begriff „Variable" in Verbindung gebracht werden: Wir unterscheiden zwischen den beiden grundsätzlichen verschiedenen Konzepten des *(Objekt-) Namens* zur Bezeichnung individueller mathematischer Objekte auf der einen Seite und des *Platzhalters*, in den ein mathematisches Objekt eingesetzt werden kann, auf der anderen Seite. Schreiben wir etwa

Sei (ein) $x \in \mathbb{R}$ gegeben,

so haben wir *eine* reelle Zahl vor Augen, der wir den Namen x gegeben haben. Zwar denken wir dabei nicht unbedingt an die Zahl 5 oder die Zahl π, dennoch haben wir eine Zahl vor Augen. Schreiben wir hingegen

Es gilt $x^2 \geq 0$ für jedes $x \in \mathbb{R}$,

so haben wir nicht *eine* Zahl x vor dem inneren Auge, deren Quadrat nichtnegativ ist, sondern eine Aussage über *alle* reelle Zahlen. Das

Symbol x wird dabei lediglich als *Platzhalter* verwendet, der nötig ist, um die Aussage(form) $x^2 \geq 0$ schreiben zu können.

Ein häufig erlebtes Problem, das aus einem ungenauen Verständnis dieses Unterschieds resultieren dürfte, ist, dass Studierende nicht klar benennen können, über welche (individuellen) Objekte in einem mathematischen Text gesprochen wird bzw. welche Objekte eigentlich zu einem aktuellen Punkt „da sind". Dies ist z.B. dann problematisch, wenn eine Existenzaussage bewiesen oder eine Für-alle-Aussage benutzt werden soll, da hier das Benennen eines gegebenen Objekts erforderlich ist (das durch einen *Namen* bezeichnet ist), das die Existenzaussage wahr macht bzw. auf das die Für-alle-Aussage angewendet werden soll.

Hier scheint uns eine gedankliche Lücke zwischen dem Denken über mathematische Sachverhalte und dem über alltägliche Sachverhalte zu bestehen. Denn im alltäglichen Denken dürfte die unterschiedliche Verwendung der beiden Konzepte selten zu Problemen führen. Beginnt etwa eine Geschichte mit

> *In einem Haus in einer großen Stadt wohnte ein Mann mit Namen Max,*

so hat vermutlich niemand Schwierigkeiten damit, dabei an *einen* Mann zu denken und nicht an alle Männer mit dem Namen Max und auch nicht nur an den einen Nachbarn, Verwandten oder Bekannten, der zufälligerweise ebenfalls Max heißt. Und geht die Geschichte weiter mit

> *Die Stadt war eine ganz besondere Stadt, denn alle männlichen Bewohner der Stadt hatten blonde Haare und alle weiblichen Bewohner braune,*

so werden vermutlich die meisten Leser dies zur Kenntnis nehmen (können), ohne sich dabei sofort neben Max noch einen zweiten Stadtbewohner und eine Stadtbewohnerin als konkrete Charaktere der Geschichte vorzustellen. Ein Unterschied zu dem vorherigen mathematischen Beispiel ist natürlich, dass hier den Platzhaltern *männlicher Bewohner* und *weiblicher Bewohner* keine Namen gegeben werden. Umso wichtiger erscheint uns, ausführlich mit den Studierenden über unsere und ihre Vorstellung zu den Konzepten (Objekt-)Name und Platzhalter zu diskutieren.

Ideen für verschiedene Nutzungen des Buchs

In einem Vorkurs   Idealerweise würden wir uns vorstellen (man darf natürlich anderer Meinung sein), dass Studienanfänger im Fach Mathematik die in diesem Buch vorgestellten methodischen Grundlagen aus den Kapiteln 1 bis 3 hinreichend gut erlernen, *bevor* es mit den eigentlichen Inhalten der üblichen Vorlesungen in Analysis und Linearer Algebra losgeht. Ohne einen größeren Eingriff in das an den meisten deutschen Universitäten wohl ähnlich gestaltete erste Semester dürfte dies nur im Rahmen eines *Vorkurses* möglich sein.

An der Universität Konstanz geschieht dies in einem *vierwöchigen* Vorkurs, wobei die dortige Präsentation nicht ganz der hier im Buch folgt und der Vorkurs auch andere Themen behandelt. In diesem Vorkurs werden täglich von Montag bis Donnerstag in einer 45-minütigen Vorlesung ungefähr ein bis zwei logische Grundaussagetypen mit den zugehörigen Nachweis- und Benutzungsregeln behandelt, die in einer am gleichen Tag stattfindenden Präsenzübung geübt und am Folgetag in Kleingruppen nochmals besprochen werden. In den vier Wochen werden so in etwa die Inhalte der ersten beiden Kapitel sowie Auszüge des dritten Kapitels behandelt (zum Beispiel die Abschnitte zu Relationen, Funktionen, Rekursion und Induktion).

Wir können uns gut vorstellen, dass auch in einem *zweiwöchigen* Vorkurs die wesentlichen Inhalte der ersten drei Kapitel behandelt werden können. Naheliegend wäre dann sicherlich eine simultane Präsentation der ersten beiden Kapitel, also der Sprach- und der Argumentationsregeln. In lediglich einer Woche sollten auch diese beiden Kapitel behandelt werden können.

Wichtig ist aus unserer Erfahrung vor allem, dass genügend Zeit zum selbstständigen Üben und zur Diskussion zur Verfügung gestellt wird. Dafür lieber weniger Themen zu behandeln, wäre aus unserer Sicht eindeutig der bessere Kompromiss.

Im Selbststudium.   Studieninteressierte oder auch Studienanfängerinnen und Studienanfänger, die nicht an einem Vorkurs teilnehmen, können unser Buch auch gut im Selbststudium verwenden (oder auch während des Semesters nacharbeiten). Die vielen Aufgaben sowie die Hinweise und Lösungen unterstützen ein selbstständiges Durcharbeiten.

In einem Kurs während des ersten Semesters. Wir selbst haben das Buch in einem Kurs verwendet, der parallel zu den Vorlesungen Analysis I und Lineare Algebra I lief und von den Studierenden auf freiwilliger Basis besucht werden konnte. Viele der Studierenden hatten zudem schon einen Vorkurs besucht, in dem große Teile der Sprach- und Argumentationsregeln (in etwas anderer Form) behandelt worden waren.

In diesem Setting fanden wir ein systematisches (lineares) Durchgehen der ersten drei Kapitel wenig sinnvoll. Wir haben stattdessen in den ersten sechs, sieben Wochen exemplarisch verschiedene Einzelthemen aus diesen Kapiteln ausgewählt, anhand derer wir stellvertretend die Systematik des mathematischen Arbeitens illustriert und geübt haben. In der zweiten Semesterhälfte haben wir große Teile der Kapitel 4 und 5 behandelt, um mathematisches Arbeiten in komplexeren Situationen zu üben, wo das Finden von Ideen eine größere Rolle spielt.

Besonderen Wert haben wir dabei stets darauf gelegt, dass Studierende aktiv ihre Fragen eingebracht und viel selbst geübt haben. So haben wir die meisten Termine mit einer kurzen Aktivierung des gesamten Plenums begonnen. Dabei ging es in der Regel um einen von uns ausgewählten Aussagetyp (z. B. die Für-alle-Aussage) oder ein Konzept (z. B. Platzhalter und Objektnamen), und es sollte sichtbar werden, wie gut zugehörige Sprach- und Argumentationsregeln oder das Konzept bereits verinnerlicht und mentale Assoziationen ausgebildet waren. Andererseits diente diese Phase natürlich auch der kurzen Wiederholung wichtiger Themen. Anschließend haben wir ein, zwei Aufgaben zum selben Thema gestellt, die die Studierenden bearbeiten sollten. Während dieser Übungsphase haben wir individuell Fragen beantwortet (oder selbst gestellt) und generell beobachtet, an genau welchen Stellen die Studierenden häufig steckengeblieben sind und welche Fehler sie gemacht haben. Diese waren dann wiederum Grundlage für die Planung der nächsten Veranstaltung sowie letztlich natürlich auch für das Buch.

Als Literaturergänzung einer Anfängervorlesung. In einer typischen Vorlesung Analysis I oder Lineare Algebra I fehlt in der Regel die Zeit, um ausführlich auf die formal-sprachlichen Grundlagen mathematischen Arbeitens einzugehen. Hier könnte unser Buch als zusätzliche Literatur eine gute Ergänzung sein.

Wenn man als Dozent einer solchen Vorlesung die übliche (kurze) Einführung in einige Grundlagen der Logik und Mengenlehre an der Darstellung unseres Buchs orientiert, hätten Studierende automatisch die Möglichkeit, bei Bedarf weitere Details nachzulesen und einzuüben. Als weitere Anregung zur Auseinandersetzung mit den methodischen Grundlagen des mathematischen Arbeitens könnte man eine der wöchentlich von den Studierenden zu bearbeitenden Aufgaben auf Abschnitte unseres Buchs abstimmen.

In der Schule! Ausdrücklich möchten wir Mathematiklehrerinnen und -lehrer dazu ermutigen, unser Buch oder Auszüge daraus in Mathe-AGs und Spezialkursen zu verwenden oder interessierten Schülerinnen und Schülern zur eigenständigen Lektüre zu geben. Da wir nur vergleichsweise wenig mathematisches Vorwissen voraussetzen, sollte das Buch ab der fortgeschrittenen Mittelstufe verständlich sein (erste Erfahrungen scheinen das zu bestätigen).

D Tipps zu den Übungen

(✎ 1)

Grundsätzlich ist die Idee, dass du die Aufgaben in diesem Buch ohne Hilfestellung löst. Hast du bei einer Aufgabe aber keine Idee, wie du an die Fragestellung herangehen sollst, dann sei nicht zu schnell entmtutigt. Oft hilft es, wenn du dir den vorangegangenen Text mit den darin enthaltenen Beispielen noch einmal anschaust und versuchst, bei deiner Aufgabe in ähnlicher Weise vorzugehen. Geht es ab Kapitel 2 um einen Beweis, dann denke an die grundsätzliche Beweisstrategie und halte dich strikt an die Regeln. Die Textstücke in Anhang B helfen dir dabei. Wenn all das nicht funktioniert, kannst du dir gerne den Tipp zur Aufgabe ansehen. In Kombination mit der eingeübten Grundstrategie weist er einen möglichen Weg zum Ziel auf. Für deine erste Aufgabe könnte das so aussehen:

Überlege, wie du schreiben oder lesen gelernt hast. Spielst du ein Instrument? Wie hast du das gelernt? Genügt es, andere Menschen bei der entsprechenden Tätigkeit zu beobachten? Was ist unbedingt nötig, damit *du* etwas lernst?

Achte darauf, dass du bei der gestrichelten Linie aufhörst zu lesen, um dir für deine nächste Aufgabe nicht das Erfolgserlebnis zu nehmen, selbst auf eine Lösung gekommen zu sein! In der elektronischen Aufgabe kommst du durch einen Klick auf die Aufgabennummer zurück zur Textstelle.

(✎ 2)

Formuliere den Satz des Pythagoras in Textform. Die Namen, die du zur Beschreibung des Ausgangs der Geschichte benötigst, stellen die Akteure dar.

(✎ 3)

Grundlage ist die Oder-Aussage mit dem Symbol $\vee$. Wähle die beiden beteiligten Aussagen so, dass die Entweder-oder Aussage entsteht.

(✎ 4)

Überlege, welche Aussage hier negiert wird.

(✎ 5)

Das Wort *jedes* deutet immer auf eine Für-alle-Aussage hin. Wähle dir einen Platzhalternamen für das Element und fomuliere den beschriebenen Sachverhalt.

(✎ 6)

Übersetze beide Aussagen in umgangssprachlichen Texte und lass diese auf dich wirken. Was ist der Unterschied zwischen den beiden Situationen?

(✎ 7)

Denke dir jeweils einen Platzhalternamen aus, mit dem du die Aussage formulieren willst. Überlege weiter, welche Aussage jeweils negiert wird.

(✎ 8)

Wie würdest du $A \not\subseteq B$ aussprechen? Welche Bedingungen werden von A, B gefordert?

(✎ 9)

Schreibe zunächst die Formel auf mit Platzhaltern in den Zählern und Nennern. Überlege dann, aus welchen Mengen die Platzhalterelemente gewählt werden dürfen und füge die Für-alle-Quantoren hinzu.

© Springer-Verlag GmbH Deutschland, ein Teil von Springer Nature 2020
M. Junk und J.-H. Treude, *Beweisen lernen Schritt für Schritt*,
https://doi.org/10.1007/978-3-662-61616-1_10

(✎ 10) ....
Kennst du eine Situation, in der aus $a \cdot x = a \cdot b$ nicht zwingend $x = b$ folgt?

(✎ 11) ....
Teil (a) kannst du so ähnlich lösen wie das Beispiel der Menge aller durch 2 teilbaren natürlichen Zahlen. Für Teil (b) orientiere dich an der Beschreibung von $\mathbb{R}_{>0}$.

(✎ 12) ....
Über ein Element x des Schnitts weiß man, dass es in *allen* Elementen von A enthalten sein muss. Diese Bedingung an x ist die gesuchte x-abhängige Aussage E_x.

(✎ 13) ....
Eine mögliche Textbildungsstrategie bei Abkürzungen für Objektausdrücke sieht so aus: Seien (...Spalte **Bedingung**). Unter (...Spalte **Ausdruck**) verstehen wir (...Spalte **Abkürzung** – Prosabeschreibung möglich) und sprechen von (...Spalte **Aussprache**).

(✎ 14) ....
Suche aus dem Definitionstext die abkürzende Schreibweise, die zugehörige Sprechweise und die Bedingung an die im Ausdruck auftretenden Platzhalter heraus. Anschließend formuliere den abzukürzenden Ausdruck mit den zur Verfügung stehenden mathematischen Schreibweisen.

(✎ 15) ....
Suche aus dem Satz-Text die Voraussetzung und die Folgerung heraus. Für jeden benötigten Platzhalter ist ein Quantorsymbol $\forall$ erforderlich.

(✎ 16) ....
Das Symbol 0 war nur eine Abkürzung für $\emptyset$. Ersetze in den Definitionen von 1, 2, 3, 4 also 0 durch $\emptyset$. Für 1 findet sich dann die Form $\{\emptyset\}$, die du in den Definitionen von 2, 3, 4 benutzt usw.

(✎ 17) ....
Um sich im Ausdruck zurechtzufinden, ist es hilfreich, geklammerte Ausdrücke durch einen abkürzenden Buchstaben zu ersetzen. Mit den Abkürzungen $a := (x \in B)$, $b := (x \in C)$ vereinfacht sich der Ausdruck z. B. zu $((x \in A) \wedge ((A \subset B) \vee (A \subset C))) \Rightarrow (a \vee b)$. Führe diesen Prozess konsequent mit weiteren Buchstaben für die verbliebenen sechs Klammern fort. Was am Schluss übrig bleibt, ist die oberste Ausdrucksebene. Die darin auftretenden Buchstaben zeigen die Struktur der nächsten Ebene usw. Das Ergebnis kannst du nun leicht in einen Baum übertragen.

(✎ 18) ....
Zum Anwenden eines Satzes musst du angeben, wie seine Platzhalter mit konkreten Objekten belegt werden sollen. Dabei müssen die Voraussetzungen für die konkreten Objekte gelten. Im vorliegenden Fall musst du also drei natürliche Zahlen wählen. Die Folgerung des Satzes erhältst du dann mit den konkreten Zahlen anstelle der Platzhalter.

(✎ 19) ....
Diese Situation kommt in der Mathematik sehr häufig vor: Man möchte wissen, ob eine konkrete Aussage gilt. Dazu sucht man einen Satz, der bei geschickter Belegung der Platzhalter auf die gesuchte Aussage führt. Wie müssen die Platzhalter im Satz von Aufgabe (✎ 18) belegt werden, damit die konkrete Aussage als Folgerung des Satzes entsteht?

(✎ 20) ....
Lass dich durch die vielen Symbole im Ausdruck nicht verwirren, sondern stelle dir die Frage: Um was für eine Aussage geht es? Durch Aufbau des Ausdrucksbaums kannst du diese Frage beantworten – es handelt sich hier um eine Implikation. Schreibe nun den Nachweistext auf und schaue dann erst genauer auf dein neues Beweisziel. Die Verwirrung verschwindet, wenn man die vielen Symbole Schritt für Schritt betrachtet!

....

.... (✎ 21)

Auch hier nicht verwirren lassen, sondern erst einmal den Typ der Aussage herausfinden (z. B. mit einem Ausdrucksbaum). Schreibe dann konsequent den Nachweistext auf, wobei die Teilaussagen erstmal nur kopiert werden. Im zweiten Schritt gehst du genauso vor. Dann siehst du am Ende durch den Beweistext, was zu zeigen ist und wovon du ausgehen kannst. Jetzt müssen diese Fäden nur noch verbunden werden, indem du zum Beispiel eine geltende Implikation benutzt. Gehe mit der zweiten Aussage genauso um.

.... (✎ 22)

Benutze die Nachweistexte für $\Rightarrow$ und anschließend für $\wedge$. Dabei werden deine neuen (einfacheren) Ziele klar benannt. Überlege dann, mit welchen Benutzungsregeln die Ziele erreicht werden können.

.... (✎ 23)

Beginne mit dem Nachweistext für $\wedge$. Benutze dann die Voraussetzung.

.... (✎ 24)

Arbeite zuerst durch zweimalige Anwendung der $\wedge$-Nachweisregel das Beweisziel heraus und verwende dann zweimal die $\wedge$-Benutzungsregel. Für die umgekehrte Richtung gehe genauso vor.

.... (✎ 25)

Um eine Bestandsaufnahme zu machen, gehe die Voraussetzungen des Satzes und den gesamten Beweis bis zu dieser Stelle durch und notiere die eingeführten Namen, die geltenden Aussagen und die noch zu zeigenden Aussagen.

.... (✎ 26)

Stelle dir immer die Frage: Wie kann ich die Voraussetzungen *benutzen*, um dem herauspräparierten Ziel näher zu kommen? Eine mögliche Antwort darauf liefern immer die Benutzungsregeln!

.... (✎ 27)

Schritt 1: Wie lautet der Nachweistext für eine Implikation? Schritt 2: Wie kann die angenommene Oder-Aussage benutzt werden?

.... (✎ 28)

Um auf $B \vee A$ zu schließen, müssten wir wissen, dass eine der Aussagen gilt. Die Voraussetzung sagt aber nicht genau, welche Situation vorliegt. Sie lässt aber eine Fallunterscheidung zu, die aus der etwas unsicheren Oder-Aussage $A \vee B$ zwei sehr konkrete Fälle macht, in denen man das Beweisziel jeweils erreichen kann.

.... (✎ 29)

Um die Voraussetzung zu benutzen, steht die Fallunterscheidung zur Verfügung. In einem der beiden Fälle gilt wieder eine Oder-Aussage, die ebenfalls wieder eine Fallunterscheidung erlaubt. Es kommen also zwei Fallunterscheidungen zum Einsatz. Das gilt für jede der beiden Teilaufgaben.

.... (✎ 30)

Schritt 1: Nachweistext für Implikationen. Schritt 2: Nachweistext für Und-Aussagen. Schritt 3: Benutzung der Voraussetzung in Form einer Fallunterscheidung.

.... (✎ 31)

Um eine Bestandsaufnahme zu machen, gehe die Voraussetzungen des Satzes und den gesamten Beweis bis zu dieser Stelle durch und notiere die geltenden Aussagen und die noch zu zeigenden Aussagen. Beachte dabei die Gültigkeitsbereiche der Aussagen.

.... (✎ 32)

Wiederhole den Beweis, dass aus $(\neg A) \Rightarrow B$ die Oder-Aussage $A \vee B$ folgt, sinngemäß mit vertauschten Rollen. Achte darauf, ob alle Regeln weiterhin anwendbar sind.

....

(✎ 33) ....

Um eine Bestandsaufnahme zu machen, gehe die Voraussetzungen des Satzes und den gesamten Beweis bis zu dieser Stelle durch und notiere die geltenden Aussagen und die noch zu zeigenden Aussagen.

(✎ 34) ....

Formuliere den Nachweistext für die $\wedge$-Aussage und zeige die beiden Nicht-Aussagen durch die zugehörige Nachweisregel.

(✎ 35) ....

Um eine Bestandsaufnahme zu machen, gehe die Voraussetzungen des Satzes und den gesamten Beweis bis zu dieser Stelle durch und notiere die geltenden Aussagen und die noch zu zeigenden Aussagen.

(✎ 36) ....

Das Beweisziel ist der Nachweis, dass B gilt. Zeige diese Aussage in beiden Fällen und denke daran, was in widersprüchlichen Situationen passiert.

(✎ 37) ....

Schreibe die Gesamtaussage des Satzes als Implikation. Verwende die $\Rightarrow$-Nachweisregel. Verwende sie ebenfalls für dein neues Hilfsziel. Nutze eine Fallunterscheidung basierend auf $A \vee (\neg A)$. Achte auf Widersprüche!

(✎ 38) ....

Schritt 1: Nachweistext für Implikationen. Schritt 2: Nachweistext für Oder-Aussagen aus Abschnitt B.4 auf Seite 199. Welche der beiden möglichen Varianten des oberen Nachweistextes ist hier praktischer, um die geltenden Aussagen ins Spiel zu bringen?

Für die umgekehrte Implikation $((\neg A) \vee B) \Rightarrow (A \Rightarrow B)$ beginne mit Schritt 1: Nachweistext für Implikation. Schritt 2: Nachweistext für Implikation. Schritt 3: Nutzung der geltenden Oder-Aussage durch eine Fallunterscheidung. Achte darauf, in beiden Fällen die gleiche Aussage zu zeigen.

(✎ 39) ....

Wiederhole den ersten Teil des Satzes mit getauschten Rollen. Überprüfe, ob sich die Regeln genauso anwenden lassen.

(✎ 40) ....

Wiederhole den Widerspruchsbeweis zum Nachweis von $\neg E$ mit getauschten Rollen. Überprüfe, ob sich die Regeln genauso anwenden lassen.

(✎ 41) ....

Äquivalenzen werden durch zwei entsprechende Implikationen gezeigt. Suche in den alten Ergebnissen nach passenden Implikationen und wende die entsprechenden Sätze an. Jeweils eine Implikation fehlt bei (i) und bei (iii). Nutze zu ihrem Nachweis die jeweils üblichen Regeln.

(✎ 42) ....

Schritt 1: Benutzungstext der Äquivalenz. Schritt 2: Benutzungstext der Implikation. Schritt 3: Beachte, dass nach Aufgabe (✎ 37) mit einer Implikation auch die zugehörige Kontraposition gilt. Das ist beim Schließen aus einer negierten Aussage hilfreich.

(✎ 43) ....

Kombiniere Nachweis- und Benutzungsregel der Äquivalenz.

(✎ 44) ....

Wende zunächst den Satz (✎ 43) an. Beschreibe bei der anschließenden Anwendung von (✎ 42), wie die Platzhalter des Satzes durch die dir zur Verfügung stehenden Aussagen belegt werden müssen, damit die Voraussetzung erfüllt ist und das Ergebnis weiterhilft.

....

.... (✎ 45)
Benutze die Nachweisregel für Äquivalenzen und denke an Satz 2.3.
.... (✎ 46)
Wende Aufgabe (✎ 45) auf einen geeigneten Ausdruck anstelle von A an und führe in der resultierenden Äquivalenz eine Ersetzung durch.
.... (✎ 47)
Überlege, in welcher geltenden Aussage du mit den geltenden Gleichheiten Ersetzungen durchführen kannst, sodass das gewünschte Ergebnis entsteht.
.... (✎ 48)
Schritt 1: Ersetze die Differenzmenge durch ihre Langform. Schritt 2: Benutzungstext auf Seite 209 für die geltende Elementaussage. Schritt 3: Ersetze die Vereinigungsmenge durch ihre Langform. Schritt 4: Benutzungstext auf Seite 209 für die geltende Existenzaussage. Schritt 5: Nutze die geltende Oder-Aussage mit einer Fallunterscheidung.
.... (✎ 49)
Wie lautet die Langform von $A \subset B$? Welche Aussagen werden vorausgesetzt, welche müssen gezeigt werden?
.... (✎ 50)
Schritt 1: Im Beweisziel die Langform sichtbar machen und die Nachweisregel für Für-alle-Aussagen verwenden. Schritt 2: Langform der Vereinigungsmenge ins Spiel bringen und Benutzungstext auf Seite 209 ausnutzen. Schritt 3: Fallunterscheidug durchführen.
.... (✎ 51)
Wenn du eine Teilmengenaussage zeigen sollst, ersetze sie durch die Langform und verwende ihren Nachweistext. Wenn du auf eine Schnittmenge stößt, schreibe sie in Langform und verwende die Benutzungsregel aus Abschnitt B.14 auf Seite 209.
.... (✎ 52)
Wenn du eine Teilmengenaussage benutzen oder zeigen sollst, ersetze sie erst durch die Langform und verwende dann die passenden Texte. Wenn du auf eine Schnittmenge stößt, schreibe sie in Langform und verwende die passenden Texte von Seite 209.
.... (✎ 53)
Benutze Axiom 1.4, um zu zeigen, dass $A \subset \mathcal{U}$ gilt. Schreibe dies mit der Langform und verwende die Benutzungsregel.
.... (✎ 54)
Schreibe die Voraussetzung zunächst als Für-alle-Aussage, damit du sie später richtig verwenden kannst. Wandle dann die zu zeigende Inklusionsaussage in eine Für-alle-Aussage um und benutze den Nachweistext. Lass dich nicht von dem vielleicht etwas unheimlichen Vereinigungssymbol erschrecken. Verwandle es einfach in die zugehörige Langform (siehe Abschnitt 1.3) und nutze die Regeln aus Abschnitt B.14 auf Seite 209. Nutze dann auch die Möglichkeiten, die eine geltende Existenzaussage bietet.
.... (✎ 55)
Benutze den Nachweistext aus Abschnitt B.14 auf Seite 209. Überlege auf einem Schmierblatt, welches Element zum Nachweis der Existenzaussage verwendet werden kann. Beende den Beweis mit dem Nachweistext für Existenzaussagen aus Abschnitt B.7 auf Seite 202.
.... (✎ 56)
Übersetze die Aussage in Umgangssprache. Wenn sie dann plausibel klingt, beginne den Beweis mit dem passenden Nachweistext und fahre anschließend wie gewohnt fort. Klingt die Aussage unplausibel, dann bist du der Meinung, dass sie *nicht* stimmt, d. h., dass ihr Gegenteil wahr ist. Versuche in diesem Fall die Aussage $\neg \forall x \in \mathbb{Z} : \exists y \in \mathbb{Z} : x + y = 5$ zu zeigen, indem du mit dem Nachweistext für Negationen auf Seite 200 weitermachst.
....

(✎ 57) ....

Übersetze die Aussage in Umgangssprache. Wenn sie dann plausibel klingt, beginne den Beweis mit dem passenden Nachweistext und fahre anschließend wie gewohnt fort. Klingt die Aussage unplausibel, dann bist du der Meinung, dass sie *nicht* stimmt, d. h., dass ihr Gegenteil wahr ist. Versuche in diesem Fall die Aussage $\neg \exists x \in \mathbb{Z} : \forall y \in \mathbb{Z} : x + y = 5$ zu zeigen, indem du mit dem Nachweistext für Negationen auf Seite 200 weitermachst.

(✎ 58) ....

Stelle die Inklusionsaussage als Für-alle-Aussage dar und beginne mit dem Nachweistext. Ersetze anschließend $\bigcup \mathcal{A}$ durch die zugehörige Langform (siehe Abschnitt 1.3) und verwende den Nachweistext aus Abschnitt B.14 auf Seite 209. Benutze nun die vorausgesetzte Existenzaussage, um das umgewandelte Beweisziel zu erreichen. Beim sorgfältigen Arbeiten solltest du auch Aufgabe (✎ 53) benutzen.

(✎ 59) ....

Zum Widerlegen einer $\exists$-Aussage musst du die entsprechende $\neg\exists$-Aussage beweisen. Entsprechend der Nachweisregel ist dazu $\forall A \in \mathcal{M} : \neg((\emptyset \cap A) \not\subset A)$ zu zeigen. Führe diesen Beweis wie gewohnt.

(✎ 60) ....

Zum Widerlegen einer $\forall$-Aussage musst du die entsprechende $\neg\forall$-Aussage beweisen. Entsprechend der Nachweisregel genügt dazu ein Gegenbeispiel, also eine Zahl $n \in \mathbb{N}$, für die gilt $\exists p \in \mathbb{N}_{\geq 2} : \exists q \in \mathbb{N}_{\geq 2} : n^2 + n + 41 = p \cdot q$. Wenn du keine Idee hast, beginne einfach damit, die natürlichen Zahlen $\{1, 2, 3, \ldots\}$ durchzuprobieren.

Übrigens: Eine Zahl, die sich als Produkt zweier Zahlen p, q größer als 1 schreiben lässt, ist keine *Primzahl* – es wird also ein n gesucht, sodass $n^2 + n + 41$ *keine* Primzahl ist. Schaue dir jetzt mal die Formel genauer an. Für welches n kann man das Ergebnis garantiert als Produkt schreiben?

(✎ 61) ....

Zur Formulierung der Umkehrung gehst du wieder von zwei Mengen A und B aus. Nun schreibst du die ursprüngliche Folgerung als Voraussetzung und die Voraussetzung als Folgerung auf. Zum Beweis hältst du dich stur an das vorgegebene Muster: Zunächst wird das Ziel in Langform geschrieben und dann die entsprechende Nachweisregel benutzt. Dann bringst du die Voraussetzung ins Spiel und verwendest die Langform zur Schnittmenge.

(✎ 62) ....

Wenn du im Satz 3.1 das Schnittsymbol $\cap$ durch das Vereinigungssymbol $\cup$ ersetzt, dann ergibt sich zunächst die Satzaussage, dass aus $A \subset B$ die Situation $A \cup B = A$ folgt. Hier kann man sich schnell überlegen, dass das nicht sein kann: Wenn A nur aus einem Teil der Elemente von B besteht, dann führt die Vereinigung der beiden auf die größere und nicht auf die kleinere Menge. Eine wahre Aussage entsteht also erst dann, wenn wir $A \cup B = B$ schreiben oder $A \subset B$ durch $B \subset A$ ersetzen.

(✎ 63) ....

Damit die mechanischen Beweisregeln greifen können, schreibst du die zu zeigende Aussage zuerst mit Symbolen auf. Hier sieht das zum Beispiel so aus: Sei A eine Menge. Zu zeigen ist $\emptyset \subset A$. Anschließend schreibst du das Ziel in Langform und hältst dich stur an die Nachweisregeln. Denke daran, was in widersprüchlichen Situationen passiert.

(✎ 64) ....

Denke daran: Mengengleichheiten werden (fast immer) durch zwei Inklusionen gezeigt. Nutze dabei, dass wir bereits Satzaussagen für die leere Menge haben, die du mit der Satzbenutzungsregel verwenden kannst. Ansonsten gilt beim Umgang mit der sehr speziellen leeren Menge: Achte auf Widersprüche, die dir das Argumentieren erleichtern.

....

(✎ 65)

Es geht um eine Mengengleichheit, weshalb zwei Inklusionen zu zeigen sind. Bearbeite sie nacheinander und verwende die Langformen zur Differenz- und Vereinigungsmenge immer erst, wenn du zugehörige Elementaussagen benutzen oder nachweisen sollst.

(✎ 66)

Formuliere das erste Beweisziel als Äquivalenz und halte dich an die übliche Nachweisregel. Beachte, dass a, b nach Voraussetzung Elemente sind, was die umgangssprachliche Version dafür ist, dass $a \in \mathcal{U}$ und $b \in \mathcal{U}$ gelten. Für die zweite Aussage kannst du dein Ergebnis aus dem ersten Teil in einem Spezialfall verwenden (das Wort *Insbesondere* deutet meistens auf eine solche Situation hin).

(✎ 67)

Beachte, dass $\{a, b\}$ eine Kurzform für $\{a\} \cup \{b\}$ ist. Die Aussagen aus Aufgabe (✎ 66) sind deshalb sehr nützlich beim Nachweis der Hilfsziele, die sich durch übliches sorgfältiges Vorgehen ergeben. Da die Aufgabe mehrstufig ist, lassen sich auch die bereits erzielten Ergebnisse später verwenden.

(✎ 68)

Starte mit der Nachweisregel für Inklusionen und verwende anschließend die Langform der Mengendifferenz, um das Beweisziel klarer herauszuarbeiten. Denke daran, dass eine Nichtelementaussage wie $x \notin C$ eine Abkürzung für $\neg(x \in C)$ ist, und beachte die zugehörige Nachweisregel für Nicht-Aussagen.

(✎ 69)

Der erste Aufgabenteil benutzt, dass $\emptyset \subset M$ und $M \subset M$ für jede Menge M gilt. Die genaue Begründung verlangt aber sorgfältiges Vorgehen mit der Definition der Potenzmenge und Überprüfung aller benötigten Aussagen. Im zweiten Teil kannst du den vorderen Aufgabenteil gut verwenden. Zur Angabe von $\mathcal{P}(\{1, 2, 3\})$ überlege dir, wie die acht möglichen Teilmengen von $\{1, 2, 3\}$ aussehen, und sammle sie in einer Aufzählungsmenge.

(✎ 70)

Denke daran: Mengengleichheit zeigt man durch zwei Inklusionen. Beim sorgfältigen Abarbeiten der Ziele ergeben sich Aussagen, die wir bereits in Übungsaufgaben gezeigt haben. Hier kannst du die Ergebnisse anwenden.

(✎ 71)

Wenn wir eine Teilmenge von A oder von B haben, dann ist sie auch Teilmenge von $A \cup B$. Damit sollte die Inklusion $\mathcal{P}(A) \cup \mathcal{P}(B) \subset \mathcal{P}(A \cup B)$ beweisbar sein.
Ist $A = \{1\}$ und $B = \{2\}$, so ist $M := \{1, 2\}$ zwar einerseits in $\mathcal{P}(\{1, 2\})$, aber andererseits nicht in $\mathcal{P}(\{1\}) \cup \mathcal{P}(\{2\}) = \{\emptyset, \{1\}, \{2\}\}$. Allgemein gibt es Probleme, wenn eine Teilmenge M von $A \cup B$ so gewählt werden kann, dass sie Punkte aus A enthält, die nicht in B enthalten sind, und Punkte aus B enthält, die nicht in A enthalten sind, denn dann kann M nicht komplett in A und auch nicht komplett in B liegen und somit kein Element der Vereinigung beider Potenzmengen sein. Damit also auch die umgekehrte Inklusion gilt, muss mindestens $(A \cup B \subset A) \vee (A \cup B \subset B)$ gefordert werden.

(✎ 72)

Die erste Aussage ergibt sich durch sorgfältiges Argumentieren mit den Regeln. Die Vermutungen sind $\bigcup \emptyset = \emptyset$ und $\bigcup \mathbb{N}_{\leq} = \mathbb{N}$.

(✎ 73)

Für die Inklusion $\mathcal{U} \subset \bigcup \mathcal{M}$ muss für ein Element $u \in \mathcal{U}$ gezeigt werden, dass es in $\bigcup \mathcal{M}$ liegt. Dazu muss man eine Menge in $\mathcal{M}$ finden, die a enthält. Beachte, dass wir von $\mathcal{U}$ *nicht* wissen, dass $\mathcal{U} \in \mathcal{M}$ gilt (tatsächlich kann man $\mathcal{U} \notin \mathcal{M}$ zeigen). Es gibt aber ganz kleine Mengen, die a enthalten ...

(✎ 74)

Halte dich streng an die Beweisregeln. Das hilft dir dabei, die unterschiedlichen Vereinigungskonzepte ∪ und ⋃ in den richtigen Momenten korrekt ins Spiel zu bringen und keine Verwirrung aufkommen zu lassen.

(✎ 75)

Halte dich streng an die Beweisregeln und denke daran, dass ⊄-Aussagen spezielle Nicht-Aussagen sind, die man mit der ¬-Nachweisregel auf Seite 200 nachweisen kann.

(✎ 76)

Der Beweis ist sehr kurz und benutzt nur die Nachweisregel für Inklusionen, die Langform der Schnittmenge, die Ausnutzung einer Elementaussage für diese Langform und deren Anwendung auf die gegebene Menge A.

(✎ 77)

Schaue dir noch einmal den Beweis zu Satz 3.6 an und ändere ihn durch Auswechseln der Langformen ab. Anstelle der Nutzung und des Nachweises von Existenzaussagen geht es hier entsprechend um Für-alle-Aussagen.

(✎ 78)

Ist ein Element x in $\bigcap \mathcal{N}_{\geq}$, dann liegt x auch in *allen* Mengen der Form $\mathbb{N}_{\geq n}$ mit $n \in \mathbb{N}$. Wichtig ist hier, dass du diesen Reichtum an Möglichkeiten *konkret* ausnutzt. Versuche zum Beispiel, die Aussage für $n = 1$ zu benutzen. Dann sagt sie dir, dass $x \in \mathbb{N}_{\geq 1}$ gilt und damit insbesondere, dass x eine natürliche Zahl ist. Dann liegt x durch erneute Anwendung aber auch in $\mathbb{N}_{\geq x+1}$ …

(✎ 79)

Der Schnitt $\bigcap \mathcal{A}$ enthält alle Elemente, die in *jedem* Familienmitglied enthalten sind. Nimmst du ein Element aus B, dann ist dies nach Voraussetzung in jedem Familienmitglied enthalten und damit auch im Schnitt der Familie. Erzähle diese Idee durch sorgfältige Verkettung der Beweisschritte nach.

(✎ 80)

Die Vermutung lautet $\bigcap(\mathcal{A} \cup \mathcal{B}) = (\bigcap \mathcal{A}) \cap (\bigcap \mathcal{B})$.

(✎ 81)

Um die äquivalente Darstellung von $1 \diamond 0$ zu ermitteln, musst du auf der linken Seite der Relationsdefinition feststellen, welcher Platzhalter durch welches Objekt ersetzt wird. In der angegebenen Form wird also 1 anstelle von a und 0 anstelle von b benutzt. Im Ausdruck auf der rechten Seite der Definition ersetzt du entsprechend. So erhältst du die äquivalente, konkretere Bedeutung zu $1 \diamond 0$.

Heißen die Objekte zum Einsetzen ähnlich wie die Platzhalter in der Definition (wie im Beispiel $b \diamond a$), dann ist das Einsetzen weniger fehleranfällig, wenn du vorher die Platzhalternamen in der Definition abänderst (zum Beispiel u, v statt a, b).

(✎ 82)

Dass Symmetrie von R folgt, wenn die Äquivalenz-basierte Für-alle-Aussage gilt, liegt daran, dass Äquivalenz die Implikation in der Symmetriedefinition nach sich zieht. Diese Implikationsrichtung musst du also nur konsequent mit den Regeln abarbeiten. Für die umgekehrte Richtung brauchst du einen kleinen Trick: Die Für-alle-Langform der Symmetrie-Aussage kannst du nacheinander mit den Elementen x, y benutzen, aber *auch* nacheinander mit den Elementen y, x!

(✎ 83)

Im Beweistext sieht man, dass von $d \in \mathbb{N} \cup \{0\}$ auf $(d \in \mathbb{N}) \vee (d = 0)$ geschlossen wird. Führe diesen Beweis ganz sorgfältig mit den Beweisschritten durch. Dann siehst du, was sich in diesem Fall hinter der Floskel *nach Definition von* ∪ verbirgt.

. . . . (✎ 84)

Denke daran, dass die Negation einer Für-alle-Aussage durch die Existenz eines Gegen-beispiels gezeigt werden kann. Dies stimmt auch für verkürzte Quantorausdrücke mit mehreren Platzhaltern (den Grund kannst du dir ja mal überlegen). Du musst also zwei ganze Zahlen x, y finden, sodass $\neg(x \leq y \Rightarrow y \leq x)$ stimmt. Durch Kombinieren der Auf-gaben (✎ 38) und (✎ 41) findest du eine äquivalente leicht überprüfbare Bedingung: Die Zahlen müssen die Voraussetzung $x \leq y$ und *nicht* die Folgerung $y \leq x$ erfüllen – solche Zahlen kennst du! Picke dir zwei heraus und führe den Beweis sorgfältig durch Einhalten der Regeln (denke daran, dass du mit $y - x \in \mathbb{N}_0$ argumentieren musst, wenn es um $x \leq y$ geht).

Für den zweiten Teil gib eine Relation an, die gleichzeitig symmetrisch und antisymme-trisch ist.

. . . . (✎ 85)

Denke daran, dass du mit $x - x \in \mathbb{N}_0$ argumentieren musst, wenn es um $x \leq x$ geht.

. . . . (✎ 86)

Versuche zu zeigen, dass reflexive Relationen nicht asymmetrisch sein können. Da das Beweisziel eine negierte Aussage ist, verwende einen Widerspruchsbeweis als zugehörige Nachweisregel. Jetzt gehst du von einer asymmetrischen Relation aus, die gleichzeitig reflexiv ist. Wenn du nun ein Element x aus der Grundmenge wählst und die beiden Für-alle-Langformen anwendest, dann sollte der Widerspruch nicht weit sein. Aber kannst du einfach so ein Element aus der Grundmenge wählen?

. . . . (✎ 87)

Nutze die Rückwärts-Vorwärtsmethode so lange wie möglich. Am Ende kannst du eine widersprüchliche Situation herstellen, die mit *Ex falso quodlibet* jeden Schluss erlaubt.

. . . . (✎ 88)

Überprüfe, welche Eigenschaften für das Vorliegen einer linearen Ordnung benötigt werden und welche davon bereits gezeigt wurden. Den Rest musst du dann noch nachweisen.

. . . . (✎ 89)

Halte dich an die Beweisregeln und verwende kein Vorwissen über $a < b$ sondern die definierende Eigenschaft, d. h., die äquivalente Aussage $(a \leq b) \wedge (a \neq b)$.

. . . . (✎ 90)

Durch die anderen Aufgaben hast du schon viel Übung im Nachweis von Relationseigen-schaften. Gehe in diesem Beispiel genauso systematisch vor.

. . . . (✎ 91)

Tue auf einem Schmierzettel so, als hättest du passende Zahlen x, y schon gefunden und versuche nach ihnen aufzulösen. Definiere dann x, y entsprechend und führe den Existenz-beweis. Er entspricht der Probe, dass die gefundenen Zahlen wirklich die beiden Gleichun-gen erfüllen.

. . . . (✎ 92)

Auch hier musst du Ungleichungen umformen. Benutze die Definition von a und (3.5) sowie die bereits geltenden Aussagen im Beweis.

. . . . (✎ 93)

Um passende Zahlen zu finden, kannst du einfach herumprobieren, für welche $x \in \mathbb{R}$ das Produkt $x \cdot (x - 1)$ die gesuchten Vorzeichen hat. Du kannst auch den Funktionsgraphen von $x \mapsto x \cdot (x - 1)$ skizzieren, der dir auf einen Blick sehr viele Werte von $x \cdot (x - 1)$ zeigt. Wähle zum Nachweis der Existenzaussagen jeweils einen konkreten Wert aus.

. . . . (✎ 94)

Stelle dir beim Nachweis der Existenzaussage in Satz 3.12 zunächst wieder vor, du hättest ein passendes n schon gefunden. Löse dann nach $1/n$ auf einem Schmierzettel auf. Im eigentlichen Existenzbeweis benutzt du (3.8), um dir ein passendes n mit der gefundenen Eigenschaft geben zu lassen, für dass du dann die geforderte Bedingung zeigst.

(✎ 95) ....

Die Idee ist wieder, für einen größeren Wert b_n als $a_n := (4 \cdot n^2 + 1)/(n^3 + 1)$ die Situation $b_n < \varepsilon$ durch Wahl von n herzustellen. Dann erreichst du dein Ziel wegen $a_n \leq b_n < \varepsilon$ auch, kannst aber einen angenehmeren Ausdruck b_n wählen. Da eine Bruchzahl größer wird, wenn du den Zähler vergrößerst und den Nenner verkleinerst, kannst du eine angenehme Situation herstellen, wo sich Zähler und Nenner gut kürzen lassen, wobei im Nenner ein Faktor n übrig bleiben sollte, damit (3.8) angewendet werden kann.

(✎ 96) ....

Ändere die Relation aus Gleichung (3.9) so ab, dass sie auch im Fall $a = b$ wahr ist (z. B. mit einer Oder-Verknüpfung). Zeige danach die geforderten Eigenschaften.

(✎ 97) ....

Zeige die Äquivalenz wie üblich durch zwei Implikationen. Denke an die Möglichkeit eines indirekten Beweises.

(✎ 98) ....

Beginne mit der Nachweisregel für die Für-alle-Aussage. Die zu zeigende Gleichheit kann nur gelten, wenn die beteiligten Ausdrücke wohldefiniert sind. Zeige also zuerst, dass die Schreibregeln zum das-Ausdruck erfüllt sind. Benutze anschließend die Nachweisregel für Gleichheiten mit das-Ausdrücken.

(✎ 99) ....

Zeige die Mengengleichheit durch zwei Inklusionen. Dazu benötigst du die Nachweis- und Benutzungsregel für Gleichheiten mit das-Ausdrücken.

(✎ 100) ....

Da negative Werte für a problematisch sind, versuche die Aussage zu widerlegen, also ihre Negation zu beweisen. Mit der Nachweisregel für Negationen kannst du jetzt davon ausgehen, dass die Für-alle-Aussage stimmt, und sie auf einen konkrete negative Zahl anwenden. Die Benutzungsregel für Gleichheiten mit das-Ausdrücken liefert einen Widerspruch.

(✎ 101) ....

Überlege, für welche reelle Zahlen x der Zuordnungsausdruck wohldefiniert ist. Das ergibt die Definitionsmenge. Bei der Zielmenge kannst du eine Menge wählen, die alle Werte enthält und dabei hinreichend klein ist (die größte Menge $\mathcal{U}$ würde immer gehen – liefert aber keine Zusatzinformation). Sei aber auch nicht zu akribisch, denn die kleinstmögliche Zielmenge kann recht schwer zu finden sein. Verwende dann eine der vereinbarten Schreibweisen für Funktionsdefinitionen.

(✎ 102) ....

Skizziere den Graphen von g, um eine Vermutung über die Form von $g[\mathbb{R}_{\geq 0}]$, also die Werte von g auf der positiven Halbachse zu bekommen. Dies gibt dir eine Idee für den Existenznachweis. Die Mengengleichheit zeigst du wie üblich durch zwei Inklusionen.

(✎ 103) ....

Zeige die Mengengleichheit durch zwei Inklusionen und benutze konsequent die Langform der Bildmengen.

(✎ 104) ....

Zeige die Mengengleichheiten jeweils mit zwei Inklusionen und beachte, dass wir zur leeren Menge und zu einelementigen Mengen bereits einige Fakten kennen.

(✎ 105) ....

Zeige die Mengengleichheit durch zwei Inklusionen. Nutze die Definition von id_X, aus der du ablesen kannst, dass $\mathrm{Def}(\mathrm{id}_X) = X$ und $\mathrm{id}_X(x) = x$ für alle $x \in X$ gilt.

....

.... (✎ 106)

Zeige die Äquivalenz durch zwei Implikationen. Nutze konsequent die Langformen der beteiligten Abkürzungen.

.... (✎ 107)

Durchläuft z die ganzen Zahlen, dann durchläuft der Ausdruck z^2 die Quadratzahlen. Trage dies in der Mengendarstellung ein und gehe mit den Vielfachen von 3 genauso um.

.... (✎ 108)

Schreibe die abkürzende Schreibweise zuerst in die Langform um und benutze dann die Nachweisregel aus Abschnitt B.14 auf Seite 209.

.... (✎ 109)

Beim Nachweis der Mengengleichheit durch zwei Inklusionen kannst du benutzen, dass die leere Menge Teilmenge von jeder anderen Menge ist. Wichtig ist, dass du mit der Langform zu $f^{-1}[\emptyset]$ sorfältig umgehst und die Beweisschritte konsequent benutzt.

.... (✎ 110)

Zeige die Mengengleichheit durch zwei Inklusionen, ersetze die Urbildmengen bei Benutzung oder Nachweis in Elementaussagen durch die Langform und arbeite dann mit den Regeln aus Abschnitt B.14 auf Seite 209.

.... (✎ 111)

Nutze die Nachweisregel zur Funktionsgleichheit (Abschnitt B.13 auf Seite 208). Die Rechengesetze für reelle Zahlen kannst du ohne Begründung benutzen, um die Gleichheit der Funktionswerte zu zeigen.

.... (✎ 112)

Da es um eine Funktionsgleichheit geht, benutzt du die Nachweisregel aus Abschnitt B.13 auf Seite 208. Die Gleichheit aller Funktionswerte ergibt sich mit *Ex falso quodlibet.*

.... (✎ 113)

Schreibe die Surjektivitätsbedingung als Langform auf. Zum Nachweis der darin enthaltenen Existenzaussage arbeitest du zuerst auf einem Schmierblatt die Form von x heraus, die für das Gelten von $f(x) = y$ notwendig ist.

.... (✎ 114)

Die Äquivalenz zeigst du durch den Nachweis von zwei Implikationen. Nutze dabei Aufgabe (✎ 106).

.... (✎ 115)

Benutze Axiom 3.16, wonach Bild(f) eine fassbare Menge ist, wenn dies für Def(f) gilt. Wegen Def$(f) = X$ genügt also der Nachweis, dass Bild$(f) = Y$ gilt. Die Langform zu $f : X \to Y$ sowie Aufgabe (✎ 114) sind hierbei hilfreich.

.... (✎ 116)

Zeige die Äquivalenz durch zwei Implikationen. Wenn der Nachweis stockt, denke auch an die Möglichkeit eines indirekten Beweises.

.... (✎ 117)

Weise die Langform zur Injektivität nach. Schulwissen über das Rechnen in $\mathbb{R}$ darfst du ohne Begründung verwenden.

.... (✎ 118)

Die Mengengleichheit wird durch zwei Inklusionen gezeigt. Nutze konsequent die Langformen zu den Bild- und Differenzmengen und verwende die Regeln auf Seite 209.

.... (✎ 119)

Die Existenzaussage ergibt sich durch die Langform der Surjektivität, und die Eindeutigkeitsaussage $\forall u, v \in X : (f(u) = y) \wedge (f(v) = y) \Rightarrow u = v$ lässt sich mit der Langform zur Injektivität nachweisen.

....

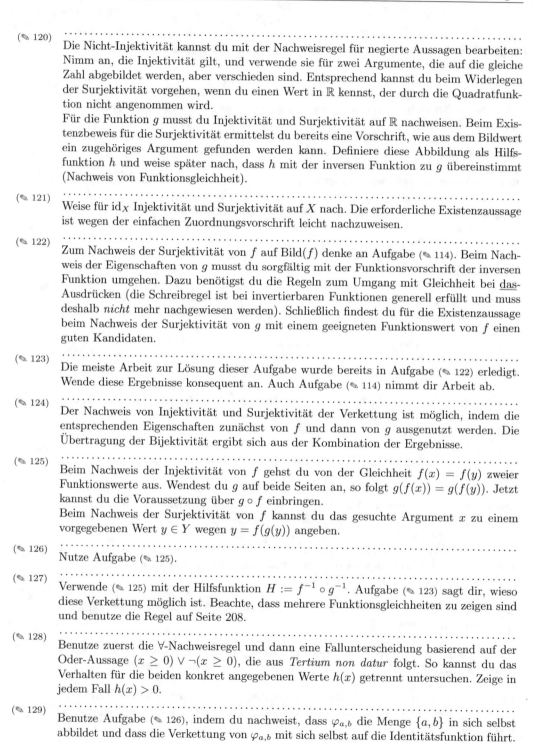

(✎ 120)　...

Die Nicht-Injektivität kannst du mit der Nachweisregel für negierte Aussagen bearbeiten: Nimm an, die Injektivität gilt, und verwende sie für zwei Argumente, die auf die gleiche Zahl abgebildet werden, aber verschieden sind. Entsprechend kannst du beim Widerlegen der Surjektivität vorgehen, wenn du einen Wert in $\mathbb{R}$ kennst, der durch die Quadratfunktion nicht angenommen wird.

Für die Funktion g musst du Injektivität und Surjektivität auf $\mathbb{R}$ nachweisen. Beim Existenzbeweis für die Surjektivität ermittelst du bereits eine Vorschrift, wie aus dem Bildwert ein zugehöriges Argument gefunden werden kann. Definiere diese Abbildung als Hilfsfunktion h und weise später nach, dass h mit der inversen Funktion zu g übereinstimmt (Nachweis von Funktionsgleichheit).

(✎ 121)　...

Weise für id_X Injektivität und Surjektivität auf X nach. Die erforderliche Existenzaussage ist wegen der einfachen Zuordnungsvorschrift leicht nachzuweisen.

(✎ 122)　...

Zum Nachweis der Surjektivität von f auf Bild(f) denke an Aufgabe (✎ 114). Beim Nachweis der Eigenschaften von g musst du sorgfältig mit der Funktionsvorschrift der inversen Funktion umgehen. Dazu benötigst du die Regeln zum Umgang mit Gleichheit bei das-Ausdrücken (die Schreibregel ist bei invertierbaren Funktionen generell erfüllt und muss deshalb *nicht* mehr nachgewiesen werden). Schließlich findest du für die Existenzaussage beim Nachweis der Surjektivität von g mit einem geeigneten Funktionswert von f einen guten Kandidaten.

(✎ 123)　...

Die meiste Arbeit zur Lösung dieser Aufgabe wurde bereits in Aufgabe (✎ 122) erledigt. Wende diese Ergebnisse konsequent an. Auch Aufgabe (✎ 114) nimmt dir Arbeit ab.

(✎ 124)　...

Der Nachweis von Injektivität und Surjektivität der Verkettung ist möglich, indem die entsprechenden Eigenschaften zunächst von f und dann von g ausgenutzt werden. Die Übertragung der Bijektivität ergibt sich aus der Kombination der Ergebnisse.

(✎ 125)　...

Beim Nachweis der Injektivität von f gehst du von der Gleichheit $f(x) = f(y)$ zweier Funktionswerte aus. Wendest du g auf beide Seiten an, so folgt $g(f(x)) = g(f(y))$. Jetzt kannst du die Voraussetzung über $g \circ f$ einbringen.

Beim Nachweis der Surjektivität von f kannst du das gesuchte Argument x zu einem vorgegebenen Wert $y \in Y$ wegen $y = f(g(y))$ angeben.

(✎ 126)　...

Nutze Aufgabe (✎ 125).

(✎ 127)　...

Verwende (✎ 125) mit der Hilfsfunktion $H := f^{-1} \circ g^{-1}$. Aufgabe (✎ 123) sagt dir, wieso diese Verkettung möglich ist. Beachte, dass mehrere Funktionsgleichheiten zu zeigen sind und benutze die Regel auf Seite 208.

(✎ 128)　...

Benutze zuerst die $\forall$-Nachweisregel und dann eine Fallunterscheidung basierend auf der Oder-Aussage $(x \geq 0) \vee \neg(x \geq 0)$, die aus *Tertium non datur* folgt. So kannst du das Verhalten für die beiden konkret angegebenen Werte $h(x)$ getrennt untersuchen. Zeige in jedem Fall $h(x) > 0$.

(✎ 129)　...

Benutze Aufgabe (✎ 126), indem du nachweist, dass $\varphi_{a,b}$ die Menge $\{a, b\}$ in sich selbst abbildet und dass die Verkettung von $\varphi_{a,b}$ mit sich selbst auf die Identitätsfunktion führt.

Nutze Fallunterscheidungen, um mit dem bedingten Ausdruck in der Zuordnungsvorschrift umzugehen. Außerdem ist Aufgabe (✎ 67) hilfreich.

.... (✎ 130)

Benutze Aufgabe (✎ 126) und weise zunächst die Voraussetzungen nach. Die Ergebnisse aus Aufgabe (✎ 106) kannst du hierbei verwenden. Fallunterscheidungen erlauben dir, mit dem bedingten Ausdruck umzugehen.

.... (✎ 131)

Zeige Mengengleichheit mit zwei Inklusionen. Tausche Abkürzungen mit ihren Langformen, um Nachweis- oder Benutzungsregeln zum Einsatz zu bringen.

.... (✎ 132)

Verwende die Aufgaben (✎ 122) und (✎ 132).

.... (✎ 133)

Du brauchst ein Paar, das in jeder Komponente ein Tripel enthält, dessen Komponenten Paare aus natürlichen Zahlen sind.

.... (✎ 134)

Nutze die Definition der Tupel als Funktionen. Die Elemente der angegebenen Mengen sind also Funktionen mit unterschiedlichen Definitionsmengen. Die Funktionsgleichheit ist daher verletzt. Zeige die Negation der Mengengleichheit mit einem Widerspruchsbeweis. Wähle dazu ein Element in einer der Mengen und nutze die Funktionsgleichheit, um auf die Gleichheit der Definitionsmengen zu schließen. Hieraus kannst du einen offensichtlichen Widerspruch ableiten.

.... (✎ 135)

Zeige die Funktionsgleichheit mit der Nachweisregel auf Seite 208. Achte sorgfältig auf die einzelnen Funktionen, die in den Ausdrücken auftreten: $a \cdot (f + g)$ ist das Vielfache $a \cdot h$ der Summenfunktion $h := f + g$. Gehe in kleinen Schritten vor, um sauber zu argumentieren.

.... (✎ 136)

Beachte, dass Elemente von $\mathbb{R}^2$ Funktionen von $\mathbb{N}_{\leq 2}$ nach $\mathbb{R}$ sind. Die Definition für Vielfachbildung und Addition von Funktionen überträgt sich damit insbesondere auch auf Paare. Da bei Paaren $u \in \mathbb{R}^2$ die Schreibweise $u = (u(1), u(2))$ eingeführt wurde, kannst du die allgemeine Definition auch in dieser Schreibweise darstellen.

.... (✎ 137)

Da die leere Menge Teil jeder Menge ist, fehlt noch eine Inklusion. Hier kannst du mit der Definition des Produkts eine widersprüchliche Situation herstellen, wenn du die Komponente betrachtest, in der eine leere Menge auftritt. Schließe dann auf dein Ziel mit *Ex falso quodlibet*.

.... (✎ 138)

Achte auf die Definition: Ein Punkt $(x, y) \in \mathbb{R}^2$ ist in $[1,5] \times [2,4]$, wenn $x \in [1,5]$ und $y \in [2,4]$ ist, d.h., wenn $1 \leq x \leq 5$ und $2 \leq y \leq 4$ gilt. Markiere die Menge aller Punkte (x, y), die diese Bedingung erfüllen, in einem kartesischen Koordinatensystem. Im dreidimensionalen Fall gehst du genauso vor.

.... (✎ 139)

Mit Pünktchen notiert, soll am Ende gelten $f(n) = 1 \cdot 2 \cdot 3 \cdots \cdot n$. Der Startwert $f(1) = \ldots$ ist das Ergebnis bei nur einem Faktor. Die Rekursionsvorschrift $f(n + 1) = \ldots$ sagt, wie man das Ergebnis mit $n + 1$ Faktoren aus dem Ergebnis $f(n)$ mit n Faktoren berechnet.

.... (✎ 140)

Beginne mit dem Induktionsanfang im Fall $n = 1$ und nutze (3.12). Schreibe dann die Für-alle-Aussage des Induktionsschritts auf und zeige sie sorgfältig mit den üblichen Beweisschritten. Nutze dabei (3.13).

....

(✎ 141) ....

In der ersten Gleichungskette geht es um die Begründung von $a^n \cdot a^{m+1} = a^n \cdot (a^m \cdot a)$ sowie $a^n \cdot (a^m \cdot a) = (a^n \cdot a^m) \cdot a$ und $(a^n \cdot a^m) \cdot a = a^{n+m} \cdot a$. Gib sowohl die Namen der verwendeten Rechenregeln als auch die genaue Benutzung der Rekursionsvorschrift (3.13) mit der Belegung der Parameter x und n an. Gehe mit der zweiten Gleichungskette genauso vor.

(✎ 142) ....

Schreibe die Aussage zunächst mit zwei einzelnen Für-alle-Quantoren auf, damit du besser erkennst, worauf die beiden Induktionsbeweise nacheinander wirken. Da der Induktionsanfang der äußeren Für-alle-Aussage wieder eine Für-alle-Aussage über alle Elemente von $\mathbb{N}$ darstellt, zeigst du ihn durch vollständige Induktion. Entsprechend gehst du beim Induktionsschritt vor. Hier hilft wieder sture Regelanwendung!

(✎ 143) ....

Auch hier gibt es wieder mehrere Möglichkeiten zum Nachweis der Für-alle-Aussagen über die natürlichen Zahlen. Eine flotte Variante besteht darin, die Platzhalter a und m mit der normalen Nachweisregel zu behandeln und $\forall n \in \mathbb{N} : (a^m)^n = a^{m \cdot n}$ durch vollständige Induktion zu zeigen.

(✎ 144) ....

Verwende das Aussonderungsaxiom 1.9 zum Nachweis der ersten Aussage. Für die zweite Aussage hilft der Nachweis von $\mathbb{N}_{\leq 0} \subset \mathbb{N}_{<1}$ und die Benutzung von (3.16). Für die dritte Aussage hilft die Äquivalenz $(n \leq 1) \Leftrightarrow ((n < 1) \vee (n = 1))$, die für jedes $n \in \mathbb{N}$ als Schulwissen ohne Beweis verwendet werden darf. Entsprechend hilft bei der vierten Aussage, dass $((n < 1) \vee \neg(n < 1)) \Leftrightarrow ((n < 1) \vee (n \geq 1))$ aus dem Schulwissen übernommen werden kann.

(✎ 145) ....

Schreibe die Behauptung in der Form $\forall m \in \mathbb{N} : \forall n \in \mathbb{N} : n + m \in \mathbb{N}$ und benutze vollständige Induktion über m zum Nachweis. Rechenregeln in $\mathbb{Z}$ dürfen ohne Begründung verwendet werden.

(✎ 146) ....

Zeige die erste Aussage durch vollständige Induktion. Denke an die Möglichkeit eines indirekten Beweises. Die zweite Aussage kannst du in einem indirekten Beweis auf die erste zurückführen.

(✎ 147) ....

Formuliere die Aussage in der Form $\forall m \in \mathbb{N} : \forall n \in \mathbb{N} : (n - m > 0) \Rightarrow n - m \in \mathbb{N}$ und zeige sie durch vollständige Induktion. Die innere Für-alle-Aussage kann dabei direkt mit der $\forall$-Nachweisregel behandelt werden.

(✎ 148) ....

Beweise $\forall k \in \mathbb{N} : \forall n \in \mathbb{N}_0 : \mathrm{Bij}(\mathbb{N}_{\leq n}, \mathbb{N}_{\leq n+k}) = \emptyset$, indem du die äußere Für-alle-Aussage direkt und die innere mit vollständiger Induktion bearbeitest. Im weiteren Verlauf wird viel Faktenwissen aus bereits gelösten Aufgaben benötigt. Zum Beispiel kann es im Induktionsanfang keine Bijektion zwischen $\mathbb{N}_{\leq 0} = \emptyset$ und $\mathbb{N}_{\leq k} \neq \emptyset$ geben, weil Bijektionen insbesondere surjektiv auf die Zielmenge sind, aber kein Argument vorhanden ist, um ein vorgegebenes Bild zu erreichen. Arbeite diese Idee mit den Beweisschritten sauber aus. Im Induktionsschritt musst du letztlich zeigen, dass es keine Bijektion von $\mathbb{N}_{\leq n+1}$ nach $\mathbb{N}_{\leq(n+1)+k}$ geben kann. Wäre f nämlich so eine Bijektion, dann kannst du auch eine Bijektion zwischen $\mathbb{N}_{\leq n}$ und $\mathbb{N}_{\leq n+k}$ konstruieren, obwohl diese Menge nach Induktionsvoraussetzung leer ist.

Zur Konstruktion definiere den letzten Funktionswert $i := f(n + 1)$ von f und mit der Bijektion aus Aufgabe (✎ 130) dann $g := \tau_{i,n+k+1,n+k+1} \circ f$. Diese Funktion bildet $n + 1$

auf $n + 1 + k$ ab. Schränkst du sie auf $\mathbb{N}_{\leq n}$ ein, dann bleibt die Bijektivität erhalten, und das Bild ist nachweisbar durch $\mathbb{N}_{\leq n+k}$ gegeben. Achte bei jedem Schritt darauf, ob du bereits bekannte Ergebnisse verwenden kannst.

Die zweite Aussage kannst du auf die erste zurückführen, d. h., hier ist kein Induktionsbeweis notwendig. Beim Nachweis der Implikation kannst du die Kontraposition zeigen oder indirekt argumentieren.

.... (✎ 149)

Nutze Aufgabe (✎ 121) und halte dich an die Nachweisregel für Gleichheiten mit <u>das</u>-Ausdrücken.

.... (✎ 150)

Ist $|M| = 0$, dann kannst du $M = \emptyset$ indirekt beweisen: Gilt nämlich $M \neq \emptyset$, so erlaubt Korollar 3.3 ein Element in M zu wählen, dass in Bijektion zu einem Element von $\mathbb{N}_{\leq 0}$ stehen muss. Das geht nicht! Die andere Implikation ist bekannt und die zweite Teilaussage der Aufgabe folgt aus der ersten.

.... (✎ 151)

Beim Nachweis der Wohldefinition von v muss gezeigt werden, dass der bedingte Ausdruck für jedes Argument ein Element von $A \cup B$ ist. Dazu musst du zuerst zeigen, dass die Funktionsauswertungen in den beiden Fällen wohldefiniert sind, d. h., dass die Argumente von a und b jeweils in den Definitionsmengen liegen. Anschließend ist die Bijektivität von v nachzuweisen. Hier hilft Aufgabe (✎ 125), wenn du dir überlegst, wie die Inverse w zu v aussehen muss. Dann brauchst du nur die beiden Funktionsgleichheiten $w \circ v = \mathrm{id}_{\mathbb{N}_{\leq |A|+|B|}}$ und $v \circ w = \mathrm{id}_{A \cup B}$ zu zeigen.

.... (✎ 152)

Zeige $M \cap \{m\} = \emptyset$ und benutze Aufgabe (✎ 151) sowie Satz 3.34.

.... (✎ 153)

Die Implikation $\Leftarrow$ folgt mit einem bereits bekannten Ergebnis. Für die Richtung $\Rightarrow$ kannst du zunächst mit Aufgabe (✎ 150) ein Element in E finden. Wende Dann Satz 3.35 an und nutze anschließend Aufgabe (✎ 150). Für den Abschluss des Beweises helfen dir die Aufgaben (✎ 65) und (✎ 64).

.... (✎ 154)

Zeige die negierte Für-alle-Aussage $\neg(X \subset A)$ mit dem üblichen Nachweisschritt und wähle anschließend ein Gegenbeispiel.

.... (✎ 155)

Zeige die Inklusion wie üblich und benutze die Langform zu $D = X \backslash \{x\}$.

.... (✎ 156)

Zeige, dass $A = (A \backslash B) \cup (A \cap B)$ die Voraussetzungen von Aufgabe (✎ 151) erfüllt. Zeige entsprechend, dass $A \cup B = A \cup (B \backslash A)$ die Voraussetzungen von Aufgabe (✎ 151) erfüllt.

.... (✎ 157)

Den Beweis kannst du durch vollständige Induktion zeigen, indem du die Aussage so formulierst: $\forall n \in \mathbb{N} : \forall A \in \mathcal{E}_n : |\mathcal{P}(A)| = 2^{|A|}$. Für den Induktionsanfang kannst du ausnutzen, dass Mengen aus $\mathcal{E}_1$ in die Form $\{e\}$ gebracht werden können, deren Potenzmenge die Form $\mathcal{P}(\{e\}) = \{\emptyset, \{e\}\} = \{\emptyset\} \cup \{\{e\}\}$ hat. Weiter geht es dann mit Aufgabe (✎ 151). Für den Induktionsschritt benutzt du Satz 3.35. Dazu wählst du aus der betrachteten Menge $A \in \mathcal{E}_{n+1}$ ein Element a aus und beweist dann die allgemeine Darstellung $\mathcal{P}(A) = P_1 \cup P_2$ mit $P_1 = \mathcal{P}(A \backslash \{a\})$ und $P_2 = \{B \cup \{a\} : B \in P_1\}$. Auch hier ist das Ziel, Aufgabe (✎ 151) anzuwenden, wozu alle Voraussetzungen zu zeigen sind. Außerdem kannst du mit einer Abzählfunktion von P_1 eine Abzählfunktion von P_2 bauen, um $|P_2| = |P_1|$ zu zeigen.

....

(✎ 158)

Zeige $(\mathbb{N}_0)_{\leq 0} = \{0\}$. Mit der Rekursionsbedingung ist $S_0(X) = \{0\}$, sodass Satz 3.34 weiterhilft.

(✎ 159)

Nutze *Tertium non datur*, um die Fallunterscheidung einzuleiten. Im Fall $k \leq n$ kannst du sofort die Induktionsvoraussetzung benutzen.

(✎ 160)

Zeige zunächst, dass ein Element $x \in X$ gewählt werden kann. Anschließend kannst du Satz 3.35 anwenden und anschließend die Induktionsvoraussetzung anwenden. So findest du $|S_n(X\backslash\{x\})| = 1$. Mit Aufgabe (✎ 153) kannst du nun $S_n(X\backslash\{x\}) = \{s\}$ für ein Element s zeigen. Zeige anschließend $s + f(x) \in S_{n+1}(X)$, wobei du konsequent die Langform zu $S_{n+1}(X)$ verwendest.

(✎ 161)

Stelle aus der Voraussetzung $u, v \in S_{n+1}(X)$ die zwei Darstellungen $u = s + f(a)$ und $v = t + f(b)$ her. Im Fall $a = b$ sind $s, t \in S_n(X\backslash\{a\})$ und diese Menge hat nur ein Element. Nutze Aufgabe (✎ 153), um auf $s = t$ und damit auf $u = v$ zu schließen.

(✎ 162)

Nutze die Induktionsvoraussetzung um $S_n(X\backslash\{a\}) = \{s\}$ und $S_n(X\backslash\{b\}) = \{t\}$ zu zeigen. Zeige nun, dass $b \in X\backslash\{a\}$ und $a \in X\backslash\{b\}$ gelten, sowie $(X\backslash\{a\})\backslash\{b\} = (X\backslash\{b\})\backslash\{a\}$. Nutze Satz 3.35 und die Induktionsvoraussetzung, um auf $|S_{n-1}((X\backslash\{a\})\backslash\{b\})| = 1$ zu schließen, und zeige so durch Ausnutzung der Langform, dass $s = z + f(b)$ gilt mit $\{z\} = S_{n-1}((X\backslash\{a\})\backslash\{b\})$. Zeige entsprechend $t = z + f(a)$. Nun gelten $u = (z + f(b)) + f(a)$ und $v = (z + f(a)) + f(b)$. Folgere durch Anwendung der Rechengesetze die gesuchte Gleichheit $u = v$.

(✎ 163)

Zeige zunächst, dass für jedes $n \in \mathbb{N}_0$ und $X \in \mathcal{D}_{f,n}$ die Beziehung $S_{f,n}(X) = \{s_{f,n}(X)\}$ gilt (benutze Satz 3.37 und Aufgabe (✎ 153)). Jetzt übertrage die Rekursionsbeziehungen von $S_{f,n}$ auf $s_{f,n}$, indem du von Gleichheiten einelementiger Mengen auf die Gleichheit der Elemente übergehst. Zum Nachweis von $s_{f,n+1}(X) = s_{f,n}(X) + f(x)$ benutze die Darstellung $S_{f,n+1} = \{s_{f,n+1}\}$ zusammen mit der definierenden Langform von $S_{f,n+1}$.

(✎ 164)

Hier musst du nur konsequent die Langform der Summe notieren und dann Satz 3.38 anwenden.

(✎ 165)

Die Idee ist $\sum_{\{d\}} f = f(d) + \sum_{\{d\}\backslash\{d\}} = f(d) + \sum_\emptyset f = f(d) + 0 = f(d)$. Zeige die jeweiligen Voraussetzungen zur Anwendung der Rechenregeln sowie die Mengengleichheit $\{d\}\backslash\{d\} = \emptyset$.

(✎ 166)

Beweise durch vollständige Induktion: $\forall n \in \mathbb{N}_0 : \forall A \in \mathcal{D}_{f,n} : s_{\alpha \cdot f,n}(A) = \alpha \cdot s_{f,n}(A)$. Benutze anschließend die Langform zur Summenschreibweise.

(✎ 167)

Beweise $\forall n \in \mathbb{N}_0 : \forall A \in \mathcal{D}_{f,n} : s_{f+g,n}(A) = s_{f,n}(A) + s_{g,n}(A)$ durch vollständige Induktion. Benutze anschließend die Langform zur Summenschreibweise.

(✎ 168)

Beweise $\forall n \in \mathbb{N}_0 : \forall A \in \mathcal{D}_{f,n} : s_{f,n}(A) \leq s_{g,n}(A)$ durch vollständige Induktion. Benutze anschließend die Langform zur Summenschreibweise.

(✎ 169)

Beweise $\forall n \in \mathbb{N}_0 : \forall A \in \mathcal{D}_{f,n} : s_{f,n}(A) = s_{f \circ \varphi^{-1},n}(\varphi[A])$ durch vollständige Induktion. Beachte, dass die Schreibregel $\varphi[A] \in \mathcal{D}_{f \circ \varphi^{-1},k}$ für $k = 0$ im Induktionsanfang und für

$k = n + 1$ im Induktionsschritt nachzuweisen ist. Schließe den Beweis durch Übertragung des Ergebnisses auf die Summenschreibweise.

.... (✎ 170)

Die Behauptung $\sum_{A \cup B} f = \sum_A f + \sum_B f$ kannst du für eine gegebene endliche Menge $A \subset X$ umformulieren zu $\forall n \in \mathbb{N}_0 : \forall B \in \mathcal{D}_{f,n} : (A \cap B = \emptyset) \Rightarrow \sum_{A \cup B} f = \sum_A f + \sum_B f$ und mit Induktion beweisen. Der Induktionsschritt für eine Menge $B \in \mathcal{D}_{f,n+1}$ ergibt sich nach Auswahl eines Elements $b \in B$ durch Ausarbeitung des Plans

$$\sum_{A \cup B} f = \sum_{(A \cup B) \setminus \{b\}} f + f(b) = \sum_{A \cup (B \setminus \{b\})} f + f(b)$$

$$= \left(\sum_A f + \sum_{B \setminus \{b\}} f \right) + f(b) = \sum_A f + \sum_B f.$$

Dabei wird die Induktionsvoraussetzung beim Übergang von der ersten in die zweite Zeile verwendet.

.... (✎ 171)

Beweise $\forall n \in \mathbb{N}_0 : \forall A \in \mathcal{D}_{f|_U,n} : s_{f,n}(A) = s_{f|_U,n}(A)$ durch vollständige Induktion. Benutze anschließend die Langform zur Summenschreibweise.

.... (✎ 172)

Wende Aufgabe (✎ 171) auf f und g und $U := A$ an.

.... (✎ 173)

Zeige die Bijektivität von φ mit Aufgabe (✎ 125). Die benötigte Hilfsfunktion g findest du, indem du von der zu zeigenden Gleichheit $\varphi \circ g = \mathrm{id}_{\mathbb{R}}$ ausgehst und für beliebiges $y \in \mathbb{R}$ dann $\varphi(\psi(y)) = y$ nach $\psi(y)$ auflöst. Die Mengengleichheit $\varphi[\mathbb{N}_{<m/2}] = G_{<m}$ zeigst du mit zwei Inklusionen bei Ausnutzungen der jeweiligen Langformen. Nutze dann Aufgabe (✎ 169) mit $f : \mathbb{R} \to \mathbb{R}$, $x \mapsto 4 \cdot x^2$.

.... (✎ 174)

Verwende für den Induktionsanfang Aufgabe (✎ 165) in der Form $\sum_{\{1\}} f = f(1)$. Im Induktionsschritt kannst du Aufgabe (✎ 164) verwenden. Nach dieser gilt die Gleichheit $\sum_{\mathbb{N}_{\leq k+1}} f = f(k+1) + \sum_{\mathbb{N}_{\leq k+1} \setminus \{k+1\}} f$.

.... (✎ 175)

Verwende für den Induktionsanfang Aufgabe (✎ 165) in der Form $\sum_{\{1\}} f = f(1)$. Im Induktionsschritt kannst du Aufgabe (✎ 164) verwenden. Nach dieser gilt die Gleichheit $\sum_{\mathbb{N}_{\leq k+1}} f = f(k+1) + \sum_{\mathbb{N}_{\leq k+1} \setminus \{k+1\}} f$.

.... (✎ 176)

Schreibe die Behauptung um als $\sum_D a = \sum_A a + \sum_B a$ mit den Mengen $A := \{z \in \mathbb{Z} : k \leq z \wedge z \leq m\}$, $B := \{z \in \mathbb{Z} : m < z \wedge z \leq n\}$ und $D := \{z \in \mathbb{Z} : k \leq z \wedge z \leq n\}$. Zeige $A \cup B = D$ und $A \cap B = \emptyset$, damit du das Ergebnis von Aufgabe (✎ 170) verwenden kannst.

.... (✎ 177)

Schreibe die Behauptung um als $\sum_A a = \sum_{j \in B} a(j - n)$ mit den Mengen $A := \{z \in \mathbb{Z} : k \leq z \wedge z \leq m\}$, $B := \{z \in \mathbb{Z} : k + n \leq z \wedge z \leq m + n\}$. Dies folgt aus Aufgabe (✎ 169), wenn du $B = \varphi[A]$ zeigst mit $\varphi \in \mathrm{Bij}(\mathbb{Z}, \mathbb{Z})$ und $\varphi^{-1}(j) = j - n$.

.... (✎ 178)

Die sinngemäße Form von (3.21) ist $\forall n \in \mathbb{Z}_{\geq m} : \forall k \in (\mathbb{Z}_{\geq m})_{\leq n} : \forall X \in \mathcal{D}_k : |P_{f,k}(X)| = 1$. Beachte dabei, dass du den Induktionsanfang für $n = m$ machst. Abgesehen davon, kann der ursprüngliche Beweis Schritt für Schritt sinngemäß wiederholt werden.

....

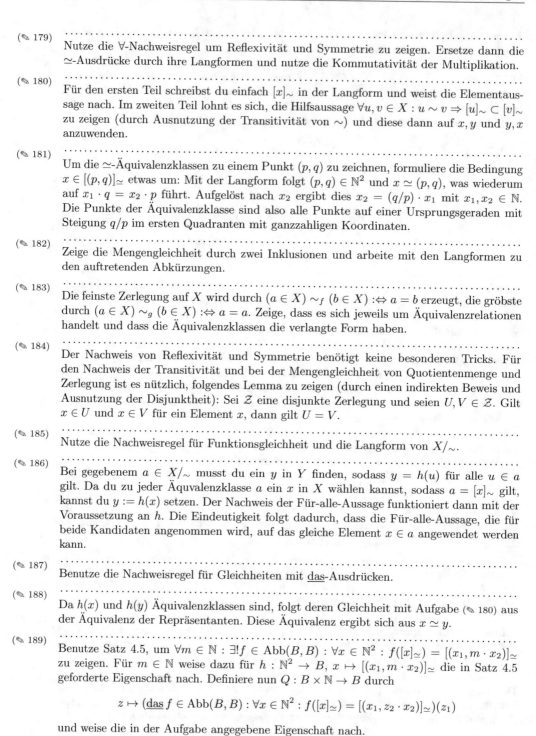

(✎ 179)

Nutze die ∀-Nachweisregel um Reflexivität und Symmetrie zu zeigen. Ersetze dann die ≃-Ausdrücke durch ihre Langformen und nutze die Kommutativität der Multiplikation.

(✎ 180)

Für den ersten Teil schreibst du einfach $[x]_\sim$ in der Langform und weist die Elementaussage nach. Im zweiten Teil lohnt es sich, die Hilfsaussage $\forall u, v \in X : u \sim v \Rightarrow [u]_\sim \subset [v]_\sim$ zu zeigen (durch Ausnutzung der Transitivität von $\sim$) und diese dann auf x, y und y, x anzuwenden.

(✎ 181)

Um die ≃-Äquivalenzklassen zu einem Punkt (p, q) zu zeichnen, formuliere die Bedingung $x \in [(p, q)]_\simeq$ etwas um: Mit der Langform folgt $(p, q) \in \mathbb{N}^2$ und $x \simeq (p, q)$, was wiederum auf $x_1 \cdot q = x_2 \cdot p$ führt. Aufgelöst nach x_2 ergibt dies $x_2 = (q/p) \cdot x_1$ mit $x_1, x_2 \in \mathbb{N}$. Die Punkte der Äquivalenzklasse sind also alle Punkte auf einer Ursprungsgeraden mit Steigung q/p im ersten Quadranten mit ganzzahligen Koordinaten.

(✎ 182)

Zeige die Mengengleichheit durch zwei Inklusionen und arbeite mit den Langformen zu den auftretenden Abkürzungen.

(✎ 183)

Die feinste Zerlegung auf X wird durch $(a \in X) \sim_f (b \in X) :\Leftrightarrow a = b$ erzeugt, die gröbste durch $(a \in X) \sim_g (b \in X) :\Leftrightarrow a = a$. Zeige, dass es sich jeweils um Äquivalenzrelationen handelt und dass die Äquivalenzklassen die verlangte Form haben.

(✎ 184)

Der Nachweis von Reflexivität und Symmetrie benötigt keine besonderen Tricks. Für den Nachweis der Transitivität und bei der Mengengleichheit von Quotientenmenge und Zerlegung ist es nützlich, folgendes Lemma zu zeigen (durch einen indirekten Beweis und Ausnutzung der Disjunktheit): Sei $\mathcal{Z}$ eine disjunkte Zerlegung und seien $U, V \in \mathcal{Z}$. Gilt $x \in U$ und $x \in V$ für ein Element x, dann gilt $U = V$.

(✎ 185)

Nutze die Nachweisregel für Funktionsgleichheit und die Langform von $X/\sim$.

(✎ 186)

Bei gegebenem $a \in X/\sim$ musst du ein y in Y finden, sodass $y = h(u)$ für alle $u \in a$ gilt. Da du zu jeder Äquivalenzklasse a ein x in X wählen kannst, sodass $a = [x]_\sim$ gilt, kannst du $y := h(x)$ setzen. Der Nachweis der Für-alle-Aussage funktioniert dann mit der Voraussetzung an h. Die Eindeutigkeit folgt dadurch, dass die Für-alle-Aussage, die für beide Kandidaten angenommen wird, auf das gleiche Element $x \in a$ angewendet werden kann.

(✎ 187)

Benutze die Nachweisregel für Gleichheiten mit <u>das</u>-Ausdrücken.

(✎ 188)

Da $h(x)$ und $h(y)$ Äquivalenzklassen sind, folgt deren Gleichheit mit Aufgabe (✎ 180) aus der Äquivalenz der Repräsentanten. Diese Äquivalenz ergibt sich aus $x \simeq y$.

(✎ 189)

Benutze Satz 4.5, um $\forall m \in \mathbb{N} : \exists! f \in \mathrm{Abb}(B, B) : \forall x \in \mathbb{N}^2 : f([x]_\simeq) = [(x_1, m \cdot x_2)]_\simeq$ zu zeigen. Für $m \in \mathbb{N}$ weise dazu für $h : \mathbb{N}^2 \to B$, $x \mapsto [(x_1, m \cdot x_2)]_\simeq$ die in Satz 4.5 geforderte Eigenschaft nach. Definiere nun $Q : B \times \mathbb{N} \to B$ durch

$$z \mapsto (\underline{\mathrm{das}}\, f \in \mathrm{Abb}(B, B) : \forall x \in \mathbb{N}^2 : f([x]_\simeq) = [(x_1, z_2 \cdot x_2)]_\simeq)(z_1)$$

und weise die in der Aufgabe angegebene Eigenschaft nach.

.... (✎ 190)

Benutze Satz 4.5, um zu $c \in B$ die eindeutige Existenz $\exists! H \in \mathrm{Abb}(B,B) : \forall x \in \mathbb{N}^2 :$ $H([x]_\simeq) = Q(V(x_1,c),x_2)$ zu zeigen. Die Funktion $M : B \times B \to B$ ergibt sich dann durch

$$z \mapsto (\underline{\mathrm{das}}\ f \in \mathrm{Abb}(B,B) : \forall x \in \mathbb{N}^2 : f([x]_\simeq) = Q(V(x_1,z_2),x_2))(z_1).$$

.... (✎ 191)

Aus Aufgabe (✎ 190) ergibt sich $c \cdot b = H_b(c) = Q(V(y_1,b),y_2)$, wobei y immer noch der Repräsentant von c ist. Mit dem Repräsentanten x von b folgt dann $V(y_1,b) = [(y_1 \cdot x_1, x_2)]_\simeq$. Löse schließlich noch die Funktionsauswertung von Q mit ihrer definierenden Eigenschaft auf. Die Gleichheit der beiden Äquivalenzklassen ergibt sich aus der Äquivalenz der Repräsentanten.

.... (✎ 192)

Zeige, dass $e := [(1,1)]_\simeq$ die Neutralitätseigenschaft hat.

.... (✎ 193)

Zu $b \in B$ mit dem Repräsentanten x hat $c := [(x_2,x_1)]_\simeq$ die gewünschte Eigenschaft.

.... (✎ 194)

Wiederhole den Beweis von Satz 4.5 sinngemäß. Bereite dabei im Existenzteil die Definition der Funktion

$$H := \begin{cases} X/_\sim \times X/_\sim & \to & Y \\ a & \mapsto & \underline{\mathrm{das}}\ y \in Y : \forall u \in a_1, v \in a_2 : y = h(u,v) \end{cases}$$

vor und weise die gewünschte Eigenschaft nach.

.... (✎ 195)

Weise für $h : \mathbb{N}^2 \times \mathbb{N}^2 \to B$, $(x,y) \mapsto [(x_1 \cdot y_2 + y_1 \cdot x_2, x_2 \cdot y_2)]_\simeq$ die Eigenschaft aus Aufgabe (✎ 194) nach.

.... (✎ 196)

Zeige die Gleichheit mit zwei Inklusionen und benutze konsequent die Langformen zu den Abkürzungen.

.... (✎ 197)

Wähle zu jeder Restklasse einen Repräsentanten und nutze die definierende Eigenschaft $[a]_m \oplus [b]_m = [a+b]_m$.

.... (✎ 198)

Wähle zu jeder Restklasse einen Repräsentanten und nutze die definierende Eigenschaft $[a]_m \oplus [b]_m = [a+b]_m$.

.... (✎ 199)

Für $r = [a]_m$ ist $s = [-a]_m$ ein Kandidat für das inverse Element.

.... (✎ 200)

Wiederhole die Konstruktion der Additionsfunktion A_m sinngemäß.

.... (✎ 201)

Wähle zu jeder Restklasse einen Repräsentanten und nutze die definierende Eigenschaft $[a]_m \odot [b]_m = [a \cdot b]_m$.

.... (✎ 202)

Wähle zu jeder Restklasse einen Repräsentanten und nutze die definierende Eigenschaft $[a]_m \odot [b]_m = [a \cdot b]_m$.

.... (✎ 203)

Wähle zu jeder Restklasse einen Repräsentanten und nutze die definierende Eigenschaft $[a]_m \odot [b]_m = [a \cdot b]_m$.

....

(✎ 204)
....
Zerlege die Dezimalzahl in eine Summe von Vielfachen von Zehnerpotenzen. Beachte, dass $10 = 9 + 1, 100 = 99 + 1, 1000 = 999 + 1, \ldots$ gilt und gehe so vor wie im Eingangsbeispiel.

(✎ 205)
....
Zeige die Reflexivität, Symmetrie und Transitivität. Alle Argumente beruhen auf Ersetzungen bzw. den entsprechenden Eigenschaften der Gleichheitsrelation.

(✎ 206)
....
Zeige zwei Inklusionen und nutze die Langformen der Mengen.

(✎ 207)
....
Nutze Aufgabe (✎ 206) und die definierende Eigenschaft von R.

(✎ 208)
....
Nutze Aufgabe (✎ 207) für die Injektivität. Die Gleichheit der Bildmengen folgt aus der definierenden Eigenschaft von R.

(✎ 209)
....
Überprüfe die Forderungen aus der Definition für g anstelle von f.

(✎ 210)
....
Benutze die Linearität von f und die vorausgesetzte Äquivalenz zwischen den Argumenten zum Nachweis von $f(u + v) = f(r + s)$. Nutze dann Aufgabe (✎ 180) zum Nachweis von $[u + v]_\sim = [r + s]_\sim$.

(✎ 211)
....
Nach Aufgabe (✎ 180) musst du zum Nachweis von $[a \cdot u]_\sim = [a \cdot v]_\sim$ die Äquivalenz $(a \cdot u) \sim (a \cdot v)$ nachweisen.

(✎ 212)
....
Dass aus $v \in [u]_\sim$ auch $v \in \{u + x \mid x \in \mathrm{Kern}(f)\}$ folgt, ergibt sich aus dem Nachweis von $v - u \in \mathrm{Kern}(f)$. Die andere Inklusion folgt aus der Definition von $\sim$ und der des Kerns.

(✎ 213)
....
Löse zum Beispiel die zweite Gleichung nach u auf und setze das Ergebnis in der ersten Gleichung ein. So kannst du v in Abhängigkeit von w darstellen. Durch Einsetzen in die zweite Gleichung ergibt sich auch u in Abhängigkeit von w. Damit hast du eine Inklusion zur Mengengleichheit $\mathrm{Kern}(g) = \{(0, 2t, t) \mid t \in \mathbb{R}\}$ nachgerechnet. Die andere Inklusion entspricht der Probe, dass alle gefundenen Lösungen auch im Kern liegen.

(✎ 214)
....
Wieder kannst du die zweite Gleichung nach u auflösen, dann in die erste Gleichung einsetzen, um v zu bestimmen. Anschließend erhältst du den Wert von u durch Einsetzen von v in der zweiten Gleichung. Mache die Probe, um zu beweisen, dass du eine Lösung gefunden hast.

(✎ 215)
....
Löse die Gleichung $g(x) = y$ in der gleichen Weise, wie du im homogenen Problem vorgegangen bist. Beachte, dass die rechte Seite nun auch in der Rechnung umgeformt wird. Das Ergebnis sollte gleich sein, auch wenn die Darstellung zunächst anders aussehen kann.

(✎ 216)
....
Betrachte bei Nachweis der beiden Eigenschaften die Fälle $x \geq y$ und $\neg(x \geq y)$, um mit dem bedingten Ausdruck in der Langform von $d_\mathbb{R}(x, y)$ argumentieren zu können. Im Fall der Definitheit kannst du für $x \geq y$ nochmal die Fälle $x = y$ und $x > y$ unterscheiden.

(✎ 217)
....
Betrachte wieder die Fälle $x \geq y$ und $\neg(x \geq y)$, um mit den Funktionswerten von $d_\mathbb{R}$ arbeiten zu können. Nutze aus, dass Ungleichungen ihren Wahrheitswert nicht ändern, wenn auf beiden Seiten die gleiche Zahl addiert wird. Um auf die Darstellung mit dem

Betrag zu kommen, mach dir die Translationsinvarianz mit $-y$ anstelle von a zu Nutze, also $d(x,y) = d(x-y, y-y) = d(x-y, 0)$.

.... (✎ 218)

Zum Umgang mit $d_{\leq\beta}$ ist es nützlich, zunächst folgende Hilfsaussage zu zeigen: Seien $x, y \in X$. Genau dann gilt $d_{\leq\beta}(x,y) = d(x,y)$ wenn $d(x,y) \leq \beta$ gilt. Außerdem folgt aus $d_{\leq\beta}(x,y) < \beta$ die Gleichheit $d_{\leq\beta}(x,y) = d(x,y)$ und es gilt $d_{\leq\beta}(x,y) \leq \beta$. Nutze zum Nachweis die Definition des Minimums von zwei Zahlen

$$\forall a, b \in \mathbb{R} : \min\{a,b\} = \begin{cases} a & a \leq b \\ b & \text{sonst} \end{cases}.$$

Die Metrikeigenschaften von $d_{\leq\beta}$ lassen sich mit dem Lemma aus den Eigenschaften von d beweisen.

.... (✎ 219)

Benutze eine Fallunterscheidung basierend auf $(x = y) \vee (x \neq y)$, um mit dem Funktionswert $\delta_X(x,y)$ argumentieren zu können. In der Dreiecksungleichung können nur recht wenige Fälle auftreten, die auf die Ungleichungen $0 \leq 0$, $0 \leq 1$ und $1 \leq 1$ zurückgeführt werden können.

.... (✎ 220)

Nutze aus, dass $u+w = (u_1+w_1, u_2+w_2)$ gilt und setze dies in der d_2-Funktionsvorschrift ein.

.... (✎ 221)

Wende die gegebene Für-alle-Aussage auf $v := y - x$ und $w := z - x$ an und translatiere die Argumente jedes d_2-Ausdrucks um x.

.... (✎ 222)

Schreibe $\|v\|_2$ in der Langform und nutze die Definitheit von d_2.

.... (✎ 223)

Im Fall $v = o$ ist für beliebiges $w \in \mathbb{R}^2$ zu zeigen, dass $\|o\|_2 \leq \|w\|_2 + d_2(w, o)$ gilt. Nutze die Definition der Norm und Satz 5.2.

.... (✎ 224)

Unter der Wurzel kannst du den gemeinsamen Faktor $d_{\mathbb{R}}(r,s)^2$ ausklammern und vorziehen. Im zweiten Teil stellst du die linke Seite in der Form $d_{\mathbb{R}}(p,r) \cdot \|u\|_2$ dar und verwendest die Dreiecksungleichung für $d_{\mathbb{R}}$. Das Ergebnis wandelst du mit dem ersten Aufgabenteil zurück.

.... (✎ 225)

Mit einer Fallunterscheidung trennst du die Fälle $v = o$ und $v \neq o$. Den ersten Fall hast du schon in Aufgabe (✎ 224) untersucht. Im zweiten Fall kannst du $t := \langle w, v \rangle / \|v\|^2$ definieren und damit den Fußpunkt $b := t \cdot v$ konstruieren. Nun zeigst du die beiden wichtigen Bedingungen, die am Ausgangspunkt unserer Überlegung standen: $\|w\|^2 = \|w-b\|^2 + \|b\|^2$ und $\|b-v\|^2 + \|w-b\|^2 = \|w-v\|^2$. Dabei hilft dir die zweite binomische Formel und die Beziehung $\langle w, b \rangle = \|b\|^2$, die du mit der Definition von t nachrechnen kannst. Lässt du die Strecke $\|w-b\|$ vom Fußpunkt zu w in beiden Ausdrücken weg, so erhältst du die beiden Ungleichungen $\|w\| \geq \|b\|$ und $\|w-v\| \geq \|b-v\|$. Durch Umwandeln in Metrikschreibweise und Addition findest du $\|w\| + d(w,v) \geq d(0 \cdot v, t \cdot v) + d(t \cdot v, 1 \cdot v)$, sodass du mit der speziellen Dreiecksungleichung aus (✎ 224) den Beweis beenden kannst.

.... (✎ 226)

Die Idee ist, alle drei Metrikeigenschaften auf die entsprechenden Eigenschaften von d zurückzuführen. Dabei benötigst du die Ergebnisse zum Umgang mit endlichen Summen. Für die Dreiecksungleichung $D(x,y) \leq D(x,z) + D(z,y)$ kannst du zum Beispiel drei Funktionen $f : \mathbb{N}_{\leq n} \to \mathbb{R}$, $i \mapsto d(x_i, y_i)$, $g : \mathbb{N}_{\leq n} \to \mathbb{R}$, $i \mapsto d(x_i, z_i)$ und $h : \mathbb{N}_{\leq n} \to \mathbb{R}$,

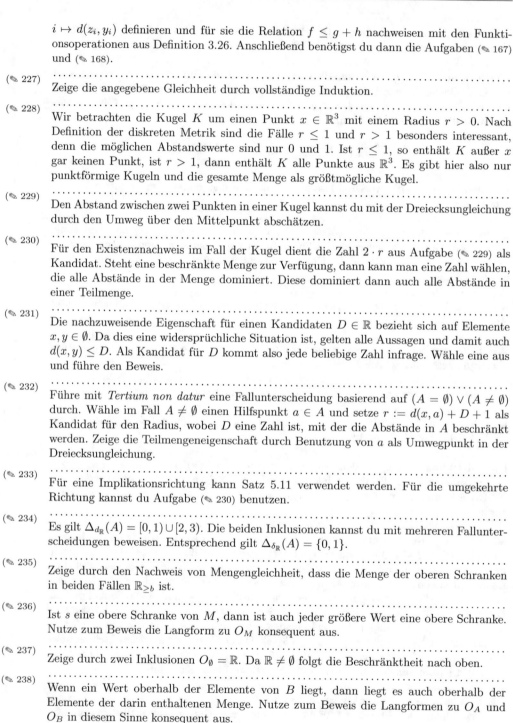

$i \mapsto d(z_i, y_i)$ definieren und für sie die Relation $f \leq g + h$ nachweisen mit den Funktionsoperationen aus Definition 3.26. Anschließend benötigst du dann die Aufgaben (✎ 167) und (✎ 168).

(✎ 227) ....
Zeige die angegebene Gleichheit durch vollständige Induktion.

(✎ 228) ....
Wir betrachten die Kugel K um einen Punkt $x \in \mathbb{R}^3$ mit einem Radius $r > 0$. Nach Definition der diskreten Metrik sind die Fälle $r \leq 1$ und $r > 1$ besonders interessant, denn die möglichen Abstandswerte sind nur 0 und 1. Ist $r \leq 1$, so enthält K außer x gar keinen Punkt, ist $r > 1$, dann enthält K alle Punkte aus $\mathbb{R}^3$. Es gibt hier also nur punktförmige Kugeln und die gesamte Menge als größtmögliche Kugel.

(✎ 229) ....
Den Abstand zwischen zwei Punkten in einer Kugel kannst du mit der Dreiecksungleichung durch den Umweg über den Mittelpunkt abschätzen.

(✎ 230) ....
Für den Existenznachweis im Fall der Kugel dient die Zahl $2 \cdot r$ aus Aufgabe (✎ 229) als Kandidat. Steht eine beschränkte Menge zur Verfügung, dann kann man eine Zahl wählen, die alle Abstände in der Menge dominiert. Diese dominiert dann auch alle Abstände in einer Teilmenge.

(✎ 231) ....
Die nachzuweisende Eigenschaft für einen Kandidaten $D \in \mathbb{R}$ bezieht sich auf Elemente $x, y \in \emptyset$. Da dies eine widersprüchliche Situation ist, gelten alle Aussagen und damit auch $d(x, y) \leq D$. Als Kandidat für D kommt also jede beliebige Zahl infrage. Wähle eine aus und führe den Beweis.

(✎ 232) ....
Führe mit *Tertium non datur* eine Fallunterscheidung basierend auf $(A = \emptyset) \vee (A \neq \emptyset)$ durch. Wähle im Fall $A \neq \emptyset$ einen Hilfspunkt $a \in A$ und setze $r := d(x, a) + D + 1$ als Kandidat für den Radius, wobei D eine Zahl ist, mit der die Abstände in A beschränkt werden. Zeige die Teilmengeneigenschaft durch Benutzung von a als Umwegpunkt in der Dreiecksungleichung.

(✎ 233) ....
Für eine Implikationsrichtung kann Satz 5.11 verwendet werden. Für die umgekehrte Richtung kannst du Aufgabe (✎ 230) benutzen.

(✎ 234) ....
Es gilt $\Delta_{d_{\mathbb{R}}}(A) = [0, 1) \cup [2, 3)$. Die beiden Inklusionen kannst du mit mehreren Fallunterscheidungen beweisen. Entsprechend gilt $\Delta_{\delta_{\mathbb{R}}}(A) = \{0, 1\}$.

(✎ 235) ....
Zeige durch den Nachweis von Mengengleichheit, dass die Menge der oberen Schranken in beiden Fällen $\mathbb{R}_{\geq b}$ ist.

(✎ 236) ....
Ist s eine obere Schranke von M, dann ist auch jeder größere Wert eine obere Schranke. Nutze zum Beweis die Langform zu O_M konsequent aus.

(✎ 237) ....
Zeige durch zwei Inklusionen $O_\emptyset = \mathbb{R}$. Da $\mathbb{R} \neq \emptyset$ folgt die Beschränktheit nach oben.

(✎ 238) ....
Wenn ein Wert oberhalb der Elemente von B liegt, dann liegt es auch oberhalb der Elemente der darin enthaltenen Menge. Nutze zum Beweis die Langformen zu O_A und O_B in diesem Sinne konsequent aus.

....

.... (✎ 239)

Zeige zwei Inklusionen und benutze dann die Definition von $\text{Min}(\mathbb{R}_{\geq s})$.

.... (✎ 240)

Die umfassendere Menge kann kleinere Minima haben. Das äußert sich bereits in der Menge der unteren Schranken: Ein Wert unterhalb aller Elemente von B ist auch unterhalb aller Elemente einer Teilmenge. Mit der Definition des Minimums folgt hieraus das Ergebnis.

.... (✎ 241)

Ein häufig genutzter Trick zum Nachweis einer Gleichheit in $\mathbb{R}$ ist die Antisymmetrie der $\leq$-Relation: Zum Nachweis von $u = v$ kannst du $u \leq v$ und $v \leq u$ zeigen. Als Beispiele für nichtleere Mengen ohne Minimum kannst du eine nach unten unbeschränkte Menge nehmen oder eine nach unten beschränkte, deren kleinster Wert gerade fehlt. Ein Intervall mit einschließendem linken Rand an der Stelle 1 liefert das andere Beispiel.

.... (✎ 242)

Ersetze in der Definition konsequent Min-Wörter durch Max-Wörter und zeige, dass $\text{Max}(W)$ höchstens ein Element besitzt (die Menge $\text{Max}(W)$ muss vorher ebenfalls definiert werden). Mit der Annahme $W \neq \emptyset$ in der Definition ist dann Existenz und Eindeutigkeit für die Verwendung des $\underline{\text{das}}$-Ausdrucks gesichert.

.... (✎ 243)

Wähle ein Element von $\text{Min}(O_M)$. Aus der Definition des Minimums folgt dann die Existenz einer oberen Schranke von M. Zeige indirekt, dass $M \neq \emptyset$ gilt. Denke dabei an Aufgabe (✎ 237). Für den zweiten Aufgabenteil kannst du Aufgabe (✎ 236) benutzen.

.... (✎ 244)

Betrachte die Fälle $M = \emptyset$ und $M \neq \emptyset$, wobei du im zweiten Fall wiederum $O_M = \emptyset$ und $O_M \neq \emptyset$ unterscheiden kannst. So zeigst du $((O_M = \emptyset) \vee (O_M = \mathbb{R})) \vee \exists s \in \mathbb{R} : O_M = \mathbb{R}_{\geq s}$.

.... (✎ 245)

Nutze $\sup M = \min O_M$, um zu zeigen, dass $M \cap O_M \neq \emptyset$ gilt. Daraus ergeben sich die Wohldefinition von $\max M$ und die Gleichheit.

.... (✎ 246)

Zeige zunächst, dass $\max M$ und $\sup M$ wohldefiniert sind, wobei du Aufgabe (✎ 242) benutzen kannst. Wende nun die beiden Für-alle-Aussagen, die sich in $\sup M \in O_M$ und $\sup M \in U_{O_M}$ verstecken, auf $\max M \in M \cap O_M$ an.

.... (✎ 247)

Zeige zuerst die Wohldefinition des $\underline{\text{das}}$-Ausdrucks und nutze dann die Nachweisregel für Gleichheit mit $\underline{\text{das}}$-Ausdrücken.

.... (✎ 248)

Nutze den Zusammenhang $\sup M = \min O_M \in O_M \cap U_{O_M}$ und schreibe die Elementaussage mit der Langform um. Für den Nachweis der letzten Teilaussage kannst du einen indirekten Beweis führen.

.... (✎ 249)

Mit Aufgabe (✎ 234) kennen wir die Mengen $\Delta_{d_{\mathbb{R}}}(A)$ und $\Delta_{\delta_{\mathbb{R}}}(A)$. Es geht also jeweils nur noch um die Berechnung des Supremums. Im Fall $\Delta_{d_{\mathbb{R}}}(A)$ ist leicht nachzurechnen, dass 3 eine obere Schranke ist. Außerdem kann man mit einem Widerspruchsbeweis zeigen, dass Zahlen kleiner als 3 keine oberen Schranken sind, woraus dann $\text{diam}_{d_{\mathbb{R}}}(A) = 3$ folgt. Im Fall der diskreten Metrik ist $\Delta_{\delta_{\mathbb{R}}}(A) = \{0, 1\}$, sodass 1 das Maximum und damit auch den Durchmesser darstellt.

.... (✎ 250)

Nutze die Langform von $\Delta_d(A)$ und $\Delta_d(B)$, um die Teilmengenrelation zu zeigen.

....

(✎ 251) ....

Zeige zunächst, dass die Durchmesser von A und B definiert sind. Zum Nachweis, dass auch $A \cup B$ einen Durchmesser hat, benötigst du eine obere Schranke für $\Delta_d(A \cup B)$. Verwende dazu die Summe der Durchmesser von A und B. Zum Nachweis der Schrankeneigenschaft kannst du mit einem Punkt $a \in A \cap B$ als Hilfspunkt argumentieren und verschiedene Fälle betrachten.

(✎ 252) ....

Ist U_M nicht leer und nach oben beschränkt, dann kannst du $M \neq \emptyset$ durch einen Widerspruchsbeweis zeigen mit den Hilfsaussagen $U_\emptyset = \mathbb{R}$ und $O_\mathbb{R} = \emptyset$. Bei der umgekehrten Inklusion ist die Hilfsaussage $M \subset O_{U_M}$ nützlich.

(✎ 253) ....

Mit Aufgabe (✎ 245) genügt es, $\sup U_M \in U_M$ nachzuweisen. Die Existenz des Supremums von U_M folgt mit Aufgabe (✎ 252) genauso wie der Nachweis von $\sup U_M \in U_M$.

(✎ 254) ....

Benutze Aufgabe (✎ 246) für $\inf M = \max U_M$.

(✎ 255) ....

Nutze die Definition von $\min M$ und die damit verbundene Eindeutigkeit zum Nachweis von $m = \min M$. Zeige weiter, dass die Existenzbedingung für ein Infimum erfüllt sind und nutze Aufgabe (✎ 254).

(✎ 256) ....

Zeige zuerst, dass $\inf A$ und $\inf B$ wohldefiniert sind. Dabei kannst du Aufgabe (✎ 240) benutzen, um den Beweis von Lemma 5.23 fertigzustellen. Zeige dann, dass $\operatorname{dist}_d(x, A)$ und $\operatorname{dist}_d(x, B)$ wohldefiniert sind. Mit Lemma 5.23 kannst du die Abschätzung zeigen, wenn du $D_{x,B} \subset D_{x,A}$ nachweist.

(✎ 257) ....

Argumentiere indirekt und benutze $\varepsilon := (u - v)/2$.

(✎ 258) ....

Folge der üblichen Beweisstrategie und füge die Vorüberlegungen dann ein, wenn sie benötigt werden.

(✎ 259) ....

Ist x ein d-Berührpunkt von A, so kannst du indirekt zeigen, dass $\operatorname{dist}_d(x, A) = 0$ gilt, denn A kann nach Definition von $\operatorname{Ber}_d(A)$ in diesem Fall nicht die leere Menge sein. Mit Aufgabe (✎ 256) kannst du den Beweis zu Ende führen.

(✎ 260) ....

Nutze $A \cap B \subset A$ und $A \cap B \subset B$ zusammen mit Aufgabe (✎ 259), um die Inklusion zu zeigen. Die umgekehrte Inklusion gilt nicht. Als Beispiel in $(\mathbb{R}, d_\mathbb{R})$ kannst du $A := [-1, 0)$ und $B := (0, 1]$ betrachten.

(✎ 261) ....

Zeige die Mengengleichheit durch zwei Inklusionen und nutze Lemma 5.24. Gehst du dabei von $x \in X$ mit der Eigenschaft $\forall \varepsilon \in \mathbb{R}_{>0} : B_\varepsilon^d(x) \cap A \neq \emptyset$ aus, so kannst du durch Anwendung auf $\varepsilon := 1$ zeigen, dass A nicht leer ist. Die Zielaussage $x \in \operatorname{Ber}_d(A)$ folgt dann durch Nachweis von $\operatorname{dist}_d(x, A) = 0$. In einem indirekten Beweis kannst du $\varepsilon := \operatorname{dist}_d(x, A)/2$ verwenden.

(✎ 262) ....

Nutze $A \subset A \cup B$ und $B \subset A \cup B$ zusammen mit Aufgabe (✎ 259), um eine Inklusion zu zeigen. Zum Nachweis der umgekehrten Inklusion kannst du die Oder-Aussage der Form $(x \in \operatorname{Ber}_d(A)) \vee (x \in \operatorname{Ber}_d(B))$ durch Annahme von $x \notin \operatorname{Ber}_d(A)$ und den Nachweis von $x \in \operatorname{Ber}_d(B)$ mit Hilfe von Satz 5.27 führen.

....

.... (✎ 263)

Zeige $\mathrm{Ber}_d(X) = X$ mit Satz 5.27 und nutze $X^c = \emptyset$ sowie $\emptyset^c = X$.

.... (✎ 264)

Nutze $(A^c)^c = A$ und die Definition von $\partial_d A$ und $\partial_d(A^c)$.

.... (✎ 265)

Verwende die Aufgaben (✎ 262) und (✎ 260) zum Nachweis der Inklusion. Drücke dabei das Komplement der Vereinigung durch den Schnitt der Komplemente aus. Die umgekehrte Inklusion stimmt nicht. Nutze $A := [-1,1]$ und $B := \{0\}$ im metrischen Raum $(\mathbb{R}, d_\mathbb{R})$.

.... (✎ 266)

Argumentiere in beiden Aussagen indirekt.

.... (✎ 267)

Argumentiere indirekt und nutze Satz 5.27 für $\mathrm{Ber}(A^c)$. Arbeite auf den Widerspruch hin, dass ein Element im Schnitt der Kugel mit ihrem Komplement liegen muss.

.... (✎ 268)

Wenn du von A *ist offen* und $x \in A$ ausgehst, kannst du indirekt argumentieren. Die resultierende Existenzaussage lässt sich mit Satz 5.27 zu $x \in \mathrm{Ber}(A^c)$ umformen, woraus $x \in A \cap \partial A$ folgt. Für die umgekehrte Implikation kannst du indirekt argumentieren und $A \cap \partial \neq \emptyset$ annehmen. Ein Punkt im Schnitt liegt dann in $\mathrm{Ber}(A^c)$. Nach Voraussetzung gilt aber, dass eine ganze Kugel um den Punkt zu A gehört, was nicht zu Satz 5.27 passt.

.... (✎ 269)

Benutze Aufgabe (✎ 268) und deine Kenntnis über Kugeln in der diskreten Metrik aus Aufgabe (✎ 228).

.... (✎ 270)

Zeige, dass das Infimum einer Menge in $\mathbb{R}$ diese im $d_\mathbb{R}$-Sinn berührt, und nutze dazu Lemma 5.24 und Satz 5.27.

.... (✎ 271)

Nutze Lemma 5.24 für beide Implikationen. Für die konkrete Folge $n \in \mathbb{N} \mapsto 1/n$ zeige die Monotonie und die gerade nachgewiesene charakterisierende Eigenschaft.

.... (✎ 272)

Zeige, dass c wohldefiniert und monoton fallend ist. Benutze dann die Charakterisierung aus Aufgabe (✎ 271) sowohl zum Nachweis der Nullfolgeneigenschaft von c mit einem ε als auch zum Ausnutzen der Nullfolgeneigenschaft von a und b mit $\varepsilon/2$.

.... (✎ 273)

Zeige $a_{\geq n} \subset \mathrm{Bild}(a)$ und weise mit Aufgabe (✎ 230) dann die Beschränktheit von $a_{\geq n}$ nach. Nutze Satz 5.11, um eine gemeinsame Kugel um A und $a_{\geq n}$ zu finden, und schließe das Argument mit Aufgabe (✎ 230). Zum Monotonienachweis kannst du Satz 5.20 verwenden.

.... (✎ 274)

Wende Aufgabe (✎ 271) auf die Folge $n \in \mathbb{N} \mapsto \mathrm{diam}_d(a_{\geq n} \cup \{A\})$ mit r anstelle von ε an. Für das so wählbare n kannst du $a_{\geq n} \subset B_r^d(A)$ zeigen.

.... (✎ 275)

Argumentiere indirekt und nutze Satz 5.2.

.... (✎ 276)

Wenn a konvergiert, dann kannst du Aufgabe (✎ 274) verwenden, um die Charakterisierung zu zeigen. Gilt die Charakterisierung, dann kannst du die Konvergenz mit dem Kriterium aus Aufgabe (✎ 271) nachweisen. Bei vorgegebenem ε wähle einen Index N mit der Charakterisierung zum Wert $\varepsilon/3$. Für zwei Punkte x, y aus $a_{\geq N} \cup \{A\}$ kannst du mit einer Fallunterscheidung alle Kombinationen untersuchen und in jedem Fall $d(x,y) < 2 \cdot \varepsilon/3$ zeigen. Der Durchmesser der Menge ist dann kleiner als ε.

....

E Vergleichslösungen

.... (✎ 1)

Bevor du einen Lösungsvorschlag durchliest, solltest du unbedingt selbst versucht haben, eine Lösung zu formulieren. Nur wenn du selbst über das Problem nachgedacht hast, kannst du den vollen Nutzen aus dem Lösungsvorschlag ziehen.

Üblicherweise gibt es zu einer Frage unterschiedliche Wege, die zum Ziel führen. Vor allem ab Kapitel 2 ist für die Korrektheit nicht der hier abgedruckte Lösungsvorschlag entscheidend, sondern die strikte Befolgung der relevanten Regeln. Insbesondere ist ein Beweis auf jeden Fall richtig, wenn du Dich an alle Beweisregeln hältst!

Für deine erste Aufgabe ist eine mögliche Vervollständigung des gesuchten Satzes: *Man lernt vor allem durch eigenes Tun!*

Auch bei den Lösungen solltest du bei der gestrichelten Linie aufhören zu lesen, um dir für deine nächste Aufgabe nicht die Herausforderung und den Lernerfolg zu gefährden! In der elektronischen Aufgabe kommst du durch einen Klick auf die Aufgabennummer zurück zur Textstelle.

.... (✎ 2)

Der Satz des Pythagoras lautet zum Beispiel so: In einem rechtwinkligen Dreieck seien a, b die Längen der am rechten Winkel anliegenden Seiten und c die Länge der gegenüber liegenden Seite. Dann gilt $a^2 + b^2 = c^2$.
Die Akteure sind also die drei Seitenlängen a, b, c des Dreiecks.

.... (✎ 3)

Dass ein Element a entweder in A oder in B enthalten ist, kann man so ausdrücken: $((a \in A) \wedge (a \notin B)) \vee ((a \in B) \wedge (a \notin A))$

.... (✎ 4)

Die Aussage *Nicht alle Elemente sind in* $\mathbb{N}$ kann man so formulieren $\neg \forall x \in \mathcal{U} : x \in \mathbb{N}$. Da der Platzhaltername keine Rolle spielt, können wir z.B. auch $\neg \forall n \in \mathcal{U} : n \in \mathbb{N}$ schreiben.

.... (✎ 5)

Die Aussage, dass jedes Element einer Menge A auch Element einer Menge B und Element einer Menge C ist, lässt sich so schreiben: $\forall x \in A : (x \in B) \wedge (x \in C)$.

.... (✎ 6)

Die Aussage $\forall x \in A : (x \in B) \vee (x \in C)$ liest sich wie folgt. *Für alle x in A gilt: x ist in B oder x ist in C.* Dagegen bedeutet $(\forall x \in A : x \in B) \vee (\forall x \in A : x \in C)$: *Für alle x in A ist x in B oder für alle x in A gilt x in C.* Die zweite Aussage ist also nur wahr, wenn A ganz in B oder A ganz in C enthalten ist, während die erste Aussage auch wahr ist, wenn einige Elemente aus A in B und einige in C liegen, solange nur alle Elemente aus A unterkommen.

.... (✎ 7)

Die Aussage *Es gibt kein Element in der leeren Menge* kann man in der Form $\neg \exists x \in \mathcal{U} : x \in \emptyset$ schreiben. Genauso geht natürlich $\neg \exists a \in \mathcal{U} : a \in \emptyset$. Die Aussage *Es gibt ein Element, das nicht in der leeren Menge enthalten ist* kann man formulieren als $\exists x \in \mathcal{U} : x \notin \emptyset$, wobei der Platzhaltername frei wählbar ist, d. h., $\exists u \in \mathcal{U} : \neg(u \in \emptyset)$ ist genauso möglich.

....

© Springer-Verlag GmbH Deutschland, ein Teil von Springer Nature 2020
M. Junk und J.-H. Treude, *Beweisen lernen Schritt für Schritt*,
https://doi.org/10.1007/978-3-662-61616-1_11

(✎ 8)
....

Die Tabelle für die verneinte Teilmengenbeziehung könnte wie folgt aussehen.

Ausdruck	Aussprache	Bedingung	Langform
$A \not\subset B$	A ist kein Teil von B	A, B Mengen	$\neg(A \subset B)$

(✎ 9)
....

Die Regel zur Addition von Bruchzahlen lautet

$$\forall a \in \mathbb{R} : \forall b \in \mathbb{R}_{\neq 0} : \forall c \in \mathbb{R} : \forall d \in \mathbb{R}_{\neq 0} : \frac{a}{b} + \frac{c}{d} = \frac{a \cdot d + c \cdot b}{b \cdot d}.$$

(✎ 10)
....

Wenn $x = 1$, $a = 0$ und $b = 2$ sind, dann gilt zwar $0 = a \cdot x = a \cdot b = 0$, aber $x = 1 \neq 2 = b$.

(✎ 11)
....

Die Menge aller durch 5 teilbaren ganzen Zahlen wird als Aussonderungsmenge so geschrieben: $\{z \in \mathbb{Z} : (\exists k \in \mathbb{Z} : 5 \cdot k = z)\}$. Die Menge aller reellen Zahlen, die größer als 1 und kleiner als 5 sind, schreibt sich in der Form $\{x \in \mathbb{R} : (1 < x) \wedge (x < 5)\}$.

(✎ 12)
....

Ein Element x ist in der Schnittmenge, wenn für alle $U \in A$ stets $x \in U$ gilt. Die Beschreibung ist also $\{x \in \mathcal{U} : \forall U \in A : x \in U\}$. Auch hier ändert sich an der Bedeutung nichts, wenn ein anderer Platzhaltername verwendet wird.

(✎ 13)
....

Die Textform könnte so lauten: Seien A und B Mengen. Unter $A \cup B$ verstehen wir die Menge aller Elemente, die in A oder in B enthalten sind, und sprechen von der Vereinigung von A und B.

(✎ 14)
....

Die Tabelle zur angegebenen Definition könnte wie folgt aussehen.

Ausdruck	Aussprache	Bedingung	Langform
$a\mid b$	a ist Teiler von B	$a, b \in \mathbb{Z}$	$\exists k \in \mathbb{Z} : b = k \cdot a$

(✎ 15)
....

In Quantorenschreibweise lautet der Satz:

$$\forall a \in \mathbb{Z} : \forall b \in \mathbb{Z} : \forall c \in \mathbb{Z} : \forall m \in \mathbb{N} :$$

$$(a \equiv a \mod m) \wedge$$

$$((a \equiv b \mod m) \Rightarrow (b \equiv a \mod m)) \wedge$$

$$(((a \equiv b \mod m) \wedge (b \equiv c \mod m)) \Rightarrow (a \equiv c \mod m)).$$

(✎ 16)
....

Ausgeschrieben lauten die Definitionen:

$$0 := \emptyset,$$

$$1 := \{\emptyset\},$$

$$2 := \{\emptyset, \{\emptyset\}\},$$

$$3 := \{\emptyset, \{\emptyset\}, \{\emptyset, \{\emptyset\}\}\},$$

$$4 := \{\emptyset, \{\emptyset\}, \{\emptyset, \{\emptyset\}\}, \{\emptyset, \{\emptyset\}, \{\emptyset, \{\emptyset\}\}\}\}.$$

(✎ 17)
....

Die Erstellung des Baums kannst du leicht auf Papier vorbereiten, indem du Teilausdrücken Namen gibst: Mit den Abkürzungen $a := (x \in B)$ und $b := (x \in C)$ vereinfacht sich der Ausdruck zu $((x \in A) \wedge ((A \subset B) \vee (A \subset C))) \Rightarrow (a \vee b)$. Setzen wir weiter $c := a \vee b$ und $d := x \in A$ sowie $e := A \subset B$ und $f := A \subset C$, so erhalten wir $(d \wedge (e \vee f)) \Rightarrow c$. Schließlich folgt mit $g := e \vee f$ und $h := d \wedge g$ die Form $h \Rightarrow c$. Nun sieht man, dass es sich auf der obersten Ebene um eine Implikation handelt, wobei links die Und-Aussage $h = d \wedge g$ und rechts die Oder-Aussage $c = a \vee b$ steht. Wir können also in das obere Kästchen einen Implikationspfeil $\Rightarrow$ eintragen, nach links zu einem Kästchen mit $\wedge$ und nach rechts zu einem Kästchen mit $\vee$ verbinden. Links von $\wedge$ steht nun die Aussage $d = x \in A$, während rechts wegen $g = e \vee f$ ein $\vee$-Kästchen notiert wird, unter dem dann die beiden Aussagen $e = A \subset B$ und $f = A \subset C$ stehen. Entsprechend werden rechts unter $\vee$ die beiden Aussagen $a = x \in B$ und $b = x \in C$ notiert. Löst man nun noch die Teilmengenaussagen in den Für-alle-Quantor auf, so ergibt sich die Baumdarstellung

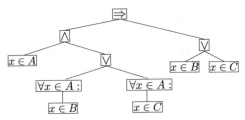

(✎ 18)

Wir gehen von folgendem Satz aus: Seien a, b und c natürliche Zahlen. Dann gilt $\frac{a \cdot c}{b \cdot c} = \frac{a}{b}$. Anwendung auf 3, 4, 5 anstelle von a, b, c ergibt $\frac{3 \cdot 5}{4 \cdot 5} = \frac{3}{4}$. Mit 4, 4, 4 anstelle von a, b, c finden wir entsprechend $\frac{4 \cdot 4}{4 \cdot 4} = \frac{4}{4}$. Beachte: Auch wenn die Platzhalternamen unterschiedlich sind, darfst du mehrmals das gleiche Objekt benutzen, solange die Voraussetzungen des Satzes nicht verlangen, dass die Platzhalter unterschiedlich sein müssen.

(✎ 19)

Um aus dem Satz aus Aufgabe (✎ 18) auf $\frac{21}{14} = \frac{3}{2}$ schließen zu können, wenden wir ihn mit 3, 2, 7 anstelle von a, b, c an. Wir finden $\frac{3 \cdot 7}{2 \cdot 7} = \frac{3}{2}$. Schreiben wir Zähler und Nenner des linken Bruchs in Dezimalform, so ergibt sich die gewünschte Gleichheit.

(✎ 20)

Beweis. Zum Nachweis von $(A \Rightarrow B) \Rightarrow (A \Rightarrow B)$ gelte $A \Rightarrow B$. Zu zeigen: $A \Rightarrow B$.
Dies gilt nach Voraussetzung. □

(✎ 21)

Beweis. Zum Nachweis von $A \Rightarrow ((A \Rightarrow B) \Rightarrow B)$ gelte A. Zu zeigen: $(A \Rightarrow B) \Rightarrow B$.
Gelte dazu $A \Rightarrow B$. Zu zeigen: B.
Da $A \Rightarrow B$ und A gilt, gilt auch B. □
Beweis. Zum Nachweis von $(A \Rightarrow (A \Rightarrow B)) \Rightarrow (A \Rightarrow B)$ gelte $A \Rightarrow (A \Rightarrow B)$.
Zu zeigen: $A \Rightarrow B$.
Gelte dazu A. Zu zeigen: B.
Da $A \Rightarrow (A \Rightarrow B)$ und A gilt, gilt auch $A \Rightarrow B$.
Da $A \Rightarrow B$ und A gilt, gilt auch B. □
Wenn man sich den Beweis anschaut, so erkennt man darin drei Argumentationsziele: (1) Die ursprüngliche Aussage, (2) die Aussage $A \Rightarrow B$ und (3) die Aussage B. Beim Nachweis von (3) tritt nun als Zwischenresultat auf, dass $A \Rightarrow B$ gilt, was dem Zwischenziel (2) entspricht. Trotzdem darf man den Beweis an dieser Stelle noch *nicht* beenden, da die *aktuelle* Aufgabe aus Ziel (3) besteht. (In der Gedankenwelt hierzu wurden Annahmen gemacht, die zum Zeitpunkt, als Ziel (2) *aktuell* war, nicht gegolten haben – sie können daher auch nicht benutzt werden, um Ziel (2) zu zeigen.)

(✎ 22) ....

Beweis. Zum Nachweis von $A \Rightarrow (A \wedge B)$ gelte A. Zu zeigen: $A \wedge B$.

Dazu sind zu zeigen: A und B.

A gilt bereits.

Da nach Voraussetzung $A \Rightarrow B$ gilt und A gilt, gilt auch B.   □

(✎ 23) ....

Beweis. Wir beginnen mit der Annahme $A \wedge B$ und zeigen $B \wedge A$. Dazu ist zu zeigen, dass B und A gilt. Aus der Voraussetzung folgt, dass A und B gilt, womit das Ziel erreicht ist. Umgekehrt beginnen wir mit der Annahme $B \wedge A$ und zeigen $A \wedge B$. Dazu ist zu zeigen, dass A und B gilt. Aus der Voraussetzung folgt, dass B und A gilt, womit das Ziel erreicht ist.   □

Wenn man wie in diesem Fall merkt, dass man das gleiche Argument nur mit Änderung von ein paar Namen wiederholt, dann ist es besser, Die Umbenennung in einer Satzanwendung zu nutzen. Im obigen Beweis könnte man also, statt die komplette Argumentation mit geänderten Namen zu wiederholen, einfach so argumentieren:

Umgekehrt beginnen wir mit der umgekehrten Annahme $B \wedge A$. Wir wenden den bereits gezeigten Satz an auf B anstelle von A und A anstelle von B und erhalten wie gewünscht $B \wedge A$.

(✎ 24) ....

Beweis. Wir beginnen mit der Annahme $(A \wedge B) \wedge C$ und zeigen $A \wedge (B \wedge C)$. Dazu ist zu zeigen: A und $B \wedge C$. Für das zweite Ziel muss wiederum B und C gezeigt werden. Insgesamt müssen also A und B und C gezeigt werden.

Aus der Voraussetzung folgt $A \wedge B$ und C, wobei aus der ersten der beiden Aussagen A und B folgt.

Im zweiten Schritt gehen wir von $A \wedge (B \wedge C)$ aus und zeigen $(A \wedge B) \wedge C$. Dazu ist zu zeigen: $A \wedge B$ und C. Für das erste Ziel muss wiederum A und B gezeigt werden. Insgesamt müssen also A und B und C gezeigt werden.

Aus der Voraussetzung folgt A und $B \wedge C$, wobei aus der zweiten der beiden Aussagen B und C folgt.   □

(✎ 25) ....

Die Namen A, B, C werden durch die Voraussetzung zur Verfügung gestellt. Die Voraussetzung $A \wedge (B \vee C)$ ist eine geltende Aussage. Mit der Und-Benutzungsregel wurden daraus A und $B \vee C$ als weitere geltende Aussagen abgeleitet. Im Moment befinden wir uns in einer Fallunterscheidung und haben dort C angenommen. Also gilt jetzt auch C (während B aus dem vorherigen Fall mit der dort gezeigten Aussage $(A \wedge B) \vee (A \wedge C)$ an der momentanen Stelle *nicht* gelten).

Das aktuelle Ziel ist der Nachweis von $(A \wedge B) \vee (A \wedge C)$, da in beiden Fällen die gleiche Aussage gezeigt werden muss. Gleichzeitig handelt es sich um das Ziel des Beweises.

(✎ 26) ....

Wir gehen zunächst streng nach der Beweismechanik vor und beginnen mit dem Text zum Nachweis einer Implikation.

Beweis. Nach Voraussetzung gilt $(A \wedge B) \vee (A \wedge C)$. Zu zeigen: $A \wedge (B \vee C)$.

Dazu ist A und $B \vee C$ zu zeigen.

Zum Nachweis von A führen wir eine Fallunterscheidung durch.

Fall $A \wedge B$ gilt: Es gelten also A und B.

Fall $A \wedge C$ gilt: Es gelten also A und C.

In beiden Fällen gilt A.

Zum Nachweis von $B \vee C$ führen wir eine Fallunterscheidung durch.

Fall $A \wedge B$: Es gelten also A und B. Da B gilt, gilt $B \vee C$.

Fall $A \wedge C$: Es gelten also A und C. Da C gilt, gilt $B \vee C$.

In beiden Fällen gilt $B \vee C$. $\qquad\qquad\qquad\qquad\qquad\qquad\qquad\qquad$ $\square$

Betrachtet man den Beweis mit etwas Abstand, so erkennt man, dass zweimal eine Fallunterscheidung basierend auf der gleichen Oder-Aussage geführt wird. Da die beiden gezeigten Aussagen nicht aufeinander aufbauen, kann man auch beide gleichzeitig in *einer* Fallunterscheidung zeigen. Es ist also hier nicht nötig, das Beweisziel in zwei Hilfsziele zu zerlegen, da das Ziel sofort aus den Voraussetzungen folgt (solch ein nachträgliches Verkürzen eines Beweises ist durchaus üblich).

Beweis. Nach Voraussetzung gilt $(A \wedge B) \vee (A \wedge C)$. Zu zeigen: $A \wedge (B \vee C)$.

Basierend auf der Voraussetzung führen wir eine Fallunterscheidung durch.

Fall $A \wedge B$: Es gelten also A und B. Da B gilt, gilt $B \vee C$. Da A ebenfalls gilt, gilt auch $A \wedge (B \vee C)$.

Fall $A \wedge C$: Es gelten also A und C. Da C gilt, gilt $B \vee C$. Da A ebenfalls gilt, gilt auch $A \wedge (B \vee C)$.

In beiden Fällen gilt $A \wedge (B \vee C)$. $\qquad\qquad\qquad\qquad\qquad\qquad$ $\square$

.... (✎ 27)

Beweis. Zum Nachweis der Implikation gehen wir von $A \vee A$ aus und zeigen A. Dazu benutzen wir eine Fallunterscheidung basierend auf $A \vee A$.

Fall A: Es gilt A.

Fall A: Es gilt A.

In beiden Fällen gilt also A. $\qquad\qquad\qquad\qquad\qquad\qquad\qquad\qquad$ $\square$

Auch wenn das *Ist doch klar!* der behaupteten Aussage in diesem Fall übermächtig wirkt, muss man sich zum Beweis stur an die Regeln halten. In so offensichtlichen Fällen ist das aber schnell erledigt und hinterlässt das gute Gefühl, richtig argumentiert zu haben.

.... (✎ 28)

Beweis. Wir beginnen mit der Annahme $A \vee B$ und zeigen $B \vee A$. Dazu führen wir eine Fallunterscheidung basierend auf $A \vee B$ durch:

Fall A: Da A gilt, gilt auch $B \vee A$.

Fall B: Da B gilt, gilt auch $B \vee A$.

Insgesamt gilt also $B \vee A$. $\qquad\qquad\qquad\qquad\qquad\qquad\qquad\qquad$ $\square$

.... (✎ 29)

Beweis. Wir gehen von $(A \vee B) \vee C$ aus und zeigen $A \vee (B \vee C)$. Dazu machen wir eine Fallunterscheidung basierend auf der Voraussetzung.

Fall $A \vee B$: Wir machen erneut eine Fallunterscheidung.

$\quad$ Fall A: Dann gilt auch $A \vee (B \vee C)$.

$\quad$ Fall B: Dann gilt auch $B \vee C$ und dann auch $A \vee (B \vee C)$.

$\quad$ In jedem Fall gilt also $A \vee (B \vee C)$.

Fall C: Dann gilt auch $B \vee C$ und somit $A \vee (B \vee C)$.

In jedem Fall gilt also $A \vee (B \vee C)$.

Umgekehrt gehen wir nun von $A \vee (B \vee C)$ aus und zeigen $(A \vee B) \vee C$. Dazu machen wir eine Fallunterscheidung basierend auf der Voraussetzung.

Fall A: Dann gilt auch $A \vee B$ und somit $(A \vee B) \vee C$.

Fall $B \vee C$: Wir machen erneut eine Fallunterscheidung.

$\quad$ Fall B: Dann gilt auch $(A \vee B)$ und dann auch $(A \vee B) \vee C$.

$\quad$ Fall C: Dann gilt auch $(A \vee B) \vee C$.

$\quad$ In jedem Fall gilt also $(A \vee B) \vee C$.

In jedem Fall gilt also $(A \vee B) \vee C$. $\qquad\qquad\qquad\qquad\qquad$ $\square$

....

(✎ 30) ....

Beweis. Zum Nachweis der Implikation nehmen wir an, dass $A \vee (B \wedge C)$ gilt, und zeigen $(A \vee B) \wedge (A \vee C)$.

Wir führen eine Fallunterscheidung basierend auf $A \vee (B \wedge C)$ durch (das Ziel spalten wir nicht weiter auf, weil sonst eine ähnliche Situation wie in Aufgabe (✎ 26) entsteht, mit zwei Fallunterscheidungen anstelle von einer).

Fall A: Da A gilt, gelten auch $A \vee B$ und $A \vee C$, also gilt auch $(A \vee B) \wedge (A \vee C)$.

Fall $B \wedge C$: Es gilt B und C. Damit gilt $A \vee B$ und $A \vee C$, also auch $(A \vee B) \wedge (A \vee C)$.

In beiden Fällen gilt also $(A \vee B) \wedge (A \vee C)$.

Zum Nachweis der umgekehrten Implikation gehen wir von $(A \vee B) \wedge (A \vee C)$ aus und zeigen $A \vee (B \wedge C)$.

Nach Voraussetzung gilt $A \vee B$ und $A \vee C$. Wir führen eine Fallunterscheidung basierend auf $A \vee B$ durch.

Fall A: Da A gilt, gilt auch $A \vee (B \wedge C)$.

Fall B: Wir führen eine Fallunterscheidung basierend auf $A \vee C$ durch.

    Fall A: Da A gilt, gilt auch $A \vee (B \wedge C)$.

    Fall C: Da B und C gilt, gilt auch $B \wedge C$ und damit $A \vee (B \wedge C)$.

    $A \vee (B \wedge C)$ gilt damit im Fall B.

In beiden Fällen und damit insgesamt erhalten wir $A \vee (B \wedge C)$.   □

(✎ 31) ....

Wir sind von $(\neg A) \Rightarrow B$ ausgegangen, sodass diese Aussage gilt. Dann haben wir mit *Tertium non datur* $A \vee (\neg A)$ zu den geltenden Aussagen hinzugefügt. Da wir uns im Fall $\neg A$ befinden, gilt auch diese Aussage (die Aussage A und $A \vee B$ aus dem vorherigen Fall gelten im Moment *nicht*).

Unser aktuelles Beweisziel ist der Nachweis von $A \vee B$. Außerdem ist noch der zweite Teil des Satzes zu zeigen, d. h. $(A \vee B) \Rightarrow ((\neg B) \Rightarrow A)$.

(✎ 32) ....

Beweis. Wir gehen von $(\neg B) \Rightarrow A$ aus und zeigen $A \vee B$.

> 💭 Die Voraussetzung können wir nur benutzen, wenn wir wissen, dass $\neg B$ gilt. Dann wäre A und damit tatsächlich auch $A \vee B$ wahr. Einfach so annehmen können wir $\neg B$ natürlich nicht – als *ein* Fall in einer Fallunterscheidung aber schon, wenn wir auch im gegenteiligen Fall B auf das gleiche Ziel $A \vee B$ schließen können, was offensichtlich möglich ist.

Mit *Tertium non datur* folgt $B \vee (\neg B)$, sodass wir eine Fallunterscheidung durchführen können.

    Fall B gilt. Da B gilt, gilt auch $A \vee B$.

    Fall $\neg B$ gilt. Da $(\neg B) \Rightarrow A$ und $\neg B$ gilt, gilt auch A. Da A gilt, gilt auch $A \vee B$.

Damit gilt $A \vee B$ insgesamt.   □

(✎ 33) ....

Es gilt $\neg(A \wedge B)$ als Voraussetzung des Satzes. Weiter gilt $\neg(\neg A)$. Außerdem gilt B.

Unser einziges Ziel ist der Nachweis eines Widerspruchs, d. h., wir müssen zeigen, dass eine Aussage gilt, deren Negation ebenfalls gilt (das Ziel $(\neg A) \vee (\neg B)$ ist nicht mehr aktuell, da es sich automatisch ergibt, wenn $\neg B$ gezeigt wird, aber auch $\neg B$ ist kein aktuelles Ziel mehr, da es sich automatisch ergibt, wenn ein Widerspruch gezeigt wird).

(✎ 34) ....

Beweis. Wir gehen von $\neg(A \vee B)$ aus und zeigen $(\neg A) \wedge (\neg B)$. Dazu müssen wir sowohl $\neg A$ als auch $\neg B$ zeigen.

Angenommen A gilt. Dann gilt auch $A \vee B$. ⚡ Also gilt $\neg A$.
Angenommen B gilt. Dann gilt auch $A \vee B$. ⚡ Also gilt $\neg B$.   □

.... (✎ 35)
Nach Voraussetzung des Satzes gilt $(\neg A) \vee (\neg B)$. Dazu kam die Annahme $A \wedge B$, woraus A und B gefolgert wurde. Das aktuelle Beweisziel besteht darin, einen Widerspruch zu zeigen, also eine Aussage, die gilt und deren Negation ebenfalls gilt (das Ziel $\neg (A \wedge B)$ des gesamten Satzes ist nicht mehr aktuell, da es sich automatisch ergibt, wenn der Widerspruch gezeigt ist).

.... (✎ 36)
Wir gehen in die Fallunterscheidung und beginnen mit
Fall B: Da B gilt, gilt B.
Fall $\neg B$: Da $(\neg B) \Rightarrow (\neg A)$ gilt und $\neg B$ gilt, folgt auch das Gelten von $\neg A$. Da aber auch A gilt, sind wir in einer widersprüchlichen Situation und mit *Ex falso quodlibet* folgt B.
In beiden Fällen gilt also B.   □

.... (✎ 37)
Beweis. Wir gehen von $A \Rightarrow B$ aus und zeigen $(\neg B) \Rightarrow (\neg A)$. Gelte dazu $\neg B$. Zu zeigen: $\neg A$.
Wir führen eine Fallunterscheidung basierend auf $A \vee (\neg A)$ durch.
Fall A: Da $A \Rightarrow B$ und A gilt, gilt auch B. Da auch $\neg B$ gilt, gilt jede Aussage, also auch $\neg A$.
Fall $\neg A$: Hier gilt auch $\neg A$.
In beiden Fällen gilt also $\neg A$.   □

.... (✎ 38)
Beweis. Zum Nachweis der Implikation gehen wir von $A \Rightarrow B$ aus und zeigen $(\neg A) \vee B$. Dazu nehmen wir $\neg(\neg A)$ an und zeigen B. Wegen $\neg(\neg A)$ gilt A. Da $A \Rightarrow B$ und A gilt, gilt auch B.
Für die umgekehrte Implikation gehen wir von $(\neg A) \vee B$ aus und zeigen $A \Rightarrow B$. Dazu nehmen wir A an und zeigen B. Basierend auf $(\neg A) \vee B$ führen wir eine Fallunterscheidung durch.
Fall $\neg A$: Es gilt A und $\neg A$, sodass mit *Ex falso quodlibet* B gilt.
Fall B: Es gilt B.
In beiden Fällen gilt also B.   □

.... (✎ 39)
Beweis. Wir gehen wieder von $(E \wedge F) \vee ((\neg E) \wedge (\neg F))$ aus und zeigen $F \Rightarrow E$. Dazu gehen wir von F aus. Zu zeigen ist E.
    Fall $E \wedge F$: Hier gelten E und F, also gilt insbesondere E.
    Fall $(\neg E) \wedge (\neg F)$: Hier gilt insbesondere $\neg F$ und damit ist F widersprüchlich.
    Wegen *Ex falso quodlibet* gilt dann auch E.
In jedem Fall gilt also E.   □

.... (✎ 40)
Angenommen, es gilt F.
Wegen $(E \Rightarrow F) \wedge (F \Rightarrow E)$ gilt $E \Rightarrow F$ und $F \Rightarrow E$.
Wegen $F \Rightarrow E$ und F gilt E. Also gilt $E \wedge F$ und nach Annahme auch $\neg (E \wedge F)$. ⚡

.... (✎ 41)
Seien E, F Aussagen. Wir beginnen mit dem Nachweis von $E \Leftrightarrow \neg(\neg E)$.
Beweis. Zum Nachweis der Äquivalenz zeigen wir zwei Implikationen. $E \Rightarrow \neg(\neg E)$ folgt durch Anwendung von Satz 2.8 auf E.
Zum Nachweis von $\neg(\neg E) \Rightarrow E$ gehen wir von $\neg(\neg E)$ aus. Zu zeigen: E. Wegen $\neg(\neg E)$ gilt E.   □

Im nächsten Schritt weisen wir $(E \Rightarrow F)) \Leftrightarrow ((\neg F) \Rightarrow (\neg E)$ nach.

Beweis. Zum Nachweis der Äquivalenz zeigen wir zwei Implikationen. $(E \Rightarrow F)) \Rightarrow ((\neg F) \Rightarrow (\neg E)$ folgt durch Anwendung des Satzes (✎ 37) mit A ersetzt durch E und B ersetzt durch F. Die umgekehrte Aussage $((\neg F) \Rightarrow (\neg E) \Rightarrow (E \Rightarrow F))$ ergibt sich durch Anwendung von Satz 2.12 mit A ersetzt durch E und B ersetzt durch F.   □

Im letzten Schritt zeigen wir $(\neg(E \vee F)) \Leftrightarrow ((\neg E) \wedge (\neg F))$.

Beweis. Zum Nachweis der Äquivalenz zeigen wir zwei Implikationen. $(\neg(E \vee F)) \Rightarrow ((\neg E) \wedge (\neg F))$ folgt durch Anwendung des Satzes (✎ 34) mit A ersetzt durch E und B ersetzt durch F.

Für die umgekehrte Implikation gelte $(\neg E) \wedge (\neg F)$. Zu zeigen: $\neg(E \vee F)$.

Angenommen, $E \vee F$ gilt. Wir führen eine Fallunterscheidung aus.

Fall E: Wegen $(\neg E) \wedge (\neg F)$ gilt auch $\neg E$. Insgesamt gilt also $E \wedge (\neg E)$.

Fall F: Wegen $(\neg E) \wedge (\neg F)$ gilt auch $\neg F$. Mit *Ex falso quodlibet* gilt auch $E \wedge (\neg E)$.

In beiden Fällen gilt also $E \wedge (\neg E)$. ⚡

Also gilt $\neg(E \vee F)$.   □

(✎ 42)
....

Beweis. Wir gehen von zwei Aussagen A, B mit $A \Leftrightarrow B$ aus. Damit gelten $A \Rightarrow B$ und $B \Rightarrow A$.

Nehmen wir nun an, dass A gilt. Da $A \Rightarrow B$ und A gilt, gilt auch B.

Als Nächstes nehmen wir an, dass A nicht gilt, d. h., dass $\neg A$ gilt. Durch Anwendung von Aufgabe (✎ 37) auf B anstelle von A und A anstelle von B ergibt sich $(\neg A) \Rightarrow (\neg B)$. Da auch $\neg A$ gilt, folgt $\neg B$. Also gilt B nicht.   □

(✎ 43)
....

Beweis. Wir gehen von zwei Aussagen A, B mit $A \Leftrightarrow B$ aus. Nach Definition gilt dann $(A \Rightarrow B) \wedge (B \Rightarrow A)$ und daher sowohl $A \Rightarrow B$ als auch $B \Rightarrow A$.

Da dann auch $(B \Rightarrow A) \wedge (A \Rightarrow B)$ gilt, folgt nach Definition $B \Leftrightarrow A$.   □

(✎ 44)
....

Beweis. Wir gehen von zwei Aussagen A, B mit $A \Leftrightarrow B$ aus. Durch Anwendung von Aufgabe (✎ 43) mit A anstelle von A und B anstelle von B ergibt sich dann $B \Leftrightarrow A$.

Gehen wir nun davon aus, dass B gilt. Anwendung von Aufgabe (✎ 42) auf B anstelle von A und A anstelle von B zeigt, dass A gilt.

Gehen wir nun davon aus, dass B nicht gilt. Anwendung von Aufgabe (✎ 42) auf B anstelle von A und A anstelle von B zeigt, dass A nicht gilt.   □

(✎ 45)
....

Beweis. Um $A \Leftrightarrow A$ zu zeigen, zeigen wir $(A \Rightarrow A) \wedge (A \Rightarrow A)$. Dazu wenden wir Satz 2.3 auf A an, was $A \Rightarrow A$ ergibt. Damit gilt auch $(A \Rightarrow A) \wedge (A \Rightarrow A)$.   □

(✎ 46)
....

Beweis. Wir gehen von Aussagen E, F, G aus mit $E \Leftrightarrow F$.

Anwendung von Aufgabe (✎ 45) auf $E \wedge G$ ergibt $(E \wedge G) \Leftrightarrow (E \wedge G)$. Ersetzen wir auf der rechten Seite E durch F, so folgt $(E \wedge G) \Leftrightarrow (F \wedge G)$.

Anwendung von Aufgabe (✎ 45) auf $G \vee E$ ergibt $(G \vee E) \Leftrightarrow (G \vee E)$. Ersetzen wir auf der rechten Seite E durch F, so folgt $(G \vee E) \Leftrightarrow (G \vee F)$.   □

(✎ 47)
....

Beweis. Wir gehen von $x = y$ und $y = z$ aus. Zu zeigen: $x = z$.

Wir ersetzen in $x = y$ das Element y durch z, was wegen $y = z$ möglich ist. So ergibt sich $x = z$.   □

....

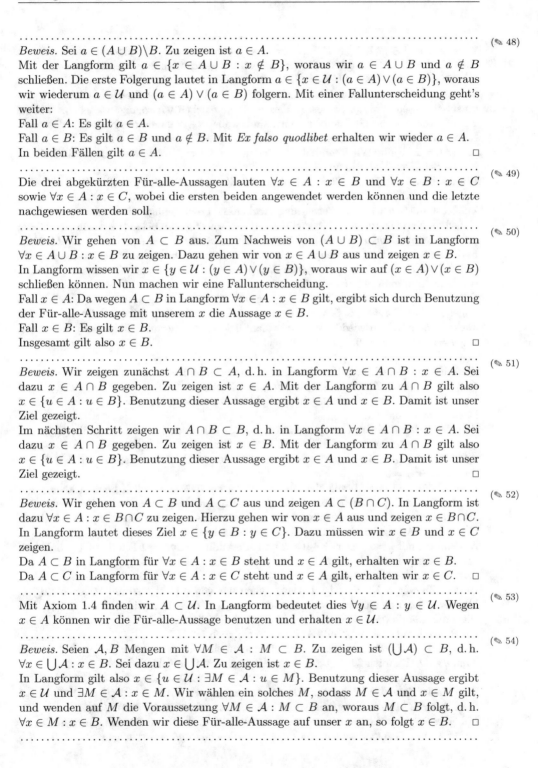

(✎ 48)

Beweis. Sei $a \in (A \cup B) \backslash B$. Zu zeigen ist $a \in A$.

Mit der Langform gilt $a \in \{x \in A \cup B : x \notin B\}$, woraus wir $a \in A \cup B$ und $a \notin B$ schließen. Die erste Folgerung lautet in Langform $a \in \{x \in \mathcal{U} : (a \in A) \vee (a \in B)\}$, woraus wir wiederum $a \in \mathcal{U}$ und $(a \in A) \vee (a \in B)$ folgern. Mit einer Fallunterscheidung geht's weiter:

Fall $a \in A$: Es gilt $a \in A$.

Fall $a \in B$: Es gilt $a \in B$ und $a \notin B$. Mit *Ex falso quodlibet* erhalten wir wieder $a \in A$.

In beiden Fällen gilt $a \in A$. □

(✎ 49)

Die drei abgekürzten Für-alle-Aussagen lauten $\forall x \in A : x \in B$ und $\forall x \in B : x \in C$ sowie $\forall x \in A : x \in C$, wobei die ersten beiden angewendet werden können und die letzte nachgewiesen werden soll.

(✎ 50)

Beweis. Wir gehen von $A \subset B$ aus. Zum Nachweis von $(A \cup B) \subset B$ ist in Langform $\forall x \in A \cup B : x \in B$ zu zeigen. Dazu gehen wir von $x \in A \cup B$ aus und zeigen $x \in B$.

In Langform wissen wir $x \in \{y \in \mathcal{U} : (y \in A) \vee (y \in B)\}$, woraus wir auf $(x \in A) \vee (x \in B)$ schließen können. Nun machen wir eine Fallunterscheidung.

Fall $x \in A$: Da wegen $A \subset B$ in Langform $\forall x \in A : x \in B$ gilt, ergibt sich durch Benutzung der Für-alle-Aussage mit unserem x die Aussage $x \in B$.

Fall $x \in B$: Es gilt $x \in B$.

Insgesamt gilt also $x \in B$. □

(✎ 51)

Beweis. Wir zeigen zunächst $A \cap B \subset A$, d. h. in Langform $\forall x \in A \cap B : x \in A$. Sei dazu $x \in A \cap B$ gegeben. Zu zeigen ist $x \in A$. Mit der Langform zu $A \cap B$ gilt also $x \in \{u \in A : u \in B\}$. Benutzung dieser Aussage ergibt $x \in A$ und $x \in B$. Damit ist unser Ziel gezeigt.

Im nächsten Schritt zeigen wir $A \cap B \subset B$, d. h. in Langform $\forall x \in A \cap B : x \in A$. Sei dazu $x \in A \cap B$ gegeben. Zu zeigen ist $x \in B$. Mit der Langform zu $A \cap B$ gilt also $x \in \{u \in A : u \in B\}$. Benutzung dieser Aussage ergibt $x \in A$ und $x \in B$. Damit ist unser Ziel gezeigt. □

(✎ 52)

Beweis. Wir gehen von $A \subset B$ und $A \subset C$ aus und zeigen $A \subset (B \cap C)$. In Langform ist dazu $\forall x \in A : x \in B \cap C$ zu zeigen. Hierzu gehen wir von $x \in A$ aus und zeigen $x \in B \cap C$. In Langform lautet dieses Ziel $x \in \{y \in B : y \in C\}$. Dazu müssen wir $x \in B$ und $x \in C$ zeigen.

Da $A \subset B$ in Langform für $\forall x \in A : x \in B$ steht und $x \in A$ gilt, erhalten wir $x \in B$.

Da $A \subset C$ in Langform für $\forall x \in A : x \in C$ steht und $x \in A$ gilt, erhalten wir $x \in C$. □

(✎ 53)

Mit Axiom 1.4 finden wir $A \subset \mathcal{U}$. In Langform bedeutet dies $\forall y \in A : y \in \mathcal{U}$. Wegen $x \in A$ können wir die Für-alle-Aussage benutzen und erhalten $x \in \mathcal{U}$.

(✎ 54)

Beweis. Seien $\mathcal{A}, B$ Mengen mit $\forall M \in \mathcal{A} : M \subset B$. Zu zeigen ist $(\bigcup \mathcal{A}) \subset B$, d. h. $\forall x \in \bigcup \mathcal{A} : x \in B$. Sei dazu $x \in \bigcup \mathcal{A}$. Zu zeigen ist $x \in B$.

In Langform gilt also $x \in \{u \in \mathcal{U} : \exists M \in \mathcal{A} : u \in M\}$. Benutzung dieser Aussage ergibt $x \in \mathcal{U}$ und $\exists M \in \mathcal{A} : x \in M$. Wir wählen ein solches M, sodass $M \in \mathcal{A}$ und $x \in M$ gilt, und wenden auf M die Voraussetzung $\forall M \in \mathcal{A} : M \subset B$ an, woraus $M \subset B$ folgt, d. h. $\forall x \in M : x \in B$. Wenden wir diese Für-alle-Aussage auf unser x an, so folgt $x \in B$. □

(✎ 55) ....

Zu zeigen ist $6 \in \{x \in \mathbb{N} : (\exists k \in \mathbb{Z} : x = 2 \cdot k)\}$, d. h., unsere Nachweisziele sind $6 \in \mathbb{N}$ und $\exists k \in \mathbb{Z} : 6 = 2 \cdot k$. Dass $6 \in \mathbb{N}$ gilt, können wir als gesichertes Schulwissen ansehen.

Wer es genauer wissen will: 6 ist als $5 + 1$ definiert, wobei $\forall m \in \mathbb{N} : m + 1 \in \mathbb{N}$ gilt, was wir mit 5 für m anwenden. Dass wiederum $5 \in \mathbb{N}$ gilt, folgt aus der Definition $4 + 1$ und erneuter Anwendung des Satzes. In diesem Sinne machen wir solange weiter, bis wir bei 2 als Abkürzung für $1 + 1$ angekommen sind, wobei $1 \in \mathbb{N}$ eine Grundwahrheit darstellt. Interessanter ist der Nachweis der Existenzaussage. Hier benötigen wir eine Zahl $k \in \mathbb{Z}$, sodass $6 = 2 \cdot k$ gilt. Wir lösen auf und finden $k = 3$. Der Nachweistext lautet nach dieser kurzen Schmierzettelrechnung so:

Wir setzen $k := 3$. Dann gilt $k \in \mathbb{Z}$ und $6 = 2 \cdot 3 = 2 \cdot k$. Folglich gilt $\exists k \in \mathbb{Z} : 6 = 2 \cdot k$.

(✎ 56) ....

Zunächst müssen wir eine Vermutung erarbeiten. Dazu genügt es oft, die Symbolkette einfach in Normalsprache zu übersetzen und sich selbst gut dabei aufmerksam zuzuhören: *Für jede ganze Zahl x gibt es eine ganze Zahl y, sodass $x + y$ den Wert 5 ergibt.* Noch nachvollziehbarer wird es, wenn man in der Art eines Nachweistextes beginnt: *Sei x eine ganze Zahl. Dann existiert eine ganze Zahl y, sodass $x + y = 5$ gilt.* Klar, wenn x gegeben ist, dann kann man ja nach y auflösen!

Genauso läuft der Beweis: Zum Nachweis der Für-alle-Aussage sei $x \in \mathbb{Z}$ gegeben. Zu zeigen ist $\exists y \in \mathbb{Z} : x + y = 5$. Wir setzen $y := 5 - x$. Dann gilt $y \in \mathbb{Z}$ (weil die Subtraktion zweier ganzer Zahlen wieder eine ganze Zahl liefert – fundiertes Schulwissen) und es gilt $x + y = x + (5 - x) = 5$.

(✎ 57) ....

Zunächst müssen wir eine Vermutung erarbeiten. Dazu übersetzen wir und hören gut zu: *Es gibt eine ganze Zahl x sodass für jede ganze Zahl y die Summe von x und y den Wert 5 ergibt.* Hää? Egal was ich zur gegebenen Zahl x dazu addiere, immer soll 5 herauskommen? Das ist doch Quatsch.

Zum Widerlegen einer Aussage zeigen wir, dass sie falsch ist, d. h., dass ihr Gegenteil stimmt. Zum Nachweis von $\neg \exists x \in \mathbb{Z} : \forall y \in \mathbb{Z} : x + y = 5$ gehen wir von $\exists x \in \mathbb{Z} : \forall y \in \mathbb{Z} : x + y = 5$ aus und zeigen einen Widerspruch. Dazu wählen wir $x \in \mathbb{Z}$ mit $\forall y \in \mathbb{Z} : x + y = 5$.

Unser *Hää?* von eben bezog sich auf die Tatsache, dass unmöglich beim Addieren unterschiedlicher Zahlen zu x immer das gleiche Ergebnis resultieren kann. Um diesen Widerspruch herauszuarbeiten, müssen wir mindestens zwei Zahlen addieren, was wir durch zweimaliges Anwenden der Für-alle-Aussage erreichen.

Anwendung mit $y = 0$ liefert $x + 0 = 5$ und Anwendung mit $y = 1$ liefert $x + 1 = 5$. Durch Ersetzung ergibt sich $4 = 5$. ⚡

(✎ 58) ....

Beweis. Zu zeigen ist $B \subset \bigcup \mathcal{A}$. Dazu gehen wir von $b \in B$ aus und zeigen $b \in \bigcup \mathcal{A}$. Mit der Langform müssen wir dazu nachweisen $b \in \{x \in \mathcal{U} : (\exists V \in \mathcal{A} : x \in V)\}$, was wiederum die Beweisziele $b \in \mathcal{U}$ und $\exists V \in \mathcal{A} : b \in V$ liefert.

Da B eine Menge ist, folgt mit Aufgabe (✎ 53) auch $b \in \mathcal{U}$.

Wegen $\exists M \in \mathcal{A} : B \subset M$ können wir ein entsprechendes M wählen. Wegen $B \subset M$ gilt dann $b \in M$. Da auch $M \in \mathcal{A}$ gilt, folgt $\exists V \in \mathcal{A} : b \in V$ mit M als Beispiel. □

(✎ 59) ....

Zum Nachweis von $\neg \exists A \in \mathcal{M} : (\emptyset \cap A) \not\subset A$ zeigen wir $\forall A \in \mathcal{M} : \neg((\emptyset \cap A) \not\subset A)$. Sei dazu $A \in \mathcal{M}$. Mit der Langform von $\not\subset$ müssen wir zeigen $\neg\neg((\emptyset \cap A) \subset A)$.

Mit Satz 2.8 folgt diese Aussage, wenn wir $(\emptyset \cap A) \subset A$ zeigen. Die Langform hierzu ist $\forall x \in \emptyset \cap A : x \in A$, sodass wir von $x \in \emptyset \cap A$ ausgehen und $x \in A$ zeigen.

Mit der Langform der Schnittmenge gilt $x \in \{y \in \emptyset : y \in A\}$. Es gilt also $x \in \emptyset$ und $x \in A$. Wir lassen uns nicht von der etwas seltsamen Aussage $x \in \emptyset$ stören, denn unser Beweisziel ist der Nachweis von $x \in A$ und diese Aussage gilt nun. Damit ist der Beweis beendet.

.... (✎ 60)

Wir zeigen $\neg \forall n \in \mathbb{N} : \neg \exists p \in \mathbb{N}_{\geq 2} : \exists q \in \mathbb{N}_{\geq 2} : n^2 + n + 41 = p \cdot q$ zum Widerlegen der Aussage. Dies erreichen wir durch Angabe eines Gegenbeispiels, also durch Nachweis von $\exists n \in \mathbb{N} : \neg\neg \exists p \in \mathbb{N}_{\geq 2} : \exists q \in \mathbb{N}_{\geq 2} : n^2 + n + 41 = p \cdot q$.

> ☁ Auf einem Schmierblatt fangen wir an, ein solches n zu suchen: Für $n \in \{1, 2, 3, 4\}$ finden wir für $n^2 + n + 41$ die Werte 43, 47, 53 und 61, wobei keiner davon ein Produkt von Zahlen größer als 1 ist (d.h., es sind alles Primzahlen). Machen wir weiter mit $n \in \{5, 6, 7\}$, so finden wir mit 113, 131 und 151 ebenfalls nur Primzahlen. Das geht tatsächlich lange so weiter! Schaut man sich aber die Formel $n^2 + n + 41$ an, so merkt man, dass bei $n = 41$ sicherlich eine Faktorisierung in zwei Zahlen größer als 1 möglich wird, denn $41^2 + 41 + 41$ erlaubt das Ausklammern von 41
>
> $$41^2 + 41 + 41 = 41 \cdot (41 + 1 + 1) = 41 \cdot 43.$$
>
> Tatsächlich funktioniert das schon im Fall $n = 40$ (aber nicht früher!)
>
> $$40^2 + 40 + 41 = 40 \cdot (40 + 1) + 41 = 40 \cdot 41 + 41 = 41 \cdot 41.$$
>
> Kehren wir nun vom Schmierblatt zurück und führen den Beweis fort:

Wir setzen $n := 40$ und $p := 41$ sowie $q := 41$. Dann gilt

$$n^2 + n + 41 = 40^2 + 40 + 41 = 40 \cdot (40 + 1) + 41 = 40 \cdot 41 + 41 = 41 \cdot 41 = p \cdot q.$$

Damit gilt zunächst $\exists q \in \mathbb{N}_{\geq 2} : n^2 + n + 41 = p \cdot q$ und damit wiederum $\exists p \in \mathbb{N}_{\geq 2} : \exists q \in \mathbb{N}_{\geq 2} : n^2 + n + 41 = p \cdot q$. Mit Satz 2.8 angewendet auf diese Aussage folgt eine Implikation, die wir anwenden können, um so auf die doppelt negierte Form zu schließen. Insgesamt folgt so $\exists n \in \mathbb{N} : \neg\neg \exists p \in \mathbb{N}_{\geq 2} : \exists q \in \mathbb{N}_{\geq 2} : n^2 + n + 41 = p \cdot q$.

.... (✎ 61)

Den Satz kann man so formulieren:
Seien A, B Mengen. Gilt $A \cap B = A$, so gilt $A \subset B$.
Beweis. Wir gehen von $A \cap B = A$ aus und zeigen $A \subset B$. In Langform lautet unser Beweisziel also $\forall x \in A : x \in B$.
Zum Nachweis der Für-alle-Aussage gehen wir von $x \in A$ aus. Unser Ziel ist der Nachweis von $x \in B$.

> ☁ Wir wechseln nun in den Vorwärtsmodus und schauen uns dazu die Voraussetzung genauer an.

Wegen $A \cap B = A$ können wir A durch $A \cap B$ in $x \in A$ ersetzen und erhalten $x \in A \cap B$. Mit der Langform wissen wir also $x \in \{y \in A : y \in B\}$. Benutzung der Elementrelation bei Aussonderungsmengen ergibt nun $x \in A$ und $x \in B$. □

.... (✎ 62)

Einen entsprechenden Satz für Vereinigungen könnte so aussehen:
Seien A, B Mengen. $A \cup B = A$ gilt genau dann, wenn $B \subset A$ gilt.
Beweis. Wir beginnen mit der Implikation $(A \cup B = A) \Rightarrow (B \subset A)$. Dazu gehen wir von $A \cup B = A$ aus und zeigen $B \subset A$. In Langform lautet unser Beweisziel also $\forall x \in B : x \in A$.
Sei dazu $x \in B$ gegeben. Zu zeigen ist nun $x \in A$.
Wegen $x \in B$ gilt zunächst $x \in \mathcal{U}$ mit Aufgabe (✎ 53). Außerdem gilt $(x \in A) \vee (x \in B)$

und damit $x \in \{y \in \mathcal{U} : (y \in A) \vee (y \in B)\}$ bzw. in Kurzform $x \in A \cup B$. Ersetzung mit der Annahme $A \cup B = A$ ergibt $x \in A$.

Für die umgekehrte Implikation $(B \subset A) \Rightarrow (A \cup B = A)$ gehen wir von $B \subset A$ aus und zeigen $A \cup B = A$. Mit Axiom 1.6 müssen wir dazu zwei Inklusionen nachweisen, wobei wir mit $A \cup B \subset A$ beginnen.

In Langform ist also zu zeigen: $\forall x \in A \cup B : x \in A$. Dazu gehen wir von $x \in A \cup B$ aus und zeigen $x \in A$.

In Langform gilt nun $x \in \{y \in \mathcal{U} : (y \in A) \vee (y \in B)\}$, was auf $x \in \mathcal{U}$ und $(x \in A) \vee (x \in B)$ führt.

Fall $x \in A$: Es gilt $x \in A$.

Fall $x \in B$: Wegen $B \subset A$, also $\forall x \in B : x \in A$, gilt wegen $x \in B$ auch $x \in A$.

Die Aussage $x \in A$ gilt also insgesamt und beendet den Nachweis der ersten Inklusion.

Für die umgekehrte Inklusion $A \subset A \cup B$, also in Langform $\forall x \in A : x \in A \cup B$, gehen wir von $x \in A$ aus und zeigen $x \in A \cup B$. In Langform ist also $x \in \{y \in \mathcal{U} : (y \in A) \vee (y \in B)\}$ zu zeigen, was mit der Nachweisregel für Elementaussagen mit Aussonderungsmengen auf die Hilfsziele $x \in \mathcal{U}$ und $(x \in A) \vee (x \in B)$ führt.

Wegen $x \in A$ gilt aber insbesondere $(x \in A) \vee (x \in B)$ und nach Aufgabe (✎ 53) gilt auch $x \in \mathcal{U}$, sodass auch der Nachweis der zweiten Inklusion abgeschlossen ist.   □

(✎ 63) . . . .

Beweis. Sei A eine Menge. Zu zeigen ist $\emptyset \subset A$. In Langform ist also zu zeigen $\forall x \in \emptyset : x \in A$.

Sei dazu x gegeben mit $x \in \emptyset$. Zu zeigen ist $x \in A$.

Mit Aufgabe (✎ 53) finden wir zunächst $x \in \mathcal{U}$ und damit gilt $\exists x \in \mathcal{U} : x \in \emptyset$. Benutzung von Satz 2.29 ergibt die gegenteilige Aussage $\neg \exists x \in \mathcal{U} : x \in \emptyset$.

Mit *Ex falso quodlibet* folgt $x \in A$.   □

(✎ 64) . . . .

Beweis. Die Mengengleichheit $\emptyset \cup A = A$ zeigen wir durch zwei Inklusionen.

Zum Nachweis von $\emptyset \cup A \subset A$ sei $x \in \emptyset \cup A$ gegeben. Zu zeigen ist $x \in A$.

Mit der Langform zur Vereinigung gilt $x \in \{y \in \mathcal{U} : (y \in \emptyset) \vee (y \in A)\}$.

Benutzung der Elementaussage liefert $x \in \mathcal{U}$ und $(x \in \emptyset) \vee (x \in A)$.

Fall $x \in \emptyset$: Zeige (✎ 277) wie in Aufgabe (✎ 63), dass hieraus jede beliebige Aussage folgt und daher auch $x \in A$.

Fall $x \in A$: Es gilt $x \in A$.

Somit gilt $x \in A$ in jedem Fall.

Für die umgekehrte Inklusion gehen wir von $x \in A$ aus und zeigen $x \in (\emptyset \cup A)$.

Mit der Langform zur Vereinigung ist zu zeigen: $x \in \{y \in \mathcal{U} : (y \in \emptyset) \vee (y \in A)\}$. Mit der Nachweisregel zur Elementaussage geht es also um den Nachweis von $x \in \mathcal{U}$ und $(x \in \emptyset) \vee (x \in A)$.

Wegen Aufgabe (✎ 53) gilt $x \in \mathcal{U}$ wegen $x \in A$.

Wegen $x \in A$ gilt $(x \in \emptyset) \vee (x \in A)$.   □

Wir zeigen nun den zweiten Teil der Aufgabe.

Beweis. Die Mengengleichheit $\emptyset \cap A = \emptyset$ zeigen wir durch zwei Inklusionen.

Zum Nachweis von $\emptyset \cap A \subset \emptyset$ sei $x \in \emptyset \cap A$ gegeben. Zu zeigen ist $x \in \emptyset$.

Mit der Langform zum Schnitt gilt $x \in \{y \in \emptyset : y \in A\}$.

Benutzung der Elementaussage liefert $x \in \emptyset$ und $x \in A$.

Für die umgekehrte Inklusion gehen wir von $x \in \emptyset$ aus und zeigen $x \in (\emptyset \cap A)$.

Benutzung von Aufgabe (✎ 277) ergibt $x \in (\emptyset \cap A)$.   □

. . . .

⋯⋯⋯⋯⋯⋯⋯⋯⋯⋯⋯⋯⋯⋯⋯⋯⋯⋯⋯⋯⋯⋯⋯⋯⋯⋯⋯⋯⋯⋯⋯⋯⋯ (✎ 65)

Beweis. Die Mengengleichheit zeigen wir durch zwei Inklusionen.

Zum Nachweis von $(B \backslash A) \cup A \subset B$ gehen wir von $x \in (B \backslash A) \cup A$ aus und zeigen $x \in B$.

Mit der Langform zur Vereinigung gilt $x \in \{y \in \mathcal{U} : (y \in (B \backslash A)) \vee (y \in A)\}$.

Benutzung der Elementaussage liefert $x \in \mathcal{U}$ und $(x \in (B \backslash A)) \vee (x \in A)$.

Fall $x \in (B \backslash A)$: Mit der Langform zur Differenzmenge gilt $x \in \{y \in B : y \notin A\}$.

Benutzung der Elementaussage liefert $x \in B$ und $x \notin A$.

Fall $x \in A$: Wegen $A \subset B$ folgt aus $x \in A$ auch $x \in B$.

In jedem Fall gilt also $x \in B$.

Zum Nachweis von $B \subset (B \backslash A) \cup A$ gehen wir von $x \in B$ aus und zeigen $x \in (B \backslash A) \cup A$.

Mit der Langform zur Vereinigungsmenge und der Nachweisregel für Elementaussagen müssen wir zeigen $x \in \mathcal{U}$ und $(x \in (B \backslash A)) \vee (x \in A)$. Die erste Aussage folgt mit Aufgabe (✎ 53) aus $x \in B$.

Zum Beweis der Oder-Aussage benutzen wir die Nachweisregel aus Abschnitt B.4 auf Seite 199. Dabei ist es geschickt, $x \in A$ verneint anzunehmen: Zum Nachweis von $(x \in (B \backslash A)) \vee (x \in A)$ gelte $x \notin A$. Zu zeigen ist $x \in (B \backslash A)$ bzw. in Langform $x \in \{y \in B : y \notin A\}$. Unsere Beweisziele sind damit $x \in B$ und $x \notin A$, die beide nach Voraussetzung gelten. □

⋯⋯⋯⋯⋯⋯⋯⋯⋯⋯⋯⋯⋯⋯⋯⋯⋯⋯⋯⋯⋯⋯⋯⋯⋯⋯⋯⋯⋯⋯⋯⋯⋯ (✎ 66)

Beweis. Seien a, b Elemente. Zu zeigen ist $(a \in \{b\}) \Leftrightarrow (a = b)$. Wir zeigen die Äquivalenz durch den Nachweis von zwei Implikationen.

Wir beginnen mit der Implikation von links nach rechts und nehmen dazu $a \in \{b\}$ an. Zu zeigen ist $a = b$.

Mit der Langform gilt $a \in \{y \in \mathcal{U} : y = b\}$. Benutzung der Elementaussage ergibt $a = b$.

Für die umgekehrte Implikation seien a, b Elemente mit $a = b$. Zu zeigen ist $a \in \{b\}$. In Langform ist also zu zeigen $a \in \{y \in \mathcal{U} : y = b\}$. Dazu ist zu zeigen $a \in \mathcal{U}$ und $a = b$. Dies gilt nach Voraussetzung. □

Nach Axiom 1.6 gilt $a = a$. Mit dem gerade gezeigten Satz ist dies äquivalent zu $a \in \{a\}$, was somit ebenfalls gilt.

⋯⋯⋯⋯⋯⋯⋯⋯⋯⋯⋯⋯⋯⋯⋯⋯⋯⋯⋯⋯⋯⋯⋯⋯⋯⋯⋯⋯⋯⋯⋯⋯⋯ (✎ 67)

Beweis. Seien a, b Elemente. Zu zeigen ist $a \in \{a, b\}$. In Langform ist also zu zeigen: $a \in \{a\} \cup \{b\}$ bzw. $a \in \{x \in \mathcal{U} : (x \in \{a\}) \vee (x \in \{b\})\}$.

Zum Nachweis der Elementaussage ist zu zeigen: $a \in \mathcal{U}$ und $(a \in \{a\}) \vee (a \in \{b\})$. Nach Voraussetzung gilt dabei $a \in \mathcal{U}$.

Anwendung von Aufgabe (✎ 66) auf a ergibt $a \in \{a\}$. Damit gilt auch $(a \in \{a\}) \vee (a \in \{b\})$.

Als nächstes zeigen wir $b \in \{a, b\}$. In Langform ist also zu zeigen $b \in \{a\} \cup \{b\}$ bzw. $b \in \{x \in \mathcal{U} : (x \in \{a\}) \vee (x \in \{b\})\}$.

Zum Nachweis der Elementaussage ist zu zeigen: $b \in \mathcal{U}$ und $(b \in \{a\}) \vee (b \in \{b\})$. Nach Voraussetzung gilt dabei $b \in \mathcal{U}$.

Anwendung von Aufgabe (✎ 66) auf b folgt $b \in \{b\}$. Damit gilt auch $(b \in \{a\}) \vee (b \in \{b\})$.

Sei nun zusätzlich ein Objekt x gegeben mit $x \in \{a, b\}$. Zu zeigen ist $(x = a) \vee (x = b)$.

In Langform gilt $x \in \{a\} \cup \{b\}$ bzw. $x \in \{y \in \mathcal{U} : (y \in \{a\}) \vee (y \in \{b\})\}$. Benutzung der Elementaussage liefert weiter $x \in \mathcal{U}$ und es gilt $(x \in \{a\}) \vee (x \in \{b\})$.

Fall $x \in \{a\}$: Anwendung von Aufgabe (✎ 66) auf x, a liefert $x = a$ und damit auch $(x = a) \vee (x = b)$.

Fall $x \in \{b\}$: Anwendung von Aufgabe (✎ 66) auf x, b liefert $x = b$ und damit auch $(x = a) \vee (x = b)$.

In beiden Fällen gilt also $(x = a) \vee (x = b)$. □

Zum Nachweis der Mengengleichheit zeigen wir zwei Inklusionen. Wir beginnen mit der Inklusion $\{a, a\} \subset \{a\}$. Dazu sei $x \in \{a, a\}$ gegeben. Zu zeigen ist $x \in \{a\}$, d. h., nach

Aufgabe (✎ 66) ist das Ziel der Nachweis von $x = a$.

Wegen des vorherigen Schritts wissen wir, dass $(x = a) \lor (x = a)$ gilt.

Fall $x = a$: Es gilt $x = a$.

Fall $x = a$: Es gilt $x = a$.

Insgesamt gilt also $x = a$.

Für die umgekehrte Inklusion sei $x \in \{a\}$ gegeben. Zu zeigen ist $x \in \{a, a\}$.

Mit dem vorherigen Schritt können wir das Ziel auch äquivalent als $(x = a) \lor (x = a)$ schreiben.

Wegen Aufgabe (✎ 66) wissen wir $x = a$. Damit folgt auch $(x = a) \lor (x = a)$.   □

(✎ 68) ....

Beweis. Zum Nachweis von $A \subset B \backslash C$ sei $x \in A$ gegeben. Zu zeigen: $x \in B \setminus C$.

Nach Definition der Differenzmenge ist also zu zeigen $x \in B$ und $x \notin C$.

> ☁ Die Floskel *nach Definition* steht hier für eine Zusammenfassung von zwei Schritten: (1) Umschreiben in die Langform $x \in \{u \in B : u \notin C\}$ und (2) Anwenden der Regel für die Elementaussage bei Aussonderungsmengen. Da alle Mengenoperationen über Aussonderungsmengen definiert sind, tritt diese Kopplung in der Mengenlehre regelmäßig auf.

Nachweis von $x \in B$: Aus $x \in A$ und der Voraussetzung $A \subset B$ folgt $x \in B$.

Nachweis von $x \notin C$: Zwecks Widerspruch nehmen wir $x \in C$ an.

Aus $x \in A$ und $x \in C$ folgt $x \in \{u \in A : u \in C\} = A \cap C$.

Wegen $A \cap C = \emptyset$ folgt somit $x \in \emptyset$.

Da mit Satz 2.29 auch $x \notin \emptyset$ gilt, haben wir einen Widerspruch gefunden. ⨍   □

(✎ 69) ....

Beweis. Sei A eine Menge. Wir zeigen zunächst $\emptyset \in \mathcal{P}(A)$. Nach Definition der Potenzmenge müssen wir dazu $\emptyset \in \mathcal{M}$ und $\emptyset \subset A$ zeigen. Die erste Aussage folgt aus Axiom 1.5 und die zweite aus Aufgabe (✎ 63).

Sei nun $A \in \mathcal{M}$. Zu zeigen ist $A \in \mathcal{P}(A)$ bzw. nach Definition der Potenzmenge $A \in \mathcal{M}$ und $A \subset A$. Die erste Aussage folgt nach Voraussetzung und die zweite durch Anwendung der Nachweisregel auf $\forall x \in A : x \in A$.

Wir behaupten $\mathcal{P}(\emptyset) = \{\emptyset\}$ und beweisen dies durch zwei Inklusionen. Zum Nachweis von $\mathcal{P}(\emptyset) \subset \{\emptyset\}$ sei $M \in \mathcal{P}(\emptyset)$. Zu zeigen ist $M \in \{\emptyset\}$. Mit Aufgabe (✎ 66) folgt dies aus dem Hilfsziel $M = \emptyset$.

Nach Definition der Potenzmenge gilt $M \in \mathcal{M}$ und $M \subset \emptyset$. Da auch $\emptyset \subset M$ gilt (wegen Aufgabe (✎ 63)), folgt $M = \emptyset$ mit Axiom 1.6.

Für die umgekehrte Inklusion $\{\emptyset\} \subset \mathcal{P}(\emptyset)$ sei $M \in \{\emptyset\}$. Zu zeigen ist $M \in \mathcal{P}(\emptyset)$.

Mit Aufgabe (✎ 66) ist $M = \emptyset$, und wegen des ersten Aufgabenteils gilt damit $M \in \mathcal{P}(\emptyset)$.

Schließlich behaupten wir $\mathcal{P}(\{a\}) = \{\emptyset, \{a\}\}$ und zeigen dies ebenfalls durch zwei Inklusionen. Zum Nachweis von $\mathcal{P}(\{a\}) \subset \{\emptyset, \{a\}\}$ sei $M \in \mathcal{P}(\{a\})$. Zu zeigen ist $M \in \{\emptyset, \{a\}\}$.

Mit Aufgabe (✎ 66) folgt dies aus dem Hilfsziel $(M = \emptyset) \lor (M = \{a\})$. Zum Nachweis nehmen wir an, dass $M \neq \emptyset$ gilt. Unser Ziel ist der Nachweis von $M = \{a\}$, d. h., wir müssen zwei Inklusionen zeigen.

Nach Definition der Potenzmenge wissen wir $M \in \mathcal{M}$ und $M \subset \{a\}$. Es fehlt also noch die zweite Inklusion $\{a\} \subset M$. Sei dazu $x \in \{a\}$. Zu zeigen ist $x \in M$.

Mit Aufgabe (✎ 66) ist $x = a$. Außerdem ergibt $M \neq \emptyset$ mit Korollar 3.3 die Existenzaussage $\exists x \in \mathcal{U} : x \in M$. Wählen wir ein solches Element u, so gilt $u \in M$. Wegen $M \subset \{a\}$ gilt damit $u \in \{a\}$ und Aufgabe (✎ 66) zeigt $u = a$. Insgesamt ist also $x = a = u \in M$.

Für die verbleibende Inklusion $\{\emptyset, \{a\}\} \subset \mathcal{P}(\{a\})$ sei $M \in \{\emptyset, \{a\}\}$ gegeben. Zu zeigen ist $M \in \mathcal{P}(\{a\})$.

Aus der Voraussetzung folgt mit Aufgabe (✎ 66) die Aussage $(M = \emptyset) \lor (M = \{a\})$.

Fall $M = \emptyset$: Wenden wir den vorderen Aufgabenteil auf die Menge $\{a\}$ an, so ergibt sich $M = \emptyset \in \mathcal{P}(\{a\})$.

Fall $M = \{a\}$: Da $\{a\} \in \mathcal{M}$ nach Axiom 1.7 gilt, folgt mit dem vorderen Aufgabenteil angewendet auf $\{a\}$, dass $M = \{a\} \in \mathcal{P}(\{a\})$ gilt.

In jedem Fall gilt also $M \in \mathcal{P}(\{a\})$. □

Die Potenzmenge von $\{1, 2, 3\}$ lautet

$$\mathcal{P}(\{1,2,3\}) = \{\emptyset, \{1\}, \{2\}, \{3\}, \{1,2\}, \{1,3\}, \{2,3\}, \{1,2,3\}\}.$$

Der Beweis hierzu ist nicht schwer, aber mit unseren bisherigen Beweisschritten etwas mühsam durchzuführen. Während das Auge schnell sieht, dass jede der angegebenen Mengen eine Teilmenge von $\{1,2,3\}$ ist, muss man sich mit den Beweisschritten sehr mühsam durch eine große Anzahl von Oder-Aussagen bewegen. Hier helfen rekursive Techniken für endliche Listen von Elementen, für deren genaue Erklärung erst noch Hilfsmittel bereitgestellt werden müssen.

.... (✎ 70)

Beweis. Wir zeigen die Mengengleichheit durch zwei Inklusionen und beginnen mit der Inklusion $\mathcal{P}(A \cap B) \subset \mathcal{P}(A) \cap \mathcal{P}(B)$. Sei dazu $V \in \mathcal{P}(A \cap B)$ gegeben. Zu zeigen ist dann $V \in \mathcal{P}(A) \cap \mathcal{P}(B)$, d. h., wir haben zwei Hilfsziele $V \in \mathcal{P}(A)$ und $V \in \mathcal{P}(B)$.

Nach Definition der Potenzmenge können wir die Hilfsziele auch folgendermaßen formulieren: $V \in \mathcal{M}$, $V \subset A$ und $V \subset B$.

Nach Voraussetzung gilt $V \in \mathcal{P}(A \cap B)$, was nach Definition von $\mathcal{P}$ bedeutet: $V \in \mathcal{M}$ und $V \subset (A \cap B)$. Wegen Aufgabe (✎ 51) gilt $(A \cap B) \subset A$ und mit Satz 2.26 folgt dann $V \subset A$.

> ☁ Die gleiche Argumentation kann auch mit B anstelle von A geführt werden. Anstelle einer (fast) wortwörtlichen Wiederholung schreiben wir nun in Kurzform.

Entsprechend sieht man, dass $V \subset B$ gilt.

Für die umgekehrte Inklusion sei $V \in \mathcal{P}(A) \cap \mathcal{P}(B)$ gegeben. Zu zeigen ist $V \in \mathcal{P}(A \cap B)$ bzw. nach Definition der Potenzmenge $V \in \mathcal{M}$ und $V \subset A \cap B$.

> ☁ Zum Nachweis des ersten Ziels packen wir die Voraussetzung aus. Das zeigt uns außerdem, wieso das zweite Hilfsziel gelten wird.

Aus der Voraussetzung schließen wir $V \in \mathcal{P}(A)$ und $V \in \mathcal{P}(B)$. Nach Definition der Potenzmenge liefert dies $V \in \mathcal{M}$, $V \subset A$ und $V \subset B$. Das verbleibende Hilfsziel $V \subset A \cap B$ folgt nun mit Aufgabe (✎ 52). □

.... (✎ 71)

Wir beginnen mit dem Nachweis von $\mathcal{P}(A) \cup \mathcal{P}(B) \subset \mathcal{P}(A \cup B)$.

Sei dazu $M \in \mathcal{P}(A) \cup \mathcal{P}(B)$. Zu zeigen ist $M \in \mathcal{P}(A \cup B)$ bzw. nach Definition der Potenzmenge $M \in \mathcal{M}$ und $M \subset A \cup B$. Sei dazu $x \in M$. Zu zeigen ist $x \in A \cup B$. Nach Definition von $\cup$ lautet unser Ziel also $(x \in A) \vee (x \in B)$.

Nach Voraussetzung und der Definition von $\cup$ gilt andererseits $(M \in \mathcal{P}(A)) \vee (M \in \mathcal{P}(B))$.

Fall $M \in \mathcal{P}(A)$: Nach Definition der Potenzmenge gilt $M \in \mathcal{M}$ und $M \subset A$. Wegen $x \in M$ folgt $x \in A$ und damit $(M \in \mathcal{M}) \wedge ((x \in A) \vee (x \in B))$.

Fall $M \in \mathcal{P}(B)$: Nach Definition der Potenzmenge gilt $M \in \mathcal{M}$ und $M \subset B$. Wegen $x \in M$ folgt $x \in B$ und damit $(M \in \mathcal{M}) \wedge ((x \in A) \vee (x \in B))$.

In beiden Fällen haben wir also $M \in \mathcal{M}$ und $(x \in A) \vee (x \in B)$ gezeigt. □

Die umgekehrte Inklusion gilt unter der Annahme $(A \cup B \subset A) \vee (A \cup B \subset B)$.

Beweis. Sei $M \in \mathcal{P}(A \cup B)$. Zu zeigen ist $M \in \mathcal{P}(A) \cup \mathcal{P}(B)$, d. h., nach Definition von $\cup$ lautet unser Ziel $(M \in \mathcal{P}(A)) \vee (M \in \mathcal{P}(B))$.

Nach Voraussetzung wissen wir $M \in \mathcal{P}(A \cup B)$, d. h. $M \in \mathcal{M}$ und $M \subset A \cup B$.

Fall $A \cup B \subset A$: Wegen $M \subset A \cup B$ und $A \cup B \subset A$ folgt $M \subset A$ mit Satz 2.26. Da auch $M \in \mathcal{M}$ gilt, folgt mit der Definition der Potenzmenge $M \in \mathcal{P}(A)$. Es gilt also $(M \in \mathcal{P}(A)) \vee (M \in \mathcal{P}(B))$.

Fall $A \cup B \subset B$: Wegen $M \subset A \cup B$ und $A \cup B \subset B$ folgt $M \subset B$ mit Satz 2.26. Da auch $M \in \mathcal{M}$ gilt folgt mit der Definition der Potenzmenge $M \in \mathcal{P}(B)$. Es gilt also $(M \in \mathcal{P}(A)) \vee (M \in \mathcal{P}(B))$.   □

Die angegebene Bedingung $(A \cup B \subset A) \vee (A \cup B \subset B)$ ist nicht nur hinreichend für die Inklusion, sondern auch notwendig. Die naheliegende Idee, $A \subset B \in \mathcal{P}(A \cup B)$ für den Beweis zu verwenden, benutzen wir nicht, um nicht $A \cup B \in \mathcal{M}$ annehmen zu müssen.

Beweis. Es gelte die Inklusion $\mathcal{P}(A \cup B) \subset \mathcal{P}(A) \cup \mathcal{P}(B)$. Zu zeigen ist die Aussage $(A \cup B \subset B) \vee (A \cup B \subset A)$.

In einem indirekten Beweis gehen wir vom Gegenteil aus, d. h. es gelte $(A \cup B \not\subset A) \wedge (A \cup B \not\subset B)$, wobei wir die de-morgansche Regel (✎ 41) benutzt haben. Unser Ziel ist der Nachweis eines Widerspruchs.

In der Langform ist unsere Annahme $A \cup B \not\subset A$ eine negierte Für-alle-Aussage, nämlich $\neg \forall x \in A \cup B : x \in A$, und damit äquivalent zur Existenzaussage $\exists x \in A \cup B : x \notin A$. Wählen wir ein solches Element und nennen es b, so gelten $b \in A \cup B$ und $b \notin A$. Nach Definition von $\cup$ gilt also $(b \in A) \vee (b \in B)$.

Fall $b \in A$: Wegen $b \notin A$ folgt mit *Ex falso quodlibet* die Aussage $b \in B$.

Fall $b \in B$: Es gilt $b \in B$.

Insgesamt gelten also $b \in B$ und $b \notin A$, genauso folgern wir aus $A \cup B \not\subset B$ die Existenz eines Objekts $a \in A$ mit $a \notin B$.

Die Menge $\{a, b\} = \{a\} \cup \{b\}$ ist nach den Axiomen 1.7 und 1.8 ein Element von $\mathcal{M}$. Außerdem können wir zeigen, dass $\{a, b\} \subset A \cup B$ gilt. Sei dazu $x \in \{a, b\}$. Zu zeigen ist $x \in A \cup B$, d. h. $(x \in A) \vee (x \in B)$. Mit Aufgabe (✎ 66) ist $(x = a) \vee (x = b)$.

Fall $x = a$: Wegen $a \in A$ gilt $(x \in A) \vee (x \in B)$.

Fall $x = b$: Wegen $b \in B$ gilt $(x \in A) \vee (x \in B)$.

Insgesamt haben wir damit nach Definition der Potenzmenge auch $\{a, b\} \in \mathcal{P}(A \cup B)$ nachgewiesen. Nach Voraussetzung gilt damit auch $\{a, b\} \in \mathcal{P}(A) \cup \mathcal{P}(B)$, d. h., es gilt $\{a, b\} \in \mathcal{P}(A)) \vee (\{a, b\} \in \mathcal{P}(B))$.

Fall $\{a, b\} \in \mathcal{P}(A)$: Nach Definition der Potenzmenge gilt $\{a, b\} \subset A$. Wegen $b \in \{a, b\}$ (Aufgabe (✎ 66)) gilt damit auch $b \in A$. Wegen $b \notin A$ haben wir einen Widerspruch und mit *Ex falso quodlibet* gilt $0 = 1$.

Fall $\{a, b\} \in \mathcal{P}(B)$: Nach Definition der Potenzmenge gilt $\{a, b\} \subset B$. Wegen $a \in \{a, b\}$ (Aufgabe (✎ 66)) gilt damit auch $a \in B$. Wegen $a \notin B$ haben wir einen Widerspruch und mit *Ex falso quodlibet* gilt $0 = 1$.

Insgesamt gilt also die widersprüchliche Aussage $0 = 1$. ⚡   □

(✎ 72)
....

Zum Nachweis von $\bigcup \mathcal{A} \subset B$ sei $x \in \bigcup \mathcal{A}$ gegeben. Zu zeigen ist $x \in B$. Nach Definition der Vereinigungsmenge gilt $x \in \mathcal{U}$ und $\exists V \in \mathcal{A} : x \in V$. Wir wählen ein solches V und nutzen die Voraussetzung $\forall A \in \mathcal{A} : A \subset B$. Damit gilt $V \subset B$. Wegen $x \in V$ gilt dann auch $x \in B$.   □

Wir vermuten $\bigcup \emptyset = \emptyset$ und zeigen dies mit zwei Inklusionen.

Beweis. Die Inklusion $\emptyset \subset \bigcup \emptyset$ folgt aus Aufgabe (✎ 63).

Für die umgekehrte Inklusion nutzen wir die gerade bewiesene Aussage mit der Mengenfamilie $\mathcal{A} := \emptyset$ und der Menge $B := \emptyset$. Zum Nachweis von $\forall A \in \emptyset : A \subset \emptyset$ gehen wir von $A \in \emptyset$ aus. Wegen Aufgabe (✎ 277) gilt dann $A \subset \emptyset$.   □

Wir vermuten $\bigcup \mathcal{N}_{\leq} = \mathbb{N}$ und zeigen dies durch zwei Inklusionen. Für die erste Inklusion nutzen wir den Anfangsteil dieser Aussage. Dazu weisen wir $\forall A \in \mathcal{N}_{\leq} : A \subset \mathbb{N}$ nach. Sei dazu $A \in \mathcal{N}_{\leq}$ gegeben. Zu zeigen ist $A \subset \mathbb{N}$. Sei dazu wiederum $x \in A$ gegeben. Zu zeigen ist $x \in \mathbb{N}$.

Nach Definition von $\mathcal{N}_{\leq}$ gilt $A \in \mathcal{M}$ und $\exists n \in \mathbb{N} : A = \mathbb{N}_{\leq n}$. Wir wählen ein solches n. Dann gilt $x \in A = \mathbb{N}_{\leq n}$. Mit der Definition von $\mathbb{N}_{\leq n}$ gilt dann insbesondere $x \in \mathbb{N}$.

Zum Nachweis der umgekehrten Inklusion sei $x \in \mathbb{N}$. Zu zeigen ist $x \in \bigcup \mathcal{N}_{\leq}$. Dazu sind $x \in \mathcal{U}$ und $\exists V \in \mathcal{N}_{\leq} : x \in V$ zu zeigen.

Wir wissen zunächst mit Aufgabe (✎ 53), dass $x \in \mathcal{U}$ wegen $x \in \mathbb{N}$ gilt. Außerdem gilt $x \in \mathbb{N}_{\leq x}$ wegen $x \in \mathbb{N}$ und $x \leq x$.

Zum Nachweis von $\mathbb{N}_{\leq x} \in \mathcal{N}_{\leq}$ müssen wir $\mathbb{N}_{\leq x} \in \mathcal{M}$ und $\exists k \in \mathbb{N} : \mathbb{N}_{\leq x} = \mathbb{N}_{\leq k}$ zeigen. Da $\mathbb{N}_{\leq x} \subset \mathbb{N}$ gilt (wähle zum Nachweis $m \in \mathbb{N}_{\leq x}$ und nutze die Definition von $\mathbb{N}_{\leq x}$, woraus $x \in \mathbb{N}$ folgt), ergibt Axiom 1.9 $\mathbb{N}_{\leq x} \in \mathcal{M}$ wegen $\mathbb{N} \in \mathcal{M}$. Die Existenzaussage folgt leicht mit $k := x$ wegen $\mathbb{N}_{\leq x} = \mathbb{N}_{\leq k}$.

Wegen $\mathbb{N}_{\leq x} \in \mathcal{N}_{\leq}$ gilt also insgesamt $\exists V \in \mathcal{N}_{\leq} : x \in V$. □

.... (✎ 73)

Wir zeigen die Mengengleichheit durch zwei Inklusionen und beginnen mit $\bigcup \mathcal{M} \subset \mathcal{M}$. Sei dazu $A \in \bigcup \mathcal{M}$. Zu zeigen ist $A \in \mathcal{U}$.

Nach Definition von $\bigcup \mathcal{M}$ ist $A \in \mathcal{U}$ und es gilt eine Existenzaussage, die uns hier aber gar nicht interessiert.

Zum Nachweis der umgekehrten Inklusion sei $a \in \mathcal{U}$. Zu zeigen ist $a \in \bigcup \mathcal{M}$. Nach Definition von $\bigcup \mathcal{M}$ sind $a \in \mathcal{U}$ und $\exists V \in \mathcal{M} : a \in V$ zu zeigen.

> ☁ Während $a \in \mathcal{U}$ bereits gilt, ist die Existenzaussage ein bisschen kniffliger: Kennen wir eine Menge $V \in \mathcal{M}$, in der das Element a liegt? Da $\mathcal{U}$ nicht fassbar ist, kommt $\mathcal{U}$ nicht infrage. Viel besser ist die winzige und fassbare Menge $\{a\}$.

Wir setzen $V := \{a\}$. Axiom 1.7 besagt $V \in \mathcal{M}$ und Aufgabe (✎ 66) zeigt $a \in V$. □

.... (✎ 74)

Beweis.

Wir zeigen die Mengengleichheit durch zwei Inklusionen.

„$\subset$": Sei $x \in \bigcup(\mathcal{A} \cup \mathcal{B})$ gegeben. Zu zeigen ist $x \in (\bigcup \mathcal{A}) \cup (\bigcup \mathcal{B})$.

Nach Definition von $\cup$ ist dazu $(x \in \bigcup \mathcal{A}) \vee (x \in \bigcup \mathcal{B})$ zu zeigen.

Wegen $x \in \bigcup(\mathcal{A} \cup \mathcal{B})$ gilt $x \in \mathcal{U}$ und $\exists C \in \mathcal{A} \cup \mathcal{B} : x \in C$.

Wähle $C \in \mathcal{A} \cup \mathcal{B}$ mit der Eigenschaft $x \in C$.

Wegen $C \in \mathcal{A} \cup \mathcal{B}$ gilt $(C \in \mathcal{A}) \vee (C \in \mathcal{B})$ nach Definition von $\cup$.

Wir machen eine Fallunterscheidung.

Fall $C \in \mathcal{A}$:

In diesem Fall gilt $x \in C$ und $C \in \mathcal{A}$, d. h. $\exists C \in \mathcal{A} : x \in C$ und damit $x \in \bigcup \mathcal{A}$, sodass auch $(x \in \bigcup \mathcal{A}) \vee (x \in \bigcup \mathcal{B})$ gilt.

Fall $C \in \mathcal{B}$:

In diesem Fall gilt $x \in C$ und $C \in \mathcal{B}$, d. h. $\exists C \in \mathcal{B} : x \in C$ und damit $x \in \bigcup \mathcal{B}$, sodass auch $(x \in \bigcup \mathcal{A}) \vee (x \in \bigcup \mathcal{B})$ gilt.

„$\supset$": Sei $x \in (\bigcup \mathcal{A}) \cup (\bigcup \mathcal{B})$ gegeben. Zu zeigen ist $x \in \bigcup(\mathcal{A} \cup \mathcal{B})$.

Nach Definition von $\bigcup$ ist dazu zu zeigen $x \in \mathcal{U}$ und $\exists M \in \mathcal{A} \cup \mathcal{B} : x \in M$.

Wegen $x \in (\bigcup \mathcal{A}) \cup (\bigcup \mathcal{B})$ gilt $(x \in \bigcup \mathcal{A}) \vee (x \in \bigcup \mathcal{B})$.

Wir machen eine Fallunterscheidung:

Fall $x \in \bigcup \mathcal{A}$:

In diesem Fall gilt also $x \in \mathcal{U}$ und $\exists M \in \mathcal{A} : x \in M$.

Wähle $M \in \mathcal{A}$ mit $x \in M$.

Wegen $M \in \mathcal{A}$ gilt auch $M \in \mathcal{A} \cup \mathcal{B}$.

Wegen $x \in M$ und $M \in \mathcal{A} \cup \mathcal{B}$ gilt $(x \in \mathcal{U}) \wedge (\exists M \in \mathcal{A} \cup \mathcal{B} : x \in M)$.

Fall $x \in \bigcup \mathcal{B}$:
In diesem Fall gilt also $x \in \mathcal{U}$ und $\exists M \in \mathcal{B} : x \in M$.
Wähle $M \in \mathcal{B}$ mit $x \in M$.
Wegen $M \in \mathcal{B}$ gilt auch $M \in \mathcal{A} \cup \mathcal{B}$.
Wegen $x \in M$ und $M \in \mathcal{A} \cup \mathcal{B}$ gilt $(x \in \mathcal{U}) \wedge (\exists M \in \mathcal{A} \cup \mathcal{B} : x \in M)$.   □

(✎ 75) ···

Beweis. Sei $x \in (\bigcup \mathcal{A}) \setminus (\bigcup \mathcal{B})$ gegeben. Zu zeigen: $x \in \bigcup(\mathcal{A} \setminus \mathcal{B})$.
Nach Definition von $\bigcup$ sind dazu zu zeigen: $x \in \mathcal{U}$ und $\exists V \in \mathcal{A} \setminus \mathcal{B} : x \in V$.
Aus $x \in (\bigcup \mathcal{A}) \setminus (\bigcup \mathcal{B})$ folgen $x \in \bigcup \mathcal{A}$ und $x \notin \bigcup \mathcal{B}$.
Aus $x \in \bigcup \mathcal{A}$ folgt nach Definition von $\bigcup$: $x \in \mathcal{U}$ und $\exists V \in \mathcal{A} : x \in V$.
Wähle $V \in \mathcal{A}$ mit $x \in V$.

> ☁ Wenn wir für dieses V noch $V \notin \mathcal{B}$ zeigen können, sind wir fertig. Also tun wir dies doch einfach!

Wir zeigen zunächst $V \notin \mathcal{B}$.
Zwecks Widerspruch nehmen wir $V \in \mathcal{B}$ an.
Aus $x \in V$ und $V \in \mathcal{B}$ folgt dann $x \in \bigcup \mathcal{B}$ nach Definition von $\bigcup$.
Aufgrund der Voraussetzung $x \in (\bigcup \mathcal{A}) \setminus (\bigcup \mathcal{B})$ gilt aber $x \notin \bigcup \mathcal{B}$. ⚡
Also gilt $V \notin \mathcal{B}$, und da auch $V \in \mathcal{A}$ gilt, folgt $V \in \mathcal{A} \setminus \mathcal{B}$.
Also gilt $V \in \mathcal{A} \setminus \mathcal{B}$ und $x \in V$.   □

(✎ 76) ···

Zum Nachweis der Inklusion sei $x \in \bigcap \mathcal{A}$. Zu zeigen ist $x \in A$.
Nach Definition des allgemeinen Schnitts gilt $x \in \mathcal{U}$ und $\forall V \in \mathcal{A} : x \in V$. Angewendet auf A folgt $x \in A$.

(✎ 77) ···

Wir zeigen die Mengengleichheit durch zwei Inklusionen und beginnen mit dem Nachweis von $\bigcap\{A, B\} \subset A \cap B$. Sei dazu $x \in \bigcap\{A, B\}$. Zu zeigen ist $x \in A \cap B$, wozu wiederum $x \in A$ und $x \in B$ nachzuweisen sind.
Nach Definition von $\bigcap\{A, B\}$ gilt $x \in \mathcal{U}$ und $\forall U \in \{A, B\} : x \in U$.
Wegen Aufgabe (✎ 66) gilt $A \in \{A, B\}$. Anwendung der Für-alle-Aussage ergibt $x \in A$.
Entsprechend gilt $B \in \{A, B\}$. Anwendung der Für-alle-Aussage ergibt $x \in B$.
Zum Nachweis der umgekehrten Inklusion sei $x \in A \cap B$. Zu zeigen ist $x \in \bigcap\{A, B\}$. Nach Definition von $\bigcap\{A, B\}$ sind $x \in \mathcal{U}$ und $\forall U \in \{A, B\} : x \in U$ zu zeigen.
Wegen $x \in A \cap B$ gilt $x \in A$ und $x \in B$. Mit Aufgabe (✎ 53) gilt daher auch $x \in \mathcal{U}$.
Zum Nachweis der Für-alle-Aussage sei $U \in \{A, B\}$. Zu zeigen ist $x \in U$. Nach Aufgabe (✎ 67) gilt $(U = A) \vee (U = B)$.
Fall $U = A$: Wegen $x \in A$ gilt $x \in U$.
Fall $U = B$: Wegen $x \in B$ gilt $x \in U$
Insgesamt gilt also $x \in U$.

(✎ 78) ···

Die Vermutung ist $\bigcap \mathcal{N}_{\geq} = \emptyset$. Wegen Aufgabe (✎ 63) genügt es $\bigcap \mathcal{N}_{\geq} \subset \emptyset$ zu zeigen. Sei dazu $x \in \bigcap \mathcal{N}_{\geq}$. Zu zeigen ist $x \in \emptyset$.
Wegen $x \in \bigcap \mathcal{N}_{\geq}$ gelten $x \in \mathcal{U}$ und $\forall V \in \mathcal{N}_{\geq} : x \in V$.
Um diese Für-alle-Aussage nutzen zu können, beweisen wir zunächst die Hilfsaussage $\forall n \in \mathbb{N} : \mathbb{N}_{\geq n} \in \mathcal{N}_{\geq}$. Sei also $n \in \mathbb{N}$ gegeben. Zu zeigen ist $\mathbb{N}_{\geq n} \in \mathcal{N}_{\geq}$. Dazu ist zu zeigen $\mathbb{N}_{\geq n} \in \mathcal{M}$ und $\exists k \in \mathbb{N} : \mathbb{N}_{\geq n} = \mathbb{N}_{> k}$.
Wegen $\mathbb{N}_{\geq n} = \{m \in \mathbb{N} : m \geq n\} \subset \mathbb{N}$ folgt mit Axiom 1.9 auch $\mathbb{N}_{\geq n} \in \mathcal{M}$. Die Existenzaussage ergibt sich durch Benutzung von $k := n$ wegen $\mathbb{N}_{\geq n} = \mathbb{N}_{> k}$.   □
Anwendung der Hilfsaussage auf $n = 1$ ergibt $\mathbb{N}_{\geq 1} \in \mathcal{N}_{\geq}$. Damit können wir die Voraussetzung anwenden und finden $x \in \mathbb{N}_{\geq 1}$, also insbesondere $x \in \mathbb{N}$.

Wenden wir die Hilfsaussage auf $x + 1$ an, so folgt $x \in \mathbb{N}_{\geq x+1}$ und damit insbesondere $x \geq x + 1$, was auf den Widerspruch $0 \geq 1$ führt. $\notz$

.... (✎ 79)

Beweis. Sei $\mathcal{A}$ eine Mengenfamilie und B eine Menge. Weiter gelte $\forall C \in \mathcal{A} : B \subset C$. Zu zeigen ist $B \subset \bigcap \mathcal{A}$.

Sei dazu $x \in B$. Zu zeigen ist $x \in \bigcap \mathcal{A}$.

Nach Definition von $\bigcap$ ist dazu zu zeigen $x \in \{u \in \mathcal{U} : \forall V \in \mathcal{A} : u \in V\}$, d. h. $x \in \mathcal{U}$ und $\forall V \in \mathcal{A} : x \in V$.

Wegen $B \subset \mathcal{U}$ nach Axiom 1.4 folgt $x \in \mathcal{U}$ aus $x \in B$.

Zum Nachweis der Für-alle-Aussage sei $V \in \mathcal{A}$. Zu zeigen ist $x \in V$.

Wegen $V \in \mathcal{A}$ und $\forall C \in \mathcal{A} : B \subset C$ gilt $B \subset V$.

Wegen $x \in B$ und $B \subset V$ folgt $x \in V$. □

.... (✎ 80)

Beweis. Wir zeigen $\bigcap(\mathcal{A} \cup \mathcal{B}) = (\bigcap \mathcal{A}) \cap (\bigcap \mathcal{B})$ durch zwei Inklusionen und beginnen mit „$\subset$": Sei $x \in \bigcap(\mathcal{A} \cup \mathcal{B})$. Zu zeigen ist $x \in (\bigcap \mathcal{A}) \cap (\bigcap \mathcal{B})$.

Nach Definition von $\cap$ sind dazu $x \in \bigcap \mathcal{A}$ und $x \in \bigcap \mathcal{B}$ zu zeigen.

Nachweis von $x \in \bigcap \mathcal{A}$:

Nach Definition von $\bigcap$ sind zu zeigen: $x \in \mathcal{U}$ und $\forall M \in \mathcal{A} : x \in M$.

Weil x Element einer Menge ist, folgt mit Aufgabe (✎ 53) auch $x \in \mathcal{U}$.

Zum Nachweis der Für-alle-Aussage sei $M \in \mathcal{A}$ gegeben. Zu zeigen ist $x \in M$.

Wegen $M \in \mathcal{A}$ gilt $M \in \mathcal{A} \cup \mathcal{B}$.

Wegen $x \in \bigcap(\mathcal{A} \cup \mathcal{B})$ und $M \in \mathcal{A} \cup \mathcal{B}$ gilt $x \in M$ nach Definition von $\bigcap$.

Nachweis von $x \in \bigcap \mathcal{B}$:

Nach Definition von $\bigcap$ ist zu zeigen: $x \in \mathcal{U}$ und $\forall M \in \mathcal{B} : x \in M$.

Weil x Element einer Menge ist, folgt mit Aufgabe (✎ 53) auch $x \in \mathcal{U}$.

Zum Nachweis der Für-alle-Aussage sei $M \in \mathcal{B}$ gegeben. Zu zeigen ist $x \in \mathcal{B}$.

Wegen $M \in \mathcal{B}$ gilt $M \in \mathcal{A} \cup \mathcal{B}$.

Wegen $x \in \bigcap(\mathcal{A} \cup \mathcal{B})$ und $M \in \mathcal{A} \cup \mathcal{B}$ gilt $x \in M$ nach Definition von $\bigcap$.

Zum Nachweis der umgekehrten Inklusion „$\supset$" sei $x \in (\bigcap \mathcal{A}) \cap (\bigcap \mathcal{B})$ gegeben. Zu zeigen ist $x \in \bigcap(\mathcal{A} \cup \mathcal{B})$.

Weil x Element einer Menge ist, folgt mit Aufgabe (✎ 53) auch $x \in \mathcal{U}$.

Nach Definition von $\bigcap$ lautet unser Ziel damit nur noch: $\forall M \in \mathcal{A} \cup \mathcal{B} : x \in M$.

Sei dazu $M \in \mathcal{A} \cup \mathcal{B}$ gegeben. Zu zeigen ist $x \in M$.

Wegen $M \in \mathcal{A} \cup \mathcal{B}$ gilt $(M \in \mathcal{A}) \vee (M \in \mathcal{B})$ nach Definition von $\cup$.

Wir machen eine Fallunterscheidung:

Fall $M \in \mathcal{A}$:

Wegen $x \in (\bigcap \mathcal{A}) \cap (\bigcap \mathcal{B})$ gelten $x \in \bigcap \mathcal{A}$ und $x \in \bigcap \mathcal{B}$.

Wegen $x \in \bigcap \mathcal{A}$ und $M \in \mathcal{A}$ gilt $x \in M$.

Fall $M \in \mathcal{B}$:

Wegen $x \in (\bigcap \mathcal{A}) \cap (\bigcap \mathcal{B})$ gelten $x \in \bigcap \mathcal{A}$ und $x \in \bigcap \mathcal{B}$.

Wegen $x \in \bigcap \mathcal{B}$ und $M \in \mathcal{B}$ gilt $x \in M$.

In jedem Fall gilt also $x \in M$. □

.... (✎ 81)

Die Relation $\diamond$ ist definiert durch

$$(a \in \mathbb{R}) \diamond (b \in \mathbb{R}) :\Leftrightarrow a \cdot b \leq a - b.$$

Weiter sind x, a, b Elemente in $\mathbb{R}$.

Ersetzen wir a und b auf der rechten Seite der Definition von $\diamond$ durch 1 und 0, so erhalten wir den Ausdruck $1 \cdot 0 \leq 1 - 0$. Es gilt also $1 \diamond 0 \Leftrightarrow (1 \cdot 0 \leq 1 - 0)$. Wegen $1 \cdot 0 = 0$ und

$1 - 0 = 1$ erhalten wir außerdem durch Ersetzung die Äquivalenz $(1 \cdot 0 \leq 1 - 0) \Leftrightarrow (0 \leq 1)$, sodass nach diesem Schritt auch $1 \diamond 0 \Leftrightarrow (0 \leq 1)$ gilt. Da die letzte Aussage wahr ist, gilt also auch $1 \diamond 0$.

Entsprechend findet man bei Ersetzung von a durch x und b durch x die Äquivalenz $x \diamond x \Leftrightarrow (x \cdot x \leq x - x) \Leftrightarrow (x^2 \leq 0)$. Da die letzte Aussage nur im Fall $x = 0$ gilt, ist $x \diamond x$ für alle $x \neq 0$ falsch.

Besonders aufpassen muss man beim Ersetzen, wenn die Platzhalter in der Definition ähnliche Namen tragen wie die Objekte, die für die Platzhalter einzusetzen sind. Hier kann es sich lohnen, die Platzhalter in der Definition vorher umzubenennen, d. h., in der Definition

$$(u \in \mathbb{R}) \diamond (v \in \mathbb{R}) :\Leftrightarrow u \cdot v \leq u - v$$

ersetzen wir u durch b und v durch a. Dies führt zu $b \diamond a \Leftrightarrow (b \cdot a \leq b - a)$-Schließlich ist $(b \cdot a^2) \diamond (x + 1) \Leftrightarrow (b \cdot a^2 \cdot (x + 1) \leq b \cdot a^2 - (x + 1))$.

(✎ 82) ....

Wir zeigen die Äquivalenz der beiden Aussagen $\forall x \in X : \forall y \in X : (x \, R \, y) \Rightarrow (y \, R \, x)$ und $\forall x \in X : \forall y \in X : (x \, R \, y) \Leftrightarrow (y \, R \, x)$ durch zwei Implikationen.

Zunächst gelte $\forall x \in X : \forall y \in X : (x \, R \, y) \Rightarrow (y \, R \, x)$. Zum Nachweis der Für-alle-Aussage $\forall x \in X : \forall y \in X : (x \, R \, y) \Leftrightarrow (y \, R \, x)$ sei $x \in X$ gegeben. Zu zeigen ist die Für-alle-Aussage $\forall y \in X : (x \, R \, y) \Leftrightarrow (y \, R \, x)$. Sei dazu $y \in X$ gegeben. Zu zeigen ist $(x \, R \, y) \Leftrightarrow (y \, R \, x)$.

Auch hier benutzen wir zwei Implikationen zum Nachweis. Gelte zunächst $x \, R \, y$. Zu zeigen ist $y \, R \, x$. Dazu wenden wir zunächst die Voraussetzung auf x an und erhalten die Aussage $\forall y \in X : (x \, R \, y) \Rightarrow (y \, R \, x)$. Wenden wir dies auf y an, so folgt $(x \, R \, y) \Rightarrow (y \, R \, x)$. Da auch $x \, R \, y$ gilt, folgt $y \, R \, x$.

Für die umgekehrte Implikation gelte $y \, R \, x$. Zu zeigen ist $x \, R \, y$. Wir wenden die Voraussetzung auf y an. Achtung: Damit sich die Bedeutung beim Ersetzen von x durch y nicht ändert, müssen wir den Platzhalter in der zweiten Für-alle-Aussage zunächst abändern – sagen wir durch u. Es gilt dann $\forall u \in X : (y \, R \, u) \Rightarrow (u \, R \, y)$. Wenden wir diese Aussage nun auf x an, so folgt $(y \, R \, x) \Rightarrow (x \, R \, y)$. Da $y \, R \, x$ gilt, folgt $x \, R \, y$.

Für die umgekehrte Implikation gelte nun $\forall x \in X : \forall y \in X : (x \, R \, y) \Leftrightarrow (y \, R \, x)$. Zu zeigen ist $\forall x \in X : \forall y \in X : (x \, R \, y) \Rightarrow (y \, R \, x)$. Sei dazu $x \in X$ gegeben. Zu zeigen ist $\forall y \in X : (x \, R \, y) \Rightarrow (y \, R \, x)$. Sei dazu $y \in X$ gegeben. Zu zeigen ist $(x \, R \, y) \Rightarrow (y \, R \, x)$. Gelte dazu $x \, R \, y$. Zu zeigen ist $y \, R \, x$.

Anwendung der Voraussetzung auf x liefert nun $\forall y \in X : (x \, R \, y) \Leftrightarrow (y \, R \, x)$. Anwendung auf y liefert weiter $(x \, R \, y) \Leftrightarrow (y \, R \, x)$. Da $x \, R \, y$ gilt, folgt mit Aufgabe (✎ 42) auch $y \, R \, x$.□

(✎ 83) ....

Es wird ausgehend von $d \in \mathbb{N} \cup \{0\}$ auf $(d \in \mathbb{N}) \vee (d = 0)$ geschlossen. Hier sind die detaillierten Schritte:

Zunächst gilt in Langform $d \in \{u \in \mathcal{U} : (u \in \mathbb{N}) \vee (u \in \{0\})\}$. Mit der Benutzungsregel zur Elementbedingung mit Aussonderungsmengen gilt $d \in \mathcal{U}$ und $(d \in \mathbb{N}) \vee (d \in \{0\})$. Weiter geht es mit der Benutzungsregel zu dieser Oder-Aussage:

Fall $d \in \mathbb{N}$: Es gilt $(d \in \mathbb{N}) \vee (d = 0)$.

Fall $d \in \{0\}$: Anwendung des Satzes aus Aufgabe (✎ 66) ergibt $d = 0$. Also gilt auch $(d \in \mathbb{N}) \vee (d = 0)$.

Insgesamt gilt also $(d \in \mathbb{N}) \vee (d = 0)$.

(✎ 84) ....

Zum Nachweis der Nicht-Symmetrie müssen wir zeigen $\neg \forall x, y \in \mathbb{Z} : (x \leq y) \Rightarrow (y \leq x)$. Dazu geben wir ein Gegenbeispiel an, d. h.m wir zeigen $\exists x, y \in \mathbb{Z} : \neg((x \leq y) \Rightarrow (y \leq x))$. Dabei gilt eine Implikation *nicht*, wenn die Voraussetzung wahr, die Folgerung aber falsch ist. Der Hintergrund hierzu ist das Ergebnis aus Aufgabe (✎ 38) (sind A, B Aussagen, dann ist $A \Rightarrow B$ äquivalent zu $(\neg A) \vee B$ verknüpft mit der de-morganschen Regel aus Aufgabe ($\mathrel{\reflectbox{$\leadsto$}}$ 41) (sind E, F Aussagen, dann ist $\neg(E \vee F)$ äquivalent zu $(\neg E) \wedge (\neg F)$) und der doppelten Negationsregel, nach der jede Aussage äquivalent zu ihrer doppelten Verneinung ist. Insgesamt gilt dann

$$\neg(A \Rightarrow B) \Leftrightarrow \neg((\neg A) \vee B) \Leftrightarrow (\neg\neg A) \wedge (\neg B) \Leftrightarrow A \wedge (\neg B).$$

Wir müssen also zwei Zahlen x, y angeben, sodass $x \leq y$, aber nicht $y \leq x$ gilt. Als Beispiel nehmen wir $x := 0$ und $y := 1$.

Dann gilt $y - x = 1 \in \mathbb{N}$. Wegen $\mathbb{N} \subset \mathbb{N}_0$ und der Definition von Kleiner-Gleich gilt dann $x \leq y$ (begründe ($\mathrel{\reflectbox{$\leadsto$}}$ 278) diese beiden Schritte sorgfältig).

Umgekehrt gilt $\neg(y \leq x)$, wie man durch einen Widerspruchsbeweis sieht. Dazu nehmen wir an $y \leq x$. Nach Definition von $\leq$ bedeutet dies $-1 = x - y \in \mathbb{N}_0$, was wiederum nach Definition von $\mathbb{N}_0$ auf $(-1 \in \mathbb{N}) \vee (-1 = 0)$ führt. Fall $-1 = 0$: Es gilt $-1 = 0$. Fall $-1 \in \mathbb{N}$: Mit (3.1) angewendet auf 1 folgt $(-1) \notin \mathbb{N}$, sodass eine widersprüchliche Situation vorliegt. Mit *Ex falso quodlibet* folgt $-1 = 0$.

Insgesamt folgt also der Widerspruch $-1 = 0$. ⨍

Wir haben nun $(x \leq y) \wedge \neg(y \leq x)$ gezeigt und damit auch $\neg((x \leq y) \Rightarrow (y \leq x))$.

Die Antwort auf die zweite Frage lautet: *Ja*. Auf einer beliebigen Menge X definieren wir dazu die aus der Gleichheit resultierende Relation

$$(x \in X) \sim (y \in X) :\Leftrightarrow x = y.$$

Für diese kann die Symmetrie- und die Antisymmetriebedingung leicht nachgewiesen werden.

Zum Symmetrienachweis gehen wir von $x, y \in X$ aus mit $x \sim y$. Zu zeigen ist $y \sim x$. Mit der Definition von $\sim$ ist $x \sim y$ äquivalent zu $x = y$. Durch Ersetzung (ebenfalls basierend auf der Gleichheit) folgt hieraus $y = x$ und damit $y \sim x$.

Zum Antisymmetrienachweis gehen wir von $x, y \in X$ aus mit $x \sim y$ und $y \sim x$. Zu zeigen ist $x = y$. Dies folgt bereits aus $x \sim y$ durch die Definition von $\sim$.

.... ($\mathrel{\reflectbox{$\leadsto$}}$ 85)

Beweis. Sei $z \in \mathbb{Z}$ gegeben. Zu zeigen ist $z \leq z$, d. h. $z - z \in \mathbb{N}_0$. Wegen $z - z = 0$ ist in Langform zu zeigen $0 \in \mathbb{N} \cup \{0\}$. Nach Definition von $\cup$ ist hierfür $(0 \in \mathbb{N}) \vee (0 \in \{0\})$ zu zeigen.

Nach Aufgabe ($\mathrel{\reflectbox{$\leadsto$}}$ 66) gilt $0 \in \{0\}$ und damit auch $(0 \in \mathbb{N}) \vee (0 \in \{0\})$.   □

.... ($\mathrel{\reflectbox{$\leadsto$}}$ 86)

Zum Nachweis $\neg\forall x, y \in \mathbb{Z} : (x \leq y) \Rightarrow \neg(y \leq x)$ geben wir ein Gegenbeispiel an, d. h., wir zeigen $\exists x, y \in \mathbb{Z} : \neg((x \leq y) \Rightarrow \neg(y \leq x))$, was mit den Überlegungen aus Aufgabe ($\mathrel{\reflectbox{$\leadsto$}}$ 84) äquivalent ist zu $\exists x, y \in \mathbb{Z} : \neg((x \leq y) \wedge (y \leq x))$. Als Kandidaten nehmen wir $x := 1$ und $y := 1$.

Mit ($\mathrel{\reflectbox{$\leadsto$}}$ 85) folgt wegen $1 \leq 1$ dann $x \leq y$ und $y \leq x$, sodass ein Gegenbeispiel gefunden ist.

Die Argumentation kann so für jede reflexive Relation auf einer Menge X wiederholt werden, wenn wir ein Beispielelement aus X nehmen können. Das geht aber nur, wenn $X \neq \emptyset$ gilt, d. h., im Allgemeinen ist die Aussage falsch! Und in der Tat kann man für die Relation $(a \in \emptyset) R (b \in \emptyset) :\Leftrightarrow (a = b)$ auf $\emptyset$ leicht zeigen, dass sie alle Eigenschaften aus Definition 3.8 besitzt und damit insbesondere reflexiv und asymmetrisch ist.

.... ($\mathrel{\reflectbox{$\leadsto$}}$ 87)

Sei R eine asymmetrische Relation auf X. Zu zeigen ist: R ist antisymmetrisch, d. h. $\forall x, y \in X : ((x\,R\,y) \wedge (y\,R\,x)) \Rightarrow (x = y)$.

Seien dazu $x, y \in X$. Zu zeigen ist $((x\,R\,y) \wedge (y\,R\,x)) \Rightarrow (x = y)$.

Gelte dazu wiederum $x\,R\,y$ und $y\,R\,x$. Zu zeigen ist $x = y$.

Wegen der Asymmetrie von R gilt $\forall x, y \in X : (x\,R\,y) \Rightarrow \neg(y\,R\,x)$. Anwendung auf x, y ergibt $\neg(y\,R\,x)$. Damit liegt eine widersprüchliche Situation vor und mit *Ex falso quodlibet* folgt $x = y$. $\qquad\qquad\qquad\qquad\qquad\qquad\qquad\qquad\qquad\qquad\qquad\qquad\qquad\qquad\qquad\qquad\qquad\square$

($\leqslant$ 88) ....

Wir wissen, dass die $\leq$-Relation eine Relation auf $\mathbb{Z}$ ist, die reflexiv, antisymmetrisch und total ist. Wenn wir noch zeigen, dass $\leq$ transitiv ist, folgt insbesondere, dass $\leq$ eine lineare Ordnung ist.

Wir zeigen deshalb $\forall x, y, z \in \mathbb{Z} : ((x \leq y) \wedge (y \leq z)) \Rightarrow (x \leq z)$.

Seien dazu $x, y, z \in \mathbb{Z}$ gegeben und es gelte $(x \leq y) \wedge (y \leq z)$. Zu zeigen ist $x \leq z$, d. h. $z - x \in \mathbb{N}_0$.

Aus der Voraussetzung wissen wir, dass $y - x$ und $z - y$ Elemente von $\mathbb{N}_0$ sind. Anwendung von (3.3) mit diesen beiden Zahlen ergibt $(y - x) + (z - y) \in \mathbb{N}_0$ und damit wie gewünscht $z - x \in \mathbb{N}_0$.

($\leqslant$ 89) ....

Wir beginnen mit der Aussage, dass $<$ transitiv ist. Seien dazu $a, b, c \in \mathbb{Z}$ und gelte $a < b$ und $b < c$. Zu zeigen ist $a < c$, also nach Definition von $<$ sind $a \leq c$ und $a \neq c$ unsere beiden Hilfsziele.

Aus der Definition von $<$ folgt zunächst $a \leq b$, $b \leq c$ und $a \neq b$ sowie $b \neq c$. Mit der Transitivität von $\leq$ erhalten wir $a \leq c$. Zum Nachweis von $a \neq c$ gehen wir von $a = c$ aus. Unser Ziel ist der Nachweis eines Widerspruchs. Wegen $b \leq c$ folgt mit Ersetzung $b \leq a$. Zusammen mit $a \leq b$ und der Symmetrie von $\leq$ erhalten wir $a = b$ im Widerspruch zu $a \neq b$. ⚡

Zum Nachweis der Asymmetrie von $<$ seien $a, b \in \mathbb{Z}$ gegeben und es gelte $a < b$. Zu zeigen ist $\neg(b < a)$.

Wir gehen dazu von $b < a$ aus und zeigen einen Widerspruch. Wegen $a < b$ gilt $a \leq b$ und $a \neq b$. Entsprechend bedeutet $b < a$, dass $b \leq a$ und $b \neq a$ gilt. Mit der Symmetrie von $\leq$ gilt dann aber auch $a = b$. ⚡

($\leqslant$ 90) ....

Sei $m \in \mathbb{N}$ gegeben. Zunächst nutzen wir Definition 1.1 aus und beweisen

$$\forall a, b \in \mathbb{Z} : a \sim_m b \Leftrightarrow \exists k \in \mathbb{Z} : (a - b) = k \cdot m. \qquad (E.1)$$

Sei dazu $a, b \in \mathbb{Z}$. Es gilt $(a \sim_m b) \Leftrightarrow (a \equiv b \mod m)$. Außerdem gilt nach Definition $(a \equiv b \mod m) \Leftrightarrow \exists k \in \mathbb{Z} : (a - b) = k \cdot m$. Ersetzung liefert das gewünschte Ergebnis.

Wir beginnen mit dem Nachweis der Reflexivität $\forall a \in \mathbb{Z} : a \sim_m a$. Sei dazu $a \in \mathbb{Z}$. Zu zeigen ist $a \sim_m a$, was nach (E.1) äquivalent zu $\exists k \in \mathbb{Z} : (a - a) = k \cdot m$ ist. Wir setzen $k := 0$. Dann gelten $k \in \mathbb{Z}$ und $a - a = 0 = 0 \cdot m = k \cdot m$, womit die Existenz gezeigt ist.

Weiter geht es mit dem Nachweis der Symmetrie, also $\forall a, b \in \mathbb{Z} : a \sim_m b \Rightarrow b \sim_m a$. Sei dazu $a, b \in \mathbb{Z}$ und es gelte $a \sim_m b$. Zu zeigen ist $b \sim_m a$. Mit (E.1) können wir dazu das äquivalente Ziel $\exists k \in \mathbb{Z} : (b - a) = k \cdot m$ zeigen.

Benutzung von $a \sim_m b$ liefert ebenfalls mit (E.1) die Aussage $\exists k \in \mathbb{Z} : (a - b) = k \cdot m$. Wir wählen ein solches Element und nennen es u. Dann gelten $u \in \mathbb{Z}$ und $(a - b) = u \cdot m$. Wir setzen $k := -u$. Dann gelten $k \in \mathbb{Z}$ und $(b - a) = -(a - b) = -(u \cdot m) = (-u) \cdot m = k \cdot m$. Damit ist die Existenzaussage gezeigt.

Schließlich fehlt noch die Transitivität $\forall a, b, c \in \mathbb{Z} : ((a \sim_m b) \wedge (b \sim_m c)) \Rightarrow (a \sim_m c)$. Seien dazu $a, b, c \in \mathbb{Z}$ gegeben mit $a \sim_m b$ und $b \sim_m c$. Zu zeigen ist $a \sim_m c$, also $\exists k \in \mathbb{Z} : (a - c) = k \cdot m$.

Wir nutzen die Voraussetzungen und finden mit zweimaliger Anwendung von (E.1) die Existenzaussagen $\exists k \in \mathbb{Z} : (a - b) = k \cdot m$ und $\exists k \in \mathbb{Z} : (b - c) = k \cdot m$. Wir wählen entsprechende Elemente und nennen sie u bzw. v. Dann gelten $u, v \in \mathbb{Z}$ und $a - b = u \cdot m$ sowie $b - c = v \cdot m$. Damit gilt aber ebenfalls $a - c = (a-b)+(b-c) = u \cdot m + v \cdot m = (u+v) \cdot m$. Setzen wir also $k := (u + v)$, so gelten $k \in \mathbb{Z}$ sowie $a - c = k \cdot m$, womit die Existenz gezeigt ist. □

.... (✎ 91)

> ☁ Wir beginnen mit einer Hilfsrechnung, um Beispielkandidaten für den Nachweis der Existenzaussage $\exists x, y \in \mathbb{Z} : (2 \cdot x - 3 \cdot y = 8) \wedge (x + y = -1)$ zu finden. Wenn wir entsprechende Zahlen x, y hätten, dann wäre wegen der zweiten Gleichung $y = -x - 1$. Eingesetzt in die erste Gleichung ergibt sich dann $2 \cdot x + 3 \cdot x + 3 = 8$ bzw. nach Vereinfachung $5 \cdot x = 5$, was uns den Kandidaten $x = 1$ liefert. Damit wird dann $y = -2$ der andere Kandidat. Der Beweis der Existenzaussage entspricht nun gerade der *Probe*, dass die Kandidaten die Gleichung auch erfüllen.

Beweis. Wir setzen $x := 1$ und $y := -2$. Zu zeigen ist $(2 \cdot x - 3 \cdot y = 8) \wedge (x + y = -1)$, d. h., unsere Ziele sind $2 \cdot x - 3 \cdot y = 8$ und $x + y = -1$. Einsetzen von x und y liefert $2 \cdot 1 - 3 \cdot (-2) = 2 + 6 = 8$ und $1 + (-2) = -1$. □

.... (✎ 92)

Wegen $a = x/2 + y/2$ finden wir durch Ersetzung $a < y \Leftrightarrow x/2 + y/2 < y$. Anwendung von (3.5) auf $x/2 + y/2, y, -y/2$ liefert $x/2 + y/2 < y \Leftrightarrow (x/2 + y/2) + (-y/2) < y + (-y/2)$. Durch Ausrechnen der linken und rechten Seite erhalten wir $x/2 < y/2$. Die Äquivalenz dieser Aussage zu $x < y$ wurde schon gezeigt. Damit gilt $a < y$.

.... (✎ 93)

> ☁ Zum Nachweis von $\exists x \in \mathbb{R} : x \cdot (x - 1) < 0$ müssen wir eine Zahl x angeben, für die $x \cdot (x - 1) < 0$ ist. Skizzieren wir den Funktionsgraphen von $x \mapsto x \cdot (x - 1)$, so erkennen wir eine nach unten verschobene Parabel, die ihre Nullstellen bei 0 und 1 hat. Negative Werte werden also nur zwischen 0 und 1 angenommen. Ein guter Kandidat ist hier $x = 1/2$. Entsprechend wird für $u := 2$ ein positiver Wert angenommen.

Beweis. Setze $x := \frac{1}{2}$, dann gilt $x \cdot (x - 1) = \frac{1}{2} \cdot (-\frac{1}{2}) = -\frac{1}{4} < 0$. Folglich gilt $\exists x \in \mathbb{R} : x \cdot (x - 1) < 0$.
Setze $u := 2$, dann gilt $u \cdot (u - 1) = 2 \cdot 1 = 2 > 0$. Folglich gilt $\exists x \in \mathbb{R} : x \cdot (x - 1) > 0$. □

.... (✎ 94)

Wir wollen aus (3.8) auf die archimedische Eigenschaft der reellen Zahlen schließen. Dazu gehen wir von $\forall \varepsilon \in \mathbb{R}_{>0} : \exists n \in \mathbb{N} : \frac{1}{n} < \varepsilon$ aus und zeigen

$$\forall x, y \in \mathbb{R}_{>0} : (x < y) \Rightarrow \exists n \in \mathbb{N} : y < n \cdot x.$$

Seien dazu $x, y \in \mathbb{R}_{>0}$ gegeben und es gelte $x < y$. Zu zeigen ist $\exists n \in \mathbb{N} : y < n \cdot x$.

> ☁ Um ein solches n zu finden, werden wir die Eigenschaft (3.8) verwenden. Durch zwei Divisionen stellen wir aus der Bedingung $y < n \cdot x$ die dort angegebene Situation $1/n < x/y$ her. Der Quotient x/y ist wegen $x, y > 0$ echt positiv und übernimmt die Rolle von ε in (3.8). Wenn wir uns also zu $\varepsilon := x/y$ ein passendes n im Sinne von (3.8) geben lassen, dann hat dieses auch die benötigte Eigenschaft für unseren Beweis.

Sei $\varepsilon := x/y$. Wegen $\varepsilon \in \mathbb{R}_{>0}$ erhalten wir durch Benutzung von (3.8) die Existenzaussage $\exists n \in \mathbb{N} : \frac{1}{n} < \varepsilon$. Wir wählen ein solches $n \in \mathbb{N}$ und multiplizieren die Ungleichung mit $n \cdot y$ durch. Dies ergibt $y < n \cdot x$. Damit gilt, wie gewünscht, $\exists n \in \mathbb{N} : y < n \cdot x$. □

....

(✎ 95)

Wir müssen $\forall \varepsilon \in \mathbb{R}_{>0} : \exists n \in \mathbb{N} : (4 \cdot n^2 + 1)/(n^3 + 1) < \varepsilon$ zeigen.

> ☁ Wir arbeiten zunächst auf einem Schmierzettel …

Die Idee ist wieder, für einen größeren Wert b_n als $a_n := (4 \cdot n^2 + 1)/(n^3 + 1)$ die Situation $b_n < \varepsilon$ durch Wahl von n herzustellen. Dann gilt $a_n < \varepsilon$ auf jeden Fall.

Wir schauen uns dazu Zähler und Nenner für große n an und finden im Zähler ungefähr $4n^2$ und im Nenner n^3, was sich prima zu $4/n$ kürzt und nach (3.8) auch tatsächlich für ein geeignetes n kleiner als ε wird.

Die genauere Abschätzung soll diesem Muster folgen, wobei wir im Nenner die 1 tatsächlich einfach weglassen können (denn ein kleinerer Nenner macht die Zahl wie gewünscht größer). Im Zähler dagegen ist ein Weglassen der 1 nicht möglich, da hier eine Verkleinerung auch die Zahl verkleinert. Da wir am Ende aber nur kürzen wollen, schätzen wir 1 nach oben grob durch n^2 ab. Dann ist der neue Zähler von der Form $5n^2$ und der Kürztrick funktioniert. Wir kommen dann halt mit $5/n$ anstelle von $4/n$ an.

Damit (3.8) formgerecht funktioniert, wenden wir die Für-alle-Aussage nicht auf ε direkt, sondern auf $\varepsilon/5$ an.

> ☁ Wir wechseln zurück in den eigentlichen Beweis …

Wir wenden (3.8) auf $\varepsilon/5 \in \mathbb{R}_{>0}$ an und finden so die Existenzaussage $\exists n \in \mathbb{N} : 1/n < \varepsilon/5$. Wählen wir ein solches $n \in \mathbb{N}$, so gilt $1/n < \varepsilon/5$. Zum Nachweis von $(4 \cdot n^2 + 1)/(n^3 + 1) < \varepsilon$ schätzen wir ab:

$$\frac{4 \cdot n^2 + 1}{n^3 + 1} \leq \frac{4 \cdot n^2 + 1}{n^3} \leq \frac{5 \cdot n^2}{n^3} \leq \frac{5}{n} < 5 \cdot \frac{\varepsilon}{5} = \varepsilon.$$

(✎ 96)

Wir verwenden die Relation aus Satz 3.13 und ändern sie ab zu

$$(a \in \mathbb{Z}) \, R \, (b \in \mathbb{Z}) :\Leftrightarrow (a = b + 1) \vee (a = b).$$

Zum Nachweis von $\forall a \in \mathbb{Z} : a \, R \, a$ sei $a \in \mathbb{Z}$. Zu zeigen ist $a \, R \, a$, d. h. $(a = a + 1) \vee (a = a)$. Nach Axiom 1.6 gilt $a = a$ und damit auch $(a = a + 1) \vee (a = a)$.

Die Nichttransitivität folgt wieder mit dem Gegenbeispiel aus dem Beweis von Satz 3.13.

(✎ 97)

Wir gehen zunächst von $\neg \exists u, v \in A : (u \neq v) \wedge (E_u \wedge E_v)$ aus und zeigen $\forall u, v \in A : (E_u \wedge E_v) \Rightarrow (u = v)$. Sei dazu $u, v \in A$ und es gelte $E_u \wedge E_v$. Zu zeigen ist $u = v$. In einem indirekten Beweis gehen wir von $u \neq v$ aus. Damit gilt $\exists u, v \in A : (u \neq v) \wedge (E_u \wedge E_v)$ im Widerspruch zur Annahme. ⨍

Umgekehrt gehen wir von $\forall u, v \in A : (E_u \wedge E_v) \Rightarrow (u = v)$ aus. Und zeigen $\neg \exists u, v \in A : (u \neq v) \wedge (E_u \wedge E_v)$ durch Widerspruch. Gilt nämlich $\exists u, v \in A : (u \neq v) \wedge (E_u \wedge E_v)$, so können wir entsprechende Elemente $u, v \in A$ wählen und die Für-alle-Aussage auf sie anwenden. Dann gilt aber $(E_u \wedge E_v) \Rightarrow (u = v)$. Weil für unsere Elemente auch $E_u \wedge E_v$ gilt, folgt also $u = v$. Dies ist ein Widerspruch, da für unsere Elemente auch $u \neq v$ gilt. ⨍

(✎ 98)

Zum Nachweis der Für-alle-Aussage sei $a \in \mathcal{U}$ gegeben. Zu zeigen ist nun die <u>das</u>-Aussage $a = \underline{\text{das}} \, x \in \mathcal{U} : x \in \{a\}$.

Da die Aussage nur wahr sein kann, wenn die Rechtschreibregeln für den <u>das</u>-Ausdruck erfüllt sind, zeigen wir zunächst $\exists! x \in \mathcal{U} : x \in \{a\}$.

> ☁ Die Existenz und Eindeutigkeitsaussage $\exists! x \in \mathcal{U} : x \in \{a\}$ schreiben wir zunächst in der Langform.

Zu zeigen ist $\exists x \in \mathcal{U} : x \in \{a\}$ und $\forall u, v \in \mathcal{U} : (u \in \{a\} \wedge v \in \{a\}) \Rightarrow u = v$.

> Als Kandidat für die Existenzaussage wählen wir das Element a. Wir müssen dann $a \in \{a\}$ nachweisen.

Mit Aufgabe (✎ 66) folgt $a \in \{a\}$ und damit $\exists x \in \mathcal{U} : x \in \{a\}$.
Zum Nachweis der Eindeutigkeitsaussage seien $u, v \in \mathcal{U}$ gegeben mit $u \in \{a\} \wedge v \in \{a\}$. Zu zeigen ist $u = v$.
Mit Aufgabe (✎ 66) folgt $u = a$ und $v = a$. Durch Ersetzung folgt $u = v$. $\qquad \square$
Zum Nachweis der eigentlichen Aussage $a = \underline{\text{das}}\ x : x \in \{a\}$ müssen wir $a \in \mathcal{U}$ und $a \in \{a\}$ zeigen. Die erste Aussage gilt nach Voraussetzung und die zweite folgt durch Verwendung von Aufgabe (✎ 66).

. . . . (✎ 99)

Beweis. Sei M eine Menge mit $\exists! x \in \mathcal{U} : x \in M$. Zu zeigen ist $M = \{\underline{\text{das}}\ x \in \mathcal{U} : x \in M\}$. Dazu verwenden wir zwei Inklusionen und beginnen mit $M \subset \{\underline{\text{das}}\ x \in \mathcal{U} : x \in M\}$. Sei dazu $x \in M$. Zu zeigen ist $x \in \{\underline{\text{das}}\ x \in \mathcal{U} : x \in M\}$. Nach Aufgabe (✎ 66) ist dies äquivalent zum Nachweisziel $x = \underline{\text{das}}\ x \in \mathcal{U} : x \in M$, was wiederum durch $x \in \mathcal{U}$ und $x \in M$ zu beweisen ist.
Wegen $x \in M$ und Aufgabe (✎ 53) folgt dabei $x \in \mathcal{U}$. Außerdem gilt $x \in M$ nach Voraussetzung.
Umgekehrt zeigen wir nun $\{\underline{\text{das}}\ x \in \mathcal{U} : x \in M\} \subset M$. Sei dazu $x \in \{\underline{\text{das}}\ x \in \mathcal{U} : x \in M\}$. Zu zeigen ist $x \in M$.
Mit Aufgabe (✎ 66) folgt nun $x = \underline{\text{das}}\ x \in \mathcal{U} : x \in M$. Daraus folgt $x \in \mathcal{U}$ und $x \in M$. $\quad \square$

. . . . (✎ 100)

> Wir ahnen ein Problem mit negativen a, also zum Beispiel $a := -1$. Dann gilt $\sqrt{a^2} = \sqrt{1} = 1 \neq -1 = a$, wobei wir in unserem Beweis Schulwissen durch strenge Regelanwendung ersetzen wollen.

Unser präzises Ziel ist der Nachweis von $\neg \forall a \in \mathbb{R} : \sqrt{a^2} = a$. In einem Widerspruchsargument gehen wir von $\forall a \in \mathbb{R} : \sqrt{a^2} = a$ aus und wenden die Aussage auf $a := -1$ an. Es folgt $\sqrt{(-1)^2} = -1$. In Langform gilt also $-1 = \underline{\text{das}}\ x \in \mathbb{R}_{\geq 0} : x^2 = (-1)^2$. Die Benutzungsregel ergibt $-1 \geq 0$ im Widerspruch zu $\neg(-1 \geq 0)$. ⚡

. . . . (✎ 101)

Da der Wert 0 nicht in der Definitionsmenge der Kehrwertfunktion liegt, dürfen wir nur solche Elemente $x \in \mathbb{R}$ als Argumente zulassen, für die $x^2 - 1$ nicht 0 ist. Dies ist genau für $x \in D := \mathbb{R} \backslash \{-1, 1\}$ der Fall. Wir vereinbaren deshalb

$$f : D \to \mathbb{R}, x \mapsto 1/(x^2 - 1) \qquad \text{bzw.} \qquad f := \begin{cases} D & \to & \mathbb{R} \\ x & \mapsto & 1/(x^2 - 1) \end{cases}.$$

. . . . (✎ 102)

> Der Graph von g ist eine Gerade mit Steigung 2 und y-Achsenabschnitt -2. Alle Funktionswerte auf der positiven x-Achse sind also größer oder gleich -2, sodass unser Kandidat für die Existenzaussage durch -2 gegeben ist.

Wir setzen $a := -2$. Zu zeigen ist $a \in \mathbb{R}$ und $g[\mathbb{R}_{\geq 0}] = \mathbb{R}_{\geq a}$. Während $a \in \mathbb{R}$ zum Schulwissen gehört (es lässt sich auch detailliert begründen, wenn wir die Axiome der reellen Zahlen vorliegen haben), zeigen wir die Mengengleichheit wie üblich durch zwei Inklusionen.

Sei dazu $y \in g[\mathbb{R}_{\geq 0}]$ gegeben. Zu zeigen ist $y \in \mathbb{R}_{\geq a}$, d. h. $y \geq a$. In Langform lautet die Voraussetzung (wegen $\mathbb{R}_{\geq 0} \cap \mathbb{R} = \mathbb{R}_{\geq 0}$) $y \in \{u \in \mathcal{U} : \exists x \in \mathbb{R}_{\geq 0} : u = g(x)\}$. Mit der Benutzungsregel für Elementaussagen in Aussonderungsmengen folgt $y \in \mathcal{U}$ und $\exists x \in \mathbb{R}_{\geq 0} : y = g(x)$. Wir wählen ein solches x und finden $x \in \mathbb{R}_{\geq 0}$ mit $y = g(x)$. Mit der Definition von $\mathbb{R}_{\geq 0}$ folgt $x \geq 0$. Dann gilt auch $x - 1 \geq 0 - 1 = -1$ und dann auch $2 \cdot (x - 1) \geq 2 \cdot (-1) = -2$. Wir finden somit $y = g(x) \geq -2 = a$.

Für die umgekehrte Inklusion sei $y \in \mathbb{R}_{\geq a}$ gegeben. Zu zeigen ist $y \in g[\mathbb{R}_{\geq 0}]$. Mit der Langform der Bildmenge lautet unser Ziel also $y \in \mathcal{U}$ und $\exists x \in \mathbb{R}_{\geq 0} : y = g(x)$.

> ✎ Auf einem Schmierzettel suchen wir ein $x \geq 0$, sodass $y = g(x) = 2 \cdot (x - 1)$ gilt. Da wir nach x auflösen können, kommt nur dieses eine x in Frage. Wir finden zunächst $x - 1 = y/2$ und dann $x = y/2 + 1$.

Wir setzen $x := y/2 + 1$. Wegen $y \in \mathbb{R}_{\geq a}$ gilt $y \geq -2$ und damit $y/2 \geq -1$ und damit $y/2 + 1 \geq 0$ also auch $x \geq 0$. Außerdem gilt $g(x) = 2 \cdot ((y/2 + 1) - 1) = y$, sodass die Existenzaussage erfüllt ist.

(✎ 103)
....

Beweis. Seien A, B Mengen und f eine Funktion. Zu zeigen ist $f[A \cup B] = f[A] \cup f[B]$. Wir beginnen dazu mit der Inklusion „$\subset$": Sei dazu $y \in f[A \cup B]$. Zu zeigen ist $y \in f[A] \cup f[B]$, d. h., mit der Definition von $\cup$ sind unsere Ziele $y \in \mathcal{U}$ und $(y \in f[A]) \vee (y \in f[B])$.

Aus der Voraussetzung folgt nun mit der Definition von $f[A \cup B]$ die Aussagen $y \in \mathcal{U}$ und $\exists x \in \mathrm{Def}(f) \cap (A \cup B) : f(x) = y$. Wir wählen ein solches Element und nennen es x. Es gilt dann $x \in \mathrm{Def}(f)$ und $x \in A \cup B$. Wegen $x \in A \cup B$ gilt mit der Definition von $\cup$ die Oder-Aussage $(x \in A) \vee (x \in B)$.

Fall $x \in A$: Wegen $x \in \mathrm{Def}(f)$ haben wir $x \in \mathrm{Def}(f) \cap A$ und $f(x) = y$, sodass also auch $\exists x \in \mathrm{Def}(f) \cap A : y = f(x)$ und damit $y \in f[A]$ gelten. Folglich gilt $(y \in f[A]) \vee (y \in f[B])$.

Fall $x \in B$: Wegen $x \in \mathrm{Def}(f)$ haben wir $x \in \mathrm{Def}(f) \cap B$ und $f(x) = y$, sodass also auch $\exists x \in \mathrm{Def}(f) \cap B : y = f(x)$ und damit $y \in f[B]$ gelten. Folglich gilt $(y \in f[A]) \vee (y \in f[B])$.

Für die Inklusion „$\supset$" sei $y \in f[A] \cup f[B]$. Zu zeigen ist $y \in f[A \cup B]$. Mit der Definition von $f[A \cup B]$ ist unser Ziel der Nachweis von $y \in \mathcal{U}$ und $\exists x \in \mathrm{Def}(f) \cap (A \cup B) : f(x) = y$. Aus der Voraussetzung folgt zunächst mit der Definition von $\cup$, dass die Oder-Aussage $(y \in f[A]) \vee (y \in f[B])$ gilt.

Fall $y \in f[A]$: Mit der Langform zu $f[A]$ folgen $y \in \mathcal{U}$ und $\exists x \in \mathrm{Def}(f) \cap A : y = f(x)$. Wählen wir ein solches Element und nennen es x, so gilt $x \in A$ und somit gilt auch $(x \in A) \vee (x \in B)$, woraus wiederum $x \in A \cup B$ folgt. Da auch $x \in \mathrm{Def}(f)$ und $y = f(x)$ gilt, finden wir $(y \in \mathcal{U}) \wedge \exists x \in \mathrm{Def}(f) \cap (A \cup B) : y = f(x)$.

Fall $y \in f[B]$: Mit der Langform zu $f[B]$ folgen $y \in \mathcal{U}$ und $\exists x \in \mathrm{Def}(f) \cap B : y = f(x)$. Wählen wir ein solches Element und nennen es x, so gilt $x \in B$ und somit gilt auch $(x \in A) \vee (x \in B)$, woraus wiederum $x \in A \cup B$ folgt. Da auch $x \in \mathrm{Def}(f)$ und $y = f(x)$ gilt, finden wir $(y \in \mathcal{U}) \wedge \exists x \in \mathrm{Def}(f) \cap (A \cup B) : y = f(x)$. $\square$

(✎ 104)
....

Sei $f : X \to Y$ eine Funktion. Zu zeigen ist $f[\emptyset] = \emptyset$. Die Inklusion $\emptyset \subset f[\emptyset]$ folgt dabei aus Aufgabe (✎ 63). Für die umgekehrte Inklusion sei $y \in f[\emptyset]$. Zu zeigen ist $y \in \emptyset$. In Langform lautet die Voraussetzung $y \in \{u \in \mathcal{U} : \exists x \in \mathrm{Def}(f) \cap \emptyset : y = f(x)\}$. Mit der Benutzungsregel folgt also $y \in \mathcal{U}$ und $\exists x \in \mathrm{Def}(f) \cap \emptyset : y = f(x)$. Wählen wir ein solches x, so ergibt sich $x \in \mathrm{Def}(f) \cap \emptyset$, was nach Definition von $\cap$ auf $x \in \mathrm{Def}(f)$ und $x \in \emptyset$ führt. Mit Aufgabe (✎ 277) gilt damit auch $y \in \emptyset$. $\square$

Für $x \in X$ zeigen wir nun die Gleichheit $f[\{x\}] = \{f(x)\}$. Sei dazu $y \in f[\{x\}]$. Zu zeigen ist $y \in \{f(x)\}$, bzw. mit Aufgabe (✎ 66) $y = f(x)$. Die Voraussetzung $y \in f[\{x\}]$ liefert die Existenzaussage $\exists u \in X \cap \{x\} : y = f(u)$. Wir wählen ein solches u. Dann gilt $u \in X$, $u \in \{x\}$ und $y = f(u)$. Wegen Aufgabe (✎ 66) ist $u = x$ und damit $y = f(x)$.

Für die umgekehrte Inklusion sei $y \in \{f(x)\}$. Zu zeigen ist $y \in f[\{x\}]$, d. h. $y \in \mathcal{U}$ und $\exists u \in X \cap \{x\} : y = f(u)$.

Aus der Voraussetzung folgt $y = f(x)$ mit Aufgabe (✎ 66), genauso wie $x \in \{x\}$. Es gilt also auch $x \in X \cap \{x\}$ nach Definition von $\cap$. Insgesamt gilt damit die Existenzaussage. Die Aussage $y \in \mathcal{U}$ folgt mit Aufgabe (✎ 53).   □

.... (✎ 105)

Beweis. Seien X und A Mengen. Zu zeigen ist $\operatorname{id}_X[A] = X \cap A$. Wir beginnen mit der Inklusion „⊂" und gehen dazu von $y \in \operatorname{id}_X[A]$ aus. Zu zeigen ist $y \in X \cap A$. Mit der Definition von $\cap$ ist unser Ziel also $y \in X$ und $y \in A$.

Aus der Voraussetzung finden wir $y \in \{u \in \mathcal{U} : \exists x \in \operatorname{Def}(\operatorname{id}_X) \cap A : y = \operatorname{id}_X(x)\}$, woraus wiederum $y \in \mathcal{U}$ und $\exists x \in \operatorname{Def}(\operatorname{id}_X) \cap A : y = \operatorname{id}_X(x)$ folgt. Wählen wir ein solches x, so gilt mit der Definition von $\cap$ sowohl $x \in \operatorname{Def}(\operatorname{id}_X)$ als auch $x \in A$.

Nach der Definition von id_X finden wir $\operatorname{Def}(\operatorname{id}_X) = X$ und $\operatorname{id}_X(x) = x$. Ersetzung in der Gleichheit $y = \operatorname{id}_X(x)$ zeigt dann $y = x$ und erneute Ersetzung in $x \in \operatorname{Def}(\operatorname{id}_X)$ ergibt $y \in X$. Außerdem ergibt Ersetzung in $x \in A$ die Aussage $y \in A$.

Für die Inklusion „⊃" gehen wir von $y \in X \cap A$ aus. Zu zeigen ist $y \in \operatorname{id}_X[A]$. Mit der Langform zu $y \in \operatorname{id}_X[A]$ lauten unsere Ziele $y \in \mathcal{U}$ und $\exists x \in \operatorname{Def}(\operatorname{id}_X) \cap A : y = \operatorname{id}_X(x)$.

Aus der Voraussetzung folgen mit der Definition von $\cap$ die Aussagen $y \in X$ und $y \in A$. Nach der Definition von id_X finden wir $\operatorname{Def}(\operatorname{id}_X) = X$ und $\operatorname{id}_X(y) = y$. Ersetzung in $y \in X$ ergibt $y \in \operatorname{Def}(\operatorname{id}_X)$. Wegen $y \in A$ gilt somit $y \in \operatorname{Def}(\operatorname{id}_X) \cap A$. Setzen wir $x := y$, so sehen wir $\exists x \in \operatorname{Def}(\operatorname{id}_X) \cap A : y = \operatorname{id}_X(x)$.

Die Aussage $y \in \mathcal{U}$ folgt aus $y \in X$ mit Aufgabe (✎ 53).   □

.... (✎ 106)

Beweis. Sei $f : X \to Y$ eine Funktion und sei y ein Element, d. h., es gelte $y \in \mathcal{U}$. Wir zeigen die Äquivalenz $(y \in \operatorname{Bild}(f)) \Leftrightarrow \exists x \in \operatorname{Def}(f) : y = f(x)$ und beginnen dazu mit der Implikation „⇐", d. h., wir gehen von $\exists x \in \operatorname{Def}(f) : y = f(x)$ aus und zeigen $y \in \operatorname{Bild}(f)$. Nach Definition von $\operatorname{Bild}(f)$ lautet unser Ziel also $y \in f[\operatorname{Def}(f)]$, was wiederum auf das Ziel $y \in \{u \in \mathcal{U} : \exists x \in \operatorname{Def}(f) \cap \operatorname{Def}(f) : u = f(x)\}$ führt. Wegen der Identität $\operatorname{Def}(f) \cap \operatorname{Def}(f) = \operatorname{Def}(f)$ müssen wir dazu die Existenzaussage $\exists x \in \operatorname{Def}(f) : y = f(x)$ zeigen, die nach Voraussetzung gilt.

Für die Implikation „⇒" sei $y \in \operatorname{Bild}(f)$. Zu zeigen ist $\exists x \in \operatorname{Def}(f) : y = f(x)$. Nach der Definition von $\operatorname{Bild}(f)$ gilt also $y \in f[\operatorname{Def}(f)]$, was sich mit der Definition von $\operatorname{Def}(f)$ weiter zu $y \in \{u \in \mathcal{U} : \exists x \in \operatorname{Def}(f) \cap \operatorname{Def}(f) : u = f(x)\}$ umschreiben lässt. Wegen $\operatorname{Def}(f) \cap \operatorname{Def}(f) = \operatorname{Def}(f)$ gilt damit $\exists x \in \operatorname{Def}(f) : y = f(x)$.

Sei nun $x \in X$ gegeben. Zu zeigen ist $f(x) \in \operatorname{Bild}(f)$. Dazu ist $\exists x \in \operatorname{Def}(f) : y = f(x)$ zu zeigen. Wegen $f(x) = f(x)$ und $\operatorname{Def}(f) = X$ folgt dies sofort mit dem Element x als Beispiel. Wegen $\operatorname{Bild}(f) \subset Y$ gilt insbesondere auch $f(x) \in Y$.   □

.... (✎ 107)

Die Menge aller Quadratzahlen lässt sich durch $\{z \cdot z \mid z \in \mathbb{Z}\}$ beschreiben. Die Menge aller durch drei teilbaren Zahlen erhält man mit $\{3 \cdot z \mid z \in \mathbb{Z}\}$.

.... (✎ 108)

Zum Nachweis von $5 \in \{(4 \cdot n + 3)/7 \mid n \in \mathbb{N}\}$ müssen wir mit der Langform dieser Mengennotation $5 \in \{u \in \mathcal{U} : \exists n \in \mathbb{N} : u = (4 \cdot n + 3)/7\}$ zeigen. Mit der Nachweisregel aus Abschnitt B.14 auf Seite 209 müssen wir dazu $5 \in \mathcal{U}$ und $\exists n \in \mathbb{N} : 5 = (4 \cdot n + 3)/7$ zeigen, d. h., das Element 5 muss mit einem geeigneten n in der Form $(4 \cdot n + 3)/7$ dargestellt werden. Die Aussage $5 \in \mathcal{U}$ folgt wegen $5 \in \mathbb{N}$ aus Aufgabe (✎ 53).

> ☁ Auf einem Schmierzettel versuchen wir nach n aufzulösen, sodass der einzige Kandidat sichtbar wird. Zunächst finden wir $7 \cdot 5 = 4 \cdot n + 3$, dann $32 = 4 \cdot n$ und schließlich $n = 8$.

Wir setzen $n := 8$. Dann gilt $n \in \mathbb{N}$ und $(4 \cdot n + 3)/7 = (4 \cdot 8 + 3)/7 = 35/7 = 5$ und somit auch die Existenzaussage.

(✎ 109) ....

Beweis. Sei f eine Funktion. Dann gilt $\emptyset \subset f^{-1}[\emptyset]$ wegen Aufgabe (✎ 63). Für die umgekehrte Inklusion sei $x \in f^{-1}[\emptyset]$. Zu zeigen ist $x \in \emptyset$.

Mit der Langform zum Urbild gilt $x \in \{u \in \mathrm{Def}(f) : f(u) \in \emptyset\}$, sodass mit der Benutzungsregel $x \in \mathrm{Def}(f)$ und $f(x) \in \emptyset$ gilt. Mit Aufgabe (✎ 277) folgt dann auch $x \in \emptyset$. □

(✎ 110) ....

Beweis. Wir zeigen die Mengengleichheit mit zwei Inklusionen.

Zum Nachweis von $f^{-1}[A \cap B] \subset f^{-1}[A] \cap f^{-1}[B]$ gehen wir von $x \in f^{-1}[A \cap B]$ aus. Zu zeigen ist dann $x \in f^{-1}[A] \cap f^{-1}[B]$. Dazu müssen wir $x \in f^{-1}[A]$ und $x \in f^{-1}[B]$ zeigen. In Langform ist unser erstes Ziel $x \in \{u \in \mathrm{Def}(f) : f(u) \in A\}$. Dazu müssen wir zeigen $x \in \mathrm{Def}(f)$ und $f(x) \in A$.

In Langform ist unser zweites Ziel $x \in \{u \in \mathrm{Def}(f) : f(u) \in B\}$. Dazu müssen wir zeigen $x \in \mathrm{Def}(f)$ und $f(x) \in B$.

> ☁ Bei solchen offensichtlichen Wiederholungen könnte man auch schreiben: Entsprechend müssen wir für das andere Ziel $f(x) \in B$ zeigen.

Nach Voraussetzung gilt $x \in f^{-1}[A \cap B]$ bzw. $x \in \{u \in \mathrm{Def}(f) : f(u) \in A \cap B\}$ in Langform. Daraus ergeben sich $x \in \mathrm{Def}(f)$ und $f(x) \in A \cap B$.

Mit der Definition der Schnittmenge bedeutet dies $f(x) \in \{y \in A : y \in B\}$ und daher $f(x) \in A$ und $f(x) \in B$. Damit sind alle Ziele gezeigt.

Zum Nachweis von $f^{-1}[A] \cap f^{-1}[B] \subset f^{-1}[A \cap B]$ gehen wir von $x \in f^{-1}[A] \cap f^{-1}[B]$ aus. Zu zeigen ist $x \in f^{-1}[A \cap B]$.

In Langform lautet unser Ziel $x \in \{u \in \mathrm{Def}(f) : f(u) \in A \cap B\}$. Wir müssen also zeigen, dass $x \in \mathrm{Def}(f)$ und $f(x) \in A \cap B$ gelten.

In Langform lautet das letzte Ziel $f(x) \in \{y \in A : y \in B\}$. Wir müssen also zeigen, dass $f(x) \in A$ und $f(x) \in B$ gelten.

Nach Voraussetzung gilt $x \in f^{-1}[A] \cap f^{-1}[B]$, d. h. $x \in \{u \in f^{-1}[A] : u \in f^{-1}[B]\}$ in Langform. Damit gelten $x \in f^{-1}[A]$ und $x \in f^{-1}[B]$. Insbesondere gelten in Langform ausgedrückt $x \in \{u \in \mathrm{Def}(f) : f(u) \in A\}$ sowie $x \in \{u \in \mathrm{Def}(f) : f(u) \in B\}$. Hieraus folgen nun $x \in \mathrm{Def}(f)$ und $f(x) \in A$ sowie $f(x) \in B$. □

(✎ 111) ....

Für $f : \mathbb{R} \to \mathbb{R}$, $x \mapsto x^3 - (x+1)^3 + 1$ und $g : \mathbb{R} \to \mathbb{R}$, $x \mapsto -3 \cdot x \cdot (x+1)$ ist zu zeigen, dass $f = g$ gilt. Dazu ist zunächst die Aussage $\mathrm{Def}(f) = \mathrm{Def}(g)$ zu überprüfen. Aus der Definition lesen wir $\mathrm{Def}(f) = \mathbb{R}$ und $\mathrm{Def}(g) = \mathbb{R}$ ab, woraus die Gleichheit folgt.

Weiter ist $\forall x \in \mathbb{R} : f(x) = g(x)$ zu zeigen. Sei dazu $x \in \mathbb{R}$ gegeben. Zu zeigen: $f(x) = g(x)$. Mit den Definition der Funktion f und g ist dies zu $x^3 - (x+1)^3 + 1 = -3 \cdot x \cdot (x+1)$ äquivalent. Mit den Rechenregeln in den reellen Zahlen erhalten wir zunächst

$$(x+1)^3 = (x+1) \cdot (x^2 + 2 \cdot x + 1) = x^3 + 3 \cdot x^2 + 3 \cdot x + 1$$

und damit dann $x^3 - (x+1)^3 + 1 = -3 \cdot x^2 - 3 \cdot x = -3 \cdot (x^2 + x) = -3 \cdot x \cdot (x+1)$.

(✎ 112) ....

Sei f eine Funktion mit $\mathrm{Def}(f) = \emptyset$. Zu zeigen ist $f = \mathrm{id}_\emptyset$.

Dazu ist zunächst die Aussage $\mathrm{Def}(f) = \mathrm{Def}(\mathrm{id}_\emptyset)$ zu überprüfen. Aus der Definition lesen wir $\mathrm{Def}(\mathrm{id}_\emptyset) = \emptyset$ ab, woraus die Gleichheit folgt.

Weiter ist $\forall x \in \emptyset : f(x) = \mathrm{id}_\emptyset(x)$ zu zeigen. Sei dazu $x \in \emptyset$ gegeben. Mit Aufgabe (✎ 277) folgt sofort $f(x) = \mathrm{id}_\emptyset(x)$.

.... (✎ 113)

Zum Nachweis, dass $f : \mathbb{R} \to \mathbb{R}, x \mapsto 2 \cdot x + 1$ surjektiv auf $\mathbb{R}$ ist, müssen wir zeigen: $\forall y \in \mathbb{R} : \exists x \in \mathbb{R} : f(x) = y$. Sei dazu $y \in \mathbb{R}$ gegeben. Zu zeigen ist $\exists x \in \mathbb{R} : f(x) = y$.

> 💭 Auf einem Schmierzettel nehmen wir zunächst an, ein passendes x wäre bereits vorhanden, und versuchen dann, die Anforderungen an x genauer herauszuarbeiten. Wegen $f(x) = y$ gilt dabei $2 \cdot x + 1 = y$. Aufgelöst nach x ergibt sich $x = (y-1)/2$. Das ist unser Kandidat für den Existenzbeweis.

Wir setzen $x := (y - 1)/2$. Zu zeigen ist $x \in \mathbb{R}$ und $f(x) = y$. Da Subtraktion von zwei reellen Zahlen wieder eine reelle Zahl ergibt, ist $y - 1 \in \mathbb{R}$. Division einer reellen Zahl durch eine von 0 verschiedene reelle Zahl ergibt wieder eine reelle Zahl. Also gilt $x = (y-1)/2 \in \mathbb{R}$. Außerdem ist $f(x) = 2 \cdot x + 1 = 2 \cdot (y-1)/2 + 1 = (y-1) + 1 = y$. □

.... (✎ 114)

Beweis. Seien $f : X \to Y$ und $W \subset Y$. Zu zeigen: (f surjektiv auf W) $\Leftrightarrow$ ($W \subset \mathrm{Bild}(f)$). Wir zeigen dazu zwei Implikationen.

Zunächst nehmen wir an, dass f surjektiv auf W ist. Zu zeigen ist $W \subset \mathrm{Bild}(f)$. Sei dazu y in W. Zu zeigen ist $y \in \mathrm{Bild}(f)$. Nach Aufgabe (✎ 106) wird dies mit dem äquivalenten Ziel $\exists x \in \mathrm{Def}(f) : y = f(x)$ erreicht.

Da f surjektiv auf W ist, gilt nach Definition $\forall y \in W : \exists x \in X : y = f(x)$. Angewendet auf unser y folgt $\exists x \in X : y = f(x)$. Wegen $\mathrm{Def}(f) = X$ folgt die gewünschte Existenzaussage durch Ersetzung.

Für die umgekehrte Implikation sei $W \subset \mathrm{Bild}(f)$. Zu zeigen ist f surjektiv auf W, also $\forall y \in W : \exists x \in X : y = f(x)$. Sei dazu $y \in W$. Zu zeigen ist $\exists x \in X : y = f(x)$.

Wegen $W \subset \mathrm{Bild}(f)$ wissen wir, dass $y \in \mathrm{Bild}(f)$ und mit Aufgabe (✎ 106) dann auch $\exists x \in \mathrm{Def}(f) : y = f(x)$. Wegen $\mathrm{Def}(f) = X$ folgt die gewünschte Existenzaussage durch Ersetzung. □

Wegen $\mathrm{Bild}(f) \subset \mathrm{Bild}(f)$ folgt insbesondere, dass f surjektiv auf $\mathrm{Bild}(f)$ ist.

Ist f surjektiv auf Y, so folgt insbesondere $Y \subset \mathrm{Bild}(f)$. Außerdem gilt $\mathrm{Bild}(f) \subset Y$ wegen $f : X \to Y$. Also finden wir auch $\mathrm{Bild}(f) = Y$.

.... (✎ 115)

Beweis. Sei $X \in \mathcal{M}$ und $f : X \to Y$ sei surjektiv auf Y. Zu zeigen ist $Y \in \mathcal{M}$. Mit Aufgabe (✎ 114) schließen wir auf $\mathrm{Bild}(f) = Y$. Mit Axiom 3.16 und $\mathrm{Def}(f) = X$ folgt $\mathrm{Bild}(f) \in \mathcal{M}$ und durch Ersetzung dann $Y \in \mathcal{M}$. □

.... (✎ 116)

Beweis. Sei $f : X \to Y$ gegeben. Wir zeigen, dass $\neg \exists u, v \in X : (u \neq v) \wedge (f(u) = f(v))$ äquivalent ist zu $\forall u, v \in X : f(u) = f(v) \Rightarrow u = v$.

Für die Implikation „$\Rightarrow$" gehen wir von der negierten Existenzaussage aus und zeigen die Für-alle-Aussage. Seien dazu $u, v \in X$ und gelte $f(u) = f(v)$. Zu zeigen ist $u = v$. In einem indirekten Beweis nehmen wir $u \neq v$ an. Dann gilt $\exists u, v \in X : (u \neq v) \wedge (f(u) = f(v))$ und gleichzeitig das Gegenteil nach Voraussetzung. ⚡

Für die Implikation „$\Leftarrow$" gehen wir von der Für-alle-Aussage aus und zeigen die nicht-Existenz. Dazu nehmen wir $\exists u, v \in X : (u \neq v) \wedge (f(u) = f(v))$ an. Unser Ziel ist der Nachweis eines Widerspruchs.

Wir wählen zunächst Elemente $u, v \in X$ mit $(u \neq v) \wedge (f(u) = f(v))$. Wenden wir damit die Für-alle-Aussage an, so folgt $f(u) = f(v) \Rightarrow u = v$. Da die Prämisse $f(u) = f(v)$ erfüllt ist, folgt $u = v$, wobei gleichzeitig auch $u \neq v$ gilt. ⚡ □

....

(✎ 117) ....

Zum Nachweis der Injektivität gehen wir von $u, v \in \mathbb{R}$ aus und nehmen $f(u) = f(v)$ an. Zu zeigen ist $u = v$. Mit der Zuordnungsvorschrift folgt $2 \cdot u + 1 = 2 \cdot v + 1$. Subtraktion von 1 auf beiden Seiten ergibt $2 \cdot u = 2 \cdot v$. Division durch 2 auf beiden Seiten liefert $u = v$. □

(✎ 118) ....

Sei $f : X \to Y$ injektiv und seien A, B Mengen. Zu zeigen ist $f[A \backslash B] = f[A] \backslash f[B]$.

Für die Inklusion „$\subset$" gehen wir von $y \in f[A \backslash B]$ aus. Zu zeigen ist $y \in f[A] \backslash f[B]$, d. h., nach Definition der Mengendifferenz ist $y \in f[A]$ und $y \notin f[B]$ zu zeigen.

Mit der Langform zu $f[A]$ und $f[B]$ müssen wir damit zeigen, dass $y \in \mathcal{U}$ sowie die Aussagen $\exists x \in X \cap A : y = f(x)$ und $\neg \exists x \in X \cap B : y = f(x)$ gelten.

Wir benutzen die Voraussetzung, nach der $y \in \mathcal{U}$ und $\exists x \in X \cap (A \backslash B) : y = f(x)$ gelten, und wählen ein solches x. Wegen $x \in X \cap (A \backslash B)$ gilt nach Definition von $\cap$ und der Mengendifferenz auch $x \in X$, $x \in A$ und $x \notin B$. Insbesondere gilt $x \in X \cap A$ und wegen $y = f(x)$ folgt $\exists x \in X \cap A : y = f(x)$.

Zum Nachweis der verneinten Existenzaussage gehen wir von $\exists x \in X \cap B : y = f(x)$ aus. Unser Ziel ist der Nachweis eines Widerspruchs. Wir wählen ein entsprechendes Element u. Wegen $y = f(u)$ folgt $f(u) = y = f(x)$ und mit der Injektivität von f folgt $u = x$. Damit gilt aber $u \in X \cap B$ und somit $u \in X$ und $x = u \in B$. Gleichzeitig gilt aber auch $x \notin B$. ⚡

Für die Inklusion „$\supset$" gehen wir von $y \in f[A] \backslash f[B]$ aus. Zu zeigen ist $y \in f[A \backslash B]$, d. h. nach Definition von $f[A \backslash B]$ die Existenzaussage $\exists x \in X \cap (A \backslash B) : y = f(x)$ und $y \in \mathcal{U}$.

Wegen $y \in f[A] \backslash f[B]$ gilt $y \in f[A]$ und $y \notin f[B]$. Mit der Langform zu $f[A]$ schließen wir aus der Voraussetzung $y \in \mathcal{U}$ und $\exists x \in X \cap A : y = f(x)$.

Wir wählen ein entsprechendes x, sodass $x \in X$, $x \in A$ und $y = f(x)$ gilt. Wir zeigen nun $x \notin B$, indem wir von $x \in B$ ausgehen und einen Widerspruch nachweisen. Tatsächlich gilt in dieser Situation $x \in X \cap B$ und $y = f(x)$, sodass $\exists x \in X \cap B : y = f(x)$ und damit $y \in f[B]$ zusammen mit dem Gegenteil gilt. ⚡

Also ist $x \in A \backslash B$ und folglich gilt $\exists x \in X \cap (A \backslash B) : y = f(x)$.

(✎ 119) ....

Zum Nachweis von $\forall y \in W : \exists! x \in X : f(x) = y$ gehen wir von $y \in W$ aus. Zu zeigen ist $\exists! x \in X : f(x) = y$. Dazu weisen wir die Existenz $\exists x \in X : f(x) = y$ und die Eindeutigkeit $\forall u, v \in X : (f(u) = y) \wedge (f(v) = y) \Rightarrow u = v$ nach.

Zum Nachweis der Existenz benutzen wir die Surjektivität von f auf W. In Langform bedeutet dies $\forall y \in W : \exists x \in X : f(x) = y$. Angewendet auf y folgt die gewünschte Aussage.

Zum Nachweis der Eindeutigkeit seien $u, v \in X$ gegeben mit $f(u) = y$ und $f(v) = y$. Zu zeigen ist $u = v$.

Anwendung der Injektivitäts-Langform auf u, v ergibt $f(u) = f(v) \Rightarrow u = v$. Da zudem $f(u) = y = f(v)$ gilt, folgt $u = v$. □

(✎ 120) ....

Wir definieren $f : \mathbb{R} \to \mathbb{R}$, $x \mapsto x^2$. Zu zeigen ist, dass f nicht injektiv ist. Wir gehen dazu von der Injektivität aus, d. h., es gelte $\forall x, y \in \mathbb{R} : (f(x) = f(y)) \Rightarrow (x = y)$. Unser Ziel ist der Nachweis eines Widerspruchs.

Mit $x := -1$ und $y := 1$ finden wir $f(x) = x^2 = (-1)^2 = 1 = 1^2 = y^2 = f(y)$. Wenden wir die für-alle-Aussage auf x, y an, so folgt $(f(x) = f(y)) \Rightarrow (x = y)$. Da die Prämisse erfüllt ist, folgt $-1 = x = y = 1$ im Widerspruch zu $-1 \neq 1$. ⚡

Unser nächstes Ziel ist der Nachweis, dass f nicht surjektiv auf $\mathbb{R}$ ist. Dazu nehmen wir die Surjektivität an, d. h., dass $\forall y \in \mathbb{R} : \exists x \in \mathbb{R} : y = f(x)$ gilt. Unser Ziel ist der

Nachweis eines Widerspruchs. Wenden wir die Für-alle-Aussage auf $y = -1$ an, so folgt $\exists x \in \mathbb{R} : -1 = f(x)$. Wählen wir ein solches x, so folgt $-1 = f(x) = x^2$. Andererseits gilt auch $x^2 \geq 0$, sodass wir durch Ersetzen $-1 \geq 0$ finden, wobei auch $\neg(-1 \geq 0)$ gilt. ⨍

Als Nächstes definieren wir $g : \mathbb{R} \to \mathbb{R}$, $x \mapsto 3 \cdot x + 1$ und zeigen, dass g bijektiv auf $\mathbb{R}$ ist. Dazu beginnen wir mit dem Nachweis der Injektivität. Seien dazu $x, y \in \mathbb{R}$ gegeben mit $g(x) = g(y)$. Zu zeigen ist $x = y$.

Wegen $3 \cdot x + 1 = g(x) = g(y) = 3 \cdot y + 1$ folgt durch Subtraktion von 1 auf beiden Seiten und Division durch 3 die Gleichheit $x = y$.

Die Surjektivität auf $\mathbb{R}$ folgt durch Nachweis von $\forall y \in \mathbb{R} : \exists x \in \mathbb{R} : y = g(x)$. Sei dazu $y \in \mathbb{R}$ gegeben. Zu zeigen ist $\exists x \in \mathbb{R} : y = g(x)$.

> ☁ Auf einem Schmierzettel versuchen wir ein passendes $x \in \mathbb{R}$ zu finden, das die Gleichung $y = g(x) = 3 \cdot x + 1$ erfüllt. Auflösen liefert $x = (y - 1)/3$.

Wir setzen $x := (y - 1)/3$. Dann gilt $x \in \mathbb{R}$ und $g(x) = 3 \cdot ((y - 1)/3) + 1 = y$, sodass die Existenzaussage gilt. Insgesamt ist g damit bijektiv auf $\mathbb{R}$.

Wir definieren $h : \mathbb{R} \to \mathbb{R}$, $y \mapsto (y - 1)/3$. Unser Ziel ist der Nachweis von $g^{-1} = h$. Dazu müssen wir $\mathrm{Def}(h) = \mathrm{Def}(g^{-1})$ und $\forall y \in \mathrm{Def}(h) : h(y) = g^{-1}(y)$ zeigen. Wegen $\mathrm{Def}(h) = \mathbb{R}$ und $\mathrm{Def}(g^{-1}) = \mathbb{R}$ folgt die Gleichheit der Definitionsmengen. Zum Nachweis der Für-alle-Aussage sei $y \in \mathrm{Def}(h) = \mathbb{R}$ gegeben. Dann folgt mit der gleichen Rechnung wie oben $y = g(h(y))$. Wegen $h(y) \in \mathbb{R}$ gilt damit $h(y) = \underline{\mathrm{das}}\ x \in \mathbb{R} : g(x) = y$ und damit $h(y) = g^{-1}(y)$.

. . . . (✎ 121)

Sei X eine Menge. Wir zeigen, dass id_X bijektiv auf X ist, indem wir die Injektivität und die Surjektivität auf X nachweisen.

Zum Nachweis der Injektivität seien $x, y \in X$ gegeben mit $\mathrm{id}_X(x) = \mathrm{id}_X(y)$. Zu zeigen ist $x = y$.

Wegen $x = \mathrm{id}_X(x) = \mathrm{id}_X(y) = y$ folgt $x = y$.

Die Surjektivität auf X folgt durch Nachweis von $\forall y \in X : \exists x \in X : y = \mathrm{id}_X(x)$. Sei dazu $y \in X$ gegeben. Zu zeigen ist $\exists x \in X : y = \mathrm{id}_X(x)$.

Wir setzen $x := y$. Dann gilt $x \in X$ und $\mathrm{id}_X(x) = x = y$, sodass die Existenzaussage gilt. Insgesamt ist id_X damit bijektiv auf X.

. . . . (✎ 122)

Sei $f : X \to Y$ injektiv. Zu zeigen ist, dass f bijektiv auf $\mathrm{Bild}(f)$ ist. Neben der Injektivität, die nach Voraussetzung vorliegt, benötigen wir dazu die Surjektivität auf $\mathrm{Bild}(f)$. Diese erhalten wir aus Aufgabe (✎ 114).

Schreiben wir g für die Inverse von f auf $\mathrm{Bild}(f)$, so ist $\forall y \in \mathrm{Bild}(f) : f(g(y)) = y$ zu zeigen. Sei dazu $y \in \mathrm{Bild}(f)$ gegeben. Zu zeigen ist $f(g(y)) = y$. Aufgrund der Aussage $g(y) = \underline{\mathrm{das}}\ x \in X : y = f(x)$ gilt $y = f(g(y))$.

Weiter ist zu zeigen, dass $\forall x \in X : g(f(x)) = x$ gilt. Sei dazu $x \in X$ gegeben. Zu zeigen ist $g(f(x)) = x$. Wegen $g(f(x)) = \underline{\mathrm{das}}\ u \in X : f(x) = f(u)$ gilt $f(x) = f(g(f(x)))$. Anwendung der Injektivitätsaussage auf x und $g(f(x))$ ergibt nun $x = g(f(x))$.

Schließlich ist zu zeigen, dass g bijektiv auf X ist. Dazu muss die Injektivität und die Surjektivität nachgewiesen werden. Für die Injektivität seien $u, v \in \mathrm{Bild}(f)$ gegeben mit $g(u) = g(v)$. Zu zeigen ist $u = v$. Anwendung der ersten Für-alle-Aussage auf $g(u)$ liefert $u = f(g(u))$. Durch Ersetzung folgt nun $u = f(g(v))$. Erneute Anwendung der Für-alle-Aussage auf $g(v)$ ergibt $f(g(v)) = v$ und damit nach weiterer Ersetzung $u = v$.

Zum Nachweis der Surjektivität sei $x \in X$ gegeben. Zu zeigen ist $\exists y \in \mathrm{Bild}(f) : x = g(y)$. Wir setzen $y := f(x)$. Zu zeigen ist $y \in \mathrm{Bild}(f)$ und $x = g(y)$. Anwenden der zweiten

Für-alle-Aussage auf x ergibt $x = g(f(x)) = g(y)$. Da mit Aufgabe (✎ 106) $f(x) \in \text{Bild}(f)$ gilt, ist die Existenzaussage gezeigt.

(✎ 123) ⋯⋯⋯

Sei $f \in \text{Bij}(X, Y)$. Wir zeigen, dass f invertierbar auf Y ist und $f^{-1} \in \text{Bij}(Y, X)$ gilt. Da $f : X \to Y$ nach Voraussetzung bijektiv auf Y ist, wissen wir, dass f injektiv und surjektiv auf Y ist. Nach Aufgabe (✎ 114) gilt damit $\text{Bild}(f) = Y$. Außerdem folgt aus Aufgabe (✎ 122), dass die Inverse f^{-1} von f bijektiv von $\text{Bild}(f)$ nach X abbildet. Wegen $\text{Bild}(f) = Y$ finden wir somit $f^{-1} \in \text{Bij}(Y, X)$.

(✎ 124) ⋯⋯⋯

Zum Nachweis der Injektivität von $h := f \circ g$ ist nach Definition die Für-alle-Aussage $\forall u, v \in X : h(u) = h(v) \Rightarrow u = v$ zu beweisen.

Dazu seien $u, v \in X$ gegeben mit $h(u) = h(v)$. Zu zeigen ist $u = v$. Mit der Definition der Verkettung folgt $f(g(u)) = f(g(v))$. Nach Voraussetzung gilt $g : X \to Y$, sodass aus der zugehörigen Langform $\text{Bild}(g) \subset Y$ folgt. Mit Aufgabe (✎ 106) gilt daher $g(u), g(v) \in Y$. Benutzung der Für-alle-Aussage, die hinter der Injektivität von f steht, mit $g(u)$ und $g(v)$ ergibt die Implikation $f(g(u)) = f(g(v)) \Rightarrow g(u) = g(v)$. Da die Voraussetzung erfüllt ist, folgt somit $g(u) = g(v)$. Entsprechend folgt aus der Injektivitäts-Langform zu g angewendet auf u und v dann $u = v$.

Nehmen wir nun an, dass f surjektiv auf Z und g surjektiv auf Y ist. Zum Nachweis der Surjektivität von h auf Z sei $z \in Z$ gegeben. Zu zeigen ist $\exists x \in X : h(x) = z$. Mit der Surjektivität von f auf Z können wir zu $z \in Z$ ein $y \in Y$ wählen, sodass $f(y) = z$ gilt. Mit der Surjektivität von g auf Y können wir zu $y \in Y$ ein $x \in X$ wählen, sodass $g(x) = y$ gilt. Für $x \in X$ gilt dann $h(x) = f(g(x)) = f(y) = z$.

Gehen wir schließlich von der Bijektivität von f und g auf ihre Zielmengen aus, so folgt die entsprechende Aussage für h durch Kombination der beiden vorher gezeigten Aussagen.

(✎ 125) ⋯⋯⋯

Seien $f : X \to Y$ und $g : Y \to X$ gegeben und es gelte $g \circ f = \text{id}_X$. Zu zeigen ist, dass f injektiv ist. Sei dazu $x, y \in X$ mit $f(x) = f(y)$. Zu zeigen ist $x = y$. Nach Axiom 1.6 gilt $g(f(x)) = g(f(x))$ und eine Ersetzung ergibt $g(f(x)) = g(f(y))$. Dann gilt aber auch $x = \text{id}_X(x) = (g \circ f)(x) = g(f(x)) = g(f(y)) = (g \circ f)(y) = \text{id}_X(y) = y$.

Für die zweite Teilaussage gelte $f \circ g = \text{id}_Y$. Zu zeigen ist, dass f surjektiv auf Y ist. Sei dazu $y \in Y$ gegeben. Zu zeigen ist $\exists x \in X : y = f(x)$.

Wir setzen $x := g(y)$. Dann gilt $x \in \text{Bild}(g)$ nach Aufgabe (✎ 106) und wegen $\text{Bild}(g) \subset X$ auch $x \in X$. Außerdem ist $f(x) = f(g(y)) = (f \circ g)(y) = \text{id}_Y(y) = y$. Damit ist die Existenzaussage gezeigt.

(✎ 126) ⋯⋯⋯

Für $f : X \to X$ gelte $f \circ f = \text{id}_X$. Zu zeigen ist $f \in \text{Bij}(X, X)$.

Mit Aufgabe (✎ 125) angewendet auf f anstelle von f und g folgt, dass f injektiv und surjektiv auf X ist. Damit ist f bijektiv auf X und folglich $f \in \text{Bij}(X, X)$.

(✎ 127) ⋯⋯⋯

Sei $f \in \text{Bij}(X, Y)$ und $g \in \text{Bij}(Y, Z)$. Zu zeigen ist $h := g \circ f \in \text{Bij}(X, Z)$.

Zum Nachweis der Bijektivität von h wollen wir Aufgabe (✎ 125) benutzen, wobei die dort beschriebene Hilfsfunktion durch $H := f^{-1} \circ g^{-1}$ definiert wird. Die Verkettung der Inversen ist dabei möglich, weil $f^{-1} \in \text{Bij}(Y, X)$ und $g^{-1} \in \text{Bij}(Z, Y)$ mit Aufgabe (✎ 123) folgt. Insbesondere gilt $H : Z \to X$.

Zum Nachweis von $H \circ h = \text{id}_X$ stellen wir zunächst fest, dass die Definitionsbereiche der beiden Funktionen übereinstimmen. Zum weiteren Nachweis sei $x \in X$ gegeben. Wir müssen $H(h(x)) = \text{id}_X(x) = x$ zeigen. Tatsächlich gilt mit Aufgabe (✎ 122) die Gleichungskette $H(h(x))) = f^{-1}(g^{-1}(g(f(x))) = f^{-1}(f(x)) = x$.

Zum Nachweis von $h \circ H = \mathrm{id}_Z$ stellen wir zunächst fest, dass die Definitionsbereiche übereinstimmen. Für ein gegebenes Element $z \in Z$ zeigen wir dann $h(H(z)) = \mathrm{id}_Z(z) = z$. Tatsächlich gilt mit Aufgabe ($\approx$ 122) $h(H(z))) = g(f(f^{-1}(g^{-1}(z)))) = g(g^{-1}(z)) = z$.

Zum Nachweis von $h^{-1} = H$ stellen wir zunächst fest, dass die Definitionsbereiche übereinstimmen. Zum Nachweis von $\forall z \in Z : H(z) = h^{-1}(z)$ sei $z \in Z$ gegeben. Zu zeigen ist $H(z) = h^{-1}(z)$. Da $h(H(z)) = z$ mit der gleichen Rechnung wie oben folgt, gilt $H(z) = (\underline{\mathrm{das}}\ x \in X : z = h(x)) = h^{-1}(x)$.

.... ($\approx$ 128)

Zum Nachweis von $\forall x \in \mathbb{R} : h(x) > 0$ sei $x \in \mathbb{R}$ gegeben. Zu zeigen ist $h(x) > 0$. Dabei gilt

$$h(x) = \begin{cases} 1/(x+1) & x \geq 0 \\ 1 & \text{sonst} \end{cases}.$$

Wir führen eine Fallunterscheidung basierend auf $(x \geq 0) \vee \neg(x \geq 0)$ durch. Die Aussage gilt dabei wegen *Tertium non datur*.

Im Fall $x \geq 0$ gilt $(x+1) \geq 1$ und damit insbesondere $(x+1) > 0$. Dann gilt auch $h(x) = 1/(x+1) > 0$ (einen indirekten Beweis kannst du mit der $\leq$-Version der Regel (3.6) führen).

Im Fall $\neg(x \geq 0)$ ist $h(x) = 1 > 0$.

Insgesamt gilt also $h(x) > 0$.

.... ($\approx$ 129)

Für $a, b \in \mathbb{Z}$ definieren wir $X := \{a, b\}$ und

$$f := k \in X \mapsto \begin{cases} b & k = a \\ a & \text{sonst} \end{cases}.$$

Zu zeigen ist $f \in \mathrm{Bij}(X, X)$.

> 💭 Wir wollen Aufgabe ($\approx$ 126) benutzen und müssen dazu $f : X \to X$ und die Gültigkeit von $f \circ f = \mathrm{id}_X$ beweisen.

Da $\mathrm{Def}(f) = X$ gilt, muss zum Nachweis von $f : X \to X$ nur noch $\mathrm{Bild}(f) \subset X$ gezeigt werden. Sei dazu $y \in \mathrm{Bild}(f)$. Zu zeigen ist $y \in X$.

Mit Aufgabe ($\approx$ 106) gilt $\exists x \in X : y = f(x)$. Wir wählen ein solches Element x. Mit *Tertium non datur* gilt $(x = a) \vee (x \neq a)$.

Fall $x = a$: Es gilt $f(x) = b$ und mit Aufgabe ($\approx$ 67) folgt $b \in X$. Also gilt $y \in X$.

Fall $x \neq a$: Es gilt $f(x) = a$ und mit Aufgabe ($\approx$ 67) folgt $a \in X$. Also gilt $y \in X$.

In jedem Fall gilt also $y \in X$.

Zum Nachweis der Funktionsgleichheit $f \circ f = \mathrm{id}_X$ sind unsere Beweisziele die Gleichheit der Definitionsmengen und die Gleichheit aller Funktionswerte.

Zunächst gilt $\mathrm{Def}(f \circ f) = \mathrm{Def}(f) = X = \mathrm{Def}(\mathrm{id}_X)$. Sei nun $x \in X$ gegeben. Zu zeigen ist $(f \circ f)(x) = \mathrm{id}_X(x)$, oder anders ausgedrückt $f(f(x)) = x$.

Wegen Aufgabe ($\approx$ 67) gilt zunächst $(x = a) \vee (x = b)$.

Fall $x = a$: Es gilt $f(x) = b$. Mit *Tertium non datur* gilt $(b = a) \vee (b \neq a)$.

  Fall $b = a$: Es gilt $f(f(x)) = f(b) = f(a) = b = a = x$.

  Fall $b \neq a$: Es gilt $f(f(x)) = f(b) = a = x$.

Fall $x = b$: Mit *Tertium non datur* gilt $(b = a) \vee (b \neq a)$.

  Fall $b = a$: Es gilt $x = b = a$ und damit $f(x) = b = a$. Hieraus folgt nun weiter $f(f(x)) = f(a) = b = a = x$.

Fall $b \neq a$: Es gilt $x \neq a$ und damit $f(x) = a$ nach Definition von f. Somit folgt $f(f(x)) = f(a) = b = x$.

Insgesamt gilt also $f(f(x)) = x$. Mit Aufgabe (✎ 126) folgt nun die Behauptung.

(✎ 130)
....

Zu $n \in \mathbb{N}$ definieren wir $X := \mathbb{N}_{\leq n}$. Weiter definieren wir zu $a, b \in X$ die Menge $Y := \{a, b\}$ und die Funktion $g := \varphi_{a,b}$, sowie

$$f := k \in X \mapsto \begin{cases} g(k) & k \in Y \\ k & \text{sonst} \end{cases}.$$

Zu zeigen ist $f \in \mathrm{Bij}(X, X)$.

> ☁ Wir wollen Aufgabe (✎ 126) benutzen und müssen dazu $f : X \to X$ und die Identität $f \circ f = \mathrm{id}_X$ beweisen.

Wegen $\mathrm{Def}(f) = X$ muss zum Nachweis von $f : X \to X$ noch $\mathrm{Bild}(f) \subset X$ gezeigt werden. Sei dazu $y \in \mathrm{Bild}(f)$. Zu zeigen ist $y \in X$. Mit Aufgabe (✎ 106) gilt $\exists x \in X : y = f(x)$. Wir wählen ein solches Element x. Mit *Tertium non datur* gilt $(x \in Y) \vee (x \notin Y)$.
Fall $x \in Y$: Es gilt $f(x) = g(x)$ und mit Aufgabe (✎ 129) folgt $g(x) \in Y$. Wegen $Y \subset X$ folgt $g(x) \in X$ und damit $y = f(x) = g(x) \in X$ (begründe als Aufgabe (✎ 279), dass $g(x) \in Y$ und $Y \subset X$ gelten).
Fall $x \notin Y$: Es gilt $f(x) = x$ und damit $y = f(x) = x \in X$.
In jedem Fall gilt also $y \in X$.
Zum Nachweis der Funktionsgleichheit $f \circ f = \mathrm{id}_X$ sind unsere Beweisziele die Gleichheit der Definitionsmengen und die Gleichheit aller Funktionswerte.
Zunächst gilt $\mathrm{Def}(f \circ f) = \mathrm{Def}(f) = X = \mathrm{Def}(\mathrm{id}_X)$. Sei nun $x \in X$ gegeben. Zu zeigen ist $(f \circ f)(x) = \mathrm{id}_X(x)$ oder anders ausgedrückt $f(f(x)) = x$.
Mit *Tertium non datur* gilt $(x \in Y) \vee (x \notin Y)$.
Fall $x \in Y$: Es gilt $f(x) = g(x)$. Wegen $g(x) \in Y$ folgt $f(g(x)) = g(g(x))$. Aus dem Beweis von Aufgabe (✎ 129) wissen wir $g(g(x)) = x$. Also gilt $f(f(x)) = f(g(x)) = g(g(x)) = x$.
Fall $x \notin Y$: Es gilt $f(x) = x$ und damit $f(f(x)) = x$.
Insgesamt gilt also $f(f(x)) = x$. Mit Aufgabe (✎ 126) folgt nun die Behauptung.

(✎ 131)
....

Sei $f : X \to Y$ gegeben und $A \subset X$. Zu zeigen ist $\mathrm{Bild}(f|_A) = f[A]$. Wir beginnen mit der Inklusion „$\subset$“. Sei dazu $y \in \mathrm{Bild}(f|_A)$. Zu zeigen ist $y \in f[A]$, d.h. $y \in \mathcal{U}$ und $\exists x \in X \cap A : y = f(x)$.
Wegen $\mathrm{Bild}(f|_A) = f|_A[\mathrm{Def}(f|_A)] = f|_A[A]$ folgt aus der Voraussetzung $y \in \mathcal{U}$ und $\exists x \in A \cap A : y = f(x)$. Wir wählen ein solches x und finden $x \in A \cap A = A$ und $y = f(x)$. Wegen $A \subset X$ gilt auch $x \in X$ und damit $x \in X \cap A$. Also folgt $\exists x \in X \cap A : y = f(x)$.
Für die Inklusion „$\supset$“ sei $y \in f[A]$. Zu zeigen ist $y \in \mathrm{Bild}(f|_A) = f|_A[A]$, d.h. nach Definition $y \in \mathcal{U}$ und $\exists x \in A \cap A : y = f(x)$.
Aus der Voraussetzung folgt $y \in \mathcal{U}$ und $\exists x \in X \cap A : y = f(x)$. Wir wählen ein solches x und finden $x \in X \cap A$, bzw. mit der Definition von $\cap$ ergibt sich $x \in X$ und $x \in A$. Insbesondere gilt $x \in A \cap A$ und somit $\exists x \in A \cap A : y = f(x)$.

(✎ 132)
....

Sei $f \in \mathrm{Bij}(X, Y)$ und $A \subset X$. Zu zeigen ist $f|_A \in \mathrm{Bij}(A, f[A])$. Wir beginnen mit dem Injektivitätsnachweis. Sei dazu $x, y \in A$ gegeben mit $f|_A(x) = f|_A(y)$. Zu zeigen ist $x = y$. Wegen $f(x) = f|_A(x) = f|_A(y) = f(y)$ folgt aus der Injektivität von f sofort $x = y$.
Mit Aufgabe (✎ 122) folgt nun $f|_A \in \mathrm{Bij}(A, \mathrm{Bild}(f|_A))$ und mit Aufgabe (✎ 132) ergibt sich schließlich $f|_A \in \mathrm{Bij}(A, f[A])$.

....

.... (✎ 133)

Als Element von $((\mathbb{N}^2)^3)^2$ wählen wir

$$(((1,2),(3,4),(5,6)),((7,8),(9,10),(11,12))).$$

Die erste Komponente dieses Paares lautet dann $((1,2),(3,4),(5,6))$ und deren dritte Komponente $(5,6)$.

.... (✎ 134)

Wir vermuten $(\mathbb{R}^2)^2 \neq \mathbb{R}^4$. Zum Beweis nehmen wir an, dass die Gleichheit gilt, und zeigen einen Widerspruch. Wegen $\mathbb{R}^4 = \mathrm{Abb}(\mathbb{N}_{\leq 4}, \mathbb{R})$ gilt für $x : \mathbb{N}_{\leq 4} \to \mathbb{R},\, n \mapsto 0$ die Eigenschaft $x \in \mathbb{R}^4$. Wegen der Gleichheit gilt dann auch $x \in (\mathbb{R}^2)^2 = \mathrm{Abb}(\mathbb{N}_{\leq 2}, \mathbb{R}^2)$. Das wiederum besagt $\mathrm{Def}(x) = \mathbb{N}_{\leq 2}$, woraus wir auf $\mathbb{N}_{\leq 4} = \mathbb{N}_{\leq 2}$ schließen können. Insbesondere ist wegen $3 \in \mathbb{N}_{\leq 4}$ auch $3 \in \mathbb{N}_{\leq 2}$ und somit $3 \leq 2$. Gleichzeitig gilt auch $\neg(3 \leq 2)$. ⚡

.... (✎ 135)

Wir zeigen $a \cdot (f + g) = a \cdot f + a \cdot g$ durch Verwendung der Nachweisregel für Funktionsgleichheit. Nach Definition der Funktionsoperationen gilt $\mathrm{Def}(f + g) = D$ und damit $\mathrm{Def}(a \cdot (f + g)) = D$. Außerdem gilt $\mathrm{Def}(a \cdot f) = D$ und $\mathrm{Def}(a \cdot g) = D$, sodass auch $\mathrm{Def}(a \cdot f + a \cdot g) = D = \mathrm{Def}(a \cdot (f + g))$.
Zum Nachweis der Für-alle-Aussage sei $x \in D$. Dann gilt

$$(a \cdot (f + g))(x) = a \cdot (f + g)(x) = a \cdot (f(x) + g(x))$$
$$= a \cdot f(x) + a \cdot g(x) = (a \cdot f)(x) + (a \cdot g)(x) = (a \cdot f + a \cdot g)(x).$$

Wir zeigen $(a + b) \cdot f = a \cdot f + b \cdot f$ in der gleichen Weise. Nach Definition der Funktionsoperationen gilt $\mathrm{Def}((a + b) \cdot f) = D$. Außerdem gilt $\mathrm{Def}(a \cdot f) = D$ und $\mathrm{Def}(b \cdot f) = D$, sodass auch $\mathrm{Def}(a \cdot f + b \cdot f) = D = \mathrm{Def}((a + b) \cdot f)$.
Zum Nachweis der Für-alle-Aussage sei $x \in D$. Dann gilt

$$((a + b) \cdot f)(x) = (a + b) \cdot f(x)$$
$$= a \cdot f(x) + b \cdot f(x) = (a \cdot f)(x) + (b \cdot f)(x) = (a \cdot f + b \cdot f)(x).$$

.... (✎ 136)

Für $x, y \in \mathbb{R}^2$ gilt nach Definition zunächst $x : \mathbb{N}_{\leq 2} \to \mathbb{R}$ und $y : \mathbb{N}_{\leq 2} \to \mathbb{R}$. Damit ist auch $x + y : \mathbb{N}_{\leq 2} \to \mathbb{R}$ und somit $x + y \in \mathbb{R}^2$. Nach Definition der Funktionsaddition finden wir für die Komponenten $(x + y)_1 = (x + y)(1) = x(1) + y(1) = x_1 + y_1$ und $(x + y)_2 = (x + y)(2) = x(2) + y(2) = x_2 + y_2$. Mit der vereinbarten Schreibweise gilt also $x + y = (x_1 + y_1, x_2 + y_2)$.
Mit $a \in \mathbb{R}$ gilt $a \cdot x : \mathbb{N}_{\leq 2} \to \mathbb{R}$ mit $(a \cdot x)(1) = a \cdot x(1) = a \cdot x_1$ und $(a \cdot x)(2) = a \cdot x(2) = a \cdot x_2$. Mit der vereinbarten Schreibweise gilt also $a \cdot x = (a \cdot x_1, a \cdot x_2)$.
Insbesondere gilt also $2 \cdot ((1,4) + 3 \cdot (2,5)) = 2 \cdot ((1,4) + (6,15)) = 2 \cdot (7,19) = (14,38)$.

.... (✎ 137)

Sei $n \in \mathbb{N}$ und $A \in \mathcal{M}^n$. Weiter gelte $\exists j \in \mathbb{N}_{\leq n} : A_j = \emptyset$. Zu zeigen ist $\prod A = \emptyset$.
Da die Inklusion $\emptyset \subset \prod A$ wegen Aufgabe (✎ 63) gilt, muss nur noch $\prod A \subset \emptyset$ gezeigt werden. Sei dazu $t \in \prod A$. Dann gilt $t \in \mathcal{U}^n$ und $\forall i \in \mathbb{N}_{\leq n} : t_i \in A_i$.
Wie wählen j entsprechend der Existenzaussage und wenden darauf die Für-alle-Aussage an. Es folgt $t_j \in A_j = \emptyset$. Insbesondere haben wir $\exists u \in \mathcal{U} : u \in \emptyset$. Gleichzeitig gilt nach Satz 2.29 auch das Gegenteil. Mit *Ex falso quodlibet* folgt nun $t \in \emptyset$.

.... (✎ 138)

Sei x ein Element. Die Aussage $x \in [1,5] \times [2,4]$ ist aufgrund der Definition der Produktmenge äquivalent zu $x \in \{u \in \mathcal{U}^2 : \forall i \in \mathbb{N}_{\leq 2} : u_i \in ([1,5],[2,4])_i\}$, was auf die Aussagen $x \in \mathcal{U}^2$ und $\forall i \in \mathbb{N}_{\leq 2} : x_i \in ([1,5],[2,4])_i$ führt. Diese sind wiederum zu $x_1 \in [1,5]$ und

$x_2 \in [2, 4]$ äquivalent. Eingezeichnet in einem rechtwinkligen Koordinatensystem ergibt dies die folgende Skizze:

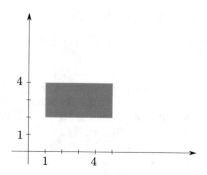

Entsprechend ist die Skizze für $[0, 1] \times [0, 2] \times [0, 3]$

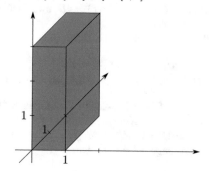

(✎ 139) ....

Eine rekursive Definition der Fakultätsfunktion f lautet

$$f(1) = 1,$$
$$f(n + 1) = f(n) \cdot (n + 1), \quad \text{für } n \in \mathbb{N}.$$

(✎ 140) ....

Beweis. Sei $x \geq -1$ gegeben. Wir zeigen $\forall n \in \mathbb{N} : (1 + x)^n \geq 1 + n \cdot x$ durch vollständige Induktion.

Der Induktionsanfang gilt wegen $(1 + x)^1 = (1 + x) \geq 1 + 1 \cdot x$.

Für den Induktionsschritt gehen wir von $n \in \mathbb{N}$ und $(1 + x)^n \geq 1 + n \cdot x$ aus. Unser Beweisziel ist $(1 + x)^{n+1} \geq 1 + (n + 1) \cdot x$.

Wir schreiben $(1 + x)^{n+1}$ mit dem Potenzgesetz um in $(1 + x)^n \cdot (1 + x)$. Nun bringen wir die Annahme $(1 + x)^n \geq 1 + n \cdot x$ ins Spiel. Da $(1 + x) \geq 0$ gilt, ändert sich die Richtung des Ungleichheitszeichen nicht, wenn wir mit $(1 + x)$ multiplizieren. Wir wissen also $(1 + x)^n \cdot (1 + x) \geq (1 + n \cdot x) \cdot (1 + x)$. Ausmultiplizieren ergibt

$$(1 + x)^{n+1} \geq (1 + n \cdot x) \cdot (1 + x) = 1 + (n + 1) \cdot x + n \cdot x^2 \geq 1 + (n + 1) \cdot x.$$

$\square$

(✎ 141) ....

Wie betrachten jede Gleichheit separat. In $a^n \cdot a^{m+1} = a^n \cdot (a^m \cdot a)$ wurde die Rekursionsvorschrift (3.13) im Fall $x = a$ und $m \in \mathbb{N}$ verwendet. In $a^n \cdot (a^m \cdot a) = (a^n \cdot a^m) \cdot a$ wurde das Assoziativgesetz der Multiplikation verwendet. In $(a^n \cdot a^m) \cdot a = a^{n+m} \cdot a$ wurde die Induktionsannahme verwendet. In $a^{n+m} \cdot a = a^{(n+m)+1}$ wurde die Rekursionsvorschrift (3.13) im Fall $x = a$ und $n + m \in \mathbb{N}$ verwendet. In $a^{(n+m)+1} = a^{n+(m+1)}$ wurde das Assoziativgesetz der Addition verwendet.

.... (✎ 142)

Wir zeigen $\forall n \in \mathbb{N} : \forall m \in \mathbb{N} : a^n \cdot a^m = a^{n+m}$ durch vollständige Induktion.
Zum Induktionsanfang $n = 1$ zeigen wir $\forall m \in \mathbb{N} : a^1 \cdot a^m = a^{1+m}$ durch vollständige Induktion.
Zum Induktionsanfang $m = 1$ zeigen wir $a^1 \cdot a^1 = a^{1+1}$. Dazu nutzen wir (3.12) und finden $a^1 \cdot a^1 = a^1 \cdot a$. Mit (3.13) folgt weiter $a^{1+1} = a^1 \cdot a$. Durch Ersetzung folgt unser Ziel.
Zum Induktionsschritt (in m) gehen wir von $m \in \mathbb{N}$ aus und nehmen $a^1 \cdot a^m = a^{1+m}$ an. Zu zeigen ist $a^1 \cdot a^{m+1} = a^{1+(m+1)}$. Dazu verwenden wir (3.12) und (3.13), um die Induktionsvoraussetzung ins Spiel zu bringen:

$$a^1 \cdot a^{m+1} = a \cdot a^{m+1} = a^{m+1} \cdot a = a^{(m+1)+1} = a^{1+(m+1)}.$$

Weiter geht es mit dem Induktionsschritt (in n). Dazu gehen wir von einem $n \in \mathbb{N}$ und von $\forall m \in \mathbb{N} : a^n \cdot a^m = a^{n+m}$ aus. Unser Ziel ist der Nachweis der Für-alle-Aussage $\forall m \in \mathbb{N} : a^{n+1} \cdot a^{m+1} = a^{(n+1)+(m+1)}$. Auch dazu verwenden wir wieder vollständige Induktion.
Zum Induktionsanfang $m = 1$ zeigen wir $a^{n+1} \cdot a^1 = a^{(n+1)+1}$ mit den bekannten Mitteln: $a^{n+1} \cdot a^1 = a^{n+1} \cdot a = a^{(n+1)+1}$.
Zum Induktionsschritt (in m) sei $m \in \mathbb{N}$ gegeben mit $a^{n+1} \cdot a^m = a^{(n+1)+m}$. Zu zeigen ist $a^{n+1} \cdot a^{m+1} = a^{(n+1)+(m+1)}$. Dies folgt wegen

$$a^{n+1} \cdot a^{m+1} = a^{n+1} \cdot (a^m \cdot a) = (a^{n+1} \cdot a^m) \cdot a$$
$$= a^{(n+1)+m} \cdot a = a^{((n+1)+m)+1} = a^{(n+1)+(m+1)}.$$

.... (✎ 143)

Beweis. Zum Nachweis von $\forall a \in \mathbb{R}, n, m \in \mathbb{N} : (a^m)^n = a^{m \cdot n}$ seien $a \in \mathbb{R}$ und $m \in \mathbb{N}$ gegeben. Zu zeigen ist $\forall n \in \mathbb{N} : (a^m)^n = a^{m \cdot n}$. Dazu benutzen wir vollständige Induktion. Für den Induktionsanfang finden wir $(a^m)^1 = a^m = a^{m \cdot 1}$.
Im Induktionsschritt gehen wir von einem $n \in \mathbb{N}$ mit $(a^m)^n = a^{m \cdot n}$ aus und zeigen $(a^m)^{n+1} = a^{m \cdot (n+1)}$. Wir beginnen mit (3.13), wobei a^m anstelle von x tritt

$$(a^m)^{n+1} = (a^m)^n \cdot a^m = a^{m \cdot n} \cdot a^m.$$

Mit dem Potenzgesetz aus Satz 3.31 finden wir weiter $a^{m \cdot n} \cdot a^m = a^{m \cdot n + m} = a^{m \cdot (n+1)}$. $\square$

.... (✎ 144)

Sei $n \in \mathbb{N}_0$. Zum Nachweis der Fassbarkeit benutzen wir das Aussonderungsaxiom 1.9. Zunächst ist $\mathbb{N}_{\leq n} \subset \mathbb{N}$, denn für $m \in \mathbb{N}_{\leq n} = \{u \in \mathbb{N} : u \leq n\}$ gilt $m \in \mathbb{N}$. Außerdem ist $\mathbb{N} \in \mathcal{M}$ wegen (3.14), sodass auch $\mathbb{N}_{\leq n} \in \mathcal{M}$ gilt. $\square$
Zum Nachweis von $\mathbb{N}_{\leq 0} = \emptyset$ zeigen wir zwei Inklusionen. Dabei gilt $\emptyset \subset \mathbb{N}_{\leq 0}$ wegen Aufgabe (✎ 63). Zum Nachweis von $\mathbb{N}_{\leq 0} \subset \emptyset$ zeigen wir $\mathbb{N}_{\leq 0} \subset \mathbb{N}_{<1}$ und benutzen (3.16). Mit der Transitivität von $\subset$ folgt dann das Beweisziel.
Sei also $n \in \mathbb{N}_{\leq 0}$. Zu zeigen ist $n \in \mathbb{N}_{<1}$, d. h. $n \in \mathbb{N}$ und $n < 1$.
Wegen $\mathbb{N}_{\leq 0} = \{m \in \mathbb{N} : m \leq 0\}$ gilt $n \in \mathbb{N}$ und $n \leq 0$. Wegen $0 < 1$ folgt daraus $n < 1$. $\square$
Zum Nachweis von $\mathbb{N}_{\leq 1} = \{1\}$ zeigen wir zwei Inklusionen. Sei zunächst $n \in \mathbb{N}_{\leq 1}$. Zu zeigen ist $n \in \{1\}$. Mit Aufgabe (✎ 66) erreichen wir dies mit dem Nachweis von $n = 1$.
Wegen $\mathbb{N}_{\leq 1} = \{m \in \mathbb{N} : m \leq 1\}$ gilt $n \in \mathbb{N}$ und $n \leq 1$. Dies bedeutet $(n < 1) \vee (n = 1)$.
Fall $n < 1$: Es gilt $n \in \mathbb{N}_{<1}$. Mit (3.16) folgt dann $n \in \emptyset$ und Aufgabe (✎ 277) zeigt $n = 1$.

Fall $n = 1$: Auch hier gilt $n = 1$.

Für die umgekehrte Inklusion sei $n \in \{1\}$. Zu zeigen ist $n \in \mathbb{N}_{\leq 1}$. Dies folgt wegen (3.15) und $1 \leq 1$. $\qquad\qquad\qquad\qquad\qquad\qquad\qquad\qquad\qquad\qquad\qquad\qquad\qquad\qquad\qquad\quad\Box$

Zum Nachweis von $\mathbb{N} = \mathbb{N}_{\geq 1}$ zeigen wir zwei Inklusionen. Dabei folgt „$\supset$" sofort aus der Langform von $\mathbb{N}_{\geq 1}$. Für die umgekehrte Implikation sei $n \in \mathbb{N}$. Zu zeigen ist $n \in \mathbb{N}_{\geq 1}$. Wegen $(n < 1) \vee \neg(n < 1)$ können wir eine Fallunterscheidung durchführen.

Fall $\neg(n < 1)$: Es gilt also $n \geq 1$. Mit der Langform finden wir $n \in \mathbb{N}_{\geq 1}$.

Fall $n < 1$: Es gilt $n \in \mathbb{N}_{<1}$ und wegen (3.16) somit $n \in \emptyset$. Aufgabe (✎ 277) zeigt $n \in \mathbb{N}_{\geq 1}$.$\Box$

(✎ 145) ....

Zum Nachweis von $\forall m \in \mathbb{N} : \forall n \in \mathbb{N} : n + m \in \mathbb{N}$ benutzen wir vollständige Induktion, wobei der Induktionsanfang gerade (3.17) ist.

Zum Induktionsschritt gehen wir von $m \in \mathbb{N}$ aus und nehmen $\forall n \in \mathbb{N} : n + m \in \mathbb{N}$ an. Zu zeigen ist $\forall n \in \mathbb{N} : n + (m+1) \in \mathbb{N}$. Sei dazu $n \in \mathbb{N}$ gegeben. Zu zeigen ist $n + (m+1) \in \mathbb{N}$. Anwendung von (3.17) auf n zeigt zunächst $n+1 \in \mathbb{N}$. Anwendung der Induktionsannahme auf $n + 1$ zeigt wiederum $(n + 1) + m \in \mathbb{N}$. Umstellung liefert $n + (m + 1) \in \mathbb{N}$.

(✎ 146) ....

Zum Nachweis von $\forall n \in \mathbb{N} : \mathbb{N}_{<n} = \mathbb{N}_{\leq n-1}$ benutzen wir vollständige Induktion.

Der Induktionsanfang folgt dabei aus (3.16) und Aufgabe (✎ 144). Denn nach diesen gelten $\mathbb{N}_{<1} = \emptyset$ und $\emptyset = \mathbb{N}_{\leq 0} = \mathbb{N}_{\leq 1-1}$, also auch $\mathbb{N}_{<1} = \mathbb{N}_{\leq 1-1}$.

Im Induktionsschritt gehen wir von $n \in \mathbb{N}$ aus und nehmen $\mathbb{N}_{<n} = \mathbb{N}_{\leq n-1}$ an. Zu zeigen ist $\mathbb{N}_{<n+1} = \mathbb{N}_{\leq n}$.

Die Inklusion „$\supset$" folgt dabei unmittelbar, denn für $m \in \mathbb{N}_{\leq n}$ gilt $m \in \mathbb{N}$ und die Ungleichungskette $m \leq n < n + 1$.

Zum Nachweis von „$\subset$" benutzen wir einen indirekten Beweis, d. h., wir nehmen an, dass $\mathbb{N}_{<n+1} \not\subset \mathbb{N}_{\leq n}$ gilt, und zeigen einen Widerspruch. Da nun ein Gegenbeispiel zu $\forall x \in \mathbb{N}_{<n+1} : x \in \mathbb{N}_{\leq n}$ existiert, wählen wir ein solches x. Es gilt dann $x \in \mathbb{N}$ und $x < n+1$ sowie $x \notin \mathbb{N}_{\leq n}$, also $\neg((x \in \mathbb{N}) \wedge (x \leq n))$. Mit Satz 2.14 folgt $(x \notin \mathbb{N}) \vee \neg(x \leq n)$.

Fall $\neg(x \leq n)$: Es gilt $x > n$.

Fall $x \notin \mathbb{N}$: Da auch $x \in \mathbb{N}$ gilt, haben wir einen Widerspruch. Mit *Ex falso quodlibet* gilt $x > n$.

Wegen $n \in \mathbb{N} = \mathbb{N}_{\geq 1}$ folgt $n \geq 1$ und damit $x > 1$. Anwendung von (3.18) zeigt nun $m := x-1 \in \mathbb{N}$. Außerdem gilt $m = x-1 < n$ wegen $x < n+1$. Mit der Induktionsannahme folgt wegen $m \in \mathbb{N}_{<n}$ auch $m \in \mathbb{N}_{\leq n-1}$, also $m \leq n - 1$, was zu $x \leq n$ umgestellt werden kann. Da auch $x \notin \mathbb{N}_{\leq n}$ gilt, haben wir einen Widerspruch gefunden. ⚡ $\qquad\Box$

Zum Nachweis von $\forall n \in \mathbb{N}_0 : \mathbb{N}_{>n} = \mathbb{N}_{\geq n+1}$ sei $n \in \mathbb{N}_0$ gegeben. Zu zeigen ist die Gleichheit $\mathbb{N}_{>n} = \mathbb{N}_{\geq n+1}$. Die Inklusion $\mathbb{N}_{\geq n+1} \subset \mathbb{N}_{>n}$ folgt dabei wegen $n + 1 > n$ sofort aus den Langformen.

Für die umgekehrte Inklusion sei $m \in \mathbb{N}_{>n}$. Zu zeigen ist $m \in \mathbb{N}_{\geq n+1}$, also $m \in \mathbb{N}$ und $m \geq n + 1$.

Aus der Voraussetzug folgt $m \in \mathbb{N}$ und $m > n$. Zum Nachweis von $m \geq n + 1$ gehen wir in einem indirekten Beweis vom Gegenteil $m < n + 1$ aus und zeigen einen Widerspruch. Wegen $m \in \mathbb{N}$ gilt dann $m \in \mathbb{N}_{<n+1}$. Mit der vorher gezeigten Für-alle-Aussage angewendet auf $n + 1$ (zeige als Aufgabe (✎ 280) dazu $n + 1 \in \mathbb{N}$) folgt dann $m \in \mathbb{N}_{\leq n}$. Insgesamt gilt also $m \leq n$ und wegen $m > n$ auch $\neg(m \leq n)$. ⚡

(✎ 147) ....

Wir zeigen $\forall m \in \mathbb{N} : \forall n \in \mathbb{N} : (n - m > 0) \Rightarrow n - m \in \mathbb{N}$ durch vollständige Induktion.

Zum Nachweis des Induktionsanfangs sei $n \in \mathbb{N}$ mit $n - 1 > 0$. Zu zeigen ist $n - 1 \in \mathbb{N}$. Wegen $n - 1 > 0$ ist $n \in \mathbb{N}_{>1}$ und mit (3.16) folgt $n - 1 \in \mathbb{N}$.

Im Induktionsschritt gehen wir von einem $m \in \mathbb{N}$ aus und nehmen die Gültigkeit der

Aussage $\forall n \in \mathbb{N} : (n - m > 0) \Rightarrow n - m \in \mathbb{N}$ an. Zu zeigen ist die Für-alle-Aussage $\forall n \in \mathbb{N} : (n - (m + 1) > 0) \Rightarrow n - (m + 1) \in \mathbb{N}$.

Sei dazu $n \in \mathbb{N}$ und es gelte $n - (m + 1) > 0$. Zu zeigen ist $n - (m + 1) \in \mathbb{N}$.

Wegen $n > (m + 1)$ und $m \in \mathbb{N} = \mathbb{N}_{\geq 1}$ gilt $n > 1$, also $n \in \mathbb{N}_{>1}$. Wegen (3.16) folgt $k := n - 1 \in \mathbb{N}$. Benutzung der Induktionsvoraussetzung für k zeigt $k - m \in \mathbb{N}$. Die Umstellung $n - (m + 1) = n - 1 - m = k - m \in \mathbb{N}$ liefert unser Beweisziel.

.... (✎ 148)

Zum Nachweis von $\forall n \in \mathbb{N}_0, k \in \mathbb{N} : \mathrm{Bij}(\mathbb{N}_{\leq n}, \mathbb{N}_{\leq n+k}) = \emptyset$ gehen wir von $k \in \mathbb{N}$ aus und zeigen $\forall n \in \mathbb{N}_0 : \mathrm{Bij}(\mathbb{N}_{\leq n}, \mathbb{N}_{\leq n+k}) = \emptyset$ durch vollständige Induktion.

Zum Induktionsanfang zeigen wir $\mathrm{Bij}(\mathbb{N}_{\leq 0}, \mathbb{N}_{\leq k}) = \emptyset$ durch zwei Inklusionen. Wegen Aufgabe (✎ 63) ist die leere Menge Teilmenge jeder Menge. Es genügt also von einem Element $f \in \mathrm{Bij}(\mathbb{N}_{\leq 0}, \mathbb{N}_{\leq k})$ auszugehen und $f \in \emptyset$ zu zeigen.

Da $f^{-1} \in \mathrm{Bij}(\mathbb{N}_{\leq k}, \mathbb{N}_{\leq 0})$ nach Aufgabe (✎ 123) gilt und $k \in \mathbb{N}_{\leq k}$ gilt, finden wir weiter $u := f^{-1}(k) \in \mathbb{N}_{\leq 0}$. Nun ist aber $\mathbb{N}_{\leq 0} = \emptyset$ (Aufgabe (✎ 144)), sodass Aufgabe (✎ 277) wegen $u \in \emptyset$ auf die Aussage $f \in \emptyset$ führt.

Im Induktionsschritt gehen wir von $n \in \mathbb{N}_0$ und $\mathrm{Bij}(\mathbb{N}_{\leq n}, \mathbb{N}_{\leq n+k}) = \emptyset$ aus. Zu zeigen ist $\mathrm{Bij}(\mathbb{N}_{\leq n+1}, \mathbb{N}_{\leq n+1+k}) = \emptyset$.

Wieder genügt es, $f \in \mathrm{Bij}(\mathbb{N}_{\leq n+1}, \mathbb{N}_{\leq n+1+k})$ anzunehmen und $f \in \emptyset$ zu zeigen. Wir definieren $i := f(n + 1)$ und $m := n + k + 1$. Mit den Bijektionen aus Aufgabe (✎ 130) setzen wir dann $g := \tau_{i,m,m} \circ f$. Wegen Aufgabe (✎ 127) ist $g \in \mathrm{Bij}(\mathbb{N}_{\leq n+1}, \mathbb{N}_{\leq m})$ und

$$g(n + 1) = \tau_{i,m,m}(f(n + 1)) = \tau_{i,m,m}(i) = m.$$

Wegen Aufgabe (✎ 146) ist $\mathbb{N}_{\leq n} = \mathbb{N}_{<n+1}$ und damit $\mathbb{N}_{\leq n} = \mathbb{N}_{<n+1} = \mathbb{N}_{\leq n+1} \backslash \{n + 1\}$. Da g injektiv ist, folgt mit Aufgabe (✎ 118)

$$g[\mathbb{N}_{\leq n}] = g[\mathbb{N}_{\leq n+1}] \backslash g[\{n + 1\}] = \mathbb{N}_{\leq m} \backslash \{m\} = \mathbb{N}_{\leq n+k}.$$

Mit Aufgabe (✎ 132) folgt $h := g|_{\mathbb{N}_{\leq n}} \in \mathrm{Bij}(\mathbb{N}_{\leq n}, \mathbb{N}_{\leq n+k})$. Mit der Induktionsvoraussetzung folgt $h \in \emptyset$, und wieder zeigt Aufgabe (✎ 277), dass $f \in \emptyset$ gilt. □

Aus diesem Ergebnis folgern wir nun $\forall n, m \in \mathbb{N}_0 : \mathrm{Bij}(\mathbb{N}_{\leq n}, \mathbb{N}_{\leq m}) \neq \emptyset \Rightarrow n = m$. Sei dazu $n, m \in \mathbb{N}_0$ gegeben und sei $\mathrm{Bij}(\mathbb{N}_{\leq n}, \mathbb{N}_{\leq m}) \neq \emptyset$. Zu zeigen ist $n = m$.

In einem indirekten Beweis gehen wir von $n \neq m$ aus. Unser Ziel ist der Nachweis eines Widerspruchs. Da nun $(n < m) \vee (m < n)$ gilt, können wir eine Fallunterscheidung durchführen.

Fall $n < m$: Wir definieren $k := m - n \in \mathbb{N}$, sodass $m = n + k$. Anwendung des vorherigen Ergebnisses auf n, k ergibt $\mathrm{Bij}(\mathbb{N}_{\leq n}, \mathbb{N}_{\leq m}) = \emptyset$.

Fall $m < n$: Wir definieren $k := n - m \in \mathbb{N}$, sodass $n = m + k$. Anwendung des vorherigen Ergebnisses auf m, k ergibt $\mathrm{Bij}(\mathbb{N}_{\leq m}, \mathbb{N}_{\leq n}) = \emptyset$. Um zu zeigen, dass $\mathrm{Bij}(\mathbb{N}_{\leq n}, \mathbb{N}_{\leq m}) = \emptyset$ gilt, gehen wir vom Gegenteil aus. Mit Korollar 3.3 gilt eine Existenzaussage, sodass wir $f \in \mathrm{Bij}(\mathbb{N}_{\leq n}, \mathbb{N}_{\leq m})$ wählen können. Mit Aufgabe (✎ 123) folgt $f^{-1} \in \mathrm{Bij}(\mathbb{N}_{\leq m}, \mathbb{N}_{\leq n}) = \emptyset$ und Aufgabe (✎ 277) zeigt, dass jede Aussage gilt, also zum Beispiel auch $1 = 0$. ⚡

In beiden Fällen gilt also $\mathrm{Bij}(\mathbb{N}_{\leq n}, \mathbb{N}_{\leq m}) = \emptyset$ im Widerspruch zur Voraussetzung. ⚡

.... (✎ 149)

Zum Nachweis von $\emptyset \in \mathcal{E}$ benutzen wir Aufgabe (✎ 121). Danach gilt $\mathrm{id}_\emptyset \in \mathrm{Bij}(\emptyset, \emptyset)$. Wegen $\mathbb{N}_{\leq 0} = \emptyset$ folgt durch Ersetzung $\mathrm{id}_\emptyset \in \mathrm{Bij}(\mathbb{N}_{\leq 0}, \emptyset)$.

Zum Nachweis von $\mathrm{Bij}(\mathbb{N}_{\leq 0}, \emptyset) \neq \emptyset$ nehmen wir $\mathrm{Bij}(\mathbb{N}_{\leq 0}, \emptyset) = \emptyset$ an und zeigen einen Widerspruch. Wegen $\mathrm{id}_\emptyset \in \mathrm{Bij}(\mathbb{N}_{\leq 0}, \emptyset) = \emptyset$ gilt dann $\exists u \in \mathcal{U} : u \in \emptyset$ im Widerspruch zu Satz 2.29. ⚡ Nach Definition 3.32 ist $\emptyset$ damit endlich und mit der Nachweisregel für Geichheiten mit <u>das</u>-Ausdrücken gilt $0 = (\underline{das} \; n \in \mathbb{N}_0 : \mathrm{Bij}(\mathbb{N}_{\leq n}, \emptyset) \neq \emptyset) = |\emptyset|$.

....

(✎ 150) ....

Sei M eine endliche Menge. Zu zeigen ist $|M| = 0 \Leftrightarrow M = \emptyset$.

Wir beginnen mit „$\Rightarrow$" und gehen dazu von $|M| = 0$ aus. Zu zeigen ist $M = \emptyset$.

Wir führen einen indirekten Beweis und gehen von $M \neq \emptyset$ aus. Unser Ziel ist der Nachweis eines Widerspruchs. Mit Korollar 3.3 folgt $\exists x \in \mathcal{U} : x \in M$. Wir wählen ein solches x. Aus $|M| = 0$ folgt $\mathrm{Bij}(\mathbb{N}_{\leq 0}, M) \neq \emptyset$. Mit Korollar 3.3 folgt nun $\exists a \in \mathcal{U} : a \in \mathrm{Bij}(\mathbb{N}_{\leq 0}, M)$. Wir wählen ein solches a. Wegen $x \in M$ ist $a^{-1}(x) \in \mathbb{N}_{\leq 0} = \emptyset$. ⚡

Für die Implikation „$\Leftarrow$" gehen wir von $M = \emptyset$ aus. Zu zeigen ist $|M| = 0$. Dies folgt aus Aufgabe (✎ 149).

Ist nun M eine endliche Menge mit $|M| \in \mathbb{N}$, dann gilt $|M| \geq 1$, und folglich $M \neq \emptyset$, wegen $|M| \neq 0 \Leftrightarrow M \neq \emptyset$. Mit Korollar 3.3 folgt die Behauptung.

(✎ 151) ....

Seien A, B endliche Mengen mit $A \cap B = \emptyset$. Nach Definition existieren somit Abzählfunktionen $a \in \mathrm{Bij}(\mathbb{N}_{\leq |A|}, A)$ und $b \in \mathrm{Bij}(\mathbb{N}_{\leq |B|}, B)$, mit denen wir die Funktion v formulieren. Um zu sehen, dass v wohldefiniert ist, zeigen wir

$$\forall n \in \mathbb{N}_{\leq |A|+|B|} : \begin{cases} a(n) & n \leq |A| \\ b(n-|A|) & \text{sonst} \end{cases} \in A \cup B.$$

Sei also $n \in \mathbb{N}_{\leq |A|+|B|}$ und β sei die Abkürzung für den bedingten Ausdruck. Bevor wir $\beta \in A \cup B$ zeigen können, muss zuerst geklärt werden, ob die Schreibregel für β erfüllt ist. Wir zeigen dazu $n \leq |A| \Rightarrow a(n) \in A \cup B$ und $\neg(n \leq |A|) \Rightarrow b(n-|A|) \in A \cup B$.

Für die erste Implikation gehen wir von $n \leq |A|$ aus. Zu zeigen ist $a(n) \in A \cup B$. Damit diese Aussage gelten kann, muss zunächst die Schreibregel $n \in \mathrm{Def}(a) = \mathbb{N}_{\leq |A|}$ überprüft werden. Dazu ist zu zeigen $n \in \mathbb{N}$ und $n \leq |A|$. Wegen $n \in \mathbb{N}_{\leq |A|+|B|}$ gilt insbesondere $n \in \mathbb{N}$ und $n \leq |A|$ gilt nach Voraussetzung. Wegen $a : \mathbb{N}_{\leq |A|} \to A$ gilt $a(n) \in A$ mit Aufgabe (✎ 106). Also gilt auch $(a(n) \in A) \vee (a(n) \in B)$ und damit $a(n) \in A \cup B$.

Für die zweite Implikation gehen wir von $\neg(n \leq |A|)$ aus. Zu zeigen ist $b(n-|A|) \in A \cup B$. Damit das gelten kann, muss zunächst die Schreibregel $m := n - |A| \in \mathrm{Def}(b) = \mathbb{N}_{\leq |B|}$ überprüft werden.

Wegen $\neg(n \leq |A|)$ gilt $n > |A|$ und wegen Aufgabe (✎ 146) daher $n \in \mathbb{N}_{\geq |A|+1}$, also $n \geq |A| + 1$.

Für $m = n - |A|$ finden wir also $m \geq 1$ und wegen $n \leq |A| + |B|$ auch $m \leq |B|$. Wegen $|A| \in \mathbb{N}_0 = \mathbb{N} \cup \{0\}$ erhalten wir mit der Definition von $\cup$ die Oder-Aussage $(|A| \in \mathbb{N}) \vee (|A| = 0)$.

Fall $|A| \in \mathbb{N}$: Anwendung von Aufgabe (✎ 147) auf n und $|A|$ ergibt $m = |n| - |A| \in \mathbb{N}$.

Fall $|A| \in \{0\}$: Mit Aufgabe (✎ 66) folgt $|A| = 0$ und daher $m = n \in \mathbb{N}$.

Insgesamt ist damit $m \in \mathbb{N}_{\leq |B|} = \mathrm{Def}(b)$ und folglich gilt $b(m) \in B$ mit Aufgabe (✎ 106). Also gilt auch $(b(m) \in A) \vee (b(m) \in B)$ und damit $b(m) \in A \cup B$.

Damit ist die Schreibregel für den bedingten Ausdruck β erfüllt. Die Aussage $\beta \in A \cup B$ folgt leicht mit den vorliegenden Implikationen. Mit *Tertium non datur* machen wir eine Fallunterscheidung.

Fall $n \leq |A|$: Hier gilt $\beta = a(n)$ und damit $\beta \in A \cup B$.

Fall $\neg(n \leq |A|)$: Hier gilt $\beta = b(m)$ und damit $\beta \in A \cup B$.

Insgesamt gilt also $\beta \in A \cup B$ und v ist wohldefiniert.

Zum Nachweis der Bijektivität von v benutzen wir Aufgabe (✎ 125). Als Hilfsfunktion verwenden wir

$$w : A \cup B \to \mathbb{N}_{\leq |A|+|B|}, \quad x \mapsto \begin{cases} a^{-1}(x) & x \in A \\ b^{-1}(x) + |A| & \text{sonst} \end{cases}.$$

Der Wohldefinitionsnachweis ist für w etwas einfacher: Wegen $\mathrm{Def}(a^{-1}) = A$ gilt im Fall $x \in A$ auch $a^{-1}(x) \in \mathbb{N}_{\leq |A|}$. Im umgekehrten Fall $x \notin A$ kann man $x \in B = \mathrm{Def}(b^{-1})$ zeigen, sodass $b^{-1}(x) \in \mathbb{N}_{\leq |B|}$ und damit $b^{-1}(x) + |A| \in \mathbb{N}_{\leq |A|+|B|}$ gilt.

Zum Nachweis von $w \circ v = \mathrm{id}_{\mathbb{N}_{\leq |A|+|B|}}$ müssen wir $\forall n \in \mathbb{N}_{\leq |A|+|B|} : w(v(n)) = n$ zeigen, da die Definitionsmengen der Funktionen übereinstimmen.

Sei also $n \in \mathbb{N}_{\leq |A|+|B|}$ gegeben. Zu zeigen ist $w(v(n)) = n$.

Fall $n \leq |A|$: Wegen $v(n) = a(n) \in A$ gilt $w(v(n)) = a^{-1}(v(n)) = a^{-1}(a(n)) = n$.

Fall $\neg(n \leq |A|)$: Es gilt $v(n) = b(n) \in B$. Um die Wirkung von w zu erkennen, zeigen wir $v(n) \notin A$. Dazu nehmen wir $v(n) \in A$ an und weisen einen Widerspruch nach. Wegen $v(n) \in A$ und $v(n) \in B$ gilt $v(n) \in A \cap B = \emptyset$. Das ist ein Widerspruch. ⚡ Wegen $v(n) \notin A$ ist $w(v(n)) = b^{-1}(v(n)) + |A| = b^{-1}(b(n - |A|)) + |A| = n - |A| + |A| = n$.

Zum Nachweis von $v \circ w = \mathrm{id}_{A \cup B}$ müssen wir $\forall x \in A \cup B : v(w(x)) = x$ zeigen, da die Definitionsmengen der Funktionen übereinstimmen.

Sei also $x \in A \cup B$ gegeben. Zu zeigen ist $v(w(x)) = x$.

Fall $x \in A$: Wegen $w(x) = a^{-1}(x) \leq |A|$ gilt $v(w(x)) = a(w(x)) = a(a^{-1}(x)) = x$.

Fall $x \notin A$: Es gilt $w(x) = b^{-1}(x) + |A| > |A|$. Mit den Definitionen von v und w ergibt sich hier $v(w(x)) = b(w(x) - |A|) = b(b^{-1}(x) + |A| - |A|) = x$.

Insgesamt folgt mit Aufgabe (✎ 125), dass $v \in \mathrm{Bij}(\mathbb{N}_{\leq |A|+|B|}, A \cup B)$ gilt, sodass $A \cup B$ endlich ist und $|A \cup B| = |A| + |B|$ erfüllt.

.... (✎ 152)

Sei M eine endliche Menge und m ein Element mit $m \notin M$. Zu zeigen ist, dass $M \cup \{m\}$ endlich ist und $|M \cup \{m\}| = |M| + 1$ gilt.

Wir zeigen $M \cap \{m\} = \emptyset$, wozu wegen Aufgabe (✎ 63) der Nachweis von $M \cap \{m\} \subset \emptyset$ genügt. Sei dazu $x \in M \cap \{m\}$. Zu zeigen ist $x \in \emptyset$.

Aus der Voraussetzung folgt $x \in M$ und $x \in \{m\}$, also $x = m$. Damit folgt $m \in M$ im Widerspruch zu $m \notin M$. Mit *Ex falso quodlibet* folgt $x \in \emptyset$.

Nach Satz 3.34 ist $\{m\}$ endlich und $|\{m\}| = 1$. Mit Aufgabe (✎ 151) ist dann auch $M \cup \{m\}$ endlich und es gilt $|M \cup \{m\}| = |M| + |\{m\}| = |M| + 1$.

.... (✎ 153)

Sei E eine endliche Menge. Dann gilt $|E| = 1 \Leftrightarrow \exists m \in \mathcal{U} : E = \{m\}$.

Wir beginnen mit „⇒". Sei dazu $|E| = 1$. Wegen $|E| \in \mathbb{N}$ folgt mit Aufgabe (✎ 150) auch $\exists m \in \mathcal{U} : m \in E$.

Wir wählen ein solches m und benutzen Satz 3.35. Damit folgt $|E \backslash \{m\}| = |E| - 1 = 1 - 1 = 0$. Mit Aufgabe (✎ 150) folgt $E \backslash \{m\} = \emptyset$.

Aufgabe (✎ 65) angewendet auf E und $\{m\}$ ergibt $E = (E \backslash \{m\}) \cup \{m\} = \emptyset \cup \{m\}$ und mit Aufgabe (✎ 64) folgt $E = \{m\}$. Damit ist die Existenzaussage gezeigt.

Für „⇐" gelte $\exists m \in \mathcal{U} : E = \{m\}$. Zu zeigen ist $|E| = 1$. Wir wählen ein solches m und benutzen Satz 3.34.

.... (✎ 154)

Wir zeigen zunächst $\neg(X \subset A)$. Dazu nehmen wir $X \subset A$ an und zeigen einen Widerspruch. Es gilt nun $X = A$, da $A \subset X$ nach Voraussetzung gilt. ⚡

Da $\neg(X \subset A)$ in der Langform für $\neg\forall x \in X : x \in A$ steht, gibt es ein Gegenbeispiel, also $\exists x \in X : \neg(x \in A)$.

.... (✎ 155)

Zum Nachweis von $A \subset D$ gehen wir von $a \in A$ aus und zeigen $a \in D$. Zunächst gilt $a \in X$ wegen $A \subset X$. Außerdem können wir zeigen, dass $a \notin \{x\}$ gilt. Dazu nehmen wir $a \in \{x\}$ an und zeigen einen Widerspruch. Wegen $a \in \{x\}$ gilt $a = x$ und damit $x \in A$, was im Widerspruch zur Voraussetzung $x \notin A$ steht. ⚡ Insgesamt ist damit $a \in X \backslash \{x\} = D$.

....

(✎ 156) ....

Seien A, B Mengen. Wir zeigen $A = (A\backslash B) \cup (A \cap B)$ durch zwei Inklusionen. Sei zunächst $x \in A$. Zu zeigen ist $x \in (A\backslash B) \cup (A \cap B)$, d. h., wir müssen $(x \in (A\backslash B)) \vee (x \in A \cap B)$ zeigen. Dazu nehmen wir $x \notin A \cap B$ an und zeigen $x \in A\backslash B$, also $x \in A$ und $x \notin B$. Zum Nachweis von $x \notin B$ nehmen wir $x \in B$ an und zeigen einen Widerspruch. Wegen $x \in A$ und $x \in B$ gilt $x \in A \cap B$ und nach Annahme auch $x \notin A \cap B$. ⚡

Für die umgekehrte Inklusion sei $x \in (A\backslash B) \cup (A \cap B)$. Zu zeigen ist $x \in A$. Wegen $x \in (A\backslash B) \cup (A \cap B)$ wissen wir $(x \in (A\backslash B)) \vee (x \in A \cap B)$.

Fall $x \in A \cap B$: Es gilt insbesondere $x \in A$.

Fall $x \in A\backslash B$: Es gilt insbesondere $x \in A$.

Weiter zeigen wir $(A\backslash B) \cap (A \cap B) = \emptyset$ in einem indirekten Beweis: Die Annahme der Aussage $(A\backslash B) \cap (A \cap B) \neq \emptyset$ erlaubt es uns, mit Korollar 3.3 ein Element x in der Menge zu wählen. Dann gelten $x \in A\backslash B$ und $x \in A \cap B$, also $x \in A$, $x \notin B$, $x \in A$ und $x \in B$. ⚡

Sind A, B endlich, dann zeigt Satz 3.36, dass auch $A \cap B$ und $A\backslash B$ endlich sind, da beide Teilmengen von A sind. Mit Aufgabe (✎ 151) schließen wir nun auf $|A| = |A\backslash B| + |A \cap B|$. Umstellung ergibt das gewünschte Ergebnis. □

Für die zweite Beziehung zeigen wir zunächst wieder für beliebige Mengen A, B die Beziehung $A \cup B = A \cup (B\backslash A)$ durch zwei Inklusionen. Sei zunächst $x \in A \cup B$. Zu zeigen ist $x \in A \cup (B\backslash A)$. Dazu müssen wir $x \in \mathcal{U}$ und $(x \in A) \vee (x \in B\backslash A)$ nachweisen. Nach Voraussetzung gilt $x \in \mathcal{U}$ und $(x \in A) \vee (x \in B)$.

Zum Nachweis von $(x \in A) \vee (x \in B\backslash A)$ gehen wir von $x \notin A$ aus und zeigen $x \in B\backslash A$.

Fall $x \in B$: Es gilt $x \in B$ und $x \notin A$, also $x \in B\backslash A$.

Fall $x \in A$: Wegen $x \notin A$ folgt mit *Ex falso quodlibet* auch $x \in B\backslash A$.

Für die umgekehrte Inklusion sei $x \in A \cup (B\backslash A)$ gegeben. Zu zeigen ist $x \in A \cup B$, d. h., wir müssen $x \in \mathcal{U}$ und $(x \in A) \vee (x \in B)$ nachweisen. Nach Voraussetzung gilt dabei $x \in \mathcal{U}$ und $(x \in A) \vee (x \in B\backslash A)$.

Fall $x \in A$: Es gilt $(x \in A) \vee (x \in B)$.

Fall $x \in B\backslash A$: Es gilt $x \in B$ und damit $(x \in A) \vee (x \in B)$.

Es gilt außerdem $A \cap (B\backslash A) = \emptyset$, wie man durch einen indirekten Beweis sieht: Die Annahme $A \cap (B\backslash A) \neq \emptyset$ erlaubt es uns, mit Korollar 3.3 ein Element x in der Menge zu wählen. Dann gilt $x \in A$ und $x \in B\backslash A$ und somit $x \in A$, $x \in B$ und $x \notin A$. ⚡

Sind A, B endlich, dann zeigt Satz 3.36, dass auch $B\backslash A$ als Teilmenge von B endlich ist. Mit Aufgabe (✎ 151) schließen wir nun auf $|A \cup B| = |A| + |B\backslash A|$ und mit der ersten Teilaufgabe folgt das Gesamtergebnis.

(✎ 157) ....

Wir bereiten zunächst den Beweis der eigentlichen Aussagen vor. Sei $A \in \mathcal{M}$ und $a \in A$. Wir zeigen zunächst $\mathcal{P}(A) = P_1 \cup P_2$ mit $P_1 = \mathcal{P}(A\backslash\{a\})$ und $P_2 = \{B \cup \{a\} : B \in P_1\}$.

(H1) Zur Vorbereitung zeigen wir einige Hilfsaussagen und beginnen mit der Aussage, dass für eine Teilmenge $V \subset A$ stets $V\backslash\{a\} \in P_1$ gilt.

Zum Nachweis müssen wir $V\backslash\{a\} \in \mathcal{M}$ und $V\backslash\{a\} \subset A\backslash\{a\}$ zeigen.

Wegen $V\backslash\{a\} \subset V \subset A$ und $A \in \mathcal{M}$ folgt die erste Aussage mit Axiom 1.9.

Für die zweite Aussage sei $x \in V\backslash\{a\}$. Zu zeigen ist $x \in A\backslash\{a\}$, d. h. $x \in A$ und $x \notin \{a\}$. Nach Voraussetzung gilt $x \in V$ und $x \notin \{a\}$ und wegen $V \subset A$ folgt $x \in A$. □

(H2) Die zweite Hilfsaussage lautet: Ist V eine Menge und ist $a \in V$, dann gilt stets $V = (V\backslash\{a\}) \cup \{a\}$.

Die Mengengleichheit zeigen wir durch zwei Inklusionen. Zunächst sei $x \in V$. Zu zeigen ist $x \in (V\backslash\{a\}) \cup \{a\}$, also $x \in \mathcal{U}$ und $(x \in V\backslash\{a\}) \vee (x \in \{a\})$.

Wegen $x \in V$ folgt $x \in \mathcal{U}$ mit Aufgabe (✎ 53). Zum Nachweis von $(x \in V\backslash\{a\}) \vee (x \in \{a\})$ nehmen wir $x \notin \{a\}$ an und zeigen $x \in V\backslash\{a\}$. Dies folgt wegen $x \in V$ und $x \notin \{a\}$.

Für die umgekehrte Inklusion sei $x \in (V \backslash \{a\}) \cup \{a\}$. Zu zeigen ist $x \in V$.

Fall $x \in V \backslash \{a\}$: Es gilt $x \in V$.

Fall $x \in \{a\}$: Es gilt $x = a \in V$.

Damit gilt $x \in V$ insgesamt. □

(H3) Der dritte Hilfssatz lautet: Sei $V \subset A$. Ist $a \in V$, dann ist $V \in P_2$. Insbesondere gilt $V \cup \{a\} \in P_2$.

Wegen (H2) ist $V = (V \backslash \{a\}) \cup \{a\}$ und $V \backslash \{a\} \in P_1$ wegen (H1). Damit gilt die Existenzaussage $\exists B \in P_1 : V = B \cup \{a\}$. Außerdem ist $V \in \mathcal{U}$, was aus Aufgabe (✎ 53) und $V \in \mathcal{M}$ folgt, wofür wiederum $V \subset A$ und $A \in \mathcal{M}$ zusammen mit Axiom 1.9 benötigt werden. Die zweite Aussage folgt wegen $V \cup \{a\} \subset A$ und $a \in V \cup \{a\}$. Zum Nachweis der Teilmengenbeziehung sei $x \in V \cup \{a\}$. Zu zeigen ist $x \in A$.

Fall $x \in V$: Wegen $V \subset A$ gilt $x \in A$.

Fall $x \in \{a\}$: Wegen $x = a$ und $a \in A$ gilt $x \in A$.

Die Aussage $a \in V \cup \{a\}$ gilt wegen $a \in \{a\}$, woraus $(a \in V) \vee (a \in \{a\})$ und dann auch $a \in V \cup \{a\}$ folgt. □

(H4) Die vierte Hilfsaussage lautet: Ist $B \subset A$ und $a \notin B$, dann gilt $B \in P_1$, und daraus folgt $B = (B \cup \{a\}) \backslash \{a\}$.

Zum Nachweis von $B \in P_1$ zeigen wir $B \backslash \{a\} = B$ und nutzen (H1). Die Mengeninklusion $B \backslash \{a\} \subset B$ folgt direkt aus der Langform. Für die umgekehrte Inklusion sei $x \in B$. Zu zeigen ist $x \in B \backslash \{a\}$, also $x \in B$ und $x \notin \{a\}$. Dazu nehmen wir $x \in \{a\}$ an und zeigen einen Widerspruch. Mit Aufgabe (✎ 66) gilt $x = a$ und damit $a \in B$. ⚡

Umgekehrt folgen aus $B \in P_1$ auch $B \subset A$ und $a \notin B$. Zum Nachweis nutzen wir $B \in P_1 = \mathcal{P}(A \backslash \{a\})$. Damit gilt $B \subset (A \backslash \{a\}) \subset A$. Wäre $a \in B$, dann hätten wir $a \in A \backslash \{a\}$ und damit $a \notin \{a\}$, was mit Aufgabe (✎ 66) auf $a \neq a$ führt. ⚡ Also gilt $a \notin B$.

Die Mengengleichheit $B = (B \cup \{a\}) \backslash \{a\}$ zeigen wir durch zwei Inklusionen. Zunächst sei $x \in B$. Zu zeigen ist $x \in (B \cup \{a\}) \backslash \{a\}$, also $x \in B \cup \{a\}$ und $x \notin \{a\}$.

Wegen $x \in B$ folgt mit Aufgabe (✎ 53) auch $x \in \mathcal{U}$ sowie $(x \in B) \vee (x \in \{a\})$. Damit folgt $x \in B \cup \{a\}$. Wegen $B \in P_1$ gilt $B \subset A \backslash \{a\}$ und damit auch $x \in A \backslash \{a\}$, woraus $x \notin \{a\}$ folgt.

Für die umgekehrte Inklusion sei $x \in (B \cup \{a\}) \backslash \{a\}$ gegeben. Zu zeigen ist $x \in B$. Wegen $x \in B \cup \{a\}$ folgt dies aus der Langform. □

(H5) In der fünften Hilfsaussage zeigen wir die angekündigte Mengengleichheit: Es gilt $\mathcal{P}(A) = P_1 \cup P_2$.

Zum Nachweis der beiden Inklusionen sei zunächst $U \in \mathcal{P}(A)$. Zu zeigen ist $U \in P_1 \cup P_2$, d. h. $U \in \mathcal{U}$ und $(U \in P_1) \vee (U \in P_2)$. Die erste Aussage folgt dabei mit Aufgabe (✎ 53) aus $U \in \mathcal{P}(A)$. Für die zweite Aussage machen wir eine Fallunterscheidung basierend auf $(a \in U) \vee (a \notin U)$.

Fall $a \in U$: Wegen $U \subset A$ folgt $U \in P_2$ aus (H3) und damit $(U \in P_1) \vee (U \in P_2)$.

Fall $a \notin U$: Wegen $U \subset A$ folgt $U \in P_1$ aus (H4) und damit $(U \in P_1) \vee (U \in P_2)$.

Umgekehrt gelte nun $U \in P_1 \cup P_2$. Zu zeigen ist $U \in \mathcal{P}(A)$, also $U \in \mathcal{M}$ und $U \subset A$. Wegen Axiom 1.9 folgt die erste Aussage damit aus der zweiten. Für diese sei $x \in U$ gegeben. Zu zeigen ist $x \in A$.

Fall $U \in P_1$: Es gilt $U \subset A \backslash \{a\}$ und damit $x \in A$.

Fall $U \in P_2$: Wir können $B \in P_1$ mit $U = B \cup \{a\}$ wählen, sodass $(x \in B) \vee (x \in \{a\})$ gilt.

Fall $x \in B$: Es gilt $B \subset A \backslash \{a\}$ und damit $x \in A$.

Fall $x \in \{a\}$: Es gilt $x = a \in A$.

Insgesamt gilt also $x \in A$. □

(H6) Weiter zeigen wir: Es gilt $P_1 \cap P_2 = \emptyset$. In einem indirekten Beweis nehmen wir $P_1 \cap P_2 \neq \emptyset$ an. Mit Korollar 3.3 können wir $U \in P_1 \cap P_2$ wählen. Dann gilt $U \subset A \backslash \{a\}$ und wir können ein $B \in P_1$ wählen mit $U = B \cup \{a\}$. Wegen $a \in \{a\}$ gilt also auch $a \in B \cup \{a\} = U \subset A \backslash \{a\}$. Damit folgt $a \notin \{a\}$. ⚡

(H7) Schließlich zeigen wir: Ist P_1 endlich, dann gilt $|P_2| = |P_1|$.

Zum Nachweis wählen wir eine Bijektion $m_1 \in \mathrm{Bij}(\mathbb{N}_{\leq |P_1|}, P_1)$ und konstruieren damit die Funktion $m_2 : \mathbb{N}_{\leq |P_1|} \to P_2$, $i \mapsto m_1(i) \cup \{a\}$. Zunächst zeigen wir, dass m_2 wohldefiniert ist. Sei dazu $i \in \mathbb{N}_{\leq |P_1|}$. Dann ist $m_1(i) \in P_1$ (nach Aufgabe (✎ 106)) und folglich gilt $m_1(i) \subset A \backslash \{a\} \subset A$. Mit (H3) folgt dann $m_1(i) \cup \{a\} \in P_2$.

Zum Nachweis der Surjektivität auf P_2 sei $V \in P_2$ gegeben. Dann können wir $B \in P_1$ wählen, sodass $V = B \cup \{a\}$ gilt. Da m_1 surjektiv auf P_1 ist, gibt es $i \in \mathbb{N}_{\leq |P_1|}$ mit $B = m_1(i)$, sodass $m_2(i) = V$ gilt.

Zum Nachweis der Injektivität seien $i, j \in \mathbb{N}_{\leq |P_1|}$ mit $m_2(i) = m_2(j)$. Wegen $a \in \{a\}$ gilt auch $a \in m_2(i) = m_1(i) \cup \{a\}$. Mit (H2) folgt $m_1(i) = m_2(i) \backslash \{a\} = m_2(j) \backslash \{a\} = m_1(j)$ und die Injektivität von m_1 liefert $i = j$. □

Den Beweis der eigentlichen Aussage $\forall n \in \mathbb{N} : \forall A \in \mathcal{E}_n : |\mathcal{P}(A)| = 2^{|A|}$ führen wir durch vollständige Induktion.

Zum Induktionsanfang $n = 1$ sei $A \in \mathcal{E}_1$ gegeben. Zu zeigen ist $\mathcal{P}(A)| = 2^{|A|} = 2^1 = 2$. Mit Aufgabe (✎ 153) können wir ein $e \in \mathcal{U}$ wählen mit $A = \{e\}$. In Aufgabe (✎ 69) haben wir $\mathcal{P}(\{e\}) = \{\emptyset, \{e\}\} = \{\emptyset\} \cup \{\{e\}\}$ gezeigt. Außerdem gilt $\{\emptyset\} \cap \{\{e\}\} = \emptyset$, wie wir indirekt zeigen: Wäre die Menge nicht leer, dann erlaubt Korollar 3.3 ein Element x darin zu wählen. Dann gilt $x \in \{\emptyset\}$ und $x \in \{\{e\}\}$. Daraus folgt $x = \emptyset$ und $x = \{e\}$. Dann folgt mit unseren Kenntnissen über Mächtigkeiten kleiner Mengen: $0 = |\emptyset| = |x| = |\{e\}| = 1$. ⚡ Mit Aufgabe (✎ 151) folgt nun $|\mathcal{P}(A)| = |\{\emptyset\}| + |\{\{e\}\}| = 1 + 1 = 2$.

Im Induktionsschritt gehen wir von $n \in \mathbb{N}$ mit $\forall A \in \mathcal{E}_n : |\mathcal{P}(A)| = 2^{|A|}$ aus und zeigen die entsprechende Aussage mit $n + 1$ anstelle von n. Sei dazu $A \in \mathcal{E}_{n+1}$ gegeben. Zu zeigen ist $|\mathcal{P}(A)| = 2^{|A|} = 2^{n+1}$.

Wegen $|A| = n + 1 \in \mathbb{N}$ können wir mit Aufgabe (✎ 150) ein $a \in A$ wählen und definieren damit P_1 und P_2 wie in unseren Hilfsaussagen. Wegen Satz 3.35 gilt $|A \backslash \{a\}| = |A| - 1 = n$, und wir können die Induktionsannahme anwenden, aus der $|P_1| = 2^n$ folgt. Mit (H7) sehen wir dann, dass auch $|P_2| = 2^n$ gilt. Wegen (H5) und (H6) können wir Aufgabe (✎ 151) anwenden und finden $|\mathcal{P}(A)| = |P_1| + |P_2| = 2^n + 2^n = 2^n \cdot 2 = 2^{n+1}$.

. . . .

(✎ 158)

Zum Nachweis von

$$\forall k \in (\mathbb{N}_0)_{\leq 0} : \forall X \in \mathcal{D}_k : |S_k(X)| = 1$$

sei $k \in (\mathbb{N}_0)_{\leq 0}$ und $X \in \mathcal{D}_k$ gegeben. Zu zeigen ist $|S_k(X)| = 1$.

Wir zeigen zunächst $(\mathbb{N}_0)_{\leq 0} = \{0\}$ und beginnen dazu mit „⊃". Sei dazu $x \in \{0\}$. Zu zeigen ist $x \in (\mathbb{N}_0)_{\leq 0}$, also in Langform $x \in \mathbb{N}_0 = \mathbb{N} \cup \{0\}$ und $x \leq 0$.

Nach Definition von $\cup$ ist für das erste Ziel $(x \in \mathbb{N}) \vee (x \in \{0\})$ zu zeigen, was wegen $x \in \{0\}$ gilt. Aufgabe (✎ 66) zeigt außerdem $x = 0$, sodass auch $x \leq 0$ gilt.

Für „⊂" sei $x \in (\mathbb{N}_0)_{\leq 0}$ gegeben. Zu zeigen ist $x \in \{0\}$, also $x = 0$.

Nach Voraussetzung gilt $x \in \mathbb{N}_0$ und $x \leq 0$. Aus $x \in \mathbb{N}_0$ folgt nach Definition die Oder-Aussage $(x \in \mathbb{N}) \vee (x \in \{0\})$.

Fall $x \in \{0\}$: Es gilt $x = 0$ mit Aufgabe (✎ 66).

Fall $x \in \mathbb{N}$: Nach Aufgabe (✎ 144) gilt $x \in \mathbb{N}_{\geq 1}$, also insbesondere $x \geq 1$. Zusammen mit $x \leq 0$ folgt die widersprüchliche Aussage $0 \geq 1$. Mit *Ex falso quodlibet* gilt $x = 0$.

Wegen $k \in (\mathbb{N}_0)_{\leq 0} = \{0\}$ folgt nun $k = 0$, und mit der Rekursionseigenschaft folgt weiter $S_k(X) = S_0(X) = \{0\}$. Nach Satz 3.34 gilt $|S_k(X)| = 1$.

. . . .

(✎ 159)

Wegen *Tertium non datur* gilt $(k \leq n) \vee \neg(k \leq n)$ und wir können eine Fallunterscheidung durchführen.

Fall $k \leq n$: Anwendung der Induktionsvoraussetzung zeigt, dass $|S_k(X)| = 1$ gilt.

(✎ 160)

Fall $\neg(k \leq n)$: Es gilt $k = n + 1$ (zeige dies in (✎ 281)) und somit folgt $X \in \mathcal{D}_{n+1}$. Zum Nachweis der Existenzaussage $\exists x \in \mathcal{U} : x \in S_{n+1}(X)$ müssen wir ein Element in der Menge $S_{n+1}(X) = \{s + f(x) | (x, s) \in X \times S_n(X \backslash \{x\})\}$ finden.

Dazu benötigen wir zunächst ein Element aus X. Wir wissen $X \in \mathcal{D}_{n+1}$ und damit $X \in \mathcal{E}_{n+1}$. Wegen $n \in \mathbb{N}_0$ ist $n + 1 \in \mathbb{N}$ (zeige dies in Aufgabe (✎ 280), die Argumentation wurde ist dir eventuell schon von vorher bekannt). Aufgabe (✎ 150) liefert nun wegen $|X| \in \mathbb{N}$ die Existenzaussage $\exists x \in \mathcal{U} : x \in X$. Wir wählen ein solches x.

Mit Satz 3.35 gilt dann, dass $X \backslash \{x\}$ ebenfalls eine endliche Menge ist mit Mächtigkeit $|X \backslash \{x\}| = |X| - 1 = n$. Außerdem ist $X \backslash \{x\}$ nach Definition der Mengendifferenz eine Teilmenge von X. Da $X \subset \text{Def}(f)$, folgt insgesamt $X \backslash \{x\} \in \mathcal{D}_n$.

Mit der Induktionsvoraussetzung für $k = n$ folgt $|S_n(X \backslash \{x\})| = 1$. Wegen (✎ 153) gilt $\exists s \in \mathcal{U} : S_n(X \backslash \{x\}) = \{s\}$. Wir wählen solch ein s und erhalten $s \in \{s\} = S_n(X \backslash \{x\})$. Insbesondere gilt dann $\exists (u, t) \in X \times S_n(X \backslash \{u\}) : s + f(x) = t + f(u)$ und damit folgt $s + f(x) \in \{t + f(u) | (u, t) \in X \times S_n(X \backslash \{u\})\} = S_{n+1}(X)$.

Daraus folgt insbesondere $\exists v \in \mathcal{U} : v \in S_{n+1}(X)$.

(✎ 161)

Wegen $u, v \in S_{n+1}(X)$ gibt es $(a, s) \in X \times S_n(X \backslash \{a\})$ und $(b, t) \in X \times S_n(X \backslash \{b\})$ mit $u = s + f(a)$ und $v = t + f(b)$. Insbesondere ist damit $a \in X$ und $b \in X$ sowie $s \in S_n(X \backslash \{a\})$ und $t \in S_n(X \backslash \{b\})$.

Mit *Tertium non datur* gilt $(a = b) \vee (a \neq b)$.

Fall $a = b$: Es gilt $u = t + f(a)$ und $v = s + f(a)$ mit $t, s \in S_n(X \backslash \{a\})$. Da $X \backslash \{a\} \in \mathcal{D}_n$ gilt, folgt mit der Induktionsvoraussetzung $|S_n(X \backslash \{a\})| = 1$. Wegen Aufgabe (✎ 153) gilt $\exists w \in \mathcal{U} : S_n(X \backslash \{x\}) = \{w\}$. Wir wählen ein solches w und finden so $s, t \in \{w\}$ und damit $s = w = t$. Daraus folgen $u = t + f(a) = s + f(a) = v$.

(✎ 162)

Fall $a \neq b$: Da $s \in S_n(X \backslash \{a\})$ gilt, ist insbesondere die Schreibregel erfüllt, d. h., es gilt $X \backslash \{a\} \in \mathcal{D}_n$. Anwendung der Induktionsvoraussetzung liefert somit $|S_n(X \backslash \{a\})| = 1$ und mit Aufgabe (✎ 153) können wir $c \in \mathcal{U}$ wählen, sodass $S_n(X \backslash \{a\}) = \{c\}$ gilt. Wegen $s \in S_n(X \backslash \{a\})$ folgt somit $s = c$ und daher $S_n(X \backslash \{a\}) = \{s\}$.

Genauso zeigen wir $X \backslash \{b\} \in \mathcal{D}_n$ und $S_n(X \backslash \{b\}) = \{t\}$.

Um $b \in X \backslash \{a\}$ zu zeigen, müssen wir nur $b \notin \{a\}$ nachweisen, da $b \in X$ bereits gilt. In einem Widerspruchsbeweis nehmen wir an $b \in \{a\}$. Dann gilt $b = a$ im Widerspruch zu $a \neq b$. ⨍ Genauso zeigen wir $a \in X \backslash \{b\}$

Eine Wiederholung des obigen Arguments mit $X \backslash \{a\}$ anstelle von X und b anstelle von a ergibt $(X \backslash \{a\}) \backslash \{b\} \in \mathcal{D}_{n-1}$. Entsprechend sieht man $(X \backslash \{b\}) \backslash \{a\} \in \mathcal{D}_{n-1}$.

Außerdem gilt $(X \backslash \{a\}) \backslash \{b\} = (X \backslash \{b\}) \backslash \{a\}$. Zum Nachweis sei $x \in (X \backslash \{a\}) \backslash \{b\}$. Dann gilt $x \in X$ und $x \notin \{a\}$ und $x \notin \{b\}$, woraus $x \in (X \backslash \{b\}) \backslash \{a\}$ folgt. Die umgekehrte Inklusion zeigt man in gleicher Weise.

Wenden wir nun die Induktionsvoraussetzung auf $k = n - 1$ und $(X \backslash \{a\}) \backslash \{b\}$ an, so folgt $|S_{n-1}((X \backslash \{a\}) \backslash \{b\})| = 1$.

Wegen Aufgabe (✎ 153) gilt $\exists z \in \mathcal{U} : S_{n-1}((X \backslash \{a\}) \backslash \{b\}) = \{z\}$. Wir wählen ein solches z und erhalten $z \in \{z\} = S_{n-1}((X \backslash \{a\}) \backslash \{b\})$.

Wegen $b \in X \backslash \{a\}$ und $z \in S_{n-1}((X \backslash \{a\}) \backslash \{b\})$ ist $z + f(b) \in S_{n-1}(X \backslash \{a\}) = \{s\}$. Daraus folgt $z + f(b) = s$.

Da wegen der Mengengleichheit $(X\backslash\{a\})\backslash\{b\} = (X\backslash\{b\})\backslash\{a\}$ auch die Mengengleichheit $\{z\} = S_{n-1}((X\backslash\{b\})\backslash\{a\})$ gilt, folgt entsprechend $z + f(a) = t$.
Insgesamt haben wir damit gezeigt:

$$u = s + f(a) = (z + f(b)) + f(a) = z + (f(b) + f(a))$$
$$= z + (f(a) + f(b)) = (z + f(a)) + f(b) = t + f(b) = v.$$

(✎ 163) ⋯⋯⋯⋯⋯⋯⋯⋯⋯⋯⋯⋯⋯⋯⋯⋯⋯⋯⋯⋯⋯⋯⋯⋯⋯⋯⋯⋯⋯⋯⋯⋯⋯

Zunächst zeigen wir für jedes $n \in \mathbb{N}_0$ und $X \in \mathcal{D}_{f,n}$ die Beziehung $S_{f,n}(X) = \{s_{f,n}(X)\}$. Nach Satz 3.37 ist $S_{f,n}(X)$ endlich und es gilt $|S_{f,n}(X)| = 1$. Mit Aufgabe (✎ 153) gilt dann $\exists u \in \mathcal{U} : S_{f,n}(X) = \{u\}$. Wir wählen ein solches u und finden somit $S_{f,n}(X) = \{u\}$. Wegen $S_{f,n} : \mathcal{D}_{f,n} \to \mathcal{P}(\mathbb{R})$ ist $\{u\} \in \mathcal{P}(\mathbb{R})$ und damit $\{u\} \subset \mathbb{R}$. Wegen $u \in \{u\}$ ist damit $u \in \mathbb{R}$. Da auch $u \in S_{f,n}(X)$ gilt, haben wir $u = (\underline{\text{das }} s \in \mathbb{R} : s \in S_{f,n}(X)) = s_{f,n}(X)$. Damit folgt $S_{f,n}(X) = \{s_{f,n}(X)\}$.
Sei nun $X \in \mathcal{D}_{f,0}$. Dann gilt gemäß der Rekursion $S_{f,0}(X) = \{0\}$. Somit gilt dann auch $0 \in S_{f,0}(X) = \{s_{f,0}(X)\}$. Insgesamt gilt also $0 = s_{f,0}(X)$.
Für $n \in \mathbb{N}_0$, $X \in \mathcal{D}_{f,n+1}$ und $x \in X$ können wir nach der Rekursionsbedingung benutzen, dass $S_{f,n+1}(X) = \{s + f(x) | x \in X, s \in S_{f,n}(X\backslash\{x\})\}$ gilt.
Außerdem zeigt man mit Satz 3.35, dass $X\backslash\{x\} \in \mathcal{D}_{f,n}$ gilt. Hieraus folgt weiter, dass $S_{f,n}(X\backslash\{x\}) = \{s_{f,n}(X\backslash\{x\})\}$ gilt, also gilt auch $s_{f,n}(X\backslash\{x\}) \in S_{f,n}(X\backslash\{x\})$.
Zusammengenommen erhalten wir nun $s_{f,n}(X\backslash\{x\}) + f(x) \in S_{f,n+1}(X) = \{s_{f,n+1}(X)\}$. Es gilt also $s_{f,n}(X\backslash\{x\}) + f(x) = s_{f,n+1}(X)$.

(✎ 164) ⋯⋯⋯⋯⋯⋯⋯⋯⋯⋯⋯⋯⋯⋯⋯⋯⋯⋯⋯⋯⋯⋯⋯⋯⋯⋯⋯⋯⋯⋯⋯⋯⋯

Zu zeigen sind $\sum_\emptyset f = 0$ und weiter $\sum_A f = (\sum_{A\backslash\{a\}} f) + f(a)$.
Nach Definition gilt $\sum_\emptyset f = s_{f,|\emptyset|}(\emptyset) = s_{f,0}(\emptyset)$. Mit Satz 3.38 folgt also $\sum_\emptyset f = 0$.
Mit Satz 3.35 zeigt man $|A\backslash\{a\}| = |A| - 1$. Nach Definition der Summe und Satz 3.38 folgt

$$\sum_A f = s_{f,|A|}(A) = s_{f,|A|-1}(A\backslash\{a\}) + f(a) = s_{f,|A\backslash\{a\}|}(A\backslash\{a\}) + f(a) = f(a) + \sum_{A\backslash\{a\}} f.$$

(✎ 165) ⋯⋯⋯⋯⋯⋯⋯⋯⋯⋯⋯⋯⋯⋯⋯⋯⋯⋯⋯⋯⋯⋯⋯⋯⋯⋯⋯⋯⋯⋯⋯⋯⋯

Sei $f : D \to \mathbb{R}$ und $d \in D$. Zu zeigen ist $\sum_{\{d\}} f = f(d)$.
Dazu zeigen wir $\{d\}\backslash\{d\} = \emptyset$, wobei nur die Inklusion $\{d\}\backslash\{d\} \subset \emptyset$ überprüft werden muss. Sei also $x \in \{d\}\backslash\{d\}$. Dann gilt $x \in \{d\}$ und $x \notin \{d\}$. Mit *Ex falso quodlibet* folgt $x \in \emptyset$.
Mit Aufgabe (✎ 164) folgt nun $\sum_{\{d\}} f = f(d) + \sum_\emptyset f = f(d) + 0 = f(d)$.

(✎ 166) ⋯⋯⋯⋯⋯⋯⋯⋯⋯⋯⋯⋯⋯⋯⋯⋯⋯⋯⋯⋯⋯⋯⋯⋯⋯⋯⋯⋯⋯⋯⋯⋯⋯

Sei $f : D \to \mathbb{R}$ und $\alpha \in \mathbb{R}$. Durch direkte Ausnutzung der Langform sieht man, dass $\mathcal{D}_{f,n} = \mathcal{D}_{\alpha \cdot f,n}$ für alle $n \in \mathbb{N}_0$ gilt.
Wir zeigen zunächst $\forall n \in \mathbb{N}_0 : \forall A \in \mathcal{D}_{f,n} : s_{\alpha \cdot f,n}(A) = \alpha \cdot s_{f,n}(A)$ durch vollständige Induktion.
Zum Nachweis des Induktionsanfangs sei $A \in \mathcal{D}_{f,0}$. Nach Satz 3.38 folgt die Gleichungskette $s_{\alpha \cdot f,0}(A) = 0 = \alpha \cdot 0 = \alpha \cdot s_{f,0}(A)$.
Zum Induktionsschritt sei $n \in \mathbb{N}_0$ gegeben und es gelte $\forall A \in \mathcal{D}_{f,n} : s_{\alpha \cdot f,n}(A) = \alpha \cdot s_{f,n}(A)$. Zu zeigen ist die entsprechende Aussage für $n + 1$.
Sei dazu $A \in \mathcal{D}_{f,n+1}$, sodass insbesondere $|A| = n + 1$ gilt. Wie in der Argumentation zu Aufgabe (✎ 280) folgt $n + 1 \in \mathbb{N}$ und mit Aufgabe (✎ 150) können wir ein $a \in A$ wählen. Nach Satz 3.38 gilt $s_{\alpha \cdot f,n+1}(A) = (\alpha \cdot f)(a) + s_{\alpha \cdot f,n}(A\backslash\{a\})$.
Mit der Induktionsvoraussetzung erhalten wir weiter $s_{\alpha \cdot f,n}(A\backslash\{a\}) = \alpha \cdot s_{f,n}(A\backslash\{a\})$ und damit $s_{\alpha \cdot f,n+1}(A) = \alpha \cdot (f(a) + s_{f,n}(A\backslash\{a\}))$.

Erneute Anwendung von Satz 3.38 liefert schließlich $s_{\alpha\cdot f,n+1}(A) = \alpha \cdot s_{f,n+1}(A)$.
Ist nun $A \subset D$ endlich, so folgt $\sum_A \alpha \cdot f = s_{\alpha\cdot f,|A|}(A) = \alpha \cdot s_{f,|A|}(A) = \alpha \cdot \sum_A f$.

. . . . (✎ 167)

Seien $f, g : D \to \mathbb{R}$. Durch Ausnutzung der Langform sieht man $\mathcal{D}_{f,n} = \mathcal{D}_{g,n} = \mathcal{D}_{f+g,n}$
für alle $n \in \mathbb{N}_0$.
Wir zeigen zunächst $\forall n \in \mathbb{N}_0 : \forall A \in \mathcal{D}_{f,n} : s_{f+g,n}(A) = s_{f,n}(A) + s_{g,n}(A)$ durch
vollständige Induktion.
Zum Nachweis des Induktionsanfangs sei $A \in \mathcal{D}_{f,0}$. Durch Anwendung von Satz 3.38
ergibt sich $s_{f+g,0}(A) = 0 = 0 + 0 = s_{f,0}(A) + s_{g,0}(A)$.
Zum Induktionsschritt sei $n \in \mathbb{N}_0$ mit $\forall A \in \mathcal{D}_{f,n} : s_{f+g,n}(A) = s_{f,n}(A) + s_{g,n}(A)$ gegeben.
Zu zeigen ist die entsprechende Für-alle-Aussage mit $n + 1$ anstelle von n.
Sei dazu $A \in \mathcal{D}_{f,n+1}$, sodass insbesondere $|A| = n + 1$ gilt. Wie in der Argumentation zu
Aufgabe (✎ 280) folgt $n + 1 \in \mathbb{N}$ und mit Aufgabe (✎ 150) können wir ein $a \in A$ wählen.
Nach Satz 3.38 gilt $s_{f+g,n+1}(A) = (f + g)(a) + s_{f+g,n}(A \backslash \{a\})$. Mit der Induktionsvoraus-
setzung erhalten wir weiter $s_{f+g,n}(A \backslash \{a\}) = s_{f,n}(A \backslash \{a\}) + s_{g,n}(A \backslash \{a\})$ und damit

$$s_{f+g,n+1}(A) = f(a) + s_{f,n}(A \backslash \{a\})) + g(a) + s_{g,n}(A \backslash \{a\})).$$

Erneute Anwendung von Satz 3.38 liefert schließlich $s_{f+g,n+1}(A) = s_{f,n+1}(A) + s_{g,n+1}(A)$.
Ist nun $A \subset D$ endlich, so folgt

$$\sum_A (f + g) = s_{f+g,|A|}(A) = s_{f,|A|}(A) + s_{g,|A|}(A) = \left(\sum_A f\right) + \left(\sum_A g\right).$$

. . . . (✎ 168)

Seien $f, g : D \to \mathbb{R}$ und $f \leq g$. Durch direkte Ausnutzung der Langform sieht man
$\mathcal{D}_{f,n} = \mathcal{D}_{g,n}$ für alle $n \in \mathbb{N}_0$.
Wir zeigen zunächst $\forall n \in \mathbb{N}_0 : \forall A \in \mathcal{D}_{f,n} : s_{f,n}(A) \leq s_{g,n}(A)$ durch Induktion.
Zum Nachweis des Induktionsanfangs sei $A \in \mathcal{D}_{f,0}$ gegeben. Nach Satz 3.38 erhalten wir
$s_{f,0}(A) = 0 \leq 0 = s_{g,0}(A)$.
Zum Induktionsschritt sei $n \in \mathbb{N}_0$ gegeben und es gelte $\forall A \in \mathcal{D}_{f,n} : s_{f,n}(A) \leq s_{g,n}(A)$.
Zu zeigen ist die entsprechende Aussage für $n + 1$.
Sei dazu $A \in \mathcal{D}_{\alpha\cdot f,n+1}$, sodass insbesondere $|A| = n + 1$ gilt. Wie in der Argumentation
zu Aufgabe (✎ 280) folgt $n + 1 \in \mathbb{N}$ und mit Aufgabe (✎ 150) können wir ein $a \in A$ wählen.
Nach Satz 3.38 gilt $s_{f,n+1}(A) = f(a) + s_{f,n}(A \backslash \{a\})$.
Mit der Induktionsvoraussetzung erhalten wir weiter $s_{f,n}(A \backslash \{a\}) \leq s_{g,n}(A \backslash \{a\})$ und
damit $s_{f,n+1}(A) \leq f(a) + s_{g,n}(A \backslash \{a\}) \leq g(a) + s_{g,n}(A \backslash \{a\})$.
Erneute Anwendung von Satz 3.38 liefert schließlich $s_{f,n+1}(A) \leq s_{g,n+1}(A)$.
Ist nun $A \subset D$ endlich, so folgt $\sum_A f = s_{f,|A|}(A) \leq s_{g,|A|}(A) = \sum_A g$.

. . . . (✎ 169)

Sei $f : D \to \mathbb{R}$ und $\varphi \in \text{Bij}(D, X)$. Wir zeigen zunächst, dass für alle $n \in \mathbb{N}_0$ und $A \in \mathcal{D}_{f,n}$
auch $\varphi[A] \in \mathcal{D}_{f\circ\varphi^{-1},n}$ gilt. Dazu sind $\varphi[A] \in \mathcal{E}_n$ und $\varphi[A] \in \text{Def}(f \circ \varphi^{-1})$ zu zeigen.
Wegen $A \in \mathcal{D}_{f,n}$ gelten $A \in \mathcal{E}_n$ und $A \subset \text{Def}(f) = D$. Insbesondere folgt $\text{Bij}(\mathbb{N}_{\leq n}, A) \neq \emptyset$
und mit Korollar 3.3 können wir eine Bijektion a in der Menge wählen.
Nach Aufgabe (✎ 132) gilt $\varphi|_A \in \text{Bij}(A, \varphi[A])$ und mit Aufgabe (✎ 127) folgt dann weiter
$\varphi|_A \circ a \in \text{Bij}(\mathbb{N}_{\leq n}, \varphi[A])$. Insbesondere ist $\varphi[A]$ endlich und $|\varphi[A]| = n$, also $\varphi[A] \in \mathcal{E}_n$.
Wegen $\varphi^{-1} : X \to D$ ist $f \circ \varphi^{-1} : X \to \mathbb{R}$ und damit $\text{Def}(f \circ \varphi^{-1}) = X$. Sei nun $y \in \varphi[A]$.
Zu zeigen ist $y \in X$.
Nach Definition von $\varphi[A]$ gilt $y \in \mathcal{U}$ und $\exists x \in A \cap \text{Def}(\varphi) : y = \varphi(x)$. Wir wählen ein
solches x. Wegen $x \in \text{Def}(\varphi)$ und $\varphi : D \to X$ ist $y = \varphi(x) \in X$.

Wir zeigen zunächst $\forall n \in \mathbb{N}_0 : \forall A \in \mathcal{D}_{f,n} : s_{f,n}(A) = s_{f \circ \varphi^{-1},n}(\varphi[A])$ durch vollständige Induktion.

Zum Nachweis des Induktionsanfangs sei $A \in \mathcal{D}_{f,0}$ gegeben. Nach Satz 3.38 folgt dann $s_{f,0}(A) = 0 = s_{f \circ \varphi^{-1},0}(\varphi[A])$.

Zum Induktionsschritt sei ein $n \in \mathbb{N}_0$ gegeben und es gelte die Induktionsvoraussetzung $\forall A \in \mathcal{D}_{f,n} : s_{f,n}(A) = s_{f \circ \varphi^{-1},n}(\varphi[A])$. Zu zeigen ist die entsprechende Aussage für $n+1$. Sei dazu $A \in \mathcal{D}_{f,n+1}$, sodass insbesondere $|A| = n+1$ gilt. Wie in der Argumentation zu Aufgabe (✎ 280) folgt $n+1 \in \mathbb{N}$ und mit Aufgabe (✎ 150) können wir ein $a \in A$ wählen. Nach Satz 3.38 gilt $s_{f,n+1}(A) = f(a) + s_{f,n}(A \setminus \{a\})$.

Weiter erhalten wir $s_{f,n}(A \setminus \{a\}) = s_{f \circ \varphi^{-1},n}(\varphi[A \setminus \{a\}])$ mit der Induktionsvoraussetzung. Mit den Aufgaben (✎ 118) und (✎ 104) gilt

$$\varphi[A \setminus \{a\}] = \varphi[A] \setminus \varphi[\{a\}] = \varphi[A] \setminus \{\varphi(a)\}.$$

Damit finden wir zunächst $s_{f \circ \varphi^{-1},n}(\varphi[A \setminus \{a\}]) = s_{f \circ \varphi^{-1},n}(\varphi[A] \setminus \{\varphi(a)\})$, und zusammen mit Satz 3.38 folgt

$$s_{f,n+1}(A) = f(a) + s_{f \circ \varphi^{-1},n}(\varphi[A \setminus \{a\}]) = (f \circ \varphi^{-1})(\varphi(a)) + s_{f \circ \varphi^{-1},n}(\varphi[A] \setminus \{\varphi(a)\}).$$

Erneute Anwendung von Satz 3.38 liefert schließlich $s_{f,n+1}(A) = s_{f \circ \varphi^{-1},n+1}(\varphi[A])$. Ist nun $A \subset D$ endlich, so folgt

$$\sum_A f = s_{f,|A|}(A) = s_{f \circ \varphi^{-1},|\varphi[A]|}(\varphi[A]) = \sum_{\varphi[A]} f \circ \varphi^{-1}.$$

(✎ 170) ....

Seien $A, B \subset X$ mit $A \cap B = \emptyset$ und sei $f : X \to \mathbb{R}$. Wir zeigen $\sum_{A \cup B} f = \sum_A f + \sum_B f$ durch Nachweis von $\forall n \in \mathbb{N}_0 : \forall B \in \mathcal{D}_{f,n} : (A \cap B = \emptyset) \Rightarrow \sum_{A \cup B} f = \sum_A f + \sum_B f$ mit vollständiger Induktion.

Zum Induktionsanfang $n = 0$ sei $B \in \mathcal{D}_{f,0}$ und $A \cap B = \emptyset$. Insbesondere gilt $|B| = 0$ und damit $B = \emptyset$. Wegen $A \cup B = A \cup \emptyset = A$ folgt nun

$$\sum_{A \cup B} f = \sum_A f = \sum_A f + 0 = \sum_A f + \sum_\emptyset f = \sum_A f + \sum_B f,$$

wobei wir Aufgabe (✎ 164) verwendet haben.

Zum Schritt sei $n \in \mathbb{N}_0$ mit $\forall B \in \mathcal{D}_{f,n} : (A \cap B = \emptyset) \Rightarrow \sum_{A \cup B} f = \sum_A f + \sum_B f$ gegeben. Zu zeigen ist die entsprechende Aussage für $n+1$ anstelle von n. Sei dazu $B \in \mathcal{D}_{f,n+1}$ gegeben mit $A \cap B = \emptyset$. Zu zeigen ist die Summenformel.

Wegen $B \in \mathcal{E}_{n+1}$ und $n+1 \in \mathbb{N}$ können wir mit Aufgabe (✎ 150) ein $b \in B$ wählen. Für b gilt dann auch $b \in A \cup B$ und mit Aufgabe (✎ 164) folgt $\sum_{A \cup B} f = \sum_{(A \cup B) \setminus \{b\}} f + f(b)$. Wir zeigen nun $(A \cup B) \setminus \{b\} = A \cup (B \setminus \{b\})$ durch zwei Inklusionen. Zunächst sei dazu $x \in (A \cup B) \setminus \{b\}$. Zu zeigen ist $x \in A \cup (B \setminus \{b\})$, also $x \in \mathcal{U}$ und $(x \in A) \vee (x \in (B \setminus \{b\}))$. Aus der Voraussetzung lesen wir $x \in A \cup B$ und $x \notin \{b\}$ ab. Insbesondere gilt $x \in \mathcal{U}$ und $(x \in A) \vee (x \in B)$.

Fall $x \in A$: Es gilt $(x \in A) \vee (x \in B \setminus \{b\})$.

Fall $x \in B$: Wegen $x \notin \{b\}$ gilt $x \in B \setminus \{b\}$ und daher $(x \in A) \vee (x \in B \setminus \{b\})$.

Für die umgekehrte Inklusion sei $x \in A \cup (B \setminus \{b\})$. Zu zeigen ist $x \in (A \cup B) \setminus \{b\}$. Aus der Voraussetzung lesen wir $x \in \mathcal{U}$ und $(x \in A) \vee (x \in B \setminus \{b\})$ ab.

Fall $x \in A$: Es gilt $x \in \mathcal{U}$ und $(x \in A) \vee (x \in B)$ und damit $x \in A \cup B$. Zum Nachweis von $x \notin \{b\}$ nehmen wir $x \in \{b\}$ an. Dann gilt $x = b$ und somit $b \in A$ und $b \in B$, also $b \in A \cap B = \emptyset$. ⨍ Insgesamt gilt also $x \in (A \cup B) \setminus \{b\}$.

Fall $x \in B\backslash\{b\}$: Es gilt $x \in B$ und $x \notin \{b\}$. Dann gilt aber auch $(x \in A) \vee (x \in B)$ und wegen $x \in \mathcal{U}$ somit $x \in A \cup B$. Insgesamt folgt $x \in (A \cup B)\backslash\{b\}$.

Mit Satz 3.35 finden wir $|B\backslash\{b\}| = |B| - 1 = n$. Außerdem gilt $A \cap (B\backslash\{b\}) = \emptyset$, wie man leicht durch einen indirekten Beweis aus $A \cap B = \emptyset$ folgert. Mit der Induktionsvoraussetzung folgt nun $\sum_{A \cup (B\backslash\{b\})} f = \sum_A f + \sum_{B\backslash\{b\}} f$. Außerdem folgt aus Aufgabe (✎ 164) die Beziehung $\sum_B f = \sum_{B\backslash\{b\}} f + f(b)$. Fügen wir die Gleichungen zusammen, so ergibt sich

$$\sum_{A \cup B} f = \sum_{(A \cup B)\backslash\{b\}} f + f(b) = \left(\sum_A f + \sum_{B\backslash\{b\}} f\right) + f(b) = \sum_A f + \sum_B f.$$

.... (✎ 171)

Sei $f : X \to \mathbb{R}$ und $U \subset X$. Durch direkte Ausnutzung der Langform sieht man, dass für jedes $n \in \mathbb{N}_0$ und jedes $A \in \mathcal{D}_{f|_U, n}$ auch $A \in \mathcal{D}_{f, n}$ gilt.

Wir zeigen zunächst $\forall n \in \mathbb{N}_0 : \forall A \in \mathcal{D}_{f|_U, n} : s_{f,n}(A) = s_{f|_U, n}(A)$ durch vollständige Induktion.

Zum Nachweis des Induktionsanfangs sei $A \in \mathcal{D}_{f|_U, 0}$ gegeben. Nach Satz 3.38 folgt $s_{f,0}(A) = 0 = s_{f|_U, 0}(A)$.

Zum Induktionsschritt sei $n \in \mathbb{N}_0$ gegeben und es gelte $\forall A \in \mathcal{D}_{f|_U, n} : s_{f,n}(A) = s_{f|_U, n}(A)$. Zu zeigen ist die entsprechende Aussage für $n + 1$.

Sei dazu $A \in \mathcal{D}_{f|_U, n+1}$, sodass insbesondere $|A| = n + 1$ gilt. Wie in der Argumentation zu Aufgabe (✎ 280) folgt $n + 1 \in \mathbb{N}$ und mit Aufgabe (✎ 150) können wir ein $a \in A$ wählen. Nach Satz 3.38 gilt $s_{f|_U, n+1}(A) = f|_U(a) + s_{f|_U, n}(A\backslash\{a\})$.

Mit der Induktionsvoraussetzung erhalten wir weiter $s_{f|_U, n}(A\backslash\{a\}) = s_{f,n}(A\backslash\{a\})$. Nun gilt aber $f|_U(a) = f(a)$ und damit $s_{f|_U, n+1}(A) = f(a) + s_{f,n}(A\backslash\{a\})$. Erneute Anwendung von Satz 3.38 liefert schließlich $s_{f|_U, n+1}(A) = s_{f, n+1}(A)$.

Ist nun $A \subset U$ endlich, so folgt $\sum_A f = s_{f, |A|}(A) = s_{f|_U, |A|}(A) = \sum_A f|_U$.

.... (✎ 172)

Seien $f : X \to \mathbb{R}$ und $g : Y \to \mathbb{R}$ und sei $A \subset X \cap Y$ endlich. Außerdem gelte $f|_A = g|_A$. Zu zeigen ist $\sum_A f = \sum_A g$.

Da für die endliche Menge $A \subset X$ und $A \subset A$ gilt, zeigt Aufgabe (✎ 163) $\sum_A f = \sum_A f|_A$. Entsprechend folgt $\sum_A g = \sum_A g|_A$. Ersetzung liefert das Ergebnis.

.... (✎ 173)

Wir definieren $\varphi : \mathbb{R} \to \mathbb{R}$, $x \mapsto 2 \cdot x$. Zu zeigen ist $\varphi \in \text{Bij}(\mathbb{R}, \mathbb{R})$.

Zum Nachweis verwenden wir $\psi : \mathbb{R} \to \mathbb{R}$, $x \mapsto x/2$ und Aufgabe (✎ 125), wozu nur $\forall x \in \mathbb{R} : (\psi(\varphi(x)) = x) \wedge (\varphi(\psi(x)) = x)$ zu zeigen ist. Sei dazu $x \in \mathbb{R}$. Dann gilt wie gewünscht $(2 \cdot x)/2 = x = 2 \cdot (x/2)$.

Insbesondere ist nun $\psi = \varphi^{-1}$, da Aufgabe (✎ 125) wie im Beweis von Aufgabe (✎ 127) erweitert werden kann: (✎ 282) Gelten nämlich beide Eigenschaften für f und g, dann ist g die Inverse von f.

Zum Nachweis von $\varphi[\mathbb{N}_{<m/2}] = G_{<m}$ sei $y \in \varphi[\mathbb{N}_{<m/2}]$. Zu zeigen ist $y \in G_{<m}$, also $y \in G = \{2 \cdot n | n \in \mathbb{N}\}$ und $y < m$.

Wegen $y \in \varphi[\mathbb{N}_{<m/2}]$ gilt $\exists x \in \mathbb{N}_{<m/2} \cap \mathbb{R} : y = \varphi(x)$. Wir wählen ein solches x. Dann ist $x \in \mathbb{N}$, $x < m/2$ und $y = 2 \cdot x$, also insbesondere $y < m$ und $\exists n \in \mathbb{N} : y = 2 \cdot n$. Aus der zweiten Aussage folgern wir $y \in \{2 \cdot n | n \in \mathbb{N}\} = G$, sodass insgesamt $y \in G_{<m}$ gilt.

Sei umgekehrt $y \in G_{<m}$. Zu zeigen ist $y \in \varphi[\mathbb{N}_{<m/2}]$. Nach Voraussetzung gilt $y \in G$ und $y < m$. Nach Definition von G folgt $\exists n \in \mathbb{N} : y = 2 \cdot n$. Wir wählen ein solches n und finden $2 \cdot n < m$, bzw. $n < m/2$. Damit gilt $\exists x \in \mathbb{N}_{<m/2} \cap \mathbb{R} : y = \varphi(x)$ und folglich $y \in \varphi[\mathbb{N}_{<m/2}]$.

Mit Aufgabe (✎ 169) und $f : \mathbb{R} \to \mathbb{R}$, $x \mapsto 4 \cdot x^2$ folgt $\sum_{\mathbb{N}_{<m/2}} f = \sum_{G_{<m}} f \circ \varphi^{-1}$.

Wir zeigen nun $f \circ \varphi^{-1} = q$ mit $q : \mathbb{R} \to \mathbb{R}$, $x \mapsto x^2$. Es gilt $\mathrm{Def}(f \circ \varphi^{-1}) = \mathbb{R} = \mathrm{Def}(q)$. Zum Nachweis von $\forall x \in \mathbb{R} : f \circ \varphi^{-1}(x) = q(x)$ sei $x \in \mathbb{R}$. Durch Einsetzen der Definitionen finden wir $f \circ \varphi^{-1}(x) = 4 \cdot \psi(x)^2 = 4 \cdot (x/2)^2 = 4 \cdot x^2/4 = x^2 = q(x)$.

Somit gilt $\sum_{\mathbb{N}_{<m/2}} f = \sum_{G_{<m}} q$ bzw. unter Verwendung der alternativen Schreibweise $\sum_{k \in \mathbb{N}_{<m/2}} 4 \cdot k^2 = \sum_{n \in G_{<m}} n^2$.

(✎ 174)
. . . .

Wir zeigen $\forall k \in \mathbb{N} : \sum_{i=1}^{k} i^2 = \frac{k \cdot (k+1) \cdot (2 \cdot k+1)}{6}$ mit vollständiger Induktion.

Zum Induktionsanfang müssen wir dabei $\sum_{i=1}^{1} i^2 = \frac{1 \cdot (1+1) \cdot (2 \cdot 1+1)}{6} = 1$ zeigen. Wegen $\sum_{i=1}^{1} i^2 = \sum_{\{1\}} f$ mit $f : \mathbb{R} \to \mathbb{R}$, $x \to x^2$ gilt wegen Aufgabe (✎ 165) die Gleichungskette $\sum_{\{1\}} f = f(1) = 1^2 = 1$.

Zum Induktionsschritt sei $k \in \mathbb{N}$ gegeben und es gelte $\sum_{i=1}^{k} i^2 = \frac{k \cdot (k+1) \cdot (2 \cdot k+1)}{6}$. Zu zeigen ist die entsprechende Aussage für $k+1$.

Nun ist $\sum_{i=1}^{k+1} i^2 = \sum_{\mathbb{N}_{\leq k+1}} f$, und unter Verwendung von Aufgabe (✎ 164) folgt außerdem $\sum_{\mathbb{N}_{\leq k+1}} f = f(k+1) + \sum_{\mathbb{N}_{\leq k+1} \setminus \{k+1\}} f$. Wegen $\mathbb{N}_{\leq k+1} \setminus \{k+1\} = \mathbb{N}_{<k+1} = \mathbb{N}_{\leq k}$ können wir die Induktionsvoraussetzung verwenden und erhalten $\sum_{\mathbb{N}_{\leq k+1} \setminus \{k+1\}} f = \frac{k \cdot (k+1) \cdot (2 \cdot k+1)}{6}$. Zusammen gilt also

$$\sum_{i=1}^{k+1} i^2 = (k+1)^2 + \frac{k \cdot (k+1) \cdot (2 \cdot k+1)}{6} = \frac{1}{6} \cdot (k+1) \cdot (6 \cdot (k+1) + k \cdot (2 \cdot k+1)).$$

Außerdem ist $6 \cdot (k+1) + k \cdot (2 \cdot k+1) = 7 \cdot k + 2 \cdot k^2 + 6$ und $(k+2) \cdot (2 \cdot (k+1)+1) = 2 \cdot k^2 + 7 \cdot k + 6$, also insgesamt

$$\sum_{i=1}^{k+1} i^2 = \frac{(k+1) \cdot ((k+1)+1) \cdot (2 \cdot (k+1)+1)}{6}.$$

(✎ 175)
. . . .

Wir zeigen mit vollständiger Induktion $\forall k \in \mathbb{N} : \sum_{i=1}^{k} i = \frac{k \cdot (k+1)}{2}$.

Zum Induktionsanfang müssen wir $\sum_{i=1}^{1} i = \frac{1 \cdot (1+1)}{2} = 1$ zeigen. Wegen $\sum_{i=1}^{1} i = \sum_{\{1\}} f$ mit $f : \mathbb{R} \to \mathbb{R}$, $x \to x$ gilt wegen Aufgabe (✎ 165) $\sum_{\{1\}} f = f(1) = 1$.

Zum Induktionsschritt sei $k \in \mathbb{N}$ mit $\sum_{i=1}^{k} i = \frac{k \cdot (k+1)}{2}$ gegeben. Zu zeigen ist die entsprechende Aussage für $k+1$. Nun ist $\sum_{i=1}^{k+1} i = \sum_{\mathbb{N}_{\leq k+1}} f$ und mit Aufgabe (✎ 164) gilt $\sum_{\mathbb{N}_{\leq k+1}} f = f(k+1) + \sum_{\mathbb{N}_{\leq k+1} \setminus \{k+1\}} f$. Wegen $\mathbb{N}_{\leq k+1} \setminus \{k+1\} = \mathbb{N}_{<k+1} = \mathbb{N}_{\leq k}$ können wir die Induktionsvor. verwenden und erhalten $\sum_{\mathbb{N}_{\leq k+1} \setminus \{k+1\}} f = \frac{k \cdot (k+1)}{2}$. Es folgt

$$\sum_{i=1}^{k+1} i = k + 1 + \frac{k \cdot (k+1)}{2} = \frac{1}{2} \cdot (k+1) \cdot (k+2) = \frac{(k+1) \cdot ((k+1)+1)}{2}.$$

(✎ 176)
. . . .

Es gelte $k \leq m < n$ für $k, m, n \in \mathbb{Z}$. Wir definieren $A := \{z \in \mathbb{Z} : k \leq z \wedge z \leq m\}$, $B := \{z \in \mathbb{Z} : m < z \wedge z \leq n\}$ und $D := \{z \in \mathbb{Z} : k \leq z \wedge z \leq n\}$. Die zu zeigende Aussage lautet dann in äquivalenter Schreibweise $\sum_D a = \sum_A a + \sum_B a$, und sie folgt aus Aufgabe (✎ 170), sobald wir $A \cup B = D$ und $A \cap B = \emptyset$ gezeigt haben.

Wir zeigen indirekt, dass der Schnitt leer ist, und nehmen $A \cap B \neq \emptyset$ an. Mit Korollar 3.3 können wir ein $x \in A \cap B$ wählen. Dann folgt $x \leq m$ und $m < x$, also insgesamt $x < x$. ⚡ Die Mengengleichheit $A \cup B = D$ zeigen wir mit zwei Inklusionen und beginnen mit $x \in A \cup B$. Zu zeigen ist $x \in D$. Nach Voraussetzung gilt $(x \in A) \vee (x \in B)$.

Fall $x \in A$: Es gilt $x \in \mathbb{Z}$, $k \leq x$ und $x \leq m$. Wegen $m < n$ gilt also auch $x \leq n$ und deshalb $x \in D$.

Fall $x \in B$: Es gilt $x \in \mathbb{Z}$, $m < x$ und $x \leq n$. Wegen $k \leq m$ gilt also auch $k \leq x$ und damit $x \in D$.

Für die umgekehrte Inklusion sei $x \in D$. Zu zeigen ist $x \in A \cup B$, also $x \in \mathcal{U}$ und $(x \in A) \vee (x \in B)$. Wegen $x \in D$ gilt $x \in \mathbb{Z}$, $k \leq x$ und $x \leq n$. Aufgabe (✎ 53) zeigt $x \in \mathcal{U}$.

Mit *Tertium non datur* können wir folgende Fallunterscheidung machen:

Fall $(x \leq m)$: Es gilt $x \in \mathbb{Z}$, $k \leq x$ und $x \leq m$, also $x \in A$. Daraus folgt $(x \in A) \vee (x \in B)$.

Fall $\neg(x \leq m)$: Da $\neg(x \leq m)$ äquivalent zu $m < x$ ist, gilt $x \in \mathbb{Z}$, $m < x$ und $x \leq n$, also $x \in B$. Daraus folgt $(x \in A) \vee (x \in B)$.

Insgesamt gilt also auch die umgekehrte Inklusion.

.... (✎ 177)

Seien $k, m, n \in \mathbb{Z}$ mit $k \leq m$. Wir definieren die Mengen $A := \{z \in \mathbb{Z} : k \leq z \wedge z \leq m\}$, $B := \{z \in \mathbb{Z} : k+n \leq z \wedge z \leq m+n\}$. Die zu zeigende Aussage lautet dann in äquivalenter Schreibweise $\sum_{i \in A} a(i) = \sum_{j \in B} a(j-n)$ und sie folgt aus Aufgabe (✎ 169), wenn wir B in der Form $\varphi[A]$ darstellen mit $\varphi \in \mathrm{Bij}(\mathbb{Z}, \mathbb{Z})$ und $\varphi^{-1}(j) = j - n$.

Wir definieren $\varphi : \mathbb{Z} \to \mathbb{Z}$, $i \mapsto i+n$ und $\psi : \mathbb{Z} \to \mathbb{Z}$, $j \mapsto j-n$. Die Bijektivität von φ folgt aus Aufgabe (✎ 125), wenn wir $\forall z \in \mathbb{Z} : (\psi(\varphi(z)) = z) \wedge (\varphi(\psi(z)) = z)$ gezeigt haben. Sei dazu $z \in \mathbb{Z}$. Dann gilt wie gewünscht $\psi(\varphi(z)) = (z-n) + n = z = (z+n) - n = \varphi(\psi(n))$. Mit Aufgabe (✎ 282) folgt $\psi = \varphi^{-1}$.

Zum Nachweis von $\varphi[A] = B$ sei $y \in \varphi[A]$. Zu zeigen ist $y \in B$, also $y \in \mathbb{Z}$, $k+n \leq y$ und $y \leq m+n$. Wegen $y \in \varphi[A]$ gilt $\exists x \in A \cap \mathbb{Z} : y = \varphi(x)$. Wir wählen ein solches x. Dann ist $x \in \mathbb{Z}$, $k \leq x$, $x \leq m$ und $y = x+n$, also insbesondere $y \in \mathbb{Z}$, $k+n \leq x+n = y$ und $y = x + n \leq m + n$.

Sei umgekehrt $y \in B$. Zu zeigen ist $y \in \varphi[A]$. Nach Voraussetzung gilt $y \in \mathbb{Z}$ und $k+n \leq y$ und $y \leq m + n$. Insbesondere ist $k \leq y - n$ und $y - n \leq m$, sodass $x := y - n \in A$ gilt. Außerdem ist $\varphi(x) = x + n = y$. Damit gilt $\exists x \in A \cap \mathbb{Z} : y = \varphi(x)$, und folglich $y \in \varphi[A]$. Mit Aufgabe (✎ 169) und $a : \mathbb{Z} \to \mathbb{R}$ folgt $\sum_A a = \sum_{\varphi[A]} a \circ \varphi^{-1} = \sum_{j \in B} a(\varphi^{-1}(j)) = \sum_{j \in B} a(j-n)$.

.... (✎ 178)

Wie im Fall der Addition beginnen wir mit der Hilfsaussage

$$\forall n \in \mathbb{Z}_{\geq m} : \forall k \in (\mathbb{Z}_{\geq m})_{\leq n} : \forall X \in \mathcal{D}_k : |P_{f,k}(X)| = 1. \qquad (\mathrm{E}.2)$$

Beweis. Zum Induktionsanfang zeigen wir

$$\forall k \in (\mathbb{Z}_{\geq m})_{\leq n} : \forall X \in \mathcal{D}_k : |P_{f,k}(X)| = 1.$$

Sei also $k \in (\mathbb{Z}_{\geq m})_{\leq m}$ und $X \in \mathcal{D}_{f,k}$ gegeben. Zu zeigen ist $|P_{f,k}(X)| = 1$.

Wir zeigen zunächst $(\mathbb{Z}_{\geq m})_{\leq m} = \{m\}$ und beginnen dazu mit „$\supset$". Sei dazu $x \in \{m\}$. Zu zeigen ist $x \in (\mathbb{Z}_{\geq m})_{\leq m}$, also in Langform $x \in \mathbb{Z}$, $x \geq m$ und $x \leq m$.

Wegen Aufgabe (✎ 66) ist $x = m$ und damit $x \leq m$ und $x \geq m$. Wegen $m \in \mathbb{N}_0 \subset \mathbb{Z}$ gilt auch $m \in \mathbb{Z}$.

Für „$\subset$" sei $x \in (\mathbb{Z}_{\geq m})_{\leq m}$ gegeben. Zu zeigen ist $x \in \{m\}$, also $x = m$.

Nach Voraussetzung gilt $x \in \mathbb{Z}_{\geq m}$ und $x \leq m$. Aus $x \in \mathbb{Z}_{\geq m}$ folgt nach Definition $x \in \mathbb{Z}$ und $x \geq m$. Wegen $x \leq m$ und $m \leq x$ folgt $x = m$.

Wegen $k \in (\mathbb{Z}_{\geq m})_{\leq m} = \{m\}$ folgt nun $k = m$ und $X \in \mathcal{D}_{f,m}$. Insbesondere ist $P_{f,m}(X)$ einelementig und damit endlich. Außerdem gilt nach Satz 3.34 $|P_{f,m}(X)| = 1$.

Zum Induktionsschritt sei nun $n \in \mathbb{Z}_{\geq m}$ gegeben und es gelte die Induktionsvoraussetzung

$$\forall k \in (\mathbb{Z}_{\geq m})_{\leq n} : \forall X \in \mathcal{D}_k : |P_{f,k}(X)| = 1.$$

Zu zeigen ist die entsprechende Aussage für $n + 1$. Sei dazu $k \in (\mathbb{Z}_{\geq m})_{\leq n+1}$.

Wegen *Tertium non datur* gilt $(k \leq n) \vee \neg (k \leq n)$ und wir können eine Fallunterscheidung durchführen.

Fall $k \leq n$: Anwendung der Induktionsvoraussetzung zeigt, dass $P_{f,k}(X)$ endlich ist und $|P_{f,k}(X)| = 1$ gilt.

Fall $\neg (k \leq n)$: Es gilt $k > n$ und $k \in \mathbb{Z}$ und damit $k = n + 1$, sodass $X \in \mathcal{D}_{f,n+1}$ gilt. Zum Nachweis von $\exists x \in \mathcal{U} : x \in P_{f,n+1}(X)$ müssen wir ein Element in der Menge $P_{f,n+1}(X) = \{p(f(x), s) | (x, s) \in X \times P_{f,n}(X \setminus \{x\})\}$ finden.

Dazu benötigen wir zunächst ein Element aus X. Wir wissen $X \in \mathcal{D}_{f,n+1}$ und damit $X \in \mathcal{E}_{n+1}$. Wegen $n \in \mathbb{Z}_{\geq m}$ und $m \geq 0$ ist $n + 1 \geq m + 1 \geq 1$. Wegen $\mathbb{Z}_{\geq 1} = \mathbb{N}$ ist also $|X| = n + 1 \in \mathbb{N}$ und Aufgabe (✎ 150) liefert die Existenzaussage $\exists x \in \mathcal{U} : x \in X$. Wir wählen ein solches x.

Mit Satz 3.35 folgt, dass $X \setminus \{x\}$ ebenfalls eine endliche Menge mit $|X \setminus \{x\}| = |X| - 1 = n$ ist. Außerdem ist $X \setminus \{x\}$ nach Definition der Mengendifferenz eine Teilmenge von X. Wegen $X \subset \mathrm{Def}(f)$ folgt insgesamt $X \setminus \{x\} \in \mathcal{D}_{f,n}$.

Mit der Induktionsvor. für $k = n$ folgt $|P_{f,n}(X \setminus \{x\})| = 1$. Wegen Aufgabe (✎ 153) gilt $\exists s \in \mathcal{U} : P_{f,n}(X \setminus \{x\}) = \{s\}$. Wir wählen ein solches s und erhalten $s \in \{s\} = P_{f,n}(X \setminus \{x\})$. Insbesondere gilt dann $\exists (u, t) \in X \times P_{f,n}(X \setminus \{u\}) : p(f(x), s) = p(f(u), t)$ und damit $p(f(x), s) \in \{p(f(u), t) | (u, t) \in X \times P_{f,n}(X \setminus \{u\})\} = P_{f,n+1}(X)$. Daraus folgt insbesondere $\exists v \in \mathcal{U} : v \in P_{f,n+1}(X)$.

Zum Nachweis der Eindeutigkeit seien nun $u, v \in P_{f,n+1}(X)$. Dann gibt es Elemente $(a, s) \in X \times P_{f,n}(X \setminus \{a\})$ und $(b, t) \in X \times P_{f,n}(X \setminus \{b\})$, für die $u = p(f(a), s)$ und $v = p(f(b), t)$ gelten. Insbesondere ist damit $a \in X$ und $b \in X$ sowie $s \in P_{f,n}(X \setminus \{a\})$ und $t \in P_{f,n}(X \setminus \{b\})$.

Mit *Tertium non datur* gilt $(a = b) \vee (a \neq b)$.

Fall $a = b$: Es gilt $u = p(f(a), s)$ und $v = p(f(a), t)$ mit $t, s \in P_{f,n}(X \setminus \{a\})$. Da weiter $X \setminus \{a\} \in \mathcal{D}_{f,n}$ gilt, folgt mit der Induktionsvoraussetzung $|P_{f,n}(X \setminus \{a\})| = 1$. Wegen Aufgabe (✎ 153) gilt $\exists w \in \mathcal{U} : P_{f,n}(X \setminus \{x\}) = \{w\}$. Wir wählen ein solches w und finden so $s, t \in \{w\}$ und damit $s = w = t$.

Daraus folgt $u = p(f(a), s) = p(f(a), t) = v$.

Fall $a \neq b$: Wegen $a \in X$ folgt mit Satz 3.35 $|X \setminus \{a\}| = |X| - 1 = n$ und daher gilt $X \setminus \{a\} \in \mathcal{D}_{f,n}$. Mit der Induktionsvor. folgt $|P_{f,n}(X \setminus \{a\})| = 1$. Wegen Aufgabe (✎ 153) gilt $\exists c \in \mathcal{U} : P_{f,n}(X \setminus \{a\}) = \{c\}$. Wir wählen ein solches c und erhalten $\{c\} = P_{f,n}(X \setminus \{a\})$. Wegen $s \in P_{f,n}(X \setminus \{a\})$ folgt somit $P_{f,n}(X \setminus \{a\}) = \{s\}$.

Genauso zeigen wir $X \setminus \{b\} \in \mathcal{D}_{f,n}$ und $P_{f,n}(X \setminus \{b\}) = \{t\}$.

Um $b \in X \setminus \{a\}$ zu zeigen, müssen wir nur $b \notin \{a\}$ nachweisen, da $b \in X$ bereits gilt. In einem Widerspruchsbeweis nehmen wir $b \in \{a\}$ an. Dann gilt $b = a$ im Widerspruch zu $a \neq b$. ⚡ Genauso zeigen wir $a \in X \setminus \{b\}$.

Eine Wiederholung des obigen Arguments mit $X \setminus \{a\}$ anstelle von X und b anstelle von a ergibt $(X \setminus \{a\}) \setminus \{b\} \in \mathcal{D}_{f,n-1}$. Entsprechend sieht man $(X \setminus \{b\}) \setminus \{a\} \in \mathcal{D}_{f,n-1}$.

Außerdem gilt $(X \setminus \{a\}) \setminus \{b\} = (X \setminus \{b\}) \setminus \{a\}$. Zum Nachweis sei $x \in (X \setminus \{a\}) \setminus \{b\}$. Dann gilt $x \in X$ und $x \notin \{a\}$ und $x \notin \{b\}$, woraus $x \in (X \setminus \{b\}) \setminus \{a\}$ folgt. Die umgekehrte Inklusion zeigt man in gleicher Weise.

Wenden wir nun die Induktionsvoraussetzung auf $k = n - 1$ und $(X \setminus \{a\}) \setminus \{b\}$ an, so folgt $|P_{f,n-1}((X \setminus \{a\}) \setminus \{b\})| = 1$.

Wegen Aufgabe (✎ 153) gilt $\exists z \in \mathcal{U} : P_{f,n-1}((X \setminus \{a\}) \setminus \{b\}) = \{z\}$. Wir wählen ein solches z und erhalten $z \in \{z\} = P_{f,n-1}((X \setminus \{a\}) \setminus \{b\})$.

Wegen $b \in X \setminus \{a\}$ und $z \in P_{f,n-1}((X \setminus \{a\}) \setminus \{b\})$ ist $p(f(b), z) \in P_{f,n-1}(X \setminus \{a\}) = \{s\}$. Daraus folgt $p(f(b), z) = s$.

Da wegen der Mengengleichheit $(X \setminus \{a\}) \setminus \{b\} = (X \setminus \{b\}) \setminus \{a\}$ auch die Mengengleichheit $\{z\} = P_{f,n-1}((X \setminus \{b\}) \setminus \{a\})$ gilt, folgt entsprechend $p(f(a), z) = t$. Insgesamt haben wir damit gezeigt:

$$u = p(f(a), s) = p(f(a), p(f(b), z)) = p(p(f(a), f(b)), z)$$
$$= p(p(f(b), f(a), z) = p(f(b), p(f(a), z)) = p(f(b), t) = v.$$

In beiden Fällen gilt also $u = v$ und damit haben wir insgesamt $\exists! v \in \mathcal{U} : v \in P_{f,n+1}(X)$ gezeigt. Die Aufgaben (✎ 99) und (✎ 153) zeigen nun, dass $P_{f,n+1}(X)$ endlich ist und $|P_{f,n+1}(X)| = 1$ gilt. Damit ist der Induktionsschritt abgeschlossen und das Lemma bewiesen. □

Mit dieser Hilfsaussage zeigen wir den nachfolgenden Satz.

Satz E.1 *Sei $f : X \to Y$ eine Funktion. Dann gilt für jedes $n \in \mathbb{Z}_{\geq m}$: Ist $A \in \mathcal{D}_{f,n}$, dann ist $|P_{f,n}(X)| = 1$.*

Beweis. Sei $n \in \mathbb{Z}_{\geq m}$ gegeben und sei $A \in \mathcal{D}_{f,n}$. Wir wenden das Lemma an auf n, $k := n$ und A. Dann folgt $P_{f,n}(X)$ endlich und $|P_{f,n}(X)| = 1$. □

Mit diesem Satz ist die Schreibregel für <u>das</u> $y \in Y : y \in P_{f,n}(A)$ erfüllt, wenn $A \in \mathcal{D}_{f,n}$ gilt.

. . . . (✎ 179)

Zum Nachweis der Reflexivität müssen wir $\forall a \in \mathbb{N}^2 : a \simeq a$ zeigen. Sei dazu $a \in \mathbb{N}^2$. Zu zeigen ist $a \simeq a$ bzw. $a_1 \cdot a_2 = a_2 \cdot a_1$. Dies folgt sofort durch Ausnutzung der Kommutativität der Multiplikation.
Zum Nachweis der Symmetrie müssen wir $\forall a, b \in \mathbb{N}^2 : a \simeq b \Rightarrow b \simeq a$ zeigen. Seien dazu $a, b \in \mathbb{N}^2$ mit $a \simeq b$. Zu zeigen ist $b \simeq a$, also $b_1 \cdot a_2 = b_2 \cdot a_1$.
Wegen $a \simeq b$ wissen wir, dass $a_1 \cdot b_2 = a_2 \cdot b_1$ gilt. Zweimaliges Anwenden der Kommutativität der Multiplikation liefert das Ergebnis.

. . . . (✎ 180)

Zum Nachweis von $x \in [x]_\sim$ benutzen wir die Langform $[x]_\sim = \{y \in X : y \sim x\}$. Es sind also $x \in X$ und $x \sim x$ zu zeigen. Die erste Annahme folgt aus der Voraussetzung, die zweite aus der Reflexivität von $\sim$.
Zum Nachweis von $(x \sim y) \Leftrightarrow ([x]_\sim = [y]_\sim)$ zeigen wir zwei Implikationen. Wir beginnen mit der Annahme $x \sim y$. Zum Nachweis der Mengengleichheit zeigen wir zunächst, dass für beliebige $u, v \in X$ mit $u \sim v$ auch $[u]_\sim \subset [v]_\sim$ gilt. Sei dazu $y \in [u]_\sim$. Zu zeigen ist $y \in [v]_\sim$. Mit der Langform ist dazu $y \in X$ und $y \sim v$ zu zeigen.
Wegen $y \in [u]_\sim$ folgt entsprechend $y \in X$ und $y \sim u$. Wegen $u \sim v$ folgt dann mit der Transitivität $y \sim v$.
Wenden wir die Aussage mit x, y anstelle von u, v an, so folgt $[x]_\sim \subset [y]_\sim$. Angewendet mit y, x anstelle von u, v ergibt $[y]_\sim \subset [x]_\sim$ und damit die Mengengleichheit. Beachte, dass wir bei der zweiten Anwendung die Symmetrie von $\sim$ benutzen, um die Voraussetzung $y \sim x$ zu zeigen.
Für die umgekehrte Implikation sei $[x]_\sim = [y]_\sim$. Zu zeigen ist $x \sim y$. Aus dem ersten Aussagenteil folgt $x \in [x]_\sim = [y]_\sim$ und mit der Langform zu $[y]_\sim$ folgt $x \sim y$.

. . . . (✎ 181)

Um die $\simeq$-Äquivalenzklassen zum Punkt (p, q) zu zeichnen, formulieren wir die Bedingung $x \in [(p, q)]_\simeq$ etwas um:
Mit der Langform folgt $(p, q) \in \mathbb{N}^2$ und $x \simeq (p, q)$, was wiederum auf $x_1 \cdot q = x_2 \cdot p$ führt. Aufgelöst nach x_2 ergibt dies $x_2 = (q/p) \cdot x_1$ mit $x_1, x_2 \in \mathbb{N}$.

Die Punkte der Äquivalenzklasse sind also alle Punkte auf einer Ursprungsgeraden im
ersten Quadranten mit ganzzahligen Koordinaten.

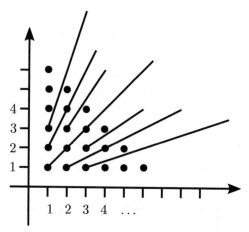

Beachte, dass die Linien selbst nicht zu den Äquivalenzklassen gehören, sondern nur die
Richtung zum nächsten ganzzahligen Punkt zeigen. In jeder Äquivalenzklasse finden wir
unendlich viele Punkte (in der Skizze sind nur die allerersten davon eingezeichnet).

(✎ 182) ....

Zum Nachweis von $\bigcup(X/_\sim) = X$ zeigen wir zwei Inklusionen. Zunächst beginnen wir mit
$u \in \bigcup(X/_\sim)$. Zu zeigen ist $u \in X$. Mit der Langform folgt $u \in \mathcal{U}$ und $\exists A \in X/_\sim : u \in A$.
Wählen wir ein solches A, so können wir nach Definition der Quotientenmenge $x \in X$
wählen mit $A = [x]_\sim$. Wegen $u \in A$ folgt nun mit der Langform $u \in X$.
Für die umgekehrte Implikation sei $u \in X$. Zu zeigen ist $u \in \bigcup(X/_\sim)$, wozu $u \in \mathcal{U}$ und
$\exists A \in X/_\sim : u \in A$ zu zeigen ist. Wegen Axiom 1.4 folgt $X \subset \mathcal{U}$ und damit $u \in \mathcal{U}$. Weiter
setzen wir $A := [u]_\sim$. Dann ist $u \in [u]_\sim = A$ wegen Aufgabe (✎ 180). Außerdem gilt
$A = [u]_\sim \in X/_\sim$.

(✎ 183) ....

Die feinste Zerlegung auf X wird durch die Äquivalenzrelation $(a \in X) \sim_f (b \in X) :\Leftrightarrow$
$a = b$ erzeugt. Hier gilt für die Äquivalenzklassen $\forall x \in X : [x]_{\sim_f} = \{x\}$. Zum Nachweis sei
$x \in X$ gegeben. Zu zeigen ist $[x]_{\sim_f} = \{x\}$. Wir beginnen den Nachweis mit der Inklusion
$[x]_{\sim_f} \subset \{x\}$. Sei dazu $a \in [x]_{\sim_f}$. Zu zeigen ist $a \in \{x\}$, also $a = x$. Aus der Voraussetzung
folgt $a \in X$ und $a \sim_f x$, was gerade $a = x$ bedeutet.
Für die umgekehrte Implikation sei $a \in \{x\}$ gegeben. Zu zeigen ist $a \in [x]_{\sim_f}$, also $a \in X$
und $a \sim_f x$, d. h. $a = x$. Da $a = x$ wegen $a \in \{x\}$ gilt und $x \in X$ vorausgesetzt war,
haben wir unser Ziel erreicht.

Die gröbste Zerlegung auf X wird durch die Äquivalenzrelation $(a \in X) \sim_g (b \in X) :\Leftrightarrow$
$a = a$ erzeugt (die Äquivalenzeigenschaften sind sehr leicht nachzuweisen, da die ab-
gekürzte Aussage für jedes Element wahr ist). Hier gilt dann für die Äquivalenzklassen
$\forall x \in X : [x]_{\sim_g} = X$. Zum Nachweis sei $x \in X$ gegeben. Zu zeigen ist $[x]_{\sim_g} = X$. Wir
beginnen den Nachweis mit der Inklusion $[x]_{\sim_g} \subset X$. Sei dazu $a \in [x]_{\sim_g}$. Zu zeigen ist
$a \in X$, was aus der Langform zu $a \in [x]_{\sim_g}$ folgt.
Für die umgekehrte Implikation sei $a \in X$ gegeben. Zu zeigen ist $a \in [x]_{\sim_g}$, also $a \in X$
und $a \sim_g x$, was wegen $a = a$ gilt.

....

(✎ 184)

Wir beginnen mit dem Nachweis, dass $\sim$ eine Äquivalenzrelation auf X ist. Zum Nachweis der Reflexivität sei $x \in X$. Zu zeigen ist $x \sim x$, also $\exists U \in \mathcal{Z} : (x \in U) \wedge (x \in U)$. Da $\mathcal{Z}$ eine disjunkte Zerlegung von X ist, gilt insbesondere $\bigcup \mathcal{Z} = X$ und damit $x \in \bigcup \mathcal{Z}$. Damit gilt $\exists U \in \mathcal{Z} : x \in U$ und wir wählen ein solches U. Insbesondere gilt dann auch $(x \in U) \wedge (x \in U)$.

Zum Nachweis der Symmetrie gehen wir von $x, y \in X$ aus mit $x \sim y$. Zu zeigen ist $y \sim x$, also $\exists U \in \mathcal{Z} : (y \in U) \wedge (x \in U)$. Wir wissen aus der Voraussetzung, dass $\exists U \in \mathcal{Z} : (x \in U) \wedge (y \in U)$ gilt. Wählen wir ein solches U, dann gilt $x \in U$ und $y \in U$ und somit auch $(y \in U) \wedge (x \in U)$.

Zum Nachweis der Transitivität seien $x, y, z \in X$ und es gelte $x \sim y$ und $y \sim z$. Zu zeigen ist $x \sim z$, also $\exists U \in \mathcal{Z} : (x \in U) \wedge (z \in U)$.

Mit der Voraussetzung können wir $U, V \in \mathcal{Z}$ wählen mit $x \in U$, $y \in U$, $y \in V$ und $z \in V$. Zum Nachweis von $U = V$ nehmen wir in einem indirekten Beweis das Gegenteil an und zeigen einen Widerspruch. Wegen $y \in U$ und $y \in V$ gilt $U \cap V \neq \emptyset$. Da $\mathcal{Z}$ eine disjunkte Zerlegung ist, gilt für $U, V \in \mathcal{Z}$ mit $U \neq V$, dass U und V disjunkt sind, dass also $U \cap V = \emptyset$ gilt. ⚡

Insgesamt haben wir also ein $U \in \mathcal{Z}$ gefunden mit $(x \in U) \wedge (z \in U)$. □

Den Nachweis von $X/\!\sim\, = \mathcal{Z}$ führen wir mit zwei Inklusionen. Wir beginnen mit $A \in X/\!\sim$. Zu zeigen ist $A \in \mathcal{Z}$. Wegen $A \in X/\!\sim$ können wir ein $x \in X$ wählen mit $A = [x]_\sim$. Wegen $x \sim x$ gilt $\exists U \in \mathcal{Z} : (x \in U) \wedge (x \in U)$. Wir wählen ein solches U, sodass $U \in \mathcal{Z}$ und $x \in U$ gilt. Wir zeigen nun $U = A$ durch zwei Inklusionen, woraus dann $A \in \mathcal{Z}$ folgt.

Sei also $a \in A$. Zu zeigen ist $a \in U$. Mit der Langform von $A = [x]_\sim$ folgt $a \in X$ und $a \sim x$, was wiederum auf $\exists V \in \mathcal{Z} : (a \in V) \wedge (x \in V)$ führt. Wir wählen ein solches V, sodass $a \in V$, $x \in V$ und $x \in U$ gilt.

> 💭 Eine ähnliche Situation hatten wir bereits im Transitivitätsbeweis. Es lohnt sich also ein Lemma zu zeigen und dies dem Beweis insgesamt voranzustellen.

Lemma. Sei $\mathcal{Z}$ eine disjunkte Zerlegung und seien $U, V \in \mathcal{Z}$. Gilt $x \in U$ und $x \in V$ für ein Element x, dann gilt $U = V$.

Beweis. Zum Nachweis von $U = V$ nehmen wir in einem indirekten Beweis das Gegenteil an und zeigen einen Widerspruch. Wegen $x \in U$ und $x \in V$ gilt $U \cap V \neq \emptyset$. Da $\mathcal{Z}$ eine disjunkte Zerlegung ist, gilt für $U, V \in \mathcal{Z}$ mit $U \neq V$, dass U und V disjunkt sind, dass also $U \cap V = \emptyset$ gilt. ⚡ □

Wenden wir das Lemma in der laufenden Argumentation an, so folgt $U = V$ und damit $a \in U$.

Für die umgekehrte Inklusion gehen wir von einem $a \in U$ aus. Zu zeigen ist $a \in A$. Da $(a \in U) \wedge (x \in U)$ und $U \in \mathcal{Z}$ gelten, haben wir $a \sim x$ und daher $a \in [a]_\sim = [x]_\sim = A$ mit Aufgabe (✎ 180). Der Inklusionsnachweis $X/\!\sim\, \subset \mathcal{Z}$ ist damit abgeschlossen.

Für die umgekehrte Inklusion gehen wir von $A \in \mathcal{Z}$ aus und zeigen $A \in X/\!\sim$.

> 💭 Dazu müsste A von der Form $[x]_\sim$ sein für ein $x \in X$ und wegen $x \in [x]_\sim$ müsste auch $x \in A$ gelten. Das geht nur, wenn X nicht leer ist. In diesem Fall sind die Mengen aus $\mathcal{Z}$ nach Definition aber ebenfalls nicht leer.

Fall $X = \emptyset$: Hier ist nach Definition $\mathcal{Z} = \emptyset$. Wegen $A \in \mathcal{Z}$ liegt also eine widersprüchliche Situation vor. Mit *Ex falso quodlibet* folgt nun $A \in X/\!\sim$.

Fall $X \neq \emptyset$: Wegen $A \in \mathcal{Z}$ ist $A \neq \emptyset$. Wir wählen $x \in A$ und zeigen $A = [x]_\sim$ durch zwei Inklusionen.

Beginnend mit $a \in A$ zeigen wir $a \in [x]_\sim$. Da $(a \in A) \wedge (x \in A)$ und $A \in \mathcal{Z}$ gilt, haben wir $a \sim x$ und damit $a \in [x]_\sim$.

Sei nun $a \in [x]_\sim$, also $a \sim x$. Zu zeigen ist $a \in A$. Wegen $a \sim x$ gilt die Existenzaussage $\exists U \in \mathcal{Z} : (a \in U) \wedge (x \in U)$. Wir wählen ein solches U und wenden unser Lemma an, was wegen $x \in A$ und $x \in U$ funktioniert. Dann gilt $A = U$ und somit $a \in A$.

Es gilt also auch in diesem Fall $A \in X/\sim$. □

(✎ 185) ....

Zum Nachweis der Funktionsgleichheit ist zunächst $\operatorname{Def}(H) = \operatorname{Def}(L)$ zu zeigen, was hier wegen $\operatorname{Def}(H) = X/\sim = \operatorname{Def}(L)$ gilt. Weiter ist $\forall a \in X/\sim : H(a) = L(a)$ nachzuweisen. Dazu sei $a \in X/\sim$. Zu zeigen ist $H(a) = L(a)$. Nach Definition von $X/\sim$ wählen wir ein $x \in X$ mit $a = [x]_\sim$. Auf dieses Element wenden wir die von H und L erfüllte Bedingung an und finden $H(a) = h(x) = L(a)$.

(✎ 186) ....

Zum Nachweis von $\forall a \in X/\sim : \exists! y \in Y : \forall x \in a : y = h(x)$ sei $a \in X/\sim$ gegeben. Zu zeigen ist $\exists! y \in Y : \forall x \in a : y = h(x)$, wobei wir mit dem Existenznachweis beginnen.

Wegen $a \in X/\sim$ können wir ein $x \in X$ wählen mit $a = [x]_\sim$. Wir setzen $y = h(x)$, sodass $y \in Y$ gilt. Weiter zeigen wir $\forall u \in a : y = h(u)$. Sei dazu $u \in a = [x]_\sim$. Zu zeigen ist $y = h(u)$. Schreiben wir die Annahme in Langform, so folgt $u \in X$ und $u \sim x$. Anwenden der Voraussetzung an h liefert $h(u) = h(x) = y$.

Zum Nachweis der Eindeutigkeit seien $w, z \in Y$ gegeben mit $\forall u \in a : w = h(u)$ und $\forall u \in a : z = h(u)$. Zu zeigen ist $w = z$.

Wegen $x \in a = [x]_\sim$ können wir beide Für-alle-Aussagen auf x anwenden. Es folgt $w = h(x)$ und $z = h(x)$, also $w = z$. □

(✎ 187) ....

Zum Nachweis von $\forall x \in X : H([x]_\sim) = h(x)$ sei $x \in X$ gegeben. Zu zeigen ist die Gleichheit $H([x]_\sim) = h(x)$.

Zum Nachweis von $(\underline{\text{das}}\ y \in Y : \forall u \in [x]_\sim : y = h(u)) = h(x)$ zeigen wir $h(x) \in Y$ und $\forall u \in [x]_\sim : h(x) = h(u)$. Die erste Aussage ist dabei nach Voraussetzung an h erfüllt. Für die zweite Aussage sei $u \in [x]_\sim$ gegeben. Zu zeigen ist $h(x) = h(u)$. Da $u \in [x]_\sim$ auf $u \in X$ und $u \sim x$ führt, folgt $h(x) = h(u)$ durch Anwendung der Voraussetzung an h. □

(✎ 188) ....

Zum Nachweis von $\forall x, y \in \mathbb{N}^2 : x \simeq y \Rightarrow h_m(x) = h_m(y)$ seien $x, y \in \mathbb{N}^2$ gegeben mit $x \simeq y$. Zu zeigen ist $h_m(x) = h_m(y)$, also $[(m \cdot x_1, x_2)]_\simeq = [(m \cdot y_1, y_2)]_\simeq$.

Nach Aufgabe (✎ 180) müssen wir dafür $(m \cdot x_1, x_2) \simeq (m \cdot y_1, y_2)$ zeigen, was wiederum den Nachweis von $(m \cdot x_1) \cdot y_2 = x_2 \cdot (m \cdot y_1)$ verlangt.

Wegen $x \simeq y$ gilt bereits $x_1 \cdot y_2 = x_2 \cdot y_1$. Multiplikation mit m auf beiden Seiten ergibt nach Umstellung die gesuchte Aussage. □

(✎ 189) ....

Zur Konstruktion einer Funktion $Q : B \times \mathbb{N} \to B$ mit der gewünschten Eigenschaft $\forall m, p, q \in \mathbb{N} : Q([(p, q)]_\simeq, m) = [(p, m \cdot q)]_\simeq$ benutzen wir letztlich Satz 4.5.

Dabei zeigen wir zunächst: $\forall m \in \mathbb{N} : \exists! f \in \operatorname{Abb}(B, B) : \forall x \in \mathbb{N}^2 : f([x]_\simeq) = [(x_1, m \cdot x_2)]_\simeq$. Sei $m \in \mathbb{N}$ gegeben. Zu zeigen ist $\exists! f \in \operatorname{Abb}(B, B) : \forall x \in \mathbb{N}^2 : f([x]_\simeq) = [(x_1, m \cdot x_2)]_\simeq$. Wir beginnen mit dem Existenznachweis und definieren $h : \mathbb{N}^2 \to B$, $x \mapsto [(x_1, m \cdot x_2)]_\simeq$. Für h gilt nun die Aussage $\forall x, y \in \mathbb{N}^2 : x \simeq y \Rightarrow h(x) = h(y)$.

Zum Nachweis seien $x, y \in \mathbb{N}^2$ gegeben mit $x \simeq y$. Zu zeigen ist $h(x) = h(y)$, also $[(x_1, m \cdot x_2)]_\simeq = [(y_1, m \cdot y_2)]_\simeq$.

Nach Aufgabe (✎ 180) müssen wir dafür $(x_1, m \cdot x_2) \simeq (y_1, m \cdot y_2)$ zeigen, was wiederum den Nachweis von $x_1 \cdot (m \cdot y_2) = (m \cdot x_2) \cdot y_1$ verlangt.

Wegen $x \simeq y$ gilt bereits $x_1 \cdot y_2 = x_2 \cdot y_1$. Multiplikation mit m auf beiden Seiten ergibt nach Umstellung die gesuchte Aussage.

Nun wenden wir Satz 4.5 auf h an und erhalten die gewünschte Existenzaussage.

Zum Nachweis der Eindeutigkeit seien f, g zwei Funktionen mit den angegebenen Eigenschaften. Zu zeigen ist $f = g$. Anwendung von Satz 4.5 auf f zeigt die Eindeutigkeit. Für g folgt deshalb $g = f$.

Zur Definition der Funktion $Q : B \times \mathbb{N} \to B$ gehen wir so vor:

$$z \mapsto (\underline{\mathrm{das}}\, f \in \mathrm{Abb}(B, B) : \forall x \in \mathbb{N}^2 : f([x]_\simeq) = [(x_1, z_2 \cdot x_2)]_\simeq)(z_1).$$

Nun können wir die gewünschte Eigenschaft nachweisen. Seien dazu $m, p, q \in \mathbb{N}$. Zu zeigen ist $Q([(p, q)]_\simeq, m) = [(p, m \cdot q)]_\simeq$.

Zunächst definieren wir $F := \underline{\mathrm{das}}\, f \in \mathrm{Abb}(B, B) : \forall x \in \mathbb{N}^2 : f([x]_\simeq) = [(x_1, m \cdot x_2)]_\simeq$.

Dann gilt $Q([(p, q)]_\simeq, m) = F([(p, q)]_\simeq)$, sodass wir $F([(p, q)]_\simeq) = [(p, m \cdot q)]_\simeq$ zeigen müssen.

Da für F aber $\forall x \in \mathbb{N}^2 : F([x]_\simeq) = [(x_1, m \cdot x_2)]_\simeq$ gilt, folgt die Aussage durch Anwendung auf (p, q) anstelle von x. □

· (✎ 190)

Sei $c \in B$ gegeben. Zu zeigen ist $\exists! H \in \mathrm{Abb}(B, B) : \forall x \in \mathbb{N}^2 : H([x]_\simeq) = Q(V(x_1, c), x_2)$.

Dazu benutzen wir Satz 4.5, zu dessen Vorbereitung die Funktion $h : \mathbb{N}^2 \to B$, $x \mapsto Q(V(x_1, c), x_2)$ definiert wird.

Für h gilt nun die Aussage $\forall x, y \in \mathbb{N}^2 : x \simeq y \Rightarrow h(x) = h(y)$.

Zum Nachweis seien $x, y \in \mathbb{N}^2$ gegeben mit $x \simeq y$. Zu zeigen ist $h(x) = h(y)$, also $Q(V(x_1, c), x_2) = Q(V(y_1, c), y_2)$. Mit unserem Wissen über V erhalten wir zunächst $V(x_1, c) = [(x_1 \cdot c_1, c_2)]_\simeq$ und $V(y_1, c) = [(y_1 \cdot c_1, c_2)]_\simeq$. Mit unserem Wissen über Q können wir unsere Zielgleichung weiter umformen zu $[(x_1 \cdot c_1, x_2 \cdot c_2)]_\sim = [(y_1 \cdot c_1, y_2 \cdot c_2)]_\sim$.

Nach Aufgabe (✎ 180) müssen wir dafür $(x_1 \cdot c_1, x_2 \cdot c_2) \simeq (y_1 \cdot c_1, y_2 \cdot c_2)$ zeigen, was wiederum den Nachweis von $(x_1 \cdot c_1) \cdot (y_2 \cdot c_2) = (x_2 \cdot c_2) \cdot (y_1 \cdot c_1)$ verlangt.

Wegen $x \simeq y$ gilt bereits $x_1 \cdot y_2 = x_2 \cdot y_1$. Multiplikation mit $c_1 \cdot c_2$ auf beiden Seiten ergibt nach Umstellung die gesuchte Aussage.

Nun wenden wir Satz 4.5 auf h an und erhalten die gewünschte Existenzaussage.

Zum Nachweis der Eindeutigkeit seien f, g zwei Funktionen mit den angegebenen Eigenschaften. Zu zeigen ist $f = g$. Anwendung von Satz 4.5 auf f zeigt die Eindeutigkeit. Für g folgt deshalb $g = f$.

Zur Definition der Funktion $M : B \times B \to B$ gehen wir so vor:

$$z \mapsto (\underline{\mathrm{das}}\, f \in \mathrm{Abb}(B, B) : \forall x \in \mathbb{N}^2 : f([x]_\simeq) = Q(V(x_1, z_2), x_2))(z_1).$$

· (✎ 191)

Für den Ausdruck $c \cdot b = H_b(c)$ finden wir mit der definierenden Eigenschaft von H_b aus Aufgabe (✎ 190) den Ausdruck $H_b(c) = Q(V(y_1, b), y_2)$, wobei y der Repräsentant von c ist. Mit der Definition von V folgt entsprechend $V(y_1, b) = [(y_1 \cdot x_1, x_2)]_\simeq$. Anwendung der definierenden Eigenschaft von Q liefert wiederum $Q([(y_1 \cdot x_1, x_2)]_\simeq, y_2) = [(y_1 \cdot x_1, y_2 \cdot x_2)]_\simeq$.

Die Gleichheit von $[(x_1 \cdot y_1, x_2 \cdot y_2)]_\simeq = [(y_1 \cdot x_1, y_2 \cdot x_2)]_\simeq$ folgt dann mit Aufgabe (✎ 180) aus der Äquivalenz der Repräsentanten, wozu $(x_1 \cdot y_1) \cdot (y_2 \cdot x_2) = (x_2 \cdot y_2) \cdot (y_1 \cdot x_1)$ nachgewiesen werden muss. Dies folgt durch Umstellung der Terme mit dem Kommutativgesetz.

· (✎ 192)

Wir definieren $e := [(1, 1)]_\simeq \in B$. Zum Nachweis von $\forall b \in B : e \cdot b = b$ gehen wir von $b \in B$ aus und zeigen $e \cdot b = b$.

Sei x ein Repräsentant zu b. Dann gilt $e \cdot b = [(1 \cdot x_1, 1 \cdot x_2)]_\simeq = [x]_\simeq = b$ nach der entwickelten Darstellungsformel.

· (✎ 193)

Sei $b \in B$. Wir wählen einen Repräsentanten x von b und definieren $c := [(x_2, x_1)]_\simeq \in B$. Dann gilt mit der entwickelten Darstellungsformel $c \cdot b = [(x_2 \cdot x_1, x_1 \cdot x_2)]_\simeq$. Zum Nachweis von $c \cdot b = e$ können wir mit Aufgabe (✎ 180) $(x_2 \cdot x_1, x_1 \cdot x_2) \simeq (1, 1)$ zeigen, was auf das Ziel $(x_2 \cdot x_1) \cdot 1 = (x_1 \cdot x_2) \cdot 1$ führt. Diese Aussage gilt, wie man durch Umstellung leicht sieht.

(✎ 194) ···

Wir beginnen mit der Eindeutigkeitsaussage. Dazu nehmen wir an, dass zwei Funktionen H und L von $X/_\sim \times X/_\sim$ nach Y existieren, welche die Bedingung $\forall u, v \in X$: $H([u]_\sim, [v]_\sim) = h(u, v)$ und $\forall u, v \in X$: $L([u]_\sim, [v]_\sim) = h(u, v)$ erfüllen. Zum Nachweis der Funktionsgleichheit ist zunächst $\mathrm{Def}(H) = \mathrm{Def}(L)$ zu zeigen, was hier wegen $\mathrm{Def}(H) = X/_\sim \times X/_\sim = \mathrm{Def}(L)$ gilt. Weiter ist $\forall a \in X/_\sim \times X/_\sim : H(a) = L(a)$ nachzuweisen. Dazu sei $a \in X/_\sim \times X/_\sim$. Zu zeigen ist $H(a) = L(a)$. Für a gilt $a_1, a_2 \in X/_\sim$. Nach Definition von $X/_\sim$ wählen wir $u, v \in X$ mit $a_1 = [u]_\sim$ und $a_2 = [v]_\sim$. Auf diese Elemente wenden wir die von H und L erfüllte Bedingung an und finden $H(a) = H(a_1, a_2) = h(u, v) = L(a_1, a_2) = L(a)$.

Zum Nachweis der Existenz einer passenden Funktion von $X/_\sim \times X_\sim$ nach Y zeigen wir zunächst $\forall a \in X/_\sim \times X_\sim : \exists! y \in Y : \forall u \in a_1, v \in A_2 : y = h(u, v)$. Dazu sei $a \in X/_\sim \times X/_\sim$ gegeben. Zu zeigen ist die Existenz- und Eindeutigkeitsaussage, wobei wir mit dem Existenznachweis beginnen.

Wegen $a \in X/_\sim \times X/_\sim$ können wir $u, v \in X$ wählen mit $a_1 = [u]_\sim$ und $a_2 = [v]_\sim$. Wir setzen $y = h(u, v)$, sodass $y \in Y$ gilt. Weiter zeigen wir $\forall r \in a_1, s \in a_2 : y = h(r, s)$. Sei dazu $r \in a_1 = [u]_\sim$ und $s \in a_2 = [v]_\sim$. Zu zeigen ist $y = h(r, s)$. Schreiben wir die Annahmen an r, s in Langform, so folgt $r, s \in X$ und $r \sim u$, $s \sim v$. Anwenden der Voraussetzung an h liefert $h(r, s) = h(u, v) = y$.

Zum Nachweis der Eindeutigkeit seien $w, z \in Y$ gegeben mit $\forall r \in a_1, s \in a_2 : w = h(r, s)$ und $\forall r \in a_1, s \in a_2 : z = h(r, s)$. Zu zeigen ist $w = z$.

Wegen $u \in a_1 = [u]_\sim$ und $v \in a_2 = [v]_\sim$ können wir beide Für-alle-Aussagen auf u, v anwenden. Es folgt $w = h(u, v)$ und $z = h(u, v)$, also $w = z$.

Mit der nun gezeigten Aussage ist die folgende Funktion wohldefiniert:

$$ H := \left\{ \begin{array}{rcl} X/_\sim \times X/_\sim & \to & Y \\ a & \mapsto & \underline{\mathrm{das}}\ y \in Y : \forall u \in a_1, v \in a_2 : y = h(u, v) \end{array} \right. . $$

Um den Existenzbeweis abzuschließen, weisen wir $\forall u, v \in X : H([u]_\sim, [v]_\sim) = h(u, v)$ nach. Seien dazu $u, v \in X$ gegeben. Zu zeigen ist $H([u]_\sim, [v]_\sim) = h(u, v)$.

Zum Nachweis von $(\underline{\mathrm{das}}\ y \in Y : \forall r \in [u]_\sim, s \in [v]_\sim : y = h(r, s)) = h(u, v)$ zeigen wir $h(u, v) \in Y$ und $\forall r \in [u]_\sim, s \in [v]_\sim : h(u, v) = h(r, s)$. Die erste Aussage ist dabei nach Voraussetzung an h erfüllt. Für die zweite Aussage seien $r \in [u]_\sim$ und $s \in [v]_\sim$ gegeben. Zu zeigen ist $h(u, v) = h(r, s)$. Da $r \in [u]_\sim$ auf $u \in X$ und $u \sim x$ und $s \in [v]_\sim$ auf $s \in X$ und $s \sim v$ führt, folgt $h(u, v) = h(r, s)$ durch Anwendung der Voraussetzung an h. □

(✎ 195) ···

Wir definieren die Funktion $h : \mathbb{N}^2 \times \mathbb{N}^2 \to B$, $(x, y) \mapsto [(x_1 \cdot y_2 + y_1 \cdot x_2, x_2 \cdot y_2)]_\simeq$ und weisen die Eigenschaft aus Aufgabe (✎ 194) nach.

Seien dazu $x, y, u, v \in \mathbb{N}^2$ gegeben mit $x \simeq u$ und $y \simeq v$. Zu zeigen ist $h(x, y) = h(u, v)$. Da die Gleichheit von zwei Äquivalenzklassen mit Aufgabe (✎ 180) aus der Äquivalenz der Repräsentanten folgt, zeigen wir $(x_1 \cdot y_2 + y_1 \cdot x_2, x_2 \cdot y_2) \simeq (u_1 \cdot v_2 + v_1 \cdot u_2, u_2 \cdot v_2)$. Dabei können wir ausnutzen, dass $x_1 \cdot u_2 = u_1 \cdot x_2$ und $y_1 \cdot v_2 = y_1 \cdot v_2$ gilt.

$$ (x_1 \cdot y_2 + y_1 \cdot x_2) \cdot (u_2 \cdot v_2) = (x_1 \cdot u_2) \cdot (v_2 \cdot y_2) + (y_1 \cdot v_2) \cdot (x_2 \cdot u_2) $$
$$ = (u_1 \cdot x_2) \cdot (v_2 \cdot y_2) + (v_1 \cdot y_2) \cdot (x_2 \cdot u_2) = (u_1 \cdot v_2 + v_1 \cdot u_2) \cdot (x_2 \cdot y_2). $$

···

Wir zeigen zwei Inklusionen. Sei $x \in [0]_m$. Zu zeigen ist $x \in V_m := \{k \cdot m \mid k \in \mathbb{Z}\}$. ⟨✎ 196⟩
Nach Voraussetzung gilt $x \sim_m 0$, woraus $\exists k \in \mathbb{Z} : x - 0 = k \cdot m$ folgt. Wählen wir ein
entsprechendes k, so gilt $x = k \cdot m$ und damit $x \in V_m$.
Sei umgekehrt $x \in V_m$. Zu zeigen ist $x \in [0]_m$. Nach Voraussetzung können wir ein $k \in \mathbb{Z}$
wählen mit $x = k \cdot m$. Es gilt also $x - 0 = k \cdot m$ und damit $x \sim_m 0$, woraus wiederum
$x \in [0]_m$ folgt.

Seien $r, s, t \in \mathbb{Z}/_{m\mathbb{Z}}$. Wir wählen Repräsentanten $a, b, c \in \mathbb{Z}$. Dann gilt ⟨✎ 197⟩

$$s \oplus (r \oplus t) = [a]_m \oplus ([b]_m \oplus [c]_m) = [a]_m \oplus [b + c]_m = [a + (b + c)]_m$$
$$= [(a + b) + c]_m = [a + b]_m \oplus [c]_m = ([a]_m \oplus [b]_m) \oplus [c]_m = (s \oplus r) \oplus t.$$

Sei $s \in \mathbb{Z}/_{m\mathbb{Z}}$. Wir wählen einen Repräsentanten $a \in \mathbb{Z}$. Dann gilt ⟨✎ 198⟩

$$s \oplus [0]_m = [a]_m \oplus [0]_m = [a + 0]_m = [a]_m = s.$$

Sei $r \in \mathbb{Z}/_{m\mathbb{Z}}$. Wir wählen einen Repräsentanten $a \in \mathbb{Z}$ und setzen $s := [-a]_m$. Dann gilt ⟨✎ 199⟩

$$r \oplus s = [a]_m \oplus [-a]_m = [a + (-a)]_m = [0]_m.$$

Damit ist die Existenz $\exists s \in \mathbb{Z}/_{m\mathbb{Z}} : r \oplus s = [0]_m$ nachgewiesen. Zum Nachweis der
Eindeutigkeit seien $u, v \in \mathbb{Z}/_{m\mathbb{Z}}$ mit $r \oplus u = [0]_m = r \oplus v$. Zu zeigen ist $u = v$. Mit den
bisherigen Rechenregeln gilt

$$u = u \oplus [0]_m = [0]_m \oplus u = [-a + a]_m \oplus u$$
$$= ([-a]_m \oplus [a]_m) \oplus u = [-a]_m \oplus (r \oplus u) = [-a]_m \oplus [0]_m = [-a]_m$$

und genauso

$$v = v \oplus [0]_m = [0]_m \oplus v = [-a + a]_m \oplus v$$
$$= ([-a]_m \oplus [a]_m) \oplus v = [-a]_m \oplus (r \oplus v) = [-a]_m \oplus [0]_m = [-a]_m.$$

Durch Ersetzung folgt die Gleichheit.

Wir benutzen das Ergebnis aus Aufgabe ⟨✎ 194⟩, um damit die gesuchte Multiplikati- ⟨✎ 200⟩
onsfunktion $P_m : \mathbb{Z}/_{m\mathbb{Z}} \times \mathbb{Z}/_{m\mathbb{Z}} \to \mathbb{Z}/_{m\mathbb{Z}}$ zu konstruieren, die für jedes Paar $[a]_m, [b]_m$
von Äquivalenzklassen die Beziehung $P_m([a]_m, [b]_m) = [a \cdot b]_m$ erfüllt. Zur Konstruktion
müssen wir nur die Voraussetzung von Aufgabe ⟨✎ 194⟩ erfüllen, die sich auf die Hilfsfunk-
tion $h : \mathbb{Z} \times \mathbb{Z} \to \mathbb{Z}/_{m\mathbb{Z}}, (a, b) \mapsto [a \cdot b]_m$ bezieht. Zu zeigen ist dann die Aussage

$$\forall a, b, x, y \in \mathbb{Z} : (a \sim_m x) \wedge (b \sim_m y) \Rightarrow h(a, b) = h(x, y).$$

Beweis. Seien $a, b, x, y \in \mathbb{Z}$ gegeben und gelte $a \sim_m x$ und $b \sim_m y$. Zu zeigen ist nun
$[a \cdot b]_m = h(a, b) = h(x, y) = [x \cdot y]_m$. Nach Aufgabe ⟨✎ 180⟩ gilt dies, wenn $(a \cdot b) \sim_m (x \cdot y)$
gezeigt ist. Nach Definition der Äquivalenzrelation müssen wir dazu die Existenzaussage
$\exists k \in \mathbb{Z} : (a \cdot b) - (x \cdot y) = k \cdot m$ beweisen.
Nach Voraussetzung können wir $p, q \in \mathbb{Z}$ wählen, sodass $a - x = p \cdot m$ und $b - y = q \cdot m$
gelten. Dann gilt auch

$$a \cdot b = (x + p \cdot m) \cdot (y + q \cdot m) = x \cdot y + m \cdot (p \cdot y + (x + p \cdot m) \cdot q).$$

Wir setzen $k := p \cdot y + (x + p \cdot m) \cdot q$. Dann gilt $k \in \mathbb{Z}$ und $a \cdot b - x \cdot y = k \cdot m$. Damit ist die Existenzaussage nachgewiesen. $\qquad\qquad\square$

(✎ 201)

Seien $r, s, t \in \mathbb{Z}/_{m\mathbb{Z}}$. Wir wählen Repräsentanten $a, b, c \in \mathbb{Z}$. Dann gilt

$$s \odot (r \odot t) = [a]_m \odot ([b]_m \odot [c]_m) = [a]_m \odot [b \cdot c]_m = [a \cdot (b \cdot c)]_m$$
$$= [(a \cdot b) \cdot c]_m = [a \cdot b]_m \odot [c]_m = ([a]_m \odot [b]_m) \odot [c]_m = (s \odot r) \odot t.$$

(✎ 202)

Seien $r, s \in \mathbb{Z}/_{m\mathbb{Z}}$. Wir wählen Repräsentanten $a, b \in \mathbb{Z}$. Dann gilt

$$r \odot s = [a]_m \odot [b]_m = [a \cdot b]_m = [b \cdot a]_m = [b]_m \odot [a]_m = s \odot r.$$

(✎ 203)

Sei $s \in \mathbb{Z}/_{m\mathbb{Z}}$. Wir wählen einen Repräsentanten $a \in \mathbb{Z}$. Dann gilt

$$s \odot [1]_m = [a]_m \odot [1]_m = [a \cdot 1]_m = [a]_m = s.$$

(✎ 204)

$$[84627]_9 = [80000 + 4000 + 600 + 20 + 7]_9$$
$$= [8]_9 \odot [10000]_9 \oplus [4]_9 \odot [1000]_9 \oplus [6]_9 \odot [100]_9 + [2]_9 \odot [10]_9 + [7]_9$$
$$= [8]_9 \odot [1]_9 \oplus [4]_9 \odot [1]_9 \oplus [6]_9 \odot [1]_9 + [2]_9 \odot [1]_9 + [7]_9$$
$$= [8 + 4 + 6 + 2 + 7]_9$$
$$= [27]_9$$
$$= [0]_9$$

(✎ 205)

Wir beginnen mit der Reflexivität. Sei dazu $x \in X$. Dann folgt $f(x) = f(x)$ durch Anwendung von Axiom 1.6 auf das Element $f(x)$. Es gilt also $x \sim x$.
Sind $x, y \in X$ gegeben und gilt $x \sim y$, also $f(x) = f(y)$, dann gilt auch $f(y) = f(x)$ durch Ersetzung. Daraus folgt $y \sim x$.
Sind $x, y, z \in X$ und gilt $x \sim y$ sowie $y \sim z$, dann gilt nach Definition $f(x) = f(y)$ und $f(y) = f(z)$. Durch Ersetzung folgt $f(x) = f(z)$ und damit $x \sim z$.
Insgesamt ist $\sim$ damit reflexiv, symmetrisch und transitiv. Es handelt sich also um eine Äquivalenzrelation.

(✎ 206)

Wir beginnen mit der Inklusion $[a]_\sim = L_{f(a)}$. Sei dazu $x \in [a]_\sim$. Zu zeigen ist $x \in L_{f(a)}$, also $x \in X$ und $f(x) = f(a)$. Wegen $x \in [a]_\sim$ folgt mit Aufgabe (✎ 180) $x \sim a$ und daraus $x \in X$ sowie $f(x) = f(a)$.
Ist umgekehrt $x \in L_{f(a)}$, dann gilt $x \in X$ und $f(x) = f(a)$, woraus $x \in [a]_\sim$ folgt.

(✎ 207)

Sei $M \in X/_\sim$. Wir wählen $a \in X$ mit $M = [a]_\sim$. Dann gilt $R(M) = R([a]_\sim) = f(a)$ und nach Aufgabe (✎ 206) damit $M = [a]_\sim = L_{f(a)} = L_{R(M)}$.

(✎ 208)

Zum Nachweis der Injektivität seien $M, N \in X/_\sim$ und es gelte $R(M) = R(N)$. Zu zeigen ist $M = N$. Anwendung von Aufgabe (✎ 207) auf M ergibt $M = L_{R(M)}$. Durch Ersetzung von $R(M)$ durch $R(N)$ und mittels erneuter Anwendung von Aufgabe (✎ 207) folgt weiter $M = L_{R(M)} = L_{R(N)} = N$.

Zm Nachweis von Bild$(R) = $ Bild(f) sei $y \in$ Bild(R) gegeben. Zu zeigen ist $y \in$ Bild(f).
Nach Definition gibt es $M \in X/\sim$ mit $R(M) = y$. Wählen wir $a \in X$ mit $M = [a]_\sim$, dann
folgt $y = R(M) = R([a]_\sim) = f(a)$. Mit Aufgabe (✎ 106) folgt daraus $y \in$ Bild(f).
Umgekehrt sei nun $y \in$ Bild(f) gegeben. Zu zeigen ist $y \in$ Bild(R). Nach Definition gibt
es $a \in X$ mit $f(a) = y$. Mit $M := [a]_\sim$ folgt dann $y = f(a) = R([a]_\sim) = R(M)$. Mit
Aufgabe (✎ 106) folgt daraus $y \in$ Bild(R).

.... (✎ 209)

Seien $a \in \mathbb{R}$ und $x, y \in \mathbb{R}^3$ gegeben. Dann gilt

$$g(a \cdot x) = (3 \cdot (a \cdot x_1) + 2 \cdot (a \cdot x_2) - 4 \cdot (a \cdot x_3), a \cdot x_1 - 3 \cdot (a \cdot x_2) + 6 \cdot (a \cdot x_3)).$$

In jeder Komponente lässt sich nun a ausklammern. Mit der Definition der Vielfachbildung
bei Tupeln folgt dann $g(a \cdot x) = a \cdot (3 \cdot x_1 + 2 \cdot x_2 - 4 \cdot x_3, x_1 - 3 \cdot x_2 + 6 \cdot x_3) = a \cdot g(x)$.
Entsprechend folgt aus

$$g(x + y) = (3 \cdot (x_1 + y_1) + 2 \cdot (x_2 + y_2) - 4 \cdot (x_3 + y_3), (x_1 + y_1) - 3 \cdot (x_2 + y_2) + 6 \cdot (x_3 + y_3))$$

nach Ausmultiplizieren und Umgruppieren mit der Definition der Tupeladdition

$$g(x + y) = (3 \cdot x_1 + 2 \cdot x_2 - 4 \cdot x_3, x_1 - 3 \cdot x_2 + 6 \cdot x_3)$$
$$+ (3 \cdot y_1 + 2 \cdot y_2 - 4 \cdot y_3, y_1 - 3 \cdot y_2 + 6 \cdot y_3) = g(x) + g(y).$$

.... (✎ 210)

Seien $u, v, r, s \in \mathbb{R}^p$ gegeben. Weiter gelte $u \sim r$ und $v \sim s$ und damit $f(u) = f(r)$
sowie $f(v) = f(s)$. Durch Ausnutzen der Linearität und mit passender Ersetzung folgt
$f(u + v) = f(u) + f(v) = f(r) + f(s) = f(r + s)$. Es gilt also $(u + v) \sim (r + s)$.
Zum Nachweis der Voraussetzungen von Aufgabe (✎ 194) seien $u, v, r, s \in \mathbb{R}^p$ gegeben.
Weiter gelte $u \sim r$ und $v \sim s$. Zu zeigen ist $[u + v]_\sim = h(u, v) = h(r, s) = [r + s]_\sim$. Mit
Aufgabe (✎ 180) ist dazu $(u + v) \sim (r + s)$ zu zeigen, was wir mit der Für-alle-Aussage
aus dem ersten Aufgabenteil gerade erreichen.

.... (✎ 211)

Zum Nachweis der Voraussetzungen von Satz 4.5 seien $u, v \in \mathbb{R}^p$ und $a \in \mathbb{R}$. Weiter gelte
$u \sim v$. Zu zeigen ist $[a \cdot u]_\sim = h_a(u) = h_a(v) = [a \cdot v]_\sim$. Mit Aufgabe (✎ 180) ist dazu
$(a \cdot u) \sim (a \cdot v)$ zu zeigen, was gerade mit (4.2) folgt.

.... (✎ 212)

Wir setzen $U := \{u + x \mid x \in$ Kern$(f)\}$ und zeigen zwei Inklusionen. Sei zunächst $v \in [u]_\sim$.
Zu zeigen ist $v \in U$. Dies erreichen wir durch den Nachweis $v - u \in$ Kern(f), wozu wieder-
um $f(v - u) = o_q$ zu zeigen ist. Wegen der Linearität von f gilt $f(v - u) = f(v + (-1) \cdot u) =$
$f(v) + (-1) \cdot f(u)$. Da nach Voraussetzung $v \sim u$ also $f(v) = f(u)$ vorliegt, erhalten wir
$f(v - u) = f(v) - f(u) = o_q$. Mit $x := v - u \in$ Kern(f) gilt also $v = u + x$ und damit $v \in U$.

Sei umgekehrt $v \in U$. Zu zeigen ist $v \in [u]_\sim$, also $v \sim u$, was wiederum auf das Ziel
$f(v) = f(u)$ führt. Nach Voraussetzung gibt es $x \in$ Kern(f), sodass $v = u + x$ gilt. Wegen
der Linearität von f haben wir $f(v) = f(u) + f(x) = f(u) + o_q = f(u)$.

.... (✎ 213)

Wir gehen zunächst von $x \in$ Kern(g) aus, d. h., es gelte $g(x) = o_2$. Die Umstellung der
zweiten Gleichung ergibt $x_1 = 3x_2 - 6x_3$. Setzen wir dies in die erste Gleichung ein, so
finden wir $9x_2 - 18x_3 + 2x_2 - 4x_3 = 0$ oder nach erneuter Umstellung $x_2 = 2x_3$. Setzen
wir dies wiederum in die zweite Gleichung ein, so finden wir $x_1 = 0$. Insgesamt folgt
also die notwendige Bedingung $x = (0, 2x_3, x_3)$, wobei x_3 nicht weiter eingeschränkt ist.
Es gilt also Kern$(g) \subset \{(0, 2t, t) \mid t \in \mathbb{R}\}$.

Sei nun umgekehrt $x \in \{(0, 2t, t) \,|\, t \in \mathbb{R}\}$. Wir wählen ein $t \in \mathbb{R}$, sodass $x = (0, 2t, t)$ gilt. Eingesetzt in die beiden Komponenten von g finden wir

$$
\begin{aligned}
0 \;+\; 4t \;-\; 4 \cdot t \;&=\; 0, \\
0 \;-\; 6t \;+\; 6 \cdot t \;&=\; 0.
\end{aligned}
$$

Insgesamt gilt also $\mathrm{Kern}(g) = \{(0, 2t, t) \,|\, t \in \mathbb{R}\}$.

(✎ 214) ....

Wir müssen eine Lösung der Gleichungen $3u + 2v = \alpha$ und $u - 3v = \beta$ finden. Die Umstellung der zweiten Gleichung ergibt $u = \beta + 3v$. Setzen wir dies in die erste Gleichung ein, so finden wir $3\beta + 9v + 2v = \alpha$ oder nach erneuter Umstellung $v = (\alpha - 3\beta)/11$. Setzen wir dies wiederum in der zweiten Gleichung ein, so finden wir $u = (3\alpha + 2\beta)/11$ als Lösungskandidaten. Die Probe zeigt $g(u, v, 0) = (\alpha, \beta)$:

$$
\begin{aligned}
(9\alpha + 6\beta)/11 \;+\; (2\alpha - 6\beta)/11 \;&=\; \alpha, \\
(3\alpha + 2\beta)/11 \;-\; (3\alpha - 9\beta)/11 \;&=\; \beta.
\end{aligned}
$$

Mit Aufgabe (✎ 212) gilt $L_y = \{(\alpha - 3\beta, 3\alpha + 2\beta, 0)/11 + t \cdot (0, 2, 1) \,|\, t \in \mathbb{R}\}$.

(✎ 215) ....

Die Umstellung der zweiten Gleichung ergibt $x_1 = y_2 + 3x_2 - 6x_3$. Setzen wir dies in die erste Gleichung ein, so finden wir $3y_2 + 9x_2 - 18x_3 + 2x_2 - 4x_3 = y_1$ oder nach erneuter Umstellung $x_2 = 2x_3 + (y_1 - 3y_2)/11$. Setzen wir dies wiederum in der zweiten Gleichung ein, so finden wir $x_1 = (3y_1 + 2y_2)/11$. Insgesamt folgt also die notwendige Bedingung $x = ((3y_1 + 2y_2)/11, 2x_3 + (y_1 - 3y_3)/11, x_3)$, wobei x_3 nicht weiter eingeschränkt ist. Dass die Bedingung sogar hinreichend ist, zeigt die Probe: Für beliebiges $t \in \mathbb{R}$ erfüllt das Tripel $((3y_1 + 2y_2)/11, 2t + (y_1 - 3y_2)/11, t)$ das Gleichungssystem

$$
\begin{aligned}
(9y_1 + 6y_2)/11 \;+\; 4t + (2y_1 - 6y_2)/11 \;-\; 4 \cdot t \;&=\; y_1, \\
(3y_1 + 2y_2)/11 \;-\; 6t - (3y_1 - 9y_2)/11 \;+\; 6 \cdot t \;&=\; y_2.
\end{aligned}
$$

Insgesamt gilt also $L_y = \{((3y_1 + 2y_2)/11, 2t + (y_1 - 3y_2)/11, t) \,|\, t \in \mathbb{R}\}$.

(✎ 216) ....

Wir setzen $d := d_\mathbb{R}$ und weisen die Definitheit von d nach, also

$$
\forall x, y \in \mathbb{R} : d(x, y) = 0 \Leftrightarrow x = y.
$$

Seien $x, y \in \mathbb{R}$ gegeben. Zum Nachweis der Äquivalenz zeigen wir zwei Implikationen und beginnen mit $x = y \Rightarrow d(x, y) = 0$. Wir gehen dazu von $x = y$ aus. In diesem Fall gilt $x \geq y$ und damit $d(x, y) = x - y = x - x = 0$.

Für die umgekehrte Implikation gehen wir von $d(x, y) = 0$ aus und müssen $x = y$ zeigen. Mit *tertium non datur* schließen wir zunächst auf $(x \geq y) \vee \neg(x \geq y)$ und führen eine Fallunterscheidung durch. Im Fall $x \geq y$ gilt $d(x, y) = x - y$ und damit $x - y = 0$, also $x = y$. Im Fall $\neg(x \geq y)$ erhalten wir $d(x, y) = y - x$ und damit $0 = y - x$, woraus nach Umstellung wieder $x = y$ folgt.

Zum Nachweis der Symmetrie $\forall x, y \in \mathbb{R} : d(x, y) = d(y, x)$ gehen wir von $x, y \in \mathbb{R}$ aus und zeigen $d(x, y) = d(y, x)$.

Mit *tertium non datur* schließen wir zunächst auf $(x \geq y) \vee \neg(x \geq y)$ und führen eine Fallunterscheidung durch.

Fall $x \geq y$: Es gilt $d(x, y) = x - y$. Der Satz $\forall a, b \in \mathbb{R} : (a \leq b) \Leftrightarrow (a = b) \vee (a < b)$ aus der Theorie der reellen Zahlen erlaubt uns bei Anwendung auf y, x eine erneute Fallunterscheidung:

Fall $x = y$: Es gilt $d(x, y) = d(x, x) = d(y, x)$.

Fall $y < x$: Es gilt $\neg(y \geq x)$ und deshalb $d(y, x) = x - y = d(x, y)$.

Insgesamt gilt also $d(x, y) = d(y, x)$ in diesem Fall.

Fall $\neg(x \geq y)$: Es gilt $d(x, y) = y - x$. Wegen $x < y$ gilt auch $y \geq x$ und daher folgt $d(y, x) = y - x = d(x, y)$.

Insgesamt gilt also $d(x, y) = d(y, x)$.

.... (✎ 217)

Zum Nachweis von $\forall x, y, a \in \mathbb{R} : d(x + a, y + a) = d(x, y)$ gehen wir von $x, y, a \in \mathbb{R}$ aus. Zu zeigen ist $d(x + a, y + a) = d(x, y)$. Wir führen eine Fallunterscheidung durch.

Fall $x \geq y$: Es gilt $d(x, y) = x - y$. Außerdem gilt $x + a \geq y + a$ durch Addition von a auf beiden Seiten der Ungleichung und somit $d(x+a, y+a) = x+a-(y+a) = x-y = d(x, y)$.

Fall $\neg(x \geq y)$: Es gilt $d(x, y) = y - x$. Außerdem gilt $\neg(x + a \geq y + a)$. Zum Nachweis nehmen wir $x + a \geq y + a$ und leiten einen Widerspruch her. Durch Subtraktion von a auf beiden Seiten der Ungleichung folgt $x \geq y$. ⚡

Folglich ist $d(x + a, y + a) = (y + a) - (x + a) = y - x = d(x, y)$.

In beiden Fällen gilt also $d(x + a, y + a) = d(x, y)$.

Zum Nachweis von $\forall x, y \in \mathbb{R} : d(x, y) = |x - y|$ seien $x, y \in \mathbb{R}$ gegeben. Zu zeigen ist $d(x, y) = |x - y|$. Anwendung der vorherigen Aussage mit $x, y, -y$ ergibt $d(x - y, y - y) = d(x, y)$. Mit der Definition des Betrags folgt also $|x - y| = d(x - y, 0) = d(x, y)$.

.... (✎ 218)

Sei d eine Metrik auf X und sei $\beta > 0$. Zum Nachweis, dass $d_{\leq \beta}$ eine Metrik auf X ist, beginnen wir mit der Definitheit, also mit $\forall x, y \in X : d_{\leq \beta}(x, y) = 0 \Leftrightarrow x = y$.

Seien dazu $x, y \in X$ gegeben. Zum Nachweis der Äquivalenz zeigen wir zwei Implikationen. Zunächst nehmen wir $d_{\leq \beta}(x, y) = 0$ an und zeigen $x = y$. Eine Regel, die wir hier und in späteren Schritten benötigen, beweisen wir als vorgezogenes Lemma.

Lemma. Seien $x, y \in X$. Genau dann gilt $d_{\leq \beta}(x, y) = d(x, y)$, wenn $d(x, y) \leq \beta$ gilt. Weiter folgt aus $d_{\leq \beta}(x, y) < \beta$ die Gleichheit $d_{\leq \beta}(x, y) = d(x, y)$ und es gilt $d_{\leq \beta}(x, y) \leq \beta$.

Beweis. Zunächst gehen wir von $d_{\leq \beta}(x, y) = d(x, y)$ aus und zeigen $d(x, y) \leq \beta$. Wir benutzen die folgende Eigenschaft des Minimums auf Paarmengen:

$$\forall a, b \in \mathbb{R} : \min\{a, b\} = \begin{cases} a & a \leq b \\ b & \text{sonst} \end{cases}$$

und führen einen indirekten Beweis. Dazu nehmen wir $d(x, y) > \beta$ an und zeigen einen Widerspruch. Mit der Definition von $d_{\leq \beta}$ und der Darstellung von $\min\{d(x, y), \beta\}$ folgt $d_{\leq \beta}(x, y) = \beta < d(x, y)$ im Widerspruch zu $d_{\leq \beta}(x, y) = d(x, y)$. ⚡

Gelte nun $d(x, y) \leq \beta$. Dann gilt $d_{\leq \beta}(x, y) = \min\{d(x, y), \beta\} = d(x, y)$.

Für die zweite Aussage gehen wir von $d_{\leq \beta}(x, y) < \beta$ aus und zeigen $d_{\leq \beta}(x, y) = d(x, y)$. Dazu führen wir eine Fallunterscheidung durch:

Fall $d(x, y) \leq \beta$: Hier gilt $d_{\leq \beta}(x, y) = d(x, y)$.

Fall $\neg(d(x, y) \leq \beta)$: Hier gilt $d_{\leq \beta}(x, y) = \beta$, was im Widerspruch zur Annahme steht. Mit *Ex falso quodlibet* folgt ebenfalls $d_{\leq \beta}(x, y) = d(x, y)$.

Für die dritte Aussage machen wir eine Fallunterscheidung:

Fall $d(x, y) \leq \beta$: Hier gilt $d_{\leq \beta}(x, y) = d(x, y) \leq \beta$.

Fall $\neg(d(x, y) \leq \beta)$: Hier gilt $d_{\leq \beta}(x, y) = \beta \leq \beta$.

In beiden Fällen gilt also $d_{\leq \beta}(x, y) = \beta \leq \beta$. □

Wegen $0 < \beta$ ergibt das Lemma im Fall $d_{\leq \beta}(x, y) = 0$ auch $d(x, y) = 0$. Mit der Definitheit von d folgt $x = y$.

Für die umgekehrte Implikation gehen wir von $x = y$ aus. Zu zeigen ist $d_{\leq \beta}(x, y) = 0$. Wegen $x = y$ gilt $d(x, y) = 0 < \beta$ und mit dem Lemma dann auch $d_{\leq \beta}(x, y) = d(x, y) = 0$.

Zum Nachweis der Symmetrie müssen wir $\forall x, y \in X : d_{\leq\beta}(x, y) = d_{\leq\beta}(y, x)$ zeigen. Seien dazu $x, y \in X$ gegeben. Zu zeigen ist $d_{\leq\beta}(x, y) = d_{\leq\beta}(y, x)$.
Wegen $d(x, y) = d(y, x)$ folgt durch Ersetzung

$$d_{\leq\beta}(x, y) = \min\{d(x, y), \beta\} = \min\{d(y, x), \beta\} = d_{\leq\beta}(y, x).$$

Für die Dreiecksungleichung müssen wir $\forall x, y, z \in X : d_{\leq\beta}(x, y) \leq d_{\leq\beta}(x, z) + d_{\leq\beta}(z, y)$ zeigen. Seien dazu $x, y, z \in X$ gegeben. Zu zeigen ist $d_{\leq\beta}(x, y) \leq d_{\leq\beta}(x, z) + d_{\leq\beta}(z, y)$.
Wir führen eine vollständige Fallunterscheidung durch:
Fall $\neg(d(x, z) \leq \beta)$: Hier gilt $d_{\leq\beta}(x, z) = \beta$ und mit dem vorher gezeigten Lemma folgt $d_{\leq\beta}(x, y) \leq \beta \leq d_{\leq\beta}(x, z) + d_{\leq\beta}(z, y)$.
Fall $d(x, z) \leq \beta$: Hier gilt $d_{\leq\beta}(x, z) = d(x, z)$.

>   Fall $\neg(d(z, y) \leq \beta)$: Hier gilt $d_{\leq\beta}(z, y) = \beta$ und damit folgt wiederum $d_{\leq\beta}(x, y) \leq \beta \leq d_{\leq\beta}(x, z) + d_{\leq\beta}(z, y)$.
>   Fall $d(z, y) \leq \beta$: Hier gilt $d_{\leq\beta}(z, y) = d(z, y)$.
>
>   >   Fall $d(x, y) \leq \beta$: Hier gilt $d_{\leq\beta}(x, y) = d(x, y)$ und somit gilt $d_{\leq\beta}(x, y) = d(x, y) \leq d(x, z) + d(z, y) = d_{\leq\beta}(x, z) + d_{\leq\beta}(z, y)$.
>   >   Fall $\neg(d(x, y) \leq \beta)$: Hier gilt $d_{\leq\beta}(x, y) = \beta \leq d(x, y)$ und damit $d_{\leq\beta}(x, y) = \beta \leq d(x, y) \leq d(x, z) + d(z, y) = d_{\leq\beta}(x, z) + d_{\leq\beta}(z, y)$.
>   >   In beiden Fällen gilt die Dreiecksungleichung.
>
>   In beiden Fällen gilt die Dreiecksungleichung.

In beiden Fällen gilt die Dreiecksungleichung.

(✎ 219)   ....

Sei X eine Menge. Zum Nachweis der Metrikeigenschaften von $d := \delta_X$ untersuchen wir zunächst, ob d wohldefiniert ist. Da beide Ausdrücke $0, 1$ im bedingten Ausdruck Elemente von $\mathbb{R}$ sind, ist dies gewährleistet. Man sieht hier sogar, dass $d : X \times X \to \{0, 1\}$ gilt.
Zum Nachweis der Definitheit seien $x, y \in X$ gegeben. Zu zeigen ist $d(x, y) = 0 \Leftrightarrow x = y$.
Dazu zeigen wir zwei Implikationen und beginnen mit $x = y \Rightarrow d(x, y) = 0$. Ausgehend von $x = y$ liefert die Definition von d sofort $d(x, y) = 0$.
Für die umgekehrte Implikation gehen wir von $d(x, y) = 0$ aus und müssen $x = y$ zeigen. In einem indirekten Beweis gehen wir von $x \neq y$ aus und zeigen einen Widerspruch. Mit der Definition von d folgt $d(x, y) = 1$ im Widerspruch zu $d(x, y) = 0$. ⚡
Zum Nachweis der Symmetrie gehen wir von $x, y \in X$ aus und zeigen $d(x, y) = d(y, x)$.
Mit *tertium non datur* schließen wir zunächst auf $(x = y) \vee (x \neq y)$ und führen eine Fallunterscheidung durch.
Fall $x = y$: Es gilt $d(x, y) = 0 = d(y, x)$.
Fall $x \neq y$: Es gilt $d(x, y) = 1$. Außerdem gilt $y \neq x$. Zum Nachweis gehen wir von $y = x$ aus. Dann gilt $x = y$ im Widerspruch zu $x \neq y$. ⚡ Also gilt nach Definition auch $d(y, x) = 1$ und somit $d(y, x) = d(x, y)$.
Insgesamt gilt also $d(x, y) = d(y, x)$.
Zum Nachweis der Dreiecksungleichung seien $x, y, z \in X$ gegeben. Zu zeigen ist nun $d(x, y) \leq d(x, z) + d(z, y)$.
Fall $x = y$: Es gilt $d(x, y) = 0$ und wegen $d : X \times X \to \{0, 1\}$ auch $d(x, z), d(z, y) \geq 0$. Damit gilt $d(x, z) + d(z, y) \geq 0 + 0 = 0 = d(x, y)$.
Fall $x \neq y$: Hier ist $d(x, y) = 1$.

>   Fall $x \neq z$: Hier ist $d(x, z) = 1$ und damit können wir wie folgt rechnen: $d(x, y) = 1 \leq 1 + d(z, y) = d(x, z) + d(z, y)$.
>   Fall $x = z$: Hier ist $d(x, z) = 0$.

Fall $z = y$: Hier ist jetzt $x = z = y$ und damit auch $x = y$ im Widerspruch zu $x \neq y$. Mit *Ex falso quodlibet* folgt somit in diesem Fall $d(x,y) \leq d(x,z) + d(z,y)$.

Fall $z \neq y$: Hier ist $d(z,y) = 1$ und damit können wir wie folgt rechnen: $d(x,y) = 1 \leq d(x,z) + 1 = d(x,z) + d(z,y)$.

Insgesamt gilt somit $d(x,y) \leq d(x,z) + d(z,y)$.

. . . . (✎ 220)

Seien $u, v, w \in \mathbb{R}^2$. Zu zeigen ist $d_2(u + w, v + w) = d_2(u,v)$. Wir finden

$$d_2(u+w, v+w) = \sqrt{|(u_1 + w_1) - (v_1 + w_1)|^2 + |(u_2 + w_2) - (v_2 + w_2)|^2}$$
$$= \sqrt{|u_1 - v_1|^2 + |u_2 - v_2|^2} = d(u,v).$$

. . . . (✎ 221)

Wir gehen von der angegebenen Für-alle-Aussage aus und zeigen die Dreiecksungleichung für d_2. Dazu seien $x, y, z \in \mathbb{R}^2$ gegeben. Wir definieren $v := y - x$ und $w := z - x$ und wenden die Für-alle-Aussage an, sodass $d_2(y - x, o) \leq d_2(y - x, z - x) + d_2(z - x, o)$ folgt. Mit der Translationsivarianz gilt $d_2(y-x, o) = d_2((y-x)+x, o+x) = d_2(y, x) = d_2(x, y)$. Genauso finden wir durch Translation um x die beiden Beziehung $d_2(y - x, z - x) = d_2(y, z) = d_2(z, y)$ und $d_2(z-x, o) = d_2(z, x) = d_2(x, z)$. Durch Ersetzung folgt schließlich $d_2(x, y) \leq d_2(x, z) + d_2(z, y)$.

. . . . (✎ 222)

Sei $v \in \mathbb{R}^2$ gegeben. Wegen der Definitheit von d_2 gilt $d_2(o, v) = 0 \Leftrightarrow v = o$. Wegen $\|v\|_2 = d_2(v, o) = d_2(o, v)$ ergibt eine Ersetzung $\|v\|_2 = 0 \Leftrightarrow v = o$.

. . . . (✎ 223)

Sei $w \in \mathbb{R}^2$ gegeben. Zu zeigen ist $\|o\|_2 \leq \|w\|_2 + d_2(w, o)$. Nach Definition der Norm ist dies äquivalent zu $\|o\|_2 \leq 2 \cdot d_2(w, o)$. Nach Aufgabe (✎ 222) ist $\|o\|_2 = 0$ und damit folgt die Aussage aus Satz 5.2 angewendet auf w, o.

. . . . (✎ 224)

Sei $u \in \mathbb{R}^2$ und $r, s \in \mathbb{R}$. Zu zeigen ist $d_2(r \cdot u, s \cdot u) = d_\mathbb{R}(r, s) \cdot \|u\|_2$. Wir finden

$$d_2(r \cdot u, s \cdot) = \sqrt{|r \cdot u_1 - s \cdot u_1|^2 + |r \cdot u_2 - s \cdot u_2|^2}$$
$$= \sqrt{|r - s|^2 \cdot |u_1|^2 + |r - s|^2 \cdot |u_2|^2} = d_\mathbb{R}(r, s) \cdot \|u\|_2.$$

Zum Beweis der speziellen Dreiecksungleichung seien $u \in \mathbb{R}^2$ und $p, q, r \in \mathbb{R}$. Dann gilt mit dem vorherigen Ergebnis $d_2(p \cdot u, r \cdot u) = d_\mathbb{R}(p, r) \cdot \|u\|_2$. Mit der Dreiecksungleichung für $d_\mathbb{R}$ folgt außerdem $d_\mathbb{R}(p, r) \leq d_\mathbb{R}(p, q) + d_\mathbb{R}(q, r)$. Setzt man dies in die vorherige Gleichung ein, so liefert zweimalige Anwendung des vorherigen Ergebnisses wie gewünscht

$$d_2(p \cdot u, r \cdot u) \leq d_2(p \cdot u, q \cdot u) + d_2(q \cdot u, r \cdot u).$$

. . . . (✎ 225)

Wir schreiben wieder d und $\| \cdot \|$ statt d_2 und $\| \cdot \|_2$. Zur Vorbereitung des Beweises von Lemma 5.7 sammeln wir zunächst einige einfach nachzurechnende Hilfsaussagen.
Da die Wurzelfunktion Werte in $\mathbb{R}_{\geq 0}$ liefert, folgt $\forall u, v \in \mathbb{R}^2 : d(u, v) \geq 0$ unmittelbar. Außerdem haben wir bereits gesehen, dass $\forall x, y \in \mathbb{R}^2 : \|x - y\|^2 = \|x\|^2 - 2 \cdot \langle x, y \rangle + \|y\|^2$ gilt. Ebenso leicht rechnet man nach, dass $\forall x \in \mathbb{R}^2, \alpha \in \mathbb{R} : \|\alpha \cdot x\|^2 = \alpha^2 \cdot \|x\|^2$ und $\forall x, y \in \mathbb{R}^2, \alpha \in \mathbb{R} : \langle x, \alpha \cdot y \rangle = \alpha \cdot \langle x, y \rangle$ gelten.
Beweis. Seien $v, w \in \mathbb{R}^2$ gegeben. Zu zeigen ist $\|v\|_2 \leq \|w\|_2 + d_2(w, v)$. Mit *Tertium non datur* folgt $(v \neq o) \lor (v = o)$, sodass wir eine Fallunterscheidung durchführen können.

Fall $v = o$: Die Aussage gilt mit Aufgabe (✎ 223).

Fall $v \neq o$: Wir setzen $t := \langle w, v \rangle / \|v\|^2$, was wegen $\|v\| = d(v, o) > 0$ wohldefiniert ist. Außerdem definieren wir $b := t \cdot v$. Dann gilt $\|w - b\|^2 = \|w\|^2 - 2 \cdot \langle w, b \rangle + \|b\|^2$, wobei

$$\langle w, b \rangle = t \cdot \langle w, v \rangle = t \cdot \frac{\langle w, v \rangle}{\|v\|^2} \cdot \|v\|^2 = t^2 \cdot \|v\|^2 = \|t \cdot v\|^2 = \|b\|^2$$

gilt. Insgesamt finden wir also $\|w\|^2 = \|w - b\|^2 + \|b\|^2 \geq \|b\|^2$ und damit $\|w\| \geq \|b\|$. Entsprechend gilt $\|b - v\|^2 + \|w - b\|^2 = 2 \cdot \|b\|^2 - 2 \cdot \langle b, v \rangle - 2 \cdot \langle w, b \rangle + \|w\|^2 + \|v\|^2$. Wegen $\|b\|^2 = \langle w, b \rangle$ bleibt

$$\|b - v\|^2 + \|w - b\|^2 = -2 \cdot t \cdot \langle v, v \rangle + \|w\|^2 + \|v\|^2 = -2 \cdot \langle w, v \rangle \cdot \frac{\langle v, v \rangle}{\|v\|^2} + \|w\|^2 + \|v\|^2.$$

Kürzen mit $\langle v, v \rangle = \|v\|^2$ und Anwendung der zweiten binomischen Formel rückwärts ergibt $\|b - v\|^2 + \|w - b\|^2 = \|w - v\|^2$, woraus $\|b - v\|^2 \leq \|w - v\|^2$ folgt. Nach Ziehen der Wurzel und Umschreiben in Metrikausdrücke ergibt sich $d(w, v) \geq d(b, v)$. Insgesamt finden wir also $\|w\| + d(w, v) \geq \|b\| + d(b, v) = d(0 \cdot v, t \cdot v) + d(t \cdot v, 1 \cdot v)$. Anwendung von Aufgabe (✎ 224) ergibt nun $d(0 \cdot v, t \cdot v) + d(t \cdot v, 1 \cdot v) \geq d(0 \cdot v, 1 \cdot v) = d(o, v) = \|v\|$. In beiden Fällen gilt also $\|v\| \leq \|w\| + d(w, v)$.   □

(✎ 226) ···

Zum Nachweis, dass D eine Metrik auf X^n ist, seien $x, y, z \in X^n$. Nach Definition gilt dann $D(x, y) = \sum_{\mathbb{N}_{\leq n}} f$ mit $f : \mathbb{N}_{\leq n} \to \mathbb{R}$, $i \mapsto d(x_i, y_i)$.

Wir beginnen mit der Definitheit. Zunächst gehen wir von $d(x, y) = 0$ aus. Zum Nachweis von $x = y$ zeigen wir $\forall i \in \mathbb{N}_{\leq n} : x_i = y_i$. Dies genügt, da die Definitionsmengen von x und y beide $\mathbb{N}_{\leq n}$ sind. Sei also $i \in \mathbb{N}_{\leq n}$. Wir definieren

$$g : \mathbb{N}_{\leq N} \to \mathbb{R}, \quad k \mapsto \begin{cases} f(k) & k = i \\ 0 & \text{sonst} \end{cases}.$$

Wegen der Nichtnegativität von d gilt dann $\forall k \in \mathbb{N}_{\leq n} : g(k) \leq f(k)$ und damit $g \leq f$. Mit Aufgabe (✎ 168) folgt $\sum_{\mathbb{N}_{\leq n}} g \leq D(x, y)$. Andererseits ist $\sum_{\mathbb{N}_{\leq n}} g = \sum_{\mathbb{N}_{\leq n} \setminus \{i\}} g + g(i)$ und $g|_{\mathbb{N}_{\leq n} \setminus \{i\}}$ ist konstant 0. Damit gilt $g|_{\mathbb{N}_{\leq n} \setminus \{i\}} = 0 \cdot g|_{\mathbb{N}_{\leq n} \setminus \{i\}}$ und mit Aufgabe (✎ 166) ist der Wert der Summe 0. Insgesamt folgt $0 \leq d(x_i, y_i) = g(i) \leq D(x, y) = 0$ und daher $d(x_i, y_i) = 0$. Wegen der Definitheit der diskreten Metrik finden wir $x_i = y_i$.

Gilt umgekehrt $x = y$, so folgt $\forall i \in \mathbb{N}_{\leq n} : x_i = y_i$, woraus mit der Definitheit von d sofort $\forall i \in \mathbb{N}_{\leq n} : d(x_i, y_i) = 0$ folgt. Die Funktion f ist also konstant 0, was mit der gleichen Argumentation wie eben auf $D(x, y) = \sum_{\mathbb{N}_{\leq n}} f = 0$ führt.

Zum Nachweis der Symmetrie nutzen wir die Symmetrie von d, mit der wir leicht zeigen können, dass $f = h$ gilt mit $h : \mathbb{N}_{\leq n} \to \mathbb{R}$, $i \mapsto d(y_i, x_i)$. Dann gilt

$$D(x, y) = \sum_{\mathbb{N}_{\leq n}} f = \sum_{\mathbb{N}_{\leq n}} h = D(y, x).$$

Zum Nachweis der Dreiecksungleichung seien $u : \mathbb{N}_{\leq n} \to \mathbb{R}$, $i \mapsto d(x_i, z_i)$ und $v : \mathbb{N}_{\leq n} \to \mathbb{R}$, $i \mapsto d(z_i, y_i)$. Mit der Dreiecksungleichung von d lässt sich sofort $f \leq u + v$ zeigen. Mit den Aufgaben (✎ 167) und (✎ 168) folgt dann

$$D(x, y) = \sum_{\mathbb{N}_{\leq n}} f \leq \sum_{\mathbb{N}_{\leq n}} (u + v) = \sum_{\mathbb{N}_{\leq n}} u + \sum_{\mathbb{N}_{\leq n}} v = D(x, z) + D(z, y).$$

···

(✎ 227)

Wir zeigen $\forall n \in \mathbb{N} : \forall x, y \in \mathcal{A}^n : h_{\mathcal{A},n}(x,y) = \sum_{i=1}^{n} \delta_{\mathcal{A}}(x_i, y_i)$ durch vollständige Induktion. Die Metrikeigenschaft von $h_{\mathcal{A},n}$ folgt dann mit Aufgabe (✎ 226).

Zum Induktionsanfang seien $x, y \in \mathcal{A}^1$. Mit Aufgabe (✎ 144) wissen wir $\mathbb{N}_{\leq 1} = \{1\}$. Folglich ist $h_{\mathcal{A},1}(x,y) = |\{j \in \{1\} : x_j \neq y_j\}|$.

Mit Aufgabe (✎ 165) und mit der Funktion $f : \mathbb{N}_{\leq 1} \to \mathbb{R}$, $i \mapsto \delta_{\mathcal{A}}(x_i, y_i)$ finden wir $\sum_{i=1}^{1} \delta_{\mathcal{A}}(x_i, y_i) = \sum_{\{1\}} f = f(1) = \delta_{\mathcal{A}}(x_1, y_1)$.

Fall $x_1 = y_1$: Hier gilt $\{j \in \{1\} : x_j \neq y_j\} = \emptyset$, was wir durch die Inklusion $\{j \in \{1\} : x_j \neq y_j\} \subset \emptyset$ nachweisen. Sei dazu $k \in \{j \in \{1\} : x_j \neq y_j\}$. Dann gilt $k \in \{1\}$ und $x_k \neq y_k$. Mit Aufgabe (✎ 66) wissen wir $k = 1$ und erhalten so $x_1 \neq y_1$, während $x_1 = y_1$ ebenfalls gilt. Mit *Ex falso quodlibet* folgt $k \in \emptyset$.

In diesem Fall ist damit $h_{\mathcal{A},1}(x,y) = |\emptyset| = 0$. Andererseits gilt $\delta_{\mathcal{A}}(x_1, y_1) = 0$ nach Definition der diskreten Metrik. Insgesamt haben wir also $h_{\mathcal{A},1}(x,y) = \sum_{i=1}^{1} \delta_{\mathcal{A}}(x_i, y_i)$.

Fall $x_1 \neq y_1$: Hier gilt $\{j \in \{1\} : x_j \neq y_j\} = \{1\}$, was wir durch zwei Inklusionen zeigen. Sei zunächst $k \in \{1\}$. Dann gilt $k = 1$ und somit $x_k \neq y_k$. Es folgt $k \in \{j \in \{1\} : x_j \neq y_j\}$. Umgekehrt gilt für $k \in \{j \in \{1\} : x_j \neq y_j\}$ unmittelbar $k \in \{1\}$.

In diesem Fall ist damit $h_{\mathcal{A},1}(x,y) = |\{1\}| = 1 = \delta_{\mathcal{A}}(x_1, y_1)$ nach Definition der diskreten Metrik. Insgesamt haben wir also auch hier $h_{\mathcal{A},1}(x,y) = \sum_{i=1}^{1} \delta_{\mathcal{A}}(x_i, y_i)$.

Zum Induktionsschritt gehen wir von $n \in \mathbb{N}$ mit $\forall x, y \in \mathcal{A}^n : h_{\mathcal{A},n}(x,y) = \sum_{i=1}^{n} \delta_{\mathcal{A}}(x_i, y_i)$ aus. Zu zeigen ist die entsprechende Aussage für $n+1$. Seien dazu $x, y \in \mathcal{A}^{n+1}$ gegeben. Zu zeigen ist $h_{\mathcal{A},n+1}(x,y) = \sum_{i=1}^{n+1} \delta_{\mathcal{A}}(x_i, y_i)$.

Mit Aufgabe (✎ 164) und mit der Funktion $f : \mathbb{N}_{\leq n+1} \to \mathbb{R}$, $i \mapsto \delta_{\mathcal{A}}(x_i, y_i)$ finden wir $\sum_{i=1}^{n+1} \delta_{\mathcal{A}}(x_i, y_i) = \sum_{\mathbb{N}_{\leq n+1}} f = \sum_{\mathbb{N}_{\leq n}} f + f(n+1)$.

Definieren wir die Einschränkungen $\hat{x} := x|_{\mathbb{N}_{\leq n}}$ und $\hat{y} := y|_{\mathbb{N}_{\leq n}}$, so gilt der Zusammenhang $f|_{\mathbb{N}_{\leq n}}(i) = \delta_{\mathcal{A}}(x_i, y_i) = \delta_{\mathcal{A}}(\hat{x}_i, \hat{y}_i)$ für jedes $i \in \mathbb{N}_{\leq n}$ und folglich ergibt sich mit der Einschränkungseigenschaft aus Aufgabe (✎ 171)

$$\sum_{i=1}^{n+1} \delta_{\mathcal{A}}(x_i, y_i) = \sum_{i=1}^{n} \delta_{\mathcal{A}}(\hat{x}_i, \hat{y}_i) + \delta_{\mathcal{A}}(x_{n+1}, y_{n+1}).$$

Weiter gelten folgende leicht nachweisbare Mengengleichheiten (jeweils durch zwei Inklusionen)

$$\{j \in \mathbb{N}_{\leq n+1} : x_j \neq y_j\} = \{j \in \mathbb{N}_{\leq n} : x_j \neq y_j\} \cup \{j \in \{n+1\} : x_j \neq y_j\},$$
$$\{j \in \mathbb{N}_{\leq n} : x_j \neq y_j\} \cap \{j \in \{n+1\} : x_j \neq y_j\} = \emptyset,$$
$$\{j \in \mathbb{N}_{\leq n} : x_j \neq y_j\} = \{j \in \mathbb{N}_{\leq n} : \hat{x}_j \neq \hat{y}_j\}.$$

Mit Aufgabe (✎ 151) folgt daraus

$$h_{\mathcal{A},n+1}(x,y) = h_{\mathcal{A},n}(\hat{x}, \hat{y}) + |\{j \in \{n+1\} : x_j \neq y_j\}|.$$

Mit der Induktionsvoraussetzung angewendet auf $\hat{x}, \hat{y}$ können wir dies weiter umformen zu

$$h_{\mathcal{A},n+1}(x,y) = \sum_{i=1}^{n} \delta_{\mathcal{A}}(\hat{x}_i, \hat{y}_i) + |\{j \in \{n+1\} : x_j \neq y_j\}|.$$

Es genügt also $|\{j \in \{n+1\} : x_j \neq y_j\}| = \delta_{\mathcal{A}}(x_{n+1}, y_{n+1})$ zu zeigen, um den Beweis abzuschließen. Dafür benutzen wir eine Fallunterscheidung.

Fall $x_{n+1} = y_{n+1}$: Hier gilt $\{j \in \{1\} : x_j \neq y_j\} = \emptyset$, was wir durch die Inklusion $\{j \in \{n+1\} : x_j \neq y_j\} \subset \emptyset$ nachweisen. Sei dazu $k \in \{j \in \{n+1\} : x_j \neq y_j\}$. Dann gilt $k \in \{n+1\}$ und $x_k \neq y_k$. Mit Aufgabe (✎ 66) wissen wir $k = n+1$ und erhalten so $x_{n+1} \neq y_{n+1}$, während $x_{n+1} = y_{n+1}$ ebenfalls gilt. Mit *Ex falso quodlibet* folgt $k \in \emptyset$.

In diesem Fall ist damit $|\{j \in \{n+1\} : x_j \neq y_j\}| = |\emptyset| = 0 = \delta_{\mathcal{A}}(x_{n+1}, y_{n+1})$ nach Definition der diskreten Metrik.

Fall $x_1 \neq y_1$: Hier gilt $\{j \in \{n+1\} : x_j \neq y_j\} = \{n+1\}$, was wir durch zwei Inklusionen zeigen. Sei zunächst $k \in \{n+1\}$. Dann gilt $k = n+1$ und folglich $x_k \neq y_k$. Damit ist $k \in \{j \in \{n+1\} : x_j \neq y_j\}$ nachgewiesen. Umgekehrt gilt für $k \in \{j \in \{n+1\} : x_j \neq y_j\}$ unmittelbar $k \in \{n+1\}$.

In diesem Fall ist damit $|\{j \in \{n+1\} : x_j \neq y_j\}| = |\{1\}| = 1 = \delta_{\mathcal{A}}(x_{n+1}, y_{n+1})$ nach Definition der diskreten Metrik. □

(✎ 228) ....

Sei $x \in \mathbb{R}^3$ und $r > 0$ sowie $K := B_r^{\delta_{\mathbb{R}^3}}(x)$. Wir zeigen die Implikationen $r \leq 1 \Rightarrow K = \{x\}$ und $r > 1 \Rightarrow K = \mathbb{R}^3$.

Für die erste Implikation gehen wir von $r \leq 1$ aus und zeigen die Mengengleichheit durch zwei Inklusionen. Sei dazu $y \in K$ gegeben. Zu zeigen ist $y \in \{x\}$, d. h. $y = x$. In einem indirekten Beweis gehen wir von $y \neq x$ aus. Dann gilt $\delta_{\mathbb{R}^3}(y, x) = 1$. Andererseits folgt aus $y \in K$ die Aussage $\delta_{\mathbb{R}^3}(y, x) < r \leq 1$. ⚡

Für die umgekehrte Inklusion sei $y \in \{x\}$. Zu zeigen ist $y \in K$. Mit Aufgabe (✎ 66) folgt $y = x$ und damit $\delta_{\mathbb{R}^3}(y, x) = 0 < r$, sodass $y \in K$ gilt.

Für die zweite Implikation sei nun $r > 1$. Zu zeigen ist $K = \mathbb{R}^3$. Zunächst gehen wir von $y \in K$ aus. Zu zeigen ist $y \in \mathbb{R}^3$. Dies folgt direkt aus der Definition der Kugel. Umgekehrt sei $y \in \mathbb{R}^3$. Zu zeigen ist $y \in K$.

Fall $y = x$: Mit der gleichen Argumentation wie oben folgt $y \in K$.

Fall $y \neq x$: Es gilt $\delta_{\mathbb{R}^3}(y, x) = 1 < r$ und damit $y \in K$.

Insgesamt gilt also $y \in K$.

(✎ 229) ....

Sei d eine Metrik auf X und sei $x \in X$ sowie $r > 0$. Weiter seien $y, z \in B_r^d(x)$. Zu zeigen ist $d(y, z) < 2 \cdot r$.

Wegen $y, z \in B_r(x)$ erhalten wir mit der Definition der Kugel $y, z \in X$ und $d(x, y) < r$ sowie $d(x, z) < r$. Der Weg von y, z ist aber nicht länger als der Umweg über x, d. h., durch Anwendung der Dreiecksungleichung folgt $d(y, z) \leq d(y, x) + d(x, z)$. Wegen der Symmetrie der Metrik finden wir für x, y die Gleichheit $d(x, y) = d(y, x)$. Insgesamt folgt also $d(y, x) + d(x, z) = d(x, y) + d(x, z) < r + r = 2 \cdot r$ und damit die Behauptung. □

(✎ 230) ....

Sei d eine Metrik auf X und sei $A := B_r^d(x)$ eine Kugel in X. Zu zeigen ist $\exists D \in \mathbb{R} : \forall y, z \in A : d(x, y) \leq D$. Als Kandidat kommt uns wegen Aufgabe (✎ 229) natürlich der Durchmesser $D := 2 \cdot r$ in den Sinn. Zum Nachweis der Für-alle-Aussage seien $y, z \in A$ gegeben. Anwendung von Aufgabe (✎ 229) ergibt dann wie gewünscht $d(y, z) < 2 \cdot r \leq D$. □

Zum Nachweis, dass alle Teilmengen beschränkter Mengen wieder beschränkt sind, sei eine beschränkte Menge $B \subset X$ gegeben und es sei $A \subset B$. Zu zeigen ist die Existenzaussage $\exists D \in \mathbb{R} : \forall y, z \in A : d(x, y) \leq D$, wobei uns als Kandidat für den Maximalabstand D ein entsprechender Maximalabstand für B ins Auge sticht.

Wir nutzen also die Beschränktheit von B und wählen ein $D \in \mathbb{R}$ mit der Eigenschaft $\forall y, z \in B : d(x, y) \leq D$. Zum Nachweis von $\forall y, z \in A : d(x, y) \leq D$ seien $x, y \in A$ gegeben. Zu zeigen ist $d(y, z) \leq D$. Wegen $A \subset B$ gilt $x, y \in B$, und Anwendung von $\forall y, z \in B : d(x, y) \leq D$ ergibt wie gewünscht $d(x, y) \leq D$. □

(✎ 231) ....

Sei d eine Metrik auf X. Zum Nachweis, dass $\emptyset$ beschränkt ist, müssen wir die Aussage $\exists D \in \mathbb{R} : \forall x, y \in \emptyset : d(x, y) \leq D$ zeigen. Wir setzen $D := 1$ und zeigen die verbleibende

Für-alle-Aussage $\forall x, y \in \emptyset : d(x, y) \leq D$. Seien dazu $x, y \in \emptyset$ gegeben. Zu zeigen ist $d(x, y) \leq D$. Da nach Voraussetzung $\exists x \in \mathcal{U} : x \in \emptyset$ gilt, während gleichzeitig auch die gegenteilige Aussage wahr ist, folgt $d(x, y) \leq D$ mit *Ex falso quodlibet*. $\square$

. . . . (✎ 232)

Es ist noch zu zeigen, dass für eine gegebene beschränkte Menge A und einen Punkt $x \in X$ ein Radius $r \in \mathbb{R}$ existiert, sodass A in der Kugel $B_r^d(x)$ enthalten ist. Wir beginnen mit einer Fallunterscheidung:

Fall $A = \emptyset$: Hier wählen wir $r := 1$. Es gilt $A \subset B_r^d(x)$ und somit auch $\exists r \in \mathbb{R} : A \subset B_r^d(x)$.

Fall $A \neq \emptyset$: Wir wählen einen Punkt $a \in A$. Da A beschränkt ist, können wir $D \in \mathbb{R}$ wählen mit $\forall u, v \in A : d(u, v) \leq D$. Nun definieren wir $r := d(x, a) + D + 1$ und zeigen $A \subset B_r^d(x)$. Sei dazu $y \in A$ gegeben. Zu zeigen ist $y \in B_r^d(x)$, d. h. $d(y, x) < r$.

Mit der Dreiecksungleichung folgt zunächst $d(x, y) \leq d(x, a) + d(a, y)$. Anwendung der Für-alle-Aussage auf a, y liefert $d(a, y) \leq D$ und damit $d(x, y) \leq d(x, a) + D < r$. Also gilt auch in diesem Fall $\exists r \in \mathbb{R} : A \subset B_r^d(x)$.

. . . . (✎ 233)

Wir zeigen die Äquivalenz durch zwei Implikationen. Zunächst sei A beschränkt. Zu zeigen ist $\exists r \in \mathbb{R} : A \subset B_r^d(x)$. Anwendung von Satz 5.11 auf x ergibt genau diese Aussage.

Gelte nun umgekehrt $\exists r \in \mathbb{R} : A \subset B_r^d(x)$. Zu zeigen ist die Beschränktheit von A. Zunächst wählen wir ein r passend zur Existenzaussage. Nach Aufgabe (✎ 230) ist $B_r^d(x)$ beschränkt und dies überträgt sich auf $A \subset B_r^d(x)$.

. . . . (✎ 234)

Sei $A := (0, 1] \cup \{3\}$. Wir zeigen $D := \Delta_{d_{\mathbb{R}}}(A) = [0, 1) \cup [2, 3)$ durch zwei Inklusionen. Sei zunächst $r \in D$. Zu zeigen ist $r \in E := [0, 1) \cup [2, 3)$. Nach Definition von $\Delta_{d_{\mathbb{R}}}(A)$ können wir $x, y \in A$ wählen mit $r = d_{\mathbb{R}}(x, y)$.

Fall $x \in 3$:

> Fall $y \in \{3\}$: Es gilt $r = d_{\mathbb{R}}(3, 3) = 0 \in [0, 1) \subset E$, also $r \in E$.
>
> Fall $y \in (0, 1]$: Wegen $y \leq 1 < 3$ gilt $r = d(3, y) = 3 - y$ und $r = 3 - y \geq 2$. Wegen $y > 0$ folgt außerdem $r = 3 - y < 3$, also $r \in [2, 3) \subset E$, d. h. $r \in E$.

Fall $x \in (0, 1]$:

> Fall $y \in \{3\}$: Wegen $x \leq 1 < 3$ gilt $r = d(x, 3) = 3 - x$ und $r = 3 - x \geq 2$. Wegen $x > 0$ folgt außerdem $r = 3 - x < 3$, also $r \in [2, 3) \subset E$, d. h. $r \in E$.
>
> Fall $y \in (0, 1]$:
>
> > Fall $x \geq y$: Wegen $x \leq 1$ und $0 < y$ gilt $r = x - y \leq 1 - y < 1$ und $r = d_{\mathbb{R}}(x, y) \geq 0$ gilt ebenfalls. Also ist $r \in [0, 1)$ und damit $r \in E$.
> >
> > Fall $\neg(x \geq y)$: Wegen $y \leq 1$ und $0 < x$ gilt $r = y - x \leq 1 - x < 1$ und $r = d_{\mathbb{R}}(x, y) \geq 0$ gilt ebenfalls. Also ist $r \in [0, 1)$ und damit $r \in E$.
>
> In jedem Fall gilt also $r \in E$.

In jedem Fall gilt also $r \in E$.

Für die umgekehrte Inklusion sei $r \in E$. Zu zeigen ist $r \in D$.

Fall $r \in [0, 1)$: Für $y := 1 - r$ gilt $y \in A$, denn wegen $r \geq 0$ ist $y \leq 1$ und wegen $r < 1$ ist $y > 0$ und damit $y \in (0, 1] \subset A$. Mit $x := 1 \in A$ gilt außerdem der Zusammenhang $d_{\mathbb{R}}(x, y) = x - y = 1 - (1 - r) = r$. Also gilt $r \in D$.

Fall $r \in [2, 3)$: Für $y := 3 - r$ gilt $y \in A$, denn wegen $r \geq 2$ ist $y \leq 1$ und wegen $r < 3$ ist $y > 0$ und damit $y \in (0, 1] \subset A$. Mit $x := 3 \in A$ gilt außerdem der Zusammenhang $d_{\mathbb{R}}(x, y) = x - y = 3 - (3 - r) = r$. Also gilt $r \in D$ in jedem Fall.

Sei nun $A := (0,1] \cup \{3\}$. Wir zeigen $D := \Delta_{\delta_{\mathbb{R}}}(A) = \{0,1\}$ durch zwei Inklusionen. Sei zunächst $r \in D$. Zu zeigen ist $r \in E := \{0,1\}$. Nach Definition von $\Delta_{\delta_{\mathbb{R}}}(A)$ können wir $x, y \in A$ wählen mit $r = \delta_{\mathbb{R}}(x,y)$.

Fall $x = y$: Es gilt $r = 0 \in E$.

Fall $x \neq y$: Es gilt $r = 1 \in E$. In jedem Fall gilt also $r \in E$.

Für die umgekehrte Inklusion sei $r \in E$. Zu zeigen ist $r \in D$.

Fall $r \in \{0\}$: Wir setzen $x := 3$ und $y := 3$. Dann gilt $x, y \in A$ und $\delta_{\mathbb{R}}(x,y) = 0 = r$. Also gilt $r \in D$.

Fall $r \in \{1\}$: Wir setzen $x := 3$ und $y := 1$. Dann gilt $x, y \in A$ und $\delta_{\mathbb{R}}(x,y) = 1 = r$. Also gilt $r \in D$.

(✎ 235) ....

Wir beginnen mit dem Nachweis von $O_{\mathbb{R}_{\leq b}} = \mathbb{R}_{\geq b}$. Sei dazu $x \in O_{\mathbb{R}_{\leq b}}$ gegeben. Zu zeigen ist $x \in \mathbb{R}_{\geq b}$, also $x \in \mathbb{R}$ und $x \geq b$. Nach Voraussetzung gilt $x \in \mathbb{R}$ und $\forall m \in \mathbb{R}_{\leq b} : m \leq x$. Angewendet auf $b \in \mathbb{R}_{\leq b}$ ergibt sich $b \leq x$.

Sei nun umgekehrt $x \in \mathbb{R}_{\geq b}$, also $x \in \mathbb{R}$ und $x \geq b$. Zu zeigen ist $x \in O_{\mathbb{R}_{\leq b}}$, also $x \in \mathbb{R}$ und $\forall m \in \mathbb{R}_{\leq b} : m \leq x$. Sei dazu $m \in \mathbb{R}_{\leq b}$ gegeben. Zu zeigen ist $m \leq x$. Wegen $m \in \mathbb{R}_{\leq b}$ gilt $m \leq b$ und wegen $b \leq x$ auch $m \leq x$.

Als nächstes zeigen wir $O_{[a,b)} = \mathbb{R}_{\geq b}$. Sei dazu $x \in O_{[a,b)}$ gegeben. Zu zeigen ist $x \in \mathbb{R}_{\geq b}$, also $x \in \mathbb{R}$ und $x \geq b$. Nach Voraussetzung gilt $x \in \mathbb{R}$ und $\forall m \in [a,b) : m \leq x$. Wir zeigen $x \geq b$ indirekt und nehmen dazu $\neg(x \geq b)$, d. h. $x < b$ an. Wenden wir die Für-alle-Aussage auf $a \in [a,b)$ an, so folgt außerdem $a \leq x$. Wir definieren nun $m := (x+b)/2$. Wegen $x < b$ gilt dann $m < (b+b)/2 = b$ und wegen $a \leq x$ und $a < b$ auch $a = (a+a)/2 \leq (x+b)/2 = m$. Wir haben also $m \in [a,b)$ und Anwendung der Für-alle-Aussage auf m ergibt $m \leq x$. Wegen $b > x$ gilt aber auch $m = (x+b)/2 > (x+x)/2 = x$. ⚡

Für die umgekehrte Inklusion sei $x \in \mathbb{R}_{\geq b}$, also $x \in \mathbb{R}$ und $x \geq b$. Zu zeigen ist $x \in O_{[a,b)}$, d. h. $x \in \mathbb{R}$ und $\forall m \in [a,b) : m \leq x$. Sei dazu $m \in [a,b)$ gegeben. Zu zeigen ist $m \leq x$. Wegen $m \in [a,b)$ gilt $m < b$ und wegen $b \leq x$ auch $m \leq x$.

(✎ 236) ....

Sei $s \in \mathbb{R}$ obere Schranke von $M \subset \mathbb{R}$, also $s \in O_M$. Zu zeigen ist $\mathbb{R}_{\geq s} \subset O_M$. Sei dazu $x \in \mathbb{R}_{\geq s}$, also $x \in \mathbb{R}$ und $x \geq s$. Zu zeigen ist $x \in O_M = \{t \in \mathbb{R} : \forall m \in M : m \leq t\}$, d. h. $x \in \mathbb{R}$ und $\forall m \in M : m \leq x$. Sei dazu $m \in M$. Zu zeigen ist $m \leq x$.

Wegen $s \in O_M$ gilt $\forall m \in M : m \leq s$. Angewendet auf unser Element m ergibt sich $m \leq s$. Wegen $s \leq x$ folgt mit der Transitivität der $\leq$-Relation $m \leq x$.

(✎ 237) ....

Die Langform zu $O_\emptyset$ ist $O_\emptyset = \{s \in \mathbb{R} : \forall m \in \emptyset : m \leq s\}$. Wir zeigen $O_\emptyset = \mathbb{R}$ mit zwei Inklusionen. Sei zunächst $x \in O_\emptyset$. Dann gilt $x \in \mathbb{R}$. Sei umgekehrt $x \in \mathbb{R}$. Zu zeigen ist $x \in O_\emptyset$, also $x \in \mathbb{R}$ und $\forall m \in \emptyset : m \leq x$. Sei dazu $m \in \emptyset$ gegeben. Da dies ein Widerspruch ist, folgt mit *Ex falso quodlibet* auch $m \leq x$.

Da $O_\emptyset = \mathbb{R} \neq \emptyset$ gilt, ist $\emptyset$ nach oben beschränkt.

(✎ 238) ....

Wir gehen von $A \subset B \subset \mathbb{R}$ aus. Zu zeigen ist $O_B \subset O_A$. Sei dazu $s \in O_B$. Zu zeigen ist $s \in O_A$, d. h. $s \in \mathbb{R}$ und $\forall a \in A : a \leq s$.

Wegen $s \in O_B$ gilt $s \in \mathbb{R}$ und $\forall b \in B : b \leq s$.

Sei nun $a \in A$. Zu zeigen ist $a \leq s$. Wegen $A \subset B$ gilt dann $a \in B$, und Anwendung der Für-alle-Aussage liefert $a \leq s$

(✎ 239) ....

Sei $s \in \mathbb{R}$. Zu zeigen ist $U_{\mathbb{R}_{\geq s}} = \mathbb{R}_{\leq s}$. Sei zunächst $x \in U_{\mathbb{R}_{\geq s}}$. Wir zeigen $x \in \mathbb{R}_{\leq s}$. Aus der Voraussetzung folgt $x \in \mathbb{R}$ und $\forall m \in \mathbb{R}_{\geq s} : x \leq m$. Angewendet auf $s \in \mathbb{R}_{\geq s}$ folgt $x \leq s$, also $x \in \mathbb{R}_{\leq s}$.

Für die umgekehrte Inklusion sei $x \in \mathbb{R}_{\leq s}$. Zu zeigen ist $x \in U_{\mathbb{R}_{\geq s}}$, also $x \in \mathbb{R}$ und $\forall m \in \mathbb{R}_{\geq s} : x \leq m$. Sei dazu $m \in \mathbb{R}_{\geq s}$, also $m \in \mathbb{R}$ und $m \geq s$. Zu zeigen ist $x \leq m$. Wegen $x \in \mathbb{R}_{\leq s}$ ist $x \leq s$ und wegen $s \leq m$ auch $x \leq m$.

Schließlich gilt wegen $s \in \mathbb{R}_{\geq s}$ und $s \in \mathbb{R}_{\leq s} = U_{\mathbb{R}_{\geq s}}$ auch $s \in \mathrm{Min}(\mathbb{R}_{\geq s})$.

.... (✎ 240)

Seien $A \subset B \subset \mathbb{R}$. Zu zeigen ist $U_B \subset U_A$ und $\forall a \in \mathrm{Min}(A), b \in \mathrm{Min}(b) : b \leq a$.

Zum Nachweis der Inklusion sei $s \in U_B$. Zu zeigen ist $s \in U_A$, d. h. $\forall a \in A : s \leq a$ und $s \in \mathbb{R}$.

Wegen $s \in U_B$ gilt umgekehrt $\forall b \in B : s \leq b$ und $s \in \mathbb{R}$. Sei nun $a \in A$ gegeben. Zu zeigen ist $s \leq a$. Wegen $A \subset B$ und $a \in A$ gilt $a \in B$. Anwendung der Für-alle-Aussage liefert $s \leq a$.

Für das zweite Beweisziel seien $a \in \mathrm{Min}(A)$ und $b \in \mathrm{Min}(b)$ gegeben. Zu zeigen ist $b \leq a$. Wegen $b \in \mathrm{Min}(B) = B \cap U_B$ ist $b \in U_B$. Wegen $U_B \subset U_A$ gilt dann auch $b \in U_A$. Dann gilt $\forall x \in A : b \leq x$. Wegen $a \in \mathrm{Min}(A) = A \cap U_A$ gilt $a \in A$. Anwendung der Für-alle-Aussage auf a ergibt $b \leq a$.

.... (✎ 241)

Sei $W \subset \mathbb{R}$. Wir zeigen mit einem Eindeutigkeitsbeweis, dass $\mathrm{Min}(W)$ höchstens ein Element besitzt.

Seien also $u, v \in \mathrm{Min}(W)$ gegeben. Zu zeigen ist $u = v$. Mit der Langform erhalten wir $u, v \in W \cap U_W$, also $u, v \in W$ und $\forall w \in W : u \leq w$ sowie $\forall w \in W : v \leq w$. Wenden wir die erste Für-alle-Aussage auf v an, so folgt $u \leq v$. Wenden wir die zweite Für-alle-Aussage auf u an, so folgt $v \leq u$. Mit der Antisymmetrie der $\leq$-Relation folgt nun $u = v$.

Als Beispiel einer nicht leeren Menge W mit $\mathrm{Min}(W) = \emptyset$ wählen wir die Menge $\mathbb{R}_{>0}$. Dabei gehen wir indirekt vor und nehmen $m \in \mathrm{Min}(\mathbb{R}_{>0})$ an, also $m \in \mathbb{R}_{>0}$ und $m \in U_{\mathbb{R}_{>0}}$. Mit der Langform gilt dann $\forall w \in \mathbb{R}_{>0} : m \leq w$. Wegen $m > 0$ gilt aber $m/2 > 0$, und durch Anwendung der Für-alle-Aussage auf $m/2$ folgt $m \leq m/2$, was auch als $2 < 1$ geschrieben werden kann. ⚡

Als Beispiel für eine Menge W mit $\mathrm{Min}(W) = \{1\}$ nehmen wir $W := \mathbb{R}_{\geq 1}$. Zum Nachweis von $\{1\} \subset \mathrm{Min}(W)$ nutzen wir $1 \in W$ und $\forall w \in W : 1 \leq w$ (denn ist $w \in W = \mathbb{R}_{\geq 1}$ gegeben, dann folgt nach Definition $w \geq 1$). Also ist $1 \in W \cap U_W = \mathrm{Min}(W)$ und somit $\{1\} \subset \mathrm{Min}(W)$.

Für die umgekehrte Implikation nehmen wir $m \in \mathrm{Min}(W)$. Wegen $1 \in \mathrm{Min}(W)$ und der Eindeutigkeit, folgt $m = 1$ und somit $m \in \{1\}$.

.... (✎ 242)

Definition. Sei $W \subset \mathbb{R}$. Wir schreiben $\mathrm{Max}(W) := W \cap O_W$ für *die Menge der Maxima von W*. Ist $\mathrm{Max}(W) \neq \emptyset$, dann schreiben wir für $\underline{\mathrm{das}}\ m \in \mathcal{U} : m \in \mathrm{Max}(W)$ auch $\max W$ und sprechen von *dem Maximum von M*.

Zur Wohldefinition ist zu zeigen: Sei $W \subset \mathbb{R}$. Dann hat $\mathrm{Max}(W)$ höchstens ein Element.

Beweis. Seien $u, v \in \mathrm{Max}(W)$. Zu zeigen ist $u = v$. Mit der Langform folgt $u, v \in W \cap O_W$, also $u, v \in W$ und $\forall w \in W : w \leq u$ sowie $\forall w \in W : w \leq v$. Wenden wir die erste Für-alle-Aussage auf v an, so folgt $v \leq u$. Wenden wir die zweite Für-alle-Aussage auf u an, so folgt $u \leq v$. Mit der Antisymmetrie der $\leq$-Relation folgt nun $u = v$. □

.... (✎ 243)

Für $M \subset \mathbb{R}$ gelte $\mathrm{Min}(O_M) \neq \emptyset$. Zu zeigen ist $O_M \neq \emptyset$ und $M \neq \emptyset$.

Zunächst wählen wir $s \in \mathrm{Min}(O_M)$, was möglich ist, da $\mathrm{Min}(O_M) \neq \emptyset$ gilt. Nach Definition von $\mathrm{Min}(O_M) = O_M \cap U_{O_M}$ ist dann $s \in O_M$ und $s \in U_{O_M}$. Insbesondere gilt $O_M \neq \emptyset$.

Zum Nachweis von $M \neq \emptyset$ gehen wir von $M = \emptyset$ aus und zeigen einen Widerspruch. Mit Aufgabe (✎ 237) folgt $O_M = O_\emptyset = \mathbb{R}$. Wegen $s \in U_{O_M} = U_\mathbb{R}$ gilt $\forall x \in \mathbb{R} : s \leq x$. Angewendet auf $s - 1$ ergibt sich $s \leq s - 1$. ⚡

Zum Nachweis von $O_M = \mathbb{R}_{\geq \min O_M}$ sei zunächst $s \in O_M$. Zu zeigen ist $s \in \mathbb{R}_{\geq \min O_M}$, also $s \in \mathbb{R}$ und $s \geq \min O_M$. Wegen $\min O_M \in U_{O_M}$ folgt $\forall t \in O_M : \min O_M \leq t$. Angewendet auf s ergibt dies $\min O_M \leq s$. Die Aussage $s \in \mathbb{R}$ folgt direkt aus $s \in O_M$. Die umgekehrte Inklusion $\mathbb{R}_{\geq \min O_M} \subset O_M$ folgt mit Aufgabe (✎ 236) wegen $\min O_M \in O_M$.

(✎ 244)
....

Sei $M \subset \mathbb{R}$. Wir definieren $A := (O_M = \emptyset) \vee (O_M = \mathbb{R})$ und $B := \exists s \in \mathbb{R} : O_M = \mathbb{R}_{\geq s}$. Zu zeigen ist $A \vee B$.
Fall $M = \emptyset$: Mit Aufgabe (✎ 237) gilt $O_M = \mathbb{R}$ und daher A, also auch $A \vee B$.
Fall $M \neq \emptyset$: Wir machen eine weitere Fallunterscheidung:
Fall $O_M = \emptyset$: Es gilt A und damit $A \vee B$.
Fall $O_M \neq \emptyset$: Nach Axiom 5.16 existiert $\min O_M$. Mit Aufgabe (✎ 243) folgt weiterhin $O_M = \mathbb{R}_{\geq \min O_M}$. Damit gilt B und folglich $A \vee B$.

(✎ 245)
....

Weil $\sup M \in M$ gilt, ist $s := \sup M$ wohldefiniert. Wegen $s = \min O_M$ gilt $s \in O_M$ und $s \in U_{O_M}$. Insgesamt sehen wir $s \in M \cap O_M = \mathrm{Max}(M)$, sodass $\max M$ wohldefiniert ist. Mit der Nachweisregel von Gleichheit mit $\underline{\text{das}}$-Ausdrücken folgt das Ergebnis, denn $s \in M$ und $s \in O_M$.

(✎ 246)
....

Aus Aufgabe (✎ 242) wissen wir, dass im Fall $\mathrm{Max}(M) \neq \emptyset$ das Maximum $m := \max M$ von M wohldefiniert ist. Nach Definition gilt $m \in M$ und $m \in O_M$. Insbesondere ist $M \neq \emptyset$ und $O_M \neq \emptyset$, sodass M nach oben beschränkt ist. Damit ist auch $s := \sup M$ wohldefiniert. Wegen $s = \min O_M$ folgt $s \in O_M$ und $s \in U_{O_M}$, d. h. $\forall t \in O_M : s \leq t$. Angewendet auf m folgt $s \leq m$. Andererseits folgt aus $s \in O_M$ mit der Langform $\forall u \in M : u \leq s$. angewendet auf m ergibt dies $m \leq s$. Insgesamt gilt also $m = s$.

(✎ 247)
....

Sei $M \subset \mathbb{R}$ nicht leer und nach oben beschränkt.
Zu zeigen ist $\sup M = \underline{\text{das}}\ s \in O_M : \forall t \in O_M : s \leq t$.
Zunächst zeigen wir $\exists! s \in O_M : \forall t \in O_M : s \leq t$ und beginnen mit der Existenzaussage. Mit Axiom 5.16 ist $\mathrm{Min}(O_M) \neq \emptyset$, sodass wir $s \in \mathrm{Min}(O_M)$ wählen können. Nach Definition ist dann $s \in O_M$ und $s \in U_{O_M}$, was nach Definition $\forall t \in O_M : s \leq t$ bedeutet.

Zum Beweis der Eindeutigkeit seien $u, v \in O_M$ mit $\forall t \in O_M : u \leq t$ und $\forall t \in O_M : v \leq t$ gegeben. Zu zeigen ist $u = v$. Anwendung der ersten Aussage auf v und der zweiten auf u ergibt $u \leq v$ und $v \leq u$, sodass $u = v$ folgt.
Zum Nachweis von $(\underline{\text{das}}\ s \in O_M : \forall t \in O_M : s \leq t) = \sup M$, zeigen wir $\sup M \in O_M$ und $\forall t \in O_M : \sup M \leq t$.
Nach Definition gilt $\sup M = \min O_M \in \mathrm{Min}(O_M) = O_M \cap U_{O_M}$. insbesondere folgt also $\sup M \in O_M$ und $\forall t \in O_M : \sup M \leq t$.

(✎ 248)
....

Nach Definition gilt $\sup M = \min O_M \in \mathrm{Min}(O_M) = O_M \cap U_{O_M}$. Insbesondere haben wir $\sup_M \in O_M$ und $\sup M \in U_{O_M}$. Wiederum nach Definition bedeutet dies, dass $\forall m \in M : m \leq \sup M$ und $\forall s \in O_M : \sup M \leq s$ gelten. Daraus folgen die ersten beiden Aussagen durch Anwendung auf $m \in M$ und $s \in O_M$.
Sei nun $s < \sup_M$. In einem Widerspruchsbeweis nehmen wir an, dass $\forall m \in M : m \leq s$ gilt. Dann ist aber $s \in O_M$ und damit $\sup M \leq s < \sup M$. ⚡
Also gilt $\exists m \in M : \neg(m \leq s)$, was wir auch in der Form $\exists m \in M : m > s$ schreiben können.

....

.... (✎ 249)

Aus Aufgabe (✎ 234) wissen wir, dass $D := \Delta_{d_{\mathbb{R}}}(A) = [0,1) \cup [2,3)$ gilt. Wir zeigen $\text{diam}_{d_{\mathbb{R}}}(A) = \sup D = 3$.

Wegen $0 \in D$ ist $D \neq \emptyset$. Außerdem gilt $3 \in O_D$, wozu $\forall x \in D : x \leq 3$ zu zeigen ist. Sei dazu $x \in D$.

Fall $x \in [0,1)$: Wegen $x < 1$ gilt $x \leq 3$.

Fall $x \in [2,3)$: Wegen $x < 3$ gilt $x \leq 3$.

Damit existiert $\sup D$ und es gilt $\sup D = \min O_D \leq 3$. Wir zeigen nun $\neg(\sup D < 3)$, woraus dann $\sup D = 3$ folgt.

In einem Widerspruchsargument nehmen wir an, dass $\sup D < 3$ gilt. Wegen $2 \in D$ wissen wir $2 \leq \sup D$, und damit ist $x := (3 + \sup D)/2$ ein Element von $(\sup D, 3) \subset [2,3) \subset D$. Wegen $\sup D < 3$ gilt nämlich $x < (3+3)/2 = 3$ und $x > (\sup D + \sup D)/2 = \sup D$. Wegen $x \in D$ folgt aber auch $x \leq \sup D$. ⚡

Sei nun $D := \Delta_{\delta_{\mathbb{R}}}(A) = \{0,1\}$. Mit Aufgabe (✎ 67) können wir leicht nachweisen, dass $1 \in D$ und $1 \in O_D$ gilt. Mit Aufgabe (✎ 246) ist folglich $\text{diam}_{\delta_{\mathbb{R}}}(A) = \sup D = \max D = 1$.

.... (✎ 250)

Seien $A \subset B$ gegeben. Zu zeigen ist $\Delta(A) \subset \Delta(B)$. Dazu wählen wir $u \in \Delta(A)$ und zeigen $u \in \Delta(B)$. Wegen der Langform müssen wir zeigen, dass $\exists : x, y \in B : u = d(x,y)$.

Wegen der Voraussetzung $u \in \Delta(A)$ können wir $x, y \in A$ wählen mit $u = d(x,y)$. Wegen $A \subset B$ folgt auch $x, y \in B$.

.... (✎ 251)

Sei d eine Metrik auf X und seien A, B beschränkte Mengen mit $A \cap B \neq \emptyset$. Zu zeigen ist $\text{diam}_d(A \cup B) \leq \text{diam}_d(A) + \text{diam}_d(B)$.

Wegen $A \cap B \neq \emptyset$ gilt $A \neq \emptyset$ und $B \neq \emptyset$, sodass die Durchmesser von A und B wohldefiniert sind. Wir zeigen nun

$$D := \text{diam}_s(A) + \text{diam}_d(B) \in O_{\Delta(A \cup B)}.$$

Daraus folgt dann sowohl, dass auch der Durchmesser von $A \cup B$ existiert, also auch, dass für diesen $\text{diam}_d(A \cup B) = \sup \Delta(A \cup B) \leq D$ gilt.

Sei also $u \in \Delta(A \cup B)$. Zu zeigen ist $u \leq D$. Zunächst können wir $x, y \in A \cup B$ wählen, sodass $u = d(x,y)$ gilt. Außerdem können wir $a \in A \cap B$ wählen.

Fall $x \in A$: Wegen $a \in A$ gilt $d(x,a) \leq \text{diam}_d(A)$.

> Fall $y \in A$: Wegen $x \in A$ gilt $u = d(x,y) \leq \text{diam}_d(A) \leq D$.
>
> Fall $y \in B$: Wegen $a \in B$ gilt $d(a,y) \leq \text{diam}_d(B)$ und somit ergibt sich $u = d(x,y) \leq d(x,a) + d(a,y) \leq D$.
>
> In beiden Fällen gilt $u \leq D$.

Fall $x \in B$: Wegen $a \in B$ gilt $d(x,a) \leq \text{diam}_d(B)$.

> Fall $y \in A$: Wegen $a \in A$ gilt $d(a,y) \leq \text{diam}_d(A)$ und somit ergibt sich $u = d(x,y) \leq d(x,a) + d(a,y) \leq D$.
>
> Fall $y \in B$: Wegen $x \in B$ gilt $u = d(x,y) \leq \text{diam}_d(B) \leq D$.
>
> In beiden Fällen gilt $u \leq D$.

Insgesamt gilt also $u \leq D$.

.... (✎ 252)

Zum Nachweis der Äquivalenz zeigen wir zwei Implikationen. Sei zunächst U_M nicht leer und nach oben beschränkt. Zu zeigen ist $M \neq \emptyset$ und $U_M \neq \emptyset$. Während die zweite Aussage nach Voraussetzung gilt, zeigen wir die erste Aussage durch Widerspruch. Wir nehmen dazu $M = \emptyset$ an. Dann gilt $U_M = \mathbb{R}$, wobei hierfür nur die Inklusion $\mathbb{R} \subset U_M$ nachgewiesen

werden muss. Sei also $x \in \mathbb{R}$. Zu zeigen ist $x \in U_M$ oder in Langform $\forall m \in M : x \leq m$. Zum Nachweis sei $m \in M = \emptyset$. Mit *Ex falso quodlibet* folgt $x \leq m$. Die Menge der oberen Schranken von $U_M = \mathbb{R}$ ist dann aber leer, weil es kein größtes Element in $\mathbb{R}$ gibt. Wir zeigen dazu $O_{\mathbb{R}} = \emptyset$ indirekt. Nehmen wir also $O_{\mathbb{R}} \neq \emptyset$ an. Dann können wir $s \in O_{\mathbb{R}}$ wählen, d.h., es gilt $\forall m \in \mathbb{R} : m \leq s$. Wenden wir dies mit $s + 1$ an, so folgt $s + 1 \leq s$ oder $1 \leq 0$. ⨯
Wir sehen damit $O_{U_M} = \emptyset$. Andererseits ist U_M nach Voraussetzung nach oben beschränkt, also $O_{U_M} \neq \emptyset$. ⨯ Die Annahme $M = \emptyset$ ist damit zu verwerfen, was auf $M \neq \emptyset$ führt.
Für die umgekehrte Implikation gehen wir von $M \neq \emptyset$ und $U_M \neq \emptyset$ aus. Zu zeigen ist $U_M \neq \emptyset$ und $O_{U_M} \neq \emptyset$. Die erste der beiden Aussagen folgt dabei wieder aus der Voraussetzung. Für die zweite zeigen wir $M \subset O_{U_M}$, woraus dann $O_{U_M} \neq \emptyset$ wegen $M \neq \emptyset$ folgt. Gleichzeitig ist dies die erste Teilaufgabe.
Sei also $m \in M$ gegeben. Zu zeigen ist $m \in O_{U_M}$. In Langform ist dieses Ziel die Für-alle-Aussage $\forall u \in U_M : u \leq m$. Sei dazu $u \in U_M$. Zu zeigen ist $u \leq m$. Mit der Langform von U_M folgt $\forall x \in M : u \leq x$. Angewendet auf m erreichen wir unser Ziel $u \leq m$.

(✎ 253) ....
Sei $M \subset \mathbb{R}$ nicht leer und nach unten beschränkt. Wir zeigen, dass U_M ein Maximum besitzt. Mit Aufgabe (✎ 245) genügt es, $\sup U_M \in U_M$ nachzuweisen. Für die Existenz des Supremums müssen wir zunächst $U_M \neq \emptyset$ und $O_{U_M} \neq \emptyset$ zeigen. Diese beiden Aussagen sind nach Aufgabe (✎ 252) erfüllt.
Zum Nachweis von $\sup U_M \in U_M$ müssen wir $\forall m \in M : \sup U_M \leq m$ zeigen. Sei dazu $m \in M$ gegeben. Zu zeigen ist $\sup U_M \leq m$. Nach Aufgabe (✎ 252) gilt $m \in M \subset O_{U_M}$, also gilt auch $m \in O_{U_M}$. Wegen $\sup U_M \in \mathrm{Min}(O_{U_M}) = O_{U_M} \cap U_{O_{U_M}} \subset U_{O_{U_M}}$ folgt $\forall s \in O_{U_M} : \sup U_M \leq s$. Anwendung auf m ergibt $\sup U_M \leq m$.

(✎ 254) ....
Sei $M \subset \mathbb{R}$ nicht leer und nach unten beschränkt. Zu zeigen ist, dass $\inf M \leq m$ für alle $m \in M$ und $s \leq \inf M$ für alle $s \in U_M$ gilt.
Nach Definition gilt $\inf M = \max U_M \in U_M \cap O_{U_M}$ nach Aufgabe (✎ 246). Insbesondere haben wir $\inf_M \in U_M$ und $\inf M \in O_{U_M}$. Wiederum nach Definition steht dies für die Aussagen $\forall m \in M : \inf M \leq m$ und $\forall s \in U_M : s \leq \inf M$. Daraus folgen die ersten beiden Aussagen durch Anwendung auf $m \in M$ und $s \in U_M$.

(✎ 255) ....
Sei $M \subset \mathbb{R}$ und $m \in \mathrm{Min}(M)$. Zu zeigen ist $m = \min M = \inf M$.
Wegen $\mathrm{Min}(M) \neq \emptyset$ folgt mit Definition 5.15 $\min M = \underline{\mathrm{das}}\ m \in \mathcal{U} : m \in \mathrm{Min}(W)$. Insbesondere folgt $\min M \in \mathrm{Min}(M)$. Wegen $m \in \mathrm{Min}(M)$ und der Eindeutigkeit aus Aufgabe (✎ 241) ergibt sich $m = \min M$.
Wegen $m \in \mathrm{Min}(M) = M \cap U_M$ ist $M \neq \emptyset$ und $U_M \neq \emptyset$. Insbesondere existiert das Infimum von M nach Definition 5.21. Außerdem gilt $m \leq \inf M$ wegen $m \in U_M$ nach Aufgabe (✎ 254) und $\inf M \leq m$ wegen $m \in M$ und Aufgabe (✎ 254). Insgesamt gilt $m = \inf M$.

(✎ 256) ....
Zum Nachweis von Lemma 5.23 sei $\emptyset \neq A \subset B \subset \mathbb{R}$ und sei B nach unten beschränkt. Zu zeigen ist $\inf A \geq \inf B$.
Zunächst zeigen wir die Wohldefinition von $\inf A$ und $\inf B$. Zum Nachweis von $B \neq \emptyset$ nehmen wir $B = \emptyset$ an und zeigen einen Widerspruch. Wegen $A \subset B = \emptyset$ ist $A = \emptyset$, während gleichzeitig auch $A \neq \emptyset$ gilt. ⨯

Nach Voraussetzung gilt $U_B \neq \emptyset$, sodass $\inf B$ wohldefiniert ist. Aufgabe (✎ 240) zeigt $U_B \subset U_A$, sodass auch $U_A \neq \emptyset$ gilt. Folglich ist auch $\inf A$ wohldefiniert.
Mit Lemma 5.19 gilt nun $\inf B = \sup U_B \leq \sup U_A = \inf A$. □
Seien nun d eine Metrik auf X, $x \in X$ und gelte $\emptyset \neq B \subset A \subset X$. Zu zeigen ist $\mathrm{dist}_d(x, B) \geq \mathrm{dist}_d(x, A)$. Wie im obigen Beweis zeigen wir $A \neq \emptyset$, sodass $\mathrm{dist}_d(x, B)$ und $\mathrm{dist}_d(x, A)$ wohldefiniert sind. Um nun die Ungleichung nachzuweisen, zeigen wir $D_{x,B} \subset D_{x,A}$. Sei dazu $z \in D_{x,B} = \{d(x,b) | b \in B\} = \{u \in \mathcal{U} : \exists b \in B : u = d(x,b)\}$. Zu zeigen ist $z \in D_{x,A}$, also $z \in \mathcal{U}$ und $\exists a \in A : z = d(x,a)$. Über z wissen wir aus der Voraussetzung $z \in \mathcal{U}$ und $\exists b \in B : z = d(x,b)$. Wir wählen ein solches b, das wegen $B \subset A$ auch in A liegt. Es gilt also wie gewünscht $\exists b \in A : z = d(x,b)$.
Wenden wir nun Lemma 5.23 auf $D_{x,B} \subset D_{x,A}$ an, so finden wir schließlich wie gewünscht $\mathrm{dist}_d(x, B) = \inf D_{x,B} \geq \inf D_{x,A} = \mathrm{dist}_d(x, A)$.

.... (✎ 257)

Wir zeigen $u \leq v$ indirekt und nehmen dazu $v < u$ an. Anwendung der Für-alle Aussage auf $\varepsilon := (u - v)/2 > 0$ ergibt $u \leq v + (u - v)/2 = (v + u)/2$. Wegen $v < u$ ist aber $v + u < 2 \cdot u$ und damit $u < 2 \cdot u/2 = u$, was einen Widerspruch darstellt. ⚡

.... (✎ 258)

Zum Beweis von Satz 5.25 stellen wir zunächst fest, dass wegen $A \neq \emptyset$ die beiden Ausdrücke $\mathrm{dist}_d(x, A)$ und $\mathrm{dist}_d(x, B)$ wohldefiniert sind. Zum Nachweis der Ungleichung $\mathrm{dist}_d(x, A) \leq d(x, y) + \mathrm{dist}_d(y, A)$ genügt es nach Aufgabe (✎ 257) die Für-alle-Aussage $\forall \varepsilon \in \mathbb{R}_{>0} : \mathrm{dist}_d(x, A) \leq d(x, y) + \mathrm{dist}_d(y, A) + \varepsilon$ zu zeigen. Sei dazu $\varepsilon > 0$ gegeben. Mit Lemma 5.24 können wir ein $\delta \in D_{y,A}$ mit $\delta < \mathrm{dist}(y, A) + \varepsilon$ wählen . Zu δ können wir wiederum $b \in A$ wählen, sodass $d(y, b) = \delta$ gilt. Insgesamt ergibt sich nun $d(x, y) + \mathrm{dist}(y, A) > d(x, y) + (d(y, b) - \varepsilon) \geq d(x, b) - \varepsilon \geq \mathrm{dist}(x, A) - \varepsilon$, wobei wir $d(x, b) \geq \inf D_{x,A} = \mathrm{dist}(x, A)$ benutzt haben. □

.... (✎ 259)

Sei (X, d) ein metrischer Raum und $A \subset B \subset X$. Zu zeigen ist $\mathrm{Ber}_d(A) \subset \mathrm{Ber}_d(B)$.
Sei dazu $x \in \mathrm{Ber}_d(A)$ gegeben. Zu zeigen ist $x \in \mathrm{Ber}_d(B)$.
Wir beginnen mit dem Nachweis von $A \neq \emptyset$ in einem indirekten Beweis: Wäre $A = \emptyset$, dann wäre auch $\mathrm{Ber}_d(A) = \emptyset$ und damit $x \in \emptyset$. ⚡
Wir können also $a \in A$ wählen und wegen $A \subset B$ gilt $a \in B$. Somit ist $B \neq \emptyset$ und die Distanzfunktion zu A und zu B ist wohldefiniert. Insebsondere ist $\mathrm{dist}_d(x, A) = 0$.
Wir zeigen nun $\mathrm{dist}_d(x, B) = 0$, woraus $x \in \mathrm{Ber}_d(B)$ folgt. Mit Aufgabe (✎ 256) folgt $\mathrm{dist}_d(x, B) \leq \mathrm{dist}_d(x, A) = 0$. Insgesamt folgt also $0 = \mathrm{dist}_d(x, B)$.

.... (✎ 260)

Wegen $A \cap B \subset A$ und $A \cap B \subset B$ folgt mit Aufgabe (✎ 259) $\mathrm{Ber}_d(A \cap B) \subset \mathrm{Ber}_d(A)$ und $\mathrm{Ber}_d(A \cap B) \subset \mathrm{Ber}_d(B)$. Damit folgt aber $\mathrm{Ber}_d(A \cap B) \subset \mathrm{Ber}_d(A) \cap \mathrm{Ber}_d(B)$.
Die umgekehrte Inklusion trifft im Allgemeinen nicht zu, wie folgendes Beispiel im metrischen Raum $(\mathbb{R}, d_\mathbb{R})$ zeigt: Wir setzen $A := [-1, 0)$ und $B := (0, 1]$. Dann gilt $A \cap B = \emptyset$ und $\mathrm{Ber}(A \cap B) = \emptyset$. Andererseits gilt $0 \in \mathrm{Ber}(A) \cap \mathrm{Ber}(B) \not\subset \emptyset$.
Zum Nachweis von $0 \in \mathrm{Ber}(A)$ gehen wir indirekt vor: Angenommen $\mathrm{dist}(0, A) > 0$. Da $a := \max\{-1, -\mathrm{dist}(0, A)/2\}$ die Bedingung $a \geq -1$ und $a < 0$ erfüllt, gilt $a \in A$, und folglich $\mathrm{dist}(0, A) \leq d(0, a)$. Nun ist aber $d(0, a) \leq \min\{\mathrm{dist}(0, A)/2, 1\} \leq \mathrm{dist}(0, A)/2$, was zum Widerspruch $1 \leq 1/2$ führt. ⚡
Entsprechend zeigt man $0 \in \mathrm{Ber}(B)$.

.... (✎ 261)

Wir zeigen $\mathrm{Ber}_d(A) = \{x \in X : \forall \varepsilon \in \mathbb{R}_{>0} : B_\varepsilon^d(x) \cap A \neq \emptyset\}$ durch zwei Inklusionen. Sei zunächst $x \in \mathrm{Ber}_d(A)$. Zu zeigen ist $x \in \{x \in X : \forall \varepsilon \in \mathbb{R}_{>0} : B_\varepsilon^d(x) \cap A \neq \emptyset\}$, was durch die beiden Ziele $x \in X$ und $\forall \varepsilon \in \mathbb{R}_{>0} : B_\varepsilon^d(x) \cap A \neq \emptyset$ erreicht wird.

Wir beginnen mit dem Nachweis von $A \neq \emptyset$ in einem indirekten Beweis: Wäre $A = \emptyset$, dann wäre auch $\mathrm{Ber}_d(A) = \emptyset$ und damit $x \in \emptyset$. ⨑
Also gilt $x \in X$ und $0 = \mathrm{dist}_d(x, A) \inf D_{x,A}$. Zum Nachweis der Für-alle-Aussage sei nun $\varepsilon \in \mathbb{R}_{>0}$ gegeben. Zu zeigen ist $B_\varepsilon^d(x) \cap A \neq \emptyset$.
Mit Lemma 5.24 gibt es zu ε ein u in $D_{x,A}$ mit $a < \inf D_{x,A} + \varepsilon = \varepsilon$. Zu $u \in D_{x,A}$ können wir $a \in A$ wählen mit $u = d(x, a)$. Es gilt somit $d(x, a) < \varepsilon$ und folglich $a \in B_\varepsilon^d(x) \cap A$. Daraus folgt $B_\varepsilon^d(x) \cap A \neq \emptyset$.

Für die umgekehrte Implikation sei $x \in \{x \in X : \forall \varepsilon \in \mathbb{R}_{>0} : B_\varepsilon^d(x) \cap A \neq \emptyset\}$, d.h., es gelte $x \in X$ und $\forall \varepsilon \in \mathbb{R}_{>0} : B_\varepsilon^d(x) \cap A \neq \emptyset$. Zu zeigen ist $x \in \mathrm{Ber}_d(A)$.
Verwenden wir die Für-alle-Aussage mit $1 \in \mathbb{R}_{>0}$, so sehen wir, dass $B_1^d(x) \cap A \neq \emptyset$ gilt. Insbesondere ist $A \neq \emptyset$, wie man leicht durch einen indirekten Beweis sieht.
Zu zeigen ist somit $x \in X$ und $\mathrm{dist}_d(x, A) = 0$. In einem indirekten Beweis nehmen wir $\mathrm{dist}_d(x, A) > 0$ an. Weiter setzen wir $\varepsilon := \mathrm{dist}_d(x, A)/2$ und wenden die Für-alle-Aussage an. Es folgt $B_\varepsilon^d(x) \cap A \neq \emptyset$, sodass wir ein Element a im Schnitt wählen können. Es gilt dann $a \in A$ und $d(x, a) < \varepsilon$. Andererseits gilt $d(x, A) \in D_{x,A}$ und somit ergibt sich $\mathrm{dist}_d(x, A) = \inf D_{x,A} \leq d(x, a) < \mathrm{dist}_d(x, A)/2$, was zum Widerspruch $1 < 1/2$ führt. ⨑

(✎ 262) ....
Zunächst gilt $A \subset A \cup B$ und $B \subset A \cup B$, woraus mit Aufgabe (✎ 259) sofort die Inklusionen $\mathrm{Ber}_d(A) \subset \mathrm{Ber}_d(A \cup B)$ und $\mathrm{Ber}_d(B) \subset \mathrm{Ber}_d(A \cup B)$ folgen. Hieraus ergibt sich die gewünschte Inklusion $\mathrm{Ber}_d(A) \cup \mathrm{Ber}_d(B) \subset \mathrm{Ber}_d(A \cup B)$.
Für die umgekehrte Inklusion sei $x \in \mathrm{Ber}(A \cup B)$. Zu zeigen ist $x \in \mathrm{Ber}_d(A) \cup \mathrm{Ber}_d(B)$, was auf die zu zeigende Oder-Aussage $(x \in \mathrm{Ber}_d(A)) \lor (x \in \mathrm{Ber}_d(B))$ führt.
Zum Nachweis dieser Aussage gehen wir von $x \notin \mathrm{Ber}_d(A)$ aus und zeigen $x \in \mathrm{Ber}_d(B)$).
Nach Satz 5.27 müssen wir dazu $x \in X$ sowie $\forall \varepsilon \in \mathbb{R}_{>0} : B_\varepsilon^d(x) \cap B \neq \emptyset$ zeigen.
Dabei wissen wir aus der Voraussetzung, dass $x \in X$ und $\forall \varepsilon \in \mathbb{R}_{>0} : B_\varepsilon^d(x) \cap (A \cup B) \neq \emptyset$ gilt.
Sei also $\varepsilon > 0$ gegeben. Zu zeigen ist $B_\varepsilon^d(x) \cap B \neq \emptyset$, was aus der Existenzaussage $\exists b \in B : d(x, b) < \varepsilon$ folgt, die wir nun zeigen.
Zur Konstruktion von b nutzen wir zunächst die Annahme $x \notin \mathrm{Ber}_d(A)$. Mit der Darstellung aus Satz 5.27 bedeutet dies $\neg \forall \varepsilon \in \mathbb{R}_{>0} : B_\varepsilon^d(x) \cap A \neq \emptyset$, was wiederum äquivalent ist zu $\exists \varepsilon \in \mathbb{R}_{>0} : B_\varepsilon^d(x) \cap A = \emptyset$. Wir wählen ein solches Element und nennen es δ.
Nun wenden wir die Für-alle-Aussage aus der Berührpunktbedingung $x \in \mathrm{Ber}_d(A \cup B)$ auf $r := \min\{\varepsilon, \delta\}$ an. Es folgt $B_r^d(x) \cap (A \cup B) \neq \emptyset$, sodass wir einen Punkt b im Schnitt wählen können. Für ihn gilt zunächst $b \in A \cup B$ und $d(x, b) < r$.
Fall $b \in B$: Wegen $d(x, b) < r \leq \varepsilon$ gilt $\exists b \in B : d(x, b) < \varepsilon$.
Fall $b \in A$: Wegen $d(x, b) < r \leq \delta$ gilt $b \in B_\delta^d(x) \cap A = \emptyset$. Mit *Ex falso quodlibet* folgt nun auch $\exists b \in B : d(x, b) < \varepsilon$.

(✎ 263) ....
Wir zeigen zunächst $\mathrm{Ber}_d(X) = X$.
Sei dazu zunächst $x \in \mathrm{Ber}_d(X)$. Mit Satz 5.27 folgt $x \in X$.
Sei nun $x \in X$. Zu zeigen: $x \in \mathrm{Ber}_d(X)$. Mit Satz 5.27 zeigen wir $\forall \varepsilon \in \mathbb{R}_{>0} : B_\varepsilon^d(x) \cap X \neq \emptyset$.
Sei dazu $\varepsilon > 0$ gegeben. Dann gilt $x \in B_\varepsilon^d(x) \cap X$ und folglich $B_\varepsilon^d(x) \cap X \neq \emptyset$.
Nun ist wegen $\emptyset^c = X \backslash \emptyset = X$ auch $\partial_d \emptyset = \mathrm{Ber}_d(\emptyset) \cap \mathrm{Ber}_d(X) = \emptyset \cap X = \emptyset$.
Entsprechend gilt $X^c = X \backslash X = \emptyset$ und somit $\partial_d X = \mathrm{Ber}_d(X) \cap \mathrm{Ber}_d(\emptyset) = X \cap \emptyset = \emptyset$.

(✎ 264) ....
Es gilt $(A^c)^c = X \backslash (X \backslash A) = A$. Durch Ersetzung folgt $\partial_d A = \mathrm{Ber}_d(A) \cap \mathrm{Ber}_d(A^c) = \mathrm{Ber}_d(A^c) \cap \mathrm{Ber}_d(A) = \mathrm{Ber}_d(A^c) \cap \mathrm{Ber}_d((A^c)^c) = \partial_d A^c$.
....

.... (✎ 265)

Es gilt $(A \cup B)^c = A^c \cap B^c$ und daher $\partial_d(A \cup B) = \text{Ber}_d(A \cup B) \cap \text{Ber}_d((A \cup B)^c) = (\text{Ber}_d(A) \cup \text{Ber}_d(B)) \cap \text{Ber}_d(A^c \cap B^c)$, wobei wir Aufgabe (✎ 262) benutzt haben. Mit Aufgabe (✎ 260) folgt weiter $\partial_d(A \cup B) \subset (\text{Ber}_d(A) \cup \text{Ber}_d(B)) \cap \text{Ber}_d(A^c) \cap \text{Ber}_d(B^c)$. Mit den Rechengesetzen für Schnitt und Vereinigung gilt nun

$$\partial_d(A \cup B) \subset (\text{Ber}_d(A) \cap \text{Ber}_d(A^c) \cap \text{Ber}_d(B^c)) \cup (\text{Ber}_d(B) \cap \text{Ber}_d(B^c) \cap \text{Ber}_d(A^c)),$$

woraus die gewünschte Inklusion folgt.

Die umgekehrte Inklusion ist nicht richtig. Hier ein Beispiel im metrischen Raum $(\mathbb{R}, d_\mathbb{R})$: Wir setzen $A := [-1, 1]$ und $B := \{0\}$. Dann gelten $\partial A = \{-1, 1\}$, $\partial B = \{0\}$ und $\partial(A \cup B) = \partial A$, sodass $\partial A \cup \partial B \not\subset \partial(A \cup B)$ folgt.

.... (✎ 266)

Wir zeigen die Äquivalenz durch zwei Implikationen. Sei dazu A zunächst offen. Wir zeigen, dass A^c abgeschlossen ist, d. h., dass $\partial(A^c) \subset A^c$ gilt. Sei dazu $x \in \partial(A^c)$. Zu zeigen ist $x \in A^c$. In einem indirekten Beweis gehen wir von $x \notin A^c$ aus, sodass $x \in A$ gilt. Mit Aufgabe (✎ 264) folgt $x \in A \cap \partial(A^c) = A \cap \partial A = \emptyset$. ⚡

Sei nun A^c abgeschlossen. Zu zeigen: A ist offen. In einem indirekten Beweis nehmen wir an, dass $A \cap \partial A \neq \emptyset$ gilt. Wir wählen a in dieser Menge und haben dann $a \in \partial A = \partial(A^c)$. Wegen $\partial(A^c) \subset A^c$ gilt dann auch $a \in A^c$. Weil gleichzeitig $a \in A$ gilt, haben wir einen Widerspruch. ⚡

.... (✎ 267)

In einem indirekten Beweis nehmen wir an, dass $K \cap \partial K \neq \emptyset$ für $K := B_r^d(x)$ gilt, und wählen ein Element k im Schnitt. Wegen $k \in \partial K$ gilt dann $k \in \text{Ber}(K^c)$, sodass mit Satz 5.27 die Aussage $\forall \varepsilon \in \mathbb{R}_{>0} : B_\varepsilon^d(k) \cap K^c \neq \emptyset$ gilt.

Außerdem ist $k \in K$, sodass $d(k, x) < r$ gilt. Wir setzen nun $\varepsilon := r - d(k, x)$ und benutzen die Für-alle-Aussage. Dann gilt $B_\varepsilon^d(k) \cap K^c \neq \emptyset$ und wir können ein Element c im Schnitt wählen. Es gilt dann $c \in K^c$ und $d(c, k) < \varepsilon$.

Mit der Dreiecksungleichung folgt $d(c, x) \leq d(c, k) + d(k, x) < \varepsilon + d(k, x) = r$, sodass $c \in K \cap K^c = \emptyset$ gilt. ⚡ Also ist $K \cap \partial K = \emptyset$ und K damit offen.

.... (✎ 268)

Wir zeigen die Äquivalenz durch zwei Implikationen. Sei A zunächst offen. Zu zeigen ist $\forall x \in A : \exists r \in \mathbb{R}_{>0} : B_r^d(x) \subset A$. Sei dazu $x \in A$. Zu zeigen ist $\exists r \in \mathbb{R}_{>0} : B_r^d(x) \subset A$. In einem indirekten Beweis gehen wir vom Gegenteil aus, also gelte $\forall r \in \mathbb{R}_{>0} : B_r^d(x) \not\subset A$. Wir wollen nun $x \in \text{Ber}_d(A^c)$ mit Satz 5.27 folgern, wozu wir $\forall \varepsilon \in \mathbb{R}_{>0} : B_\varepsilon^d(x) \cap A^c \neq \emptyset$ zeigen müssen. Sei also $\varepsilon \in \mathbb{R}_{>0}$ gegeben. Mit der Für-alle-Aussage angewendet auf ε anstelle von r folgt $B_\varepsilon^d(x) \not\subset A$ bzw. $\exists c \in B_\varepsilon^d(x) : c \notin A$. Wählen wir ein solches c, so gilt $c \in A^c$ und $c \in B_\varepsilon^d(x)$, sodass $B_\varepsilon^d(x) \cap A^c \neq \emptyset$ gilt.

Wegen $x \in A$ gilt außerdem $x \in \text{Ber}_d(A)$ und somit $x \in A \cap \partial_d A = \emptyset$. ⚡

Für die umgekehrte Implikation gelte $\forall x \in A : \exists r \in \mathbb{R}_{>0} : B_r^d(x) \subset A$. Zu zeigen: A ist offen. Dazu müssen wir $A \cap \partial_d A = \emptyset$ zeigen. Mit der Definition des Randes genügt dazu der Nachweis $A \cap \text{Ber}_d(A^c) = \emptyset$. In einem indirekten Beweis gehen wir vom Gegenteil aus und wählen $a \in A \cap \text{Ber}_d(A^c)$. Mit Satz 5.27 gilt dann $\forall \varepsilon \in \mathbb{R}_{>0} : B_\varepsilon^d(a) \cap A^c \neq \emptyset$. Aus der Voraussetzung erhalten wir dagegen ein $r > 0$ mit der Eigenschaft $B_r^d(a) \subset A$. Wenden wir die Für-alle-Aussage mit $\varepsilon := r$ an, so folgt $B_r^d(a) \cap A^c \neq \emptyset$, und wir können x im Schnitt wählen. Dann gilt einerseits $x \in A^c$ und andererseits $x \in B_r^d(a) \subset A$, also insgesamt $x \in A \cap A^c = \emptyset$. ⚡

.... (✎ 269)

Mit Aufgabe (✎ 268) genügt es zu zeigen, dass für jeden Punkt in der offenen Menge eine Kugel mit positivem Radius existiert, die ganz in der Menge enthalten ist.

Wir wählen dazu den Radius $r := 1/2$ und beachten, dass $B_r^{\delta_X}(x) = \{x\}$ für jedes $x \in X$ gilt. Die Inklusion $\{x\} \subset B_r^{\delta_X}(x)$ gilt dabei wegen $x \in B_r^{\delta_X}(x)$. Für die umgekehrte Implikation nutzen wir aus, dass jedes $y \in B_r^{\delta_X}(x)$ die Bedingung $\delta_X(y,x) < 1/2$ erfüllt, was auf $\delta_X(x,y) = 0$ führt, da dies der einzige Wert der Metrik kleiner als $1/2$ ist. Dann ist aber $y = x$ und somit $y \in \{x\}$.

(✎ 270) . . . .

Sei $M \subset \mathbb{R}$ nicht leer und nach unten beschränkt. Wir zeigen $\inf M \in \mathrm{Ber}_{d_\mathbb{R}}(M)$. Mit Satz 5.27 müssen wir dafür $\forall \varepsilon \in \mathbb{R}_{>0} : B_\varepsilon^{d_\mathbb{R}}(\inf M) \cap M \neq \emptyset$ zeigen. Sei also $\varepsilon \in \mathbb{R}_{>0}$ gegeben. Mit Lemma 5.24 können wir $x \in M$ wählen mit $x < \inf M + \varepsilon$. Gleichzeitig gilt $\inf M \leq x$ mit Aufgabe (✎ 254). Insgesamt haben wir also $d_\mathbb{R}(x, \inf M) = x - \inf M < \varepsilon$ und damit $x \in B_\varepsilon^{d_\mathbb{R}}(\inf M) \cap M$.

(✎ 271) . . . .

Sei $b : \mathbb{N} \to \mathbb{R}_{\geq 0}$ monoton fallend. Wir zeigen, dass $b \searrow 0$ äquivalent ist zur Aussage $\forall \varepsilon \in \mathbb{R}_{>0} : \exists n \in \mathbb{N} : b_n < \varepsilon$.

Zunächst gehen wir dabei von $b \searrow 0$ aus. Sei dann $\varepsilon \in \mathbb{R}_{>0}$ gegeben. Zu zeigen ist $\exists n \in \mathbb{N} : b_n < \varepsilon$.

Nach Voraussetzung wissen wir, dass $\inf \mathrm{Bild}(b) = 0$ gilt. Mit Lemma 5.24 gibt es zu ε ein $x \in \mathrm{Bild}(b)$ mit $x < \inf \mathrm{Bild}(b) + \varepsilon = \varepsilon$. Zu $x \in \mathrm{Bild}(b)$ können wir wiederum $n \in \mathbb{N}$ wählen mit $x = b_n$. Es gilt also $b_n < \varepsilon$.

Gelte nun umgekehrt $\forall \varepsilon \in \mathbb{R}_{>0} : \exists n \in \mathbb{N} : b_n < \varepsilon$. Zu zeigen ist $b \searrow 0$. Nach Definition müssen wir dazu $\inf \mathrm{Bild}(b) = 0$ zeigen. Dabei ist $0 \in U_{\mathrm{Bild}(b)}$ wegen $\mathrm{Bild}(b) \subset \mathbb{R}_{\geq 0}$. Wir nutzen nun Lemma 5.24 zum Nachweis von $0 = \inf \mathrm{Bild}(b)$. Sei dazu $\varepsilon \in \mathbb{R}_{>0}$ gegeben. Durch Anwendung der Voraussetzung auf ε können wir nun ein $n \in \mathbb{N}$ wählen, für das $b_n < \varepsilon$ gilt. Mit b_n haben wir also ein Element von $\mathrm{Bild}(b)$, für das $b_n < 0 + \varepsilon$ gilt. Damit folgt $\inf \mathrm{Bild}(b) = 0$.   □

Wir definieren $b : \mathbb{N} \to \mathbb{R}_{\geq 0}, n \mapsto 1/n$ und zeigen zunächst, dass b monoton fallend ist. Sei dazu $n \in \mathbb{N}$ gegeben. Zu zeigen ist $b_{n+1} \leq b_n$. Wegen $n < n + 1$ folgt durch Division mit $n \cdot (n+1)$ auf beiden Seiten $b_{n+1} = 1/(n+1) < 1/n = b_n$.

Mit der vorangegangenen Aussage müssen wir noch $\forall \varepsilon \in \mathbb{R}_{>0} : \exists n \in \mathbb{N} : b_n < \varepsilon$ zeigen, um auf $b \searrow 0$ zu schließen. Dies ist aber gerade die archimedische Eigenschaft (3.8).

(✎ 272) . . . .

Seien a, b monoton fallende Nullfolgen in $\mathbb{R}_{\geq 0}$ und $c : \mathbb{N} \to \mathbb{R}_{\geq 0}, n \mapsto a_n + b_n$. Zu zeigen ist $c \searrow 0$.

Zunächst stellen wir fest, dass für jedes $n \in \mathbb{N}$ auch $c_n = a_n + b_n \geq 0$ gilt, sodass c wohldefiniert ist. Als nächstes überprüfen wir, dass c monoton fallend ist. Sei dazu $n \in \mathbb{N}$. Es gilt $c_{n+1} = a_{n+1} + b_{n+1} \leq a_n + b_n = c_n$.

Nun benutzen wir das Kriterium aus Aufgabe (✎ 271). Sei also $\varepsilon \in \mathbb{R}_{>0}$ gegeben. Wegen $a \searrow 0$ und $b \searrow 0$ können wir Indizes $m, n \in \mathbb{N}$ wählen mit $a_n < \varepsilon/2$ und $b_m < \varepsilon/2$, indem wir das Kriterium aus Aufgabe (✎ 271) jeweils mit $\varepsilon/2$ anwenden. Setzen wir nun $k := \max\{m, n\}$, so gilt $c_k = a_k + b_k \leq a_n + b_m < \varepsilon/2 + \varepsilon/2 = \varepsilon$.

(✎ 273) . . . .

Sei $a : \mathbb{N} \to X$ beschränkt, $A \in X$ und $n \in \mathbb{N}$. Zu zeigen ist, dass $a_{\geq n} \cup \{A\}$ beschränkt ist.

Wir zeigen zuerst $a_{\geq n} = a[\mathbb{N}_{\geq n}] \subset a[\mathbb{N}] = \mathrm{Bild}(a)$. Sei dazu $x \in a_{\geq n}$. Dann können wir $m \in \mathbb{N}_{\geq n}$ wählen mit $x = a_m$. Wegen $m \in \mathbb{N}$ gilt dann auch $x \in a[\mathbb{N}]$. Da $\mathrm{Bild}(a)$ nach Definition der Beschränktheit von a beschränkt ist, gilt dies mit Aufgabe (✎ 230) auch für $a_{\geq n}$. Mit Satz 5.11 gibt es zu A ein $r \in \mathbb{R}_{>0}$ mit $a_{\geq n} \subset B_r^d(A)$. Da A auch in der Kugel liegt, folgt $a_{\geq n} \cup \{A\} \subset B_r^d(A)$. Mit Aufgabe (✎ 230) folgt dann die Beschränktheit von $a_{\geq n} \cup \{A\}$.

Wir definieren nun $b : \mathbb{N} \to \mathbb{R}_{\geq 0}$, $n \mapsto \operatorname{diam}_d(a_{\geq n} \cup \{A\})$. Wir zeigen, dass b monoton fällt. Sei dazu $n \in \mathbb{N}$. Zu zeigen ist $b_{n+1} \leq b_n$. Dazu nutzen wir aus, dass $a_{\geq n+1} \subset a_{\geq n}$ gilt. Für $x \in a_{\geq n+1}$ können wir nämlich $m \in \mathbb{N}_{\geq n+1}$ wählen mit $x = a_m$. Wegen $m \in \mathbb{N}_{\geq n}$ gilt dann auch $x \in a_{\geq n}$.
Es gilt nun ebenfalls $a_{\geq n+1} \cup \{A\} \subset a_{\geq n} \cup \{A\}$ und mit Satz 5.20 folgt $b_{n+1} \leq b_n$.

.... (✎ 274)

Sei $a : \mathbb{N} \to X$ konvergent mit einem Grenzwert A. Weiter sei $r \in \mathbb{R}_{>0}$ gegeben. Zu zeigen ist $\exists n \in \mathbb{N} : a_{\geq n} \subset B_r^d(A)$.
Aus der Konvergenz von a folgern wir, dass $b : \mathbb{N} \to \mathbb{R}_{\geq 0}$, $n \mapsto \operatorname{diam}_d(a_{\geq n} \cup \{A\})$ eine monoton fallende Nullfolge ist. Mit Aufgabe (✎ 271) gibt es zu r ein $n \in \mathbb{N}$ mit $b_n < r$.
Wir zeigen nun $a_{\geq n} \subset B_r^d(A)$. Sei dazu $x \in a_{\geq n}$. Dann gilt $x \in a_{\geq n} \cup \{A\}$ und damit $d(x, A) \leq b_n < r$, bzw. $x \in B_r^d(A)$.

.... (✎ 275)

Sei d eine Metrik auf X und $u, v \in X$ mit $u \neq v$. Zu zeigen ist $d(u, v) > 0$. In einem indirekten Beweis gehen wir von $d(u, v) \leq 0$ aus. Wegen $d(u, v) \geq 0$ nach Satz 5.2 gilt $d(u, v) = 0$, woraus $u = v$ folgt. Dies ist ein Widerspruch zur Voraussetzung. ⚡

.... (✎ 276)

Wir zeigen die Äquivalenz durch zwei Implikationen. Gelte zunächst, dass a in X gegen $A \in X$ konvergiert. Zu zeigen ist $\forall \varepsilon \in \mathbb{R}_{>0} : \exists N \in \mathbb{N} : \forall n \in \mathbb{N}_{\geq N} : d(a_n, A) < \varepsilon$.
Sei dazu $\varepsilon \in \mathbb{R}_{>0}$. Zu zeigen ist $\exists N \in \mathbb{N} : \forall n \in \mathbb{N}_{\geq N} : d(a_n, A) < \varepsilon$.
Mit Aufgabe (✎ 274) können wir ein $N \in \mathbb{N}$ wählen, sodass $a_{\geq N} \subset B_\varepsilon^d(A)$ gilt.
Wir zeigen nun $\forall n \in \mathbb{N}_{\geq N} : d(a_n, A) < \varepsilon$. Sei dazu $n \in \mathbb{N}_{\geq N}$ gegeben. Zu zeigen ist $d(a_n, A) < \varepsilon$. Wegen $a_n \in a_{\geq N}$ folgt $a_n \in B_\varepsilon^d(A)$ und damit dann $d(a_n, A) < \varepsilon$.
Umgekehrt gehen wir nun von $\forall \varepsilon \in \mathbb{R}_{>0} : \exists N \in \mathbb{N} : \forall n \in \mathbb{N}_{\geq N} : d(a_n, A) < \varepsilon$ aus und zeigen, dass a gegen A konvergiert, indem wir das Kriterium aus Aufgabe (✎ 271) benutzen. Sei dazu $\varepsilon \in \mathbb{R}_{>0}$ gegeben. Zu zeigen ist $\exists N \in \mathbb{N} : \operatorname{diam}_d(a_{\geq N} \cup \{A\}) < \varepsilon$.
Wir wenden die Voraussetzung auf $\varepsilon/2$ an und wählen ein $N \in \mathbb{N}$, für das die Für-alle-Aussage $\forall n \in \mathbb{N}_{\geq N} : d(a_n, A) < \varepsilon/3$ gilt. Sei nun $x, y \in a_{\geq N} \cup \{A\}$.
Fall $x \in \{A\}$:

    Fall $y \in \{A\}$: Es gilt $d(x, y) = d(A, A) = 0 < 2 \cdot \varepsilon/3$.

    Fall $y \in a_{\geq N}$: Wir können $m \in \mathbb{N}_{\geq N}$ wählen mit $y = a_m$. Anwendung der Voraussetzung auf m liefert $d(x, y) = d(a_m, A) < \varepsilon/3 < 2 \cdot \varepsilon/3$.

Fall $x \in a_{\geq N}$: Wir können $m \in \mathbb{N}_{\geq N}$ wählen mit $x = a_m$.

    Fall $y \in \{A\}$: Anwendung der Voraussetzung auf m liefert die Abschätzung $d(x, y) = d(a_m, A) < \varepsilon/3 < 2 \cdot \varepsilon/3$.

    Fall $y \in a_{\geq N}$: Wir wählen $k \in \mathbb{N}_{\geq N}$ mit $y = a_k$. Anwendung der Voraussetzung auf k und m liefert $d(x, y) = d(a_m, a_k) \leq d(a_m, A) + d(A, a_k) < 2 \cdot \varepsilon/3$.

In jedem Fall gilt also $d(x, y) < 2 \cdot \varepsilon/3$ und damit $\operatorname{diam}_d(a_{\geq N} \cup \{A\}) \leq 2 \cdot \varepsilon/3 < \varepsilon$.

.... (✎ 277)

Sei B eine Aussage. Gilt $x \in \emptyset$, dann gilt B.
Beweis. Mit Aufgabe (✎ 53) finden wir $x \in \mathcal{U}$ und damit gilt $\exists x \in \mathcal{U} : x \in \emptyset$. Benutzung von Satz 2.29 ergibt die gegenteilige Aussage $\neg \exists x \in \mathcal{U} : x \in \emptyset$. Mit *Ex falso quodlibet* folgt jede Aussage, also auch B. □

.... (✎ 278)

Wir zeigen den allgemeinen Satz: Seien A, B Mengen. Dann gilt $A \subset A \cup B$.
Sei dazu $x \in A$ gegeben. Zu zeigen ist $x \in A \cup B$.
Nach Definition von $A \cup B$ lautet unser Ziel: x ist ein Element und $(x \in A) \vee (x \in B)$.
Wegen $x \in A$ ist x ein Element und es gilt $(x \in A) \vee (x \in B)$. □

Durch Anwendung des Satzes auf $\mathbb{N}$ und $\{0\}$ folgt $\mathbb{N} \subset \mathbb{N} \cup \{0\} = \mathbb{N}_0$.
Wegen $y - x \in \mathbb{N}$ gilt daher $y - x \in \mathbb{N}_0$ und damit $x \leq y$.

(✎ 279) ....

Es gilt $g \in \text{Bij}(Y, Y)$ nach Aufgabe (✎ 129). Nach Definition gilt damit $g : Y \to Y$. Mit Aufgabe (✎ 106) gilt dann auch $g(x) \in Y$.

Zum Nachweis von $Y \subset X$ sei $u \in Y$. Zu zeigen ist $u \in X$. Nach Aufgabe (✎ 67) gilt $(u = a) \vee (u = b)$.

Fall $u = a$: Wegen $a \in X$ folgt $u \in X$.

Fall $u = b$: Wegen $b \in X$ folgt $u \in X$.

(✎ 280) ....

Wir wissen $n \in \mathbb{N}_0 = \mathbb{N} \cup \{0\}$. Es gilt also $(n \in \mathbb{N}) \vee (n \in \{0\})$.

Fall $n \in \mathbb{N}$: Wegen (3.17) gilt $n + 1 \in \mathbb{N}$.

Fall $n \in \{0\}$: Es gilt $n = 0$ und damit $n + 1 = 1 \in \mathbb{N}$ wegen (3.15).

Insgesamt gilt also $n + 1 \in \mathbb{N}$.

(✎ 281) ....

Wir wissen $k \in (\mathbb{N}_0)_{\leq n+1}$ und $\neg(k \leq n)$. Insbesondere gilt $k \in \mathbb{N}_0$, $k \leq n + 1$ und $k > n$.
Aus $k \in \mathbb{N}_0 = \mathbb{N} \cup \{0\}$ folgt $(k \in \mathbb{N}) \vee (k \in \{0\})$.

Fall $k \in \mathbb{N}$: Es gilt $k \in \mathbb{N}$.

Fall $k \in \{0\}$: Es gilt $k = 0$ und damit $k \in \mathbb{N}_{<1}$. Wegen (3.16) gilt $\mathbb{N}_{<1} = \emptyset$, sodass wir den Widerspruch $k \in \emptyset$ erhalten. Mit *Ex falso quodlibet* folgt auch $k \in \mathbb{N}$.

Insgesamt gilt also $k \in \mathbb{N}$ und wegen $k > n$ auch $k \in \mathbb{N}_{>n}$. Mit Aufgabe (✎ 146) folgt weiter $k \in \mathbb{N}_{\geq n+1}$. Also gilt $k \geq n + 1$, und nach Voraussetzung gilt auch $k \leq n + 1$. Aus Satz 3.10 folgt nun $k = n + 1$.

(✎ 282) ....

Zu zeigen ist der Satz: Gilt für die beiden Funktionen $f : X \to Y$ und $g : Y \to X$ sowohl $g \circ f = \text{id}_X$ als auch $f \circ g = \text{id}_Y$, so ist $f \in \text{Bij}(X, Y)$ und $g = f^{-1}$.

Beweis. Injektivität von f und Surjektivität auf Y folgen mit Aufgabe (✎ 125). Zum Nachweis von $f^{-1} = g$ stellen wir zunächst fest, dass die Definitionsbereiche übereinstimmen. Zum Nachweis von $\forall y \in Y : g(y) = f^{-1}(y)$ sei $y \in Y$ gegeben. Zu zeigen ist $g(y) = f^{-1}(y)$. Mit Aufgabe (✎ 106) gilt $g(y) \in X = \text{Def}(f)$. Aus der Voraussetzung ergibt sich nun weiter $f(g(y)) = (f \circ g)(y) = \text{id}_Y(y) = y$. Also gilt $g(y) = (\underline{\text{das}} \ x \in X : y = f(x)) = f^{-1}(y)$. $\square$

....

Stichwortverzeichnis

© Springer-Verlag GmbH Deutschland, ein Teil von Springer Nature 2020
M. Junk und J.-H. Treude, *Beweisen lernen Schritt für Schritt*,
https://doi.org/10.1007/978-3-662-61616-1

Printed in the United States
By Bookmasters